"十四五"普通高等教育本科系列教材　　电力行业"十四五"规划教材

U0662120

建筑工程计量与计价

（第五版）

主　编　黄伟典

副主编　王艳艳　孙　伟

编　写　解本政　邢莉燕　张友全　周景阳　陈明九

　　　　王广月　张玉敏　马　静　夏宪成　周东明

　　　　郭树荣　唐玉国　赵　莉　荀建锋　孙圣华

　　　　王　静　尹成波

主　审　陈起俊

中国电力出版社
CHINA ELECTRIC POWER PRESS

内 容 提 要

本书为电力行业"十四五"规划教材。全书分两篇，上篇为建筑工程计价依据和计价方法，包括建筑工程计价概述、建筑工程定额与计价标准、建筑工程费用项目计算、建筑工程计量计价方法、建筑面积计算规范。下篇为建筑与装饰工程计量计价，包括土石方工程，地基处理与桩基础工程，砌筑工程，混凝土及钢筋混凝土工程，金属结构工程，木结构与门窗工程，屋面及防水工程，保温、隔热、防腐工程，楼地面装饰工程，墙柱面装饰与隔断幕墙工程，天棚工程，油漆涂料裱糊及其他装饰工程，措施项目等。本书以《建设工程工程量清单计价标准》（GB/T 50500—2024）、《房屋建筑与装饰工程工程量计算标准》（GB/T 50854—2024）、建筑工程量计算规则、房屋建筑与装饰工程消耗量定额、建筑工程费用及计算规则、建筑工程价目表和建设工程工程量清单计价规则的现行规定为主要依据编写而成。每章均附有习题，书后附建筑与装饰工程计量计价课程设计指导。通过对本书的学习，可使学生全面、系统地掌握工程造价基础理论知识及定额与标准的应用。

本书可作为普通高等院校工程造价、工程管理、土木工程及财经类专业教材，也可作为高职高专院校相关专业教材，还可作为造价师、造价员培训用书及建筑工程造价人员参考用书。

扫码获取本书
配套教学资源

图书在版编目（CIP）数据

建筑工程计量与计价/黄伟典主编；王艳艳，孙伟副主编. -- 5 版. -- 北京：中国电力出版社，2025.8. -- ISBN 978-7-5239-0087-1

Ⅰ．TU723.32

中国国家版本馆 CIP 数据核字第 2025AL8683 号

出版发行：中国电力出版社

地　　址：北京市东城区北京站西街 19 号（邮政编码 100005）

网　　址：http://www.cepp.sgcc.com.cn

责任编辑：孙　静（010-63412542）

责任校对：黄　蓓　郝军燕　李　楠

装帧设计：赵姗姗

责任印制：吴　迪

印　　刷：三河市航远印刷有限公司

版　　次：2007 年 3 月第一版　2009 年 10 月第二版　2015 年 7 月第三版　2017 年 12 月第四版　2025 年 8 月第五版

印　　次：2025 年 8 月北京第一次印刷

开　　本：787 毫米×1092 毫米　16 开本

印　　张：25.5

字　　数：632 千字

定　　价：69.80 元

前　言

为了适应我国工程造价管理改革和开拓国际工程承包业务的需要，贯彻《建设工程工程量清单计价标准》（GB/T 50500—2024），加快工程计价市场化进程，本着全心全意地为教师着想、为广大学生服务的思想，本书编者在总结以往教材编写经验的基础上，根据最新的计价文件资料，采用模块法编排章节单元，以适应不同专业对教材内容的选用。书中附有大量工程计量计价案例、习题及完整的工程实例，内容更丰富，更具可读性。

本书以《建设工程工程量清单计价标准》《房屋建筑与装饰工程工程量计算标准》、建筑工程量计算规则、房屋建筑与装饰工程消耗量定额、建筑工程费用及计算规则、建筑工程价目表的现行规定为主要依据编写而成，注重应用，理论联系实际，突出计算案例。全书分两篇，上篇为建筑工程计价依据和计价方法，包括建筑工程计价概述、建筑工程定额与计价标准、建筑工程费用项目计算、建筑工程计量计价方法、建筑面积计算规范。下篇为建筑与装饰工程计量计价，包括土石方工程，地基处理与桩基础工程，砌筑工程，混凝土及钢筋混凝土工程，金属结构工程，木结构与门窗工程，屋面及防水工程，保温、隔热、防腐工程，楼地面装饰工程，墙柱面装饰与隔断幕墙工程，天棚工程，油漆涂料裱糊及其他装饰工程，措施项目等。每章均附有习题，书后附建筑与装饰工程计量计价课程设计指导。通过对本书的学习，可使学生全面、系统地掌握工程造价基础理论知识及定额与标准的应用。

本书由黄伟典任主编，王艳艳、孙伟任副主编，解本政、邢莉燕、张友全、周景阳、陈明九、王广月、张玉敏、马静、夏宪成、周东明、郭树荣、唐玉国、赵莉、荀建锋、孙圣华、王静、尹成波参加编写。全书由陈起俊教授主审。

由于时间和水平有限，书中缺点和错误在所难免，欢迎读者批评指正。

编　者

2025 年 6 月

目 录

上篇　建筑工程计价依据和计价方法

第一章　建 筑 工 程 计 价 概 述

第一节　建设项目分类及计价程序

一、建设项目的概念

建设项目是指具有设计任务书和总体设计，经济上实行独立核算，行政上具有独立组织形式的建设单位。在工业建筑中，一般是以一座工厂、矿区或联合性企业等为建设项目。在民用建筑中，一般是以一所学校、医院、商场等为建设项目。一个建设项目可以仅包括一个单项工程，也可以包括多个单项工程。

建设项目的实施单位一般称为建设单位。国有单位经营的大中型建设项目，在建设阶段要实行建设项目法人责任制，由项目法人实行统一管理。

二、建设项目的分类

按照不同的分类标准，可将建设项目做如下分类。

1. 按建设项目性质分类

（1）新建项目，是指以技术、经济和社会发展为目的，从无到有的建设项目。

（2）扩建项目，是指企业为扩大生产能力或新增效益而增建的生产车间或工程项目，以及事业和行政单位增建业务用房等。

（3）改建项目，是指对企、事业单位原有设施进行技术改造或固定资产更新，以及相应配套的辅助性生产、生活福利等工程和有关工作。

（4）迁建项目，是指现有企、事业单位为改变生产布局或出于环境保护等其他特殊要求，搬迁到其他地点的建设项目。

（5）恢复项目，是指原固定资产因自然灾害或人为灾害等原因，已全部或部分报废，又投资重新建设的项目。

2. 以计划年度为单位，按建设的过程分类

（1）筹建项目，是指在计划年度内，只做准备，还不能开工的项目。

（2）施工项目，是指正在施工的项目。

（3）投产项目，是指全部竣工，并已投产或交付使用的项目。

（4）收尾项目，是指已经验收投产或交付使用及设计能力全部达到，但还遗留少量收尾工程的项目。

3. 按建设项目在国民经济中的用途分类

（1）生产性建设项目，是指直接用于物质生产或直接为物质生产服务的建设项目。主要包括工业建设、农业建设、基础设施和商业建设四个方面。

（2）非生产性建设项目，是指用于满足人民物质和文化、福利需要的建设和非物质生产部门的建设项目。主要包括办公用房、居住建筑、公共建筑和其他建设四个方面。

4. 按建设项目规模和投资的多少分类

按照国家规定的建设项目规模和投资标准，建设项目划分为大型、中型、小型三类；更新改造项目划分为限额以上和限额以下两类。

5. 按建设项目资金来源和渠道分类

（1）国家投资的建设项目，又称财政投资的建设项目，是指国家预算直接安排投资的建设项目。

（2）银行信用筹资的建设项目，是指通过银行信用方式供应建设投资进行贷款建设的项目。

（3）自筹资金的建设项目，是指各地区、各单位按照财政制度提留、管理和自行分配用于固定资产再生产的资金进行建设的项目。

（4）引进外资的建设项目，是指利用外资进行建设的项目。

（5）长期资金市场筹资的建设项目，是指利用国家债券筹资和社会集资（股票、国内债券、国内合资经营、国内补偿贸易）投资的建设项目。

三、工程项目建设及计价程序

工程项目建设及计价程序是指工程项目从策划、评估、决策、设计、施工到竣工验收、投入生产或交付使用的整个建设过程中，各项工作必须遵循的先后工作次序。

按我国现行规定，建设项目从建设前期工作到建设、投产一般要经历以下几个阶段的工作程序，如图 1-1 所示。

1. 工程项目建设程序解读

工程项目建设程序大致可以划分为前期论证准备、落实施工和竣工验收三个阶段及以下八个环节。

（1）提出项目建议书。为推荐的拟建项目写出建议性文件，提出对拟建项目的轮廓设想。

（2）进行可行性研究。根据批准后的项目建议书，对拟建项目从技术、经济和社会等各个方面的可行性进行分析和论证，选择最优建设方案。

（3）编制设计任务书。根据建设项目和建设方案的基本情况，编制设计文件的依据。

（4）编制设计文件。业主按建设监理制的要求，委托工程建设监理，在监理单位的协助下，组织开展设计方案竞赛或设计招标，确定设计方案和设计单位。

（5）开工准备。包括征地、拆迁、平整场地、通水、通电、通路、组织设备、材料订货以及组织施工招投标，选择施工单位，报批开工报告等工作。

（6）组织施工。按照要求进行全面施工活动，与此同时，业主在监理单位协助下，做好项目建成动用的一系列准备工作。

（7）竣工验收。项目竣工后，业主应及时组织验收，编制工程项目竣工报告。

（8）项目后评价。项目建成投产后，对建设项目进行评价。

工程项目建设程序可以概括为：先调查、规划、评价，后确定项目投资；先勘察、选址，后设计；先设计，后施工；先安装试车，后竣工投产；先竣工验收，后交付使用。只有在完成上一环节后方可转入下一环节，以保证工程质量和投资效益回收。工程项目建设程序顺应了市场经济的发展，体现了业主责任制、建设监理制、工程招投标制、项目咨询评估制的要求，并且与国际惯例基本趋于一致。

```
                    ┌─────────────────────┐
                    │ 国民经济中长期发展规划 │
                    └──────────┬──────────┘
   ┌──────────┐                │
   │ 项目咨询  │                │
   └──────────┘                │
                    ┌──────────┴──────────┐
                    │    提出项目建议书    │────────┐
                    └──────────┬──────────┘        │
                    ┌──────────┴──────────┐        │      ┌──────────┐
                    │    进行可行性研究    │────────┼─────→│ 投资估算  │
                    └──────────┬──────────┘        │      └──────────┘
                    ┌──────────┴──────────┐        │
                    │    编制设计任务书    │        │
                    └──────────┬──────────┘        │
                                          ┌──────────┐     ┌──────────┐
                                          │ 初步设计  │────→│ 设计概算  │
                                          └──────────┘     └──────────┘
┌──────────┐   ┌──────────┐   ┌──────────┐   ┌──────────┐
│ 建设前准备 │←─│ 编制设计文件 │─→│ 技术设计  │─→│ 修正概算  │
└────┬─────┘   └──────────┘   └──────────┘   └──────────┘
┌────┴─────┐                   ┌──────────┐   ┌──────────┐
│ 准备订货  │                   │ 施工图设计 │─→│ 施工图预算 │
└────┬─────┘                   └──────────┘   └──────────┘
┌────┴─────┐   ┌──────────┐   ┌──────────┐   ┌────────┐   ┌────────┐
│ 物资采购  │←─│ 开工准备  │   │最高投标限价│─→│ 投标价  │─→│ 合同价  │
└────┬─────┘   └──────────┘   └──────────┘   └────────┘   └────────┘
     │         ┌──────────┐                              ┌──────────┐
     └────────→│ 组织施工  │                              │ 施工预算  │
               └────┬─────┘                              └──────────┘
               ┌────┴─────┐                              ┌──────────┐
               │ 竣工验收  │                              │ 工程结算  │
               └────┬─────┘                              └──────────┘
               ┌────┴─────┐                              ┌──────────┐
               │ 项目后评价 │                              │ 竣工决算  │
               └──────────┘                              └──────────┘
```

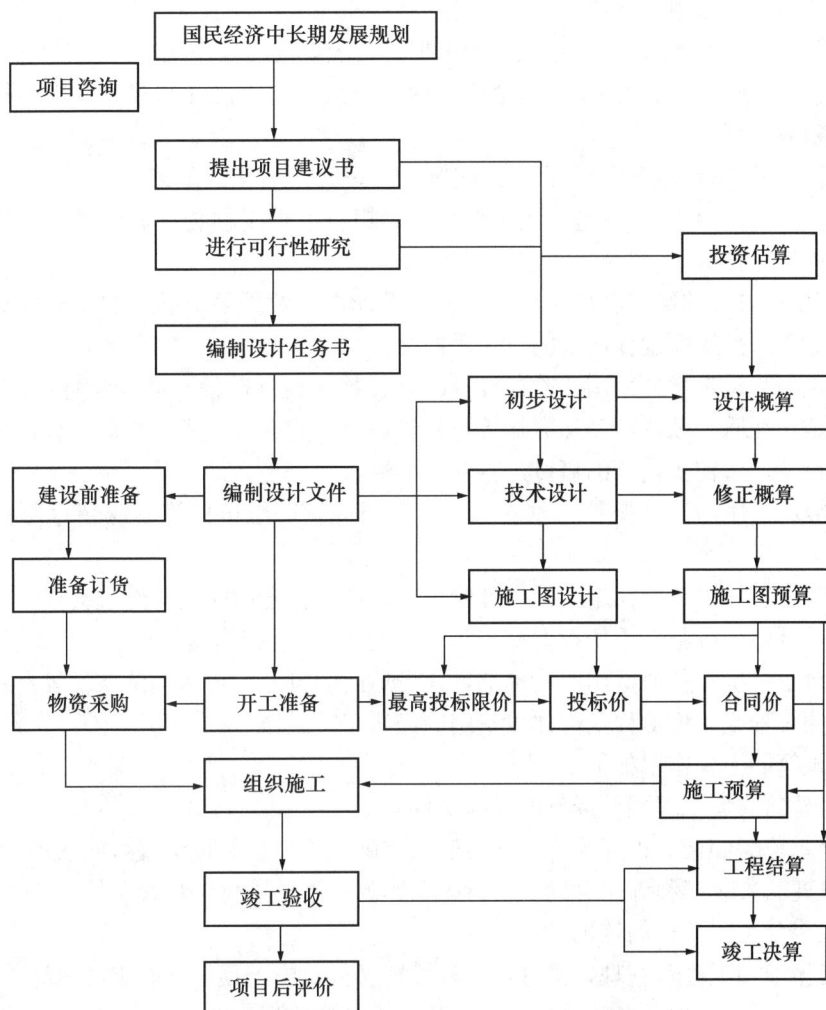

图 1-1　工程项目建设及计价程序

2. 工程项目计价程序解读

工程项目从决策到竣工交付使用，都有一个较长的建设期。在整个建设期内，构成工程造价的任何因素发生变化都必然会影响工程造价的变动，不能一次确定可靠的价格，要到竣工结算后才能最终确定工程造价。因此，需对工程项目建设程序的各个阶段进行计价，以保证工程造价确定和控制的科学性。工程造价的多次性计价反映了不同的计价主体对工程造价的逐步深化、逐步细化、逐步接近和最终确定工程造价的过程。

（1）投资估算。一般是指在项目建议书或可行性研究阶段，建设单位向国家或主管部门申请建设项目投资时，为了确定建设项目的投资总额而编制的经济文件。它是国家或主管部门审批或确定建设项目投资计划的重要文件。投资估算主要根据估算指标、概算指标或类似工程预（决）算等资料进行编制。

（2）设计概算。是指在初步设计或扩大初步设计阶段，由设计单位根据初步设计图纸、概算定额或概算指标，材料、设备预算价格，各项费用定额或取费标准，建设地区的自然、技术经济条件等资料，预先计算建设项目由筹建至竣工验收、交付使用全部建设费用的经济文件。

设计概算的主要作用如下:

1) 国家确定和控制建设项目总投资的依据。未经规定的程序批准，不能突破总概算。

2) 编制建设项目计划的依据。每个建设项目，只有初步设计和概算文件被批准后，才能列入建设项目计划。

3) 进行设计概算、施工图预算和竣工决算，"三算"对比的基础。

4) 实行投资包干和招标承包制的依据，也是银行办理工程贷款和结算，以及实行财政监督的重要依据。

5) 考核设计方案的经济合理性，选择最优设计方案的重要依据。利用概算对设计方案进行经济性比较，是提高设计质量的重要手段之一。

(3) 修正概算，是指当采用三阶段设计时，在技术设计阶段，随着设计内容的具体化，建设规模、结构性质、设备类型和数量等与初步设计可能有所出入。为此，设计单位应对投资进行具体核算，对初步设计的概算进行修正而形成的经济文件。

修正概算的作用与设计概算基本相同。一般情况下，修正概算不应超过原批准的设计概算。

(4) 施工图预算，是指在施工图设计阶段，设计工作全部完成并经过会审，单位工程开工之前，由设计咨询或施工单位根据施工图纸，施工组织设计，消耗量定额或规范，人工、材料、机械台班单价和各项费用取费标准，建设地区的自然、技术经济条件等资料，预先计算和确定单项工程或单位工程全部建设费用的经济文件。

施工图预算的主要作用如下:

1) 确定建筑安装工程预算造价的具体文件。

2) 建设单位编制最高投标限价(或标底)和施工单位编制投标报价的依据。

3) 签订建筑安装工程施工合同、实行工程预算包干、进行工程竣工结算的依据。

4) 银行借贷工程价款的依据。

5) 施工企业加强经营管理，搞好经济核算，实行对施工预算和施工图预算"两算对比"的基础，也是施工企业编制经营计划、进行施工准备的依据。

(5) 标底或最高投标限价。国有资金投资的工程进行招标，根据《中华人民共和国招标投标法》的规定，招标人可以设标底。当招标人不设标底时，为有利于客观、合理的评审投标报价和避免哄抬价，造成国有资产流失，招标人应编制最高投标限价。

1) 标底，是指业主为控制工程建设项目的投资，根据招标文件、各种计价依据和资料以及有关规定所计算的，用于测评各投标单位工程报价的工程造价。

在工程项目招标投标工作中，标底价格在评标、定标过程中起到了控制价格的作用。标底由业主或招标代理机构编制，在开标前是绝对保密的。

2) 最高投标限价，是指招标人根据国家或省级行业建设主管部门颁发的有关计价依据和办法，按设计施工图纸计算，对招标工程限定的最高工程造价。

最高投标限价是在工程招标发包过程中，由招标人或受其委托具有相应资质的工程造价咨询人，根据有关计价规定计算的工程造价，其作用是招标人用于对招标工程发包的最高限价。投标人的投标报价高于最高投标限价的，应予废标。最高投标限价的作用决定了最高投标限价不同于标底，无须保密。

(6) 投标价，是指投标人投标时报出的工程造价，又称之为投标报价。它是投标人根据业主招标文件的工程量清单、企业定额以及有关规定，计算的拟建工程建设项目的工程造价，是投标文件的重要组成部分。

投标价是在工程招标发包过程中，由投标人按照招标文件的要求，根据工程特点，并结合自身的施工技术、装备和管理水平，依据有关计价规定自主确定的工程造价，是投标人希望达成工程承包交易的期望价格，它不能高于招标人设定的最高投标限价。

（7）合同价，是指发、承包双方在施工合同中约定的工程造价，又称之为合同价格。它是在签订总承包合同、建筑安装工程施工承包合同、设备材料采购合同时，由发包方和承包方根据《建设工程施工合同示范文本》等有关规定，经协商一致确定的作为双方结算基础的工程造价。

合同价是在工程发、承包交易过程中，由发、承包双方以合同形式确定的工程承包价格。采用招标发包的工程，其合同价应为投标人的中标价。合同价属于市场价格的性质，它是由承发包双方根据市场行情共同议定和认可的成交价格，但并不等同于最终结算的实际工程造价。

（8）施工预算，是指施工阶段，在施工图预算的控制下，施工单位根据施工图计算的分项工程量、企业定额、单位工程施工组织设计等资料，通过工料分析、计算和确定拟建工程所需的人工、材料、机械台班消耗量及其相应费用的技术经济文件。

施工预算的主要作用如下：

1）施工企业对单位工程实行计划管理，编制施工作业计划的依据。

2）向作业队签发施工任务单，实行经济核算，考核单位用工以及限额领料的依据。

3）施工企业推行全优综合奖励制度，实行按劳分配的依据。

4）施工企业开展经济活动分析，进行施工图预算和施工预算"两算"对比的依据。

5）施工企业向建设单位索赔或办理经济签证的依据。

（9）工程结算，是指一个单项工程、单位工程、分部工程或分项工程完工，并经建设单位及有关部门验收或验收点交后，施工企业根据合同规定，按照施工现场实际情况的记录、设计变更通知书、现场签证、消耗量定额、工程量清单、人工材料机械单价和各项费用取费标准等资料，向建设单位办理结算工程价款，取得收入，用以补偿施工过程中的资金耗费，确定施工盈亏的经济文件。

工程结算一般有定期结算、阶段结算、竣工结算等方式。其作用如下：

1）施工企业取得货币收入，用以补偿资金耗费的依据。

2）进行成本控制和分析的依据。

（10）竣工决算，是指在竣工验收阶段，当一个建设项目完工并验收后，建设单位编制的从筹建到竣工验收、交付使用全过程实际支付的建设费用的经济文件。其内容由文字说明和决策报表两部分组成。

竣工决算的主要作用如下：

1）国家或主管部门进行建设项目验收时的依据。

2）全面反映建设项目经济效果、核定新增固定资产和流动资产价值、办理交付使用的依据。

综上所述，工程项目计价程序中，各项技术经济文件均以价值形态贯穿于整个工程建设项目过程中。估算、概算、预算、结算、决算从申请建设项目、确定和控制建设项目投资，到确定建筑产品计划价格，进行建设项目经济管理和施工企业经济核算，最后以决算形成企、事业单位的固定资产，这些经济文件反映了工程建设项目的主要经济活动。在一定意义上说，它们是工程建设项目经济活动的血液，是一个有机的整体，缺一不可。申请工程项目要编估算，设计要编概算，施工前要编预算，并在其基础上投标报价、签订合同价，竣工时要编结算和决算。同时国家要求，决算不能超过预算，预算不能超过概算。

第二节　建设项目总投资与工程造价

一、建设项目总投资

建设项目总投资是指投资主体为获取预期收益，在选定的建设项目上投入的所需全部资金，即建设项目从建设前期决策工作开始，到项目全部建成投产为止所发生的全部投资费用。

建设项目总投资由建设投资、建设期利息、固定资产投资方向调节税和铺底流动资金等项目组成。建设项目总投资组成见表1-1。

表1-1　　　　　　　　　　　　建设项目总投资组成

费用项目名称				资产类别归并（项目经济评价）
建设项目总投资	建设投资	第一部分工程费用	建筑工程费	固定资产费用
			设备购置费	
			安装工程费	
		第二部分工程建设其他费用	建设管理费	
			建设用地费	
			可行性研究费	
			研究试验费	
			勘察设计费	
			环境影响评价费	
			劳动安全卫生评价费	
			场地准备及临时设施费	
			引进技术和引进设备其他费	
			工程保险费	
			联合试运转费	
			特殊设备安全监督检验费	
			市政公用设施费	
			专利及专有技术使用费	无形资产费用
			生产准备及开办费	其他资产费用（递延资产）
		第三部分预备费	基本预备费	固定资产费用
			价差预备费	
	建设期利息			固定资产费用
	固定资产投资方向调节税（暂停征收）			
	铺底流动资金			流动资产费用

1. 建设投资

建设投资是指用于建设项目的全部工程费用、工程建设其他费用及预备费用之和。

建设投资由工程费用（建筑工程费、设备购置费、安装工程费）、工程建设其他费用和预备费用（基本预备费和价差预备费）组成。

2. 建设期利息

建设期利息是指建设项目贷款在建设期内发生并应计入固定资产的贷款利息等财务费用。

3. 固定资产投资方向调节税

固定资产投资方向调节税是指国家为贯彻产业政策、引导投资方向、调整投资结构而征收的投资方向调整税金。现已暂停征收。

4. 铺底流动资金

铺底流动资金是指生产经营性建设项目为保证投产后正常的生产营运所需，并在项目资本金中的自有流动资金。非生产经营性建设项目不列铺底流动资金。

铺底流动资金一般占流动资金的30%，其余70%流动资金可申请短期贷款。

二、建设项目工程造价

建设项目按投资领域可分为生产性项目和非生产性项目。生产性工程建设项目总投资，包括固定资产投资和包含铺底流动资金在内的流动资产投资两部分。非生产性工程建设项目总投资只有固定资产投资，不含流动资产投资。工程建设项目的固定资产投资就是工程建设项目的工程造价。

1. 工程造价的含义

工程造价的第一种含义：从投资者——业主的角度定义，工程造价是指建设一项工程预期开支或实际开支的全部固定资产投资费用，包括工程费用、工程建设其他费用、预备费用、建设期利息与固定资产投资方向调节税。投资者在投资活动中所支付的这些费用最终形成了工程建成以后交付使用的固定资产、无形资产和递延资产价值，所有这些开支就构成了工程造价。从这一意义上来说，工程造价就是工程建设项目的固定资产投资费用。工程建设项目总造价是项目总投资中的固定资产投资的总额。

工程造价的第二种含义：从市场的角度来定义，工程造价是指工程价格，即为建成一项工程，预计或实际在土地市场、设备市场、技术劳务市场，以及承包市场等交易活动中所形成的建筑安装工程价格和建设工程总价格。显然，工程造价的第二种含义是将工程项目作为特殊的商品形式，通过招投标、承发包和其他交易方式，在多次预估的基础上，最终由市场形成的价格。通常将工程造价的第二种含义只认定为工程承发包价格，是第一种含义中的一部分。

2. 建筑产品价格

价值是价格的基础。商品的价值用货币形态表现出来就是价格。根据劳动价值规律，产品的价格（P）是社会必要劳动时间价值的货币表现，它应等于物化劳动价值（C）、活劳动价值（V）和盈利（m）之和，即 $P = C+V+m$，前二者构成产品生产成本。因此，从理论上讲，建设工程造价（即建筑产品价格），应能反映项目建设过程中勘察设计机构、监理单位、施工企业、设备制造厂商和建设单位等的物质消耗支出（C）、劳动报酬（V）和盈利（m）的全部内容，如图1-2所示。

```
                        ┌ 1. 土地的价格;
            物质消耗支出（C）┤ 2. 设备、工器具的价格;
                        │ 3. 建筑材料、构件的价格;
                        └ 4. 施工机械等固定资产的折旧、维修、转移费用等

                        ┌ 1. 勘察设计和监理人员的工资、奖金和费用;
建筑工程造价─── 劳动报酬（V）┤ 2. 施工企业职工的工资、奖金和转移费用等;
                        └ 3. 建设单位职工的工资、奖金和费用等

                        ┌ 1. 勘察设计、监理单位的利润和税金;
            盈利（m）    ┤ 2. 施工企业的利润和税金;
                        └ 3. 建设单位（工程承包公司等）的利润和税金等
```

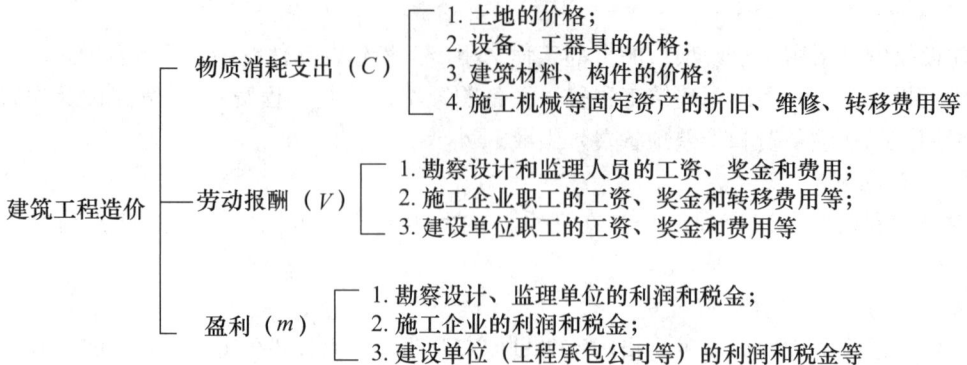

图 1-2　建设工程造价构成示意图

第三节　建筑工程计价原理及特点

一、建筑工程计价原理

建筑工程即建筑产品，是建筑业生产的物质成果，是为国民经济各部门提供新的固定资产和满足人民生活需要而生产的可交换的产品，是社会总产品的组成部分。建筑产品在经济范畴里和其他行业生产的产品一样，具有商品的属性，需要计价。但其计价的特点与其他商品有所不同，主要区别在于建筑产品的计价是一项预测行为，需预先计算。如估算、概算、预算等。

由于建筑产品自身的特点，需采用特殊的计价方式单独定价。其定价的基本原理是将最基本的工程项目作为假定产品计算出单位工程造价。所谓假定产品，是指消耗量定额中或工程量清单计量规范中所规定的工程项目，它们是最基本的分项或子项工程。由于它们与完整的工程项目不同，无独立存在的意义，只是建筑安装工程的一种因素，是为了确定建筑安装单位工程产品价格而分解出来的一种假定产品。

确定单位工程建筑产品价格，首先确定单位假定产品（分项或子项工程）的人工、材料、机械台班消耗指标（定额），再用货币形式计算单位假定产品的价格（工程单价），作为建筑产品计价基础；然后根据施工图纸及工程量计算规则，分别计算出各工程项目的工程量，再分别乘以工程单价，计算出建筑产品的直接费用成本，并以直接成本为基础计算出间接费成本；最后，计算利润和税金，汇总后构成建筑产品的完全价格。同时，还可根据工程量清单和清单计价的方式计算全部工程费用。

二、建设项目的分解

为便于对建设项目管理和确定建筑产品价格，将建设项目的整体根据其组成进行科学的分解，划分为若干个单项工程、单位（子单位）工程、分部（子分部）工程、分项工程、子项工程。

1. 单项工程

单项工程又称工程项目，是指在一个建设项目中，具有独立的设计文件，竣工后可以独立发挥生产能力或效益的一组配套齐全的工程项目。单项工程是建设项目的组成部分。一个建设项目可以是一个单项工程，也可以包括多个单项工程。如一座工厂中的各个生产车间、

仓库、锅炉房、办公楼等，一所学校中的各教学楼、图书馆、学生宿舍、食堂等，都是具体的单项工程。由此可见，单项工程是具有独立存在意义的一个完整工程，也是一个较为复杂的综合体。

单项工程建筑产品的价格，是依据消耗量定额或企业定额编制单项工程综合概预算或投标价来确定的。

2. 单位（子单位）工程

单位工程是指竣工后一般不能独立发挥生产能力或效益，但具有独立设计，可以独立组织施工的工程。单位工程是单项工程的组成部分。对于建筑规模较大的单位工程，可将其能形成独立使用功能的部分再分为几个子单位工程。单位工程按照投资构成可分为建筑工程、设备安装工程等几大类。而每一类中又可按专业性质及作用不同分解为若干个子单位工程。例如，建筑工程还可以根据其中各个组成部分的内容，分为一般土建工程、特殊构筑物工程、工业管道工程、室内卫生工程、室内电气照明工程等子单位工程。几幢同类型的建筑物不能作为一个单位工程。

单位工程一般是进行工程成本核算的对象。在定额计价形式下，单位工程产品价格是依据消耗量定额，编制单位工程施工图预结算这一特殊方式确定的。在清单计价形式下，单位工程产品价格是依据企业定额，由投标单位根据工程量清单报价的方式确定的。

3. 分部（子分部）工程

分部工程是单位工程的组成部分。按照建筑部位、专业工种和结构的不同，可将一个单位工程分解为若干个分部工程。如房屋的土建工程，按其不同的工种、不同的结构和部位可分为土石方工程、砌筑工程、钢筋及混凝土工程、门窗工程、屋面工程等。当分部工程较大或较复杂时，可按材料种类、施工特点、施工程序、专业系统及类别等划分为若干子分部工程。如装饰工程可分为楼地面工程、墙柱面工程、天棚工程等。

4. 分项工程

分项工程是分部工程的组成部分。按照不同的施工方法、不同的材料、不同的内容，可将一个分部工程分解为若干个分项工程。如砌筑工程（分部工程），可分为砖墙、毛石墙等分项工程。

5. 子项工程

子项工程（子目）是分项工程的组成部分，是工程中的最小单元体。例如，砖墙分项工程可分为 240 砖外墙、365 砖外墙等。子项工程是计算人工、材料、机械及资金消耗的最基本的构造要素。单位估价表中的单价大多是以子项工程为对象计算的。

三、建筑工程计价的特点

由建设项目的特征所决定，建筑工程计价具有以下特点。

1. 大额性

任何一项建筑工程，不仅实物形态庞大，而且造价高昂，需投资几百万、几千万甚至上亿元的资金。工程造价的大额性关系到多方面的经济利益，同时也对社会宏观经济产生重大影响。因此，建筑工程计价必须严肃认真地进行，保持其准确性。

2. 模糊性

工程造价的确定并非是简单过程，涉及多个阶段，各个方面经济政策。由于项目内容和价格的不确定性，以及计算方法和计算依据的不同，其数额有着较大的差别。即使是同一方法、同一依据，在同一时间，也各不相同。因此，只能说工程造价是一个相对准确的数值。由于它的不确定性和模糊性，人们才对工程计价引起了足够的重视。

3. 单件性

建筑产品的个体差异性，决定了每项工程建设项目都必须单独计算其工程造价。每一个工程建设项目都有其特点、功能与用途，因而导致其结构、造型、平面布置、设备配置和内外装饰都有所不同。工程所在地的气象、地质、水文等自然条件不同，建设的地点、社会经济条件等不同，都会直接或间接地影响工程建设项目的造价，即便是设计内容完全相同的工程项目，由于其建设地点或建设时间的不同，仍需要单独进行计价。

4. 多次性

建筑产品的建设周期长、规模大、造价高，不能一次确定可靠的价格，这就决定了在工程建设全过程中的各个阶段多次计价，并对其进行监督和控制，以保证工程造价计算的准确性和控制的有效性。多次性计价是一个随着工程的展开逐步深化、细化和接近实际造价的过程。

5. 组合性

工程建设项目是单件性与多样性组成的集合体，这就决定了工程造价计算的组合性。一个工程建设项目总造价是由各个单项工程造价组成；一个单项工程造价是由各个单位工程造价组成；一个单位工程造价是按若干分部分项工程计算得出的。由此可见，工程计价必然要顺应工程建设项目的这种组合性和分解性，表现为一个逐步组合的过程。

6. 方法的多样性

工程造价在各个阶段具有不同的作用，且各个阶段对工程建设项目的研究深度也有很大差异，因而工程造价的计价方法是多种多样的。在可行性研究阶段，工程造价的估算多采用设备系数法、生产能力指数估算法等，在施工图设计阶段，工程造价多采用定额法或实物法计算。

7. 依据的复杂性

工程计价依据的种类繁多，主要可分为以下六类：

（1）工程量的计算依据。包括设计文件、计算规则等。

（2）计算人工、材料、机械等实物消耗量的依据。包括各种定额。

（3）计算工程单价的依据。包括人工单价、材料单价、机械台班单价等。

（4）计算各种费用的依据。如费用定额、费用文件等。

（5）政府规定的税、费文件。如不同时期税费调整文件等。

（6）调整工程造价的依据。如工程变更、政策文件、物价指数等。

8. 动态性

工程项目在建设期间都会出现一些不可预料的风险因素。如工程变更，设备、材料、人工价格、费率、利率、汇率等发生变化；因不可抗力因素或因承包方、发包方原因造成的索赔事件等，这一切必然会导致工程建设项目投资额度的变动，需随时进行动态跟踪、调整，直至竣工决算后，才能真正确定工程建设项目的投资额度。

9. 兼容性

工程造价计价的兼容性，首先表现在其具有两种含义。工程造价计价既可以指工程建设项目的固定资产投资，也可以指建筑安装工程造价；既可以指招标的标底或最高投标限价，也可以指投标报价。另外，不同专业造价的编制方法和手段有很大的相似性和兼容性，可以融会贯通。

四、建筑工程计价的职能

工程造价的职能除具有一般商品价格职能外，还具有自己特殊的职能。

1. 预测职能

工程项目的建设一般都要经过可行性研究、设计、招标投标、工程施工、竣工验收等阶段。每一阶段都必须对工程造价进行预测。同时，投资方预测工程造价不仅作为项目决策依据，也是筹集资金、控制造价的依据。承包商预测工程造价，既为投标决策提供依据，也为投标报价和成本管理提供依据。

2. 控制职能

工程造价的控制职能表现在两个方面：一是工程造价的纵向控制，即上一阶段的工程造价作为下一阶段的控制目标。如估算造价控制概算造价，概算造价控制预算造价，依此类推。二是工程造价的横向控制，即在某一个阶段，按一定的工程造价指标和技术经济指标作为控制目标对工程造价进行控制。如单方造价指标等。工程造价的控制职能在工程建设中具有十分重要的意义，它直接关系到项目能否获得预期的投资效益。同时，工程造价的控制效果也直接关系到相关各方的经济效益。

3. 评价职能

工程造价的评价职能表现在以下四个方面：

（1）工程造价是国家或地方政府控制投资规模、评价项目经济效果、确定建设计划的重要依据，国家或地方政府根据一定的投资规模，选定经济效果评价好的项目列入年度投资或中长期投资计划。

（2）工程造价是金融部门评价项目偿还能力，确定贷款计划、贷款偿还期以及贷款风险的重要经济评价参数。

（3）工程造价也是业主或投资人考察项目经济效益，进行投资决策的基本依据。

（4）工程造价是承包商评价自身技术、管理水平和经营成果的重要依据。

4. 调控职能

工程建设领域既是资金密集行业，也是劳动力密集行业，直接关系到整个经济的运行和增长，也直接关系到国家重要资源分配和资金流向，对国民经济有着重大影响。因此，国家对建设规模、结构进行宏观调控是不可避免的，对政府投资项目进行直接调控和管理也是非常必要的。这些都要用工程造价作为经济杠杆，对工程建设领域的物质消耗水平、建设规模、投资方向等进行调控和管理。

第四节　建设工程造价专业人员资格管理

为提高固定资产投资效益，维护国家、社会和公共利益，充分发挥造价工程师在工程建设经济活动中合理确定和有效控制工程造价的作用，根据《中华人民共和国建筑法》和国家职业资格制度有关规定，制定造价工程师职业资格制度规定。

在我国建设工程造价管理活动中，从事建设工程造价管理的专业人员可以分为一级造价工程师和二级造价工程师。

一、造价工程师执业资格制度

造价工程师是指通过执业资格考试取得"中华人民共和国造价工程师执业资格证书",并经注册后从事建设工程造价工作的专业人员。未取得注册证书和执业印章的人员,不得以注册造价工程师的名义从事工程造价活动。

1. 资格考试

一级造价工程师执业资格考试实行全国统一大纲、统一命题、统一组织的办法。原则上每年举行一次。二级造价工程师职业资格考试全国统一大纲,各省、自治区、直辖市自主命题并组织实施。

2. 报考条件

凡遵守《中华人民共和国宪法》及法律、法规,具有良好的业务素质和道德品行,具备下列条件之一者,可以申请参加一、二级造价工程师职业资格考试。

(1) 报考一级造价工程师,从事工程造价工作的学历及年限要求。

1) 具有工程造价专业大学专科(或高等职业教育)学历,从事工程造价业务工作满 5 年;具有土木建筑、水利、装备制造、交通运输、电子信息、财经商贸大类大学专科(或高等职业教育)学历,从事工程造价业务工作满 6 年。

2) 具有通过专业评估(认证)的工程管理、工程造价专业大学本科学历或学位,从事工程造价业务工作满 4 年;具有工学、管理学、经济学门类大学本科学历或学位,从事工程造价业务工作满 5 年。

3) 具有工学、管理学、经济学门类硕士学位或者第二学士学位,从事工程造价业务工作满 3 年。

4) 具有工学、管理学、经济学门类博士学位,从事工程造价业务工作满 1 年。

5) 具有其他专业相应学历或者学位的人员,从事工程造价业务工作年限相应增加 1 年。

(2) 报考二级造价工程师,从事工程造价工作的学历及年限要求。

1) 具有工程造价专业大学专科(或高等职业教育)学历,从事工程造价业务工作满 2 年;具有土木建筑、水利、装备制造、交通运输、电子信息、财经商贸大类大学专科(或高等职业教育)学历,从事工程造价业务工作满 3 年。

2) 具有工程管理、工程造价专业大学本科及以上学历或学位,从事工程造价业务工作满 1 年;具有工学、管理学、经济学门类大学本科及以上学历或学位,从事工程造价业务工作满 2 年。

3) 具有其他专业相应学历或学位的人员,从事工程造价业务工作年限相应增加 1 年。

3. 证书取得

(1) 一级造价工程师职业资格考试合格者,由各省、自治区、直辖市人力资源社会保障行政主管部门颁发中华人民共和国一级造价工程师职业资格证书。该证书由人力资源社会保障部统一印制,中华人民共和国住房和城乡建设部、交通运输部、水利部按专业类别分别与人力资源社会保障部用印,在全国范围内有效。

(2) 二级造价工程师职业资格考试合格者,由各省、自治区、直辖市人力资源社会保障行政主管部门颁发中华人民共和国二级造价工程师职业资格证书。该证书由各省、自治区、直辖市住房和城乡建设、交通运输、水利行政主管部门按专业类别分别与人力资源社会保障行政主管部门用印,原则上在所在行政区域内有效。各地可根据实际情况制定跨区域认可办法。

4. 注册

（1）国家对造价工程师职业资格实行执业注册管理制度。取得造价工程师职业资格证书且从事工程造价相关工作的人员，经注册方可以造价工程师名义执业。

（2）住房和城乡建设部、交通运输部、水利部按照职责分工，制定相应注册造价工程师管理办法并监督执行。住房和城乡建设部、交通运输部、水利部分别负责一级造价工程师注册及相关工作。各省、自治区、直辖市住房和城乡建设、交通运输、水利行政主管部门按专业类别分别负责二级造价工程师注册及相关工作。

（3）经批准注册的申请人，由住房和城乡建设部、交通运输部、水利部核发"中华人民共和国一级造价工程师注册证"（或电子证书）；或由各省、自治区、直辖市住房和城乡建设、交通运输、水利行政主管部门核发"中华人民共和国二级造价工程师注册证"（或电子证书）。

5. 执业

（1）造价工程师在工作中，必须遵纪守法，恪守职业道德和从业规范，诚信执业，主动接受有关主管部门的监督检查，加强行业自律。

（2）住房和城乡建设部、交通运输部、水利部共同建立健全造价工程师执业诚信体系，制定相关规章制度或从业标准规范，并指导监督信用评价工作。

（3）造价工程师不得同时受聘于两个或两个以上单位执业，不得允许他人以本人名义执业，严禁"证书挂靠"。出租出借注册证书的，依据相关法律法规进行处罚；构成犯罪的，依法追究刑事责任。

（4）一级造价工程师的执业范围包括建设项目全过程的工程造价管理与咨询等，具体工作内容包括：

1）项目建议书、可行性研究投资估算与审核，项目评价造价分析；

2）建设工程设计概算、施工预算编制和审核；

3）建设工程招标投标文件工程量和造价的编制与审核；

4）建设工程合同价款、结算价款、竣工决算价款的编制与管理；

5）建设工程审计、仲裁、诉讼、保险中的造价鉴定，工程造价纠纷调解；

6）建设工程计价依据、造价指标的编制与管理；

7）与工程造价管理有关的其他事项。

（5）二级造价工程师主要协助一级造价工程师开展相关工作，可独立开展以下具体工作：

1）建设工程工料分析、计划、组织与成本管理，施工图预算、设计概算编制；

2）建设工程量清单、最高投标限价、投标报价编制；

3）建设工程合同价款、结算价款和竣工决算价款的编制。

（6）造价工程师应在本人工程造价咨询成果文件上签章，并承担相应责任。工程造价咨询成果文件应由一级造价工程师审核并加盖执业印章。对出具虚假工程造价咨询成果文件或者有重大工作过失的造价工程师，不再予以注册，造成损失的依法追究其责任。

6. 继续教育

取得造价工程师注册证书的人员，应当按照国家专业技术人员继续教育的有关规定接受继续教育，更新专业知识，提高业务水平。

二、造价工作者素质要求与职业道德

1. 造价工作者的素质要求

造价工作者的职责关系到国家和社会公众利益，对其专业和身体素质的要求应包括以下几个方面：

（1）造价工作者是复合型的专业管理人才。作为工程造价管理者，造价工作者应是具备工程、经济和管理知识与实践经验的高素质复合型专业人才。

（2）造价工作者应具备技术技能。技术技能是指能使用由经验、教育及培训的知识、方法、技能及设备，来达到完成特定任务的能力。

（3）造价工作者应具备人文技能。人文技能是指与人共事的能力和判断力。造价工作者应具有高度的责任心与协作精神，善于与业务有关的各方面人员沟通、协作，共同完成对项目目标的控制或管理。

（4）造价工作者应具备观念技能。观念技能是指了解整个组织及自己在组织中地位的能力，使自己不仅能按本身所属的群体目标行事，而且能按整个组织的目标行事。同时，造价工作者应有一定的组织管理能力，具有面对机遇与挑战积极进取，勇于开拓的精神。

（5）造价工作者应有健康的体魄和宽广的胸怀。健康的心理和较好的身体素质是造价工作者适应紧张、繁忙工作的基础。

2. 造价工作者的职业道德

造价工作者的职业道德又称职业操守，通常是指在职业活动中所遵守的行为规范的总称，是专业人士必须遵从的道德标准和行业标准。造价工作者职业道德行为准则的具体要求如下：

（1）遵守国家法律、法规和政策，执行行业自律性规定，珍惜职业声誉，自觉维护国家和社会公共利益。

（2）遵守"诚信、公正、精业、进取"的原则，以高质量的服务和优秀的业绩，赢得社会和客户对造价工作者职业的尊重。

（3）勤奋工作，独立、客观、公正、正确地出具工程造价成果文件，使客户满意。

（4）诚实守信，尽职尽责，不得有欺诈、伪造、作假等行为。

（5）尊重同行，公平竞争，搞好同行之间的关系，不得采取不正当的手段损害、侵犯同行的权益。

（6）廉洁自律，不得索取、收受委托合同约定以外的礼金和其他财物，不得利用职务之便牟取其他不正当的利益。

（7）造价工作者与委托方有利害关系的，应当主动回避；同时，委托方也有权要求其回避。

（8）对客户的技术和商务秘密负有保密义务。

（9）接受国家和行业自律组织对其职业道德行为的监督检查。

习　　题

1-1　什么是建设项目？

1-2　按资金来源和渠道不同，建设项目分为哪几类？

1-3　简述工程项目建设及计价程序。

1-4　设计概算、施工图预算、施工预算有何区别？

1-5　施工预算和施工图预算各起什么作用？

1-6　何谓"三算"？

1-7　标底和最高投标限价有何区别？

1-8　投标价与合同价有何区别？

1-9　工程结算与竣工决算有什么不同？

1-10　简述工程造价的两种含义。

1-11　简述建设项目总投资与工程造价的关系。

1-12　建设项目总投资由哪些费用项目组成？

1-13　单项工程和单位工程有何区别？

1-14　建筑工程计价具有哪些特点？

1-15　工程造价具有哪些特殊职能？

1-16　造价师的报考条件有哪些？

1-17　造价工作者的职业道德准则包括哪些内容？

第二章　建筑工程定额与计价标准

第一节　建筑工程定额概述

一、建设工程定额的产生与发展

定额，广义上讲是一种规定的额度，是人们根据不同的需要，对某些消耗规定的数量标准，是对事物、资金、时间在质和量上的规定。在现代社会经济生活中，定额几乎是无处不在。在工程建设领域也存在多种定额，它们是工程造价计价的重要依据。

1. 定额的产生与发展

定额属于管理的范畴，定额的产生是与管理科学的形成和发展紧密联系在一起的，它的代表人物有美国人泰勒和吉尔布雷斯夫妇等。

定额的制定与管理成为科学始于泰勒制，泰勒制的核心内容包括两方面：第一，科学的工时定额；第二，工时定额与有差别的计件工资制度相结合。泰勒制的产生和推行，在提高劳动生产率方面取得了显著的效果，也给资本主义企业管理带来了根本性的改革和深远的影响。

定额伴随着管理科学的产生而产生，也伴随着管理科学的发展而发展。定额是管理科学的基础，它在西方企业的现代化管理中一直占有重要地位。

2. 建设工程定额的形成和发展

随着生产力的发展，建设工程的规模和数量不断扩大，技术水平和管理手段不断提高，为了评判不同建设阶段的资金资源的消耗标准，逐步发展成建设工程各个阶段不同用途的建设工程定额。它是一个综合的概念，是多种类、多层次的计价方式和消耗标准的总称。它们相互区别又相互补充，相互交叉又相互联系，从而形成了一个与建设工程各阶段相配套的，与建设工作深度相适应的，层次分明、分工有序的建设工程定额体系。

建设工程定额就是把处理过的工程造价数据积累转化成的一种工程造价信息，它主要是指资源要素消耗量的数据，包括人工、材料、施工机械的消耗量。

造价管理部门一方面要制定统一的工程量清单项目和计算规则，另一方面要加强工程造价信息的收集与发布。同时，还要加快建立企业内部定额体系，并把是否具备完备的私人信息作为企业的市场准入条件。

二、建筑工程定额的概念

建筑工程定额是指在正常的施工条件、先进合理的施工工艺和施工组织的条件下，采用科学的方法制定每完成一定计量单位的质量合格产品所必须消耗的人工、材料、机械设备及其价值的数量标准。正常的施工条件、先进合理的施工工艺和施工组织，就是指生产过程按生产工艺和施工验收规范操作，施工条件完善，劳动组织合理，机械运转正常，材料储备合理。在这样的条件下，采用科学的方法对完成单位产品进行的定员（定工日）、定质（定质量）、定量（定数量）、定价（定资金），同时还规定了应完成的工作内容，达到的质量标准和安全要求等。

实行定额的目的，是为了力求用最少的人力、物力和财力，生产出符合质量标准的合格建筑产品，取得最好的经济效益。定额既是使建筑安装活动中的计划、设计、施工、安装各项工作取得最佳经济效益的有效工具和杠杆，又是衡量、考核上述工作经济效益的尺度。它在企业管理中占有十分重要的地位。

三、建筑工程定额的性质

定额具有科学性、系统性、统一性、指导性、群众性、稳定性和时效性等性质。

1. 科学性

建筑工程定额的科学性，表现在定额是在认真研究客观规律的基础上，遵循客观规律的要求，实事求是地运用科学的方法制定的；是在总结广大工人生产经验的基础上根据技术测定和统计分析等资料，并经过综合分析研究而后制定的。定额还考虑了已经成熟推广的先进技术和先进的操作方法，正确反映当前生产力水平的单位产品所需要的生产消耗量。

2. 系统性

建设工程是一个庞大的实体系统，定额是为这个实体系统服务的。建设工程本身的多种类、多层次就决定了以它为服务对象的定额的多种类、多层次。建设工程都有严格的项目划分，如建设项目、单项工程、单位工程、分部分项工程；在计划和实施过程中有严密的逻辑阶段，如可行性研究、设计、施工、竣工交付使用以及投入使用后的维修。与此相适应必然形成定额的多种类、多层次。

3. 统一性

建筑工程定额的统一性，主要是由国家对经济发展的有计划的宏观调控职能所决定的。为了使国民经济按照既定的目标发展，就需要借助于某些标准、定额、规范等，对建设工程进行规划、组织、调节、控制。而这些标准、定额必须在一定范围内是一种统一的尺度，才能实现上述职能，才能利用它对项目的决策、设计方案、投标报价、成本控制进行比选和评价。为了建立全国统一建设市场和规范计价行为，"计量标准"统一了分部分项工程项目名称、项目特征、计量单位、工程量计算规则及项目编码。

4. 指导性

建筑工程定额的指导性表现为在企业定额还不完善的情况下，为了有利于市场公平竞争、优化企业管理、确保工程质量和施工安全的工程计价标准，规范工程计价行为，指导企业自主报价，为实行市场竞争形成价格奠定了坚实的基础。企业可在基础定额的基础上，自行编制企业内部定额，逐步走向市场化，与国际计价方法接轨。

5. 群众性

建筑工程定额的群众性是指定额来自群众，又贯彻于群众。定额的制定和执行，具有广泛的群众基础。定额的编制采用工人、技术人员和定额专职人员相结合的方式，使得定额能从实际水平出发，并保持一定的先进性质。它能把群众的长远利益和当前利益，广大职工的劳动效率和工作质量，国家、企业和劳动者个人三者的物质利益结合起来，充分调动广大职工的积极性，完成和超额完成工程任务。

6. 稳定性

建筑工程定额中的任何一种定额都是一定时期技术发展和管理水平的反映，因而在一段时间内都表现为稳定的状态。根据具体情况不同，稳定的时间有长有短，一般在5～10年，保持定额的稳定性是有效地贯彻定额所必需的。如果某种定额处于经常修改变动之中，那么必然造成执行中的困难和混乱，使人们感到没有必要去认真对待它。定额的不稳定也会给定额的编制工作带来极大的困难，而定额的稳定性是相对的。

7. 时效性

建筑工程定额中的任何一种定额，都只能反映出一定时期的生产力水平，当生产力向前发展了，定额就会变得不适应。当定额不再起到它应有的作用时，定额就要重新编制和进行修订。所以说，定额具有显著的时效性，即新定额一旦产生，旧定额就停止使用。

四、建筑工程定额的分类

建筑工程定额的种类很多，按其内容、形式、用途等不同，可以作如下分类。

按生产要素分类：劳动定额、材料消耗定额和机械台班使用定额。

按定额的编制程序和用途分类：基础定额、企业定额、消耗量定额（或预算定额）、概算定额、概算指标和估算指标。

按管理权限和执行范围分类：全国统一定额、专业专用和专业通用定额、地方统一定额、企业补充定额、临时定额。

按专业和费用分类：建筑工程定额、设备安装工程定额、建筑安装工程费用定额、工器具定额、工程建设其他费用定额。

定额的形式、内容和种类是根据生产建设的需要而制定的，不同的定额及其在使用中的作用也不完全一样，但它们之间是相互联系的，在实际工作中有时需要相互配合使用。

第二节　基　础　定　额

建筑工程中绝大部分的定额编制工作都是在基础定额的基础上进行的。所谓基础定额，是指建筑工程中，按照生产要素规定的，在规定的正常施工条件和合理的劳动组织、合理使用材料及机械等条件下，完成单位合格产品所必须消耗的人工、材料、机械台班的数量标准。它由劳动定额、材料消耗定额、机械台班定额组成。

按照国家建设行政主管部门的要求，应规范建筑安装工程造价项目内容、工程项目划分、计量单位和工程量计算规则。编制建筑工程人工、材料、机械消耗量的基础定额，供确定最高投标限价和投标报价时参考，并作为宏观调控的手段。劳动力、材料、机械等价格由市场调节，同时要引导施工企业编制自己的定额，自主投标报价。

为了尽快适应市场经济的发展和与国际接轨的需要，尽快编制出自己的企业定额，学习和研究基础定额，就具有重要的现实意义。

一、劳动消耗定额

劳动消耗定额是一个综合概念，根据用途和使用范围不同，有全国统一劳动定额、地区统一劳动定额和企业内部劳动定额等。以下我们综合阐述。

（一）劳动定额的概念

劳动消耗定额简称劳动定额或人工定额，它规定在一定生产技术组织条件下，完成单位合格产品所必需的劳动消耗量的标准。这个标准是国家或企业对工人在单位时间内完成的产品数量、质量的综合要求。它表示建筑安装工人劳动生产率的一个先进合理指标。

全国统一劳动定额与企业内部劳动定额在水平上具有一定的差别。企业应以全国统一劳动定额或地区统一劳动定额为标准结合单位实际情况，制定符合本企业实际的企业内部劳动定额，不能完全照搬照套。

劳动定额按其表现形式有时间定额和产量定额两种。

1. 时间定额

时间定额是指在一定的生产技术和生产组织条件下，某工种、某技术等级的工人小组或个人，完成单位合格产品所必须消耗的工作时间。例如，普通工每挖 $1m^3$ 四类土用 0.33 工日。定额工作时间包括工人的有效工作时间、必需的休息时间和不可避免的中断时间。时间定额以工日为单位，每一个工日按 8h 计算。

时间定额是在实际工作中经常采用的一种劳动定额形式，它的单位单一，具有便于综合、累计的优点。在计划、统计、施工组织、编制预算中经常采用此种形式。

2. 产量定额

产量定额是指在一定的生产技术和生产组织条件下，某工种、某技术等级的工人小组或个人，在单位时间（工日）内完成合格产品的数量。例如，普通工每工日挖 $3m^3$ 四类土。

产量定额的计量单位，以单位时间的产品计量单位表示，如 m^3、m^2、t、块、根等。产量定额具有形象化的特点，在工程施工时便于分配任务。

产量定额是根据时间定额计算的。其高低与时间定额成反比，两者互为倒数关系，即

$$时间定额 = \frac{1}{产量定额}$$

$$产量定额 = \frac{1}{时间定额}$$

即　　　　　　　　　　　　时间定额 × 产量定额 = 1

如，砌 $1m^3$ 一砖厚单面清水砖墙，时间定额是 0.65 工日，那么每工产量为 1/0.65 = 1.54（m^3）。

（二）劳动定额的作用

在社会主义历史阶段中，劳动定额的作用主要表现在组织生产和按劳分配两个方面。具体的作用有以下几点：

（1）劳动定额是制定建筑工程定额的依据；

（2）劳动定额是计划管理下达施工任务书的依据；

（3）劳动定额是作为衡量劳动生产率的标准；

（4）劳动定额是按劳分配和推行经济责任制的依据；

（5）劳动定额是推广先进技术和劳动竞赛的基本条件；

（6）劳动定额是建筑企业经济核算的依据；

（7）劳动定额是确定定员编制与合理劳动组织的依据。

（三）劳动定额制定的基本原则

1. 定额水平"平均先进"

定额水平既不能反映少数先进水平，更不能以后进水平为依据，而只能采用平均先进水平。这样，才能代表社会生产力的水平和方向，推进社会生产力的发展。所谓平均先进水平，是指在施工任务饱满、动力和原料供应及时、劳动组织合理、企业管理健全等正常施工条件下，多数工人可以达到或超过，少数工人可以接近的水平。多年经验表明：定额水平过低，既起不到提高工人劳动生产率和促进生产的作用，又会鼓励惰性并造成劳动力和工资的浪费，造成许多不良后果。定额水平过高，大多数工人达不到定额，不但会挫伤工人生产积

极性以及企业经营的积极性，还会不合理地减少工人的劳动报酬。平均先进的定额水平，既要反映各项先进经验和操作方法，又要从实际出发，区别对待，综合分析利弊，使定额水平做到合理可行。

2. 结构形式"简明适用"

定额项目划分合理，步距大小适当，文字通俗易懂，计算方法简便，易于工人掌握和运用，在较大范围内满足不同情况和不同用途的需要。

（1）项目划分合理，即定额项目齐全和粗细恰当。所谓项目齐全，是指施工中一些常用的主要项目，都能编入定额中。全国统一定额应尽可能地把已经成熟和普遍推广的新工艺、新技术、新材料纳入定额。地方和企业要把暂时的、带有局部性的项目，编入补充定额，以扩大定额适用范围。所谓项目粗细恰当，即粗而精确，细而不繁。项目粗，形式虽简明，但精确度低；项目细，精确度高，但计算复杂，使用不便。一般来说，对于重要的、价值高的项目划分细些，对于次要的、价值低的项目应划分粗些，尽量减少项目的数量，使项目划分粗细恰当。

（2）步距大小适当。步距是指同类工作过程的相邻定额之间的水平间距。步距大，则定额项目减少，但精确度降低，影响按劳分配，工人苦乐不均；步距小，定额项目增多，精确度高，有利于按劳分配，但计算和管理复杂，编制定额的工作量大，使用不便。一般来说，对主要工种，主要的和常用的项目，步距应小些；对次要工种，不常用的项目，步距可适当大些。

（3）文字通俗，计算简便。定额文字说明和注解，应简单明了，通俗易懂，名词术语应通用。计算方法要简化，群众易于掌握和运用。项目划分、单位确定都应与实际相符。

3. 编制方法"专群结合"

劳动定额要有专门机构负责组织专职定额人员和工人、工程技术人员相结合，以专职人员为主进行编制。定额的编制，离不开工人群众，因为工人群众是生产实践活动的主体，是劳动定额的直接执行者，他们熟悉生产，了解消耗情况，知道定额的执行情况和问题。所以编制定额时，必须取得工人的配合和支持，使定额具有群众基础。

上述编制定额的三个重要原则，是相互联系、相互作用的，缺一不可。

（四）施工过程的组成

定额是根据先进合理的施工条件对施工过程（生产过程）进行观察、研究和分析以后制定的。因此在制定定额之前，必须对施工过程进行深入的研究。

施工过程是在施工现场范围内所进行的建筑安装活动的生产过程。

施工过程的组成见图 2-1。

图 2-1   施工过程组成图

1. 复合过程

复合过程又称综合工作过程，它是由几个工作过程组成的，它们必须是在组织上发生直接关系，最终产品一致并在同时间进行的工作过程。例如整个砌墙工程，抹灰工程等都是复合过程。

2. 工作过程

工作过程是由同一工人（小组）所完成的在技术操作上相互联系的工序的组合。例如砌砖、运砂浆、搅拌砂浆等都是工作过程。

3. 工序

工序是在组织上不可分割，而在技术上属于同类操作的组合。工序的基本特点是工人、工具和材料固定不变。在工作中若其中的一项发生变化，即表明已由一个工序转入了另一个工序。如铺灰、摆砖等都属工序。

4. 操作

操作是工序的组成部分。例如铺灰工序可以分解为铲灰、摊灰两项操作。

5. 动作

动作是一次性的，是操作的组成部分。例如铲灰这一操作，可分为拿铲、铲灰、抛灰等动作。

把施工过程进行分解，测定每一个组成部分的工时消耗，分析它们之间的关系和其衔接时间，再考虑其他必要的消耗时间，便可以定出不同研究对象的时间定额。通常在制定定额时，只把施工过程分解到工序。只有在研究和总结先进工作者的工作时，才把施工过程分解到操作或动作。

（五）工作时间分析

由于工人工作和机械工作的特点不同，工作时间应按工人工作时间和机械工作时间两部分进行分析。工作时间分析图如图 2-2 和图 2-3 所示。

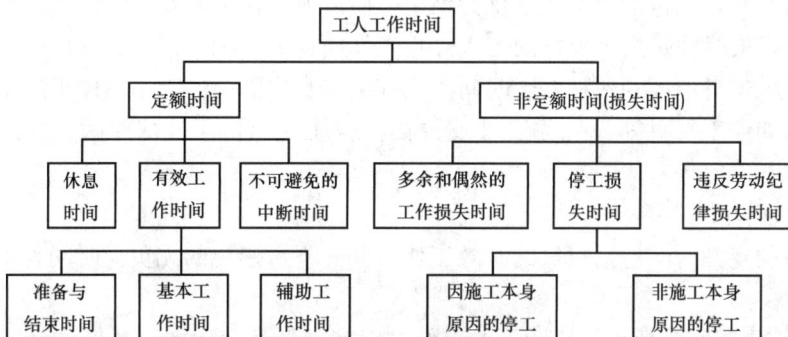

图 2-2 工人工作时间分析图

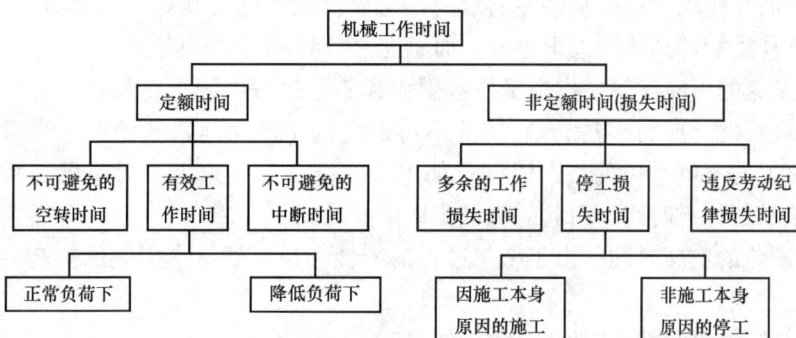

图 2-3 机械工作时间分析图

1. 工人工作时间分析

工人工作时间分为定额时间和非定额时间两部分。定额时间是为完成某一部分建筑产品所必须消耗的工作时间。它是由休息时间、有效工作时间及不可避免的中断时间三部分组成。

(1) 休息时间是指工人为了恢复体力所必需的暂时休息，以及工人生理需要（喝水、小便等）所消耗的时间。

(2) 不可避免的中断时间是由于在施工中技术操作及施工组织本身的特点所必须中断的时间。如汽车司机等候装货、安装工人等候屋架起吊时所消耗的时间。

(3) 有效工作时间是指工人完成生产任务起着积极效果所消耗的时间。它包括准备与结束时间、基本工作时间和辅助工作时间。

1) 准备与结束时间是指工人在工作开始前的准备工作（如研究图纸、接受技术交底、领取工具等）和下班前，或任务完成后的结束工作（如工具清理、工作地点的清理等）。

2) 基本工作时间是指工人直接完成某项产品所必须消耗的工作时间。

3) 辅助工作时间是指为完成基本工作而需要的辅助工作时间（如浇混凝土前先润湿模板，砌砖中起线、收线等）。

非定额时间是指非生产必需的工作时间（损失时间）。它由多余和偶然工作损失时间、停工损失时间和违反劳动纪律的损失时间三部分组成。

(1) 多余和偶然工作时间是指在正常施工条件下不应发生的，或是意外因素所造成的时间消耗。如产品质量不合格的返工、扶起倾倒的手推车等。

(2) 违反劳动纪律的损失时间是指工人迟到、早退、擅自离开工作岗位、工作时间闲谈等影响工作的时间，也包括个别人违反劳动纪律而影响其他工人导致无法工作的工时损失。

(3) 停工损失时间是指工作班内工人停止工作而造成的工时损失。它可以分为施工本身造成的和非施工本身造成的两种停工时间。因施工本身原因的停工是指由于施工组织不当所造成的停工（如停工待料等）。非施工本身原因的停工是指由于外部原因造成的停工（如气候突变、停水、停电等）。

2. 机械工作时间分析

(1) 机械的定额时间包括机械的有效工作时间，不可避免的无负荷时间和不可避免的中断时间三部分。

1) 有效工作时间包括正常负荷下的工作时间和降低负荷下的工作时间。正常负荷下的工作时间是指机械在其说明书规定的正常负荷下进行工作的时间。降低负荷下的工作时间是指由于受施工的操作条件、材料特性的限制，造成机械在低于其规定的负荷下工作的时间。如汽车装运某种货物，其体积大重量轻，而不能充分利用其载重吨位。

2) 不可避免的中断时间是指由于技术操作和施工过程组织的特性，而造成的机械工作中断时间，其中又可分为：与操作有关的不可避免的中断时间，例如汽车装卸货的停歇时间；与机械有关的不可避免的中断时间，如工人在准备与结束工作时使机械暂停的中断时间；因工人必需的休息时间而引起的机械工作中断时间。

3) 不可避免的空转时间是由于施工过程的特性和机械的特点引起的空转时间。如铲运机返回到铲土地点。

(2) 机械的非定额时间包括多余的工作时间、停工损失时间、违反劳动纪律的损失时间三部分。

1）多余的工作时间是指可以避免的机械无负荷下的工作时间或者在负荷下的多余工作的时间。前者如工人没及时给混凝土搅拌机装料而引起的空转，后者如混凝土搅拌机搅拌混凝土时超过规定的搅拌时间。

2）停工损失时间是指由于施工本身和非施工本身所造成的停工时间。前者是由于施工组织不完善、机械维护不良引起的停工时间。后者是由于气候条件（如暴风雨等）和外来的原因（如水电源中断）引起的停工时间。

3）违反劳动纪律的损失时间是指由于工人迟到、早退及其他违反劳动纪律的行为而引起的机械停歇。

（六）劳动定额编制依据和基本方法

1. 劳动定额编制依据

编制劳动定额的主要依据有以下几方面：

（1）施工及验收规范和施工操作规程；

（2）建筑安装工人技术等级标准；

（3）安全技术操作规程和企业有关安全规定；

（4）现行建筑材料产品质量标准；

（5）有关定额测定和统计资料。

2. 劳动定额制定的基本方法

劳动定额制定的基本方法通常有经验估算法、统计分析法、比较类推法和技术测定法四种。

（1）经验估算法：一般是根据定额人员、生产管理技术人员和老工人的实践经验，并参照有关技术资料，通过座谈讨论、分析研究和计算而制定定额的方法。这种方法的优点是定额制定较为简单、工作量少、时间短、不需要具备更多的技术条件。缺点是定额受估工人员的主观因素影响大、技术数据不足、准确性差，此种方法只适用于批量小，不易计算工作量的生产过程。通常作为一次性定额使用。

（2）统计分析法：它是根据一定时期内生产同类产品各工序的实际工时消耗和完成产品的数量统计，经过整理分析制定定额的方法。其优点是方法简便，比经验估计法有较多的统计资料为依据。缺点是原有统计资料不可避免地包含着一些偶然因素，以致影响定额的准确性，此种方法适用于生产条件正常、产品稳定、批量大、统计工作制度健全的生产过程定额的制定。

（3）比较类推法：也称典型定额法，是以同类型产品定额项目的水平或技术测定的实耗工时为标准。经过分析比较，类推出同一组定额中相邻项目定额水平的方法。这种方法简便、工作量少，只要典型定额选择恰当、切合实际、具有代表性，类推出的定额水平一般比较合理。如果典型选择不当，整个系列定额都会有偏差，这种方法适用于定额测定较困难，同类型项目产品品种多，批量少的施工过程。

（4）技术测定法：是在正常的施工条件下，对施工过程各工序工作时间的各个组成要素，进行工作日写实、测定观察，分别测定每一工序的工时消耗，然后通过测定的资料进行分析计算来制定定额的方法。它是一种典型的调查研究方法。其优点是通过测定可以获得制定定额工作时间消耗的全部资料，有充分的依据，准确度较高，是一种科学的方法。缺点是定额制定过程比较复杂，工作量较大、技术要求高，同时还需要做好工人的思想工作。这种方法适用于新的定额项目和典型定额项目的制定。

上述四种方法可以结合具体情况具体分析，灵活运用，在实际工作中常常是几种方法并用。

（七）建设工程劳动定额的内容

现行的建设工程劳动定额是由住房和城乡建设部标准定额司、人事教育司组织编制的中华人民共和国劳动和劳动安全行业标准。2009 年 3 月 1 日起实施。《建设工程劳动定额》分为建筑工程、装饰工程、安装工程、市政工程和园林绿化工程，适用于工业与民用建筑的新建、扩建和改建工程，城市园林和市政绿化工程。其主要内容包括文字说明和定额项目表两大部分。

1. 文字说明

包括总说明和分章（节）说明。

（1）总说明包括全册具有共同性的问题和规定，定额的用途、适用范围、编制依据，有关定额全册综合性工作内容，工程质量及安全要求，技术要求，定额指标的计算方法及有关规定和说明。

（2）分章（节）说明主要包括适用范围、引用标准、有关规定及附录的施工方法与规定。

2. 定额项目表和附注

定额项目表是分节定额的核心部分，规定了单位合格产品的用工标准。"附注"一般列在定额表下面，是对定额表的补充，也是对定额使用的限制。

（八）劳动定额的应用

在使用定额时应首先了解与熟悉总说明及定额表的要求等。只有全面学习和掌握定额的内容，方能正确、全面地执行定额。现摘录《建设工程劳动定额　建筑工程》（LD/T 72.1～11—2008）砌筑工程砖墙定额表（见表 2‑1），并说明定额表的形式、项目的划分、工作内容及其使用方法等。

表 2‑1　　　　　　　　　　砖　　　墙

工作内容：包括砌墙面艺术形式、墙垛、平砌模板，梁板头砌砖、板下塞砖、楼梯间砌砖留楼梯踏步斜槽，留孔洞，砌各种凹进处，山墙泛水槽，安放木砖、铁件，安装 60kg 以内的预制混凝土门窗过梁、隔板、垫块以及调整立好后的门窗框等。

单位：工日/m³

项目		混水内墙				混水外墙					序号
		0.5 砖	0.75 砖	1 砖	1.5 砖及1.5 砖以外	0.5 砖	0.75 砖	1 砖	1.5 砖	2 砖及2 砖以外	
综合	塔吊	1.38	1.34	1.02	0.994	1.5	1.44	1.09	1.04	1.01	一
	机吊	1.59	1.55	1.24	1.21	1.71	1.65	1.3	1.25	1.22	二
砌砖		0.865	0.815	0.482	0.448	0.98	0.915	0.549	0.491	0.458	三
运输	塔吊	0.434	0.437	0.44	0.44	0.434	0.437	0.44	0.44	0.44	四
	机吊	0.642	0.645	0.654	0.654	0.642	0.645	0.652	0.652	0.652	五
调制砂浆		0.085	0.089	0.101	0.106	0.085	0.089	0.101	0.106	0.107	六
编　号		12	13	14	15	16	17	18	19	20	

根据表 2‑1 砖墙分项定额表所示，可知砌一砖厚混水外墙，这一子项综合时间定额为1.09 工日/m³，产量定额为 1/1.09＝0.92（m³/工日）。

劳动定额其余分册的查阅，使用方法基本相同。

（九）劳动定额的应用

劳动定额应用广泛，现举例说明时间定额和产量定额的一般用途。

【**例 2 - 1**】　某工程有 79m³ 一砖混水外墙，每天有 12 名工人在现场施工，时间定额为 1.09 工日/m³。试计算完成该工程所需施工天数。

解　完成该工程所需劳动量＝1.09×79＝86.11（工日）

需要的施工天数＝86.11/12≈7（天）

【**例 2 - 2**】　某住宅有内墙抹灰面积 3315m²，计划 25 天完成该任务。内墙抹灰产量定额为 9.52m²/工日。问安排多少人才能完成该项任务？

解　该工程所需劳动量＝3315/9.52＝348.21（工日）

该工程每天需要人数＝348/25≈14（人）

二、材料消耗定额

（一）材料消耗定额的概念

材料消耗定额是指在节约与合理使用材料的条件下，生产单位合格产品所必须消耗的一定规格的建筑材料、半成品或配件的数量标准。它包括材料的净用量和必要的工艺性损耗数量，即

材料的消耗量＝材料的净用量＋材料损耗量

材料的损耗量与材料的净用量之比的百分数为材料的损耗率。用公式表示为

$$材料的损耗率＝\frac{材料损耗量}{材料净用量}×100\%$$

或　　　　　　　　材料损耗量＝材料净用量×材料损耗率

材料的损耗率是通过观测和统计得到的，通常由国家有关部门确定。

材料的消耗量＝材料净用量×（1＋材料损耗率）

材料消耗定额不仅是实行经济核算，保证材料合理使用的有效措施，而且是确定材料需用量，编制材料计划的基础；同时也是定额承包或限额领料、考核和分析材料利用情况的依据。

（二）制定材料消耗定额的基本方法

材料消耗定额是通过施工过程中材料消耗的观察测定，试验室条件下的实验以及技术资料的统计和理论计算等方法制定的。

1. 观测法

观测法是在节约和合理使用材料条件下，用来观察、测定施工现场中材料消耗定额的方法。用这种方法拟定难以避免的损耗数量最为适宜，因为该部分数值用统计和计算方法是不可能得到的。

正确选择测定对象和测定方法，是提高用观测法制定定额质量的重要条件，同时还要注意所使用的建筑材料品种和质量应符合设计和施工技术规范要求。

2. 试验法

试验法是指在实验室中进行试验和测定，确定材料消耗定额的方法。它只适用于在实验室条件下测定混凝土、沥青、砂浆、油漆等材料消耗。

由于试验室工作条件与现场施工条件存在一定的差别，施工中的某些因素对材料消耗量的影响，不一定能充分考虑到。因此，对测出的数据还要用观测法校核修正。

3. 统计法

统计法是通过对现场用料的大量统计资料进行分析计算，以拟定材料消耗定额的方法。此法简单易行，不需组织专人观测和试验，但不能分别确定出材料净用量和材料损耗量。其准确程度受统计资料的限制和实际使用材料的影响，存有较大的片面性。

　　采用此法时，必须要准确统计和测算，耗用材料与相应部位的产品完全对应。在施工现场中的某些材料，往往难以区分用在各个不同部位上的准确数量。因此，要有意识地加以区分才能得到有效的统计数据，保证定额的准确性。

　　4. 计算法

　　计算法是根据建筑材料、施工图纸等，用理论计算确定材料消耗定额的一种方法。这种方法主要适用于制定块、板类材料的消耗定额。如砖瓦、锯材、油毡、预制构件、装饰中的镶贴块料面层等。

　　上述四种制定材料消耗定额的方法，各有其优缺点，在制定定额时，几种方法可以结合使用，相互验证。

　　（三）材料用料计算

　　用计算法确定材料用量，方法比较简单，下面介绍两种用计算法确定材料用料例子。

　　1. $100m^2$ 块料面层材料消耗量的计算

　　块料面层一般是指有一定规格尺寸的瓷砖、锦砖、花岗石板、大理石板及各种装饰板等，为了保证定额的精确度，通常以 $100m^2$ 为单位，其计算公式如下

$$100m^2\text{ 面层用量} = \frac{100}{(\text{块长}+\text{拼缝})\times(\text{块宽}+\text{拼缝})}\times(1+\text{损耗率})$$

　　【例2-3】　石膏装饰板规格为 $500mm\times500mm$，其拼缝宽度为 $2mm$，损耗率为 1%，计算 $100m^2$ 需用石膏板块数。

　　解　石膏装饰板消耗量 $= \dfrac{100}{(0.5+0.002)\times(0.5+0.002)}\times(1+0.01)=401(\text{块})$

　　2. 普通抹灰砂浆配合比用料量计算

　　抹灰砂浆的配合比通常是按砂浆的体积比计算的，每立方米砂浆各种材料消耗量计算公式如下

$$\text{砂消耗量}(m^3) = \frac{\text{砂比例数}}{\text{配合比总比例数}-\text{砂比例数}\times\text{砂空隙率}}\times(1+\text{损耗率})$$

$$\text{水泥消耗量}(kg) = \frac{\text{水泥比例数}\times\text{水泥密度}}{\text{砂比例数}}\times\text{砂用量}\times(1+\text{损耗率})$$

$$\text{石灰膏消耗量}(m^3) = \frac{\text{石灰膏比例数}}{\text{砂比例数}}\times\text{砂用量}\times(1+\text{损耗率})$$

　　【例2-4】　水泥、石灰、砂配合比为 $1:1:3$，砂空隙率为 41%，水泥密度为 $1200kg/m^3$，砂损耗率为 2%，水泥、石灰膏损耗率各为 1%，求每立方米砂浆各种材料用量。

　　解　砂消耗量 $= \dfrac{3}{(1+1+3)-3\times0.41}\times(1+0.02)=0.81(m^3)$

　　　　水泥消耗量 $= \dfrac{1\times1200}{3}\times0.81\times(1+0.01)=327(kg)$

　　　　石灰膏消耗量 $= \dfrac{1}{3}\times0.81\times(1+0.01)=0.27(m^3)$

　　当砂用量超过 $1m^3$ 时，因其空隙容积已大于灰浆数量均按 $1m^3$ 计算。

　　三、机械台班消耗定额

　　机械台班消耗定额，简称机械台班定额。它是指施工机械在正常的施工条件下，合理均

衡地组织劳动和使用机械时，该机械在单位时间内的生产效率。按其表现形式不同，机械台班定额也可以分为机械时间定额和机械产量定额两种。

（一）机械时间定额

机械时间定额是指在合理的劳动组织与合理使用机械条件下，生产某一单位合格产品所必须消耗的机械台班数量。计算单位是用"台班"或"台时"表示的。

工人使用一台机械，工作一个班次（8h）称为一个台班。它既包括机械本身的工作，又包括使用该机械的工人的工作。

（二）机械台班产量定额

机械台班产量定额是指在合理的劳动组织与合理使用机械条件下，规定某种机械设备在单位时间（台班）内，必须完成合格产品的数量。其计量单位是以产品的计量单位来表示的。

机械时间定额与机械台班产量定额互为倒数关系，即

$$机械时间定额（台班）＝\frac{1}{机械台班产量定额}$$

或

$$机械台班产量定额＝\frac{1}{机械时间定额}$$

由于机械必须由工人小组配合，所以列出单位合格产品的机械时间定额，同时列出人工时间定额，即

$$单位产品人工时间定额（工日）＝\frac{小组成员工日数总和}{台班产量}$$

机械施工以考核台班产量定额为主，时间定额为辅。定额表示形式为

$$\frac{时间定额}{台班产量}　或　\frac{时间定额}{台班产量}台班车次$$

【例2-5】　计算斗容量1m³正铲挖土机，挖四类土装车，挖土深度2m以内，小组成员2人的单位产品机械和人工时间定额，查表2-2，每一台班产量为4.76(100m³)。

表2-2　　　　　　　　　　每个台班的劳动定额　　　　　　　　　　单位：100m³

项　目			装　车			不　装　车			编号
			一、二类土	三类土	四类土	一、二类土	三类土	四类土	
正铲挖土机斗容量	0.5	挖土深度（m）	$\frac{0.466}{4.29}$	$\frac{0.539}{3.71}$	$\frac{0.629}{3.18}$	$\frac{0.442}{4.52}$	$\frac{0.490}{4.08}$	$\frac{0.578}{3.46}$	94
		1.5以内							
		1.5以外	$\frac{0.444}{4.50}$	$\frac{0.513}{3.90}$	$\frac{0.612}{3.27}$	$\frac{0.422}{4.74}$	$\frac{0.466}{4.29}$	$\frac{0.563}{3.55}$	95
	0.75	2以内	$\frac{0.400}{5.00}$	$\frac{0.454}{4.41}$	$\frac{0.545}{3.67}$	$\frac{0.370}{5.41}$	$\frac{0.420}{4.76}$	$\frac{0.512}{3.91}$	96
		2以外	$\frac{0.382}{5.24}$	$\frac{0.431}{4.64}$	$\frac{0.518}{3.86}$	$\frac{0.353}{5.67}$	$\frac{0.400}{5.00}$	$\frac{0.485}{4.12}$	97
	1.00	2以内	$\frac{0.322}{6.21}$	$\frac{0.369}{5.42}$	$\frac{0.420}{4.76}$	$\frac{0.299}{6.69}$	$\frac{0.351}{5.70}$	$\frac{0.420}{4.76}$	98
		2以外	$\frac{0.307}{6.51}$	$\frac{0.351}{5.69}$	$\frac{0.398}{5.02}$	$\frac{0.285}{7.01}$	$\frac{0.334}{5.99}$	$\frac{0.398}{5.02}$	99
序　号			一	二	三	四	五	六	

注　定额表用复式形式表示，表中分子数据为人工时间定额，分母数据为每一台班产量定额。

解　挖 100m^3 土的机械时间定额 $=\dfrac{1}{4.76}=0.21$（台班）

挖 100m^3 土的人工时间定额 $=\dfrac{2}{4.76}=0.42$（工日）

每个台班需小组成员工日总量 $=0.42\times4.76\approx2$（工日）

机械台班定额标志机械生产率的水平，同时反映出施工机械管理水平和机械化施工水平，是编制机械需用量计划，考核机械效率和签发施工任务书，评定超产奖励等的依据。

第三节　企　业　定　额

一、企业定额及其作用

（一）企业定额概念

企业定额是施工企业根据本企业的施工技术和管理水平而编制的人工、材料和机械台班等的消耗标准。

企业定额是直接用于建筑施工管理中的一种定额。它由劳动定额、材料消耗定额、施工机械台班使用定额三部分组成。

（二）企业定额的作用

（1）企业定额是供建筑施工企业编制施工预算的依据；

（2）企业定额是编制项目管理实施规划或施工组织设计的依据；

（3）企业定额是建筑企业内部搞经济核算的基础；

（4）企业定额是与工程队或班组签发任务单的依据；

（5）企业定额是供计件工资和超额奖励计算的依据；

（6）企业定额是作为限额领料和节约材料奖励的依据；

（7）企业定额是编制工程投标报价的基础和主要依据；

（8）企业定额是编制消耗量定额和单位估价表的基础。

企业定额是建筑企业内部使用的定额（也称内部定额）。它使用的目的是提高企业劳动生产率，降低材料消耗，正确计算劳动成果和加强企业管理。

企业定额是以工作过程为制定对象，定额制定的水平要以"平均先进"的水平为准，在内容和形式上要满足施工管理中的各种需要，以便于应用为原则；制定方法要通过实践和长期积累的大量统计资料，并应用科学的方法编制。

二、企业定额的内容及应用

（一）企业定额的内容和形式

企业定额一般由文字说明、定额项目表及附录三部分组成。

1. 文字说明

它包括总说明，分册说明和分章、节说明等。

总说明主要说明定额的编制依据、适用范围、用途、工程质量要求，有关综合性工作内容及有关规定和说明。

分册和分章节说明，主要说明本册、章、节定额的工作内容、施工方法，有关规定及说明、工程量计算规则等。

2. 定额项目表

定额项目表是分节定额中的核心部分和主要内容。主要包括工作内容、分项工程名称、定额单位、定额表及附注。见表2-3。

表2-3 　　　　　　　　　　　　　　　干 粘 石

工作内容：清扫、打底、弹线、嵌条、筛洗石碴、配色、抹光、起线、粘石等 　　　　　单位：10m²

编号	项目			人工			水泥	砂子	石碴	107胶	甲基硅醇钠
				综合	技工	普工			kg		
147	墙面、墙裙			$\frac{2.62}{0.38}$	$\frac{2.08}{0.48}$	$\frac{0.54}{1.85}$	92	324	60		
148	混凝土墙面	不打底	干粘石	$\frac{1.85}{0.54}$	$\frac{1.48}{0.68}$	$\frac{0.37}{2.70}$	53	104	60	0.26	
149			机喷石	$\frac{1.85}{0.54}$	$\frac{1.48}{0.68}$	$\frac{0.37}{2.70}$	49	46	60	4.25	0.40
150	柱		方柱	$\frac{3.96}{0.25}$	$\frac{3.10}{0.32}$	$\frac{0.86}{1.16}$	96	340	60		
151			圆柱	$\frac{4.21}{0.24}$	$\frac{3.21}{0.31}$	$\frac{0.97}{1.03}$	92	324	60		
152	窗盘心			$\frac{4.05}{0.25}$	$\frac{3.11}{0.32}$	$\frac{0.94}{1.06}$	92	324	60		

注 1. 墙面（裙）、方柱以分格为准，不分格者，综合时间定额乘0.85。

2. 窗盘心以起线为准，不带起线者，综合时间定额乘0.8。

3. 表中人工定额，分子为时间定额，分母为产量定额。

工作内容是说明完成该分项工程所包括的操作内容。单位为该分项工程单位，定额表是由定额编号、定额子目名称、工料机械消耗指标组成。

附注一般列在定额表的下面，主要是根据施工内容及条件变动，规定人工、材料、机械定额用量的调整。一般采用乘系数和增减工料的方法来计算。附注是对定额表的补充。

3. 附录

附录一般放在定额分册后面，包括有关名词解释、图示、做法及有关参考资料。如材料消耗计算表，砂浆、混凝土配合比表及计算公式等。

（二）企业定额的应用

要正确使用企业定额，首先应熟悉定额总说明，册、章、节说明及附注等有关文字说明的部分，以便了解定额有关规定及说明、工程量计算规则、施工操作方法、项目的工作内容及调整的规定要求等。企业定额一般可直接套用，但有时需要调整换算后才能套用。

1. 直接套用

当工程项目的设计要求、施工条件及施工方法与定额项目表的内容、规定完全一致时，可以直接套用定额。

【例2-6】 某宿舍楼砖外墙干粘石（分格），按企业定额工程量计算规则计算，干粘石工程量为2200m²，试计算其工料数量。

解 由表2-3查得定额编号为147，该项目与定额做法完全一致，可以直接套用定额，

其工料数量为

　　劳动工日用量＝220×2.62＝576.40（工日）

　　水泥用量＝220×92＝20 240（kg）

　　砂子用量＝220×324＝71 280（kg）

　　石子用量＝220×60＝13 200（kg）

　　2. 调整计算

　　当工程设计要求、施工条件及施工方法与定额项目的内容及规定不完全相符时，应按规定调整计算，调整的方法一般采用系数调整和增减工日、材料数量调整。

　　【例 2 - 7】　某工程按企业定额工程量计算规则计算，墙裙干粘石（不分格）面积是320m²，试计算其工料数量。

　　解　由表 2 - 3 查得定额编号为 147，附注 1 规定：墙面（裙）、方柱以分格为准，不分格者，综合时间定额乘以 0.85。做法与规定不同，需调整，其工料数量为

　　劳动工日用量＝32×2.62×0.85＝71.26（工日）

　　水泥用量＝32×92＝2944（kg）

　　砂子用量＝32×324＝10 368（kg）

　　石子用量＝32×60＝1920（kg）

第四节　消耗量定额

一、消耗量定额的概念、性质和作用

（一）消耗量定额概念

　　消耗量定额是由建设行政主管部门根据合理的施工工期、施工组织设计，正常施工条件编制的，生产一个规定计量单位分部分项工程合格产品所需人工、材料、机械台班的建筑行业平均消耗量标准。

　　消耗量定额是由国家或其授权单位统一组织编制和颁发的一种基础性指标。有关部门必须严格遵守执行，不得任意变动。消耗量定额中的各项指标是国家允许建筑企业在完成工程任务时工料消耗的最高限额，也是国家提供的物质资料和建设资金的最高限额，从而使建筑工程有一个统一核算尺度，对基本建设实行计划管理和有效的经济监督，也是保证建筑工程施工质量的重要手段。统一的消耗量定额是一种社会的平均消耗，是一个综合性的定额，它适合一般的设计和施工情况。对一些设计和施工变化多，影响工程造价较大，往往与消耗量定额不相符的项目，消耗量定额规定可以根据设计和施工的具体情况进行换算，使消耗量定额在统一原则下，又具有必要的灵活性。

（二）消耗量定额的作用

　　(1) 消耗量定额是编制建筑工程预算，确定工程造价，进行工程竣工结算的依据；

　　(2) 消耗量定额是编制招标标底或最高投标限价的基础；

　　(3) 消耗量定额是建筑企业贯彻经济核算制，考核工程成本的依据；

　　(4) 消耗量定额是编制地区价目表和概算定额的基础；

　　(5) 消耗量定额是设计单位对设计方案进行技术经济分析比较的依据。

　　总之，消耗量定额在基本建设中，对合理确定工程造价，推行以招标承包为中心的经济

责任制，实行基本建设投资监督管理，控制建设资金的合理使用，促进企业经济核算，改善预算工作等均有重大作用。

二、消耗量定额的编制原则和依据

（一）消耗量定额的编制原则

消耗量定额的编制工作，实质上是一种标准的制定。在编制时应根据国家对经济建设的要求，贯彻勤俭建国的方针，坚持既要结合历年定额水平，也要照顾现实情况，还要考虑发展趋势，使消耗量定额符合客观实际。消耗量定额的编制应遵循以下原则：

1. 定额水平"平均合理"

在现有社会生产条件下，在平均劳动熟练程度和平均劳动强度下，完成建筑产品所需的劳动时间，是确定消耗量定额水平的主要依据。作为确定建筑产品价格的消耗量定额，应遵循价值规律的要求，按照产品生产中所消耗的社会必要劳动时间来确定其水平，即社会平均水平。对于采用新技术、新结构、新材料的定额项目，既要考虑提高劳动生产率水平的影响，也要考虑施工企业由此而多付出的生产消耗，做到合理可行。

2. 内容形式"简明适用"

消耗量定额的内容和形式，既能满足不同用途的需要，具有多方面的适用性。又要简单明了，易于掌握和应用。两者有联系又有区别，简明性应满足适用性的要求。

贯彻简明适用原则，有利于简化预算的编制工作，简化建筑产品的计价程序，便于群众参加经营管理，便于经济核算。为此，定额项目的划分要以结构构件和分项工程为基础，主要的项目、常用的项目应齐全，要把已经成熟推广的新技术、新结构、新材料、新工艺的新项目编进定额，使消耗量定额满足预算、结算、编制最高投标限价和经济核算的需要。对次要项目，适当综合、扩大，细算粗编。

贯彻简明适用原则，还应注意计量单位的选择，使工程量计算合理和简化。同时为了稳定定额水平，统一考核尺度和简化工作，除了变化较多和影响造价较大的因素允许换算外，定额要尽量少留活口，减少换算工作量，而又有利于维护定额的严肃性。

3. "集中领导"和"分级管理"

集中领导就是由中央主管部门归口，根据国家方针政策和发展经济的要求，对消耗量定额统一制定编制原则和编制方法，统一编制和颁发全国统一基础定额，颁发统一的实施条例和制度等，使建筑产品具有统一的计价依据。

分级管理是在集中领导下，各地区可在管辖范围内，根据各自的特点，依据规定的编制原则，在全国统一基础定额的基础上，对地区性项目和尚未在全国普遍推行的新项目，可由地区主管部门组织编补充定额，颁发补充性的条例制度，并对消耗量定额实行经常性管理。

（二）消耗量定额的编制依据

（1）现行的企业定额和房屋建筑与装饰工程消耗量定额；

（2）现行的设计规范，施工及验收规范、质量评定标准和安全操作规程；

（3）通用标准图集和定型设计图纸，有代表性的设计图纸和图集；

（4）新技术、新结构、新材料和先进经验资料；

（5）有关科学试验、技术测定、统计分析资料；

（6）现行建设工程工程量清单计价标准、计算标准；

（7）现行的消耗量定额及其编制的基础资料和有代表性的地区和行业标准定额。

三、消耗量定额编制步骤和计量单位确定

（一）编制消耗量定额的步骤

消耗量定额编制步骤一般分三个阶段进行。

1. 准备工作阶段

本阶段的任务是由主管部门提出编制工作计划，拟定编制方案，调集并组织编制定额的工作人员，全面收集各项依据资料，并就一些原则性问题，进行学习、讨论、统一认识。

2. 编制初稿阶段

对收集到的各项依据资料等，进行深入细致的测算和分析研究，按编制方案确定的定额项目和有关资料计算工程量，确定人工、材料和机械台班消耗量指标，编制定额表初稿，拟定相应的文字说明。

3. 审查定稿阶段

初稿编出后，应通过对新编定额与现行的和历史上的定额进行对比，测算新定额水平，分析定额水平提高或降低的原因，广泛听取基层单位和群众的意见，最后修改定稿，并写出编制说明和送审报告，连同消耗量定额送审稿，报送领导机关审批。

（二）消耗量定额计量单位的确定

计量单位的选择与定额项目的多少，定额是否准确，以及消耗量定额的繁简有很大关系。计量单位的确定要考虑以下原则：

① 能确切反映单位产品的工料消耗量，保证定额的准确性；

② 有利于减少定额项目；

③ 能简化工程量计算和整个计价编制工作，保证报价的及时性。

（1）定额的计量单位的确定。由于各种分项工程和结构构件的形体不同，应结合上述原则并按照它们的形体特征和变化规律确定。

凡物体截面的形状和大小一定，只是长度有变化（如管线、装饰线、扶手等）的情况应以延长米为计量单位。

当物体的厚度一定，只是长和宽有变化（如楼地面、墙面、门窗等）的情况应以平方米（投影面积或展开面积）为计量单位。

如果物体的长、宽、高都变化不定时（如土石方、钢筋混凝土工程等），应以立方米为计量单位。

有的分项工程虽然体积、面积相同，但重量和价格的差异很大（如金属结构构件的制作、运输与安装等），应以重量吨或千克为计量单位。

有时还可以采用个、根、组、套等为计量单位。如上人孔、水斗、坐便器、配电箱等。

在米、平方米、立方米等单位中，以米为单位计算最简单。所以，在保证定额的准确性的前提下，能简化尽量简化。定额单位确定以后，在列定额表时，一般都采用扩大单位，以10、100 等为倍数，以利于定额的编制精确度。定额计量单位，按公制执行。通常长度用 m、km；面积用 m^2；体积用 m^3；质量用 kg、t 等。

（2）人工、材料、机械计量单位及小数位数的取定。定额单位以自然单位和物理单位为准，小数点后的位数保留，定额有规定按规定执行，定额没有规定按下列规定取定。

1）人工以工日为单位，取两位小数。

2）机械以台班为单位，取两位小数。

3）主要材料及半成品。木料以立方米为单位，取三位小数；红砖以千块为单位，取三位小数；钢材以吨为单位，取三位小数；水泥以千克为单位，取整数，以吨为单位取三位小数；砂浆、混凝土等半成品，以立方米为单位，取两位小数；其余材料一般取两位小数。

4）其他材料费及机械费以元为单位，取两位小数。

四、消耗量定额消耗指标的确定

人工、材料和机械台班消耗指标，是消耗量定额的重要内容。消耗量定额水平的高低主要取决于这些指标的合理确定。

消耗量定额是以工作过程或工序为标定对象，在基础定额的基础上，依据国家现行有关工程建设标准，结合地区实际情况编制而成的。在确定各项指标前，应根据编制方案所确定的定额项目和已选定的典型图纸，按定额子目和已确定的计算单位，按工程量计算规则分别计算工程量，在此基础上再计算人工、材料和施工机械台班的消耗指标。

（一）人工消耗指标的内容

消耗量定额人工消耗指标中包括了各种用工量。有基本用工、辅助用工、超运距用工和人工幅度差四项，其中后三项综合称为其他工。

（1）基本用工是指完成子项工程的主要用工量。如砌墙工程中的砌砖、调制砂浆、运砖、运砂浆的用工量。

（2）辅助用工是指在施工现场发生的材料加工等用工。如筛砂子、淋石灰膏等增加的用工。

（3）超运距用工是指消耗量定额中材料及半成品的运输距离超过劳动定额规定的运距时所需增加的工日数。

（4）人工幅度差是指在劳动定额中未包括，而在正常施工中又不可避免的一些零星用工因素。这些因素不能单独列项计算，一般是综合定出一个人工幅度差系数，即增加一定比例的用工量，纳入消耗量定额。国家现行规定人工幅度差系数为10%。

人工幅度差包括的因素有：

1）工序搭接和工种交叉配合的停歇时间；

2）机械的临时维护、小修、移动而发生的不可避免的损失时间；

3）工程质量检查与隐蔽工程验收而影响工人操作时间；

4）工种交叉作业，难免造成已完工程局部损坏而增加修理用工时间；

5）施工中不可避免的少数零星用工所需要的时间。

（二）人工消耗指标的计算

消耗量定额子目的用工数量，是根据它的工程内容范围及综合取定的工程数量，在劳动定额相应子目的人工工日基础上，经过综合，加上人工幅度差计算出来的。基本计算公式如下

基本工用工数量＝$\sum$（工序或工作过程工程量×时间定额）

超运距用工数量＝$\sum$（超运距材料数量×时间定额）

其中，超运距＝消耗量定额规定的运距－劳动定额规定的运距

辅助工用工数量＝$\sum$（加工材料的数量×时间定额）

人工幅度差（工日）＝（基本工＋超运距用工＋辅助用工）×人工幅度差系数

合计工日数量（工日）＝基本工＋超运距用工＋辅助用工＋人工幅度差用工

＝（基本工＋超运距用工＋辅助用工）×（1＋人工幅度差系数）

（三）材料消耗的构成

材料消耗指标包括构成工程实体的材料消耗、工艺性材料损耗和非工艺性材料损耗三部分。

（1）直接构成工程实体的材料消耗，是材料的有效消耗部分，即材料净用量。

（2）工艺性材料损耗，是材料在加工过程中的损耗（如边角余料）和施工过程中的损耗（如砌墙落地灰）。

（3）非工艺性材料损耗，如材料保管不善，大材小用、材料数量不足和废次品的损耗等。

前两部分构成工艺消耗定额，企业定额即属此类。加上第三部分，即构成综合消耗定额，消耗量定额即属此类。消耗量定额中的损耗量，包括工艺性损耗和非工艺性损耗两部分。

（四）材料消耗指标的计算

消耗量定额中的材料消耗指标，包括主要材料、辅助材料、周转性材料和其他材料四项。

（1）主要材料是指构成工程实体的大宗性材料。如砖、水泥、砂子等。

（2）辅助材料是直接构成工程实体，但比重较少的材料。如铁钉、铅丝等。

（3）周转性材料指在施工中能反复周转使用的工具性材料。如架杆、架板、模板等。

（4）其他材料指在工程中用量不多，价值不大的材料。如线绳、棉纱等。

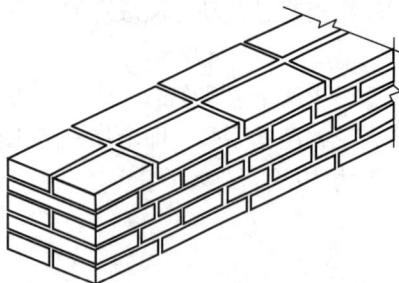

图 2-4　用单元体法计算砖墙中砖和砂浆用量示意图

消耗量定额中的主要材料消耗量，一般以企业定额中的材料消耗定额为计算基础。如果某些材料没有材料消耗定额，应当选择合适的计算分析方法，求出所需要的定额。

1）主要材料净用量的计算。一般根据设计施工规范和材料规格采用理论方法计算后，再按定额项目综合的内容和实际资料适当调整确定。例如，定额砌一砖内墙所消耗的砖和砂浆（净用量）一般按取单元体方法计算（如图 2-4 所示），理论计算公式为

$$每一立方米砖数净用量=\frac{墙厚砖数\times2}{墙厚\times(砖长+灰缝)(砖厚+灰缝)}$$

$$每一立方米砂浆净用量=1-砖数\times每块砖体积$$

式中分子为单元体砖的块数，分母为单元体体积。墙厚用砖长倍数表示，如图 2-4 所示：1 砖墙单元体砖数=1×2=2(块)；半砖墙单元体砖数=0.5×2=1(块)；一砖半墙单元体砖数=1.5×2=3(块)。墙厚：半砖墙取 115mm，一砖墙取 240mm，一砖半墙取 365mm。标准砖的规格为 240×115×53，每块砖的体积为 0.001 462 8m³，横竖灰缝均取定 10mm。

$$10m^3 一砖厚内墙砌体净用砖数=\frac{1\times2}{0.24\times(0.24+0.01)(0.053+0.01)}\times10$$
$$=5291(块)$$

2）材料损耗量的确定。材料损耗量，包括工艺性材料损耗和非工艺性损耗。其损耗率

应在正常条件下，采用比较先进的施工方法，合理确定。

3）消耗量定额中次要材料的确定。在工程中用量不多，价值不大的材料，可采用估算等方法计算其用量后，合并为一个"其他材料费占材料费"的项目，以百分数表示。

4）周转性材料消耗量的确定。周转性材料是指在施工过程中多次周转使用的工具性材料，如模板、脚手架、挡土板等。消耗量定额中的周转性材料是按多次使用，分次摊销的方法进行计算的。周转材料消耗指标有两个。

一次使用量是指模板在不重复使用条件下的一次用量指标，它供建设单位和施工单位申请备料和编制施工作业计划使用。

摊销量是应分摊到每一计量单位分项工程或结构构件上的模板消耗数量。

5）辅助材料消耗量的确定。辅助材料如砌墙木砖、水磨石地面嵌条等，也是直接构成工程实体的材料，但占比重较少。可以采用相应的计算方法计算或估算，列入定额内。它与次要材料的区别在于是否构成工程实体。

6）施工用水的确定。水是一项很重要的建筑材料，消耗量定额中应列有水的用量指标。消耗量定额中的用水量可以根据配合比和实际消耗计算或估算。

（五）机械台班消耗指标的确定

消耗量定额中的施工机械台班消耗定额指标，是以台班为单位进行计算的，每台班为 8 小时。定额的机械化水平，应以多数施工企业采用和已推广的先进方法为标准。

编制消耗量定额时，以统一劳动定额中各种机械施工项目的台班产量为基础进行计算，还应考虑在合理的施工组织设计条件下机械的停歇因素，增加一定的机械幅度差。

机械幅度差一般包括下列因素：

（1）施工中作业区之间的转移及配套机械相互影响的损失时间；

（2）在正常施工情况下，机械施工中不可避免的工序间歇；

（3）工程结束时，工作量不饱满所损失的时间；

（4）工程质量检查和临时停水停电等，引起机械停歇时间；

（5）机械临时维修、小修和水电线路移动所引起的机械停歇时间。

根据以上影响因素，在企业定额的基础上增加一个附加额，这个附加额用相对数表示，称为幅度差系数。大型机械的幅度差系数一般取 1.3 左右。

垂直运输用的塔吊、卷扬机及砂浆、混凝土搅拌机由于是按小组配用，以小组产量计算机械台班数量，不另增加机械幅度差。

五、消耗量定额的内容及项目的划分

（一）消耗量定额手册的内容

《房屋建筑与装饰工程消耗量定额》（TY 01 - 31 - 2015），简称"消耗量定额手册"，主要由目录、总说明、分部说明、工程量计算规则、定额项目表以及有关附录组成。

1．总说明

总说明主要阐述了定额的编制原则、指导思想、编制依据、适用范围以及定额的作用。同时说明了编制定额时已经考虑和没有考虑的因素、使用方法及有关规定等。因此，使用定额前应首先了解和掌握总说明。消耗量定额手册总说明内容如下：

（1）《房屋建筑与装饰工程消耗量定额》（以下简称本定额），包括：土石方工程，地基处理及边坡支护工程，桩基工程，砌筑工程，混凝土及钢筋混凝土工程，金属结构工程，木结构工程，门窗工程，屋面及防水工程，保温、隔热、防腐工程，楼地面装饰工程，墙、柱面装饰与隔断、幕墙工程，天棚工程，油漆、涂料、裱糊工程，其他装饰工程，拆除工程，措施项目共十七章。

（2）本定额是完成规定计量单位分部分项工程、措施项目所需的人工、材料、施工机械台班的消耗量标准，是各地区、部门工程造价管理机构编制建设工程定额确定消耗量、编制国有投资工程投资估算、设计概算、最高投标限价（标底）的依据。

（3）本定额适用于工业与民用建筑的新建、扩建和改建房屋建筑与装饰工程。

（4）本定额以国家和有关部门发布的国家现行设计规范、施工验收规范、技术操作规程、质量评定标准、产品标准和安全操作规程、现行工程量清单计价规范、计算规范和有关定额为依据编制。参考了有关地区和行业标准、定额，以及典型工程设计、施工和其他资料。

（5）本定额按正常施工条件，国内大多数施工企业采用的施工方法、机械化程度和合理的劳动组织及工期进行编制。

（6）本定额未包括的项目，可按其他相应工程消耗量定额计算，如仍缺项的，应编制补充定额，并按有关规定报住建部备案。

（7）关于人工：

1）本定额的人工以合计工日表示，并分别列出普工、一般技工和高级技工的工日消耗量。

2）本定额的人工包括基本用工、超运距用工、辅助用工和人工幅度差。

3）本定额的人工每工日按 8h 工作制计算。

4）机械土石方、桩基础、构件运输及安装等工程，人工随机械产量计算的，人工幅度差按机械幅度差计算。

（8）关于材料：

1）本定额采用的材料（包括构配件、零件、半成品、成品）均为符合国家质量标准和相应设计要求的合格产品。

2）本定额中的材料包括施工中消耗的主要材料、辅助材料、周转材料和其他材料。

3）本定额中材料消耗量包括净用量和损耗量。损耗量包括：从工地仓库、现场集中堆放地点（或现场加工地点）至操作（或安装）地点的施工场内运输损耗、施工操作损耗、施工现场堆放损耗等，规范（设计文件）规定的预留量、搭接量不在损耗中考虑。

4）本定额中除特殊说明外，大理石和花岗岩均按工程半成品石材考虑，消耗量中仅包括了场内运输、施工及零星切割的损耗。

5）混凝土、砌筑砂浆、抹灰砂浆及各种胶泥等均按半成品消耗量以体积"m³"表示，其配合比由各地区、部门按现行规范及当地材料质量情况进行编制。

6）本定额中所使用的砂浆均按干混预拌砂浆编制，若实际使用现拌砂浆或湿拌预拌砂浆时，可以按规定进行调整。

7）本定额中木材不分板材与方材，均以××（指硬木、杉木或松木）板方材取定。

8）本定额所采用的材料、半成品、成品品种、规格型号与设计不符时，可按各章规定调整。

9）本定额中的周转性材料按不同施工方法、不同类别、材质，计算出一次摊销量进入消耗量定额。一次使用量和摊销次数见附录。

10）对于用量少、低值易耗的零星材料，列为其他材料。

（9）关于机械：

1）本定额中的机械按常用机械、合理机械配备和施工企业的机械化装备程度，并结合工程实际综合确定。

2）本定额的机械台班消耗量按正常机械施工工效并考虑机械幅度差综合确定。

（10）关于水平和垂直运输。

1）材料、成品、半成品：包括自施工单位现场仓库或现场指定堆放地点运至安装地点的水平和垂直运输。

2）垂直运输基准面：室内以室内地（楼）面为基准面，室外以设计室外地坪面为基准面。

（11）本定额按建筑面积计算的综合脚手架、垂直运输等，是按一个整体工程考虑的。如遇结构与装饰分别发包，则应根据工程具体情况确定划分比例。

（12）本定额除注明高度的以外，均按单层建筑物檐高 20m、多层建筑物 6 层（不含地下室）以内编制，单层建筑物檐高在 20m 以上、多层建筑物在 6 层（不含地下室）以上的工程，其降效应增加的人工、机械及有关费用，另按本定额中的建筑物超高增加费计算。

（13）本定额中的工作内容已说明了主要的施工工序，次要工序虽未说明，但均已包括在内。

（14）本定额中遇有两个或两个以上系数时，按连乘法计算。

（15）本定额注有"××以内"或"××以下"及"小于"者，均包括××本身；"××以外"或"××以上"及"大于"者，则不包括××本身。

2．分部说明

它主要介绍了分部工程所包括的主要项目及工作内容，编制中有关问题的说明，执行中的一些规定，特殊情况的处理等。它是定额手册的重要部分，是执行定额和进行工程量计算的基准，必须全面掌握。

3．工程量计算规则

工程量计算规则是对计算各分部分项工程的界线划分和工程量计算参数的确定所做出的统一计算规定。消耗量定额的工程量计算规则与计算标准的工程量计算规则基本保持一致，以便于进行清单报价，但不完全一样，更具体化。

4．定额项目表

定额项目表是消耗量定额的主要构成部分，一般由工作内容（分节说明）、定额单位、项目表和附注组成。

分节（项）说明，是说明该分节（项）中所包括的主要内容，一般列在定额项目表的表头左上方。定额单位一般列在表头右上方。一般为扩大单位，如 10m³、100m²、100m 等。

定额项目表中，竖向排列为该子项工程定额编号、子项工程名称及人工、材料和施工机械消耗量指标，供编制工程预算单价表及换算定额单价等使用。横向排列着名称、单位和数量等。附注在定额项目表的下方，说明设计与定额规定不符时，进行调整的方法。定额项目表如表 2-4 所示。

表 2 - 4　　　　　　　　　　　　　　　　　　找　平　层

工作内容：（1）清理基层、调运砂浆、抹平、压实。
　　　　　　（2）细石混凝土搅拌、捣平、压实。
　　　　　　（3）刷素水泥浆。　　　　　　　　　　　　　　　　　计量单位：100m²

定　额　编　号			11—1	11—2	11—3	11—4	11—5
项　目			平面砂浆找平层			细石混凝土地面找平层	
			混凝土或硬基层上	填充材料上	每增减1mm	30mm	每增减1mm
			20mm				
名　称		单位	消耗量				
人工	合计工日		工日	7.140	8.534	0.195	10.076	0.160
	其中	普工	工日	1.428	1.707	0.039	2.015	0.032
		一般技工	工日	2.499	2.987	0.068	3.527	0.056
		高级技工	工日	3.213	3.840	0.088	4.534	0.072
材料	干混地面砂浆 DS M20		m³	2.040	2.550	0.102	—	—
	预拌细石混凝土 C20		m³	—	—	—	3.030	0.101
	水		m³	0.400	0.400		0.400	—
机械	干混砂浆罐式搅拌机		台班	0.034	0.425	0.017		
	双锥反转出料混凝土搅拌机 200L		台班	—			0.510	0.017

5. 附录

它列在消耗量定额手册的最后，包括每 10m³ 混凝土模板含量参考表和混凝土及砂浆配合比表，供定额换算、补充使用。

（二）消耗量定额项目的划分和定额编号

1. 项目的划分

消耗量定额手册的项目是根据建筑结构、工程内容、施工顺序、使用材料等。按章（分部）、节（分项）、项（子目）排列的。

分部工程（章）是将单位工程中某些性质相近，材料大致相同的施工对象归在一起。

为了便于清单报价，《房屋建筑与装饰工程消耗量定额》（TY 01 - 31 - 2015）和《山东省建筑工程消耗量定额》（SD 01 - 31 - 2016）与《房屋建筑与装饰工程工程量计算标准》（GB/T 50854—2024）的项目划分基本相同。

分部工程以下，又按工程性质、工程内容、施工方法、使用材料等，分成许多分项（节）。分项以下，再按工程性质、规格、材料的类别等分成若干子项（子目）。

2. 定额编号

为了使计价项目和定额项目一致，便于查对，章、节、项都应有固定的编号，称之为定额编号。编号的方法一般有汇总号、二符号、三符号等编法。《房屋建筑与装饰工程消耗量定额》是按二符号编码的，如"6-10"表示第六章第十个子目。《山东省建筑工程消耗量定额》采用三符号编码，如"2-6-1"表示第二章第六节第一项，该编码虽然麻烦些，但补充定额可以按节补充，补充定额项目不乱，也符合定额项目多变的要求。

六、消耗量定额的使用方法

为了正确地应用消耗量定额编制施工图预算，办理竣工结算，考核工程成本，计算人工、材料、机械的消耗，选择设计方案，做好工程量清单计价等工作。造价人员都应很好的学习消耗量定额。首先，应学习消耗量定额的总说明、分部工程说明以及附注、附录的规定和说明，对说明中指出的编制原则、依据、适用范围、已经考虑和没有考虑的因素，以及其他有关问题的说明和使用方法等，都应通晓和熟记。其次，对常用项目包括的工作内容、计量单位和项目表中的各项内容的实际含意，要通过日常工作实践，逐一加深理解。还要熟记建筑面积计算规则与各分部分项工程计算规则，以及有关补充定额的规定。

要正确理解设计要求和施工做法，是否与定额内容相符。只有对消耗量定额和施工图有了确切的了解，才能正确套用定额，防止错套、重套和漏套，真正做到正确使用定额。消耗量定额的使用一般有下列三种情况。

（一）消耗量定额的直接套用

工程项目要求与定额内容、作法说明，以及设计要求、技术特征和施工方法等完全相符，且工程量的计量单位与定额计量单位相一致，可以直接套用定额，如果部分特征不相符必须进行仔细核对。进一步理解定额，这是正确使用定额的关键。

另外，还要注意定额中用语和符号的含义。如定额表内有（××）的数量是作为调整换算的依据。又如，××以下或以内，则包括本身，××以上或以外，则不包括本身等。还有"—"等都表示一定的含义。

（二）消耗量定额的调整换算

工程项目要求与定额内容不完全相符合，不能直接套用定额，应根据不同情况分别加以换算，但必须符合定额中有关规定，在允许范围内进行。

编制消耗量定额时，对那些设计和施工中变化多，影响工程量和价差较大的项目，例如砌筑砂浆强度等级，混凝土强度等级，龙骨用量等均留了活口，允许根据实际情况进行换算、调整。但调整换算要严格按分部说明或附注说明中的规定执行。没有规定一般不允许调整。消耗量定额是发承包双方共同遵守、执行的消耗量定额标准。

消耗量定额的换算可以分为强度等级换算、用量调整、系数调整、运距调整和其他换算。

1. 强度等级换算

在消耗量定额中，对砖石工程的砌筑砂浆及混凝土等均列几种常用强度等级，设计图纸的强度等级与定额规定强度等级不同时，允许换算。其换算公式为

换算后定额基价＝定额中基价＋（换入的半成品单价－换出的半成品单价）×相应换算材料的定额用量

2. 用量调整

在消耗量定额中，定额与实际消耗量不同时，允许调其数量。如龙骨不同可以换算等。换时不要忘记损耗量，因定额中已考虑了损耗，与定额比较也必须考虑损耗，才有可比性。

3. 系数调整

在消耗量定额中，由于施工条件和方法不同，某些项目可以乘以系数调整。调整系数分定额系数和工程量系数。定额系数是指人工、材料、机械等乘系数，工程量系数是用在计算

工程量上的系数。

4. 运距调整

在消耗量定额中，对各种项目运输定额，一般分为基础定额和增加定额，即超过基本运距时，另行计算。如人工运土方，定额规定基本运距是 20m，超过的另按每增加 20m 运距计算增加费用。

5. 其他调整

消耗量定额中调整换算的项很多，方法也不一样，如找平层厚度调整、材料单价换算、增减加费用调整等。总之，定额的换算调整都要按照定额的规定进行。掌握定额的规定和换算调整方法，是对工程造价工作人员的基本要求之一。

（三）消耗量定额的补充

当设计图纸中的项目，在定额中没有的，可作临时性的补充。补充方法一般有两种。

1. 定额代用法

利用性质相似、材料大致相同，施工方法又很接近的定额项目，考虑（估算）一定的系数进行使用。此种方法一定要在施工实践中加以观察和测定，以便对使用的系数进行调整，保证定额精确性，也为以后新编定额，补充定额项目做准备。定额代用法是补充定额编制的一种方法，不同于定额换算，定额编号处应写补 1、补 2 等。

2. 补充定额法

材料用量按照图纸的构造作法及相应的计算公式计算，并加入规定的损耗率。人工及机械台班使用量，可按劳动定额、机械台班定额及类似定额计算，并经有关技术、定额人员和工人讨论确定，然后乘上人工工日单价、材料价格及机械台班单价，即得到补充定额单价。

第五节　计价计量标准

为了规范建设工程工程量清单计价行为，统一建设工程工程量清单的编制和计价方法，按照工程造价管理改革的要求，住房和城乡建部发布了新的国家标准《建设工程工程量清单计价标准》（GB/T 50500—2024）（简称"计价标准"）和《房屋建筑与装饰工程工程量计算标准》（GB/T 50854—2024）（简称"计量标准"）等九部专业工程工程量计算标准，自 2025 年 9 月 1 日起实施。原《建设工程工程量清单计价规范》（GB 50500—2013）和《房屋建筑与装饰工程工程量计算规范》（GB 50854—2013）同时作废。

一、建设工程工程量清单计价计量标准概述

（一）"计价计量标准"的主要内容及特点

2024 版国标清单标准包括计价标准和计量标准两大部分，共十本标准。二者具有同等的效力。

1. "计价标准"的主要内容

计价标准，包括总则、术语、基本规定、工程量清单编制、最高投标限价编制、投标报价编制、合同工程计量、合同价款调整、合同价款期中支付、工程结算与支付、合同价款争议的解决、工程计价成果与档案管理和工程计价表格等。

2. "计量标准"专业分类

01—房屋建筑与装饰工程；02—仿古建筑工程；03—通用安装工程；04—市政工程；

05—园林绿化工程；06—矿山工程；07—构筑物工程；08—城市轨道交通工程；09—爆破工程。

每个专业"计量标准"附录中均包括项目编码、项目名称、项目特征、计量单位、工程量计算规则和工程内容六部分。其中项目编码、项目名称、项目特征、计量单位和工程量作为分部分项工程量清单的五个要件，要求招标人在编制工程量清单时必须执行，缺一不可。

3. "计量标准"的主要内容

（1）计量标准正文内容包括总则、术语、工程计量、工程量清单编制。

（2）《房屋建筑与装饰工程工程量计算标准》附录内容包括：附录 A 土石方工程；附录 B 地基处理与边坡支护工程；附录 C 桩基工程；附录 D 砌筑工程；附录 E 混凝土及钢筋混凝土工程；附录 F 金属结构工程；附录 G 木结构工程；附录 H 门窗工程；附录 J 屋面及防水工程；附录 K 保温、隔热、防腐工程；附录 L 楼地面装饰工程；附录 M 墙、柱面装饰与隔断、幕墙工程；附录 N 天棚工程；附录 P 油漆、涂料、裱糊工程；附录 Q 其他装饰工程；附录 R 措施项目；应作为编制房屋建筑与装饰工程工程量清单的依据。

4. "计价计量标准"的特点

（1）"计价标准"具有强制性、统一性、实用性、竞争性和通用性的特点。

（2）"计量标准"具有准确性、实用性、完整性、简约性和唯一性的特点。

（二）计价计量标准总则

1. "计价标准"总则

（1）制定"计价标准"的目的和法律依据。为规范建设工程计价规则和方法，完善工程造价市场形成机制，推动工程造价管理高质量发展，根据《中华人民共和国民法典》《中华人民共和国建筑法》《中华人民共和国招标投标法》《中华人民共和国价格法》等法律法规，制定"计价标准"。

（2）"计价标准"适用的计价活动范围。"计价标准"适用于建设工程施工发承包及实施阶段的计价活动。其他的计价活动可参照应用。

（3）建设工程的计价活动应遵循的原则。建设工程的计价活动应遵循客观公正、平等自愿、诚实守信、法定优先、有约从约的原则。

（4）工程造价文件的编制与审核资格。工程造价咨询人出具的工程量清单、最高投标限价、投标报价、工程计量、合同价款调整和期中支付、工程结算与支付等工程造价成果文件，应由造价专业人员编制，由一级注册造价工程师审核签字并加盖执业专用章。

（5）工程造价文件编制与核对的质量责任主体。发承包双方中的任一方，应对出具的工程造价成果文件的质量向另一方负责。接受委托的承担工程造价文件编制与核对的工程造价咨询人及其从业人员，应对其工程造价成果文件的质量向委托方负责。发承包双方中的任一方应就其委托并确认的工程造价咨询人编制与核对的工程造价成果文件的质量，向另一方负责。

（6）建设工程计价活动的分工原则。工程造价咨询人不得就同一工程既接受招标人委托编制工程量清单、最高投标限价，又接受投标人委托编制投标报价，或同时接受两个及以上投标人的委托编制投标报价；也不得就同一工程既接受承包人的委托进行工程结算编制，又接受发包人的委托进行工程结算核对、审计等工作。工程造价咨询人接受委托进行工程结算编制、核对、审计等工作，不得再接受委托进行同一工程的工程造价鉴定工作。

（7）计价标准与其他标准的关系。建设工程施工发承包及实施阶段的计价活动，除应符合计价标准规定外，尚应符合国家现行有关标准的规定。

2."计量标准"总则

（1）制定"计量标准"的目的。为规范建设工程的工程计量行为，统一房屋建筑与装饰工程工程量计算规则、工程量清单的编制方法，制定计量标准。

（2）"计量标准"的适用范围。"计量标准"适用于房屋建筑与装饰工程施工发承包及实施阶段的工程计量和工程量清单编制。

（3）"计量标准"的计量要求。房屋建筑与装饰工程应按计量标准规定进行工程计量。

（4）"计量标准"与其他标准的关系。房屋建筑与装饰工程计量活动，除应遵守计量标准外，尚应符合国家现行有关标准的规定。

（三）计价计量标准术语

1. 计价标准术语

（1）工程量清单，是指建设工程文件中载明项目编码、项目名称、项目特征、计量单位、工程数量等的明细清单。

（2）分部分项工程，是分部工程、分项工程的总称。分部工程是单位工程的组成部分，是按施工部位、路段长度、施工特点或施工任务、材料类别等将单位工程划分的若干个项目单元；分项工程是分部工程的组成部分，是按不同施工方法、工序、材料、工种等将分部工程划分的若干个项目单元。其发生的费用为分部分项工程费。

（3）措施项目，是指为完成工程项目施工，发生于施工准备和施工及验收过程中的技术、生活、安全生产、环境保护等方面的项目。其发生的费用为措施项目费。

（4）安全生产措施费，是指承包人按照国家、行业及地方主管部门等有关安全生产的要求进行及完成工程所发生的保证施工生产安全所采用的措施而发生的费用。

（5）项目特征，是指载明构成工程量清单项目自身的本质及要求，用于说明设计图纸、技术标准规范及招标文件所要求完成的清单项目的文字性描述。

（6）综合单价，是指综合考虑技术标准规范、施工工期、施工顺序、施工条件、地理气候等影响因素以及约定范围与幅度内的风险，完成一个单位数量工程量清单项目所需的费用。清单项目综合单价包括人工费、材料费、施工机具使用费、管理费、利润和一定范围内的风险费用，不包括增值税。

（7）单价计价，是指工程量清单中以工程数量乘以综合单价进行价款计算的计价方式。

（8）总价计价，是指工程量清单中以项为单位采用总价进行价款计算的计价方式。

（9）费率计价，是指工程量清单中以计费基础乘以相应费率进行价款计算的计价方式。

（10）暂列金额，是指发包人在工程量清单中暂定并包括在合同总价中，用于招标时尚未能确定或详细说明的工程、服务和工程实施中可能发生的合同价款调整等所预留的费用。

（11）材料暂估价，是指发包人在工程量清单中提供的，用于支付设计图纸要求必需使用的材料，但在招标时暂不能确定其标准，规格、价格而在工程量清单中预估到达施工现场的不含增值税的材料价格。

（12）专业工程暂估价，是指发包人在工程量清单中提供的，在招标时暂不能确定工程具体要求及价格而预估的含增值税的专业工程费用。

（13）计日工，是指承包人完成发包人提出的零星项目或工作，但不宜按合同约定的计量与计价规则进行计价，而应依据经发包人确认的实际消耗人工工日、材料数量、施工机具台班等，按合同约定的单价计价的一种方式。

（14）总承包服务费，是指按合同约定，承包人对发包人提供材料履行保管及其配套服务所需的费用；和（或）承包人对合同范围的专业分包工程（承包人实施的除外）提供配合、协调、施工现场管理、已有临时设施使用、竣工资料汇总整理等服务所需的费用；以及（或）承包人对非合同范围的发包人直接发包的专业工程履行协调及配合责任所需的费用。总承包服务的相关管理、协调及配合责任等应在招标文件及合同中详细说明。

（15）最高投标限价，是指招标人根据国家法律法规及相关标准、建设主管部门的有关规定，以及拟定的招标文件和招标工程量清单，并结合工程实际情况，按照计价标准规定编制的，限定投标人投标报价的最高价格。

（16）投标价，是指投标人投标时响应招标工程设计文件及技术标准规范、招标工程量清单、招标文件的合同条款等要求，在投标文件中的投标总价及已标价工程量清单中标明的合价及其综合单价等价格。

2. 计量标准术语

（1）工程量计算，是指建设工程项目以工程设计图纸、施工组织设计或施工方案及有关技术经济文件为依据，按照相关工程国家标准的计算规则、计量单位等规定，进行工程数量的计算活动，在工程建设中简称工程计量。

（2）房屋建筑，是指在固定地点，为使用者或占用物提供庇护覆盖进行生活、生产或其他活动的实体，可分为工业建筑与民用建筑。

（3）工业建筑，是指提供生产用的各种建筑物，如车间、厂区建筑、与厂房相连的生活间、动力站、厂区内的库房和运输设施等。

（4）民用建筑，是指非生产性的居住建筑和公共建筑，如住宅、办公楼、幼儿园、学校、食堂、影剧院、商店、体育馆、旅馆、医院、展览馆等。

（四）计价标准的基本规定

1. 计价标准的一般规定

（1）使用财政资金或国有资金投资的建设工程发承包，应按国家及行业工程量计算标准编制工程量清单，采用工程量清单计价。非使用财政资金或国有资金投资的建设工程，宜按国家及行业工程量计算标准编制工程量清单，采用工程量清单计价。

（2）工程量清单应按分部分项工程项目清单、措施项目清单、其他项目清单、增值税分别编制及计价。

（3）工程量清单的清单项目应按设计图纸及技术标准规范、相关工程国家及行业工程量计算标准和计价标准关于清单编制的规定编制。

（4）工程量清单应按工程量计算标准的清单项目分类、计量单位和工程量计算规则，依据设计图纸及技术标准规范的要求，遵循清单项目列项明确、边界清晰、便于计价和支付的原则进行编制，可按正常施工程序编排清单项目、按工程量计算标准的规定进行清单列项，工程量清单编码宜从小到大排列。

（5）工程量清单的清单项目价款确定可采用单价计价、总价计价方式。也可采用费率计价等其他计价方式。

（6）工程量清单的清单项目综合计价及合价应为不含增值税的税前全部费用价格，由人工费、材料费、施工机具使用费、管理费、利润等组成，包括相应清单项目约定或合理范围的风险费，以及不可或缺的辅助工作所需的费用；清单项目的税金应填写在增值税中，但其他项目清单中的专业工程暂估价已含增值税，工程量清单的增值税中不应再计取其相应税金。

（7）采用单价合同的工程，分部分项工程项目清单的准确性、完整性应由发包人负责；采用总价合同的工程，已标价分部分项工程项目清单的准确性、完整性应由承包人负责。建设工程无论是采用单价合同或总价合同，按项编制的措施项目清单的完整性及准确性均应由承包人负责。

2. 清单计价的相关规定

（1）分部分项工程项目清单、措施项目清单中，按单价计价方式计价的，应按其工程数量乘以相应的综合单价计算该工程量清单项目的价格；按总价计价方式计价的，应以项为单位计算其清单项目价格。分部分项工程项目清单计价宜采用单价计价方式，措施项目清单计价宜采用总价计价方式。

（2）分部分项工程项目清单的综合单价应为不含增值税的材料采购供应及相关安装单价，包括完成相应清单项目受下列因素影响而发生的费用：

1）满足国家及行业有关技术标准规范等要求所需的费用；

2）总价合同中出现工程量清单缺陷所需的费用；

3）完成符合完工交付要求的相应清单项目必要的施工任务及其不可或缺的辅助工作所需的费用；

4）因施工程序、施工条件、环境气候等因素影响所引起的费用；

5）合同约定及计价标准规定的范围与幅度内的风险费用。

（3）材料暂估价项目的综合单价中主材价格，应按招标工程量清单提供的材料暂估价计取。

（4）措施项目清单中的安全生产措施费应按国家及省级、行业主管部门的相关规定计价。

（5）措施项目清单计价应符合招标文件、合同文件的要求和相关工程国家及行业工程量计算标准的措施项目列项及其工作内容的有关规定，包括履行合同责任和义务、全面完成工程所发生的不限于下列费用：

1）工地内及附近临时设施、临时用水、临时用电、通风排气及其他同类费用；

2）在地下空间（地下室、暗室、库内、洞内等）、高层或超高层建筑、有害身体健康的环境、恶劣气温气候、冬雨季、交叉作业等环境下进行施工所需的措施费用；

3）施工中的材料堆放场地整理、工程用水加压、施工雨（污）水排除、建筑施工和生活垃圾外运及消纳（已列入拆除和修缮工程分部分项工程项目清单的除外）、成品保护，完工清洁和清场退场等费用；

4）满足政府主管部门有关安全生产措施要求所需的费用，包括执行其要求引起的相关安全生产措施费用；

5）除按计价标准规定的措施项目费用可调整外，完成暂列金额清单项目所需的措施费用；

6）承包人为履行合同责任和义务所发生的其他措施费用。

（6）其他项目清单中的专业工程暂估价可采用总价计价方式计价，以项计算其价格；暂列金额，总承包服务费可采用费率或总价计价方式计价，以其计价基础乘以费率或以项计算清单项目价格。

（7）暂列金额、专业工程暂估价应按招标工程量清单提供的相应金额填报投标价。

（8）总承包服务费应为完成招标文件，合同约定的总承包人承担总承包服务相关合同责任的相应清单项目不含增值税的价格，包括总承包人对发包人提供材料的供货人、专业工程暂估价的专业分包人（承包人实施的除外）和发包人直接发包的专业工程分包人履行管理、协调及配合责任等所需的服务费用。总承包服务费应按计价标准的规定计算。

（9）计日工综合单价应为完成相应清单项目单位数量不含增值税的价格，包括随时、少量完成相关计日工项目所需的费用。计日工清单项目合价可依据计日工清单项目数量乘以综合单价计算。

（10）增值税应以分部分项工程项目清单、措施项目清单、其他项目清单（专业工程暂估价除外）的合计金额作为计算基础，乘以政府主管部门规定的增值税税率计算税金。

二、工程量清单的编制

（一）工程量清单编制的一般规定

1. 工程量清单编制人

工程量清单应由具有编制能力的招标人或受其委托的工程造价咨询人编制。

2. 招标工程量清单的编制对象

招标工程量清单应根据招标文件要求及工程交付范围，以合同标的或以单项工程、单位工程为工程量清单编制对象进行列项编制，并作为招标文件的组成部分。

3. 工程量清单成果文件包括的内容

工程量清单成果文件应包括封面、签署页、编制说明、工程量计算规则说明、工程量清单及计价表格等。编制说明应列明工程概况、招标（或合同）范围、编制依据等；工程量计算规则说明应明确工程量清单使用的国家及行业工程量计算标准，以及根据工程实际需要补充的工程量计算规则等。

4. 工程量清单的项目组成

无论采用单价合同还是总价合同，分部分项工程项目清单的项目编码、项目名称、项目特征、计量单位、工作内容应按国家及行业工程量计算标准和补充工程量清单计算规则进行编制；措施项目清单的项目编码、项目名称、工作内容应按国家及行业工程量计算标准编制。

5. 工程量清单编制依据

（1）"计价标准"和相关工程国家及行业工程量计算标准；

（2）国家或省级、行业建设主管部门颁发的工程计量与计价相关规定，以及根据工程需要补充的工程量计算规则；

（3）招标文件、拟订的合同条款及其相关资料；

（4）工程招标图纸及其相关资料；

（5）与建设工程有关的技术标准规范；

（6）施工现场情况、相关地勘水文资料、工程特点及交付标准；

（7）其他相关资料。

（二）分部分项工程项目清单编制

1. 单价合同工程量清单的编制依据

单价合同的工程量清单，应依据招标图纸、技术标准规范、相关工程国家及行业工程量计算标准及补充的工程量计算规则，确定分部分项工程项目清单及其项目特征，并计算其工程数量。清单项目按项计量编制的，应在其计量单位中以项为单位表示。如招标工程需要，可参考同类工程的设计图纸等资料在招标工程量清单中合理列出招标图纸没有反映，但施工中可能会发生的清单项目及其项目特征，并结合招标工程及参考同类工程资料确定暂定工程数量。

2. 总价合同工程量清单的编制依据

总价合同的工程量清单，应依据招标图纸、技术标准规范、相关工程国家及行业工程量计算标准及补充的工程量计算规则，确定分部分项工程项目清单及其项目特征，并计算其工程数量。按照招标图纸及技术标准规范可确定项目特征、但不能准确计算工程数量的项目可按暂定数量编制，并在其项目特征中说明为暂定工程量。

3. 由发包人提供材料或暂估材料价格的清单项目编制

分部分项工程项目清单中由发包人提供材料或暂估材料价格的清单项目编制应符合下列规定：

（1）发包人提供材料的清单项目应按计价标准的规定在招标文件中明确，并在项目特征中说明主材由发包人提供。

（2）发包人提供材料暂估价的清单项目应在项目特征中明确材料暂估价的金额，并在材料暂估单价及调整表中单独列出材料明细项目及其暂估单价。

（三）措施项目清单编制

1. 措施项目清单的编制依据

措施项目清单应结合招标工程的实际情况和相关部门的有关规定，依据常规的施工工艺、顺序及生活、安全、环境保护、临时设施、文明施工等非工程实体方面的要求，按相关工程国家及行业工程量计算标准的措施项目分类规则，以及补充的工程量计算规则，结合招标文件及合同条款要求进行编制。

2. 安全生产措施项目

措施项目清单中的安全生产措施项目应按国家及省级、行业主管部门的管理要求和招标工程的实际情况列项。

（四）其他项目清单及增值税编制

1. 其他项目清单列项应符合下列规定

（1）暂列金额应根据工程特点按招标文件的要求列项，可按用于暂未明确或不能详细说明工程、服务的暂列金额（如有）和用于合同价款调整的暂列金额分别列项。用于暂未明确或不能详细说明工程、服务的暂列金额应提供项目及服务名称，并根据同类工程的合理价格估算暂列金额；用于合同价款调整的暂列金额可按招标图纸设计深度及招标工程实施工期等因素对合同价款调整的影响程度，结合同类工程情况合理估算。

（2）专业工程暂估价应根据招标文件说明的专业工程分类别和（或）分专业列项，并列出明细表，其暂估价可根据项目情况，结合同类工程的合理价格或概算金额估算。

（3）直接发包的专业工程应根据招标文件说明发包人直接发包的各专业工程分别列项，

并列出明细表。

（4）发包人提供材料的可按承包人负责安装和承包人不负责安装分别列项，并在发包人提供材料一览表中列出材料明细项目及其暂估单价。

（5）计日工应在项目特征中说明招标工程实施中可能发生的计日工性质的工种类别，材料及施工机具名称、零星工作项目、拆除修复项目等，并列出每一项目相应的名称、计量单位和合理暂估数量。

（6）发包人提供材料、专业分包工程的总承包服务费应分别列项，可按项或费率计量。按费率计量的，宜以暂估价作为计价基础；直接发包的专业工程的总承包服务费应按计价标准中的条款列项，宜以项为单位计量。

（7）出现计价标准条款中未包含的其他项目，可根据招标文件要求结合工程实际情况补充列项。

2. 增值税的编制

增值税应根据政府有关主管部门的规定及计价标准条款的规定列项，按增值税率计算。

三、最高投标限价编制

（一）最高投标限价编制的基本要求

1. 最高投标限价编制的一般规定

（1）建设工程招标设有最高投标限价的，应按国家有关规定编制最高投标限价，并在发布招标文件时公布最高投标限价及其编制依据。

（2）最高投标限价应由具有编制能力的招标人或受其委托的工程造价咨询人编制。

2. 最高投标限价编制要求

（1）最高投标限价编制依据：

1）计价标准和相关工程国家及行业工程量计算标准；

2）招标文件（包括招标工程量清单、合同条款、招标图纸、技术标准规范等）及其补遗、澄清或修改；

3）国家及省级、行业建设主管部门颁发的工程计量与计价相关规定，以及根据工程需要补充的工程量计算规则；

4）与招标工程相关的技术标准规范；

5）工程特点及交付标准、地勘水文资料、现场情况；

6）合理施工工期及常规施工工艺、顺序；

7）工程价格信息及造价资讯、工程造价数据及指数；

8）其他相关资料。

（2）招标人可依据招标文件要求、工程实际情况、结合类似工程合理的施工方案及工期数据合理确定计划工期，最高投标限价应基于合理计划工期内完成招标工程所需的费用进行编制，招标人可依据招标工程量清单及同类工程的价格信息和造价资讯等，按相关主管部门规定确定招标工程可接受的最高价格。

（3）因招标文件的补遗、答疑、异议澄清或修正等引起最高投标限价变化的，招标人应相应修正最高投标限价，并按相关要求和程序重新公布。

3. 分部分项工程项目清单计价

（1）分部分项工程项目清单中承包人提供材料、发包人提供材料、材料暂估价、按项计价等清单项目的综合单价及价格可根据招标文件和招标工程量清单，按计价标准的规定，以及类似工程的价格信息、价格指数及市场造价资讯等确定。

（2）最高投标限价的清单项目综合单价可按计价标准的规定确定，并在编制说明中明确其计价方法。

4.措施项目清单计价

措施项目清单的价格可根据招标文件和招标工程量清单、工程实施要求及常规的施工工艺措施、合同条款、计价标准规定及措施项目清单构成明细分析表、类似工程的措施价格信息及市场造价资讯等确定。其中，安全生产措施费的计算应符合国家及省级、行业主管部门的规定。

5.其他项目清单计价

（1）其他项目清单计价应满足下列要求：

1）暂列金额按招标工程量清单中列出的相关金额计价。

2）专业工程暂估价按招标工程量清单中列出的相关金额计价。

3）计日工按招标工程量清单中列出的工程内容和要求按计价标准的规定计价。

4）总承包服务费按招标工程量清单列出的，需要投标人提供服务的发包人提供材料、专业分包工程、直接发包的专业工程，以及类似工程价格信息和造价资讯等分别确定各清单项目的服务费或费率并计价。

（2）若招标工程存在计价标准未列项的其他项目，应按同期市场合理价格计算其费用，并说明构成合同价格的计价条件。

6.增值税计价

增值税应按计价标准的规定计算。

7.清单项目综合单价的计算

（1）最高投标限价清单项目价格可依据招标工程技术标准规范、交付标准和招标文件要求，并结合下列工程价格信息及造价资讯进行编制：

1）近期完成的类似工程最高投标限价、施工图预算、设计概算、成本估算的价格；

2）近期获得的类似工程市场竞争合理投标单价；

3）近期确定的类似清单项目结算单价；

4）近期签订的类似工程合同价格；

5）通过市场询价获得的人工、材料、施工机具、清单项目综合单价等相关合理工程价格；

6）近期人工、材料、施工机具使用的市场价格和相关价格指数或投标价格指数等。

（2）若招标工程的实际情况与计价标准的工程价格信息及造价资讯存在差异的，应依据其建设时期、建设地点、建设规模、交付标准等的差异影响，在合理调整价格后计算。

（二）最高投标限价异议和修正

1.最高投标限价的异议

（1）投标人经复核认为招标人公布的最高投标限价未按招标文件的要求和国家及行业有关规定进行编制或存在不合理的，可在规定时间内以书面形式向招标人提出异议。

（2）招标人应在规定的时间内对投标人的异议作出答复。招标人不在规定的时间内回复，或投标人在得到招标人的异议回复后，认为量高投标限价仍然未按招标文件的要求和国家及行业有关规定进行编制或存在不合理的，可在投标截止前规定时间内向有关行政监督管理部门反映。

2. 最高投标限价异议的修正

（1）如最高投标限价经有关行政监督管理部门复查，其结论与原公布的最高投标限价偏差较大的，招标人应作出说明并对其不合理内容进行修订。

（2）招标人根据最高投标限价复查结论需要修订及重新公布最高投标限价的，应按政府主管部门相关要求和程序重新公布。

四、投标报价编制

（一）投标报价编制的基本要求

1. 投标报价编制的一般规定

（1）投标报价应由投标人或受其委托的工程造价咨询人编制。

（2）投标人可依据计价标准的规定自主确定投标报价，并应对已标价工程量清单填报价格的一致性及合理性负责，承担不合理报价及总价合同的工程量清单缺陷等风险。

（3）投标人的投标报价不得低于成本价，且不得高于招标人公布的最高投标限价。

2. 投标报价编制与复核

（1）投标人应在接收招标文件后，在规定时间内根据招标文件说明的工程特点及合同要求复查招标文件中计划工期的可行性及其风险与影响，对计划工期存有疑问或异议的，应按招标文件的规定以书面形式提请招标人澄清或修正。投标人对计划工期或招标人澄清或修正后的计划工期无疑问或无异议的，投标人应根据自身的实施方案、施工技术、管理水平、合同履约风险及专业分包工程工期等合理确定投标工期并投标报价。投标工期不得超过招标人的计划工期或澄清修正的计划工期。

（2）投标人应在接收招标文件后，在规定时间内根据工程特点、合同要求及现场踏勘情况，复查措施项目清单列项的完整性和适用性。如投标人对措施项目清单有疑问或异议的，可按招标文件的规定以书面形式提请招标人澄清或修正，若投标人认为需要增加措施项目的，可在措施项目中补充列项及报价，并对措施项目清单的准确性和完整性负责。

（3）采用单价合同的招标工程，投标人应在接收招标文件后，在规定时间内对招标工程量清单的分部分项工程项目清单进行复核。如投标人对分部分项工程项目清单有疑问或异议的，应按招标文件的规定以书面形式提请招标人澄清，招标人核实后作出修正的，投标人应按修正后的分部分项工程项目清单进行投标报价。无论投标人是否已提出疑问或异议，分部分项工程项目清单的完整性和准确性由招标人负责，清单项目或修正后（如有）的清单项目存在工程量清单缺陷的，应按计价标准的规定调整相关价款及合同总价。

（4）采用总价合同的招标工程，投标人应在接收招标文件后，在规定时间内对招标工程量清单进行复核。如投标人对工程项目清单有疑问或异议的，应按招标文件的规定以书面形式提请招标人澄清，招标人核实后作出修正的，投标人应按修正后的工程量清单进行报价。如投标人经复核认为招标工程量清单及其修正后（如有）的分部分项工程项目清单存在工程量清单缺陷的，可在已标价工程量清单的分部分项工程项目清单中进行补充完善及报价，并对已标价分部分项工程项目清单的完整性和准确性负责。无论投标人是否已提出疑问、异议或按已修正后的工程量清单报价，或对分部分项工程项目清单做出补充完善及报价，除招标工程量清单说明为暂定数量的单价计价分部分项工程项目清单外，合同价格不应因存在工程量清单缺陷而调整。

（5）投标人的投标价应包括招标文件中规定的由承包人承担范围及幅度内的风险费用。如招标文件中未明确相关风险责任的，投标人应在接收招标文件后，在规定的时间内提请招标人明确，招标人应在规定时间内予以书面答复。

3. 投标报价编制要求

（1）采用单价合同的工程，投标人应按要求完整填报工程量清单中所有清单项目的综合单价及其合价和（或）总价计价项目的价格，且每个清单项目应只填报一个报价，未按要求填报（漏填或未填）综合单价及其合价和（或）清单项目价格的，宜按计价标准的规定完成相关的投标报价澄清或说明，相关清单项目报价可视为已包含在投标总价中。

（2）采用总价合同的工程，投标人应按计价标准的规定补充完善工程量清单，并完整填报工程量清单中所有清单项目的综合单价及其合价和（或）总价计价项目的价格，且每个清单项目应只填报一个报价，未按要求填报（漏填或未填）综合单价及其合价和（或）清单项目价格的，可按计价标准的规定完成相关的投标报价澄清或说明，相关清单项目报价可视为已包含在其他的清单项目中。

（3）投标人的投标总价应与分部分项工程项目清单、措施项目清单、其他项目清单、增值税的合价总额一致。如投标总价与前述合价总额不相符的，应在保持投标总价不变的前提下，按计价标准的规定调整已标价工程量清单。

（二）投标报价的编制

1. 投标报价编制依据

（1）计价标准和相关工程国家及行业工程量计算标准。

（2）招标文件（包括招标工程量清单、合同条款、招标图纸、技术标准规范等）及其补遗、答疑、异议澄清或修正。

（3）国家及省级、行业建设主管部门颁发的工程计量与计价相关规定，以及根据工程需要补充的工程量计算规则。

（4）与招标工程相关的技术标准规范等技术资料。

（5）工程特点及交付标准、地勘水文资料、现场踏勘情况。

（6）投标人的工程实施方案及投标工期。

（7）投标人企业定额、工程造价数据、市场价格信息及价格变动预期、装备及管理水平、造价资讯等。

（8）其他相关资料。

2. 投标报价应考虑承包风险因素

（1）投标人应按计价标准工程量清单计算规则说明中规定的国家及行业工程量计算标准规定和补充的工程量计算规则，对分部分项工程项目清单的所有清单项目进行报价，其报价应满足下列因素对价格的要求：

1）工程数量对材料采购及人工价格的影响；

2）招标文件规定物价变化进行价格调整的清单项目，在调整的范围和波动幅度内市场物价变动及调整时段带来的承包风险的影响；

3）招标文件未规定物价变化进行价格调整的清单项目的材料费、人工费、施工机具使用费等市场价格波动的影响；

4）单价合同履行计价标准的工程量清单缺陷价格调整和计价标准的工程变更计价规定

的工程数量变化带来的承包风险的影响；

5）总价合同履行计价标准规定的工程量清单缺陷责任及价格包干规定，以及履行计价标准规定的工程变更计价规则带来的承包风险的影响；

6）除履行计价标准规定的合同价格调整外，总价合同及单价合同中综合单价不做调整规定所引起的承包风险的影响。

（2）对分部分项工程项目清单中按项计价的项目，投标人应按其项目特征的工作内容、自身的实施方案、市场合理价格，以及履行招标图纸和技术标准规范要求、按计价标准规定执行工程变更价格调整引起的承包风险，对按项计价项目进行投标报价。除合同另有约定外，按项计价项目报价为包干价，工程结算时不应做调整。

（3）对分部分项工程项目清单中发包人提供材料的清单项目，投标人应按招标文件说明的发包人提供材料的规格型号、品牌档次和计价标准的规定，对发包人提供材料的清单项目进行安装报价，并应满足工程数量对人工价格变化、招标文件规定的有效损耗率、自身原因超耗使用材料产生的承包风险等要求。投标报价的综合单价及投标总价不应包含发包人提供材料的供货人将相关的材料运抵交货地点、完成卸货的费用。

（4）对分部分项工程项目清单中载明材料暂估价的清单项目，应按工程量清单载明的材料暂估单价（不含增值税）计入综合单价。投标人对分部分项工程项目清单中的材料暂估价清单项目的报价，应满足工程数量对人工价格变化、履行计价标准规定的材料暂估价调价规则产生的价格变化等要求，并按招标文件提供的材料暂估价单价在计价标准的材料暂估单价及调整表中列出。

（5）投标人应按自身的工程实施方案及投标工期、计价标准规定拟定的措施项目，对措施项目清单进行自主报价，其中安全生产措施费应符合国家及省级、行业主管部门的相关规定。措施项目清单的报价应满足下列因素对价格影响的要求：

1）招标工程的特点及其标段划分和完工交付标准；

2）工程地质条件、邻近建筑物、现场设施情况、周边道路、交通、水文、环境；

3）招标文件说明的相关合同责任；

4）招标文件规定的承包风险；

5）发包人提供材料的货物供应、专业分包工程、直接发包的专业工程的总承包管理服务（仅适用于总承包合同的投标报价）；

6）除计价标准规定的工程变更、暂列金额中未能完全预见或详细说明的工程、新增工程、工程索赔等引起的措施项目费用调整外，执行措施项目费用包干引起的承包风险。

（6）投标人应按招标工程量清单中提供的暂列金额、专业工程暂估价金额，准确填报在相应投标总价内。

（7）投标人应按计日工清单中提供的清单项目及其暂定数量和计价标准的相关规定，对计日工清单项目进行投标报价。

（8）投标人应按工程实施方案和对各专业分包工程、直接发包的专业工程的工期安排，以及对发包人提供材料的供应履行管理及协调责任、对各专业分包工程履行管理和协调及配合责任、对各直接发包的专业工程履行协调及配合责任等招标文件规定的总承包服务内容及要求，对其他项目清单中的各项总承包服务费进行投标报价，并应满足计价标准规定的总承包服务费计价风险的要求。

（9）投标人依据相关造价资讯进行投标报价时，应满足招标工程与所使用造价资讯相应工程存在的建设时间、建设地点、建设规模、完工交付标准、招投标方式、材料来源、使用工人来源等差异引起的价格变化的要求，投标人可在合理调整造价资讯相关价格后应用于投标报价。

3. 投标报价的编制规定

（1）投标人依据完成报价的分部分项工程项目清单、措施项目清单、其他项目清单（扣除专业工程暂估价）的清单总价汇总后，应按计价标准的规定，将其汇总的项目清单总价乘以增值税率确定增值税报价。

（2）投标人应在投标文件提交时完整提交与已标价工程量清单中综合单价及合价一致的费用构成明细表，相关表格应符合计价标准中分部分项工程项目清单综合单价分析表或分部分项工程项目清单综合单价分析表（简版）、措施项目清单构成明细分析表、措施项目费用分拆表、大型机械进出场及安拆费用组成明细表的有关规定。

（3）投标人在提交投标文件时提交的措施项目费用分拆表，应按计价标准的规定列明各项措施项目费用的初始设立费用、中期运行费用、后期拆除费用。措施项目费用分拆表可应用于计价标准规定的工程索赔计价和计价标准规定的进度款支付。

习　　题

2-1　何谓定额？

2-2　定额具有哪些性质？

2-3　何谓基础定额？

2-4　施工定额与企业定额是一种定额吗？

2-5　时间定额与产量定额有何区别？存在着什么关系？

2-6　什么是复合过程、工作过程、工序？它们之间有何区别？

2-7　在工人工作时间内，哪些时间为定额时间？哪些时间为非定额时间？

2-8　劳动定额制定的基本方法通常有哪些？

2-9　企业定额的作用有哪些？

2-10　简述消耗量定额的作用。

2-11　消耗量定额中，人工消耗指标包括了哪些用工量？

2-12　试列举出10种主要材料的名称。

2-13　试列举出4种周转性材料的名称。

2-14　消耗量定额的换算可以分为哪些种类？

2-15　简述"计价标准"包括的主要内容。

2-16　《房屋建筑与装饰工程工程量计算标准》附录包括哪些内容？

2-17　"计价计量标准"的特点有哪些？

2-18　简述"计价标准"适用的计价活动范围。

2-19　工程量清单计价适用于哪些工程？

2-20　简述编制工程量清单的依据。

第三章　建筑工程费用项目计算

第一节　建筑工程单位估价表

一、单位估价表的概念

单位估价表又称工程计价定额，是以货币形式确定定额计量单位分部分项工程或结构构件直接工程费和施工技术措施项目直接费的文件。它是根据消耗量定额所确定的人工、材料和机械台班消耗数量乘以人工工资单价、材料单价和机械台班单价汇总而成。换言之，全国或地区统一的消耗量定额，如果套用某个工程或某个地区的建筑安装工人日工资单价、材料单价和施工机械台班单价，就形成了个别工程综合单价表或地区单位估价表。

二、单位估价表的内容组成及分类

单位估价表的内容由两部分组成：一是相应消耗量定额规定的人工、材料、机械数量；二是与上述三种"量"相适应的人工工资单价、材料单价和机械台班单价。地区单位估价表见表3-1。

表3-1　　　　　　　　　　混凝土找平层地区单位估价表

工作内容：清理基层、刷素水泥浆、混凝土搅拌、捣平、压实　　　　　　　　　　　　　　单位：10m²

定额编号			11-1-4	11-1-5
项目			细石混凝土	
			40mm	每增减5mm
直接费单价		元	217.81	25.43
其中	人工费	元	74.16	8.24
	材料费	元	143.47	17.16
	机械费	元	0.18	0.03
名称	单位	单价	数量	
人工	综合工日	工日	103.00	0.72	0.08
材料	素水泥浆	m³	591.81	0.010 0	—
	细石混凝土 C20	m³	339.81	0.404 0	0.050 5
	水	m³	4.40	0.060 0	—
机械	混凝土振捣器（平板式）	台班	7.60	0.024 0	0.004 0

编制单位估价表就是把三种"量"与"价"分别结合起来，得出分项工程的人工费、材料费和施工机械台班使用费，三者汇总即为直接费单价。用公式表示为

$$每一分项工程直接费单价＝人工费＋材料费＋施工机械使用费$$

其中
$$人工费＝相应等级日工资标准×人工工日数量$$
$$材料费＝\sum（相应的材料单价×材料耗量）$$
$$施工机械使用费＝\sum（相应的施工机械台班使用费×施工机械台班使用量）$$

为了便于清单报价，也可在直接费单价（或人工费）的基础上计算出管理费和利润。用

公式表示为

$$管理费＝每一分项工程直接费单价（或人工费）×管理费率$$

$$利润＝每一分项工程直接费单价（或人工费）×利润率$$

工程综合单价表见表 3-2。

表 3-2　　　　　　　　　　工程综合单价表（混凝土现浇梁）

工作内容：混凝土浇筑、振捣、养护等　　　　　　　　　　　　　　　　单位：10m³

定　额　编　号			5-1-18		5-1-19	
项目	单位	单价	基础梁		框架梁、连续梁	
			数量	合价	数量	合价
综合单价	元	—	5437.16		5518.05	
其中	人工费	元	—	836.95		885.40	
	材料费	元	—	3933.74		3927.91	
	机械费	元	—	5.28		5.28	
	管理费	元	—	361.56		382.49	
	利润	元	—	299.63		316.97	
人工	综合工日	工日	95.00	8.81	836.95	9.32	885.40
材料	C30现浇混凝土碎石<31.5	m³	359.22	10.1000	3628.12	10.1000	3628.12
	塑料薄膜	m²	1.74	31.3530	54.55	29.7500	51.77
	阻燃毛毡	m²	40.39	6.0300	243.55	5.9500	240.32
	水	m³	4.40	1.7100	7.52	1.7500	7.70
机械	混凝土振捣器（插入式）	台班	7.88	0.6700	5.28	0.6700	5.28

　注　编制和使用工程综合单价表时，应考虑信息价、市场价（含风险费）、工程类别和计量单位等因素。

第二节　建筑工程价目表

一、建筑工程价目表的概念

建筑工程价目表又称为地区单位估价汇总表，简称价目表。建筑工程价目表是依据消耗量定额中的人工、材料、施工机械台班消耗数量，乘以某一地区现行人工、材料、施工机械台班单价，计算出以货币形式表现的完成单位子项工程或结构构件合格产品的单位价格。

建筑工程价目表主要由定额编号、工程项目名称、直接费单价、人工费、材料费、机械费和地区单价组成。

建筑工程价目表中的直接费单价、人工费、材料费、机械费和地区单价，分别与工程量相乘就可得出每个子项工程的直接工程费、人工费、材料费、机械费和地区直接工程费。它是编制建筑工程招标标底或最高投标限价的依据，是发承包双方确定合同价、编制工程预算时的参考。价目表对市场具有一定的指导意义，是计取企业管理费和利润的基础。

二、人工工资单价的确定

1. 人工工资单价的组成

人工工资单价是指在工程计价中，一个建筑工人在一个工作日应计入的全部人工费用，它体现了建筑工人的工资水平和一个建筑工人在一个工作日应得到的劳动报酬。

建筑工程价目表中的人工费，是指根据消耗量定额中规定的完成该子项工程，或结构构件的合格产品，所消耗的人工数量与相应的日工资单价的乘积。

人工工资单价由计时工资或计件工资、奖金、津贴补贴、加班加点工资、社保与福利及特殊情况下支付的工资组成。

（1）计时工资或计件工资是指按计时工资标准和工作时间或对已做工作按计件单价支付给个人的劳动报酬。

（2）奖金是指对超额劳动和增收节支支付给个人的劳动报酬，如节约奖、劳动竞赛奖等。

（3）津贴补贴是指为了补偿职工特殊或额外的劳动消耗和因其他特殊原因支付给个人的津贴，以及为了保证职工工资水平不受物价影响支付给个人的物价补贴。如流动施工津贴、特殊地区施工津贴、高温（寒）作业临时津贴、高空津贴等。

（4）加班加点工资是指按规定支付的在法定节假日工作的加班工资和在法定日工作时间外延时工作的加点工资。

（5）社保及福利是指养老保险、失业保险、医疗保险、生育保险和工伤保险等社会保险费以及住房公积金和节假日福利等。

（6）特殊情况下支付的工资是指根据国家法律、法规和政策规定，因病、工伤、产假、计划生育假、婚丧假、事假、探亲假、定期休假、停工学习、执行国家或社会义务等原因按计时工资标准或计件工资标准的一定比例支付的工资。

2. 影响人工工资单价的因素

（1）社会平均工资水平取决于经济发展水平。经济增长速度越快，社会平均工资涨幅也就越大。

（2）生活消费指数的提高会影响人工单价的提高，以减少生活水平的下降，或维持原来的生活水平。生活消费指数的变动取决于物价的变动，尤其取决于生活消费品物价的变动。

（3）人工单价组成内容中的医疗保险、失业保险、住房消费等都列入人工工资单价内就会提高人工单价。

（4）劳动力市场供需变化。劳动力市场供大于求，人工单价就会下降，反之就会提高。

（5）政府推行的社会保障和福利政策等。

3. 人工工资单价的计算确定

（1）由工程造价管理机构编制计价定额时确定的定额人工工资单价，适用于工程造价管理机构编制计价定额时确定定额人工费，是施工企业投标报价的参考依据。

日工资单价是指施工企业平均技术熟练程度的生产工人，在每工作日（国家法定工作时间内）按规定从事施工作业应得的日工资总额。

工程造价管理机构确定日工资单价，应通过市场调查，根据工程项目的技术要求，参考实物工程量人工单价综合分析确定，最低日工资单价不得低于工程所在地人力资源和社会保障部门所发布的最低工资标准的：普工 1.3 倍、一般技工 2 倍、高级技工 3 倍。

工程计价定额不可只列一个综合工日单价，应根据工程项目技术要求和工种差别适当划分多种日人工单价，确保各分部工程人工费的合理构成。

（2）由施工企业投标报价时自主确定的人工工资单价，主要适用于施工企业投标报价时自主确定人工费，也是工程造价管理机构编制计价定额确定定额人工单价或发布人工成本信息的参考依据。

日工资单价＝

$$\frac{\text{生产工人平均月工资（计时、计件）＋平均月（奖金＋津贴补贴＋特殊情况下支付的工资）}}{\text{年平均每月法定工作日}}$$

三、材料价格的确定

1. 材料价格的概念及组成

材料价格是指材料（包括构件、成品及半成品等）从其来源地（或交货地点）到达施工工地仓库，或堆放场地后的出库价格。材料价格一般由材料原价（或供应价格）、材料运杂费、运输损耗费、采购及保管费等组成。

（1）材料原价是指材料、工程设备的出厂价格或商家供应价格。

（2）运杂费是指材料、工程设备自来源地运至工地仓库或指定堆放地点所发生的全部费用。

（3）运输损耗费是指材料在运输装卸过程中不可避免的损耗。

（4）采购及保管费是指为组织采购、供应和保管材料、工程设备的过程中所需要的各项费用，包括采购费、仓储费、工地保管费、仓储损耗。

2. 影响材料价格的因素

（1）市场材料供需的变化会影响材料价格的涨落。

（2）材料生产成本的变动直接会影响材料的价格。

（3）流通环节的多少和材料供应体制也会影响材料价格。

（4）运输距离和运输方法的改变会影响材料运输费用，从而也影响到材料价格。

（5）国际市场行情会对进口材料的价格产生影响，有时也会对国内同类产品价格造成影响。

3. 材料单价的确定

（1）材料供应价格，即材料市场价格的取得。一般有两种途径：一是市场调查（询价）；二是通过查询市场材料价格信息取得。对于大批量或高价格的材料一般采用市场调查的方法取得价格；而小量的、低价值的材料，以及消耗性材料等，一般可采用工程当地市场价格信息指导中的价格。

市场调查应根据投标人所需材料的品种、规格、数量，以及质量要求，了解市场材料对工程材料满足的程度。

（2）材料的供货方式和供货渠道。材料的供货方式和供货渠道包括业主供货和承包商供货两种方式。对于业主供货的材料，招标书中列有业主供货材料单价表，投标人在利用招标人提供的材料价格报价时，应考虑现场交货的材料运费，还应考虑材料的保管费。承包商供货材料的渠道一般有当地供货、指定厂家供货、异地供货和国外供货等。不同的供货方式和供货渠道对材料价格的影响是不同的，主要反映在采购保管费、运输费、其他费用以及风险费等方面。

（3）不同原价的确定。对同一种材料，因来源地、供应渠道或制造商不同出现几种原价时，其综合原价可按其不同来源地供应量的比例，采取加权平均的方法计算其材料原价。

其计算公式为

$$\overline{P} = \frac{\sum PQ}{\sum Q}$$

式中　　$\overline{P}$——材料原价；

P——各材料来源地的材料原价；

Q——各材料来源地的材料数量；

$\sum PQ$——付出的总金额；

$\sum Q$——表示材料各来源地的材料总数量。

（4）材料运杂费。材料运输费用应按照国家有关部门和地方政府交通运输部门的规定计算。同一品种的材料如有若干个来源地，其运输费用应根据材料来源地、运输里程、运输方法和运价标准，采用加权平均的方法计算运输费。

（5）运输损耗费。在确定运输损耗费时，运输损耗可以计入运输费用，也可以单独列项计算。

（6）采购保管费用。采购的方式、批次、数量，以及材料保管的方式及天数不同，其费用也不相同。采购及保管费率综合取定值一般为 2.5%。根据采购与保管分工或方式的不同，采购及保管费一般按下列比例分配：①建设单位采购、付款、供应至施工现场，并自行保管，施工单位随用随领，采购及保管费全部归建设单位。②建设单位采购、付款，供应至施工现场，交由施工单位保管，建设单位计取采购及保管费的 40%，施工单位计取 60%。③施工单位采购、付款，供应至施工现场，并自行保管，采购及保管费全部归施工单位。

建设单位采购或施工单位经建设单位认价后自行采购，其付款价一般（双方未另行约定时）均为材料供应至施工现场的落地价（应含卸车费用），未包括材料的采购及保管费。但《山东省建筑工程价目表》的材料单价，已包括采购及保管费。

（7）其他费用主要是指国外采购材料时发生的保险费、关税、港口费、港口手续费、财务费用等。

（8）风险因素主要是指材料价格浮动。由于工程所用材料不可能在工程开工初期一次全部采购完毕，所以随着时间的推移，市场的变化造成材料价格的变动，给承包商造成材料费风险。

4. 材料单价的计算

材料单价的计算公式为

材料单价 = {（材料原价＋运杂费）×[1＋运输损耗率(%)]}×
[1＋采购保管费率(%)]

工程设备单价 = （设备原价＋运杂费）×[1＋采购保管费率(%)]

（1）材料原价（或供应价格）采取加权平均的方法计算。

（2）材料运输费采用加权平均的方法计算。

（3）运输损耗费，即

运输损耗费 = [材料原价（或供应价）＋运杂费]×相应材料损耗率

（4）采购及保管费，即

采购及保管费 = [（供应价格＋运杂费）×（1＋运输损耗率）]×采购保管费率

或　　采购及保管费 = （供应价格＋运杂费＋运输损耗费）×采购保管费率

四、机械台班单价的确定

1. 机械台班单价的概念及其组成

施工机械台班单价是指一台施工机械，在正常运转条件下，一个工作班中所发生的分摊和支出的费用。机械台班单价由台班折旧费、台班大修理费、台班经常修理费、台班安拆费和场外运输费、台班人工费、台班燃料动力费、台班车船使用税费七部分组成。

（1）折旧费指施工机械在规定的使用年限内，陆续收回其原值的费用。

（2）大修理费指施工机械按规定的大修理间隔台班进行必要的大修理，以恢复其正常功能所需的费用。

（3）经常修理费指施工机械除大修理以外的各级保养和临时故障排除所需的费用。包括为保障机械正常运转所需替换设备与随机配备工具附具的摊销和维护费用，机械运转中日常保养所需润滑与擦拭的材料费用及机械停滞期间的维护和保养费用等。

（4）安拆费及场外运费安拆费指施工机械（大型机械除外）在现场进行安装与拆卸所需的人工、材料、机械和试运转费用以及机械辅助设施的折旧、搭设、拆除等费用；场外运费指施工机械整体或分体自停放地点运至施工现场或由一施工地点运至另一施工地点的运输、装卸、辅助材料及架线等费用。

（5）人工费指机上司机（司炉）和其他操作人员的人工费。

（6）燃料动力费指施工机械在运转作业中所消耗的各种燃料及水、电等。

（7）税费指施工机械按照国家规定应缴纳的车船使用税、保险费及年检费等。

其中折旧费、大修理费、经常修理费、安拆费及场外运输费四项费用称为第一类费用，它属于分摊性质的费用，也称为不变费用。人工费、燃料动力费、车船使用税费三项费用称为第二类费用，它属于支出性质的费用，也称为可变费用。

2. 影响机械台班单价变动的因素

（1）施工机械的价格是影响机械台班单价的重要因素。

（2）机械使用年限会影响到折旧费的提取和经常修理费、大修理费的开支。

（3）机械的供求关系、使用效率和管理水平直接影响到机械台班单价。

（4）政府征收税费的规定等。

3. 机械台班单价的计算

机械台班单价的计算公式为

机械台班单价＝台班折旧费＋台班大修理费＋台班经常修理费＋台班安拆费和场外运输费＋台班人工费＋台班燃料动力费＋车船使用税费

仪器仪表使用费＝工程使用的仪器仪表摊销费＋维修费

（1）折旧费计算，即

台班折旧费＝机械价格×（1－残值率）×时间价值系数/耐用总台班

残值率是指机械报废时其收回残值占原有价值的比率。

耐用总台班，指施工机械设备从开始投入使用，直到报废前所使用的总台班数。

（2）大修理费计算，即

台班大修理费＝一次大修理费×寿命期内大修理次数/耐用总台班

一次大修理费，指机械设备按照相关规定的大修理范围内的修理工作内容，所需更换的配件、材料、机械和工时及送修运费。

寿命期内修理次数，指机械设备在正常的施工作业条件下，按照其使用周期数减一，即

寿命期内大修理次数＝使用周期数－1

耐用总台班＝大修理间隔台班×大修理周期

（3）经常修理费计算，即

台班经常修理费＝[∑（各级保养一次费用×寿命期内各级保养次数）＋临时故障排
除费]/ 耐用总台班＋替换设备台班摊销费＋工具附具台班摊销费
＋例保辅料费

（4）安拆费和场外运输费计算，即

台班安拆费及场外运输费＝一次安拆费及场外运输费×年平均安拆次数/年工作台班

（5）人工费计算，即

台班机上人工费＝年工作台班机上人工消耗数量×人工单价×[1＋（法定工作日
－年工作台班）/年工作台班]/年工作台班

（6）燃料动力费计算，即

台班燃料动力费＝∑（台班燃料动力消耗数量×相应燃料动力单价）

（7）车船使用税费计算，即

台班车船使用税费＝（车船使用税＋年保险费＋年检费用）/年工作台班

第三节　建筑安装工程费用项目构成和计算方法

为了加强对工程造价的动态管理，适应建设工程计价的需要，依据国家有关规定，结合我省实际，山东省住房和城乡建设厅组织制订了《山东省建设工程费用项目组成及计算规则》（鲁建标字〔2024〕40号），本费用计算规则自2024年3月1日起施行。

一、按费用构成要素划分的费用项目

建筑安装工程费按照费用构成要素划分：由人工费、材料（包含工程设备，下同）费、施工机具使用费、企业管理费、利润、增值税组成。其中人工费、材料费、施工机具使用费、企业管理费和利润包含在分部分项工程费、措施项目费、其他项目费中。建筑安装工程费用项目组成，见表3-3。

（一）人工、材料和机具使用费的概念及计算方法

（1）人工费是指按工资总额构成规定，支付给从事建筑安装工程施工的生产工人和附属生产单位工人的各项费用。

人工费＝∑（工日消耗量×日工资单价）

（2）材料费是指施工过程中耗费的原材料、辅助材料、构配件、零件、半成品或成品、工程设备的费用。工程设备是指构成或计划构成永久工程一部分的机电设备、金属结构设备、仪器装置及其他类似的设备和装置。

材料费＝∑（材料消耗量×材料单价）

工程设备费＝∑（工程设备量×工程设备单价）

（3）施工机具使用费是指施工作业所发生的施工机械、仪器仪表使用费或其租赁费。

1）施工机械使用费以施工机械台班耗用量乘以施工机械台班单价表示，施工机械台班单价应由七项费用组成。

施工机械使用费＝∑（施工机械台班消耗量×机械台班单价）

2）仪器仪表使用费是指工程施工所需使用的仪器仪表的摊销及维修费用。

仪器仪表使用费＝工程使用的仪器仪表摊销费＋维修费

表 3 - 3　　　　　　建筑安装工程费用项目组成表（按费用构成要素划分）

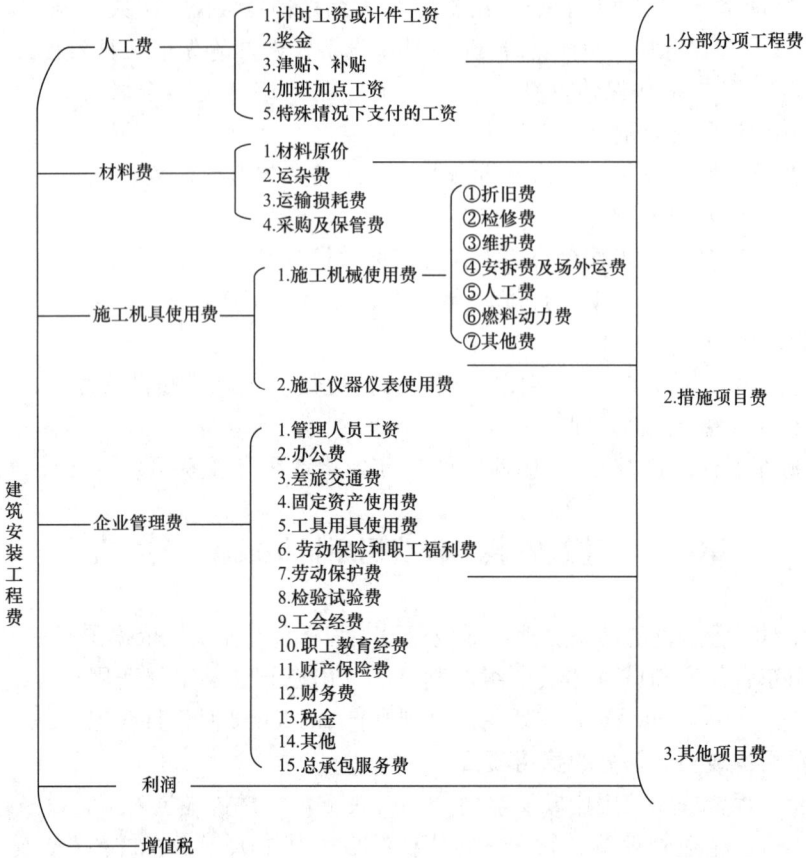

```
                    ┌─ 人工费 ───┬─ 1.计时工资或计件工资
                    │            ├─ 2.奖金                          ┌─ 1.分部分项工程费
                    │            ├─ 3.津贴、补贴
                    │            ├─ 4.加班加点工资
                    │            └─ 5.特殊情况下支付的工资
                    │
                    ├─ 材料费 ───┬─ 1.材料原价
                    │            ├─ 2.运杂费
                    │            ├─ 3.运输损耗费          ①折旧费
                    │            └─ 4.采购及保管费        ②检修费
                    │                                     ③维护费
                    │            ┌─ 1.施工机械使用费 ──── ④安拆费及场外运费
  建                ├─ 施工机具   │                        ⑤人工
  筑                │   使用费    │                        ⑥燃料动力费
  安                │            └─ 2.施工仪器仪表使用费   ⑦其他费
  装                │                                                ├─ 2.措施项目费
  工                │            ┌─ 1.管理人员工资
  程                │            ├─ 2.办公费
  费                │            ├─ 3.差旅交通费
                    │            ├─ 4.固定资产使用费
                    ├─ 企业管理费 ├─ 5.工具用具使用费
                    │            ├─ 6.劳动保险和职工福利费
                    │            ├─ 7.劳动保护费
                    │            ├─ 8.检验试验费
                    │            ├─ 9.工会经费
                    │            ├─ 10.职工教育经费
                    │            ├─ 11.财产保险费
                    │            ├─ 12.财务费
                    │            ├─ 13.税金
                    │            ├─ 14.其他                         └─ 3.其他项目费
                    │            └─ 15.总承包服务费
                    │
                    ├─ 利润
                    │
                    └─ 增值税
```

（二）企业管理费的概念、构成及计算方法

1. 企业管理费的概念与构成

企业管理费是指建筑安装企业组织施工生产和经营管理所需的费用。内容包括：

（1）管理人员工资。管理人员工资是指按规定支付给管理人员的计时工资、奖金、津贴补贴、加班加点工资、社保与福利及特殊情况下支付的工资等。

（2）办公费。办公费是指企业管理办公用的文具、纸张、账表、印刷、邮电、书报、办公软件、现场监控、会议、水电、烧水和集体取暖降温（包括现场临时宿舍取暖降温）等费用。

（3）差旅交通费。差旅交通费是指职工因公出差、调动工作的差旅费及住勤补助费，市内交通费和误餐补助费，职工探亲路费，劳动力招募费，职工退休、退职一次性路费，工伤人员就医路费，工地转移费，以及管理部门使用的交通工具的油料、燃料等费用。

（4）固定资产使用费。固定资产使用费是指管理和试验部门及附属生产单位使用的属于固定资产的房屋、设备、仪器等的折旧、大修、维修或租赁费。

（5）工具用具使用费。工具用具使用费是指企业施工生产和管理使用的不属于固定资产的工具、器具、家具、交通工具和检验、试验、测绘、消防用具等的购置、维修和摊销费。

（6）劳动保险和职工福利费。劳动保险和职工福利费是指由企业支付的职工退职金、按规定支付给离休干部的经费、集体福利费、夏季防暑降温、冬季取暖补贴、上下班交通补贴等。

（7）劳动保护费。劳动保护费是企业按规定发放的劳动保护用品的支出。如工作服、手套、防暑降温饮料以及在有碍身体健康的环境中施工的保健费用等。

（8）检验试验费。检验试验费是指施工企业按照有关标准规定，对建筑及材料、构件和建筑安装物进行一般鉴定、检查所发生的费用，包括自设试验室进行试验所耗用的材料等费用。不包括新结构、新材料的试验费，对构件做破坏性试验及其他特殊要求检验试验的费用和建设单位委托检测机构进行检测的费用。对此类检测发生的费用，由建设单位在工程建设其他费用中列支，但对施工企业提供的具有合格证明的材料进行检测不合格的，该检测费用由施工企业支付。

（9）工会经费。工会经费是指企业按《工会法》规定的全部职工工资总额比例计提的工会经费。

（10）职工教育经费。职工教育经费是指按职工工资总额的规定比例计提，企业为职工进行专业技术和职业技能培训，专业技术人员继续教育、职工职业技能鉴定、职业资格认定，以及根据需要对职工进行各类文化教育所发生的费用。

（11）财产保险费。财产保险费是指施工管理用财产、车辆等的保险费用。

（12）财务费。财务费是指企业为施工生产筹集资金或提供预付款担保、履约担保、职工工资支付担保等所发生的各种费用。

（13）税金。税金是指企业按规定缴纳的房产税、车船使用税、土地使用税、印花税、城市维护建设税、教育费附加，以及地方教育费附加、水利建设基金等。

（14）其他包括技术转让费、技术开发费、投标费、业务招待费、绿化费、广告费、公证费、法律顾问费、审计费、咨询费、保险费等。

2. 企业管理费的计算方法

（1）以分部分项工程费为计算基础，即

$$企业管理费费率（\%）=\frac{生产工人年平均管理费}{年有效施工天数×人工单价}×人工费占分部分项工程费比例（\%）$$

（2）以人工费和机械费合计为计算基础，即

$$企业管理费费率（\%）=\frac{生产工人年平均管理费}{年有效施工天数×（人工单价+每一工日机械使用费）}×100\%$$

（3）以人工费为计算基础，即

$$企业管理费费率（\%）=\frac{生产工人年平均管理费}{年有效施工天数×人工单价}×100\%$$

上述公式适用于施工企业投标报价时自主确定管理费，是工程造价管理机构编制计价定额确定企业管理费的参考依据。

工程造价管理机构在确定计价定额中企业管理费时，应以定额人工费或（定额人工费+定额机械费）作为计算基数，其费率根据历年工程造价积累的资料，辅以调查数据确定，列入分部分项工程和措施项目中。

（三）利润的概念及计算方法

（1）利润是指施工企业完成所承包工程获得的盈利。

（2）施工企业根据企业自身需求并结合建筑市场实际自主确定，列入报价中。

（3）工程造价管理机构在确定计价定额中利润时，应以定额人工费或（定额人工费＋定额机械费）作为计算基数，其费率根据历年工程造价积累的资料，并结合建筑市场实际确定，以单位（单项）工程测算，利润在税前建筑安装工程费的比重可按不低于5％且不高于7％的费率计算。利润应列入分部分项工程和措施项目中。

（四）税金的概念、构成及计算方法

1. 税金的概念与构成

税金是指国家税法规定的应计入建筑安装工程造价内的增值税。其中甲供材料、甲供设备不作为增值税计税基础。一般纳税人为甲供工程提供的建筑服务，可以选择适用简易计税方法计税，税前造价可以扣除支付的分包款和甲供不含税价款。

2. 税金的计算方法

（1）税金计算公式，即

$$税金＝税前造价×综合税率(\%)$$

（2）综合税率。

增值税的计税方法有两种，包括一般计税方法和简易计税方法，税率分别是11％和3％。一般计税方法适用于销售收入500万元以上的一般纳税人；简易计税方法适用于小规模纳税人和一般纳税人发生以清包工方式或为甲供工程提供的建筑服务。

二、按造价形成划分的费用项目

建筑安装工程费按照工程造价形成由分部分项工程费、措施项目费、其他项目费、增值税组成，分部分项工程费、措施项目费、其他项目费包含人工费、材料费、施工机具使用费、企业管理费和利润。建筑安装工程费用项目组成见表3-4。

（一）分部分项工程费的概念、构成及计算方法

1. 分部分项工程费的概念

分部分项工程费是指各专业工程的分部分项工程应予列支的各项费用。

（1）专业工程是指按"计量标准"体系中划分的房屋建筑与装饰工程、仿古建筑工程、通用安装工程、市政工程、园林绿化工程、矿山工程、构筑物工程、城市轨道交通工程、爆破工程等各类工程。

（2）分部分项工程指按"计量标准"对各专业工程划分的项目，如房屋建筑与装饰工程划分的土石方工程、地基处理与边坡支护工程、桩基工程、砌筑工程、钢筋及钢筋混凝土工程等。

各类专业工程的分部分项工程划分见"计量标准"。

2. 分部分项工程费的构成及计算方法

$$分部分项工程费＝\sum(分部分项工程量×综合单价)$$

式中：综合单价包括人工费、材料费、施工机具使用费、企业管理费和利润以及一定范围的风险费用（下同）。

（二）措施项目费的概念、构成及计算方法

1. 措施项目费的概念与构成

措施项目费是指为完成建设工程施工，发生于该工程施工前和施工过程中的技术、生活、安全、环境保护等方面的费用。内容包括：

表 3-4　　　　　　　　　　建筑安装工程费用项目组成表（按造价形成划分）

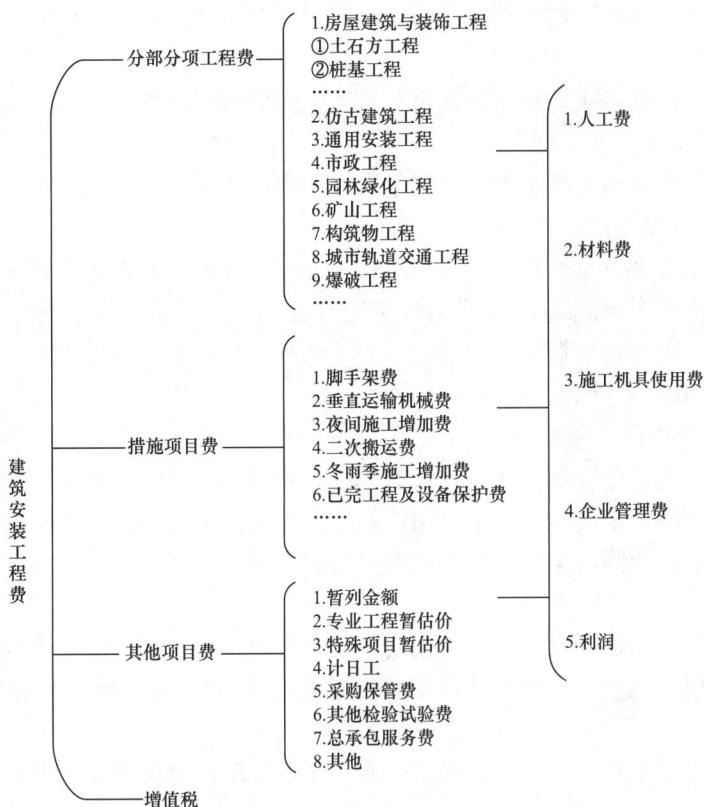

```
建筑安装工程费
├─ 分部分项工程费
│    ├─ 1.房屋建筑与装饰工程
│    │    ①土石方工程
│    │    ②桩基工程
│    │    ……
│    ├─ 2.仿古建筑工程
│    ├─ 3.通用安装工程
│    ├─ 4.市政工程
│    ├─ 5.园林绿化工程        ├─ 1.人工费
│    ├─ 6.矿山工程
│    ├─ 7.构筑物工程          ├─ 2.材料费
│    ├─ 8.城市轨道交通工程
│    └─ 9.爆破工程
│         ……               ├─ 3.施工机具使用费
├─ 措施项目费
│    ├─ 1.脚手架费
│    ├─ 2.垂直运输机械费
│    ├─ 3.夜间施工增加费
│    ├─ 4.二次搬运费          ├─ 4.企业管理费
│    ├─ 5.冬雨季施工增加费
│    └─ 6.已完工程及设备保护费
│         ……
├─ 其他项目费                 └─ 5.利润
│    ├─ 1.暂列金额
│    ├─ 2.专业工程暂估价
│    ├─ 3.特殊项目暂估价
│    ├─ 4.计日工
│    ├─ 5.采购保管费
│    ├─ 6.其他检验试验费
│    ├─ 7.总承包服务费
│    └─ 8.其他
└─ 增值税
```

（1）脚手架工程费是指施工需要的各种脚手架搭、拆、运输费用及脚手架购置费的摊销（或租赁）费用。

（2）垂直运输机械费是指施工工程在合理工期内所需垂直运输机械的费用。

（3）夜间施工增加费是指因夜间施工所发生的夜班补助费、夜间施工降效、夜间施工照明设备摊销及照明用电等费用。

（4）二次搬运费是指因施工场地条件限制而发生的材料、构配件、半成品等一次运输不能到达堆放地点，必须进行二次或多次搬运所发生的费用。必须场外存料或场内立体架构存料时，其场外到场内的运输费，或立体架构搭设费，可按实另计。

（5）冬雨季施工增加费是指在冬季或雨季施工需增加的临时设施，防滑、排除雨雪、人工及施工机械效率降低等费用。不包括混凝土、砂浆骨料拌和、提高强度等级以及掺加入其中的早强、抗冻等外加剂的费用。

（6）已完工程及设备保护费是指竣工验收前，对已完工程及设备采取的必要保护措施所发生的费用。

（7）其他措施项目及其包含的内容详见"计量标准"附录 R "措施项目"表。

2. 措施项目费的计算方法

（1）"计量标准"规定应予计量的措施项目，其计算公式为

$$措施项目费 = \sum（措施项目工程量 \times 综合单价）$$

（2）"计量标准"规定不宜计量的措施项目计算方法如下：

1）夜间施工增加费，即

$$夜间施工增加费＝计算基数×夜间施工增加费费率（\%）$$

2）二次搬运费，即

$$二次搬运费＝计算基数×二次搬运费费率（\%）$$

3）冬雨季施工增加费，即

$$冬雨季施工增加费＝计算基数×冬雨季施工增加费费率（\%）$$

4）已完工程及设备保护费，即

$$已完工程及设备保护费＝计算基数×已完工程及设备保护费费率（\%）$$

上述 1）～4）项措施项目的计费基数应为定额人工费或定额人工费＋定额机械费，其费率由工程造价管理机构根据各专业工程特点和调查资料综合分析后确定。

（三）其他项目费的概念、构成及计算方法

1. 其他项目费的概念与构成

（1）暂列金额是指建设单位在工程量清单中暂定并包括在工程合同价款中的一笔款项。用于施工合同签订时尚未确定或者不可预见的所需材料、工程设备、服务的采购，施工中可能发生的工程变更、合同约定调整因素出现时的工程价款调整以及发生的索赔、现场签证确认等的费用。

（2）专业工程暂估价是指建设单位根据国家相应规定、预计需由专业承包人另行组织施工、实施单独分包（总包人仅对其进行总承包服务），但暂时不能确定准确价格的专业工程价款。

（3）计日工是指在施工过程中，施工企业完成建设单位提出的施工图纸以外的零星项目或工作所需的费用。

（4）总承包服务费是指总承包人为配合、协调建设单位进行的专业工程发包，对建设单位自行采购的材料、工程设备等进行保管以及施工现场管理、竣工资料汇总整理等服务所需的费用。

2. 其他项目费的计算方法

（1）暂列金额由建设单位根据工程特点，按有关计价规定估算，施工过程中由建设单位掌握使用、扣除合同价款调整后如有余额，归建设单位。

（2）专业工程暂估价仅作为计取总承包服务费的基础，不计入总承包人的工程总造价。

（3）计日工由建设单位和施工企业按施工过程中的签证计价。

（4）总承包服务费由建设单位在最高投标限价中根据总包服务范围和有关计价规定编制，施工企业投标时自主报价，施工过程中按签约合同价执行。

（四）原规费和税金的概念、构成及计算方法

1. 规费的概念与构成

规费是指按国家法律、法规规定，由省级政府和省级有关权力部门规定必须缴纳或计取的费用。原规费由工程排污费、社会保险费、住房公积金组成。工程排污费根据《关于停征排污费等行政事业性收费有关事项的通知》（财税〔2018〕4 号）、《中华人民共和国环境保护税法》停征排污费，改征环境保护税，在措施费中列出。其中，社会保险费和住房公积金（五险一金），属于生产工人的，计入人工费；属于管理人员的，计入管理费，增强了市场化管理。

2. 税金的概念与计算方法

税金是指国家税法规定的应计入建筑安装工程造价内的增值税。增值税按主管部门规定的费率，以费率的计价方式计算税金。另外，城市维护建设税、教育费附加以及地方教育费附加，根据《增值税会计处理规定》（财会〔2016〕22 号）按税金及附加计算，在管理费中考虑。

3. 规费和税金计算规则

建设单位和施工企业均应按照省、自治区、直辖市或行业建设主管部门发布标准计算规费和税金，不得作为竞争性费用。

三、相关问题的说明

（1）各专业工程计价定额的编制及其计价程序，均按现行《建筑安装工程费用项目组成》的规定实施。

（2）各专业工程计价定额的使用周期原则上为 5 年。

（3）工程造价管理机构在定额使用周期内，应及时发布人工、材料、机械台班价格信息，实行工程造价动态管理，如遇国家法律、法规、规章或相关政策变化以及建筑市场物价波动较大时，应适时调整定额人工费、定额机械费以及定额基价或规费费率，使建筑安装工程费能反映建筑市场实际。

（4）建设单位在编制最高投标限价时，应按照计量标准和计价定额以及工程造价信息编制。

（5）施工企业在使用计价定额时除不可竞争费用外，其余仅作参考，由施工企业投标时自主报价。

第四节　建筑工程费用说明与计算

一、工程类别划分标准

工程类别划分标准是根据不同的单位工程，按其施工难易程度，结合山东省建筑市场的实际情况确定的。工程类别划分标准是确定工程施工难易程度、计取有关费用的依据，同时也是企业编制投标报价的参考。建筑工程的工程类别按工业建筑工程、民用建筑工程、构筑物工程、单独土石方工程、桩基础工程分列，并分若干类别。

1. 类别划分

（1）工业建筑工程指从事物质生产和直接为物质生产服务的建筑工程。一般包括生产（加工、储运）车间、实验车间、仓库、民用锅炉房和其他生产用建筑物。

（2）装饰工程指建筑物主体结构完成后，在主体结构表面进行抹灰、镶贴、铺挂面层等，以达到建筑设计效果的装饰工程。

（3）民用建筑工程，指直接用于满足人们物质和文化生活需要的非生产性建筑物。一般包括住宅及各类公用建筑工程。

（4）构筑物工程指工业与民用建筑配套，且独立于工业与民用建筑工程的构筑物，或独立具有其功能的构筑物。一般包括独立烟囱、水塔、仓类、池类等。

（5）桩基础工程，指天然地基上的浅基础不能满足建筑物和构筑物的稳定要求，而采用的一种深基础。主要包括各种现浇和预制混凝土桩及其他桩基。

（6）单独土石方工程指建筑物、构筑物、市政设施等基础土石方以外的，挖方或填方工程量＞5000m³，且单独编制概预算的土石方工程。包括土石方的挖、填、运等。

2. 使用说明

（1）工程类别的确定，以单位工程为划分对象。

（2）建筑物檐高，指设计室外地坪至檐口滴水（或屋面板板顶）的高度。突出建筑物主体的屋面楼梯间、电梯间、水箱间部分高度不计算檐口高度。建筑物的面积，按建筑面积计算规范的规定计算。建筑物的跨度，按设计图示尺寸标注的轴线跨度计算。

（3）同一建筑物结构形式不同时，按建筑面积大的结构形式确定工程类别。

（4）强夯工程，均按单独土石方工程Ⅱ类执行。

（5）工程类别划分标准中有两个指标者，确定类别时需满足其中一个指标。

3. 建筑及装饰工程类别划分标准

（1）建筑工程类别划分标准见表3-5。

表3-5　　　　　　　　　　　　建筑工程类别划分标准表

工程特征			单位	工程类别		
				Ⅰ	Ⅱ	Ⅲ
工业建筑工程	钢结构		跨度 建筑面积	m m²	＞30 ＞25 000	＞18 ＞12 000	≤18 ≤12 000
	其他结构	单层	跨度 建筑面积	m m²	＞24 ＞15 000	＞18 ＞10 000	≤18 ≤10 000
		多层	檐高 建筑面积	m m²	＞60 ＞20 000	＞30 ＞12 000	≤30 ≤12 000
民用建筑工程	钢结构		檐高 建筑面积	m m²	＞60 ＞30 000	≤30 ≤12 000	≤30 ≤12 000
	混凝土结构		檐高 建筑面积	m m²	＞60 ＞20 000	＞30 ＞10 000	≤30 ≤10 000
	其他结构		层数 建筑面积	层 m²	— —	＞10 ＞12 000	≤10 ≤12 000
	别墅工程 （≤3层）		栋数 建筑面积	栋 m²	≤5 ≤500	≤10 ≤700	＞10 ＞700
构筑物工程	烟囱		混凝土结构高度 砖结构高度	m m	＞100 ＞60	＞60 ＞40	≤60 ≤40
	水塔		高度 容积	m m³	＞60 ＞100	＞40 ＞60	≤40 ≤60
	筒仓		高度 容积（单体）	m m³	＞35 ＞2500	＞20 ＞1500	≤20 ≤1500
	贮池		容积（单体）	m³	＞3000	＞1500	≤1500
桩基础工程			桩长	m	＞30	＞12	≤12
单独土石方工程			土石方	m³	＞30 000	＞12 000	5000＜体积 ≤12 000

（2）装饰工程类别划分标准见表 3-6。

表 3-6　　　　　　　　　　　　装饰工程类别划分标准表

工程特征	工程类别		
	I	II	III
工业与民用建筑	特殊公共建筑，包括观演展览建筑、交通建筑、体育场馆、高级会堂等	一般公用建筑，包括办公建筑、文教卫生建筑、科研建筑、商业建筑等	居住建筑、工业厂房工程
	四星级及以上宾馆	三星级宾馆	二星级以下宾馆
单独外墙装饰（包括幕墙、各种外墙干挂工程）	幕墙高度＞50m	幕墙高度＞30m	幕墙高度≤30m
单独招牌、灯箱、美术字等工程	—	—	单独招牌、灯箱、美术字等工程

二、建筑及装饰工程费率

建筑工程费率见表 3-7、表 3-8。

表 3-7　　　　　　　　　　（一）企业管理费、利润费率表　　　　　　　　单位：%

费用名称及类别 专业名称	企业管理费						利润					
	I		II		III		I		II		III	
	一般	简易	一般	简易	一般	简易	一般	简易	一般	简易	一般	简易
建筑工程	43.4	43.2	34.7	34.5	25.6	25.4	35.8	35.8	20.3	20.3	15.0	15.0
装饰工程	66.2	65.9	52.7	52.4	32.2	32.0	36.7	36.7	23.8	23.8	17.3	17.3
构筑物工程	34.7	34.5	31.3	31.2	20.8	20.7	30.0	30.0	24.2	24.2	11.6	11.6
单独土石方工程	28.9	28.8	20.8	20.7	13.1	13.0	22.3	22.3	16.0	16.0	6.8	6.8
桩基础工程	23.2	23.1	17.9	17.9	13.1	13.0	16.9	16.9	13.1	13.1	4.8	4.8

注　企业管理费费率中，不包括总承包服务费费率。总承包服务费费率为 3%，材料采购保管费费率为 2.5%。

表 3-8　　　　　　　　　　（二）措施费、增值税费率表　　　　　　　　单位：%

工程名称 费用名称		建筑工程		装饰工程	
		一般计税	简易计税	一般计税	简易计税
措施费	夜间施工费	2.55	2.80	3.64	4.00
	二次搬运费	2.18	2.40	3.28	3.60
	冬雨季施工增加费	2.91	3.20	4.10	4.50
	已完工程及设备保护费	0.15	0.15	0.15	0.15
	增值税	11.00	3.00	11.00	3.00

注　措施费中人工费含量：夜间施工增加费、冬雨季施工增加费及二次搬运费为 25%；已完工程及设备保护费为 10%，其计费基础为省价人材机之和。

三、建筑与装饰工程费用计算程序

1. 定额计价计算程序

定额计价计算程序见表3-9。各项费用如需调整，另行文件公布。

表3-9 建筑定额计价计算程序表

序号	费 用 名 称		计 算 方 法
一	分部分项工程费		$\Sigma\{[定额\Sigma(工日消耗量×人工单价)+\Sigma(材料消耗量×材料单价)+\Sigma(机械台班消耗量×台班单价)]×分部分项工程量\}$
	计费基础 JD_1		详见表下注计算基础说明
二	措施项目费		计费基础 JD_1×相应费率
	计费基础 JD_2		详见表下注计算基础说明
三	其他项目费		3.1+3.3+3.4+3.5+3.6+3.7+3.8
	3.1	暂列金额	按分部分项工程费的10%～15%估列
	3.2	专业工程暂估价	按有关规定估价，不计入总承包人工程总造价
	3.3	特殊项目暂估价	按有关规定估价
	3.4	计日工	按计价规范规定计算
	3.5	采购保管费	按相应规定计算
	3.6	其他检验试验费	按相应规定计算
	3.7	总承包服务费	专业分包工程费（不包括设备费）×费率
	3.8	其他	按相应规定计算
四	企业管理费		(JD_1+JD_2)×管理费费率
五	利润		(JD_1+JD_2)×利润率
六	设备费		$\Sigma(设备单价×设备工程量)$
七	增值税		（一+二+三+四+五+六）×税率
八	建筑工程费用合计		一+二+三+四+五+六+七

注 计费基础 JD_1 为分部分项工程的省价人工费之和，计算式为$\Sigma[分部分项工程定额\Sigma(工日消耗量×省价人工单价)×分部分项工程量]$；计费基础 JD_2 为措施费中的省价人工费之和，计算式为$\Sigma[JD_1×省发措施费费率×措施费中人工费含量(\%)]$。

2. 工程量清单计价的计算程序

工程量清单计价的计算程序，见表3-10。

表3-10 建筑工程工程量清单计价的计算程序

序号	费用名称		计算方法
一	分部分项工程费		$\Sigma(J_1×分部分项工程量)$
	分部分项工程综合单价		$J_1=1.1+1.2+1.3+1.4+1.5$
	1.1	人工费	每计量单位$\Sigma(工日消耗量×人工单价)$
	1.2	材料费	每计量单位$\Sigma(材料消耗量×材料单价)$
	1.3	施工机械使用费	每计量单位$\Sigma(施工机械台班消耗量×台班单价)$
	1.4	企业管理费	JQ_1×管理费费率
	1.5	利润	JQ_1×利润率
	计费基础 JQ_1		详见表下注计算基础说明

序号	费用名称		计算方法
二	措施项目费		$\sum[(JQ_1 \times$分部分项工程量$)\times$措施费费率$+(JQ_1 \times$分部分项工程量$)\times$省发措施费费率$\times$措施费中人工费含量$(\%)\times$（管理费费率$+$利润率）]
	其他项目费		$3.1+3.3+3.4+3.5+3.6+3.7+3.8$
		3.1　暂列金额	按分部分项工程费的$10\%\sim15\%$估列
		3.2　专业工程暂估价	按有关规定估价，不计入总承包人工程总造价
		3.3　特殊项目暂估价	按有关规定估价
三		3.4　计日工	按计价规范规定计算
		3.5　采购保管费	按相应规定计算
		3.6　其他检验试验费	按相应规定计算
		3.7　总承包服务费	专业分包工程费（不包括设备费）$\times$费率
		3.8　其他	按相应规定计算
四	设备费		$\sum$（设备单价$\times$设备工程量）
五	增值税		（一$+$二$+$三$+$四）$\times$税率
六	建筑工程费用合计		一$+$二$+$三$+$四$+$五

注　计费基础JQ_1为分部分项工程每计量单位的省价人工费之和，计算式为分部分项工程每计量单位（工日消耗量$\times$省人工单价）。

习　　题

3-1　何谓建筑工程价目表？

3-2　何谓人工工资单价？

3-3　人工工资单价由哪些费用组成？

3-4　影响人工工资单价的因素有哪些？

3-5　何谓材料价格？它由哪几部分费用组成？

3-6　影响材料价格的因素有哪些？

3-7　何谓施工机械台班单价？它由哪几部分费用组成？

3-8　影响机械台班单价变动的因素有哪些？

3-9　建筑安装工程费由哪些费用组成？

3-10　何谓人工费？

3-11　何谓材料费？

3-12　何谓采购及保管费？建设单位供料施工单位应怎样计取保管费？

3-13　何谓检验试验费？

3-14　何谓施工机械使用费？

3-15　何谓安拆费及场外运输费？

3-16　何谓措施费？

3-17　何谓临时设施费？

3-18　何谓冬雨季施工增加费？

3-19　何谓二次搬运费？

第四章　建筑工程计量计价方法

第一节　建筑工程计价依据和步骤

一、建筑工程计价的依据

建筑工程计价依据非常广泛，不同建设阶段的计价依据不完全相同，不同形式的承发包方式的计价依据也有差别。

1. 经过批准和会审的全部施工图设计文件

在编制施工图预算或清单报价之前，施工图纸必须经过建设主管机关批准，同时还要经过图纸会审，并签署"图纸会审纪要"。审批和会审后的施工图图纸及技术资料表明了工程的具体内容、各部分的做法、结构尺寸、技术特征等，它是计算工程量的主要依据。造价部门不仅要具备全部施工图设计文件和"图纸会审纪要"，而且要具备图纸所要求的全部标准图。

2. 经过批准的工程设计概算文件

设计单位编制的设计概算文件经过主管部门批准后，是国家控制工程投资最高限额和单位工程造价的主要依据。如果施工图预算所确定的投资总额超过设计概算，则应调整设计概算，并经原批准部门批准后，方可实施。施工企业编制的施工图预算或投标报价是由建设单位根据设计概算文件进行控制的。

3. 经过批准的项目管理实施规划或施工组织设计

项目管理实施规划或施工组织设计是确定单位工程的施工方法、施工进度计划、施工现场平面布置和主要技术措施等内容的文件，是对建筑安装工程规划、组织施工有关问题的设计说明。拟建工程项目管理实施规划或施工组织设计经有关部门批准后，就成为指导施工活动的重要技术经济文件，它所确定的施工方案和相应的技术组织措施就成为造价部门必须具备的依据之一，是计算分项工程量，选套工程单价和计取有关费用的重要依据。

4. 建筑工程消耗量定额或计量标准

国家和地方颁发的现行建筑安装工程消耗量定额及计量标准，都详细地规定了分项工程项目划分，分项工程内容，工程量计算规则和定额项目使用说明等内容。因此它是编制施工图预算和标底或最高投标限价的主要依据。

5. 单位估价表或价目表

单位估价表或价目表是确定分项工程费用的重要文件，是编制建筑安装工程招标标底或最高投标限价的主要依据，是计取各项费用的基础和换算定额单价的主要依据。

6. 人工工资单价、材料价格、施工机械台班单价

这些资料是计算人工费、材料费和机械台班使用费的主要依据，是编制工程综合单价的基础，是计取各项费用的重要依据，也是调整价差的依据。

7. 建筑工程费用定额

建筑工程费用定额规定了建筑安装工程费用中的间接费用、利润和税金的取费标准和取费方法，它是在建筑安装工程人工费、材料费和机械台班使用费计算完毕后，计算其他各种

费用的主要依据。工程费用随地区不同取费标准不同。按照国家规定，各地区均制定了建筑工程费用定额，它规定了各项费用取费标准。这些标准是确定工程造价的基础。

8. 造价工作手册

造价工作手册是工程造价人员必备的参考书。它主要包括：各种常用数据和计算公式、各种标准构件的工程量和材料量、金属材料规格和计量单位之间的换算，以及投资估算指标、概算指标、单位工程造价指标和工期定额等参考资料。它能为准确、快速编制施工图预算和清单计价提供方便。

9. 工程承发包合同文件

施工企业和建设单位间签订的工程承发包合同文件中的若干条款，如工程承包形式、材料设备供应方式、材料供应价格、工程款结算方式、费率系数或包干系数等，在编制施工图预算和清单报价时必须充分考虑，认真执行。

二、建筑工程计价的步骤

建筑工程计价方式多种多样，考虑的角度也不同，但不论如何都是以施工图纸为对象，以工程量为基础，对工程预先合理定价。因此，必须按一定步骤进行计算。

1. 收集计价的基础文件和资料

进行工程计价之前，首先应把所需的各种依据资料搜集齐全。工程计价的基础文件和资料主要包括：施工图设计文件、项目管理实施规划或施工组织设计文件、设计概算文件、建设工程计价计量标准、建筑工程消耗量定额、建筑工程费用定额、工程承包合同文件、材料价格及设备台目表、人工和机械台班单价，以及造价工作手册等文件和资料。用计算机进行工程计量计价还应该安装造价软件。

2. 熟悉施工图纸

施工图纸是建筑工程计量计价的基础。在工程报价之前，必须结合"图纸会审纪要"，对工程结构、建筑作法、材料品种及其规格质量、设计尺寸等进行充分熟悉和详细审查。如发现问题，工程造价人员有责任及时向设计部门和设计人员提出修改意见，其处理结果应取得设计签认，以便作为修改图纸、设计说明书和工程计量计价的依据。遇有设计图纸和说明书的规定与消耗量定额内容不符（如材料品种、规格或定额缺项等）情况时，要详细记录下来，以便工程报价时进行调整或补充。

对施工图纸和设计说明书的阅读和审核，不仅可以发现和改正图纸中的问题，而且可以在工程造价人员头脑中形成一个完整、系统和清晰的工程实物形象，以免在选用定额子目和工程量计算上发生错误。同时，对于加快计算速度也十分有利。

熟悉图纸的步骤如下所述。

（1）首先熟悉图纸目录及总说明，了解工程性质、建筑面积、建设单位名称、设计单位名称、图纸张数等，做到对工程情况有一个初步了解。

（2）按图纸目录检查各类图纸是否齐全；建筑、结构、设备图纸是否配套；施工图纸与说明书是否一致；各单位工程施工图纸之间有无矛盾。

（3）熟悉建筑总平面图，了解建筑物的地理位置、高程、朝向以及有关建筑情况。掌握工程结构形式、特点和全貌，了解工程地质和水文地质资料。

（4）熟悉建筑平面图，了解房屋的长度、宽度、轴线尺寸、开间大小、平面布局，并核对分尺寸之和是否等于总尺寸。然后再看立面图和剖面图，了解建筑做法、标高等。同时要核对平、立、剖之间有无矛盾。如发现错误，应及时与设计部门联系，以取得设计变更通知单，作为清单计价的依据。

（5）根据索引查看详图，如做法不明，应及时提出问题、解决问题，以便于施工。

（6）熟悉建筑构件、配件、标准图集及设计变更。根据施工图中注明的图集名称、编号及编制单位，查找选用图集。阅读图集时要注意了解图集的总说明，了解编制该图集的设计依据，使用范围，选用标准构件、配件的条件，施工要求及注意事项。同时还要了解图集编号及表示方法。

3. 熟悉项目管理实施规划和施工现场情况

项目管理实施规划（或施工组织设计），是由施工单位根据工程特点、建筑工地的现场情况等各种有关条件编制的，它与工程造价有着密切关系。工程造价人员必须熟悉项目管理实施规划（或施工组织设计），对分部分项工程施工方案和施工方法、预制构件及加工方法、运输方式和运距、大型预制构件的安装方案和起重机械选择、脚手架形式和安装方法、生产设备订货和运输方式等与清单计价有关的问题均应了解清楚。

为编制出符合施工实际的工程造价，除了要全面掌握施工图设计文件和项目管理实施规划（或施工组织设计）文件外，还必须掌握施工现场的实际情况。例如：施工现场障碍物拆除状况；场地平整状况；土方开挖和基础施工状况；工程地质和水文地质状况；施工顺序和施工项目划分状况；主要建筑材料、构配件和制品的供应状况；其他施工条件、施工方法和技术组织措施的实施状况；大型机械进出场情况等。这些现场施工状况，对工程造价的准确性影响很大，必须随时观察和掌握，并做好记录以备应用。

4. 合理划分工程项目

工程项目的划分主要取决于施工图纸的要求、项目管理实施规划（或施工组织设计）所采用的方法、清单计价计量标准和消耗量定额规定的工程内容。因此，在熟悉清单计价计量标准、消耗量定额和有关项目管理实施规划（或施工组织设计）资料的基础上，根据设计要求，确定应该计算的工程项目。项目编码、项目名称、项目单位均应与清单计价标准或消耗量定额保持一致。这样不仅能够避免重复和漏项，也有利于选套消耗量定额和确定工程项目单价。

5. 正确计算工程量

工程量是编制工程造价的原始数据，工程量的计算是一项工作量大而细致的工作，在整个计价工作中，约占编制工作 70% 以上的时间。如果用造价软件编制，该部分工作占的比重就更大了，而且其计算的准确程度和快慢与否，将直接影响计价工作的质量和速度。因此在工程计价时，不仅要求认真、细致和准确，而且要按照一定的计算顺序进行，计算式力求简单明了和按一定次序排列，从而防止重算和漏算等现象出现，做到"快、准、全"进行工程计量。工程量计算一般多采用表格形式逐项分析处理（用计算机计算优越性并不明显），即根据划分的工程项目，按照相应工程量计算规则的要求，逐个计算出各个工程项目的工程量。复核后，可按计量标准和消耗量定额规定的分部、分项工程顺序进行列表汇总。

6. 进行消耗量计算

人工、材料、机械消耗量计算是工程造价书的重要组成部分，也是施工企业内部经济核算和加强经营管理的重要措施；人工、材料、机械消耗量是建筑安装企业施工管理工作中必不可少的一项技术经济指标。其具体作用如下：

（1）它为单位工程及其分部分项工程提供了人工、材料、机械预算数量。

（2）它是生产计划部门编制施工计划、安排生产、统计完成工作量的依据。

（3）它是人力资源部门组织、调配劳动力，编制工资计划的依据。

（4）它是材料部门编制材料供应计划、储备材料、加工订货和组织材料进场的依据。

（5）它是财务部门进行各项经济活动分析的依据。

（6）它是施工企业进行"两算"（施工图预算与施工预算）对比的依据。

分部工程的人工、材料、机械消耗量计算，首先根据单位工程中的工程项目，逐项从消耗量定额中查出定额人工、材料和机械的含量并将其分别乘以相应分项工程量，得出该工程项目人工、材料、机械消耗量。计算公式如下

$$人工消耗量 = \sum 工程量 \times 某工程项目定额人工含量$$
$$材料消耗量 = \sum 工程量 \times 某工程项目定额材料含量$$
$$机械消耗量 = \sum 工程量 \times 某工程项目定额机械含量$$

对于砂浆和混凝土等半成品（中间）材料，还应根据消耗量定额中的砂浆及混凝土配合比表进行二次分析，计算出原材料数量。对于由工厂制作和现场安装的各种构件和制品，如预制钢筋混凝土构件、金属结构构件、门窗构件以及各种建筑制品等项目，它们的工料机数量，应按照制作和安装分别列表计算。

采用实物法计算工程费用时，所有人工、材料、机械消耗量都要进行计算。因此，必须使用造价软件，上机进行全面人工、材料、机械分析。如果采用单价法计算工程费用时，只分析综合工日和主要材料即可。如土建主要分析钢材、木材、水泥、砖、瓦、砂、石、石灰、油毡、沥青、玻璃等材料。

7. 计算各项费用

（1）计算人工费、材料费和机械费。人工费、材料费和机械费的计算方法有两种：第一种用实物法计算，即将分析的人工、材料、机械的数量，分别与人工、材料、机械单价相乘、累加，即得到单位工程人工费、材料费、机械费。第二种用单价法计算，即用各项目工程量分别乘以单位估价表或价目表中的人工费、材料费、机械费单价，分别合计，即得到单位工程人工费、材料费和机械费。

采用实物法计算时，人工、材料、机械单价应根据市场行情合理定价或参考造价管理部门提供的即时价格计算。

套单位估价表或价目表时，通常应按以下三种情况分别处理：

1）当计算项目工程内容与消耗量定额规定工程内容一致时，可以直接选套单位估价表或价目表，并使项目工程量的名称、计量单位、定额编号，均应与单位估价表或价目表要求相符。套用以 10 位为扩大单位的价目表时，特别应注意将计量单位缩小为 1/10，否则会造成 10 倍的差错。

2）当计算项目工程内容与消耗量定额规定工程内容不完全一致，而定额规定允许换算时，应进行工程单价换算。然后选套换算后的工程单价，并在定额编号的后面注明"换"字。

3）当计算项目工程内容与消耗量定额规定工程内容完全不一致时，应按照编制补充消耗量定额或单位估价表的要求或参照相应定额，重新编制补充定额或单位估价表，并报请当地工程造价管理部门批准，作为一次性定额纳入造价文件。编制补充定额时，应在定额编号

位置注明"补"字。

（2）计算工程总造价及技术经济指标。工程造价的计算程序和公式，详见第三章取费程序和示例。

技术经济指标通常根据工程类别，分别以不同计量单位，确定相应技术经济指标。如每平方米建筑面积造价指标；每平方米建筑面积劳动量消耗指标；每平方米建筑面积主要材料消耗指标等。

8. 编制说明、填写封面

施工图预算书和工程清单计价文件一般应编写编制说明，主要用来叙述所编制的工程造价文件项目上所表达不了的，而又需要使审核或使用计价文件的单位知道的内容。

预算书或清单和清单报价的封面能起到装饰的作用，更重要的是一份内容提要，如工程名称、单位、编制人、编制时间等一目了然。在编制人位置加盖造价师或造价员印章，在公章位置加盖单位公章，预算书或清单和清单报价，即成为一份具有法律效力的经济文件。

9. 复核、装订、审批

复核是指一份工程造价文件编制出来后，由本企业的有关人员对工程计价的主要内容及计算情况进行一次检查核对，以便发现可能出现的差错，及时改正，提高工程计价的准确性。审核无误后，一式多份，装订成册，报送建设单位、财政或审计部门，审核批准。

第二节　工程量计算技巧

一、工程量的作用和计算依据

1. 工程量的作用

工程量是以规定的计量单位表示的工程数量。它是编制建设工程招投标文件和编制建筑工程预算、项目管理实施规划（或施工组织设计）、施工作业计划、材料供应计划、建筑统计和经济核算的依据，也是编制基本建设计划和基本建设财务管理的重要依据。

在编制工程造价过程中，计算工程量是既费力又费时的工作，其计算快慢和准确程度，直接影响工程造价速度和质量。因此必须认真、准确、迅速地进行工程量计算。

2. 工程量的计算依据

工程量是根据施工图纸所标注的工程项目尺寸和数量，以及构配件和设备明细表等数据，按照"计量标准"、项目管理实施规划（或施工组织设计）和消耗量定额的要求，逐个分项进行计算并经过汇总计算出来。具体依据有以下几个方面：

（1）施工图设计文件及施工规范。

（2）项目管理实施规划（或施工组织设计）文件。

（3）建筑工程量计算规则。

（4）《房屋建筑与装饰工程工程量计算标准》。

（5）建筑工程消耗量定额（或企业定额）。

（6）工程造价工作手册。

二、工程量计算的要求和步骤

1. 工程量计算的要求

（1）工程量计算应采取表格形式，项目编号要正确，项目名称要完整，单位要用国际单位制表示，如 m、t 等。还要在工程量计算表中列出计算公式，计算式不要太长，以便于计算和审查。

（2）工程量计算是根据设计图纸规定的各个分部分项工程的尺寸、数量，以及构件、设备明细表等，以物理计量单位或自然单位计算出来的各个具体工程和结构配件的数量。工程量的计量单位应与计量标准和消耗量定额中各个项目的单位一致，一般应以每延长米、平方米、立方米、千克、吨、个、组、套等为计量单位。即使有些计量单位一样，其含义也有所不同，如抹灰工程的计量单位大部分按平方米计算，但有的项目按水平投影面积，有的按垂直投影面积，还有的按展开面积计算。因此，对计量标准和定额中的工程量计算规则应很好地理解。

（3）必须在熟悉和审查图纸的基础上进行，要严格按照标准及定额规定和工程量计算规则，结合施工图所注位置与尺寸为依据进行计算，不能人为地加大或缩小构件尺寸，以免影响工程量计算的准确性。施工图设计文件上的标志尺寸，通常有两种：标高均以米为单位，其他尺寸均以毫米为单位。为了简单明了和便于检查核对，在列计算式时，应将图纸上标明的毫米数，换算成米数。各个数据应按宽、高（厚）、长、数量、系数的次序填写，尺寸一般要取图纸所注的尺寸（可读尺寸），计算式应注明轴线或部位。

（4）数字计算要精确。在计算过程中，以 m^3、m^2、m、kg 为单位，小数点要保留三位，汇总时一般可以取小数点后两位，第三位小数四舍五入。总之，应本着单位大、价值较高的可多保留几位，单位小、价值低可少保留几位的原则。如钢材、木材及使用贵重材料的项目，其计算结果可保留三位小数。位数的保留应按标准要求确定。

（5）要按一定的顺序计算。为了便于计算和审核工程量，防止重复和漏算，计算工程量时除了按定额项目的顺序进行计算外，对于每一个工程分项也要按一定的顺序进行计算。在计算过程中，如发现新项目，要随时补进去，以免遗忘。

（6）要结合图纸，尽量做到结构按分层计算，内装饰按分层分房间计算，外装饰分立面计算或按施工方案的要求分段计算；有些项目要按使用材料的不同分别进行计算。如钢筋混凝土框架工程量要一层层计算，外装饰可先计算出正立面，再计算背立面，其次计算侧立面等等。这样做可以避免漏项，便于结算，同时也为编制工料分析和施工时安排进度计划，人工、材料计划创造有利条件。

（7）计算底稿要整齐，数字清楚，数值准确，切忌草率零乱，辨认不清。工程量计算表是工程造价的原始单据，计算时要考虑可修改和补充的余地，一般每一个分部工程计算完后，可留一部分空白，不要各分部工程量之间挤得太紧。

2. 工程量计算的步骤

计算工程量的具体步骤与"统筹图"是一致的。大体上可分为熟悉图纸、基数计算、计算项目工程量、计算其他不能用基数计算的项目工程量、整理与汇总等五个步骤。

在掌握了基础资料，熟悉了图纸之后，不要急于计算，应该先把在计算工程量中需要的数据统计并计算出来，其内容包括：

（1）计算出基数。所谓基数，是指在工程量计算中需要反复使用的基本数据。如在工程量计算时，不论长度、面积或体积，一般都与长度有关。因此，长度是计算和描述许多项目工程量的基数，在计算中要反复多次地使用。为了避免重复计算，一般都事先把它们计算出来，随用随取。

（2）编制统计表。所谓统计表，在土建工程中主要是指门窗洞口面积统计表和墙体构件体积统计表。另外，还应统计好各种预制混凝土构件的数量、体积以及所在的位置。

（3）编制预制构件加工委托计划。为了不影响正常的施工进度，一般都需要把预制构件加工或订购计划提前编出来。这项工作多数由工程造价人员来做。需要注意的是：此项委托计划应把施工现场自己加工的，委托预制构件厂加工的或去厂家订购的分开编制，以满足施工实际需要。

以上三项内容是属于为工程量计算所做的准备工作，做好了这些工作，则可进行下一项内容。

（4）计算工程量。计算工程量要按照一定的顺序计算，根据各分项工程的相互关系，统筹安排，即能保证不重复、不漏算，还能加快计算速度。

（5）计算其他项目工程量。不能用线面基数计算的其他项目工程量，如水槽、水池、炉灶、楼梯扶手和栏杆、花台、阳台、台阶等，这些零星项目应分别计算，列入各章节内，要特别注意清点，防止遗漏。

（6）工程量整理、汇总。最后按章节对工程量进行整理、汇总，核对无误，为套用定额或单价做准备。

三、工程量计算顺序

1. 单位工程工程量计算顺序

一个单位工程，其工程量计算顺序一般有以下几种。

（1）按图纸顺序计算。根据图纸排列的先后顺序，由建施到结施，每个专业图纸由前到后，先算平面，后算立面，再算剖面；先算基本图，再算详图。用这种方法计算工程量的要求是对消耗量定额的章节内容要很熟，否则容易出现项目间的混淆及漏项。

（2）按消耗量定额的分部分项顺序计算。按消耗量定额的章、节、项次序，由前到后，逐项对照，定额项与图纸设计内容能对上号时就计算。这种方法一是要首先熟悉图纸，二是要熟练掌握定额。使用这种方法要注意，工程图纸是按使用要求设计的，其平立面造型、内外装修、结构形式以及内部设施千变万化，有些设计采用了新工艺、新材料，或有些零星项目，可能套不上定额项目，在计算工程量时，应单列出来，待以后编补充定额或补充单位估价表时，不要因定额缺项而漏掉。

（3）按施工顺序计算。按施工顺序计算工程量，就是先施工的先算，后施工的后算，即由平整场地、基础挖土算起，直到装饰工程等全部施工内容结束为止。如带形基础工程，它一般是由挖基槽土方、做垫层、砌基础和回填土等四个分项工程组成，各分项工程量计算顺序就可采用：挖基槽土方——做垫层——砌基础——回填土。用这种方法计算工程量，要求编制人员具有一定的施工经验，能掌握组织施工的全过程，并且要求对定额及图纸内容要十分熟悉，否则容易漏项。

（4）按统筹图计算。工程量计算统筹图的优点是，既反映了一个单位工程中工程量计算的全部概况和具体的计算方法，又做到了简化适用、有条不紊、前后呼应、规律性强，有利于具体计算工作，提高工作效率。这种方法能大量减少重复计算，加快计算进度，提高运算质量，缩短造价的编制时间。统筹图一般采用网络图的形式表示。

（5）按造价软件程序计算。计算机计算工程量的优点是：快速、准确、简便、完整。现在的造价软件大多都能计算工程量。工程量计算及钢筋汇总软件，在工程量计算方面给用户提供适用于工程造价人员习惯的上机环境，将五花八门的工程量计算草底按统一表格形式输出，从而实现由计算草底到各种造价表格的全过程电子表格化。钢筋汇总模块加入了图形功能，并增加了平法（建筑结构施工图平面整体设计方法）和图法（结构施工图法）输入功能，工程造价人员在抽取钢筋时只需将平法施工图中的相关数据，依照图纸中的标注形式，直接输入到软件中，便可自动抽取钢筋长度及重量。

此外，计算工程量，还可以先计算平面的项目，后计算立面；先地下，后地上；先主体，后一般；先内墙，后外墙。住宅也可按建筑设计对称规律及单元个数计算。因为单元组合住宅设计，一般是由一个到两个单元平面布置类型组合的。所以在这种情况下，只需计算一个或两个单元的工程量，最后乘以单元的个数，把各相同单元的工程量汇总，即得该栋住宅的工程量。这种算法，要注意山墙和公共墙部位工程量的调整，计算时可灵活处理。

应当指出，建施图之间，结施图之间，建施图与结施图之间都是相互关联、相互补充的。无论是采用哪一种计算顺序，在计算一项工程量，查找图纸中的数据时，都要互相对照着看图。多数项目凭一张图纸是计算不了的，如计算墙砌体，就要利用建施的平面图、立面图、剖面图、墙身详图及结施图的结构平面布置和圈梁布置图等，要注意图纸的连贯性。

2. 分项工程量计算顺序

在同一分项工程内部各个组成部分之间，为了防止重复计算或漏算，也应该遵循一定的计算顺序。分项工程量计算通常采用以下四种不同的顺序。

（1）按照顺时针方向计算。它是从施工图纸左上角开始，按顺时针方向计算，当计算路线绕图一周后，再重新回到施工图纸左上角的计算方法。如图 4-1 所示。这种方法适用于外墙挖地槽、外墙墙基垫层、外墙基础、外墙、圈梁、过梁、楼地面、天棚、外墙粉饰、内墙粉饰等。

（2）按照横竖分割计算。横竖分割计算是采用先横后竖、先左后右、先上后下的计算顺序。在同一施工图纸上，先计算横向工程量，后计算竖向工程量。在横向采用"先左后右、从上到下"；在竖向采用"先上后下，从左至右"。如图 4-2 所示。这种方法适用于内墙挖地槽、内墙墙基垫层、内墙基础、内墙、间壁墙、内墙面抹灰等。

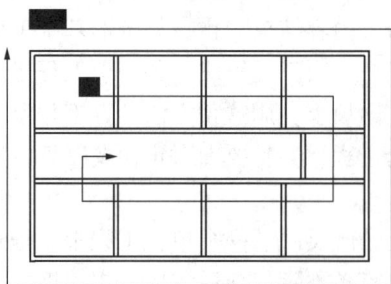

图 4-1   按顺时针方向计算顺序

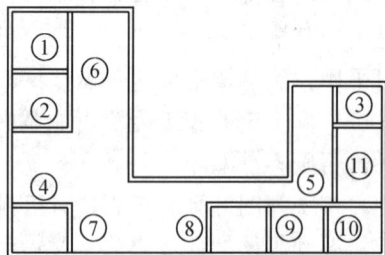

图 4-2   按横竖分割计算顺序

（3）按照图纸注明编号、分类计算。按照图纸注明编号、分类计算，主要用于图纸上进行分类编号的钢筋混凝土结构、金属结构、门窗、钢筋等构件工程量的计算。如图 4-3 所示。钢筋混凝土工程中的桩、框架、柱、梁、板等构件，都可按图纸注明编号、分类计算。

（4）按照图纸轴线编号计算。为计算和审核方便，对于造型或结构复杂的工程，可以根据施工图纸轴线编号确定工程量计算顺序。因为轴线一般都是按国家制图标准编号的，可以先算横轴线上的项目，再算纵轴线上的项目。同一轴线按编号顺序计算，如图 4-4 所示。

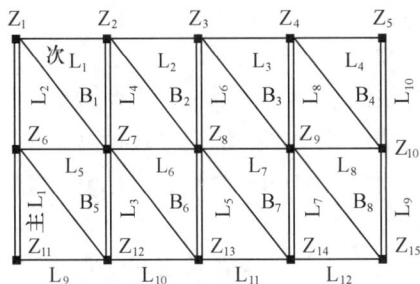

图 4-3　按注明编号、分类计算顺序　　　　图 4-4　按轴线编号计算顺序

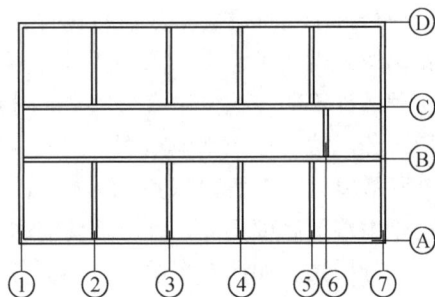

四、工程量计算方法

1. 工程量计算技巧

（1）熟记消耗量定额说明和工程量计算规则。在建筑安装工程消耗量定额中，除了最前面总说明之外，各个分部、分项工程都有相应说明。在《房屋建筑与装饰工程工程量计算标准》和《建筑工程量计算规则》内还有专门的工程量计算规则，这些内容都应牢牢记住。在计算开始之前，先要熟悉有关分项工程规定内容，将选定编号记下来，然后开始工程量计算工作。这样既可以保证准确性，又可以加快计算速度。

（2）准确而详细地填列工程内容。工程量计算表中各项内容填列准确和详细程度，对于整个单位工程造价编制的准确性和速度快慢影响很大。因此，在计算每项工程量的同时，要准确而详细地填列工程量计算表中的各项内容，尤其要准确填写各项目工程名称。如对于钢筋混凝土工程，要填写现浇、预制、断面形式和尺寸等字样；对于砌筑工程，要填写砌体类型、厚度和砂浆强度等级等字样；对于装饰工程，要填写装饰类型、材料种类和标号等字样。以此类推，目的是为选套定额和单位估价表项目提供方便，加快造价编制速度。

（3）结合设计说明看图纸。在计算工程量时，切不可忘记建筑施工及结构施工图纸的设计总说明，每张图纸的说明以及选用标准图集的总说明和分项说明等。因为很多项目的做法及工程量来自这里。另外，对于初学造价者来说，最好是在计算每项工程量的同时，随即采项，这样可以防止因不熟悉消耗量定额而造成的计算结果与定额规定，或计算单位不符而发生的返工。还要找出设计与定额不相符的部分，在采项的同时将定额基价换算过来，以防止漏换。

（4）统筹主体兼顾其他工程。主体结构工程量计算是全部工程量计算的核心。在计算主体工程量时，要积极地为其他工程量计算提供基本数据。这不但能加快造价编制速度，还会收到事半功倍的效果。例如：在计算现浇钢筋混凝土密肋型楼盖时，不仅要算出混凝土、钢筋和模板工程量，而且要同时算出梁的侧表面积，为天棚装饰工程量计算提供方便；在计算外墙砌筑体积时，除了计算外墙砌筑工程量外，还应按项目管理实施规划（或施工组织设计）文件规定，同时计算出外墙装饰工程量和脚手架工程量等。

2. 工程计算的一般方法

在建筑工程中，计算工程量的原则是"先分后合，先零后整"。分别计算工程量后，如果各部分均套同一定额，可以合并套用。如果工程量合并计算，而各部分必须分别套定额，就必须重新计算工程量，就会造成返工。在造价师考试中，由于标准答案采分点划分得很细，列综合式子与标准答案没有可比性，也不容易得分。另外，在建筑工程中，各部位的建筑结构和建筑做法不完全相同，要求也不一样，必须分别计算工程量。

工程量计算的一般方法有分段法、分层法、分块法、补加补减法、平衡法或近似法。

（1）分段法。如果基础断面不同时，所有基础垫层和基础等都应分段计算。又如内外墙各有几种墙厚，或者各段采用的砂浆强度等级不同时，也应分段计算。高低跨单层工业厂房，由于山墙的高度不同，计算墙体时也应分段计算。

（2）分层法。如遇有多层建筑物的各楼层建筑面积不等，或者各层的墙厚及砂浆强度等级不同时，要分层计算。有时为了按层进行工料分析、编制施工预算、下达施工任务书、备工备料等，则均可采用上述类同的办法，分层、分段、分面计算工程量。

（3）分块法。如果楼地面、天棚、墙面抹灰等有多种构造和做法时，应分别计算。即先计算小块，然后在总的面积中减去这些小块的面积，得最大的一种面积。对复杂的工程，可用这种方法进行计算。

（4）补加补减法。如每层的墙体都相同，只是顶层多（或少）一个隔墙，可先按照每层都无（有）这一隔墙的情况计算，然后在顶层补加（补减）这一隔墙。

（5）平衡法或近似法。当工程量不大或因计算复杂难以正确计算时，可采用平衡抵消或近似计算的方法。如复杂地形土方工程就可以采用近似法计算。

五、运用统筹法原理计算工程量

1. 统筹法在工程量计算中的运用

统筹法是按照事物内部固有的规律性，逐步地、系统地、全面地加以解决问题的一种方法。利用统筹法原理计算工程量，使计算工作快、准、好地进行，即抓住工程量计算的主要矛盾加以解决问题的方法。

工程量计算中有许多共性的因素，如外墙条形基础垫层工程量，按外墙中心线长度乘垫层断面计算，而条形基础工程量，按外墙中心线长度乘以设计断面计算；地面垫层，按室内主墙间净面积乘以设计厚度以立方米计算，而楼地面找平层和整体面层，均按主墙间净面积以平方米计算，如此等等。可见，有许多子项工程量的计算，都会用到外墙中心线长度和主墙间净面积等，即"线""面"可以作为许多工程量计算的基数，它们在整个工程量计算过程中要反复多次被使用。在工程量计算之前，就可以根据工程图纸尺寸将这些基数先计算好，在工程量计算时，利用这些基数分别计算与它们各自有关项目的工程量。各种型钢、圆钢，只要计算出长度，就可以查表求出其重量；混凝土标准构件，只要列出其型号，就可以查标准图，知道其构件的重量、体积和各种材料的用量等，都可以列"册"表示。总之，利用"线、面、册"计算工程量，就是运用统筹法的原理，在清单计价中，以减少不必要的重复工作的一种简捷方法，也称"四线""三面""一册"计算法。

所谓"四线"是指在建筑设计平面图中，外墙中心线的总长度（代号 $L_{中}$）；外墙外边线的总长度（代号 $L_{外}$）；内墙净长线长度（代号 $L_{内}$）；内墙混凝土基础或垫层净长度（代号 $L_{净}$）。

"三面"是指在建筑设计平面图中，底层建筑面积（代号 $S_{底}$）、房心净面积（代号 $S_{房}$）和结构面积（代号 $S_{结}$）。

"一册"是指各种计算工程量有关系数、标准钢筋混凝土构件、标准木门窗等个体工程量计算手册（造价手册）。它是根据各地区具体情况自行编制的，以补充"四线""三面"的不足，扩大统筹范围。

2. "统筹法"计算工程量的基本要求

统筹法计算工程量的基本要点是：统筹程序、合理安排；利用基数、连续计算；一次算出、多次应用；结合实际、灵活机动。

（1）统筹程序、合理安排。按以往的习惯，工程量大多数是按施工顺序或定额顺序进行计算。按统筹法计算，已突破了这种习惯的计算方法。例如，按定额顺序应先计算墙体，后计算门窗。在计算墙体时要扣除门窗面积，在计算门窗时又要重新计算。计算顺序不应该受到定额顺序和施工顺序的约束，可以先计算门窗，后计算墙体，合理安排顺序，避免重复劳动，加快计算速度。

（2）利用基数、连续计算。利用基数、连续计算就是根据图纸的尺寸，把"四条线""三个面"的长度和面积先算好，作为基数，然后利用基数分别计算与它们各自有关的分项工程量。例如，与外墙中心线长度计算有关的分项工程有：外墙基础垫层、外墙基础、外墙现浇混凝土圈梁、外墙身砌筑等项目。

利用基数把与它有关的许多计算项目串起来，使前面的计算项目为后面的计算项目创造条件，后面的计算项目利用前面的计算项目的数量连续计算，彼此衔接，就能减少许多重复劳动，提高计算速度。另外，可以通过基数之间的关联性，来验证各基数的正确性。

（3）一次算出、多次应用。一次算出、多次应用就是把不能用"线""面"基数进行连续计算的项目，如常用的定型混凝土构件和建筑构件项目的工程量，以及那些有规律性的项目的系数，预先组织力量，一次编好，汇编成工程量计算手册，供计算工程量时使用。如某一型号混凝土板的块数已知，就可以用块数乘以系数得出砂子、石子、水泥、钢筋的数量；又如定额需要换算的项目，一次换算出，以后就可以多次使用，因此这种方法方便易行。

（4）结合实际、灵活机动。由于建筑物的造型，各楼层的面积大小，以及它的墙厚、基础断面、砂浆强度等级、各部位的装饰标准等都可能不同，不一定都能用上"线、面、册"进行计算，在具体的计算中要结合图纸的情况，分段、分层等灵活计算。

3. 基数计算

（1）一般线面基数的计算。

$L_{中}$——建筑平面图中，外墙中心线的总长度。

$L_{内}$——建筑平面图中，内墙净长线长度。

$L_{外}$——建筑平面图中，外墙外边线的总长度。

$L_{净}$——建筑基础平面图中，内墙混凝土基础或垫层净长度。

$S_{底}$——建筑物底层建筑面积。

$S_{房}$——建筑平面图中，房心净面积。

$S_{结}$——建筑平面图中，墙身和柱等结构面积。

【例 4 - 1】 平面图如图 4 - 5 所示，计算一般线面基数。

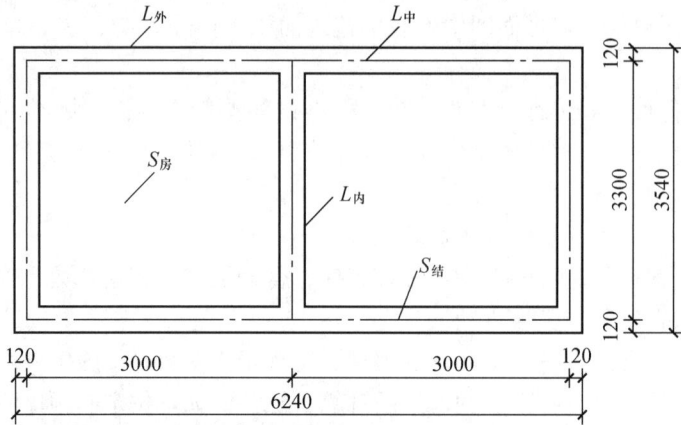

图 4 - 5　一般线面基数计算示意图

解　$L_中=(3.00×2+3.30)×2=18.60(m)$

　　　　$L_外=(6.24+3.54)×2=19.56(m)$

或　　　$L_外=18.60+0.24×4=19.56(m)$

　　　　$L_内=3.30-0.24=3.06(m)$

　　　　$S_底=6.24×3.54=22.09(m^2)$

　　　　$S_房=(3.00×2-0.24×2)×3.06=16.89(m^2)$

　　　　$S_结=(18.60+3.06)×0.24=5.20(m^2)$

或　　　$S_结=S_底-S_房=22.09-16.89=5.20(m^2)$

（2）偏轴线基数的计算。当轴线与中心线不重合时，可以根据两者之间的关系，计算各基数。

【例 4 - 2】 计算如图 4 - 6 所示，基础平面图的各个基数。

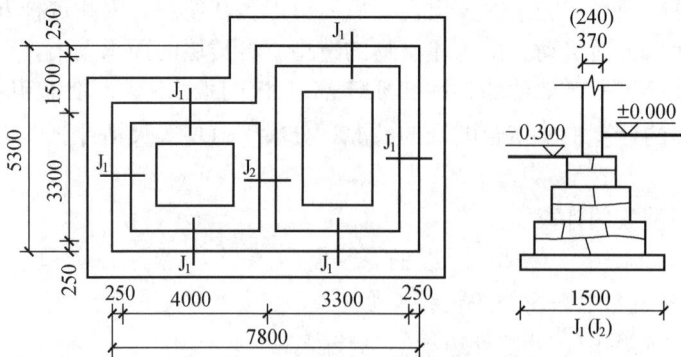

图 4 - 6　偏轴线基数计算示意图

解　$L_外=(7.80+5.30)×2=26.20(m)$

　　　　$L_中=(7.80-0.37)×2+(5.30-0.37)×2=24.72(m)$

或　　　$L_{中}=L_{外}-$墙厚$\times 4=26.20-0.37\times 4=24.72$(m)

$L_{内}=3.30-0.24=3.06$(m)

(垫层)$L_{净}=L_{内}+$墙厚$-$垫层宽$=3.06+0.37-1.50=1.93$(m)

$S_{底}=7.80\times 5.30-4.00\times 1.50=35.34$(m^2)

$S_{房}=(4.00-0.24)\times(3.30-0.24)+(3.30-0.24)\times(3.30+1.50-0.24)$

$=25.46$(m^2)

或　　　$S_{房}=S_{底}-L_{中}\times$墙厚$-L_{内}\times$墙厚$=35.34-24.72\times 0.37-3.06\times 0.24$

$=25.46$(m^2)

（3）基数的扩展计算。某些工程项目的计算不能直接使用基数，但与基数之间有着必然的联系，可以利用基数扩展计算。

【例 4-3】　如图 4-7 所示，散水、女儿墙工程量等计算，可以利用基数 $L_{外}$ 扩展计算。

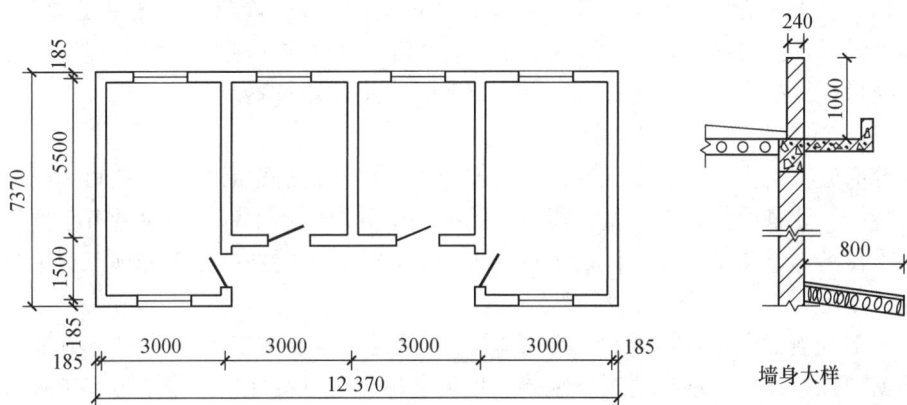

图 4-7　基数的扩展计算示意图

解　$L_{外}=(12.37+7.37+1.50)\times 2=42.48$(m)

女儿墙中心线长度$=L_{外}-$女儿墙厚$\times 4=42.48-0.24\times 4=41.52$(m)

女儿墙工程量$=$女儿墙中心线长度$\times$女儿墙厚$\times$女儿墙高$=41.52\times 0.24\times 1.00=9.96$(m^3)

散水中心线长度$=L_{外}+$散水宽$\times 4=42.48+0.80\times 4=45.68$(m)

散水工程量$=$散水中心线长度$\times$散水宽$=45.68\times 0.80=36.54$(m^2)

利用基数直接或间接计算的项目很多，在此不一一列举。

第三节　工程量清单编制方法

一、工程量清单编制要求

1. 工程量清单编制主体

（1）工程量清单应由具有编制招标文件能力的招标人，或受其委托具有相应资质的工程造价咨询人编制。

工程量清单从广义上讲，是指按统一规定进行编制和计算的拟建工程分项工程名称及相应工程量的明细清单，是招标文件的组成部分。"统一规定"是编制工程量清单的依据，"分项工程名称及其相应工程量"是工程量清单应体现的核心内容，是招标文件的组成部分说明了清单的性质，它是招投标活动的主要依据，是对招标人、投标人均有约束力的文件，一经中标且签订合同，也是合同的组成部分，其准确性和完整性由投标人负责。

工程量清单是招标人编制最高投标限价、投标人投标报价的依据，是投标人进行公正、公平、公开竞争报价的共同平台，是计算工程量、支付工程款、调整合同价款、办理竣工结算以及工程索赔等的基础。

工程量清单的编制，专业性强，内容复杂，对编制人的业务技术水平要求比较高，能否编制出完整、严谨的工程量清单，直接影响着招标工作的质量，也是招标成败的关键。因此，规定了工程量清单应由具有编制招标文件能力的招标人或具有相应资质的工程造价咨询单位进行编制。"相应资质的工程造价咨询单位"是指具有工程造价咨询单位资质并按规定的业务范围承担工程造价咨询业务的咨询单位。

（2）编制工程量清单，出现"分部分项工程量清单项目设置及其消耗量定额""措施项目清单项目设置及其消耗量定额（计价方法）""其他项目清单项目设置及其计价方法"表未包括的项目，编制人可作相应补充，并应报省标准定额站备案。

2. 分部分项工程项目清单编制

（1）分部分项工程项目清单五要件。分部分项工程项目清单必须载明项目编码、项目名称、项目特征、计量单位和工程量。规定了构成一个分部分项工程量清单的五个要件——项目编码、项目名称、项目特征、计量单位和工程量，这五个要件在分部分项工程项目清单的组成中缺一不可。

（2）分部分项工程项目清单的编制依据。房屋建筑与装饰工程的分部分项工程项目清单，应根据"计量标准"规定的项目编码、项目名称、项目特征、计量单位和工程量计算规则进行编制。该编制依据主要体现了对分部分项工程项目清单内容规范管理的要求。

（3）分部分项工程量清单的项目编码。应采用十二位阿拉伯数字表示，如010302001001，一至九位应按"计量标准"附录的规定设置，全国统一编码，不得变动。十至十二位应根据拟建工程的工程量清单项目名称和项目特征设置，同一招标工程的项目编码不得有重码。

各位数字的含义是：一、二位为专业工程代码；三、四位为"计量标准"附录分类顺序码；五、六位为分部工程顺序码；七、八、九位为分项工程项目名称顺序码；十至十二位为清单项目名称顺序码。

（4）分部分项工程量清单的项目名称。应按"计量标准"附录的项目名称结合拟建工程的实际确定。

（5）分部分项工程量清单的项目特征描述。分部分项工程量清单项目特征应按"计量标准"附录中规定的项目特征，结合拟建工程项目的实际予以描述。

工程量清单的项目特征是确定一个清单项目综合单价不可缺少的重要依据，在编制工程量清单时，必须对项目特征进行准确和全面的描述。

1）工程量清单项目特征描述的重要意义。

①项目特征是区分清单项目的依据，没有项目特征的准确描述，对于相同或相似的清单项目名称，就无从区分。

②项目特征是确定综合单价的前提，工程量清单项目特征描述得准确与否，直接关系到工程量清单项目综合单价的准确确定。

③项目特征是履行合同义务的基础。如果工程量清单项目特征的描述不清甚至漏项、错误，从而引起在施工过程中的更改，都会引起分歧，导致纠纷。

2）工程量清单项目特征描述的原则。

①项目特征描述的内容应按"计量标准"附录中的规定，结合拟建工程的实际，能满足确定综合单价的需要；特征描述分为问答式和简约式两种，提倡简约式描述。

②若采用标准图集或施工图纸能够全部或部分满足项目特征描述的要求，项目特征描述可直接采用详见××图集或××图号的方式。对不能满足项目特征描述要求的部分，仍应用文字描述。

（6）分部分项工程量清单的计量单位。应按"计量标准"附录中规定的计量单位确定。"计量标准"附录中有两个或两个以上计量单位的，应结合拟建工程项目的实际情况，确定其中一个为计量单位。同一工程项目的计量单位应一致。如樘/m² 只能选择一个。

（7）分部分项工程量清单的工程量计算。房屋建筑与装饰工程计价，必须按"计量标准"附录中规定的工程量计算规则进行工程计量。

1）工程量计算依据。工程量计算除应符合"计量标准"各项规定外，还应依据以下文件：

①经审定通过的施工设计图纸及其说明；

②有关的技术标准；

③其他有关技术经济文件。

2）工程量计算有效位数保留的规定。工程计量时每一项目汇总的有效位数应遵守下列规定：

①以"t"为单位，保留三位小数，第四位小数四舍五入；

②以"m³""m²""m""kg"为单位，保留两位小数，第三位小数四舍五入；

③以"个""根""座""套""孔""榀""樘"等为单位，应取整数。

（8）分部分项工程量清单包括的工作内容。"计量标准"附录中的工作内容项目，仅列出了主要工作内容，除另有规定和说明者外，应视为已经包括完成该项所列或未列的全部工作内容。工作内容均包括材料（半成品）、构件或设备的场内运输。

1）"计量标准"附录的现浇混凝土工程项目"工作内容"中未包括模板工程的内容，由招标人根据工程实际情况选用，现浇混凝土模板项目单独列项。

2）"计量标准"对预制混凝土构件按现场制作编制项目，"工作内容"中未包括模板工程，模板项目另列。若采用成品预制混凝土构件时，构件成品价（包括模板、钢筋、混凝土等所有费用）应计入综合单价中。

3）金属结构构件按成品编制项目，构件成品价格应计入综合单价中，若采用现场制作，包括制作的所有费用。

4）门窗（橱窗除外）按成品编制项目，门窗成品价应计入综合单价中。若采用现场制作，包括制作的所有费用。

（9）编制补充工程量清单项目。编制工程量清单出现"计量标准"附录中未包括的项目，编制人可作补充，并应符合下列规定：

1）补充项目的编码由计量标准的代码01与B和三位阿拉伯数字组成，并应从01B001

起顺序编制，同一招标工程的项目不得重码。

（2）补充的工程量清单中，应附有补充项目编码、项目名称、项目特征、计量单位、工程量计算规则、工程内容。

3．措施项目清单编制

（1）措施项目清单必须根据相关工程现行国家计量标准的规定编制。措施项目仅列出项目编码、项目名称，未列出项目特征、计量单位和工程量计算规则，编制工程量清单时，应按"计量标准"附录R措施项目规定的项目编码、项目名称确定。

（2）措施项目应根据拟建工程的实际情况列项。若出现"计量标准"未列的项目，可根据工程实际情况补充。措施项目以"项"计价，需附有补充项目编码、项目名称、工程内容及包含范围。

4．其他项目清单

（1）其他项目清单内容的组成。其他项目清单应按照下列内容列项：

1）暂列金额。

2）暂估价：包括材料暂估单价、工程设备暂估单价、专业工程暂估价。

3）计日工。

4）总承包服务费。

（2）其他项目清单的编制。

1）暂列金额应根据工程特点、工期长短，按有关计价规定估算，一般可以分部分项工程费的10%～15%为参考。

2）暂估价中的材料、工程设备暂估价应根据工程造价信息或参照市场价格估算，列出明细表；专业工程暂估价应分不同专业，按有关计价规定估算，列出明细表。为了方便合同管理，需要纳入分部分项工程量清单综合单价中的暂估价应只是材料、工程设备费；专业工程的暂估价应是综合单价，包括除增值税以外的管理费、利润等。

3）计日工应列出项目名称、计量单位和暂估数量。

4）总承包服务费应列出服务项目及其内容等。

5）出现"计价标准"未列的项目，应根据工程实际情况补充。

5．增值税项目清单

（1）增值税项目清单应包括增值税内容。

（2）出现"计价标准"未列的税金项目，应根据税务部门的规定列项。

6．工程量清单格式及要求

工程量清单格式是招标人发出工程量清单文件的格式。工程量清单要求采用统一的格式，其内容包括招标工程量清单封面和扉页、最高投标限价编制（审核）说明、工程量清单计算规则说明、工程项目清单汇总表、分部分项工程项目清单计价表、材料暂估单价与调整表、其他项目清单计价表、增值税计价表。它应反映拟建工程的全部工程内容及为实现这些工程内容而进行的其他工作项目。工程计价总说明应包括招标人的要求及影响投标人报价相关因素等内容；分部分项工程量清单应表明拟建工程的全部分项"实体"工程名称和相应工程量，编制时应避免错项、漏项；措施项目清单表明了为完成分项"实体"工程而必须采取的一些措施性工作项目，编制时力求符合拟建工程的实际情况；其他项目清单主要体现了招标人提出的一些与拟建工程有关的特殊费用项目，编制时应力求准确、全面。

二、工程量清单的编制

1. 招标工程量清单扉页的填写

招标工程量清单扉页应按"计价标准"附录 C.1 规定的内容填写、签字、盖章。工程量清单由招标人编制时，封面中编制单位及其法定代表人不填写。工程量清单由招标人委托工程造价咨询单位编制时，扉页的全部内容均由受委托的咨询单位填写。招标工程量清单扉页的格式，见表 4-1。

表 4-1　　　　　　　　　　**招标工程量清单扉页**

×××中学教师住宅工程

招标工程量清单

编　制　人：　<u>　盖造价工程师或造价员专用章　</u>
　　　　　　　　（造价人员签字或盖专用章）
（上方：×××签字）

审　核　人：　<u>　盖造价工程师专用章　</u>
　　　　　　　　（造价工程师签字盖专用章）
（上方：×××签字）

编制单位：　<u>　××工程造价咨询企业资质专用章　</u>
　　　　　　　（单位资质专用章）

法定代表人
或其授权人：　<u>　××工程造价咨询企业资质专用章　</u>
　　　　　　　（签字或盖章）

招　标　人：　<u>　××中学单位公章　</u>
　　　　　　　（单位盖章）

法定代表人
或其授权人：　<u>　××中学法定代表人专用章　</u>
　　　　　　　（签字或盖章）

编制时间：××××年×月×日

2. 最高投标限价编制（审核）说明的编制

工程计价总说明一般应包括下列内容：

（1）工程概况：包括工程规模、工程特征、计划工期等。

（2）地质、水文、气象、交通、周边环境、工期等。

（3）工程招标和分包范围。

（4）工程量清单编制依据。

（5）工程质量、材料、施工等的特殊要求。

（6）招标人自行采购材料的名称、规格型号、数量及要求承包人提供的服务。

（7）投标报价文件提供的数量。

（8）其他需要说明的问题。

【例 4 - 4】 以某商业住宅楼为例（数据是假设的），举例说明总说明编写格式要求，见表 4 - 2。

表 4 - 2　　　　　　　　　**最高投标限价编制（审核）说明**

工程名称：××商业住宅楼工程　　　　　　　　　　　　　　　　　　第 1 页　共 1 页

（1）报价人须知

1）应按工程量清单报价格式规定的内容进行编制、填写、签字、盖章。

2）工程量清单及其报价格式中的任何内容不得随意删除或修改。

3）工程量清单报价格式中所有需要填报的单价和合价，投标人均应填报，未填报的单价和合价视为此项费用已包含在工程量清单的其他单价或合价中。

4）金额（价格）均应以人民币表示。

（2）本工程土质均为粉质黏土，平均厚 12m，地下水位－6m。基础挖好后应钎探，深 2m。

该工程施工现场邻近城市道路，交通运输方便，现场 500m 内有医院和集贸市场，施工中要防噪声。商业住宅楼工程 3 月份开工，工期要求在 10 个月以内完成。

（3）工程招标范围：建筑工程、装饰装修工程。

（4）清单编制依据：某省建设工程工程量清单计价规则、施工图纸及施工现场情况等。

（5）工程质量应达到合格标准。

（6）招标人自行采购钢塑门窗，安装前 10 天运到施工现场，由承包人保管。

（7）投标人应按某省建设工程工程量计价规则规定的统一格式，提供"分部分项工程量清单综合单价分析表""措施项目费分析表""主要材料价格表"。

（8）投标报价文件应提供一式五份。

3. 分部分项工程量清单编制

分部分项工程量清单中的项目编码、项目名称、项目特征、计量单位和工程量应根据"五个要件"的规定进行编制，不得因情况不同而变动。缺项时，编制人可作补充。

【例 4 - 5】 以某商业住宅楼为例（数据是假设的），工程量清单见表 4 - 3。

表 4 - 3　　　　　　　　　**分部分项工程量清单计价表**

工程名称：××商业住宅楼工程　　　　　　　　　　　　　　　　　　第 1 页　共 1 页

| 序号 | 项目编码 | 项目名称 | 项目特征描述 | 计量单位 | 工程量 | 金额（元） | | |
						综合单价	合价	其中：暂估价
1	010401001001	砖基础	M5.0 水泥砂浆砌筑标准 MU10.0 机制红砖的条形基础	m³	24.80			
2	010501001001	基础垫层	现场搅拌 C15 混凝土条形基础垫层厚度 100mm	m³	2.14			
3	010501001002	基础垫层	3：7 灰土 500mm 厚条形基础垫层	m³	10.69			

4. 措施项目清单的编制

"计量标准"附录 R 措施项目包括脚手架、垂直运输、文明施工、环境保护、安全生产、夜间施工、二次搬运等，单位以"项"计价。措施项目中列出了措施项目的项目编码、项目名称和工作内容及包含范围，编制措施项目清单时，应结合拟建工程实际选用。出现表中未列的措施项目，工程量清单编制人可作补充。

【例 4 - 6】 以某商业住宅楼为例，举例说明措施项目清单编写格式要求，见表 4 - 4。

表 4 - 4　　　　　　　　　措施项目清单计价表

工程名称：××商业住宅楼工程　　　　　　　　　　　第 1 页　共 1 页

序号	项目编码	项目名称	工作内容	价格（元）	备注
1	011601001	脚手架			
2	011601007	文明施工			
3	011601008	环境保护			
4	011601009	安全生产			

5. 其他项目清单的编制

其他项目清单计价表中的项目只作列项参考。编制其他项目清单时，应结合拟建工程的实际选用，其不足部分，清单编制人可作补充，补充项目应列在该清单项目最后，并以"补"字在"序号"栏中示之。

【例 4 - 7】 以某商业住宅楼为例，举例说明其他项目清单编写格式要求，见表 4 - 5~表 4 - 10。

表 4 - 5　　　　　　　　　其他项目清单计价表

工程名称：××商业住宅楼工程　　　　　　　　　　　第 1 页　共 1 页

序号	项目名称	暂估（暂定）金额（元）	结算（确定）金额（元）	调整金额±（元）	备注
1	暂列金额	250 000.00			明细详见"计价标准"表 E.4.2
2	专业工程暂估价	380 000.00			明细详见"计价标准"表 E.4.3
3	计日工				明细详见"计价规范"表 E.4.4
4	总承包服务费				明细详见"计价规范"表 E.4.5
5	合同中约定的其他项目				
	合计	630 000.00			—

注　材料暂估单价进入清单项目综合单价，此处不汇总。

表4-6　　　　　　　　　　　　　　暂列金额明细表

工程名称：××商业住宅楼工程　　　　　　　　　　　　　　　　　　第1页　共1页

序号	项目名称	计算基础	费率（%）	暂定金额（元）	备注
1	工程量清单中工程量偏差和设计变更	项		100 000.00	
2	政策性调整和材料价格风险	项		100 000.00	
3	其他	项		150 000.00	
	合　　计			250 000.00	—

注　此表由招标人填写，如不能详列，也可只列暂定金额总额，投标人应将上述暂列金额计入投标总价中。

表4-7　　　　　　　　材料（工程设备）暂估单价及调整表

工程名称：××商业住宅楼工程　　　　　　　　　　　　　　　　　　第1页　共1页

序号	材料名称、规格、型号	计量单位	数量		暂估（元）		确认（元）		差额±（元）		备注
			暂估	确认	单价	合价	单价	合价	单价	合价	
1	钢筋（规格、型号综合）	t			4800.00						用于现浇构件钢筋项目
2	53系列断热铝合金窗	m²			750.00						用于金属窗项目
3	防火外墙保温板	m²			18.00						用于保温隔热墙项目
	合计		—	—	—		—		—		

注　此表由招标人填写"暂估单价"，并在备注栏说明暂估价材料、工程设备拟用在哪些清单项目上，投标人应将上述材料、工程设备暂估单价计入工程量清单综合单价报价中。

表4-8　　　　　　　　　　　专业工程暂估价明细表

工程名称：××商业住宅楼工程　　　　　　　　　　　　　　　　　　第1页　共1页

序号	专业工程名称	工程内容	暂估金额（元）	确认金额（元）	调整±（元）	备注
1	入户防盗门	制作、安装	40 000.00			
2	玻璃雨篷	制作、安装	340 000.00			
	合计		380 000.00		—	

注　此表"暂估金额"由招标人填写，投标人应将"暂估金额"计入投标总价中。结算量按合同约定结算金额填写。

表 4-9

计 日 工 表

工程名称：××商业住宅楼工程

第 1 页 共 1 页

编号	计日工名称	单位	暂定数量	实际数量	综合单价（元）	合价（元）		调整金额（元）
						暂定	实际	
一	人工							
1	普工	工日	160.00					
2	技工（综合）	工日	80.00					
3								
	人工小计							
二	材料							
1	钢筋（规格、型号综合）	t	8.000					
2	水泥 42.5	t	12.000					
3	中砂	m³	20.00					
4	砾石（5～40mm）	m³	52.00					
5	页岩砖（240mm×115mm×53mm）	千块	8.000					
6								
	材料小计							
三	施工机械							
1	自升式塔式起重机（起重力矩 1250kN·m）	台班	8.00					
2	灰浆搅拌机（400L）	台班	5.00					
3								
	施工机械小计							
四、企业管理费、利润及规费、税金								
	总计							

注 此表项目名称、单位和暂定数量由招标人填写，编制最高投标限价时，单价由招标人按有关计价规定确定；投标时，单价由投标人自主报价，按暂定数量计算合价计入投标总价中。结算时，按发承包双方确认的实际数量计算合价。

表 4-10

总承包服务费计价表

工程名称：××商业住宅楼工程

第 1 页 共 1 页

序号	项目名称	计算基础	费率（%）	金额（元）	确认计算基础	结算金额（元）	调整金额（元）	备注
1	发包人发包专业工程	专业工程费	3	11 400.00				
2	发包人提供材料	材料费	0.5	6000.00				
	合计			17400.00				

注 此表项目名称、服务内容由招标人填写，编制最高投标限价时，费率及金额由招标人按有关计价规定确定；投标时，费率及金额由投标人自主报价，计入投标总价中。

三、分部分项工程量清单编制综合案例分析

【例 4 - 8】 计算某建筑条形基础的工程量清单，如图 4 - 8 所示，图示尺寸为轴线尺寸，内外墙均为 240mm，轴线居中，M5.0 水泥砂浆砌筑。编制分部分项工程量清单。

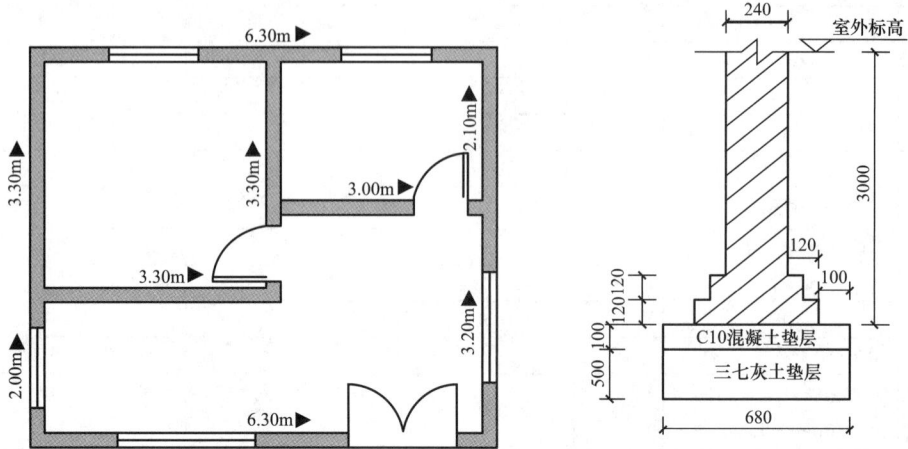

图 4 - 8 条形基础示意图

解 （1）根据"计量标准"或某省建设工程工程量计价规则，附录 D.1 砖基础和附录 E.1 垫层，项目内容见表 4 - 11。

表 4 - 11 砖基础与垫层的计算规则

项目编码	项目名称	项目特征	计量单位	工程量计算规则	工作内容
010401001	砖基础	①砖品种、规格、强度等级；②基础类型；③砂浆强度等级；④防潮层材料种类	m³	按设计图示尺寸以体积计算。包括附墙垛基础宽出部分体积，扣除地梁（圈梁）、构造柱所占体积，不扣除基础大放脚T形接头处的重叠部分及嵌入基础内的钢筋、铁件、管道、基础砂浆防潮层和单个面积≤0.3m²的孔洞所占体积，靠墙暖气沟的挑檐不增加。外墙按外墙中心线，内墙按内墙净长线计算	①砂浆制作；②砌砖；③水平防潮层铺设
010501001	基础垫层	①基础形式；②厚度；③材料品种、强度要求、配比	m³	按设计图示尺寸以体积计算。不扣除伸入垫层的桩头所占体积	①混凝土运输、浇筑、振捣、养护；②其他材料的现场拌和、铺设、找平、压实

（2）工程量计算过程。

1）砖基础计算规则明确规定，外墙按中心线计算，内墙按净长线计算，并且基础大放

脚 T 形接头处的重叠部分不扣除，这说明内墙的净长线的净长要算至外基础墙身的内侧面，而不是基础大放脚的外边，也不是按实计算。

外墙中心线 $(6.30+3.30+2.00)\times2=23.20(m)$

内墙净长线 $3.30+3.30+3.00-0.12\times4=9.12(m)$

砖基础断面计算：按图示尺寸计算应为 $0.24\times3+0.06\times0.12\times6=0.763\,2(m^2)$。但标准规定标准砖墙厚度应按表 4-12 计算。

表 4-12　　　　　　　　　　　　　标准砖墙计算厚度表

砖数（厚度）	1/4	1/2	3/4	1	1.5	2	2.5	3
计算厚度（mm）	53	115	178	240	365	490	615	740

这说明砖墙不能按图上标注尺寸计算，而是要按模数计算。这样大放脚宽不再是 60mm，而实际是 $(365-240)/2=62.5(mm)$，大放脚高不再是 120mm，而是 $53\times2+10$（灰缝）$\times2=126(mm)$。因此按规则计算断面为 $0.24\times3+0.062\,5\times0.126\times6=0.767\,3(m^2)$，两者相差 $(0.767\,3-0.763\,2)/0.763\,2=0.5\%$，特别是在计算砖墙体时，365 砖墙在图上标注为 370，为了保证工程量的准确度，墙厚必须按 365mm 计算。如果按 370mm 计算，工程量相差在 1% 以上，这一点必须要引起大家注意。

砖基础砌体工程量 $(23.20+9.12)\times0.767\,3=24.80(m^3)$。

2）垫层工程量计算规则规定按设计图示尺寸以体积计算。

垫层工程量计算如下：

外墙垫层长度＝$(6.30+3.30+2.00)\times2=23.20(m)$

内墙垫层长度＝$3.30+3.30+3.00-0.34\times4=8.24(m)$

① 三七灰土垫层工程量＝$(23.20+8.24)\times0.68\times0.50=10.69(m^3)$

② C15 混凝土垫层工程量＝$(23.20+8.24)\times0.68\times0.10=2.14(m^3)$

（3）特征描述。

1）砖基础的主要特征分别描述如下：

① 砖的品种、规格及强度等级：就是要描述砖是标准砖还是非标准砖，具体规格大小及强度等级要求等。此案例可以描述为：标准 MU10 机制红砖。

② 基础类型：由于砖基础适合所有的砖基础，如砖条形基础、砖独立基础、砖设备基础、砖柱基础等。此案例可以描述为：砖条形基础。

③ 砂浆强度等级：主要指砖基础的砌筑砂浆等级，如 M5.0 水泥砂浆、M2.5 混合砂浆等。此案例根据图示说明，应描述为：M5.0 水泥砂浆。

④ 防潮层材料种类：主要描述防潮层材料种类，由于基础内容包括防潮层的铺设，防潮层的种类不同，造价就有所不同。此案例可以描述为，无防潮层。

2）垫层项目特征描述如下：

① 基础形式：此案例可以描述为条形基础垫层。

② 垫层材料种类、配合比、厚度：下面垫层材料采用三七灰土，此案例可以描述为最下层 500 厚三七灰土垫层。

③ 垫层混凝土种类、混凝土强度等级：上层为混凝土垫层，根据《混凝土结构设计规

范》（GB 50010—2010）的规定，混凝土强度等级不得低于 C15，因此，此案例可以描述为，现场搅拌 C15 混凝土。

（4）此案例工程量清单见表 4 - 13。

表 4 - 13　　　　　　　　**分部分项工程量清单计价表**

工程名称：某住宅工程

序号	项目编码	项目名称	项目特征描述	计量单位	工程量	金额（元）		
						综合单价	合价	其中：暂估价
1	010401001001	砖基础	M5.0 水泥砂浆砌筑标准 MU10.0 机制红砖的条形基础，无防潮层	m³	24.80			
2	010501001001	基础垫层	条形基础垫层三七灰土 500 厚	m³	10.69			
3	010501001002	基础垫层	条形基础垫层现场搅拌 C15 混凝土	m³	2.14			

第四节　工程量清单计价方法

一、工程量清单计价的一般规定

工程量清单计价包括两个方面：一是最高投标限价；二是投标报价，亦称工程量清单报价。

1. 工程量清单报价

工程量清单报价是指投标人根据招标人发出的工程量清单的报价。应由投标人根据《××省建设工程工程量清单计价规则》进行编制。

工程量清单报价价款应包括按招标文件规定完成清单所列项目的全部费用。工程量清单报价应由分部分项工程费、措施项目费、其他项目费、增值税所组成。

工程造价应在政府宏观调控下，由市场竞争形成。在这一原则指导下，投标人的报价应在满足招标文件要求的前提下实行人工、材料、机械台班消耗量自定，价格费用自选、全面竞争、自主报价的方式。

投标企业应根据招标文件中提供的工程量清单，同时遵循招标人在招标文件中要求的报价方式和工程内容，填写投标报价单，也可以依据企业的定额和市场价格信息进行确定。

2. 综合单价

综合单价应包括为完成工程量清单项目，每计量单位工程量所需的人工费、材料费、施工机械使用费、管理费、利润，并考虑一定范围内的风险、招标人的特殊要求等全部费用。工程量清单中的分部分项工程费、措施项目费、其他项目费均应按综合单价报价。

"全部费用"的含义，应从如下三方面理解：

（1）考虑到我国的现实情况，综合单价包括除增值税以外的全部费用，如五险一金等费用。

（2）综合单价不但适用于分部分项工程量清单，也适用于措施项目清单、其他项目清单。

（3）完成每分项工程所含全部工程内容的费用；完成每项工程内容所需的全部费用；工

程量清单项目中没有体现的，施工中又必然发生的工程内容所需的费用；因招标人的特殊要求而发生的费用；考虑一定范围内的风险因素而增加的费用。

由于"计量标准"不规定具体的人工、材料、机械费的价格，所以投标企业可以依据当时当地的市场价格信息，用企业定额计算得出的人工、材料、机械消耗量，乘以工程中需支付的人工、购买材料、使用机械和消耗能源等方面的市场单价得出工料综合单价，或根据《××省建设工程工程量清单计价规则》进行编制。同时必须考虑工程本身的内容、范围、技术特点要求和招标文件的有关规定、工程现场情况，以及其他方面的因素，如工程进度、质量好坏、资源安排及风险等特殊性要求，灵活机动地进行调整，并考虑一定比例的管理费和利润，组成各分项工程的综合单价作为报价，该报价应尽可能地与企业内部成本数据相吻合，而且在投标中具有一定的竞争能力。

对于属于企业性质的施工方法、施工措施和人工、材料、机械的消耗水平、取费等"计价计量标准"都没有具体规定，放给企业，由企业自己根据自身和市场情况来确定。

综合单价按招标文件中分部分项工程量清单项目的特征描述确定计算。当施工图纸或设计变更与工程量清单的项目特征描述不一致时，按实际施工的项目特征，重新确定综合单价。招标文件中提供了暂估单价的材料，按材料暂估单价进入综合单价。

措施项目费报价的编制应考虑多种因素，除工程本身的因素外，还应考虑水文、地质、气象、环境、安全等和施工企业的实际情况。详细项目可参考"计量标准"附录 R 所列"措施项目"，如果出现附录 R 所列"措施项目"中未列的项目，编制人可在清单项目后补充。其综合单价的确定可参见企业定额或建设行政主管部门发布的系数计算。

综合单价的计算程序应按《××省建设工程工程量清单计价规则》的规定执行。

在综合单价确定后，投标单位便可以根据掌握的竞争对手的情况和制定的投标策略，填写工程量清单报价格式中所列明的所有需要填报的单价和合价及汇总表。如果有未填报的单价和合价，视为此项费用已包含在工程量清单的其他单价和合价中，结算时不得追加。

二、工程量清单报价格式

工程量清单报价格式是投标人进行工程量清单报价的格式表格，除封面和扉页外，包括投标报价填报说明、工程量清单计算规则说明、工程项目清单汇总表、分部分项工程项目清单计价表、分部分项工程项目清单综合单价分析表、措施项目清单计价表和措施项目清单构成明细分析表、其他项目清单计价表、暂列金额明细表、材料暂估单价及调整表、专业工程暂估价明细表、计日工表、总承包服务费计价表、增值税计价表等。工程量清单报价格式应与招标文件一起发至投标人。

三、工程量清单报价的编制要求

1. 投标总价封面和扉页的填写

投标总价封面和扉页由投标人按规定内容填写、签字、盖章，其中"投标人"一栏应填写单位名称；"编制人"为造价工程师时也可填"注册证号"。格式见表 4-14。

2. 投标报价填报说明的编制

投标报价填报说明主要应包括两方面的内容：一是对招标人提出的包括清单在内有关问题的说明；二是有利于自身中标等问题的说明。投标报价填报说明应包括下列具体内容：

(1) 工程量清单报价文件包括的内容。

(2) 工程量清单报价编制依据。

表 4 - 14　　　　　　　　　　　　投 标 总 价 扉 页

工　程　名　称：××中学教师住宅工程

投 标 总 价

投标总价（小写）：7 965 428 元
　　　　　　（大写）：柒佰玖拾陆万伍仟肆佰贰拾捌元

投　　　标　　　人：　　　　××建筑公司单位公章
　　　　　　　　　　　　　　　　（单位盖章）
法 定 代 表 人
或 其 授 权 人：　　××建筑公司法定代表人专用章
　　　　　　　　　　　　　（签字或盖章）
　　　　　　　　　　　　　　××× 签字
编　　　制　　　人：　　盖造价工程师或造价员专用章
　　　　　　　　　　　　　（造价人员签字盖专用章）

编　制　时　间：××××年×月×日

（3）工程质量、工期。

（4）优惠条件的说明。

（5）优越于招标文件中技术标准的备选方案的说明。

（6）对招标文件中的某些问题有异议时的说明。

（7）其他需要说明的问题。

投标报价填报说明应按照《××省建设工程工程量清单计价规则》规定的具体内容填写，不足部分，投标人可以补充。

【例 4-9】　以某商业住宅楼为例，举例说明投标报价填报说明编写格式要求，见表 4-15。

表 4-15　　　　　　　　　　投 标 报 价 填 报 说 明

工程名称：××中学教师住宅工程　　　　　　　　　　　　　　　　第 1 页　共 1 页

1. 工程概况：本工程为砖混结构，混凝土灌注桩基，建筑层数为六层，建筑面积为 10 940m²，招标计划工期为 300 日历天，投标工期为 280 日历天。

2. 投标报价包括范围：为本次招标的住宅工程施工图范围内的建筑工程和安装工程。

3. 投标报价编制依据：

（1）招标文件及其所提供的工程量清单和有关报价的要求，招标文件的补充通知和答疑纪要。

（2）住宅楼施工图及投标施工组织设计。

（3）有关的技术标准、规范和安全管理规定等。

（4）省建设主管部门颁发的计价定额和计价管理办法及相关计价文件。

（5）材料价格根据本公司掌握的价格情况，并参照工程所在地工程造价管理机构××××年×月工程造价信息发布的价格。

3. 工程项目清单汇总表的编制

表中的金额应分别按分部分项工程项目清单计价表、措施项目清单计价表、其他项目清单计价表和增值税计价表的合计金额，按序号进行填写。

【例 4 - 10】　工程项目清单汇总表的格式见表 4 - 16。

表 4 - 16　　　　　　　　　　　　　　　工程项目清单汇总表

工程名称：××商业住宅楼工程　　　　　　　　　　　　　　　　　　　　第 1 页　共 1 页

序号	汇总内容	金额（元）	其中：暂估价（元）
1	分部分项工程	6 164 838.42	217 900.00
1.1	A. 土石方工程	199 757.23	
1.2	B. 地基处理与边坡支护	397 283.57	
1.3	D. 砌筑工程	929 518.12	
1.4	E. 混凝土及钢筋混凝土工程	3 532 419.25	171 100.00
1.5	F. 金属结构工程	770 794.94	
1.6	J. 屋面及防水工程	251 838.55	
1.7	K. 保温、隔热、防腐工程	83 226.76	46 800.00
2	措施项目	701 931.60	
2.1	其中：安全文明施工费	245 860.35	
3	其他项目	739 461.74	
3.1	其中：暂列金额	250 000.00	
3.2	其中：专业工程暂估价	380 000.00	
3.3	其中：计日工	92 061.74	
3.4	其中：总承包服务费	17 400.00	
4	增值税	967 060.53	
	投标报价合计＝1＋2＋3＋4	8 573 292.29	217 900.00

注　本表适用于单位工程最高投标限价或投标报价的汇总，如无单位工程的划分，单项工程也使用本汇总表。

4. 分部分项工程量清单报价

分部分项工程量清单报价应注意以下两点：一是分部分项工程量清单计价表的项目编码、项目名称、项目特征、计量单位、工程量必须按分部分项工程量清单的相应内容填写，不得增加或减少、不得修改。二是分部分项工程量清单报价，其核心是综合单价的确定。

综合单价的计算一般应按下列顺序进行：

（1）确定工程内容。根据工程量清单项目和拟建工程的实际，或参照"分部分项工程量清单项目设置及其消耗量定额"表中的"工程内容"，确定该清单项目的主体及其相关工程内容，并选用相应定额。

（2）计算工程量。按现行《××省建设工程工程量清单计价规则》的规定，分别计算工程量清单项目所包含的每项工程内容的工程量。

（3）计算单位含量。分别计算工程量清单项目的每计量单位应包含的各项工程内容的工程量。

计算单位含量＝计算的各项工程内容的工程量/相应清单项目的工程量

（4）选择定额。根据确定的工程内容，参照"分部分项工程量清单项目设置及其消耗量定额"表中定额名称及其编号，分别选定定额，确定人工、材料、机械台班消耗量。

（5）选择单价。应根据《××省建设工程工程量清单计价规则》规定的费用组成，参照其计算方法，或参照工程造价管理机构发布的人工、材料、机械台班信息价格，确定相应单价。

（6）"工程内容"的人、材、机价款。计算清单项目每计量单位所含某项工程内容的人工、材料、机械台班价款。

工程内容的人、材、机价款＝∑（人、材、机消耗量×人、材、机单价）×计算单位含量

（7）工程量清单项目人、材、机价款。计算工程量清单项目每计量单位人工、材料、机械台班价款。

工程量清单项目人、材、机价款＝工程内容的人、材、机价款之和

（8）选定费率。应根据《××省建设工程工程量清单计价规则》规定的费用项目组成，参照其计算方法，或参照工程造价主管部门发布的相关费率，结合本企业和市场的情况，确定管理费率、利润率。

（9）计算综合单价。

建筑工程综合单价＝工程量清单项目人、材、机价款＋定额人工费×（管理费率＋利润率）

合价＝综合单价×相应清单项目工程量

【例 4-11】 以某商业住宅楼为例，分部分项工程量清单与计价表见表 4-17。

表 4-17 分部分项工程量清单计价表

工程名称：××商业住宅工程 第 1 页 共 1 页

序号	项目编码	项目名称	项目特征描述	计量单位	工程量	金额（元）		
						综合单价	合价	其中：暂估价
1	010401001001	砖基础	M5.0 水泥砂浆砌筑标准 MU10.0 机制红砖的条形基础	m³	24.80	155.80	3863.84	
2	010501001001	基础垫层	条形基础垫层 300mm 厚 3：7 灰土	m³	10.69	126.33	1350.47	
3	010501001002	基础垫层	条形基础垫层现场搅拌 C15 混凝土	m³	2.14	425.12	909.76	

5. 措施项目清单报价

措施项目清单计价表中的序号、项目编码、项目名称、工作内容等应按措施项目清单的相应内容填写，不得减少或修改。

措施项目清单计价表中的金额，《××省建设工程工程量清单计价规则》提供了两种计算方法。

（1）当以分部分项工程量清单的方式计价时，一般应按下列顺序进行。

1）应根据措施项目清单和拟建工程的施工组织设计，确定措施项目。

2）确定该措施项目所包含的工程内容。

3）以现行的《××省建设工程工程量清单计价规则》，分别计算该措施项目所含每项工程内容的工程量。

4）根据确定的工程内容，参照"措施项目设置及其消耗量定额（计价方法）"表中的消耗量定额，确定人工、材料、机械台班消耗量。

5）应根据《××省建设工程工程量清单计价规则》规定的费用组成，参照其计算方法，

根据市场价格信息（考虑一定的风险费）或参照工程造价主管部门发布的信息价格，确定相应单价。

6）计算措施项目所含某项工程内容的人工、材料、机械台班的价款。

措施项目所含工程内容人、材、机价款＝∑（人、材、机消耗量×人、材、机单价）×措施项目所含每项工程内容的工程量

7）措施项目人工、材料、机械台班价款。

措施项目人、材、机价款＝∑措施项目所含某项工程内容的人工、材料、机械台班的价款

8）应根据《××省建设工程工程量清单计价规则》规定的费用项目组成，参照其计算方法，或参照工程造价主管部门发布的相关费率，结合本企业和市场的情况，确定管理费率、利润率。

9）措施项目费（包括人工、材料、机械台班价款和管理费、利润）计算如下：

建筑工程金额＝措施项目人、材、机价款＋定额人工费×（管理费率＋利润率）

【例 4 - 12】　措施项目清单计价表的格式见表 4 - 18。

表 4 - 18　　　　　　　　　　　　措施项目清单计价表

工程名称：××商业住宅楼工程　　　　　　　　　　　　　　　　　　　第 1 页　共 2 页

序号	项目编码	项目名称	工作内容	价格（元）	备注
1	011601001001	脚手架	外脚手架搭设拆除堆放	2649.14	详见标准附表 R.1.1
2	011601001002	脚手架	里脚手架搭设拆除堆放	1805.90	详见标准附表 R.1.1
			（其他略）		
	本页小计			4455.04	
	合计			245 860.35	

（2）当以工程造价管理机构发布的费率计算时，措施项目费（包括人工、材料、机械台班价款和管理费、利润）计算如下

措施项目费＝分部分项工程定额人工费×相应措施项目费率

或　措施项目费＝分部分项工程（人工费＋机械台班费）×相应措施项目费率

【例 4 - 13】　措施项目清单与计价表的格式见表 4 - 19。

表 4 - 19　　　　　　　　　　　措施项目清单构成明细分析表

工程名称：××商业住宅楼工程　　　　　　　　　　　　　　　　　　　第 1 页　共 1 页

序号	项目编码	项目名称	计算基础	费率（%）	价格（元）	备注
1	011601007001	文明施工	定额人工费	3.12	49 639.69	
2	011601010001	冬雨季施工增加	定额人工费	0.8	12 728.13	
3	011601011001	夜间施工增加	定额人工费	0.7	11 137.11	
4	011601013001	二次搬运	定额人工费	0.6	9 546.09	
5	011601014001	已完工程及设备保护	定额人工费	0.15	2386.52	
	合计				85 437.54	

6. 其他项目清单报价

其他项目清单计价表中的序号、项目名称、计量单位、金额应按招标人编制的其他项目清单计价表中的相应内容填写，不得增加或减少，不得修改。计日工和总包服务费的金额一栏按明细表中的合计金额填写。

【例4-14】 其他项目清单计价表的格式（数据是假设的），见表4-20。

表4-20　　　　　　　　　　　　　其他项目清单计价表

工程名称：××商业住宅楼工程　　　　　　　　　　　　　　　　　　第1页 共1页

序号	项目名称	暂估（暂定）金额（元）	结算金额（元）	调整金额±（元）	备注
1	暂列金额	250 000.00			明细详见"标准"表E.4.2
2	专业工程暂估价	380 000.00			明细详见"标准"表E.4.3
3	计日工	92 061.74			明细详见"标准"表E.4.4
4	总承包服务费	17 400.00			明细详见"标准"表E.4.5
5	索赔与现场签证				明细详见"标准"表E.11.1
	合计	739 461.74			—

其他项目清单报价是比较简单的，应按"其他项目清单项目设置及其计价方法"表的要求报价。

（1）暂列金额明细表由招标人填写，投标人应将暂列金额的合计额计入投标总价中。

【例4-15】 暂列金额明细表的格式见表4-21。

表4-21　　　　　　　　　　　　　　暂列金额明细表

工程名称：××商业住宅楼工程　　　　　　　　　　　　　　　　　　第1页 共1页

序号	项目名称	计量单位	暂定金额（元）	备注
1	工程量清单中工程量偏差和设计变更	项	100 000.00	
2	政策性调整和材料价格风险	项	100 000.00	
3	其他	项	150 000.00	
	合计		250 000.00	—

注 此表由招标人填写，如不能详列，也可只列暂定金额总额，投标人应将上述暂列金额计入投标总价中。

（2）材料暂估单价表和专业工程暂估价表均由招标人填写。投标人应将材料暂估单价计入工程量清单综合单价报价中，将专业工程暂估价计入投标总价中。

【例 4 - 16】 材料暂估单价表的格式见表 4 - 22。

表 4 - 22 **材料（工程设备）暂估单价及调整表**

工程名称：××商业住宅楼工程　　　　　　　　　　　　　　　　　　　第 1 页　共 1 页

| 序号 | 材料名称、规格、型号 | 计量单位 | 数量 | | 暂估（元） | | 确认（元） | | 差额±（元） | | 备注 |
			暂估	确认	单价	合价	单价	合价	单价	合价	
1	钢筋（规格、型号综合）	t			4800.00						用于现浇构件钢筋项目
2	53 系列断热铝合金窗	m²			750.00						用于金属窗项目
3	防火外墙保温板	m²			18.00						用于保温隔热墙项目
	合计		—	—		—		—		—	—

注 此表由招标人填写"暂估单价"，并在备注栏说明暂估价材料、工程设备拟用在哪些清单项目上，投标人应将上述材料、工程设备暂估单价计入工程量清单综合单价报价中。

【例 4 - 17】 专业工程暂估价明细表的格式见表 4 - 23。

表 4 - 23 **专业工程暂估价明细表**

工程名称：××商业住宅楼工程　　　　　　　　　　　　　　　　　　　第 1 页　共 1 页

序号	专业工程名称	暂估金额（元）	确认金额（元）	调整金额±（元）	备注
1	入户防盗门	40 000.00			
2	玻璃雨篷	340 000.00			
	合计	380 000.00			—

注 此表"暂估金额"由招标人填写，投标人应将"暂估金额"计入投标总价中。结算量按合同约定结算金额填写。

（3）计日工表中的序号、名称、计量单位、数量，应按计日工表的相应内容填写，不得增加或减少、不得修改。

计日工表的综合单价，投标人应在招标人预测名称及预估相应数量的基础上，考虑零星工作特点进行确定，并计入投标总价中。工程竣工时，按实进行结算。

【例 4-18】 计日工表的格式见表 4-24。

表 4-24　　　　　　　　　　　　　计 日 工 表

工程名称：××商业住宅楼工程　　　　　　　　　　　　　　　　　　第 1 页　共 1 页

编号	计日工名称	单位	暂定数量	实际数量	综合单价（元）	合价（元）暂定	合价（元）实际	调整金额±（元）
一	人工							
1	普工	工日	160.00		100.00	16 000.00		
2	技工（综合）	工日	80.00		160.00	12 800.00		
3								
	人工小计					28 800.00		
二	材料							
1	钢筋（规格、型号综合）	t	8.000		5500.00	44 000.00		
2	水泥 42.5	t	12.000		610.00	7320.00		
3	中砂	m³	20.00		86.00	1720.00		
4	砾石（5~40mm）	m³	52.00		48.00	2496.00		
5	页岩砖（240mm×115mm×53mm）	千块	8.000		360.00	2880.00		
6						58 416.00		
	材料小计							
三	施工机械							
1	自升式塔式起重机（起重力矩 1250kN·m）	台班	8.00		590.00	4721.84		
2	灰浆搅拌机（400L）	台班	5.00		24.78	123.90		
3								
	施工机械小计					4845.74		
四、企业管理费和利润及规费、税金								
	总计					92 061.74		

注　此表项目名称、单位和暂定数量由招标人填写，编制最高投标报价时，单价由招标人按有关计价规定确定；投标时，单价由投标人自主报价，按暂定数量计算合价计入投标总价中。结算时，按发承包双方确认的实际数量计算合价。

（4）总承包服务费计价表，由投标人根据提供的服务所需的费用填写。

【例 4-19】 总承包服务费计价表的格式见表 4-25。

表 4 - 25   **总承包服务费计价表**

工程名称：××商业住宅楼工程   第 1 页   共 1 页

序号	项目名称	计算基础	费率（%）	金额（元）	确认计算基础	结算金额（元）	调整金额（元）	备注
1	发包人发包专业工程	专业工程费	3	11 400.00				
2	发包人提供材料	材料费	0.5	6000.00				
合计				17 400.00				

注　此表项目名称、服务内容由招标人填写，编制最高投标限价时，费率及金额由招标人按有关计价规定确定；投标时，费率及金额由投标人自主报价，计入投标总价中。

7. 报价款组成

报价款包括分部分项工程量清单报价款、措施项目清单报价款、其他项目清单报价款、增值税额等，是投标人响应招标人的要求完成拟建工程的全部费用。

8. 工程量清单综合单价分析表

分部分项工程费、措施项目费、其他项目费的报价单填写完成后，还应按照招标人要求填写工程量清单综合单价分析表，目的是为了在评标时便于评委对投标单位的最终总报价以及分项工程的综合单价的合理性进行分析、评分，剔除不合理的低价，消除恶意竞争的后果，有利于业主在保证工程建设质量的同时，选择一个合理的、报价较低的中标单位。

四、工程量清单计价流程

1. 工程量清单计价流程图

工程量清单项目比较多，计算过程也较复杂，根据实际承包的项目不同所填报的表格也不同，下面计价流程是一个完整的过程，编制时可根据实际情况选用。工程量清单计价流程如图 4-9 所示。

2. 工程量清单综合单价的计算方式

工程量清单综合单价的计算方式，主要有以下三种：

（1）以消耗量定额为依据，结合竞争需要的政府定额定价（清单计价规则）。

（2）以企业定额为依据，结合竞争需要的企业成本定价（编制企业定额）。

（3）以分包商报价为依据，结合竞争需要的实际成本定价（按市场定价）。

五、工程量清单计价综合案例分析

（一）以消耗量定额为依据的计价

【例 4-20】　某工程条形基础如图 4-10 所示，基础长度为 100.00m。根据招标人提供的地质资料为三类土壤，无需支挡土板，基底钎探。查看现场无地面积水，地面已平整，并达到设计地面标高。基槽挖土槽边就地堆放，不考虑场外运输。以消耗量定额为依据，结合竞争需要的政府定额定价的清单与清单计价编制。

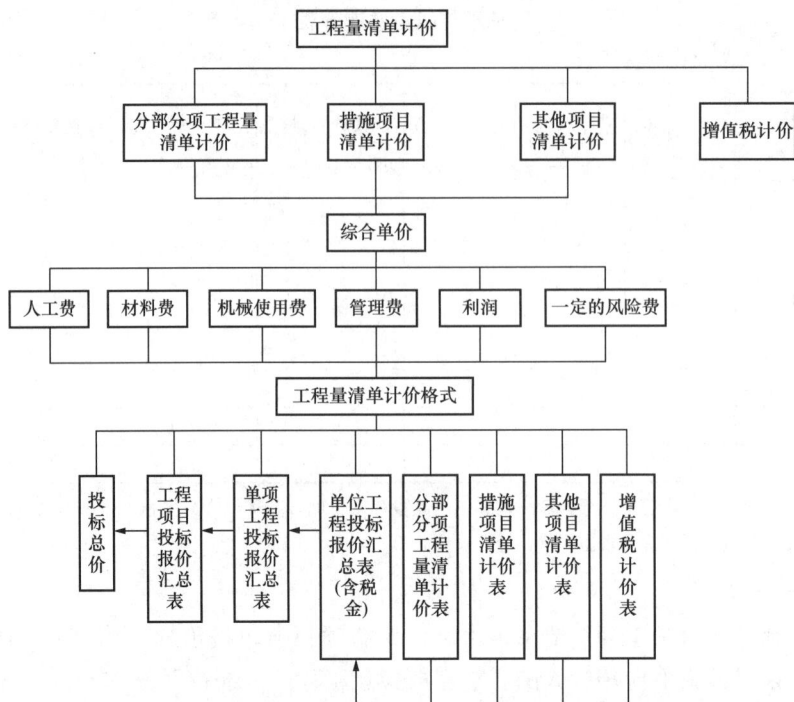

图 4-9 工程量清单计价流程图

解 1. 挖基础土方分部分项工程量清单的编制

根据 A.2 基础土石方工程：项目编码：010102002001；项目名称：挖沟槽土方。项目特性：①土类别：三类土；②开挖深度：1.00m。③基底处理方式：基底钎探。计量单位：m³。工程量计算规则：按设计图示尺寸以基础（垫层）底面积另加工作面面积，乘以挖土深度以体积计算。工程内容：①开挖、放坡、围护（挡土板）；②装车；③场内运输；④清底修边；⑤基底夯实；⑥基底钎探。毛石基础工作面宽度 250mm。

工程量＝(1.00＋0.25×2)×1.00×100.00＝150.00(m³)

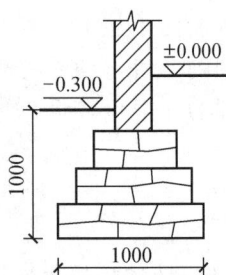

图 4-10 某工程条形
基础示意图

将上述结果及相关内容填入"分部分项工程量清单"，见表 4-26。

表 4-26 分部分项工程量清单计价表

工程名称：某工程

序号	项目编号	项目名称	项目特征描述	计量单位	工程量	金额（元）		
						综合单价	合价	其中：暂估价
1	010102002001	挖沟槽土方	① 土类别：三类土；② 开挖深度：1.0m；③ 基底处理方式：基底打钎	m³	150.00			

2. 分部分项工程量清单计价表的编制

综合单价计算：

（1）该项目发生的工程内容：挖沟槽土方、基底钎探。

（2）根据现行的计量规则，计算工程量。

挖沟槽土方工程量＝(1.00＋0.25×2)×1.00×100.00＝150.00(m³)

基底钎探工程量＝1.50×100.00＝150.00(m²)

（3）分别计算清单项目每计量单位，应包含的各项工程内容的工程量。

挖沟槽土方＝150/150＝1.00(m³)

基底钎探＝150/150＝1.00(m²)

注意：计算每计量单位应包含的各项工程内容的工程量，从而计算其费用，即为单位报价。也可以先计算分项工程费用，而后除以工程量，求出单位报价。

（4）根据"5.1.1 土方工程"选定额，确定人工、材料、机械消耗量。

挖沟槽土方，套定额 1-2-8

基底钎探，套定额 1-4-4

（5）人工、材料、机械单价选用省信息价（编制最高投标限价）或市场价（编制投标报价）。

（6）计算清单项目每计量单位所含各项工程内容人工、材料、机械价款。

挖沟槽土方：

人工费＝67.26×1.00＝67.26(元)

钎探：

人工费＝3.99×1.00＝3.99(元)

材料费＝0.67×1.00＝0.67(元)

机械费＝1.44×1.00＝1.44(元)

（7）计算清单项目每计量单位人工、材料、机械价款。

将上述计算结果及相关内容填入表 4-27。

表 4-27　　　　工程量清单项目人工、材料、机械费用分析表

清单项目名称	工程内容	定额编号	计量单位	数量	费用组成　其中：			
					人工费	材料费	机械费	小计
挖沟槽土方 ① 土壤类别：三类土； ② 挖土深度：1.0m； ③ 弃土运距：就地堆放	挖沟槽土方	1-2-8	m³	1.00	67.26	—	—	67.26
	钎探	1-4-4	眼	1.00	3.99	0.67	1.44	6.10
合计					71.25	0.67	1.44	73.36

（8）根据企业情况确定管理费率为人工费的 25.6％，利润率为人工费的 15％。

（9）综合单价＝73.36＋71.25×(25.6％＋15％)＝102.29(元/m³)

（10）合价＝102.29×150.00＝15 343.5(元)

根据《××省建设工程工程量清单计价规则》的要求，将上述计算结果及相关内容填入表 4-28 中。

表 4 - 28   分部分项工程量清单与计价表

工程名称：某工程

序号	项目编号	项目名称	项目特征描述	计量单位	工程量	金额（元）		
						综合单价	合价	其中：暂估价
1	010102002001	挖沟槽土方	① 土类别：三类土； ② 开挖深度：1.0m； ③ 基底处理方式：基底打钎	m³	150.00	102.29	15 343.5	

（二）以分包商报价为依据的计价

【例 4 - 21】 某工程的实腹钢窗的工程量清单，见表 4 - 29。

表 4 - 29   分部分项工程量清单

项目编码	项目名称	项目特征描述	计量单位	工程量	金额（元）		
					综合单价	合价	其中：暂估价
010807001001	金属平开窗	实腹带亮双扇开启，平开带纱双玻 3mm 厚淡蓝色玻璃。 窗尺寸：宽3.3m，高2m。 扇为双开扇，尺寸宽为0.95m，高为1.5m。 在开启扇上设纱窗，纱窗能开启。 油漆采用除锈后，刷红丹防锈漆一遍，外刷淡黄色调和漆两遍，内刷银白色调和漆两遍	樘	10			

解 （1）根据企业的实际，此工程钢窗在投标前采用网上预招标，通过多家的报价，最后确定一家供应商送货到现场，包括玻璃及纱窗扇每平方米供应单价为 120 元/m²。本企业钢窗安装一直采用分包的形式，分包内容：钢窗安装（包括纱扇），钢窗油漆及五金件，承包形式采用按樘包干，明细见表 4 - 30。

表 4 - 30   劳务作业分包报价明细

分包项目	实腹钢窗带玻璃油漆安装（每樘造价）
人工费	120 元
材料费	47.22 元（依据除钢窗以外材料实物量统计表）
机械费	20.67 元（依据所用机械实物量统计表）
直接费	187.89 元
间接费	187.89×10％＝18.79（元）
报价	187.89＋18.79＝206.68（元）

（2）通过对上述方案分析，此案例每樘综合单价除了上述费用外，企业还得考虑一部分

管理费和利润。公司管理费按实分包费用的 5% 计取，利润按直接费的 3% 计取，不考虑税金，由于组价比较实际，不再考虑风险因素。

综合单价＝$(3.30 \times 2.00 \times 120.00 + 206.68) \times (1 + 5\% + 3\%) = 1078.57$（元）

合价＝$1078.57 \times 10 = 10\ 785.70$（元），见表 4 - 31。

表 4 - 31　　　　　　　　　　　　工 程 量 清 单 报 价 表

项目编码	项目名称	项目特征描述	计量单位	工程量	金额（元）		
					综合单价	合价	其中：暂估价
010807001001	金属平开窗	实腹带亮双扇，平开带纱双玻 3mm 厚淡蓝色玻璃；窗尺寸：宽 3.3m，高 2m；扇为双开，尺寸为宽 0.95m，高 1.5m；在开启扇上设纱窗；除锈后，刷红丹防锈漆一遍，外刷淡黄色调和漆两遍，内刷银白色调和漆两遍	樘	10	1078.57	10 785.70	

习　题

4 - 1　什么工程必须按工程量清单计价规则的规定计算？

4 - 2　简述建筑工程计价的依据和步骤。

4 - 3　计算工程量前，为什么必须先熟悉施工图纸？

4 - 4　清单计价分为实物法和单价法两种形式，请说出两者的区别。

4 - 5　计算工程量时，为什么要按一定的方法和顺序进行？

4 - 6　计算工程量最常用的基数有哪些？

4 - 7　定额和标准是何时实施的？

4 - 8　实行清单计价还需要定额吗？

4 - 9　建筑定额工程量计算规则和工程量清单计算规则有何不同？

4 - 10　工程量清单中的项目特征描述与图纸不一致，投标人应怎样处理？

4 - 11　何谓工料单价？何谓综合单价？何谓全费单价？

4 - 12　综合单价是否包括招标人自行采购的主要材料的价款？

4 - 13　措施项目费报价，除考虑"措施项目一览表"的项目外，是否可以增加新项目？

4 - 14　投标单位在报价时，有未填报的单价和合价，而实际工作中又发生了此项，结算时是否可以追加此项费用？

4 - 15　投标报价时，将"计量标准"中规定的内容漏报了，施工单位是否可以通过索赔找回来？

4 - 16　建筑工程和装饰装修工程的综合单价是怎样计算的？

第五章 建筑面积计算规范

第一节 建筑面积概述

一、建筑面积的概念

建筑面积是建筑物各层面积的总和。它包括使用面积、辅助面积和结构面积三部分。其中，使用面积与辅助面积之和称有效面积。

1. 使用面积

使用面积是指建筑物各层平面中直接为生产或生活使用的净面积之和。例如，住宅建筑中的居室、客厅、书房等。

2. 辅助面积

辅助面积是指建筑物各层平面中为辅助生产或辅助生活所占净面积之和。例如，住宅建筑中的楼梯、走道、卫生间、厨房等。

3. 结构面积

结构面积是指建筑各层平面中的墙、柱等结构所占面积之和。

二、建筑面积的作用

1. 建筑面积是重要的管理指标

建筑面积是建设投资、建设项目可行性研究、建设项目勘察设计、建设项目评估、建设项目招标投标、建筑工程施工和竣工验收、建设工程造价管理、建筑工程造价控制等一系列工作的重要计算指标。

2. 建筑面积是重要的技术指标

建筑设计在进行方案比选时，常常依据一定的技术指标，如容积率、建筑密度、建筑平面系数等；建设单位和施工单位在办理报审手续时，经常用到开工面积、竣工面积、优良工程率、建筑规模等技术指标。这些重要的技术指标都要用到建筑面积。其中

$$容积率 = \frac{建筑总面积}{建筑占地面积} \times 100\%$$

$$建筑密度 = \frac{建筑物底层面积}{建筑占地总面积} \times 100\%$$

$$房屋建筑系数 = \frac{房屋使用面积}{房屋建筑面积} \times 100\%$$

3. 建筑面积是重要的经济指标

建筑面积是评价国民经济建设和人民物质生活的重要经济指标。在一定时期内完成建筑面积的多少也标志着一个国家的工程建设发展状况、人民生活居住条件改善和文化生活福利设施发展的程度。建筑面积也是施工单位计算单位工程或单项工程的单位面积工程造价、人工消耗量、材料消耗量和机械台班消耗量的重要经济指标。各种经济指标的计算公式如下

$$每平方米工程造价 = \frac{工程造价}{建筑面积}(元/m^2)$$

$$每平方米人工消耗量 = \frac{单位工程用工量}{建筑面积}（工日/m^2）$$

$$每平方米材料消耗量 = \frac{单位工程某种材料用量}{建筑面积}（kg/m^2）；（m^3/m^2）等$$

$$每平方米机械台班消耗量 = \frac{单位工程某机械台班用量}{建筑面积}（台班/m^2）等$$

4. 建筑面积是计算工程量的基础

建筑面积是计算有关工程量的重要依据。例如，垂直运输机械的工程量即是以建筑面积为工程量。建筑面积也是计算各分部分项工程量和工程量消耗指标的基础。例如，计算出建筑面积之后，利用这个基数，就可以计算出地面抹灰、室内填土、地面垫层、平整场地、天棚抹灰和屋面防水等项目的工程量。工程量消耗指标也是投标报价的重要参考。

$$每平方米工程量 = \frac{单位工程某工程量}{建筑面积}（m^2/m^2）；（m/m^2）等$$

5. 建筑面积对建筑施工企业内部管理的意义

建筑面积对于建筑施工企业实行内部经济承包责任制、投标报价、编制施工组织设计、配备施工力量、成本核算及物资供应等，都具有重要意义。

综上所述，建筑面积是重要的技术经济指标，在全面控制建筑工程造价，衡量和评价建设规模、投资效益、工程成本等方面起着重要尺度的作用。但是，建筑面积指标也存在着一些不足，主要不能反映其高度因素。例如，计取暖气费用以建筑面积为单位就不尽合理。

三、建筑面积计算规范的主要内容

(1)《建筑工程建筑面积计算规范》主要规定了三个方面的内容：

1) 计算全部建筑面积的范围和规定；

2) 计算一半建筑面积的范围和规定；

3) 不计算建筑面积的范围和规定。

(2) 这些规定主要基于以下几个方面的考虑：

1) 尽可能准确地反映建筑物各组成部分的价值量。例如，有永久性顶盖，无围护结构的走廊，按其结构底板水平面积1/2计算建筑面积；有围护结构的走廊（增加了围护结构的工料消耗，使用功能增加了）则计算全部建筑面积。又如，建筑坡屋顶内和场馆看台下，净高在2.10m及以上的部位应计算全面积；结构净高在1.20m及以上至2.10m以下的部位应计算1/2面积；结构净高在1.20m以下的部位不应计算面积。

2) 通过建筑面积计算的规定，简化了建筑面积计算过程。例如，附墙柱、垛等不应计算建筑面积。

四、商品房建筑面积计算

住宅商品房建筑面积的计算非常重要，关系到开发商和业主双方的经济利益，弄不好还会引起法律纠纷。住宅商品房建筑面积的计算，特别是公摊面积计算，目前还没有一项统一的严格法律文件规定，各地的计算方法也不完全相同，主要靠购销合同进行约定。现在住宅商品房都以《房产测量规范》进行计算，主要的计算公式和方法如下

住宅套型建筑面积＝套内建筑面积＋公摊面积

套内建筑面积＝套内使用面积＋套内墙体面积＋阳台建筑面积

套内墙体面积是指室内墙体面积加外墙墙体（包括两户之间隔墙）水平面积的一半。

公摊面积＝楼电梯面积＋走廊过道面积＋大堂门厅面积＋设备功能用房面积＋外墙墙体
　　　　水平投影面积的一半＋其他面积

商品房公用面积的分摊以幢为单位，与本幢楼房不相连的公用建筑面积不得分摊给本幢楼房的住户。

（1）可分摊的公共部分为本幢楼的大堂、公用门厅、走廊、过道、公用厕所、电（楼）梯前厅、楼梯间、电梯井、电梯机房、垃圾道、管道井、消防控制室、水泵房、水箱间、冷冻机房、消防通道、变配电室、煤气调压室、卫星电视接收机房、空调机房、热水锅炉房、电梯工休息室、值班警卫室、物业管理用房等，以及其他功能上为该建筑服务的专用设备用房，套与公用建筑空间之间的分隔墙及外墙（包括山墙、墙体水平投影面积的一半）。

（2）不应计入的公用建筑空间有仓库、机动车库、非机动车库、车道、供暖锅炉房、作为人防工程地下室、单独具备使用功能的独立使用空间，售房单位自营、自用的房屋，为多幢房屋服务的警卫室、管理（包括物业管理）等用房。

（3）不应分摊的共有建筑面积：从属于人防工程的地下室、半地下室；供出租或出售的固定车位或专用车库；幢外的用作公共休憩的设施或架空层。

（4）公用建筑面积的分摊方法：多层住宅需要先求出整幢房屋和共有建筑面积分摊系数，再按幢内的各套内建筑面积比例分摊。多功能综合楼须先求出整幢房屋和幢内不同功能区的共有建筑面积分摊系数，再按幢内各功能区内建筑面积比例分摊。

公摊面积没有明确规定，目前房地产市场普通多层住宅楼，在没有地下设备用房、没有底层商铺、底层架空的情况下，公摊系数在10%～15%之间；带电梯的小高层住宅，公摊系数在17%～20%之间；高层住宅相对更高一些。

第二节　建筑工程建筑面积计算规范

《建筑工程建筑面积计算规范》（GB/T 50353—2013）（以下简称"建筑面积计算规范"），自2014年7月1日起实施，是在《建筑工程建筑面积计算规范》（GB/T 50353—2005）的基础上修订而成的。鉴于建筑发展中出现的新结构、新材料、新技术及新施工方法，为了解决建筑技术的发展产生的面积计算问题，本着不重算、不漏算的原则，对建筑面积的计算范围和计算方法进行了修改、统一和完善。

"建筑面积计算规范"主要内容有总则、术语、计算建筑面积的规定。为便于准确理解和应用该规范，本书对建筑面积计算规范的用词说明和有关条文进行了说明。

"建筑面积计算规范"由住房和城乡建设部负责管理，由住房和城乡建设部标准定额研究所负责具体技术内容的解释。

一、总则

（1）为规范工业与民用建筑工程建设全过程的面积计算，统一计算方法，制定"建筑面积计算规范"。

（2）"建筑面积计算规范"适用于新建、扩建、改建的工业与民用建筑工程建设全过程的面积计算。

（3）建筑工程的建筑面积计算，除应符合"建筑面积计算规范"外，尚应符合国家现行有关标准的规定。

二、术语的定义或含义

（1）建筑面积是指建筑物（包括墙体）所形成的楼地面面积。

（2）自然层是指按楼地面结构分层的楼层。

（3）结构层高是指楼面或地面结构层上表面至上部结构层上表面之间的垂直距离。

（4）围护结构是指围合建筑空间的墙体、门、窗。

（5）建筑空间是指以建筑界面限定的，供人们生活和活动的场所。

（6）结构净高是指楼面或地面结构层上表面至上部结构层下表面之间的垂直距离。

（7）围护设施是指为保障安全而设置的栏杆、栏板等围挡。

（8）地下室是指室内地平面低于室外地平面的高度超过室内净高的 1/2 的房间。

（9）半地下室是指室内地平面低于室外地平面的高度超过室内净高的 1/3，且不超过 1/2 的房间。

（10）架空层是指仅有结构支撑而无外围护结构的开敞空间。

（11）走廊是指建筑物中的水平交通空间。

（12）架空走廊是指专门设置在建筑物的二层或二层以上，作为不同建筑物之间水平交通的空间。

（13）结构层是指整体结构体系中承重的楼板层。

（14）落地橱窗是指突出外墙面且根基落地的橱窗。

（15）凸窗（飘窗）是指凸出建筑物外墙面的窗户。

（16）檐廊是指建筑物檐下的水平交通空间。

（17）挑廊是指挑出建筑物外墙的水平交通空间。

（18）门斗是指建筑物出入口处两道门之间的空间。

（19）雨篷是指建筑出入口上方为遮挡雨水而设置的构件。

（20）门廊是指建筑物出入口前有顶棚的半围合空间。

（21）楼梯是指由连续行走的梯级、休息平台和维护安全的栏杆（或栏板）扶手，以及相应的支托结构组成的作为楼层之间垂直交通使用的建筑部件。

（22）阳台是指附设于建筑物外墙，设有栏杆或栏板，可供人活动的室外空间。

（23）主体结构是指接受、承担和传递建筑工程所有上部荷载，维持上部结构整体性、稳定性和安全性的有机联系的构造。

（24）变形缝是指防止建筑物在某些因素作用下引起开裂甚至破坏而预留的构造缝。

（25）骑楼是指建筑底层沿街面后退且留出公共人行空间的建筑物。

（26）过街楼是指跨越道路上空并与两边建筑相连接的建筑物。

（27）建筑物通道是指为穿过建筑物而设置的空间。

（28）露台是指设置在屋面、首层地面或雨篷上的供人室外活动的有围护设施的平台。

（29）勒脚是指在房屋外墙接近地面部位设置的饰面保护构造。

（30）台阶是指联系室内外地坪或同楼层不同标高而设置的阶梯形踏步。

三、计算建筑面积的规定

1. 单层、多层建筑物

（1）建筑物的建筑面积应按自然层外墙结构外围水平面积之和计算，如图 5-1 所示。结构层高在 2.20m 及以上的，应计算全面积；结构层高在 2.20m 以下的，应计算 1/2 面积，建筑面积为长度乘宽度。2.20m 是取标准层高 3.30m 的 2/3 高度。

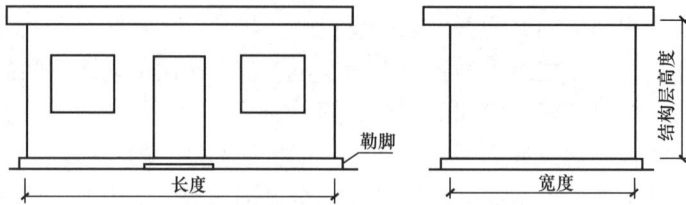

图 5-1　结构外围水平面积示意图

规则所指建筑物可以是单层，也可以是多层；可以是民用建筑、公共建筑，也可以是工业厂房。应按其外墙结构外围水平面积之和计算，单层之和就是本层的面积。主体结构外的室外阳台、雨篷、檐廊、室外走廊、室外楼梯，单独计算面积；当外墙结构本身在一个层高范围内不等厚时，以楼地面结构标高处的外围水平面积计算。另外还强调，建筑面积只包括外墙的结构面积，不包括外墙抹灰厚度、装饰材料厚度（保温层除外）所占的面积。

建筑物应按不同的结构层高确定面积的计算，结构层高是指楼面或地面结构层（不是±0.000）上表面至上部结构层上表面之间的垂直距离。遇有以屋面板找坡的平屋顶建筑物，应按坡屋顶的有关规定计算面积。

（2）建筑物内设有局部楼层时，对于局部楼层的二层及以上楼层，有围护结构的应按其围护结构外围水平面积计算，如图 5-2 二层所示；无围护结构的应按其结构底板水平面积计算，且结构层高在 2.20m 及以上的，应计算全面积；结构层高在 2.20m 以下的，应计算1/2 面积，如图 5-2 三层所示。

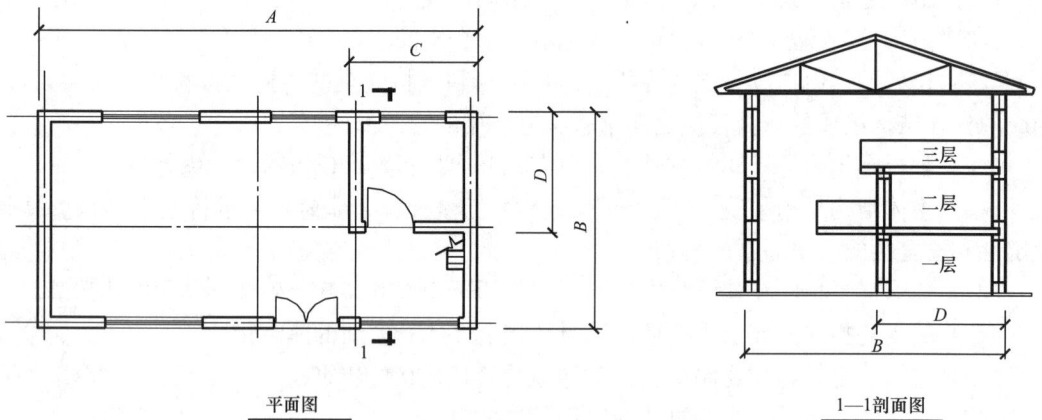

平面图　　　　　　　　　　　　　　　　　　1—1 剖面图

图 5-2　建筑物内设有局部楼层示意图

局部楼层的墙厚部分应包括在局部楼层面积内。本条款没提出不计算面积的规定，可以理解局部楼层的层高一般不会低于 1.20m。

（3）形成建筑空间的坡屋顶，结构净高在 2.10m 及以上的部位应计算全面积；结构净高在 1.20m 及以上至 2.10m 以下的部位应计算 1/2 面积；结构净高在 1.20m 以下的部位不应计算面积，如图 5-3、图 5-4 所示。

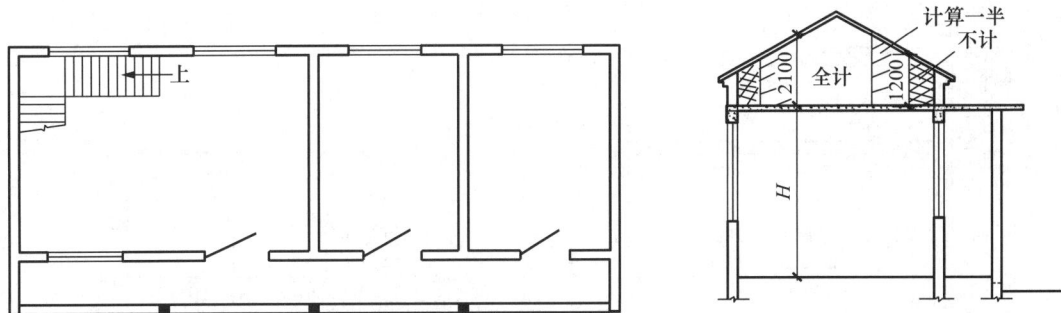

图 5-3 利用坡屋顶内空间示意图

（4）场馆看台下的建筑空间，结构净高在 2.10m 及以上的部位应计算全面积；结构净高在 1.20m 及以上至 2.10m 以下的部位应计算 1/2 面积；结构净高在 1.20m 以下的部位不应计算面积，如图 5-5 所示。室内单独设置的有围护设施的悬挑看台，应按看台结构底板水平投影面积计算建筑面积。有顶盖无围护结构的场馆看台应按其顶盖水平投影面积的 1/2 计算面积。

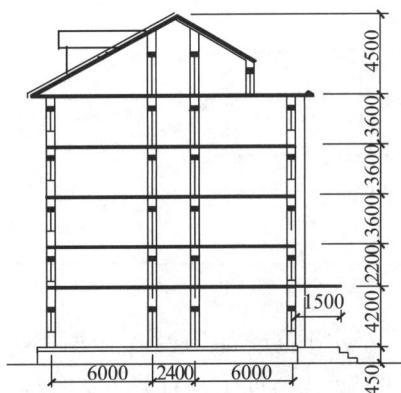

图 5-4 多层建筑坡屋顶示意图

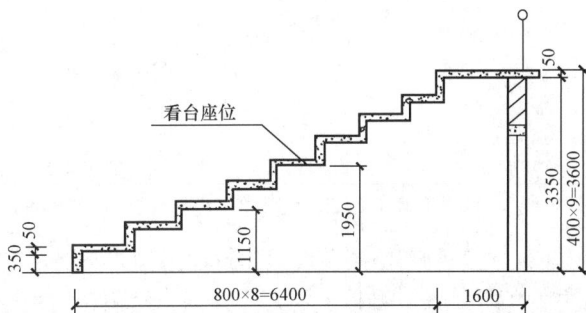

图 5-5 场馆看台下的空间示意图

场馆看台下的空间应视为坡屋顶内的空间，应按其结构净高确定其面积的计算。室内单独设置的有围护设施的悬挑看台，因其看台上部有顶盖且可供人使用，所以按看台结构底板水平投影面积计算建筑面积。这里的场馆主要是指体育场等"场"所，如体育场主席台部分的看台，一般是有永久性顶盖而无围护结构，按其顶盖水平投影面积的 1/2 计算。"馆"是有永久性顶盖和围护结构的，应按单层或多层建筑面积计算规定计算。

2. 地下室、坡地架空的建筑物

（1）地下室、半地下室应按其结构外围水平面积计算。结构层高在 2.20m 及以上的，应计算全面积；结构层高在 2.20m 以下的，应计算 1/2 面积，如图 5-6 所示。

地下室作为设备管道层的按设备管道层的相关规定计算；地下室各种竖井按竖井的相关规定计算；地下室的围护结构不垂直于水平面的按不垂直斜墙的相关规定计算。

（2）出入口外墙外侧坡道有顶盖的部位，应按其外墙结构外围水平面积的 1/2 计算面积。出入口坡道分为有顶盖出入口坡道和无顶盖出入口坡道，出入口坡道的挑出长度，为顶盖结构外边线至外墙结构外边线的长度；顶盖以设计图纸为准，对后增加及建设单位自行增

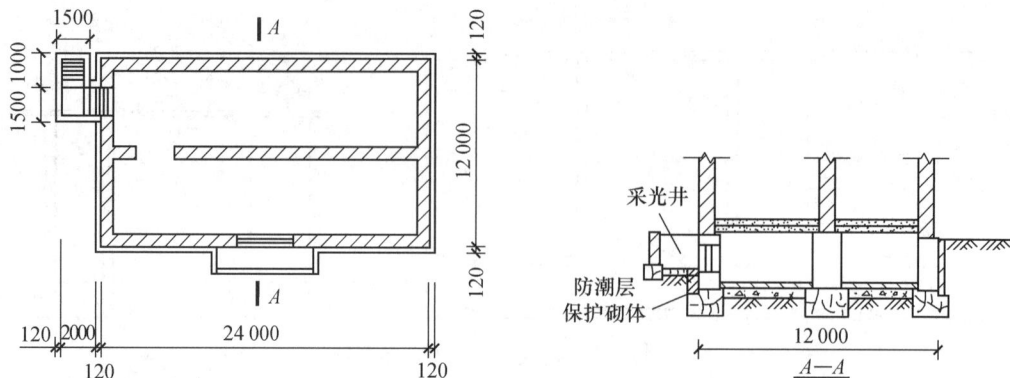

图 5-6　地下室示意图

加的顶盖等不计算建筑面积。顶盖不分材料种类（如钢筋混凝土顶盖、彩钢板顶盖、阳光板顶盖等）。地下室出入口如图 5-7 所示。

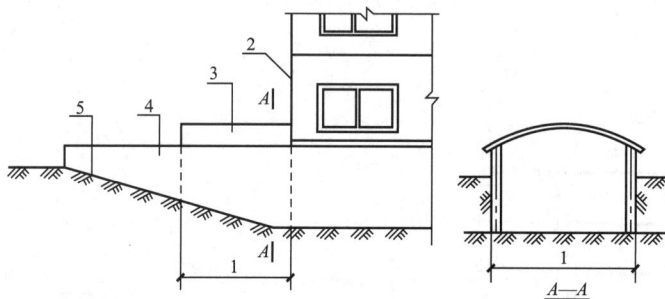

图 5-7　地下室出入口示意图

1—计算 1/2 投影面积；2—主体建筑；3—玻璃钢顶盖；4—出入口侧墙；5—出入口坡道

（3）建筑物架空层及坡地建筑物吊脚架空层，应按其顶板水平投影面积计算建筑面积，且结构层高在 2.20m 及以上的，应计算全面积；结构层高在 2.20m 以下的，应计算 1/2 面积。

建筑物架空层适用于深基础架空层、建筑物底层架空层、二楼或以上某个或多个楼层架空层，作为公共活动、停车、绿化等空间的建筑面积计算。架空层中有围护结构的建筑空间按相关规定计算。建筑物吊脚架空层如图 5-8 所示；有围护结构的坡地建筑物吊脚架空层如图 5-9 所示；有围护结构的深基础架空层如图 5-10 所示。

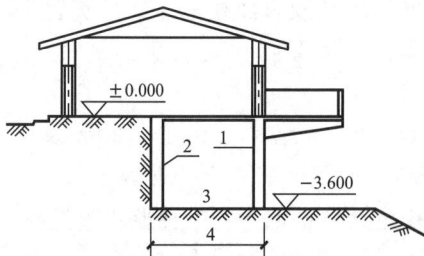

图 5-8　建筑物吊脚架空层示意图

1—柱；2—墙；3—吊脚架空层；

4—计算建筑面积部位

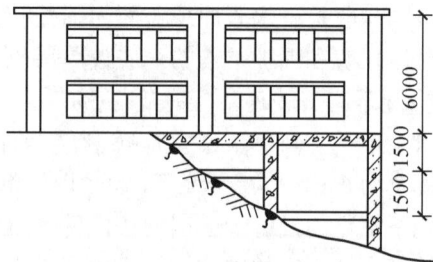

图 5-9　有围护结构的坡地

建筑物吊脚架空层示意图

3. 门厅、大厅、架空走廊、库房等

（1）建筑物的门厅、大厅应按一层计算建筑面积，门厅、大厅内设置的走廊应按走廊结构底板水平投影面积计算建筑面积。结构层高在 2.20m 及以上的，应计算全面积；结构层高在 2.20m 以下的，应计算 1/2 面积，如图 5-11 所示。

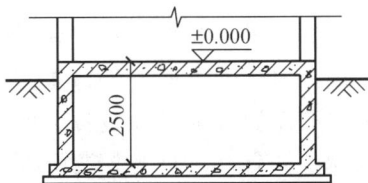

图 5-10　有围护结构的深基础架空层示意图

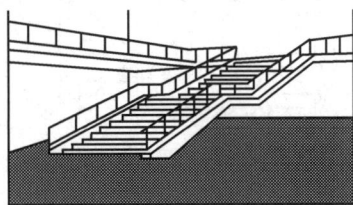

图 5-11　建筑物大厅示意图

门厅、大厅内设置的走廊（回廊）是指建筑物大厅、门厅的上部（一般该大厅、门厅占两个或两个以上建筑物层高）四周向大厅、门厅中间挑出的走廊称为走廊（回廊）。结构层高在 2.20m 以下的，应计算 1/2 面积，是指走廊（回廊）结构层高可能出现的情况。

宾馆、大会堂、教学楼等大楼内的门厅或大厅，往往要占建筑物的二层或二层以上的层高，这时也只能计算一层面积。

（2）建筑物间的架空走廊，有顶盖和围护结构的，应按其围护结构外围水平面积计算全面积；无围护结构、有围护设施的，应按其结构底板水平面积计算 1/2 面积。有顶盖和围护结构的架空走廊如图 5-12 所示；无围护结构有围护设施的架空走廊如图 5-13 所示。

图 5-12　有顶盖和围护结构的架空走廊示意图

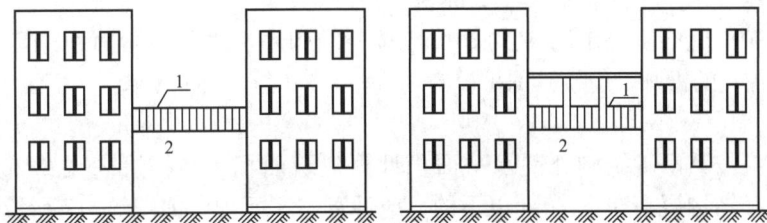

图 5-13　无围护结构有围护设施的架空走廊示意图
1—栏杆；2—架空走廊

（3）立体书库、立体仓库、立体车库，有围护结构的，应按其围护结构外围水平面积计算建筑面积；无围护结构的、有围护设施的，应按其结构底板水平投影面积计算建筑面积。无结构层的应按一层计算，有结构层的应按其结构层面积分别计算。结构层高在 2.20m 及以上的，应计算全面积；结构层高在 2.20m 以下的，应计算 1/2 面积，如图 5-14 所示。

立体车库、立体仓库、立体书库有围护结构和有围护设施的，均按结构层计算面积，应区分不同的结构层高，确定建筑面积计算的范围。起局部分隔、存储等作用的书架层、货架层或可升降的立体钢结构停车层均不属于结构层，故该部分分层不计算建筑面积。

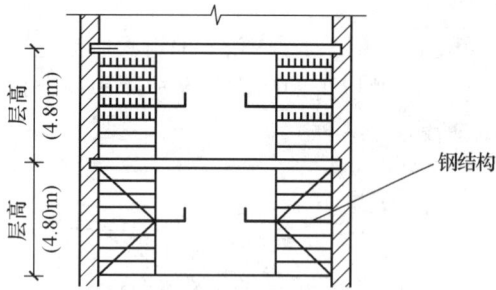

图 5-14　立体书库示意图

（4）有围护结构的舞台灯光控制室，应按其围护结构外围水平面积计算，结构层高在 2.20m 及以上的，应计算全面积；结构层高在 2.20m 以下的，应计算 1/2 面积，如图 5-15 所示。

如果舞台灯光控制室有围护结构且只有一层，那么就不能另外计算面积。因为整个舞台的面积计算已经包含了该灯光控制室的面积。计算舞台灯光控制室面积时，应包括墙体部分面积。

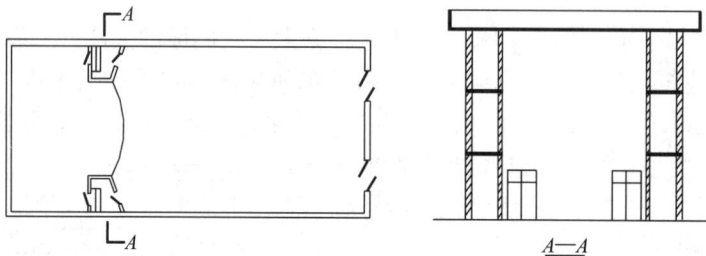

图 5-15　舞台灯光控制室示意图

4. 橱窗、走廊、门斗、门廊、雨篷

（1）附属于建筑物外墙的落地橱窗，应按其围护结构外围水平面积计算，结构层高在 2.20m 及以上的，应计算全面积；结构层高在 2.20m 以下的，应计算 1/2 面积。

（2）窗台与室内楼地面高差在 0.45m 以下且结构净高在 2.10m 及以上的凸（飘）窗，应按其围护结构外围水平面积计算 1/2 面积。

（3）有围护设施的室外走廊（挑廊），应按其结构底板水平投影面积计算 1/2 面积；有围护设施（或柱）的檐廊，应按其围护设施（或柱）外围水平面积计算 1/2 面积，如图 5-16 所示。

（4）门斗应按其围护结构外围水平面积计算建筑面积。结构层高在 2.20m 及以上的，应计算全面积；结构层高在 2.20m 以下的，应计算 1/2 面积，如图 5-17 所示。

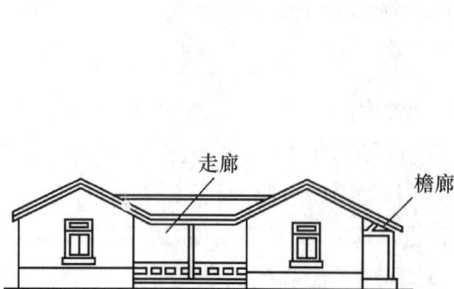

图 5-16　外走廊、檐廊示意图

图 5-17　外门斗示意图

（5）门廊应按其顶板的水平投影面积的 1/2 计算建筑面积；有柱雨篷应按其结构板水平

投影面积的 1/2 计算建筑面积；无柱雨篷的结构外边线至外墙结构外边线的宽度在 2.10m 及以上的，应按雨篷结构板的水平投影面积的 1/2 计算，如图 5-18 所示。

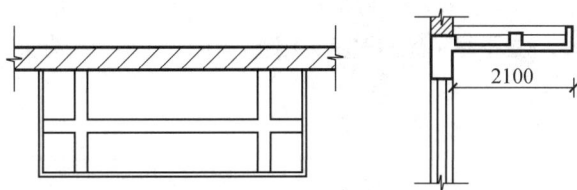

图 5-18　雨篷示意图

雨篷分为有柱雨篷、独立柱雨篷和无柱雨篷，有柱雨篷、独立柱雨篷没有出挑宽度的限制，也不受跨越层数的限制，均计算面积。无柱雨篷，其结构不能跨层，并受出挑宽度的限制，设计出挑宽度大于等于 2.10m 时才计算建筑面积。出挑宽度，系指雨篷结构外边线至外墙结构外边线的宽度在 2.10m 及以上的宽度，弧形或异形时，取最大宽度。

5. 楼梯、电梯、阳台、车棚

（1）设在建筑物顶部的、有围护结构的楼梯间、水箱间、电梯机房等，结构层高在 2.20m 及以上的应计算全面积；结构层高在 2.20m 以下的，应计算 1/2 面积，如图 5-19 所示。

如遇建筑物屋顶的楼梯间是坡屋顶时，应按坡屋顶的相关规定计算面积。单独放在建筑物屋顶上没有围护结构的混凝土水箱或钢板水箱，不计算面积。

（2）围护结构不垂直于水平面的楼层，应按其底板面的外墙外围水平面积计算。结构净高在 2.10m 及以上的应计算全面积；结构净高在 1.20m 及以上至 2.10m 以下的部位，应计算 1/2 面积；结构净高在 1.20m 以下的部位，不应计算面积。

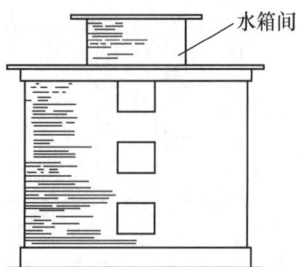

图 5-19　屋顶水箱间示意图

围护结构不垂直于水平面的，向外、向内倾斜的都适用于本条款，如图 5-20（a）、（b）所示。若遇有向建筑物内倾斜的围护结构，应视为坡屋面，应按坡屋顶的有关规定计算面积，无需明确区分围护结构和屋顶，因为斜围护结构与斜屋顶的计算规则相同。

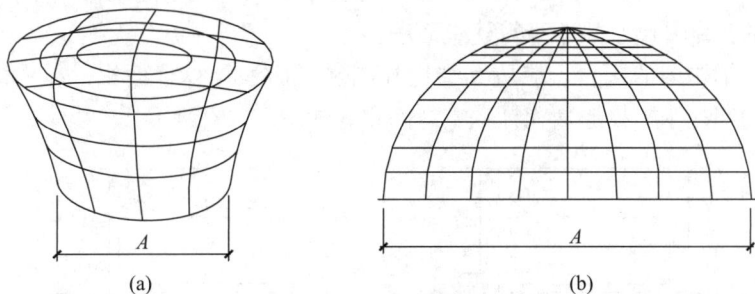

(a)　　　　　　　　　　　　　(b)

图 5-20　围护结构不垂直建筑物示意图
(a) 超出地板外沿外倾斜的围护结构；(b) 不超出地板外沿内倾斜的围护结构

（3）建筑物内的室内楼梯、电梯井、提物井、管道井、通风排气竖井、烟道，应并入建筑物的自然层计算建筑面积，如图 5-21 所示。有顶盖的采光井应按一层计算建筑面积，结构净高在 2.10m 及以上的，应计算全面积；结构净高在 2.10m 以下的，应计算 1/2 面积。

建筑物的楼梯间层数按建筑物的层数计算，一般情况下，上述室内楼梯间等面积包括在各建筑物的自然层数内，不需单独计算。室内楼梯间若遇跃层建筑，其共用的室内楼梯应按自然层计算面积；上下两错层户室共用的室内楼梯，应选上一层的自然层计算面积，如图 5-22 所示。

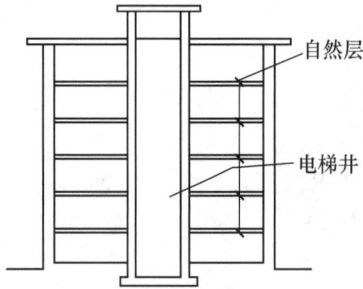

图 5-21　室内电梯井示意图

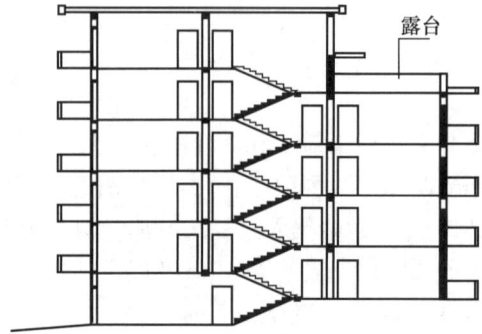

图 5-22　户室错层剖面示意图

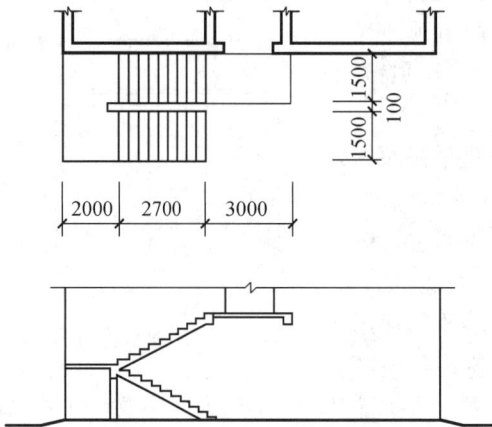

图 5-23　室外楼梯示意图

电梯井是指安装电梯用的垂直通道；提物井是指图书馆提升书籍、酒店提升食物的垂直通道；管道井是指宾馆或写字楼内集中安装给排水、采暖、消防、电线管道用的垂直通道。有顶盖的采光井包括建筑物中的采光井和地下室的采光井。

（4）室外楼梯应并入所依附建筑物自然层，并应按其水平投影面积的 1/2 计算建筑面积。室外楼梯如图 5-23 所示。

室外楼梯层数为所依附的楼层数，即梯段部分投影到建筑物范围的层数。利用室外楼梯下部的建筑空间不得重复计算建筑面积；利用地势砌筑的为室外踏步，不计算建筑面积。

（5）在主体结构内的阳台，应按其结构外围水平面积计算全面积；在主体结构外的阳台，应按其结构底板水平投影面积计算 1/2 面积。如图 5-24 所示。

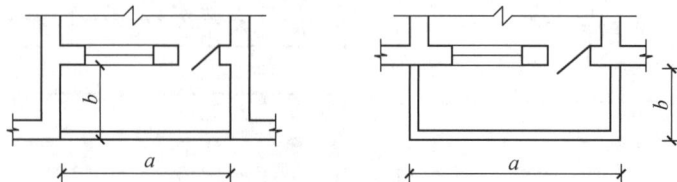

图 5-24　主体结构内外阳台示意图

建筑物的阳台，不论其形式如何，均以建筑物主体结构为界分别计算建筑面积。

（6）有顶盖无围护结构的车棚、货棚、站台、加油站、收费站等，应按其顶盖水平投影面积的 1/2 计算建筑面积。如图 5-25 所示。

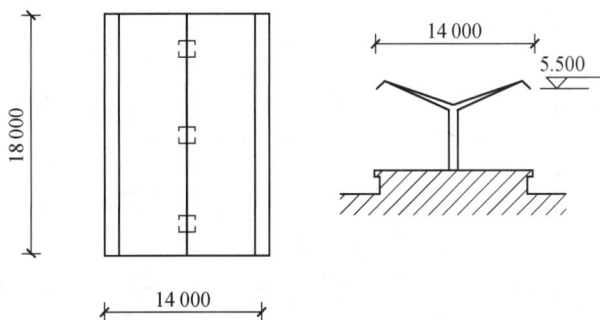

图 5-25 单排柱站台示意图

在车棚、货棚、站台、加油站、收费站内设有带围护结构的管理房间、休息室等，应另按有关规定计算面积。

6. 其他

（1）以幕墙作为围护结构的建筑物，应按幕墙外边线计算建筑面积。设置在建筑物墙体外起装饰作用的幕墙，不计算建筑面积。

（2）建筑物的外墙外保温层，应按其保温材料的水平截面积计算，并计入自然层建筑面积。

建筑物的外墙外侧有保温隔热层的，保温隔热层以保温材料的净厚度乘以外墙结构外边线长度按建筑物的自然层计算建筑面积，其外墙外边线长度不扣除门窗和建筑物外已计算建筑面积构件（如阳台、室外走廊、门斗、落地橱窗等部件）所占长度。当建筑物外已计算建筑面积构件（如阳台、室外走廊、门斗、落地橱窗等部件）有保温隔热层时，其保温隔热层也不再计算建筑面积。外墙是斜面者按楼面楼板处的外墙外边线长度乘以保温材料净厚度计算。外墙外保温以沿高度方向满铺为准，某外墙外保温铺设高度未达到全部高度时（不包括阳台、室外走廊、门斗、落地橱窗、雨篷、飘窗等），不计算建筑面积。保温隔热层的建筑面积是以保温隔热材料的厚度来计算的，不包含抹灰层、防潮层、保护层（墙）的厚度。建筑物外墙外保温材料厚度如图 5-26 所示。

（3）与室内相通的变形缝，应按其自然层合并在建筑物建筑面积内计算，如图 5-27 所示。对于高低联跨的建筑物，当高低跨内部连通时，其变形缝应计算在低跨面积内，如图 5-28 所示。

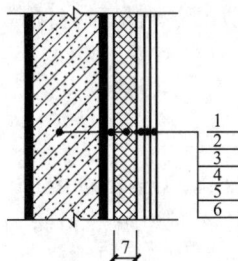

图 5-26 建筑物外墙外保温材料厚度

1—墙体；2—黏结胶浆；3—保温材料；4—标准网；

5—加强网；6—抹面胶浆；7—计算建筑面积部位

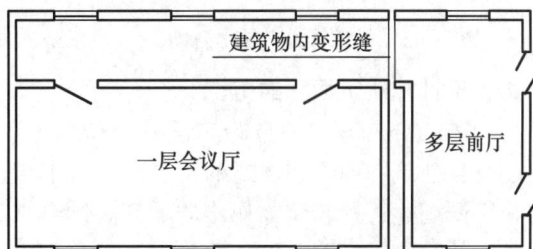

图 5-27 与室内相通的变形缝示意图

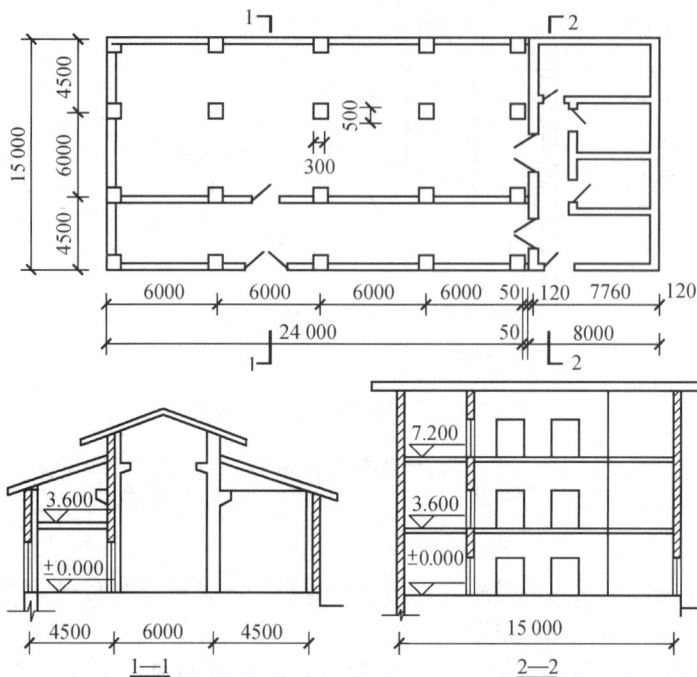

图 5-28　高低联跨及内部连通变形缝示意图

与建筑物相通的变形缝，是指暴露在建筑物内，在建筑物内可以看得见的变形缝。

（4）对于建筑物内的设备层、管道层、避难层等有结构层的楼层，结构层高在 2.20m 及以上的，应计算全面积；结构层高在 2.20m 以下的，应计算 1/2 面积。建筑物内的设备管道夹层，如图 5-29 所示。

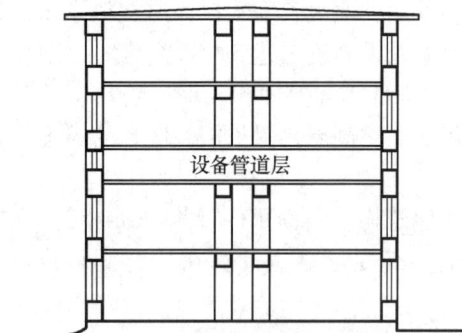

图 5-29　设备管道夹层示意图

高层建筑的宾馆、写字楼等，通常在建筑物高度的中间部分设置设备及管道的夹层，主要用于集中放置水、暖、电、通风管道及设备。这一设备管道层应计算建筑面积。设备层、管道层虽然其具体功能与普通楼层不同，但在结构上及施工消耗上并无本质区别，且规范定义自然层为"按楼地面结构分层的楼层"，因此设备层、管道层归为自然层，其计算规则与普通楼层相同。在吊顶空间内设置管道的，则吊顶空间部分不能被视为设备层、管道层。

四、不计算建筑面积的范围

1. 建筑物下列项目不应计算面积

（1）与建筑物内不相连通的建筑部件。不相连通的建筑部件指的是依附于建筑物外墙外不与户室开门连通，起装饰作用的敞开式挑台（廊）、平台，以及不与阳台相通的空调室外机搁板（箱）等设备平台部件。

（2）骑楼、过街楼底层的开放公共空间和建筑物通道，如图 5-30 所示。

（3）舞台及后台悬挂幕布和布景的天桥、挑台等，如图 5-31 所示。天桥、挑台指的是影剧院的舞台及为舞台服务的可供上人维修、悬挂幕布、布置灯光及布景等搭设的天桥和挑台等构件设施。

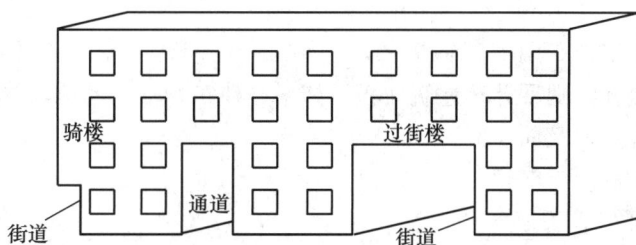

图 5-30 骑楼、过街楼建筑物通道示意图

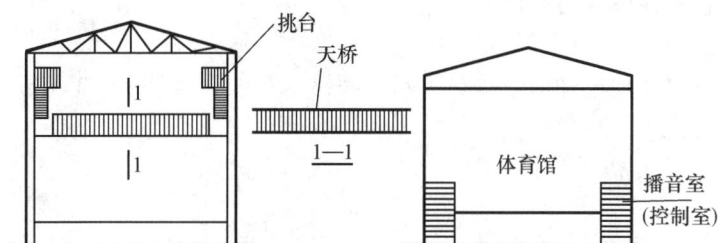

图 5-31 后台悬挂幕布和布景的天桥、挑台示意图

（4）露台、露天游泳池、花架、屋顶的水箱及装饰性结构构件等，如图 5-32 所示。

（5）建筑物内的操作平台、上料平台、安装箱和罐体的平台，如图 5-33 所示。建筑物内不构成结构层的操作平台、上料平台（包括工业厂房、搅拌站和料仓等建筑中的设备操作控制平台、上料平台等），其主要作用为室内构筑物或设备服务的独立上人设施，因此不计算建筑面积。

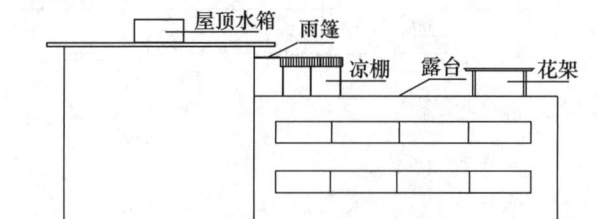

图 5-32 露台、花架、屋顶水箱、凉棚示意图

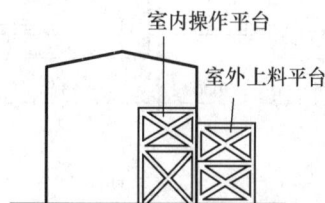

图 5-33 操作平台、上料平台示意图

（6）勒脚、附墙柱、垛、台阶、墙面抹灰、装饰面、镶贴块料面层、装饰性幕墙，主体结构外的空调室外机搁板（箱）、构件、配件，挑出宽度在 2.10m 以下的无柱雨篷和顶盖高度达到或超过两个楼层的无柱雨篷，如图 5-34 所示。附墙柱是指非结构性的装饰柱。

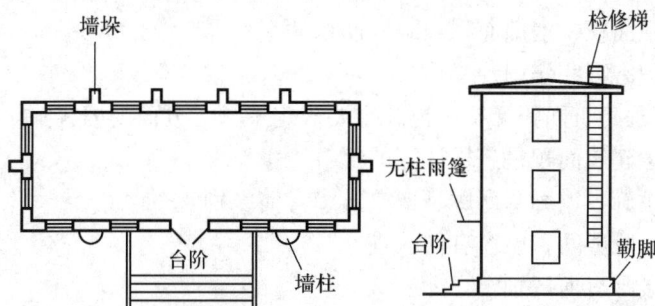

图 5-34 勒脚、垛、台阶、爬梯示意图

（7）窗台与室内楼地面高差在 0.45m 以下且结构净高在 2.10m 以下的凸（飘）窗，窗台与室内楼地面高差在 0.45m 及以上的凸（飘）窗。

（8）室外爬梯、室外专用消防钢楼梯，如图 5-34 所示。室外钢楼梯需要区分具体用途，如专用消防钢楼梯，则不计算建筑面积，如果是建筑物唯一通道，并兼用于消防，则按室外楼梯相关规定计算建筑面积。

（9）无围护结构的观光电梯。

2. 下列构筑物不计算面积

建筑物以外的地下人防通道、独立的烟囱、烟道、地沟、油（水）罐、气柜、水塔、储油（水）池、储仓、栈桥等构筑物。

五、应用案例

【例 5-1】 某民用住宅如图 5-35 所示，雨篷水平投影面积为 3300mm×1500mm，计算其建筑面积。

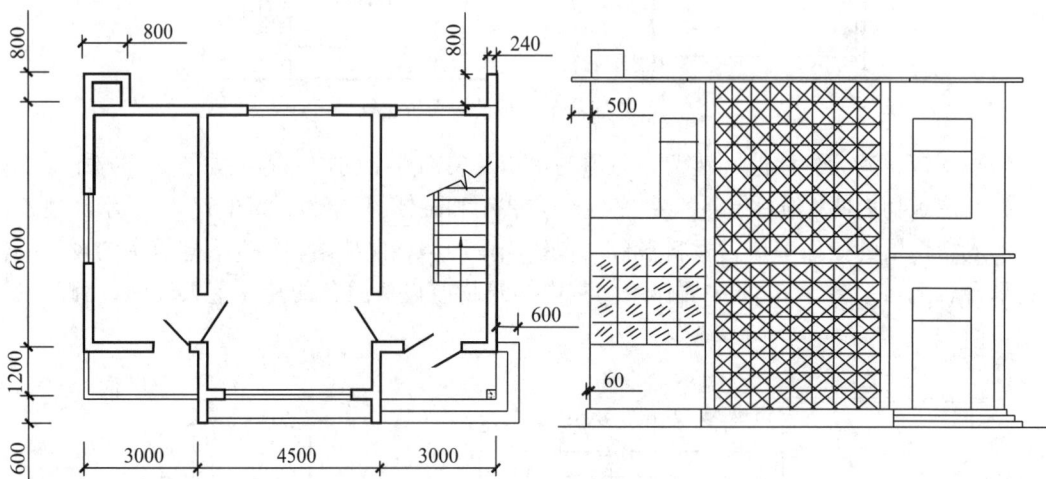

图 5-35　某民用住宅楼工程

解　建筑面积＝$[(3.00＋4.50＋3.00)×6.00＋4.50×1.20＋0.80×0.80＋3.00×1.20/2]×2＋3.30×1.50/2＝144.16(m^2)$

习　　题

5-1　简述使用面积、辅助面积和结构面积的区别。

5-2　建筑面积有哪些作用？

5-3　《建筑工程建筑面积计算规范》主要规定了哪三方面的内容？

5-4　住宅套型建筑面积是怎样计算的？

5-5　走廊、挑廊、檐廊、回廊、架空走廊有何区别？

5-6　挑阳台、眺望间、飘窗有何区别？

5-7　台阶与楼梯有何区别？

5-8　地下室与半地下室有何区别？

下篇　建筑与装饰工程计量计价

第一章　土石方工程

土石方工程共分3个子分部工程，即单独土石方工程、基础土石方工程以及平整场地及其他工程，适用于建筑物所在现场的土石方开挖、平整场地及回填工程。

第一节　单独土石方工程

一、计量标准清单项目设置

"计量标准"附录A.1单独土石方工程包括挖单独土方、挖单独石方、单独土石方回填，共3个清单项目。单独土石方工程常用项目见表1-1。

表1-1　　　　　　　　　　　单独土石方（编号：010101）

项目编码	项目名称	项目特征	计量单位	工程量计算规则	工作内容
010101001	挖单独土方	土类别	m³	按原始地貌与预设标高之间的挖填尺寸，以体积计算	① 开挖； ② 装车； ③ 场内运输； ④ 障碍物清除
010101002	挖单独石方	岩石类别			
010101003	单独土石方回填	① 材料品种； ② 密实度			① 运输； ② 回填； ③ 压实

二、计量标准与计价规则说明

单独土石方项目，是指为使施工场地达到预设标高（设计室外标高/设计室外地面做法底标高/委托人指定标高）所进行的土石方工程。

（1）工作内容中"障碍物清除"，是指对开挖时可随土石方一并挖除的天然障碍物的清除工作。

（2）工作内容中"土石方运输"是指由招标人指定的弃土地点或取土地点的运距。

（3）土方清单项目报价应包括指定范围内的土方一次或多次运输、装卸以及修理边坡、清理现场等全部施工工序。

（4）湿土的划分应按地质资料提供的地下常水位为界，地下常水位以下为湿土。

（5）项目特征中的"土类别""岩石类别"可按表1-2、表1-3确定，如有需要可增加干土、湿土的描述。如"土类别""岩石类别"不能准确划分时，可依据地勘报告进行描述。"计量标准"将土壤分为一、二类土、三类土和四类土。土分类的划分见表1-2。

表 1 - 2   土 壤 分 类 表

土壤分类	土壤名称
一、二类土	粉土、砂土（粉砂、细砂、中砂、粗砂、砾砂）、粉质黏土、弱中盐渍土、软土（淤泥质土、泥炭、泥炭质土）、软塑红黏土、冲填土
三类土	黏土、碎石土（圆砾、角砾）混合土、可塑红黏土、硬塑红黏土、强盐渍土、素填土、压实填土
四类土	碎石土（卵石、碎石、漂石、块石）、坚硬红黏土、超盐渍土、杂填土

（6）将岩石分为软质岩和硬质岩。岩石类别的划分详见表 1 - 3。

表 1 - 3   岩 石 分 类 表

岩石分类		代表性岩石
软质岩	极软岩	① 全风化的各种岩石； ② 强风化的软岩； ③ 各种半成岩
	软岩	① 强风化的坚硬岩； ② 中等（弱）风化～强风化的较坚硬岩； ③ 中等（弱）风化的较软岩； ④ 未风化的泥岩、泥质页岩、绿泥石片岩、绢云母片岩等
	较软岩	① 中等（弱）风化的较坚硬岩； ② 未风化～微风化的凝灰岩、千枚岩、砂质泥岩、泥灰岩、泥质砂岩、粉砂岩、砂质页岩等
硬质岩	较硬岩	① 中等（弱）风化的坚硬岩； ② 未风化～微风化的熔结凝灰岩、大理岩、板岩、白云岩、石灰岩、钙质砂岩、粗晶大理岩等
	坚硬岩	未风化～微风化的花岗岩、正长岩、闪长岩、辉绿岩、玄武岩、安山岩、片麻岩、硅质板岩、石英岩、硅质胶结的砾岩、石英砂岩、硅质石灰岩等

三、配套定额相关规定

1. 单独土石方

（1）单独土石方定额项目，适用于自然地坪与设计室外地坪之间、挖方或填方工程量＞5000m³ 的土石方工程（也适用于市政、安装、修缮工程中的单独土石方工程）。单独土石方项目不能满足施工需要时，可借用基础土石方子目，但应乘系数 0.9。单独土（石）方工程的挖、填、运［含借用基础土（石）方］等项目，应单独编制预、结算，单独取费，故称单独土（石）方工程。

（2）自然地坪与设计室外地坪之间的单独土石方，依据设计土方平衡竖向布置图，以立方米计算。

【例 1 - 1】 某工程设计室外地坪以上有石方（松石）5290m³ 需要开挖，因周围有建筑物，采用液压锤破碎岩石，计算液压锤破碎岩石工程量，选套定额项目。

解 工程量＝5290×0.9＝4761.00（m³）

液压锤破碎松石，套国家定额（下同）1 - 108 或省定额（下同）1 - 3 - 22。

注意：单独土石方项目不能满足施工需要时，可借用基础土石方子目，但应乘系数 0.9。

2. 土壤及岩石类别的划分

《房屋建筑与装饰工程消耗量定额》（以下简称国家定额）将土壤分为一、二类土，三类土和四类土；将岩石分为极软岩、软岩、较软岩、较硬岩、坚硬岩。《山东省建筑工程消耗量定额》（以下简称省定额），土壤及岩石按普通土、坚土、松石、坚石分类，与标准的分类不同。具体分类参见土壤及岩石分类表，其对应关系是普通土（一、二类土）、坚土（三、四类土）、松石（极软岩、软岩）、坚石（较软岩、较硬岩、坚硬岩）。

第二节 基础土石方工程

一、计量标准清单项目设置

计算标准附录 A.2 基础土石方工程包括挖基坑土方、挖沟槽土方、挖冻土、挖淤泥流砂、挖基坑石方、挖沟槽石方、回填土 7 个清单项目。基础土石方工程清单项目见表 1-4。

表 1-4 基础土石方工程（编号：010102）

项目编码	项目名称	项目特征	计量单位	工程量计算规则	工程内容
010102001	挖基坑土方	①土类别；②开挖深度；③基底处理方式	m³	按设计图示基础（含垫层）底面积另加工作面面积，乘以挖土深度，以体积计算	①开挖、放坡（若有）、挡土板围护（若有）；②装车；③场内运输；④清底修边；⑤基底夯实；⑥基底钎探
010102002	挖沟槽土方			① 基础沟槽土方按设计图示基础（含垫层）底面积另加工作面面积，乘以挖土深度，以体积计算。② 管沟土方按设计图示管底基础（含垫层）底面积另加工作面面积，乘以挖土深度，以体积计算；无管底基础及垫层时，按管外径的水平投影面积另加工作面面积，乘以挖土深度以体积计算。管道线路上各类井的土方并入管沟土方内计算	

项目编码	项目名称	项目特征	计量单位	工程量计算规则	工程内容
010102005	挖基坑石方	① 开挖深度； ② 岩石类别	m³	按设计图示基础（含垫层）底面积另加工作面面积，乘以挖石深度，以体积计算	① 开挖、放坡（若有）、挡土板围护（若有）； ② 装车； ③ 场内运输； ④ 检底修边
010102006	挖沟槽石方	① 开挖深度； ② 岩石类别		① 基础沟槽石方按设计图示基础（含垫层）底面积另加工作面面积，乘以挖石深度，以体积计算。 ② 管沟石方按设计图示管底基础（含垫层）底面积另加工作面面积，乘以挖石深度，以体积计算；无管底基础及垫层时，按管外径的水平投影面积另加工作面面积，乘以挖石深度以体积计算。管道线路上各类井的石方并入管沟石方内计算	
010102007	回填方	① 填方部位； ② 材料品种； ③ 密实度		按设计图示尺寸以体积计算： ① 基础回填，按设计图示基础（含垫层）底面积另加工作面面积，乘以回填深度，减去回填范围内建筑物（构筑物）基础（含垫层）、管道，以体积计算； ② 房心回填，按回填区的净体积计算	① 运输； ② 回填； ③ 压实

二、计量标准与计价规则说明

基础土石方项目，是指预设标高以下为实施基础施工所进行的土石方工程。

1. 挖沟槽基坑土石方

（1）挖沟槽、基坑土石方是指开挖基础的沟槽、基坑和桩承台等施工而进行的土方工程。沟槽、基坑的划分为：基础土石方中，底宽≤3m且底长>3倍底宽为沟槽，超出上述范围的为基坑。底宽、底长均不包含工作面尺寸。

（2）挖沟槽、基坑土方如出现干、湿土，应分别编码列项。干、湿土的界限应按地质资料提供的地下常水位为界，以上为干土，以下为湿土。地表水排出后，土壤含水率≥25％时为湿土。含水率超过液限，土和水的混合物呈现流动状态时为淤泥。温度在0℃及以下，并夹含有冰的土为冰土。

（3）基础土方的开挖深度，自预设标高算至基础（含垫层）底标高，下有石方的算至土石分界线。

（4）基础石方的开挖深度应按石方开挖前标高至基础（含垫层）底标高计算。

（5）挖基础土石方工程量按设计图示基础（含垫层）底面积另加工作面面积，乘以挖石深度，以体积计算。基础施工所需工作面宽度计算见表1-5。

表1-5　　　　　　　　　　基础施工所需工作面宽度计算表

基础材料	每边各增加工作面宽度（mm）
砖基础	200
浆砌毛石、条石基础	250
混凝土基础、垫层（支模板）	600
基础垂直面做砂浆防潮层	400（自防潮层面）
基础垂直面做防水层或防腐层	1000（防水层面或防腐层）
支挡土板	100（在上述宽度外另加）

（6）挖管沟土石方工程量按设计图示管底基础（含垫层）底面积另加工作面面积，乘以挖石深度，以体积计算；无管底基础及垫层时，按管外径的水平投影面积另加工作面面积，乘以挖石深度以体积计算。管道线路上各类井的石方并入管沟石方内计算。管沟施工每侧所需工作面宽度计算见表1-6。

表1-6　　　　　　　　　　管沟施工每侧所需工作面宽度计算表

管道结构宽（mm） 管沟材料	≤500	≤1000	≤2500	>2500
混凝土及钢筋混凝土管道（mm）	400	500	600	700
其他材质管道（mm）	300	400	500	600

注　管道结构宽：有管座的按基础外缘，无管座的按管道外径。

（7）计算土石方的开挖工程量时，均不考虑不同密实状态的土、石体积折算。

（8）挖沟槽土方项目特征中的"基底处理方式"可描述为基底夯实、基底钎探等。

2. 回填方

（1）计算回填工程量时，均不考虑不同密实状态的土、石体积折算。

（2）回填方的"材料品种"可描述为就地取土、素土、灰土等，如同时采用多种材料回填时，应分别编码列项。

（3）填方密实度要求，在无特殊要求情况下，项目特征可描述为满足设计和标准的要求。

三、配套定额相关规定

1. 定额项目的划分

（1）干土、湿土、淤泥的划分。干土、湿土的划分，以地质勘测资料的地下常水位为准。地下常水位以上为干土，以下为湿土。地表水排出后，土壤含水率≥25％时为湿土。含水率超过液限，土和水的混合物呈现流动状态时为淤泥。

（2）沟槽、基坑、一般土石方的划分。底宽（设计图示垫层或基础的底宽，下同）≤7m（省定额规定≤3m），且底长＞3倍底宽为沟槽；底长≤3倍底宽，且底面积≤150m²（省定额规定≤20m²）为基坑；超出上述范围，又非平整场地的，为一般土石方。

注意：沟槽、地坑、土石方的长宽是指设计图示的基础或垫层的宽度，比较直观，而不是挖土的实际长宽。

2. 人工机械土方系数调整规定

土方工程按开挖方法分为人工土方工程及机械土方工程两种。定额一般按常规的施工方法编制，特殊情况下可以进行系数调整，从而减少定额项目数量。

（1）土方项目按干土编制。人工挖、运湿土时，相应项目人工乘以系数1.18；机械挖、运湿土时，相应项目人工、机械乘以系数1.15。采取降水措施后，人工挖、运土相应项目人工乘以系数1.09，机械挖、运土不再乘以系数。

（2）挡土板内人工挖槽坑时，相应项目人工乘以系数1.43。

（3）桩间挖土，相应项目人工、机械乘以系数1.50。

（4）满堂基础垫层底以下局部加深的槽坑，按槽坑相应规则计算工程量，相应项目人工、机械乘以系数1.25。

（5）推土机推土，当土层平均厚度≤0.30m时，相应项目人工、机械乘以系数1.25。

（6）挖掘机在垫板上作业时，相应项目人工、机械乘以系数1.25。挖掘机下铺设垫板、汽车运输道路上铺设材料时，其费用另行计算。

（7）场区（含地下室顶板以上）回填，相应项目人工、机械乘以系数0.90。

（8）土石方的开挖、运输，均按开挖前的天然密实体积计算。土方回填，按回填后的竣工体积计算。不同状态的土方体积，按表1-7换算。

表1-7   土石方体积换算系数

虚方	松填	天然密实	夯填
1.00	0.83	0.77	0.67
1.20	1.00	0.92	0.80
1.30	1.08	1.00	0.87
1.50	1.25	1.15	1.00

1）定额中的"虚土"是指未经填压自然形成的土；天然密实土是指未经动的自然土（天然土）；夯实土是指按规范要求经过分层碾压、夯实的土；松填土是指挖出的自然土自然堆放未经夯实填在槽、坑中的土。

2）土方开挖（包括运输）一律以挖掘前的天然密实体积为准计算，按自然体积以立方米计算。

3. 挖掘机挖土与人工清理和修整

挖掘机（含小型挖掘机）挖土方项目，国家定额已综合了挖掘机挖土方和挖掘机挖土后，基槽底和边坡遗留厚度≤0.3m的人工清理和修整，使用时不得调整。省定额将机械挖土及人工清理和修整分为两项，均以挖方总量乘以相应系数分别套定额计价。机械挖土及人工清理修整系数见表1-8。

表1-8　　　　　　　　　机械挖土及人工清理修整系数

基础类型	机械挖土		人工清理修整	
	执行子目	系数	执行子目	系数
一般土方	相应子目	0.95	1-2-3	0.063
沟槽土方		0.90	1-2-8	0.125
地坑土方		0.85	1-2-13	0.188

注　人工挖土方，不计算人工清底修边。

4. 基础土石方计算规定

基础土石方定额项目，适用于设计室外地坪以下的基础土石方工程，以及自然地坪与设计室外地坪之间、挖方或填方工程量≤5000m³的土石方工程。

（1）基础土石方的开挖深度，应按基础（含垫层）底标高至设计室外地坪之间的高度计算。如图1-1所示，H为开挖深度。

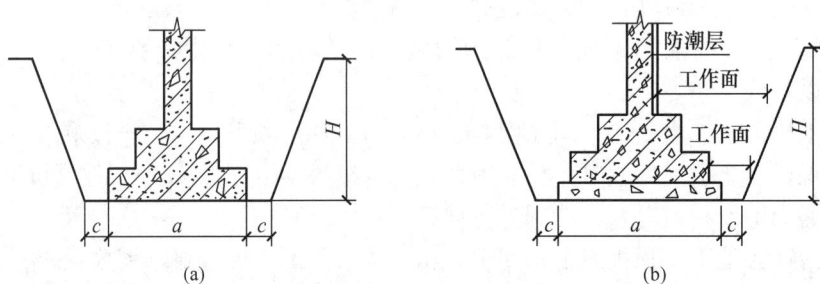

图1-1　基础土（石）方开挖深度工作面示意图

交付施工场地标高与设计室外地坪标高不同时，应按交付施工场地标高确定。如遇爆破岩石，其深度应包括岩石的允许超挖深度。

（2）基础施工工作面是指基础或垫层施工时的操作面。如图1-1所示，c为单边工作面宽度。基础土方开挖需要放坡时，单边的工作面宽度是指该部分基础底坪外边线至放坡后同标高的土方边坡之间的水平宽度。如图1-1（b）所示。

基础施工的工作面宽度，按设计规定计算；设计无规定时，按施工组织设计（经过批准，下同）计算；设计、施工组织设计均无规定时，自基础（含垫层）外沿向外，按下列规定计算：

1）当组成基础的材料不同或施工方式不同时，其工作面宽度按表1-9计算。并满足下列要求：

① 构成基础的各个台阶（各种材料），均应按相应规定，满足其各自工作面宽度的要求。

② 基础的工作面宽度，是指基础的各个台阶（各种材料）要求的工作面宽度的"最大者"（使得土方边坡最外者）。

③ 在考察基础上一个台阶的工作面宽度时，要考虑到由于下一个台阶的厚度所带来的土方放坡宽度。

④ 土方的每一面边坡（含直坡），均应为连续坡（边坡上不出现错台）。

表 1-9   基础施工单面工作面宽度计算表

基础材料	每边各增加工作面宽度（mm）
砖基础	200
毛石、方整石基础	250
混凝土基础（支模板）	400
混凝土基础垫层（支模板）	150
基础垂直面做砂浆防潮层	400（自防潮层面）
基础垂直面做防水层或防腐层	1000（自防水层或防腐层面）
支挡土板	100（另加）

2）槽坑开挖需要支挡土板时。单边的开挖增加宽度，应为按基础材料确定的工作面宽度与支挡土板的工作面宽度之和。

3）基础施工需要搭设脚手架时，基础施工的工作面宽度，条形基础按 1.50m 计算（只计算一面）；独立基础按 0.45m 计算（四面均计算）。

4）基坑土方大开挖需做边坡支护时，基础施工的工作面宽度按 2.00m 计算。

5）基坑内施工各种桩时，基础施工的工作面宽度按 2.00m 计算。

6）管道施工的工作面宽度，按表 1-10 计算。

表 1-10   管道施工单面工作面宽度计算表

管道材质	管道基础外沿宽度（无基础时管道外径）（mm）			
	≤500	≤1000	≤2500	>2500
混凝土管、水泥管	400	500	600	700
其他管道	300	400	500	600

（3）土方放坡的起点深度和放坡坡度，按设计规定计算。设计、施工组织设计无规定时，按表 1-11 计算。

表 1-11   土方放坡起点深度和放坡坡度表

定额	土壤类别	放坡起点（>m）	放坡坡度			
			人工挖土	机械挖土		
				在坑内作业	在坑上作业	顺沟槽在坑上作业
国家	一、二类土	1.20	1：0.50	1：0.33	1：0.75	1：0.50
	三类土	1.50	1：0.33	1：0.25	1：0.67	1：0.33
	四类土	2.00	1：0.25	1：0.10	1：0.33	1：0.25
省	普通土	1.20	1：0.50	1：0.33	1：0.75	1：0.50
	坚土	1.70	1：0.30	1：0.20	1：0.50	1：0.30

1）基础土方放坡，自基础（含垫层）底标高算起。

2）混合土质的基础土方，其放坡的起点深度和放坡坡度，按不同土类厚度加权平均计算。其中放坡坡度按不同土类厚度加权平均计算综合放坡系数，如图 1-2 所示。

综合放坡系数计算公式为

$$K = (K_1 h_1 + K_2 h_2)/h$$

式中 K——综合放坡系数；

K_1、K_2——不同土类放坡系数；

h_1、h_2——不同土类的厚度；

h——放坡总深度。

3）计算基础土方放坡时，不扣除放坡交叉处的重复工程量，如图 1-3 所示。若单位工程中计算的沟槽工程量超出大开挖工程量，应按大开挖工程量，执行地槽开挖的相应子目。实际不放坡或放坡小于定额规定时，仍按规定的放坡系数计算工程量（设计有规定者除外）。

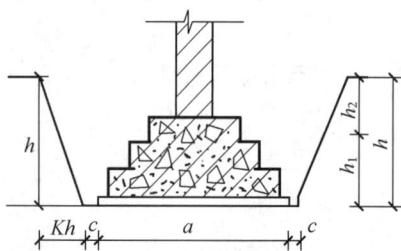

图 1-2 不同土类综合放坡示意图

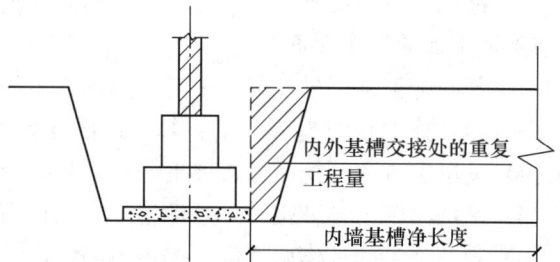

图 1-3 内外基槽交叉处
放坡重复工程量示意图

4）基础土方支挡土板时，土方放坡不另行计算。

（4）爆破岩石的允许超挖量分别为：极软岩、软岩 0.20m，较软岩、较硬岩、坚硬岩 0.15。允许超挖量是指底面及四周共五个方向的超挖量，其体积（不论实际超挖多少）并入相应的定额项目工程量内。

5. 基础土石方工程量计算

（1）沟槽土石方，按设计图示沟槽长度乘以沟槽断面面积，以体积计算。

1）条形基础的沟槽长度，按设计规定计算；设计无规定时，按下列规定计算：

①外墙沟槽，按外墙中心线长度计算。突出墙面的墙垛，按墙垛突出墙面的中心线长度，并入相应工程量内计算。

②内墙沟槽、框架间墙沟槽，按基础（含垫层）之间垫层（或基础底）的净长度计算（不考虑工作面和超挖宽度等因素）。

2）管道的沟槽长度，按设计规定计算；设计无规定时，以设计图示管道中心线（省定额规定以管道垫层中心线，无垫层以管道中心线）长度（不扣除下口直径或边长≤1.5m 的井池）计算。下口直径或边长＞1.5m 的井池的土石方，另按基坑的相应规定计算。

3）沟槽的断面面积，应包括工作面宽度、放坡宽度或石方允许超挖量的面积。

【例 1-2】 某建筑物基础平面及剖面如图 1-4 所示。已知设计室外地坪以下砖基础体积量为 15.85m³，混凝土垫层体积为 2.86m³，土质为普通土，放坡系数 $K = 0.35$。试计算基数和人工挖沟槽工程量。

解 从图中可以看出，挖土的槽底宽度（垫层宽）为 0.8m＜3m，槽长＞3×槽宽，故挖土应执行挖地槽项目。

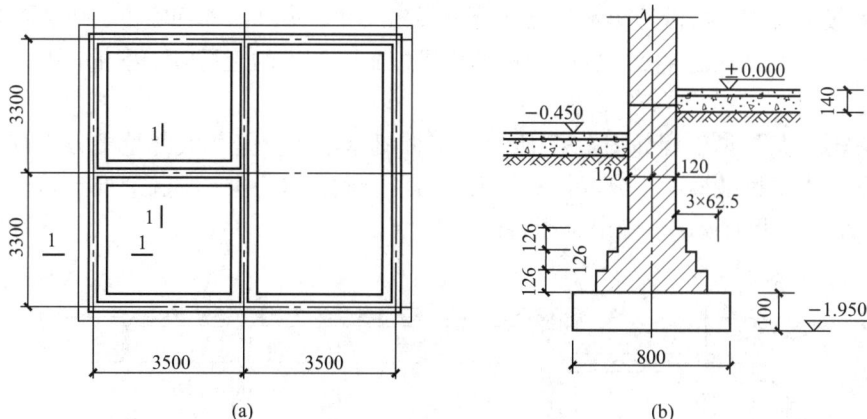

图 1-4 某建筑物基础平面及剖面图

(a) 基础平面图；(b) 基础剖面图

① 基数计算。为节约时间，提高工效，利用基数计算工程量。

$L_外 = (3.5 \times 2 + 0.24 + 3.3 \times 2 + 0.24) \times 2 = 28.16(\text{m})$

$L_中 = (3.5 \times 2 + 3.3 \times 2) \times 2 = 27.20(\text{m})$

$L_内 = 3.3 \times 2 - 0.24 + 3.5 - 0.24 = 9.62(\text{m})$

$L_净 = 3.3 \times 2 - 0.8 + 3.5 - 0.8 = 8.50(\text{m})$

$S_底 = (3.5 \times 2 + 0.24) \times (3.3 \times 2 + 0.24) = 49.52(\text{m}^2)$

② 挖沟槽。如图 1-4 所示：放坡深度 $= 1.95 - 0.45 = 1.5(\text{m}) > 1.20\text{m}$，故需放坡开挖沟槽。

人工挖沟槽工程量 $= (0.8 + 2 \times 0.15 + 0.35 \times 1.5) \times 1.5 \times (27.2 + 8.5) = 87.02(\text{m}^3)$

(2) 基坑土石方，按设计图示基础（含垫层）尺寸，另加工作面宽度、土方放坡宽度或石方允许超挖量乘以开挖深度，以体积计算。

挖土方、基坑工程量计算公式为

$$圆台工程量 = \pi H(r^2 + rR + R^2)/3$$

各符号含义如图 1-5 所示。

$$四棱台工程量 = (a + 2c + Kh) \times (b + 2c + Kh)h + 1/3K^2h^3$$

各符号含义如图 1-6 所示。

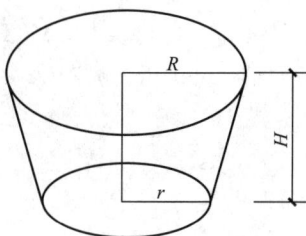

图 1-5 圆台工程量计算符号含义

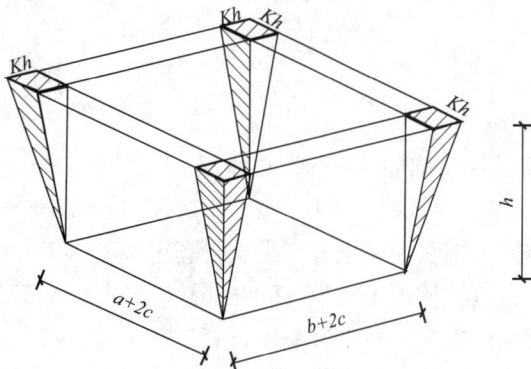

图 1-6 四棱台工程量计算符号含义

（3）一般土石方，按设计图示基础（含垫层）尺寸，另加工作面宽度、土方放坡宽度或石方允许超挖量乘以开挖深度，以体积计算。机械施工坡道的土石方工程量，并入相应工程量内计算。

【例 1-3】 某地槽工程如图 1-7 所示，挖掘机基础部分全部大开挖土方工程，坑上作业，垫层部分人工挖地槽，不放坡，不留工作面。土质为（三类）坚土，自卸汽车运土，运距 400m，计算挖土工程量，确定定额项目。

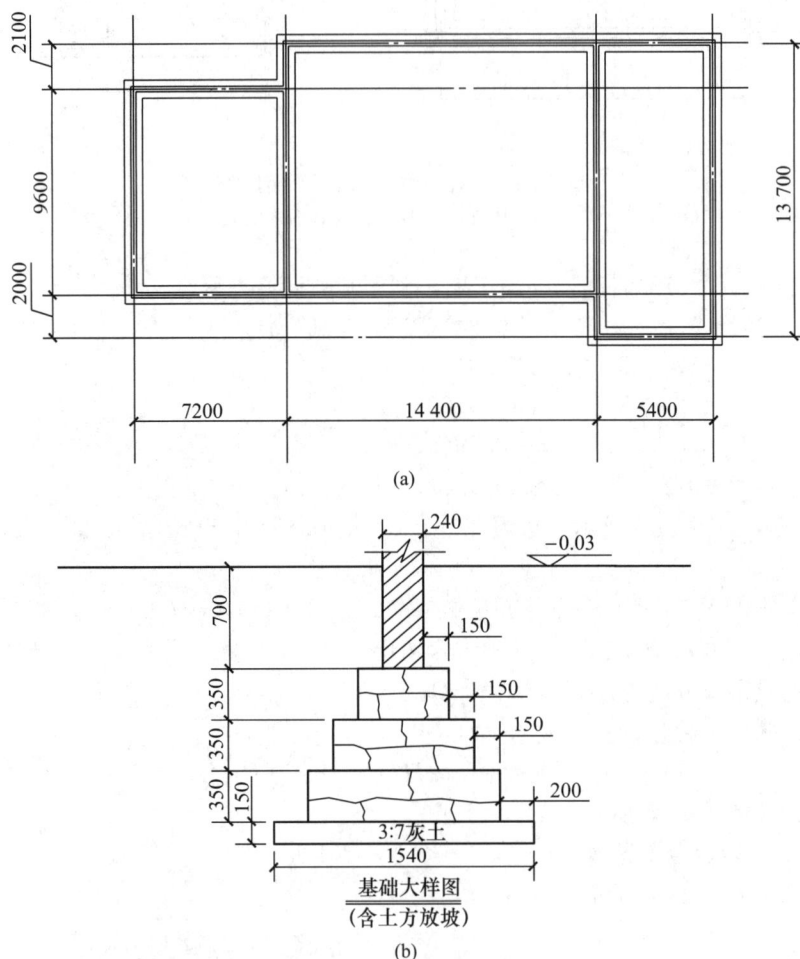

(a)

(b)

图 1-7　某地槽工程图

(a) 基础平面；(b) 基础剖面

解　① 基础部分大开挖总体积＝[(13.7＋1.54＋0.3×1.75)×(7.2＋14.4＋5.4＋1.54＋0.3×1.75)−2×(7.2＋14.4)−2.1×7.2]×1.75＋0.3²×1.75³/3＝699.65(m³)

挖掘机挖装一般土方三类土，套定额 1-47

其中机械挖土工程量＝699.65×0.95＝664.67(m³)

挖掘机挖装一般土方坚土，套定额 1-2-42

其中人工挖土工程量＝699.65×0.063＝44.08(m³)

人工挖一般土方（基深）2m 以内坚土，套定额 1-2-3

② 垫层部分人工挖地槽工程量＝[(7.2＋14.4＋5.4＋13.7)×2＋9.6－1.54＋9.6＋2.1－1.54]×1.54×0.15＝23.01(m³)

人工挖沟槽（槽深）2m 以内（三类）坚土，套定额 1-11（换）或 1-2-8（换）

提示： 为了节约材料，保证灰土垫层工程质量，减少室内回填土工程量，通常垫层部分土方开挖成槽。基础土方大开挖以后，局部再加深的槽坑，其施工难度加大。因此，满堂基础垫层底以下局部加深的槽坑，按槽坑相应规则计算工程量，相应项目人工、机械乘以系数 1.25。

③ 挖掘机装车工程量＝699.65－664.67＋23.01＝57.99(m³)

挖掘机装土方，套定额 1-62 或 1-2-53

④ 自卸汽车运土方工程量＝699.65＋23.01＝722.66(m³)

自卸汽车运土方，运距 1km 内，套定额 1-65 或 1-2-58

（4）挖淤泥流砂及其他。

1）挖淤泥流砂，以实际挖方体积计算。

2）人工挖（含爆破后挖）冻土，按设计图示尺寸，另加工作面宽度，以体积计算。

6. 竣工清理

（1）竣工清理，系指建筑物（构筑物）内和建筑物（构筑物）外围四周 2m 范围内建筑垃圾的清理、场内运输和指定地点的集中堆放，建筑物（构筑物）竣工验收前的清理、清洁等工作内容。不包括建筑垃圾的装车和场外运输。

（2）竣工清理，按设计图示尺寸，以建筑物（构筑物）结构外围内包空间体积计算。

（3）工作内容包括建筑物四周 2m 以内的建筑垃圾清理，但工程量按建筑体积计算，计算 1/2 建筑面积的建筑空间应计算全部竣工清理体积。

（4）不计算建筑面积的建筑空间、构筑物计算竣工清理。不能形成建筑空间仅计算面层的工程量乘以系数 2.5，计算竣工清理。

【例 1-4】 某建筑工程平面及剖面如图 1-8 所示，计算竣工清理工程量，选套定额项目。

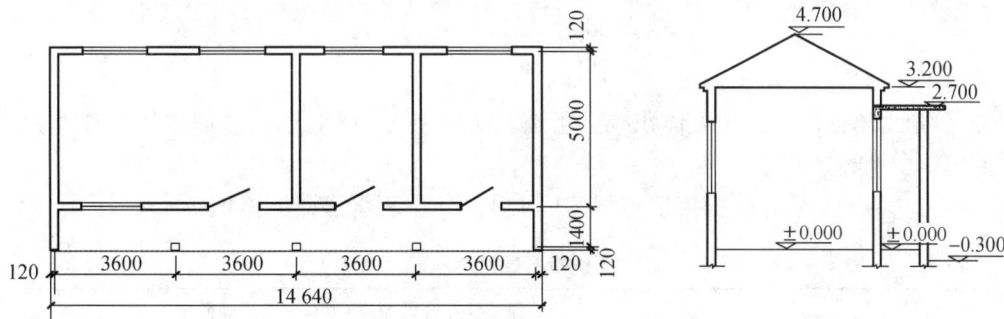

图 1-8 某建筑工程平面及剖面图

解 竣工清理工程量＝14.64×(5.00＋0.24)×(3.20＋1.50/2)＋14.64×1.40×2.70
＝358.36(m³)

竣工清理，套定额 1-4-3。

7. 钎探、夯实与碾压

（1）基槽底钎探，以垫层（或基础）底面积计算。

（2）原土夯实与碾压，按施工组织设计规定的尺寸，以面积计算。

【例 1-5】 某工程基槽底宽 1.5m，设计每米打两个钎，基槽总长度为 285m，计算钎探工程量，确定定额项目。

解　工程量＝285×2＝570（眼）

条形基础钎探，套定额1-125或1-4-4。

8. 岩石爆破

（1）爆破岩石的允许超挖量分别为：极软岩、软岩0.20m，较软岩、较硬岩、坚硬岩0.15。允许超挖量是指底面及四周共五个方向的超挖量，其体积（不论实际超挖多少）并入相应的定额项目工程量内。

（2）岩石爆破后人工清理基槽底与修整边坡，按岩石爆破的规定尺寸（含工作面宽度和允许超挖量）以面积计算。

（3）其他挖石方规定同土方。

9. 土石方回填

（1）基础（地下室）周边回填材料。

基础（地下室）周边回填材料时，执行定额第二章地基处理相应项目，人工、机械乘以系数0.90。

（2）土方回填工程量计算。

1）沟槽、基坑回填，按挖方体积减去设计室外地坪以下建筑物（构筑物）、基础（含垫层）的体积计算。槽坑回填体积计算公式为

　　　　槽坑回填土体积＝挖土体积－设计室外地坪以下埋设的垫层、基础体积

【例1-6】　如图1-7所示，灰土垫层，人工挖地槽，四类土，不放坡。计算机械回填土工程量，确定定额项目。已知设计室外地坪以下垫层体积为23.01m³，毛石基础体积为88.57m³，砖基础体积为17.17m³。

解　①人工挖地槽总体积＝[（7.2＋14.4＋5.4＋13.7）×2＋9.6－1.54＋9.6＋2.1－1.54]×（1.54×0.15＋1.64×1.75）＝308.92（m³）

②槽边回填土工程量＝挖土总体积－设计室外地坪以下基础及垫层总体积

　　　　　　　　　　＝308.92－（23.01＋88.57＋17.17）＝180.17（m³）

槽边机械夯填土，套定额1-133或1-4-13。

2）管道沟槽回填，按挖方体积减去管道基础和表1-12管道折合回填体积计算。管道沟槽回填体积计算公式

　　　　　　　管道沟槽回填体积＝挖土体积－下表管道回填体积

表1-12　　　　　　　　　　　**管道折合回填体积表**　　　　　　　　　　　（m³/m）

管道	管道基础外沿宽度（无基础时管道外径）（mm）					
	500	600	800	1000	1200	1500
混凝土管及钢筋混凝土水泥管	—	0.33	0.60	0.92	1.15	1.45
其他材质管道	—	0.22	0.46	0.74	—	—

【例1-7】　某厂区铺设混凝土排水管道2000m，管道公称直径800mm，用挖掘机挖沟槽深度1.5m，土质为（三类）坚土，自卸汽车全部运至1.8km处，管道铺设后全部用石屑回填。计算挖土及回填工程量，确定定额项目。

解　①混凝土管道管沟施工单面工作面宽度查表为500mm，土质为坚土，挖土深

1.5m 小于 1.7m，故不用放坡。

挖土工程量=(0.8+0.5×2)×1.5×2000=5400(m³)

挖掘机挖装槽坑土方（三类）坚土，套定额 1-53 或 1-2-46；自卸汽车运土方，运距 1km 内，套定额 1-65 或 1-2-58；增运距部分，套定额 1-66 或 1-2-59

② 石屑回填工程量=5400-0.6×2000=4200(m³)

石屑回填，套定额 2-7 或 2-1-36。

3）房心（含地下室内）回填，按主墙间净面积（扣除连续底面积>2m² 的设备基础等面积）乘以回填厚度以体积计算。房心回填体积计算公式

$$房心回填体积=房心面积×回填土设计厚度$$

4）场区（含地下室顶板以上）回填，按回填面积乘以平均回填厚度以体积计算。

（3）土方运输工程量计算。

1）土方运输，按挖土总体积减去回填土（折合天然密实）总体积，以体积计算。运土体积计算公式

$$运土体积=挖土总体积-回填土（天然密实）总体积$$

2）钻孔桩泥浆运输，按桩的设计断面面积乘以桩孔中心线深度，以立方米计算。

【例 1-8】 计算如图 1-9 所示工程房心回填土工程量。若该工程开挖基槽土方量 80m³（土质可全部用于回填），其中槽边回填土方量为 60m³，假设用人力车运土方，运距为 100m。计算取土内运或余土外运工程量，确定定额项目。

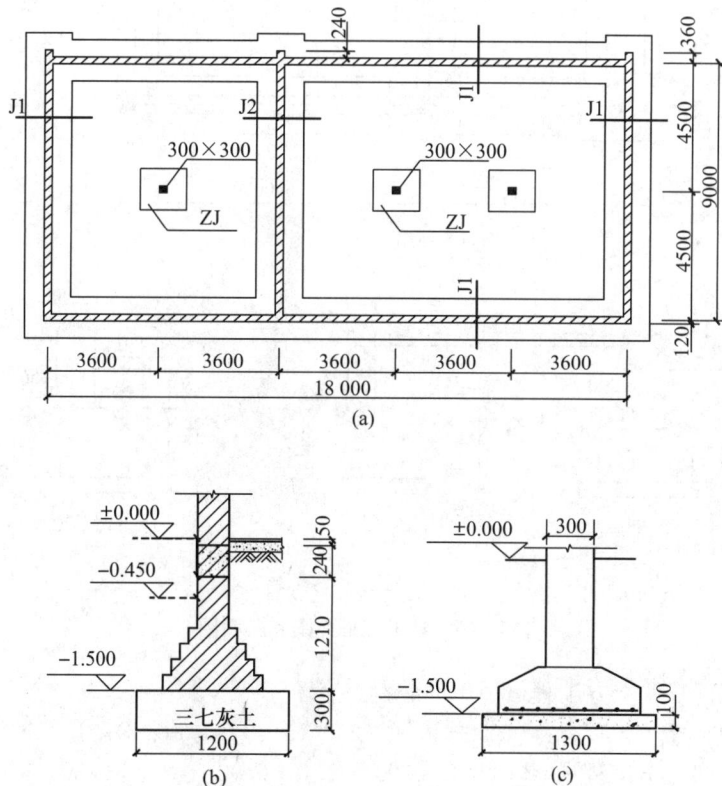

(a)

(b) (c)

图 1-9 房心回填土工程图
(a) 基础平面图；(b) 条形基础详图；(c) 独立基础详图

解　① 房心回填土工程量＝(18－0.24×2)×(9－0.24)×(0.45－0.12)＝50.65(m³)

房心夯回填土机械，套定额 1-132 或 1-4-12

回填土总体积＝60＋50.65＝110.65(m³)（夯填体积）。

② 运土工程量＝80－110.65×1.15（折成天然密实体积）＝－47.25(m³)（取土内运）

人力车运土运距 50m 以内和每增运 50m，套定额 1-30 或 1-2-28、定额 1-31 或 1-2-29。

四、应用案例

【案例 1-1】　某工程平面图和断面图，如图 1-10 所示，基础类型为钢筋混凝土无梁式带形基础和独立基础，招标人提供的资料是无地表水，地面已整平，并达到设计地面标高，施工单位现场勘察，土质为三类，无需支挡土板和基底钎探。编制基础挖土方工程量清单。

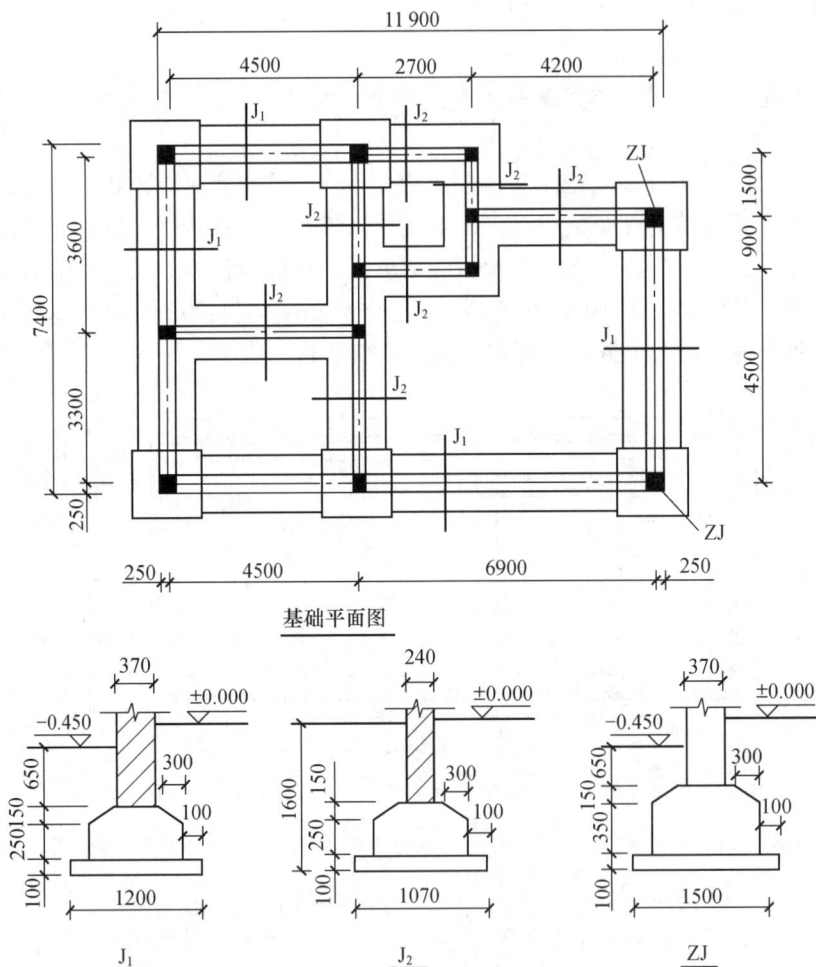

图 1-10　某工程平面图和断面图

解　挖沟槽、基坑土方工程量清单的编制

① 挖独立基础土方工程量＝(1.50＋0.60×2)×(1.50＋0.60×2)×1.25×6＝54.68(m³)

② 挖带形基础土方工程量＝[(4.50＋0.90＋4.50＋6.90＋4.50＋3.30＋3.60－2.70×5)×2.40＋(2.70＋4.20＋1.50＋4.50＋2.70＋3.30＋3.60＋0.90－2.70×2－1.20－2.27×1.5)×2.27]×1.15＝(35.28＋30.41)×1.15＝75.54(m³)。

分部分项工程量清单见表 1-13。

表 1-13   **分部分项工程量清单**

工程名称：

序号	项目编号	项目名称	项目特征描述	计量单位	工程量
1	010102001001	挖基坑土方	① 土壤类别：三类； ② 挖土深度：1.25m； ③ 基底处理方式：基底夯实	m^3	54.68
2	010102002001	挖沟槽土方	① 土类别：三类； ② 开挖深度：1.15m； ③ 基底处理方式：基底夯实	m^3	75.54

【案例 1-2】 如图 1-11 所示，挖掘机大开挖（自卸汽车运输）土方工程，招标人提供的地质资料为三类土，设计放坡系数为 0.3，地下水位 -6.30m，地面已平整，并达到设计地面标高，钎探数量按垫层底面积平均每平方米 1 个计算，施工现场留下约 500m^3（自然体积）用作回填土，其余全部用自卸汽车外运，余土运输距离 800m。计算挖运土工程量和工程量清单报价。不考虑坡道挖土。

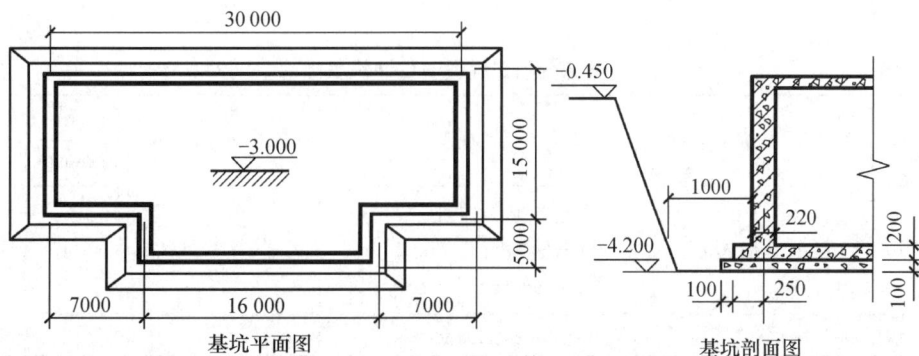

图 1-11 挖掘机大开挖土方工程

解 1. 挖基础土方工程量清单的编制

挖基础土方工程量 $=[(30.00+0.95\times2)\times(15.00+0.95\times2)+(16.00+0.95\times2)\times5.00]\times(4.20-0.45)=(539.11+89.50)\times3.75=2357.29(m^3)$

余土弃置工程量 $=2357.29-500.00=1857.29(m^3)$

分部分项工程量清单见表 1-14。

表 1-14   **分部分项工程量清单**

序号	项目编号	项目名称	项目特征描述	计量单位	工程量
1	010102001001	挖基坑土方	① 土类别：三类土； ② 开挖土深度：3.75m； ③ 基底处理方式：基底钎探	m^3	2357.29
2	010103002001	余土弃置	土石类别：三类土	m^3	1857.29

2. 挖基础土方工程量清单计价表的编制

该项目发生的工程内容：机械挖土方（含排地表水）、运土方、基底钎探。

土方总体积＝上层[(30.00＋0.11×2＋1.00×2－0.3×0.3×2＋0.3×3.75)×(15.00＋5.00＋0.11×2＋1.00×2－0.3×0.3×2＋0.3×3.75)－7.00×5.00×2]×3.75＋1/3×0.3²×3.75³＝2620.08(m³)

① 挖掘机挖土工程量＝2620.08－500.00＝2120.08(m³)

挖掘机挖土，套1-2-42。

② 挖掘机挖土方工程量＝2620.08×0.95－2120.08＝369.00(m³)

挖掘机挖土，套1-2-40。

③ 其中人工挖土工程量＝2620.08×0.063＝165.07(m³)

人工挖坚土，深度2m以内，套1-2-3。

④ 自卸汽车运土方工程量＝2620.08－500.00＝2120.08(m³)

自卸汽车运土方，运距1km内，套1-2-58。

⑤ 基底钎探工程量＝481.99＋83.50＝565.49(m³)

基底钎探，套1-4-4。

人工、材料、机械单价选用市场价。

根据企业情况确定管理费率为25.6%，利润率为15%。分部分项工程量清单计价表，见表1-15。

表1-15 分部分项工程量清单计价表

序号	项目编号	项目名称	项目特征描述	计量单位	工程量	金额（元）	
						综合单价	合价
1	010102001001	挖基坑土方	① 土类别：三类土； ② 开挖深度：3.75m； ③ 基底处理方式：基底钎探	m³	2357.29	13.47	31 752.70
2	010103002001	余土弃置	土石类别：三类土	m³	1857.29	7.57	14 059.69

【案例1-3】 某工程设计室外地坪以下有石方（松石）需要开挖（已考虑工作面宽度），如图1-12所示。要求液压锤破碎石方，人工修整基底边坡，并清运石渣，运距50m。编制工程量清单及工程量清单报价。

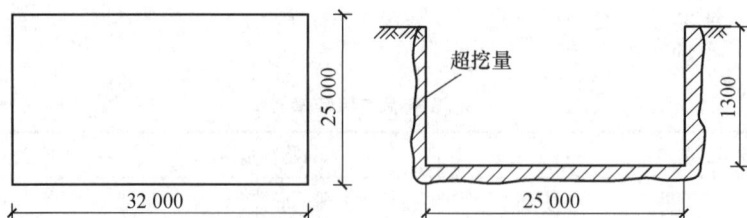

图1-12 石方（松石）开挖示意图

解 1. 挖基坑石方工程量清单的编制

挖基坑石方工程量＝32.00×25.00×1.30＝1040.00(m³)，分部分项工程清单见表1-16。

表 1-16　**分部分项工程量清单**

序号	项目编号	项目名称	项目特征描述	计量单位	工程量
1	010102005001	挖基坑石方	① 开挖深度：1.3m； ② 岩石类别：软质岩	m^3	1040.00

2. 挖基坑石方工程量清单计价表的编制

该项目发生的工程内容：松石破碎、人工修整基底边坡和石渣清理运输。

① 机械破碎松石工程量＝(32.00＋0.20×2)×(25.00＋0.20×2)×(1.30＋0.20)＝1234.44(m^3)

机械破碎松石，套 1-3-22。

② 人工修整松石基底工程量＝(32.00＋0.20×2)×(25.00＋0.20×2)＝822.96(m^2)

人工修整松石基底，套 1-3-9。

③ 人工修整松石边坡工程量＝(32.00＋0.20×2＋25.00＋0.20×2)×2×(1.30＋0.20)＝173.40(m^2)

人工修整松石边坡，套 1-3-9。

④ 人工石渣清理运输 20m 以内工程量＝(32.00＋0.20×2)×(25.00＋0.20×2)×(1.30＋0.20)＝1234.44(m^3)

人工石渣清理运输 20m 以内，套 1-3-18。

⑤ 人工石渣清理运输每增 20m 工程量＝1234.44×2＝2468.88(m^3)

人工石渣清理运输每增 20m，套 1-3-19。

人工、材料、机械单价选用市场价。

根据企业情况确定管理费率为 25.6%，利润率为 15%。分部分项工程量清单计价表见表 1-17。

表 1-17　**分部分项工程量清单计价表**

序号	项目编号	项目名称	项目特征描述	计量单位	工程量	金额（元）	
						综合单价	合价
1	010102005001	挖基石方	① 开挖深度：1.3m； ② 岩石类别：软质岩； ③ 弃渣运距：50m； ④ 基底摊座要求：人工修整基底边坡	m^3	1040.00	152.01	158 090.40

【案例 1-4】 如图 1-10 所示，某工程根据招标人提供的基础资料，采用就地取土（黏性土）回填，运土距离 50m。其中地面垫层及面层总厚度 200mm。编制回填土方工程量清单。

解　回填土方工程量清单的编制

J_1 $L_中$＝4.50＋2.70＋0.90＋4.50＋6.90＋4.50＋3.30＋3.60＋0.25×6－0.185×6＝31.29(m)

$J_2 L_{中}=1.50+4.20+0.50-0.37=5.83(m)$

$J_2 L_{内}=4.50-0.24+7.40-0.37\times2+2.70+0.90-0.24=14.28(m)$

$J_2 L_{基净}=4.50+0.25-0.185-(1.00+0.87)/2+7.40-0.37-1.30+2.70+0.90-0.87=12.09(m)$

$J_2 L_{垫净}=4.50+0.25-0.185-(1.20+1.07)/2+7.40-0.37-1.30$（垫层做到基础侧边）$+2.70+0.90-1.07=11.69(m)$

① 室内净面积$=S_{建}-S_{结}=11.90\times7.40-(4.20-0.12+0.185)\times(1.50-0.12+0.185)-31.29\times0.37-(5.83+14.28)\times0.24=88.06-4.265\times1.565-31.29\times0.37-20.11\times0.24=64.98(m^2)$

室内土方回填工程量$=64.98\times(0.45-0.20)=16.25(m^3)$

② 设计室外地坪以下垫层体积$=[1.50\times1.50\times6+(31.29-1.30\times5.5)\times1.20+(5.83-1.30/2+11.69)\times1.07]\times0.10=(13.50+28.968+18.051)\times0.10=6.05(m^3)$

设计室外地坪以下基础体积$=[1.30\times1.30\times0.35+0.15/3\times(1.30\times1.30+0.70\times0.70+1.30\times0.70)]\times6+(1.00\times0.25+0.70\times0.15)\times(31.29-1.30\times5.5)+(0.87\times0.25+0.57\times0.15)\times(5.83-0.65+12.09)+0.40\times0.15\times0.30\times5.5+0.30\times0.15/2/3\times0.30\times22+0.27\times0.15\times0.30\times3.5+0.30\times0.15/2/3\times0.30\times14=4.476+8.57+5.233+0.149+0.074=18.50(m^3)$

设计室外地坪以下墙体体积$=0.37\times0.65\times31.355+0.24\times0.65\times(5.83+14.28)=10.66(m^3)$

槽边回填土工程量$=1.50\times1.50\times1.25\times6+(31.29-1.50\times5.5)\times1.20\times1.15+(5.83-0.75+11.69-0.20)\times1.07\times1.15-6.05-18.50-10.66=16.875+31.795+20.389-35.21=33.85(m^3)$

分部分项工程量清单见表 1-18。

表 1-18　　　　　　　　　　分部分项工程量清单

序号	项目编号	项目名称	项目特征描述	计量单位	工程量
1	010102007001	回填方	① 填方部位：室内； ② 材料品种：黏性土； ③ 密实度：夯实	m^3	16.25
2	010102007002	回填方	① 密实度要求：槽边； ② 材料品种：黏性土； ③ 密实度：夯实	m^3	33.85

第三节　平整场地及其他

一、计量标准清单项目设置

"计量标准"附录 A.3 平整场地及其他工程包括平整场地和余土弃置两个清单项目。平整场地及其他工程清单项目见表 1‑19。

表 1‑19　　　　　　　　平整场地及其他工程（编号：010103）

项目编码	项目名称	项目特征	计量单位	工程量计算规则	工程内容
010103001	平整场地	土石类别	m²	按设计图示尺寸以建筑物首层建筑面积计算。建筑物地下室结构外边线突出首层结构外边线时，其突出部分的建筑面积合并计算	① 土方挖、填、运； ② 场地找平
010103002	余土弃置	土石类别	m³	按挖方清单项目工程量减回填清单项目工程量（可利用），以体积计算	① 装卸； ② 外运； ③ 消纳

二、计量标准与计价规则说明

1. 平整场地

（1）平整场地，是指基础土石方施工前，对建筑物所在场地标高±300mm 之间的就地挖、填、运及平整。如图 1‑13 所示。

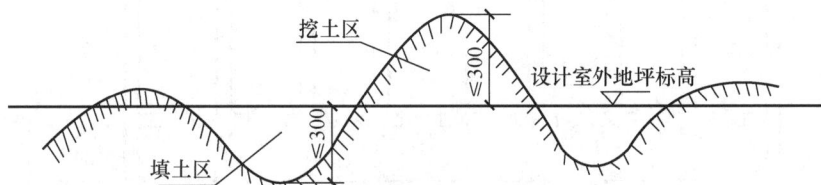

图 1‑13　平整场地示意图

（2）建筑物场地厚度≤±300mm 的挖、填、运、找平，应按"计量标准"表 A.3 中平整场地工程量清单项目编码列项。厚度＞±300mm 的竖向布置挖土或山坡切土，应按"计量标准"表 A.1 中单独土石方工程量清单项目编码列项。

（3）平整场地时可能出现±30cm 以内的全部是挖方或全部是填方，需外运土方或借土回填时，在工程量清单项目中应描述弃土运距（或弃土地点）或取土运距（或取土地点），这部分的运输应包括在"平整场地"项目报价内。

（4）平整场地工程量按建筑物首层建筑面积计算，建筑物地下室结构外边线突出首层结构外边线时，其突出部分的建筑面积合并计算。如施工组织设计规定超面积平整场地时，超出部分应包括在报价内。

2. 余方弃置

（1）余方弃置按挖方清单项目工程量减去回填方清单项目工程量（可利用），以体积计算。

（2）余方弃置包括施工现场至指定弃置点的土石方装卸、运输，且应满足主管部门对建筑垃圾消纳和处置的要求。

三、配套定额相关规定

1. 平整场地

（1）平整场地是指建筑物（构筑物）所在现场厚度≤±30cm 的就地挖、填及平整。

挖填土方厚度＞±30cm 时，全部厚度按一般土方相应规定另行计算，但仍应计算平整场地。

（2）平整场地按设计图示尺寸，以建筑物首层建筑面积（构筑物首层结构外包面积）计算。

（3）建筑物（构筑物）地下室结构外边线突出首层结构外边线时，其突出部分的建筑面积合并计算。

（4）建筑物首层外围，若计算 1/2 面积或不计算建筑面积的构造需要配置基础，且需要与主体结构同时施工时，计算了 1/2 面积的（如主体结构外的阳台、有柱混凝土雨篷等），应补齐全面积。

（5）不计算建筑面积的（如装饰性阳台等），应按其基准面积合并于首层建筑面积内一并计算平整场地。

【例1-9】 某建筑平面图如图1-14所示，试求该建筑物的人工平整场地工程量。

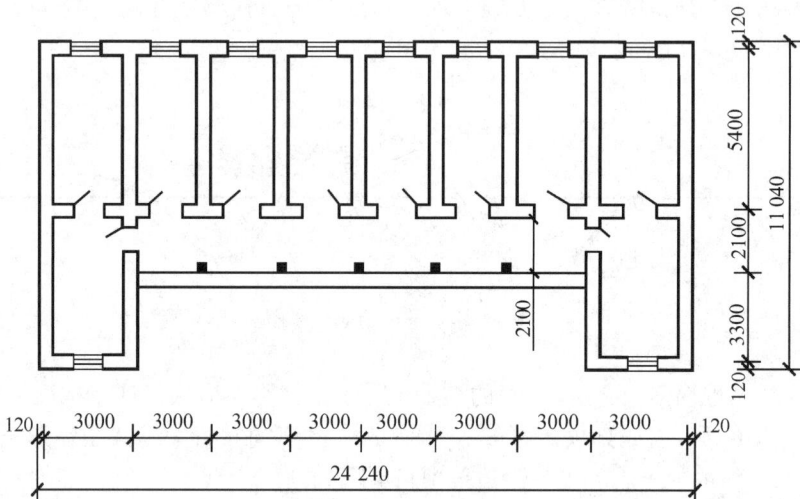

图1-14 某建筑平面图

解 人工平整场地工程量＝24.24×11.04－(3×6－0.24)×3.3＝209.00(m²)

或 人工平整场地工程量＝24.24×(11.04－3.3)＋(3＋0.24)×3.3×2＝209.00(m²)

2. 余方弃置

一般正常情况应是沟槽、基坑的挖方量减去回填方量的工程量为余方弃置工程量，如遇开挖土方为不良土质不能作为回填土时则均按余方弃置计算。

余方弃置工程量计算公式为

$$余方弃置体积＝挖土总体积－回填土总体积$$

四、应用案例

【案例1-5】 某建筑平面图如图1-15所示。墙体厚度240mm，台阶上部雨篷外出宽度与阳台一致，阳台为全封闭。按要求平整场地，土壤类别为三类，大部分场地挖、填找平厚度在±30cm以内，就地找平，但局部有 28m³ 挖土，平均厚度为50cm，5m弃土运输。计算人工场地平整的工程量清单和工程量清单报价。

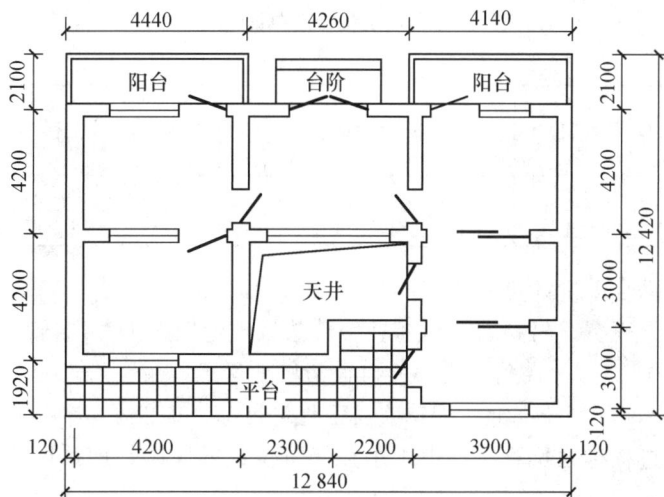

图 1-15　建筑平面图

解　1. 分部分项工程量清单的编制

该项目发生的工程内容：平整场地、挖土方。

平整场地工程数量＝12.84×10.44＋1.98×(4.44＋4.14)/2 阳台部分－[(0.12＋4.20＋2.30＋0.12)×(1.92－0.12)＋(2.20－0.24)×3.00]平台部分－[(2.30－0.24)×(4.20－0.24)＋2.20×(3.00－0.24)]天井部分＝134.05＋8.49－18.01－14.23＝110.30(m²)

挖土方工程数量＝28.00m³

分部分项工程量清单见表 1-20。

表 1-20　　　　　　　　　　　　　分部分项工程量清单

工程名称：某工程

序号	项目编号	项目名称	项目特征描述	计量单位	工程量
1	010103001001	平整场地	土石类别：三类土	m²	110.30
2	010101001001	挖单独土方	土石类别：三类土	m³	28.00

2. 分部分项工程量清单计价表的编制

该项目发生的工程内容：人工场地平整、挖土方。

人工平整场地工程量＝12.84×10.44＋1.98×(4.44＋4.14)/2 阳台部分－[(0.12＋4.20＋2.30＋0.12)×(1.92－0.12)＋(2.20－0.24)×3.00]平台部分－[(2.30－0.24)×(4.20－0.24)＋2.20×(3.00－0.24)]天井部分＝134.05＋8.49－18.01－14.23＝110.30(m²)

人工场地平整，套 1-4-1。

挖土方工程数量＝28.00m³

挖土方，套定额 1-2-3。

人工、材料、机械单价选用市场价。

根据企业情况确定管理费率为 25.6％，利润率为 15％，分部分项工程量清单计价见表 1-21。

表 1 - 21　　　　　　　　　　　分部分项工程量清单计价表

工程名称：某工程

序号	项目编号	项目名称	项目特征描述	计量单位	工程量	金额（元）	
						综合单价	合价
1	010103001001	平整场地	土石类别：三类土	m²	110.30	5.61	618.78
2	010101001001	挖单独土方	土石类别：三类土	m³	28.00	63.18	1769.04

土建工程项目综合单价计算公式

合价＝清单项目人工费、材料费、机械费小计数量＋定额人工费×（管理费率＋利润率）

综合单价＝合价/清单项目工程量

合价＝清单项目工程量×综合单价

注意：此计算过程称为反算法。由于小数保留位数的原因，前后两个合价是不一致的，因此需要反算。

习　　题

1-1　某工程场地平整，方格网边长确定为 20m，各角点自然标高和设计标高如图 1-16 所示。场地土的土类为二类土（普通土），常年地下水位为－2.40m。计算人工开挖土方的工程量清单。

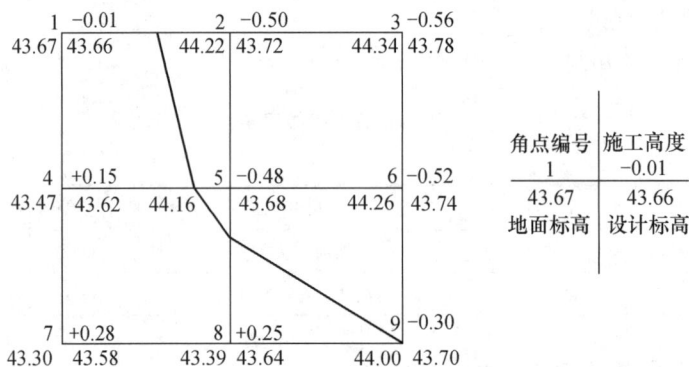

图 1-16　某工程场地平整方格网

1-2　某工程钢筋混凝土基础平面图和详图，如图 1-17 所示，其中，土类为混合土质，二类土（普通土）深 1.4m，下面是三类土（坚土），土方在槽边就近堆放，槽底不需钎探，用蛙式打夯机夯实，常年地下水位为－2.40m。人工、材料、机械单价选用价目表参考价，根据企业情况确定管理费率为 25.6%，利润率为 15%。计算人工开挖土方的工程量清单和工程量清单报价。

1-3　某工程破土动工正赶上冬期施工，普通土上层有 0.5m 深的冻土层，施工现场要求开挖总面积为 350m²。爆破后人工挖冻土，冻土外运距离 2000m，冻土外运市场价格为 8 元/m³。其中，人工费为 10%，机械费为 90%。人工、材料、机械单价选用价目表参考价，根据企业情况确定管理费率为 25%，利润率为 15%。编制冻土开挖的工程量清单和工程量清单报价。

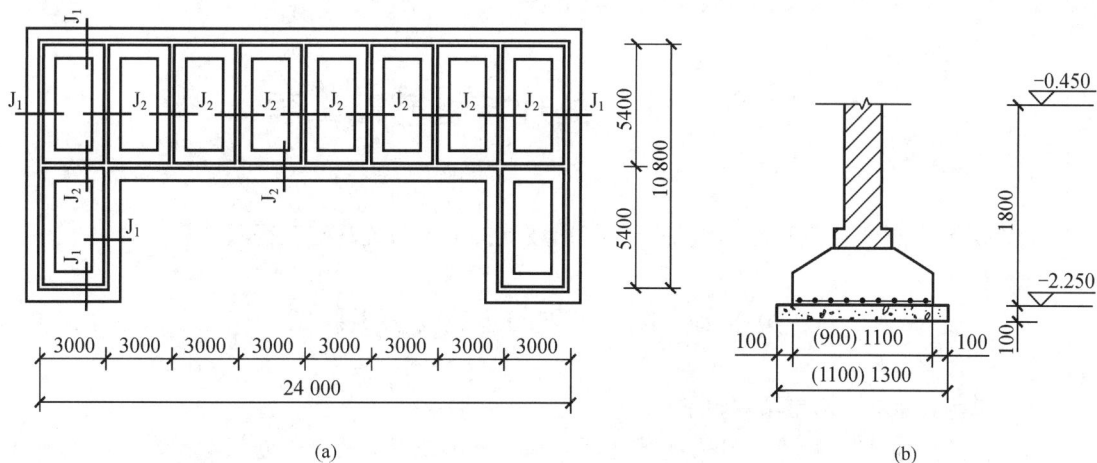

图 1-17 某钢筋混凝土基础工程

(a) 基础平面图；(b) (J₁) J₂ 基础详图

1-4 如图 1-18 所示，某大学校区埋设铸铁给水管道 2300m，管径 DN600（外径 630mm），挖沟深度 1.5m，采用钢挡土板（疏板），钢支撑施工，土质为普通土，就地堆放，机械夯填，无地表水。人工、材料、机械单价选用价目表参考价，根据企业情况确定管理费率为 25%，利润率为 15%。编制管沟土方工程量清单和工程量清单报价。

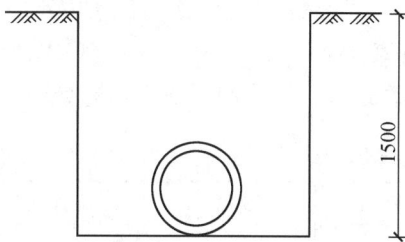

图 1-18 铸铁给水管道沟示意图

第二章　地基处理与桩基础工程

地基处理与桩基础工程分为地基处理与边坡支护工程和桩基础工程两部分。

第一节　地基处理与边坡支护工程

一、"计量标准"清单项目设置

地基处理与边坡支护工程分为地基处理和基坑与边坡支护两个子分部工程，适用于地基与边坡的处理、加固。

1. 地基处理

"计量标准"附录 B.1 地基处理包括换填垫层、预压地基、强夯地基、振冲密实地基（不填料）、填料桩复合地基、水泥粉煤灰碎石桩复合地基、水泥土搅拌桩复合地基、旋喷桩复合地基、注浆加固地基和褥垫层 10 个清单项目。地基处理常用清单项目见表 2-1。

表 2-1　　　　　　　　　　地基处理（编号：010201）

项目编码	项目名称	项目特征	计量单位	工程量计算规则	工程内容
010201001	换填垫层	① 材料种类及配比； ② 换填方式及压实系数； ③ 掺加剂（料）品种	m³	按设计图示尺寸以体积计算	① 铺设土工材料（若有），分层铺填； ② 碾压、振密或夯实
010201003	强夯地基	① 夯击能量； ② 夯击遍数及方式； ③ 夯击点布置形式、间距； ④ 地耐力要求； ⑤ 夯填材料种类	m²	按设计图示处理范围以面积计算	① 铺设夯填材料； ② 强夯
010202008	旋喷桩复合地基	① 地层类别； ② 空桩长度、桩长； ③ 桩截面尺寸； ④ 喷射注浆类型； ⑤ 水泥强度等级、参量	m	按设计图示尺寸以桩长计算	① 浆液制备； ② 插入喷射管、喷射注浆； ③ 拔管、冲洗； ④ 浆液排放或场内运输
010201010	褥垫层	① 材料种类及配比； ② 厚度； ③ 铺设方式及压实系数	m³	按设计图示尺寸以体积计算	铺设、压实

2. 基坑与边坡支护

"计量标准"附录 B.2 基坑与边坡支护包括地下连续墙、型钢水泥土搅拌墙、咬合灌注桩、木制桩、预制钢筋混凝土板桩、型钢桩钢板桩、锚杆（锚索）、土钉、喷射混凝土或水泥砂浆、钢筋混凝土支撑、钢筋混凝土支撑的模板、钢筋混凝土腰梁冠梁、钢筋混凝土腰梁冠梁模板、钢支撑、钢腰梁冠梁、泥浆外运 16 个清单项目。基坑与边坡支护常用清单项目见表 2-2。

表 2-2 基坑与边坡支护（编号：010202）

项目编码	项目名称	项目特征	计量单位	工程量计算规则	工程内容
010202005	预制钢筋混凝土板桩	① 地层类别； ② 送桩深度、桩长； ③ 桩截面形式、尺寸； ④ 混凝土强度等级	m	按设计图示尺寸以桩长计算	① 工作平台搭设、拆除； ② 插桩、板桩连接； ③ 沉桩
010202008	土钉	① 地层类别； ② 土钉类型、深度、部位； ③ 杆体材料品种、规格、数量； ④ 浆液种类、强度等级	m	按设计图示尺寸以土钉置入深度计算	① 工作平台搭设、拆除； ② 成孔； ③ 土钉制作、杆体插入或打入； ④ 浆液制作、注浆
010202009	喷射混凝土、水泥砂浆	① 部位； ② 厚度； ③ 材料种类； ④ 混凝土（砂浆）类别、强度等级	m^2	按设计图示尺寸以面积计算	① 工作平台搭设、拆除； ② 修整边坡； ③ 混凝土（砂浆）运输、喷射、养护； ④ 钻排水孔、安装排水管

二、计量标准与计价规则说明

1. 地基处理项目说明

（1）地基强夯项目，当设计无夯击能量、夯点数量及夯击次数要求时，应按地耐力要求编码列项。强夯地基按设计图示处理范围以面积计算工程量。

（2）砂石桩项目适用于各种成孔方式（振动沉管、锤击沉管等）的砂石灌注桩。

（3）挤密桩项目适用于各种成孔方式的灰土（土）、石灰等挤密桩。

（4）高压喷射注浆桩项目适用于以水泥为主，化学材料为辅的水泥浆旋喷桩。高压喷射注浆类型包括旋喷、摆喷、定喷，高压喷射注浆方法包括单管法、双重管法、三重管法。

（5）粉喷桩项目适用于水泥、生石灰粉等材料的喷粉桩。粉喷桩按设计图示尺寸以桩长计算工程量。

（6）褥垫层是 CFG 复合地基中解决地基不均匀的一种方法，如建筑物一边在岩石地基上，一边在黏土地基上时，采用在岩石地基上加褥垫层（级配砂石）来解决。褥垫层厚度可取 200～300mm，其材料可选用中砂、粗砂、级配砂石等，最大粒径不宜大于 20mm。

褥垫层厚度均匀，按设计图示尺寸以铺设面积计算工程量；厚度不同，按设计图示尺寸以体积计算工程量。

（7）地层情况按规范土壤及岩石分类表的规定，结合工程勘察报告的岩土厚度所占比例进行描述。对无法准确描述的地层情况，可注明由投标人根据岩土工程勘察报告自行决定报价。

（8）项目特征中的桩长应包括桩尖，空桩长度=孔深-桩长，孔深为自然地面至设计桩底的深度。

（9）如采用泥浆护壁成孔，工作内容包括土方、废泥浆外运；如采用沉管灌注成孔，工作内容包括桩尖制作、安装。

（10）弃土（不含泥浆）清理、运输按余方弃置项目编码列项。

（11）砂石桩的砂石级配、密实系数均应包括在报价内。

（12）挤密桩的灰土（土）级配、密实系数均应包括在报价内。

2. 地基与边坡支护项目说明

（1）"地下连续墙"项目适用于各种导墙施工的复合型地下连续墙工程。

（2）打钢筋混凝土预制板桩是指留滞原位（即不拔出）的板桩。

（3）"锚杆支护"项目适用于岩石高削坡混凝土支护挡土墙和风化岩石混凝土、砂浆护坡。其他锚杆是指不施加预应力的土层锚杆和岩石锚杆。钻孔、布筋、锚杆安装、灌浆、张拉等搭设的脚手架，应列入措施项目清单中。

（4）"土钉支护"项目适用于土层的锚固，置入方法包括钻孔置入、打入或射入等。措施项目应列入措施项目清单中，其他事项同锚杆支护规定。

（5）地层情况按标准土壤及岩石分类表的规定，结合工程勘察报告的岩土厚度所占比例进行描述。对无法准确描述的地层情况，可注明由投标人根据岩土工程勘察报告自行决定报价。

（6）混凝土种类是指清水混凝土、彩色混凝土等，如同时使用商品混凝土和现场搅拌混凝土也应注明。

（7）未列的基坑与边坡支护的排桩按桩基工程相关项目编码列项。水泥土墙、坑内加固按地基与边坡支护工程相关项目编码列项。砖、石挡土墙和护坡按砌筑工程相关项目编码列项。混凝土挡土墙按混凝土及钢筋混凝土工程相关项目编码列项。弃土（不含泥浆）清理、运输按余方弃置项目编码列项。

（8）地基与边坡支护不包括搭设的脚手架，脚手架应在措施项目清单中报价。

（9）基坑与边坡的检测、变形观测等费用按国家相关取费标准单独计算，不在清单项目中。

（10）地基与边坡支护各清单项目中，均包括施工过程中所必须的土石方挖填。

三、配套定额相关规定

（1）填料加固定额用于软弱地基挖土后的换填材料加固工程。灰土垫层及填料加固夯填灰土就地取土时，应扣除灰土配合比中的黏土。填料加固，按设计图示尺寸以体积计算。

（2）强夯定额中每单位面积夯点数，指设计文件规定单位面积内的夯点数量，国家定额规定若设计文件中夯点数与定额不同时，采用内插法计算消耗量。

（3）夯击击数是指强夯机械就位后，夯锤在同一夯点上下夯击的次数（落锤高度应满足设计夯击能量的要求，否则按低锤满拍计算）。

（4）挡土板定额分为疏板和密板。疏板是指间隔支挡土板，且板间净空≤150cm 的情况；密板是指满支挡土板或板间净空≤30cm 的情况。

（5）地基强夯区别不同夯击能量和夯点密度，按设计图示强夯处理范围以面积计算。

夯点密度国家定额与省定额计算公式为

$$夯点密度（夯点/100m^2）=设计夯击范围内的夯点个数/夯击范围（m^2）\times 100$$

$$夯点密度（夯点/10m^2）=设计夯击范围内的夯点个数/夯击范围（m^2）\times 10$$

$$地基强夯工程量=设计图示面积$$

设计无规定时，按建筑物基础外围轴线每边各加 4m 以面积计算。

$$地基强夯工程量=S_{轴包}+L_{外轴}\times 4+4\times 16=S_{轴包}+L_{外轴}\times 4+64（m^2）$$

（6）打、拔钢板桩工程量按设计图示桩的尺寸以质量计算，安、拆导向夹具，按设计图示尺寸以长度计算。

（7）挡土板按设计文件（或施工组织设计）规定的支挡范围，以面积计算。袋土围堰按设计文件（或施工组织设计）规定的支挡范围，以体积计算。

（8）钢支撑按设计图示尺寸以质量计算。不扣除孔眼质量，焊条、铆钉、螺栓等不另增加质量。

（9）砂浆土钉的钻孔灌浆，按设计文件（或施工组织设计）规定的钻孔深度，以长度计算。土层锚杆机械钻孔、注浆，按设计孔径尺寸，以长度计算。喷射混凝土护坡区分土层与岩层，按设计文件（或施工组织设计）规定的尺寸，以面积计算。

四、应用案例

【案例 2-1】　某工程在砂土中采用 42.5MP 硅酸盐水泥旋喷桩，水泥掺量为桩体的 12%，桩长 9m，桩截面直径 1000mm，共 50 根，编制工程量清单及工程量清单报价。

解　1. 水泥喷粉桩工程量清单的编制

喷粉桩工程量＝9.00×50＝450.00（m）

分部分项工程量清单见表 2-3。

表 2-3　　　　　　　　　　　　**分部分项工程量清单**

序号	项目编号	项目名称	项目特征描述	计量单位	工程量
1	010201008001	旋喷桩复合地基	① 地层类别：一、二类土； ② 空桩长度、桩长：9m； ③ 桩截面尺寸：1000mm； ④ 喷射注浆类型：硅酸盐水泥； ⑤ 水泥强度等级：42.5MP、掺量 12%	m	450.00

2. 水泥喷粉桩工程量清单计价表的编制

该项目发生的工程内容为：成孔、粉体运输、喷粉固化。

水泥喷粉桩工程量＝3.14×0.50^2×9.00×50＝353.25（m^3）

深层搅拌水泥桩（水泥掺量 10%），套定额 2-1-90。

水泥掺量每增加 1% 工程量＝353.25×2＝706.50（m^3）

水泥掺量每增加 1%，套定额 2-1-92。

人工、材料、机械单价选用市场价。

根据企业情况确定管理费率为 25.6%，利润率为 15%。

分部分项工程量清单计价表见表 2-4。

表 2-4　　　　　　　　　　　　**分部分项工程量清单计价表**

序号	项目编号	项目名称	项目特征描述	计量单位	工程量	金额（元）	
						综合单价	合价
1	010201008001	旋喷桩复合地基	① 地层类别：一、二类土； ② 空桩长度、桩长：9m； ③ 桩截面尺寸：1000mm； ④ 喷射注浆类型：硅酸盐水泥； ⑤ 水泥强度等级：42.5MPa、掺量 12%	m	450.00	156.24	70 308.00

【案例 2 - 2】　某工程基坑开挖，三类土，施工组织设计中采用土钉支护，如图 2 - 1 所示。土钉深度为 2m，平均每平方米设一个，钻孔直径 50mm，置入单根 ⏀25 螺纹钢筋，用 1∶1 水泥砂浆注浆，C25 细石混凝土，现场搅拌，喷射厚度为 80mm。编制工程量清单并进行清单报价（不考虑挂钢筋网和施工平台搭拆内容）。

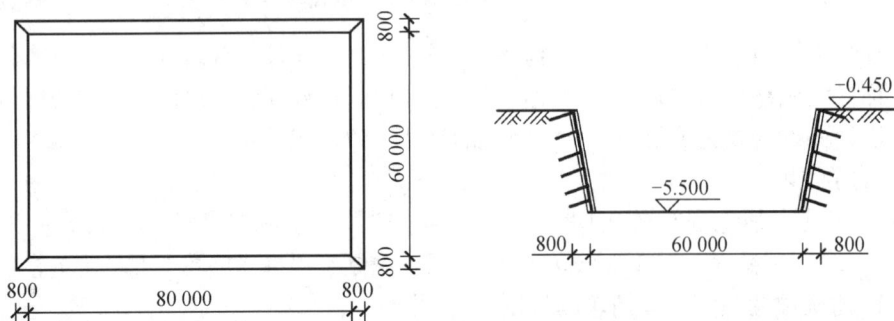

图 2 - 1　土钉支护示意图

解　1. 土钉支护工程量清单的编制

（1）土钉工程量＝1447.99/1×2.00＝2895.98（m）

（2）喷射混凝土工程量＝$(80.80+60.80)×2×\sqrt{0.8^2+(5.5-0.45)^2}$＝1447.99（$m^2$）

分部分项工程量清单见表 2 - 5。

表 2 - 5　　　　　　　　　　　　　　分部分项工程量清单

序号	项目编号	项目名称	项目特征描述	计量单位	工程量
1	010202008001	土钉	① 地层类别：三类土； ② 土钉类型、深度、部位：斜坡钻孔直径 50mm，深度 2m； ③ 杆体材料品种、规格、数量：单根 ⏀25 螺纹钢筋； ④ 浆液种类：1∶1 水泥砂浆	m	2895.98
2	010202009001	喷射混凝土	① 部位：基坑边坡； ② 厚度：80mm； ③ 材料种类：细石混凝土； ④ 混凝土类别、强度等级：现场搅拌、C25	m^2	1447.99

2. 土钉支护工程量清单计价表的编制

（1）土钉项目发生的工程内容为：钻孔、置入钢筋、搅拌灰浆、灌浆。

砂浆土钉（钻孔灌浆）工程量＝1447.99/1×2.00＝2895.98（m）

砂浆土钉（钻孔灌浆）土层，套定额 2 - 2 - 14。

⏀25 螺纹钢筋制作、安装工程量＝2895.98×3.85＝11 149.52（kg）＝11.15（t）

⏀25 螺纹钢筋制作、安装，套定额 5 - 4 - 7。

（2）喷射混凝土项目发生的工程内容为：混凝土搅拌、运输、喷射混凝土。

喷射混凝土护坡工程量＝$(80.80+60.80)×2×\sqrt{0.8^2+(5.5-0.45)^2}$＝1447.99（$m^2$）

混凝土喷射（土层）50mm，套定额 2 - 2 - 23（混凝土含量为 $0.051m^3/m^2$）。

喷射混凝土每增 10mm 工程量＝1447.99×3＝4343.97（m^2）

喷射混凝土每增 10mm，套定额 2 - 2 - 25（混凝土含量为 $0.010\ 1m^3/m^2$）。

现场搅拌细石混凝土工程量＝1447.99×0.051＋4343.97×0.010 1＝117.72（m^3）

现场搅拌细石混凝土，套定额 5 - 3 - 3。

人工、材料、机械单价选用市场价。

根据企业情况确定管理费率为 25％，利润率为 15％。

分部分项工程量清单计价表见表 2 - 6。

表 2 - 6　　　　　　　　　　　分部分项工程量清单计价表

序号	项目编号	项目名称	项目特征描述	计量单位	工程量	金额（元）	
						综合单价	合价
1	010202008001	土钉	① 地层类别：三类土； ② 土钉类型、深度、部位：斜坡钻孔直径 50mm，深度 2m； ③ 杆体材料品种、规格、数量：单根 Φ25 螺纹钢筋； ④浆液种类：1：1水泥砂浆	m	2895.98	80.15	232 112.80
2	010202009001	喷射混凝土	① 部位：基坑边坡； ② 厚度：80mm； ③ 材料种类：细石混凝土； ④ 混凝土类别、强度等级：现场搅拌、C25	m^2	1447.99	68.59	99 317.63

第二节　桩 基 础 工 程

一、"计量标准"清单项目设置

桩基础工程分为预制桩和灌注桩两个子分部工程，适用于各类桩基础工程。

1. 预制桩

"计量标准"附录 C.1 预制桩包括预制钢筋混凝土实心桩、预制钢筋混凝土空心桩、钢管桩、静钻根植桩和截（凿）桩头 5 个清单项目。预制桩包括的主要清单项目，见表 2 - 7。

表 2 - 7　　　　　　　　　　　预制桩（编号：010301）

项目编码	项目名称	项目特征	计量单位	工程量计算规则	工程内容
010301001	预制钢筋混凝土实心桩	① 地层类别； ② 送桩深度、桩长； ③ 桩截面型式、尺寸； ④ 混凝土强度等级	m	按设计图示尺寸以桩长计算	① 工作平台搭投、拆除； ② 桩机竖拆、移位； ③ 沉桩、接桩； ④ 送桩、空孔回填； ⑤ 刷防护材料

续表

项目编码	项目名称	项目特征	计量单位	工程量计算规则	工程内容
010301002	预制钢筋混凝土空心桩	① 地层类别； ② 送桩深度、桩长； ③ 桩截面形式、尺寸； ④ 桩尖类型； ⑤ 混凝土强度等级	m	按设计图示尺寸以桩长计算	① 工作平台搭设、拆除； ② 桩机竖拆、移位； ③ 桩尖制作安装； ④ 沉桩、接桩； ⑤ 桩芯取土； ⑥ 送桩、空孔回填； ⑦ 刷防护材料
010301005	截（凿）桩头	① 桩类型； ② 桩头截面、高度； ③ 混凝土强度等级； ④ 有无钢筋	根	按设计图示数量计算	① 截（切割）桩头； ② 凿平； ③ 废料外运、弃置； ④ 钢筋整理

2. 灌注桩

"计量标准"附录 C.2 灌注桩包括泥浆护壁成孔灌注桩、沉管灌注桩、干作业成孔灌注桩、爆扩成孔灌注桩、钻孔压灌桩、灌注桩后注浆、声测管 7 个清单项目。灌注桩包括的主要清单项目见表 2-8。

表 2-8 灌注桩（编号：010302）

项目编码	项目名称	项目特征	计量单位	工程量计算规则	工程内容
010302001	泥浆护壁成孔灌注桩	① 地层类别； ② 空桩长度、桩长； ③ 桩径； ④ 混凝土种类、强度等级	m³	按设计截面面积乘以设计桩长以体积计算，截面局部扩大部分体积并入计算	① 护筒埋设； ② 成孔、固壁； ③ 混凝土运输、灌注、养护； ④ 空孔回填； ⑤ 泥浆制备、排放或场内运输
010302002	沉管灌注桩	① 地层类别； ② 空桩长度、桩长； ③ 桩径； ④ 桩尖类型； ⑤ 混凝土类别、强度等级			① 桩尖制作、安装； ② 打（沉）拔钢管； ③ 混凝土运输、灌注、养护； ④ 复打、空孔回填
010302003	干作业机械成孔灌注桩	① 地层类别； ② 空桩长度、桩长； ③ 桩径； ④ 扩孔直径、高度； ⑤ 混凝土类别、强度等级			① 成孔、扩孔； ② 混凝土运输、灌注、振捣、养护； ③ 空孔回填

二、计量标准与计价规则说明

1. 预制桩项目说明

（1）地层情况按标准土壤及岩石分类表的规定，结合工程勘察报告的岩土厚度所占比例进行描述。对无法准确描述的地层情况，可注明由投标人根据岩土工程勘察报告自行决定报价。

（2）项目特征中的桩截面（桩径）、混凝土强度等级、桩类型等可直接用标准图代号或设计桩型进行描述。

（3）打试验桩和打斜桩应按相应项目编码单独列项，并应在项目特征中注明试验桩或斜桩（斜率）。

（4）预制钢筋混凝土管桩桩顶与承台的连接构造按混凝土与钢筋混凝土工程相关项目列项。

（5）截（凿）桩头项目适用于各种混凝土桩的桩头截（凿），其内容包括剔打混凝土、钢筋清理、调直弯钩及清运弃碴、桩头。

（6）预制钢筋混凝土方桩、管桩按设计图示尺寸以桩长（包括桩尖）计算工程量；截面不同，应按相应的截面形式分别编码列项。

（7）打桩项目包括成品桩购置费，如果用现场预制桩，应包括现场预制的所有费用。

（8）试桩与打桩之间间歇时间，机械在现场的停滞，应包括在打试桩报价内。

（9）预制桩刷防护材料应包括在报价内。

2. 灌注桩项目说明

（1）泥浆护壁成孔灌注桩是指在泥浆护壁条件下成孔，采用水下灌注混凝土的桩。其成孔方法包括冲击钻成孔、冲抓锥成孔、回旋钻成孔、潜水钻成孔、泥浆护壁的旋挖成孔等。

（2）沉管灌注桩又称为打拔管灌注桩。它是利用沉桩设备，将钢管沉入土中，形成桩孔，然后放入钢筋骨架并浇筑混凝土，随之拔出套管，利用拔管时的振动将混凝土捣实，便形成所需要的灌注桩。沉管灌注桩的沉管方法包括锤击沉管法、振动沉管法、振动冲击沉管法、内夯沉管法等。

（3）干作业成孔灌注桩是指不用泥浆护壁和套管护壁的情况下，用钻机成孔后，下钢筋笼，灌注混凝土的桩，适用于地下水位以上的土层使用。其成孔方法包括螺旋钻成孔、螺旋钻成孔扩底、干作业的旋挖成孔等。

（4）地层情况按标准土壤及岩石分类表的规定，结合工程勘察报告的岩土厚度所占比例进行描述。对无法准确描述的地层情况，可注明由投标人根据岩土工程勘察报告自行决定报价。

（5）项目特征中的桩长应包括桩尖，空桩长度＝孔深－桩长，孔深为自然地面至设计桩底的深度。

（6）项目特征中的桩截面（桩径）、混凝土强度等级、桩类型等可直接用标准图代号或设计桩型进行描述。

（7）混凝土种类是指清水混凝土、彩色混凝土等，如同时使用商品混凝土和现场搅拌混凝土也应注明。

（8）桩的钢筋制作、安装应按混凝土及钢筋混凝土有关项目编码列项。

（9）各种桩（除预制钢筋混凝土桩）的充盈量应包括在报价内。

（10）振动沉管、锤击沉管若使用预制钢筋混凝土桩尖时，应包括在报价内。

（11）爆扩桩扩大头的混凝土量应包括在报价内。

三、配套定额相关规定

1. 桩基础定额说明

（1）单位（群体）工程的桩基础工程量在表2－9数量以内时，相应定额人工、机械乘以小型工程系数 1.25。灌注桩单位工程的桩基础工程量指灌注混凝土量。

表 2 - 9　　　　　　　　　　　　单位工程的桩基础工程量表

项　　　目	单位工程的工程量
预制钢筋混凝土方桩	200m³
预应力钢筋混凝土管桩	1000m³
预制钢筋混凝土板桩	100m³
钻孔、旋挖成孔灌注桩	150m³
沉管、冲击灌注桩	100m³
钢管桩	50t

（2）单独打试桩、锚桩，按相应定额的打桩人工及机械乘以系数 1.5。

（3）打桩工程按陆地打垂直桩编制，以平地打桩为准。如在基坑内（基坑深度＞1.5m，基坑面积＜500m²）打桩或在地坪上打坑槽内（坑槽深度＞1m）桩时，按相应定额人工、机械乘以系数 1.11。

（4）在桩间补桩或在强夯地基上打桩时，相应定额人工、机械乘以系数 1.15。

（5）打桩工程，如遇送桩时，可按打桩相应定额人工、机械乘以表 2 - 10 的系数。

表 2 - 10　送桩深度系数表

送桩深度	系数
2m 以内	1.25
4m 以内	1.43
4m 以外	1.67

（6）打、压预制钢筋混凝土桩、预应力钢筋混凝土管桩，定额按购入成品构件考虑，已包含桩位半径≤15m 内的移动、起吊、就位。

（7）预应力钢筋混凝土管桩桩头灌芯部分按人工挖孔桩灌桩芯定额执行。

（8）定额各种灌注桩的材料用量中，均已包括了充盈系数和材料损耗。

2. 打桩工程量计算规则

（1）打、压预制钢筋混凝土桩按设计桩长（包括桩尖）乘以桩断面面积，以体积计算，即

预制钢筋混凝土桩工程量＝设计桩总长度×桩断面面积

（2）打、压预应力钢筋混凝土管桩按设计桩长（不包括桩尖），以长度计算。预应力钢筋混凝土管桩钢桩尖按设计图示尺寸，以质量计算。要求加注填充材料时，填充部分另按相应规定计算。

【例 2 - 1】　如图 2 - 2 所示，打预应力钢筋混凝土管桩，共 15 根，试计算其工程量，确定定额项目。

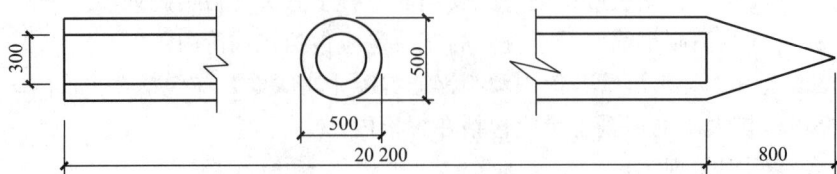

图 2 - 2　预制混凝土管桩

解 预应力钢筋混凝土管桩工程量＝22.2×15＝303m＜1000m。

打预应力钢筋混凝土管桩，套定额 3-10 或 2-3-10（换）。

注意：单位工程预制钢筋混凝土桩工程量小于 1000m，相应定额人工、机械乘以系数 1.25。

（3）打桩工程的送桩按设计桩顶标高至打桩前的自然地坪标高另加 0.5m 计算相应项目的送桩工程量。

（4）预制钢筋混凝土桩、钢管桩电焊接桩，按设计要求接桩头的数量计算。

（5）预制钢筋混凝土桩截桩按设计要求截桩的数量计算。截桩长度≤1m 时，不扣减相应桩的打桩工程量；截桩长度＞1m 时，其超过 1m 部分按实扣减打桩工程量，但桩体的价格和预制桩场内运输的工程量不扣除。

（6）预制钢筋混凝土桩凿桩头按设计图示桩截面乘凿桩头长度，以体积计算。凿桩头长度设计无规定时，桩头长度按桩体高 40d（d 为桩体主筋直径，主筋直径不同时取大者）计算；灌注混凝土桩凿桩头按设计超灌高度（设计有规定按设计要求，设计无规定时按 0.5m）乘以桩截面积，以体积计算。

（7）桩头钢筋整理，按所整理的桩的数量计算。

3. 灌注桩工程量计算规则

（1）钻孔桩、旋挖桩成孔工程量按打桩前自然地坪标高至设计桩底标高的成孔长度乘以设计桩径截面积，以体积计算。入岩增加工程量按实际入岩深度乘以设计桩径截面积，以体积计算，即

$$成孔工程量＝(H＋入岩深度)×\pi D^2/4$$

式中 H——桩孔深；

D——桩径。

（2）钻孔桩、旋挖桩灌注混凝土工程量按设计桩径截面积乘以设计桩长（包括桩尖）另加加灌长度，以体积计算。加灌长度设计有规定者，按设计要求计算，设计无规定时按 0.5m 计算，即

$$灌注混凝土工程量＝(L＋加灌长度)×\pi D^2/4$$

式中 L——设计桩长（包括桩尖）。

（3）沉管桩成孔工程量按打桩前自然地坪标高至设计桩底标高（不包括预制桩尖）的成孔长度乘以钢管外径截面积，以体积计算，即

$$沉管桩成孔工程量＝H×\pi D^2/4$$

式中 H——桩孔深；

D——钢管外径。

（4）沉管桩灌注混凝土工程量按钢管外径截面积乘以设计桩长（不包括预制桩尖）另加加灌长度，以体积计算。加灌长度设计有规定者，按设计要求计算，设计无规定时按 0.5m 计算，即

$$沉管桩灌注混凝土工程量＝(L＋加灌长度)×\pi D^2/4$$

式中 L——设计桩长（不包括制桩尖）。

（5）人工挖孔灌注混凝土桩的桩壁和桩芯工程量，分别按设计图示截面积乘以设计桩长另加加灌长度，以体积计算。加灌长度设计有规定者，按设计要求计算，设计无规定时按

0.25m 计算。标准圆形断面（或折合成标准断面），如图 2-3 所示。

1）混凝土桩壁工程量计算公式为

$$混凝土桩壁工程量 = (\pi D^2/4 - \pi d^2/4) \times (H_{桩芯} + 加灌长度)$$

2）混凝土桩芯工程量计算公式为

$$混凝土桩芯工程量 = \pi d^2/4 \times (H_{桩芯} + 加灌长度)$$

（6）钻（冲）孔灌注桩、人工挖孔桩设计要求扩底时，其扩底工程量按设计尺寸以体积计算，并入相应桩工程量内。

扩大桩由桩柱和扩大头两部分组成，常用的形式如图 2-4 所示。

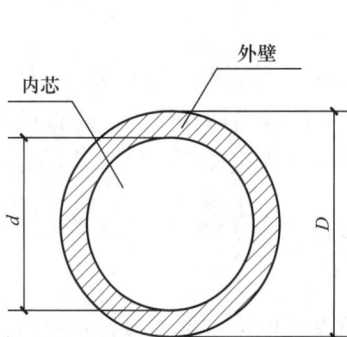

图 2-3　桩壁和桩芯

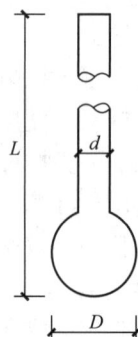

图 2-4　扩大桩示意图

扩大桩工程量计算公式为

$$V = 0.785\ 4d^2(L - D) + \left(\frac{1}{6}\pi D^3\right)$$

【例 2-2】　计算如图 2-5 所示夯扩沉管成孔灌注混凝土桩。已知共 15 根，桩孔深及设计桩长为 9m，直径为 500mm，底部扩大球体直径为 1000mm。计算工程量，确定定额项目。

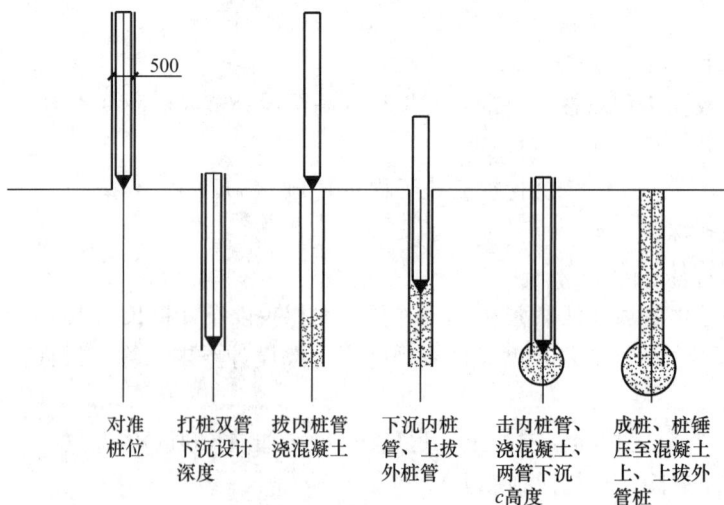

| 对准桩位 | 打桩双管下沉设计深度 | 拔内桩管浇混凝土 | 下沉内桩管、上拔外桩管 | 击内桩管、浇混凝土、两管下沉 c 高度 | 成桩、桩锤压至混凝土上、上拔外管桩 |

图 2-5　夯扩成孔灌注混凝土桩

解　① 夯扩式沉管桩成孔工程量＝3.14×0.25×0.25×9×15＝26.49(m³)。

夯扩式沉管桩成孔工程量，套定额 3-80 或 3-2-23（换）。

② 沉管桩身混凝土工程量＝3.14×0.25×0.25×(9＋0.5)×15＝27.97(m³)。

夯扩混凝土工程量＝3.14×0.5×0.5×0.5×4/3×15＝7.85(m³)

单位工程工程量＝27.97＋7.85＝35.82(m³)＜100m³

夯扩沉管成孔灌注混凝土桩，套定额 3-87 或 3-2-29（换）。

注意：混凝土灌注桩单位工程工程量小于 100m³，相应定额人工、机械乘以系数 1.25。

（7）桩孔回填工程量按桩加灌长度顶面至打桩前自然地坪标高的长度乘以桩孔截面积，以体积计算。

四、应用案例

【**案例 2-3**】　某工程采用钢筋混凝土方桩基础，三类土，用柴油打桩机打预制钢筋混凝土方桩 74 根，如图 2-6 所示。桩长 15m，桩断面尺寸为 300mm×300mm，混凝土强度等级为 C30，工厂预制成品桩价格为 750 元/m³。编制工程量清单及工程量清单报价。

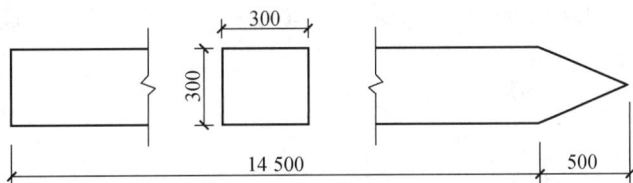

图 2-6　钢筋混凝土方桩

解　1. 钢筋混凝土方桩工程量清单的编制

工程量＝15.00×74＝1110.00(m)

分部分项工程量清单见表 2-11。

表 2-11　　　　　　　　　　　　　分部分项工程量清单

序号	项目编号	项目名称	项目特征描述	计量单位	工程量
1	010301001001	预制钢筋混凝土实心桩	① 地层类别：三类土； ② 单桩长度：15m； ③ 桩截面型式、尺寸：方形 300mm×300mm； ④ 混凝土强度等级：C30	m	1110.00

2. 钢筋混凝土方桩工程量清单计价表的编制

该项目发生的工程内容为：混凝土桩购置，打桩。

工程量＝0.30×0.30×15.00×74＝99.90(m³)＜200m³（属小型工程）

打预制钢筋混凝土方桩（25m 以内），套定额 3-1-2（换）。

单位工程的预制钢筋混凝土桩基础工程量在 200m³ 以内时，打桩相应定额人工、机械乘以小型工程系数 1.25。

人工、材料、机械单价选用市场价。

工厂预制成品桩费用＝99.90×1.01×750.00＝75 674.25(元)

根据企业情况确定管理费率为 13.1%，利润率为 4.8%。

分部分项工程量清单计价表见表 2 - 12。

表 2 - 12　　　　　　　　　　　　　分部分项工程量清单计价表

序号	项目编号	项目名称	项目特征描述	计量单位	工程量	金额（元）	
						综合单价	合价
1	010301001001	预制钢筋混凝土实心桩	① 地层类别：三类土； ② 单桩长度：15m； ③ 桩截面型式、尺寸：方形 300mm×300mm； ④ 混凝土强度等级：C30	m	1110.00	94.08	104 428.80

【案例 2 - 4】　打桩机打钢管成孔钢筋混凝土灌注桩，桩长 14m，钢管外径 0.5m，桩根数为 50 根，混凝土强度等级为 C20，混凝土现场搅拌，机动翻斗车现场运输混凝土，运距 500m，一类土。编制现场灌注桩工程量清单及清单报价。

解　1. 混凝土灌注桩工程量清单的编制

混凝土灌注桩工程量＝14×50＝700.00(m)

分部分项工程量清单见表 2 - 13。

表 2 - 13　　　　　　　　　　　　　分部分项工程量清单

序号	项目编号	项目名称	项目特征描述	计量单位	工程量
1	010302002001	沉管灌注桩	① 地层类别：一类土； ② 单桩长度：14m； ③ 桩径：500mm； ④ 桩尖类型：无； ⑤ 混凝土种类、强度等级：现场搅拌、C20	m	700.00

2. 混凝土灌注桩工程量清单计价表的编制

该项目发生的工程内容为：成孔、混凝土制作、运输、灌注。

1）锤击式沉管桩成孔工程量＝3.14/4×0.5^2×14×50＝137.37(m^3)

打孔钢筋混凝土灌注桩，套定额 2 - 3 - 22。

2）打孔钢筋混凝土灌注桩工程量＝3.14/4×0.5^2×(14＋0.5)×50＝142.28(m^3)＞100m^3

打孔钢筋混凝土灌注桩（15m 以内），套定额 2 - 3 - 29（混凝土含量均为 1.161 5m^3/m^3）。

3）混凝土现场搅拌工程量＝142.28×1.161 5＝165.26(m^3)

混凝土现场搅拌（基础），套定额 5 - 3 - 1。

混凝土机动翻斗车运输，套定额 5 - 3 - 8。

人工、材料、机械单价选用市场价。

根据企业情况确定管理费率为 13.1%，利润率为 4.8%。

分部分项工程量清单计价表见表 2 - 14。

表 2-14　　　　　　　　　　　分部分项工程量清单计价表

序号	项目编号	项目名称	项目特征描述	计量单位	工程量	金额（元）	
						综合单价	合价
1	010302002001	沉管灌注桩	① 地层类别：一类土； ② 单桩长度：14m； ③ 桩径：500mm； ④ 桩尖类型：无； ⑤ 混凝土种类、强度等级：现场搅拌、C20	m	700.00	158.60	111 020.00

习　题

2-1　某工程地基强夯范围如图 2-7 所示。设计要求间隔夯击，先夯奇数点，再夯偶数点，间隔夯击点不大于 8m。设计击数为 10 击，分两遍夯击，第一遍 5 击，第二遍 5 击，第二遍要求低锤满拍。设计夯击能量为 400t·m。人工、材料、机械单价选用价目表参考价，根据企业情况确定管理费率为 25.6%，利润率为 15%。编制地基强夯工程量清单及清单报价。

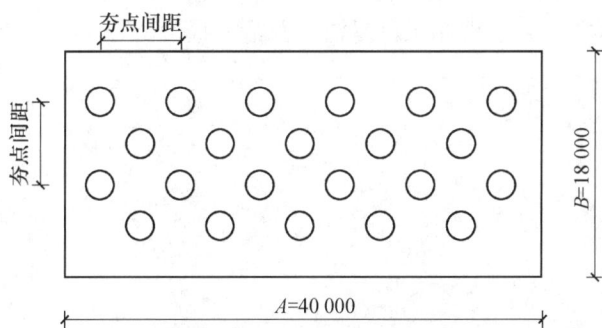

图 2-7　某工程地基强夯示意图

2-2　如图 2-8 所示，某工程为人工挖孔混凝土灌注桩，已知桩身直径 2m，深度 9.9m，护壁 $\delta=100mm$ 厚，C25 混凝土，桩芯 C20 混凝土，桩数量共 16 根，最下面截锥体 $d=2.2m$，$D=2.5m$，$h_2=1.3m$。上面截锥体 $d=2.2m$，$D=2.4m$，$h_1=1.0m$。底段圆柱 $h_3=0.4m$，球缺 $h_4=0.2m$。混凝土场外集中搅拌，运距 4km。人工、材料、机械单价选用价

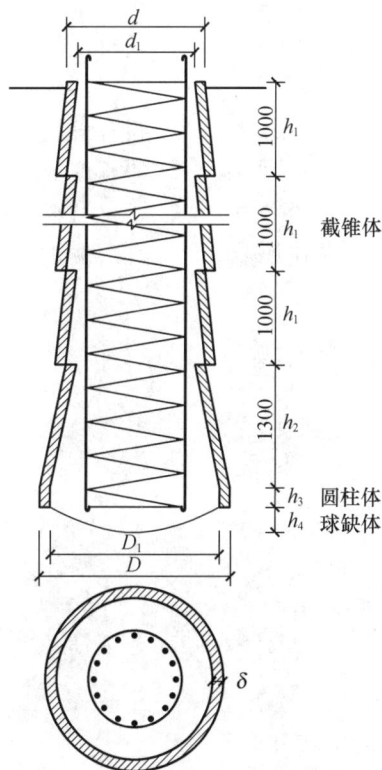

图 2-8　某工程人工挖孔灌注
混凝土桩示意图

目表参考价，根据企业情况确定管理费率为 13.1%，利润率为 4.8%。编制工程量清单及工程量清单报价。

2-3　某工程打预制钢筋混凝土离心管桩，如图 2-9 所示，共 80 根，混凝土为 C30。人工、材料、机械单价选用价目表参考价，根据企业情况确定管理费率为 13.1%，利润率为 4.8%。编制工程量清单及工程量清单报价。

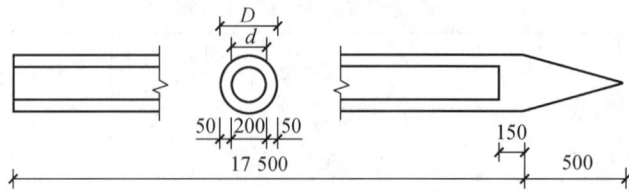

图 2-9　某工程打预制钢筋混凝土离心管桩

2-4　某工程采用 C30 商品混凝土灌注桩，C30 商品混凝土单价为 230.00 元/m³，单根桩设计长度为 8m，桩截面为 φ800，共 36 根。人工、材料、机械单价选用价目表参考价，根据企业情况确定管理费率为 13.1%，利润率为 4.8%。编制工程量清单及工程量清单报价。

2-5　某工程钢筋混凝土方桩断面尺寸为 400mm×400mm，硫黄胶泥接桩，接头共计 180 个。人工、材料、机械单价选用价目表参考价，根据企业情况确定管理费率为 13.1%，利润率为 4.8%。编制硫黄胶泥接桩工程量清单及清单报价。

2-6　如图 2-10 所示，计算夯扩成孔混凝土灌注桩。已知共 15 根，设计桩长为 9m，直径为 500mm，底部扩大球体直径为 1000mm，混凝土强度等级为 C20，混凝土现场搅拌，机动翻斗车现场运输混凝土。人工、材料、机械单价选用价目表参考价，根据企业情况确定管理费率为 13.1%，利润率为 4.8%。编制工程量清单及清单报价。

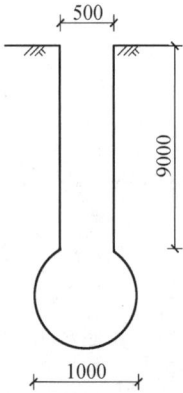

图 2-10　夯扩成孔灌注混凝土桩

第三章　砌　筑　工　程

砌筑工程共分 4 个子分部工程项目，即砖砌体、砌块砌体、石砌体、轻质墙板，适用于建筑物的砌筑工程。

1. "计量标准"关于砌筑工程共性问题的说明

（1）基础与墙（柱）身使用同一种材料时，以设计室内地面为界（有地下室者，以地下室室内设计地面为界），以下为基础，以上为墙（柱）身。基础与墙身使用不同材料时，位于设计室内地面高度≤±300mm 时，以不同材料为分界线，高度>±300mm 时，以设计室内地面为分界线。

（2）砖石围墙以设计室外地坪为界，以下为基础，以上为墙身。

（3）砖石基础垫层不包括在基础项目内，应单独列项计算。其他相关项目包括垫层铺设内容。

（4）砌体内加筋、墙体拉结筋的制作、安装，应按钢筋工程项目编码列项。

（5）如施工图设计标注做法见标准图集时，应注明标注图集的编码、页号及节点大样。

（6）砖砌体勾缝按装饰墙柱面抹灰工程编码列项。

2. 配套定额关于砌筑工程共性问题的说明

（1）定额中砖、砌块和石料按标准或常用规格编制，设计规格与定额不同时，砌体材料和砌筑（黏结）材料用量应做调整换算。

（2）砌筑砂浆国家定额按干混预拌编制，省定额按现场搅拌编制。定额所列砌筑砂浆种类和强度等级、砌块专用砌筑黏结剂品种，如设计与定额不同时，应做调整换算。

（3）定额中的墙体砌筑层高是按 3.6m 编制的，如超过 3.6m 时，其超过部分工程量的定额人工乘以系数 1.3。

（4）定额中各类砖、砌块及石砌体的砌筑均按直形砌筑编制，如为圆弧形砌筑者，按相应定额人工用量乘以系数 1.1，砖、砌块及石砌体及砂浆（黏结剂）用量乘以系数 1.03 计算。

（5）基础与墙身，以设计室内地坪为界（有地下室者，以地下室室内设计地坪为界），以下为基础，以上为墙（柱）身。如图 3-1 所示。

（6）围墙以设计室外地坪为界，室外地坪以下为基础，以上为墙身，如图 3-2 所示。

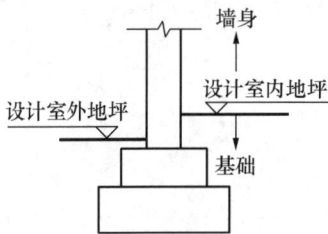

图 3-1　基础与墙身分界示意图　　　图 3-2　围墙基础与墙身分界示意图

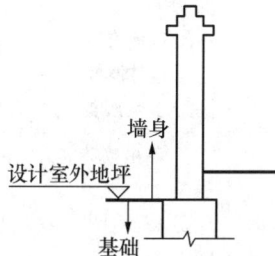

（7）挡土墙与基础的划分以挡土墙设计地坪标高低的一侧为界，以下为基础，以上为墙身。如图 3-3 所示。

（8）室内柱以设计室内地坪为界，以下为柱基础，以上为柱。如图 3-4 所示。

（9）室外柱以设计室外地坪为界，以下为柱基础，以上为柱。如图 3-5 所示。

（10）基础与墙（柱）身使用不同材料时，位于设计室内地面高度≤±300mm 时，以不同材料为分界线，高度＞±300mm 时，以设计室内地面为分界线。

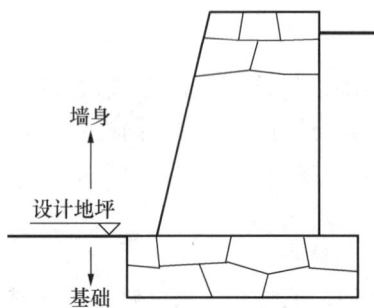 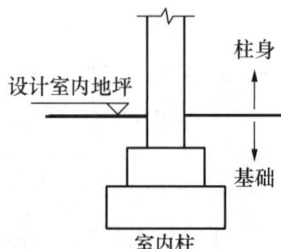 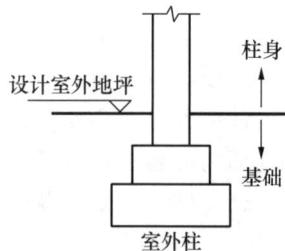

图 3-3　挡土墙与基础　　　图 3-4　室内柱与基础　　　图 3-5　室外柱与基础
　　　分界示意图　　　　　　　　分界示意图　　　　　　　　分界示意图

第一节　砖　砌　体

一、"计量标准"清单项目设置

"计量标准"附录 D.1 砖砌体工程包括砖基础、实心砖墙、多孔砖墙、空心砖墙、实心砖柱、多孔砖柱、砖检查井、零星砌砖、砖散水地坪、砖地沟明沟、贴砌砖墙 11 个清单项目。砖砌体常用项目内容见表 3-1。

表 3-1　　　　　　　　　　　　　　　砖砌体（编号：010401）

项目编码	项目名称	项目特征	计量单位	工程量计算规则	工程内容
010401001	砖基础	① 砖品种、规格、强度等级； ② 基础类型； ③ 砂浆强度等级； ④ 防潮层材料种类			① 砂浆制作； ② 砌砖； ③ 水平防潮层铺设
010401003	实心砖墙	① 砖品种、规格、强度等级； ② 墙体类型； ③ 墙体厚度； ④ 砂浆强度等级	m³	按设计图示尺寸以体积计算	① 砂浆制作； ② 砌砖； ③ 刮缝； ④ 墙体顶缝、侧缝填塞处理
010401008	零星砌体	① 零星砌砖名称、部位； ② 砖品种、规格、强度等级； ③ 砂浆强度等级			① 砂浆制作； ② 砌砖； ③ 刮缝

二、计量标准与计价规则说明

1. 砖基础

(1) 砖基础项目适用于各种类型砖基础，如柱基础、墙基础、管道基础等。对基础类型，应在工程量清单中进行描述。

(2) 计算砖基础体积时，包括附墙垛基础宽出部分体积，扣除地梁（圈梁）、构造柱所占体积，不扣除基础大放脚 T 形接头处的重叠部分及嵌入基础内的钢筋、铁件、管道、基础砂浆防潮层和单个面积≤0.3m² 的孔洞所占体积，靠墙暖气沟的挑檐不增加。

(3) 基础长度：外墙按外墙中心线，内墙按内墙净长线计算。

2. 实心、多孔、空心砖墙

(1) 实心、多孔、空心砖墙适用各种类型砖墙，可分为外墙、内墙、围墙、双面混水墙、双面清水墙、单面清水墙、直形墙、弧形墙，以及不同的墙厚，砌筑砂浆分水泥砂浆、混合砂浆及不同的强度，不同的砖强度等级等。

(2) 实心、多孔、空心砖墙体积计算时，扣除门窗洞口、过人洞、空圈、嵌入墙内的钢筋混凝土柱、梁、圈梁、挑梁、过梁，凹进墙内的壁龛、管槽、暖气槽、消火栓箱所占体积。不扣除梁头、板头、檩头、垫木、木楞头、沿缘木、木砖、门窗走头、砖墙内加固钢筋、木筋、铁件、钢管，单个面积≤0.3m² 的孔洞所占体积。凸出墙面的腰线、挑檐、压顶、窗台线、虎头砖、门窗套的体积亦不增加。凸出墙面的砖垛并入墙体体积内计算。

(3) 墙长度：外墙按中心线计算，内墙按净长计算。

(4) 标准砖墙体厚度按表 3-2 计算。

表 3-2　　　　　　　　　　　标 准 砖 墙 体 厚 度

砖数（厚度）	1/4	1/2	3/4	1	1.5	2	2.5	3
计算厚度（mm）	53	115	180	240	365	490	615	740

(5) 墙高度：

1) 外墙：斜（坡）屋面无檐口天棚者，算至屋面板底，如图 3-6 所示。有屋架，且室内外均有天棚者算至屋架下弦底另加 200mm，如图 3-7 所示。无天棚者算至屋架下弦底另加 300mm，如图 3-8 所示。出檐宽度超过 600mm 时按实砌高度计算。平屋面算至钢筋混凝土板底，如图 3-9 所示。注意：山东省清单计价办法规定，平屋面算至钢筋混凝土板顶。

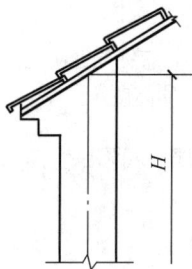

图 3-6　坡屋面无檐口天棚墙身高度示意图

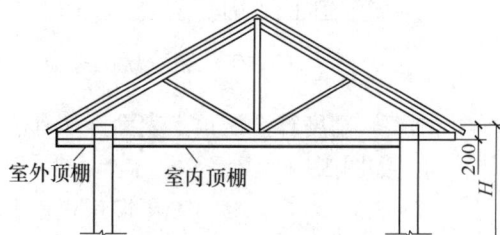

图 3-7　室内外均有顶棚墙身高度示意图

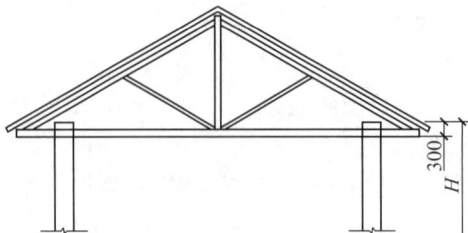

图 3-8　有屋架、无天棚墙身高度示意图

2）内、外山墙：按其平均高度计算，如图 3-10 所示。

3）女儿墙：从屋面板上表面算至女儿墙顶面（如有混凝土压顶时，算至压顶下表面），如图 3-11 所示。

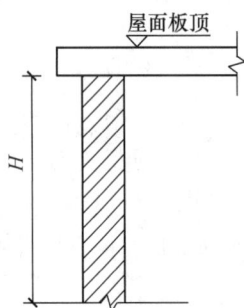

图 3-9　平屋面墙身
高度示意图

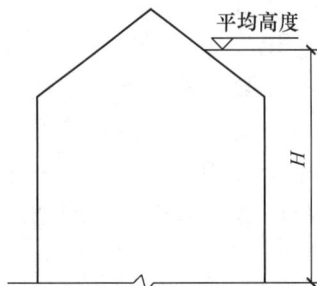

图 3-10　内外山墙高度
示意图

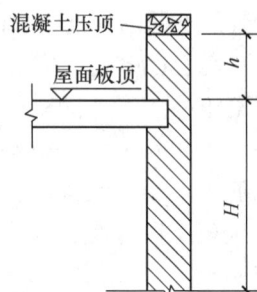

图 3-11　有女儿墙墙身
高度示意图

4）内墙：位于屋架下弦者，算至屋架下弦底，无屋架者算至天棚底另加 100mm，如图 3-12 所示。有钢筋混凝土楼板隔层者，算至楼板顶（山东省清单计价办法规定算至板底），如图 3-13 所示。有框架梁时，算至梁底。

图 3-12　有天棚内墙高度示意图

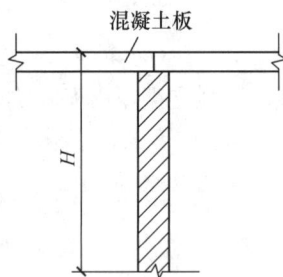

图 3-13　有钢筋混凝土
楼板内墙高度示意图

5）围墙：高度算至压顶上表面（如有混凝土压顶时，算至压顶下表面），围墙柱并入围墙体积内，如图 3-14 所示。

$$围墙工程量 V=(LB+4ab)H$$

（6）框架间墙：不分内外墙按墙体净尺寸以体积计算。框架外表面的镶贴砖部分，按零星项目编码列项。

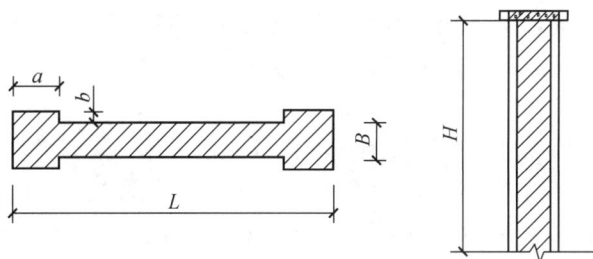

图 3-14 混凝土压顶围墙示意图

（7）附墙烟囱、通风道、垃圾道，应按设计图示以体积（扣除孔洞所占体积）计算，并入所附的墙体体积内。当设计规定孔洞内需抹灰时，应按"装饰工程量清单项目墙柱面工程"中零星抹灰项目编码列项。

（8）墙内砖平碹、砖拱碹、砖过梁的体积不扣除，应包括在报价内。

3. 实心、多孔砖柱

"实心、多孔砖柱"项目适用于各种类型柱，如矩形柱、异形柱、圆柱、包柱等。

4. 砖检查井

（1）"砖检查井"项目适用于各类砖砌窑井、检查井等。

（2）检查井内的爬梯按预埋铁件项目编码列项；井、池内的混凝土构件按混凝土及钢筋混凝土预制构件编码列项。

5. 零星砌砖

"零星砌砖"项目适用于台阶、台阶挡墙、梯带、锅台、炉灶、蹲台、池槽、池槽腿、花台、花池、楼梯栏板、阳台栏板、地垄墙、屋面隔热板下的砖墩、≤0.3m² 孔洞填塞等，应按零星砌砖工程量清单项目编码列项。砖砌锅台与炉灶可按外形尺寸以个计算，砖砌台阶可按水平投影面积，以平方米计算（不包括梯带或台阶挡墙），小便槽、地垄墙可按长度计算，小型池槽、锅台、炉灶可按个计算，应按"长×宽×高"顺序标明外形尺寸。其他工程量按立方米计算。

三、配套定额相关规定

1. 砖砌体定额使用规定

（1）砖基础不分砌筑宽度及有否大放脚，均执行对应品种及规格砖的同一项目。地下混凝土构件所用砖模及砖砌挡土墙套用砖基础项目。省定额规定挡土墙厚≤2 的砖执行砖墙相应项目。

（2）砖砌地沟不分墙基和墙身，按不同材质合并工程量套用相应项目。

（3）砖砌体和砌块砌体不分内、外墙，均执行对应品种的砖和砌块项目。

（4）零星砌体系指台阶、台阶挡墙、梯带、锅台、炉灶、蹲台、池槽、池槽腿、花台、花池、楼梯栏板、阳台栏板、地垄墙、<0.3m² 的孔洞填塞、突出屋面的烟囱、屋面伸缩缝砌体、隔热板砖墩等。

（5）贴砌砖项目适用于地下室外墙保护墙部位的贴砌砖；框架外表面的镶贴砖部分，套用零星砌体项目。

（6）多孔砖、空心砖及砌块砌筑有防水、防潮要求的墙体时，若以普通（实心）砖作为导墙砌筑的，导墙与上部墙身主体需分别计算，导墙部分套用零星砌体项目。

（7）砖砌体钢筋加固，砌体内加筋，灌注混凝土，墙体拉结筋的制作、安装，以及墙基、墙身的防潮、防水、抹灰等，按本定额其他相关章节的项目及规定执行。

2. 砖基础工程量计算

（1）条形基础按墙体长度乘以设计断面面积以体积计算。附墙垛基础宽出部分体积（见图 3-15）按折合增加长度合并计算，扣除地梁（圈梁）、构造柱所占体积，不扣除基础大放脚 T 形接头处的重叠部分（见图 3-16）及嵌入基础内的钢筋、铁件、管道、基础砂浆防潮层和单个面积≤0.3m² 的孔洞所占体积，靠墙暖气沟的挑檐不增加。

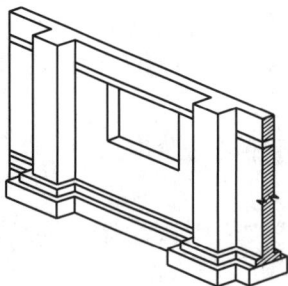 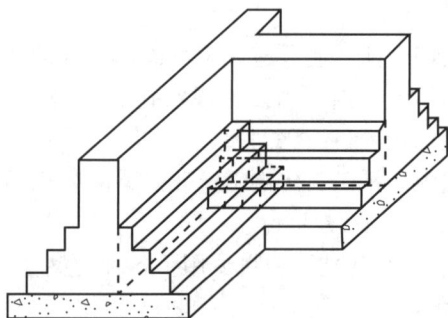

图 3-15　附墙垛基础宽出　　　　　图 3-16　基础大放脚 T 形
　　　部分体积示意图　　　　　　　　接头处的重叠部分示意图

（2）基础长度。外墙基础按外墙中心线长度计算，内墙基础按内墙基净长线计算。柱间条形基础按柱间墙体的设计净长度计算。

条形基础工程量＝L×基础断面面积＋附墙垛基础宽出部分体积－嵌入基础的构件体积

式中　L——外墙为中心线长度（$L_{中}$）；内墙为内墙净长度（$L_{内}$）；柱间墙为设计净长度（$L_{净}$）。

（3）独立基础按设计图示尺寸以体积计算。

3. 砖墙体工程量计算

砖墙体按设计图示尺寸以体积计算。扣除门窗、洞口、嵌入墙内的钢筋混凝土柱、梁、圈梁、挑梁、过梁及凹进墙内的壁龛、管槽、暖气槽、消火栓箱所占体积，不扣除梁头、板头、檩头、垫木、木楞头、沿缘木、木砖、门窗走头、砖墙内加固钢筋、木筋、铁件、钢管及单个面积≤0.3m² 的孔洞所占的体积。凸出墙面的腰线、挑檐、压顶、窗台线、虎头砖、门窗套的体积亦不增加。凸出墙面的砖垛并入墙体体积内计算。附墙烟囱（包括附墙通风道、垃圾道，混凝土烟风道除外），按其外形体积并入所依附的墙体积内计算（见图 3-17）。混凝土烟、风道按设计混凝土砌块体积，以立方米计算，计算墙体工程量时，应扣除其体积。

附墙烟囱工程量＝BAH

式中　H——附墙烟囱设计高度。

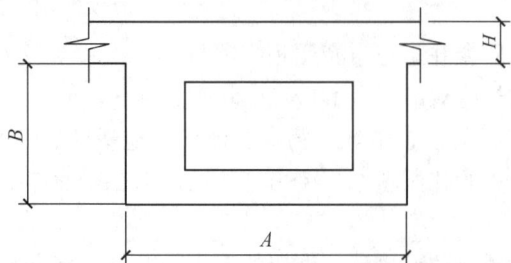

图 3-17　附墙烟囱示意图

（1）墙长度。外墙按中心线、内墙按净长计算。框架间墙按设计框架柱间净长线计算。

（2）墙高度按表 3-3 计算规定执行。

表 3 - 3 墙 身 高 度 计 算 规 定

名称	屋面类型	檐口构造	标准墙身计算高度	规则与定额墙身计算高度
外墙	坡屋面	无檐口天棚者	算至屋面板底	算至屋面板底
		有屋架，室内外均有天棚者	算至屋架下弦底，另加 200mm	算至屋架下弦底，另加 200mm
		有屋架，无天棚者	算至屋架下弦底，另加 300mm	算至屋架下弦底，另加 300mm
		无天棚，檐宽超过 600mm	按实砌高度计算	按实砌高度计算
	平屋面	有挑檐	算至钢筋混凝土板底	算至钢筋混凝土板顶
		有女儿墙，无檐口	算至屋面板顶面	算至屋面板顶面
	女儿墙	无混凝土压顶	算至女儿墙顶面	算至女儿墙顶面
		有混凝土压顶	算至女儿墙压顶底面	算至女儿墙压顶底面
内墙	平顶	位于屋架下弦者	算至屋架下弦底	算至屋架下弦底
		无屋架，有天棚者	算至天棚底，另加 100mm	算至天棚底，另加 100mm
		有钢筋混凝土楼板隔层者	算至楼板顶面	算至楼板底面
		有框架梁时	算至梁底面	算至梁底面
山墙	有山尖	内、外山墙	按平均高度计算	按平均高度计算

（3）墙厚度。标准砖以 240mm×115mm×53mm 为准，其砌体厚度按表 3 - 4 计算。

表 3 - 4 标准砖砌体计算厚度表

砖数（厚度）	1/4	1/2	3/4	1	1.5	2	2.5	3
计算厚度（mm）	53	115	178	240	365	490	615	740

使用非标准砖时，其砌体厚度应按砖实际规格和设计厚度计算；如设计厚度与实际规格不同时，按实际规格计算。

（4）框架间墙：不分内外墙按墙体净尺寸以体积计算。

（5）围墙：高度算至压顶上表面（如有混凝土压顶时算至压顶下表面），围墙柱并入围墙体积内，即

$$墙体工程量 = [(L + a) \times H - 门窗洞口面积] \times h - \sum 构件体积$$

式中 L——外墙为中心线长度（$L_{中}$），内墙为内墙净长度（$L_{内}$），框架间墙为柱间净长度（$L_{净}$见图 3-18）；

a——墙垛厚，是指墙外皮至垛外皮的厚度；

h——墙厚，砖墙厚度严格按标准砖砌体计算厚度表（表 3 - 4）计算；

H——墙高，墙体高度按计算规则计算。

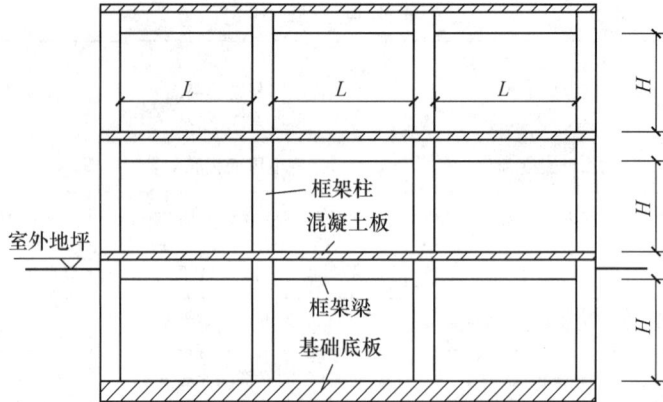

图 3-18　框架间墙砌体示意图

【例 3-1】　某传达室工程如图 3-19 所示，砖墙体用 M2.5 混合砂浆砌筑，M1 为 1000mm×2400mm，M2 为 900mm×2400mm，C1 为 1500mm×1500mm；门窗上部均设过梁，断面为 240mm×180mm，长度按门窗洞口宽度每边增加 250mm；外墙均设圈梁（内墙不设），断面为 240mm×240mm。试计算砖墙体工程量，确定定额项目。

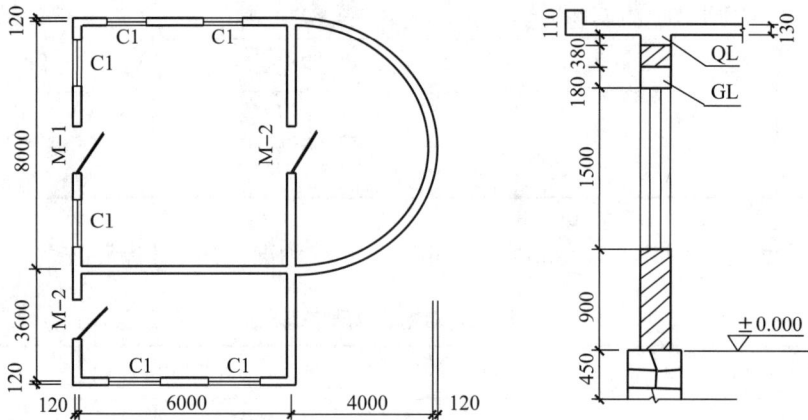

图 3-19　某传达室工程图

解　外墙直墙中心线长度=6+3.6+6+3.6+8=27.20(m)

外墙弧形墙中心线长度=4×3.14=12.56(m)

内墙净长线长度=6−0.24+8−0.24=13.52(m)

外墙高度=0.9+1.5+0.18+0.38=2.96(m)

内墙高度=0.9+1.5+0.18+0.38+0.11=3.07(m)

M-1 面积=1×2.4=2.40(m²)

M-2 面积=0.9×2.4=2.16(m²)

C1 面积=1.5×1.5=2.25(m²)

M-1GL 体积=0.24×0.18×(1+0.5)=0.065(m³)

M-2GL 体积=0.24×0.18×(0.9+0.5)=0.060(m³)

C1GL 体积＝$0.24×0.18×(1.5+0.5)=0.086(m^3)$

① 外墙直墙工程量＝$(27.2×2.96-2.4-2.16-2.25×6)×0.24-0.065-0.06-$
$0.086×6=14.35(m^3)$

② 内墙工程量＝$(13.52×3.07-2.16)×0.24-0.06=9.38(m^3)$

③ 半圆弧外墙工程量＝$12.56×2.96×0.24=8.92(m^3)$

墙体工程量合计＝$14.35+9.38+8.92=32.65(m^3)$

240mm 混水砖墙（M2.5 混合砂浆），套定额 4-10（换）或 4-1-7（换）。

4. 其他砌体工程量计算

（1）砖柱按设计图示尺寸以体积计算，扣除混凝土及钢筋混凝土梁垫、梁头、板头所占体积。

（2）零星砌体、地沟、砖碹按设计图示尺寸以体积计算。

（3）砖散水、地坪按设计图示尺寸以面积计算。

（4）轻质隔墙按设计图示尺寸以面积计算，应扣除门窗洞口、过人洞、空圈等面积。

四、应用案例

【案例 3-1】 某基础工程尺寸如图 3-20 所示，砖基础采用 MU10.0 机制标准红砖、M5.0 水泥砂浆砌筑；钢筋混凝土圈梁断面为 240mm×240mm。编制砖基础工程工程量清单，进行工程量清单报价。

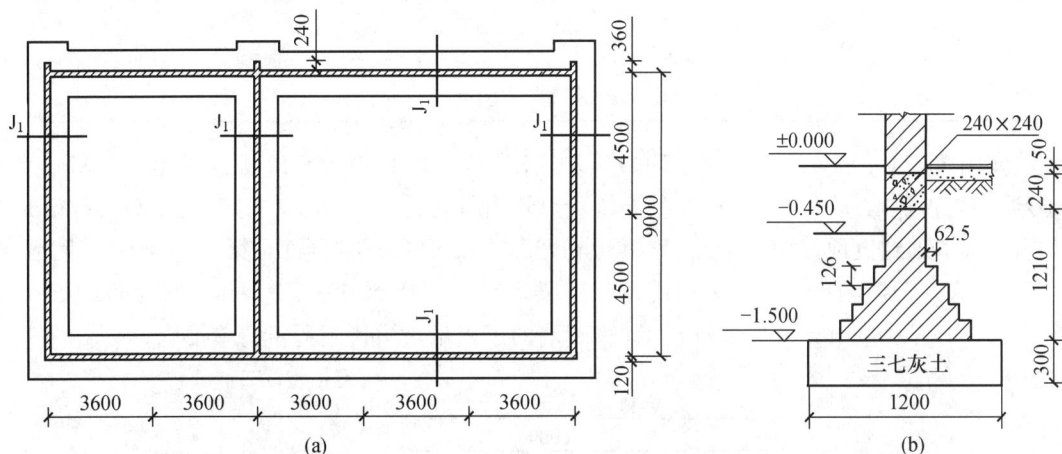

图 3-20　基础工程尺寸图

（a）基础平面图；（b）基础详图

解 1. 砖基础工程量清单的编制

$$L_中=(9.00+3.60×5)×2+0.24×3=54.72(m)$$

$$L_内=9.00-0.24=8.76(m)$$

$$L_净=9.00-1.20=7.80(m)$$

砖基础工程量＝$(0.24×1.50+0.0625×5×0.126×4-0.24×0.24)×(54.72+8.76)=$
$29.19(m^3)$，工程量清单见表 3-1。

分部分项工程量清单见表 3-5。

表 3 - 5　　　　　　　　　　　　　　分部分项工程量清单

序号	项目编号	项目名称	项目特征描述	计量单位	工程量
1	010401001001	砖基础	MU10 标准黏土砖砌条形基础； M5.0 水泥砂浆	m³	29.19

2. 砖基础工程量清单计价表的编制

该项目发生的工程内容为：铺设垫层、砖基础砌筑。

$$L_{中}=(9.00+3.60\times5)\times2+0.24\times3=54.72(\text{m})$$

$$L_{内}=9.00-0.24=8.76(\text{m})$$

$$L_{净}=9.00-1.20=7.80(\text{m})$$

砖基础工程量 $=(0.24\times1.50+0.062\,5\times5\times0.126\times4-0.24\times0.24)\times(54.72+8.76)=$ 29.19(m³)

M5.0 水泥砂浆砌筑砖基础，套定额 4 - 1 - 1。

人工、材料、机械单价选用市场价。

根据企业情况确定管理费率为 25%，利润率为 15%，分部分项工程量清单计价见表 3 - 6。

表 3 - 6　　　　　　　　　　　　　　分部分项工程量清单计价表

序号	项目编号	项目名称	项目特征描述	计量单位	工程量	金额（元）	
						综合单价	合价
1	010401001001	砖基础	MU10.0 标准黏土砖砌条形基础； M5.0 水泥砂浆	m³	29.19	391.00	11 413.29

【案例 3 - 2】　某单层建筑物工程如图 3 - 21 所示，墙身用 MU10 标准黏土砖、M5.0 混合砂浆（购买过筛净砂）砌筑标准黏土砖，内外墙厚均为 370mm，混水砖墙。GZ370mm×370mm 从基础到板顶，女儿墙处 GZ240mm×240mm 到砖压顶顶面，梁高 500mm，附墙垛高度至梁底，门窗洞口上全部采用砖平碹过梁。M₁：1500mm×2700mm；M₂：1000mm×2700mm；C₁：1800mm×1800mm。计算砖墙的工程量，进行工程量清单报价。

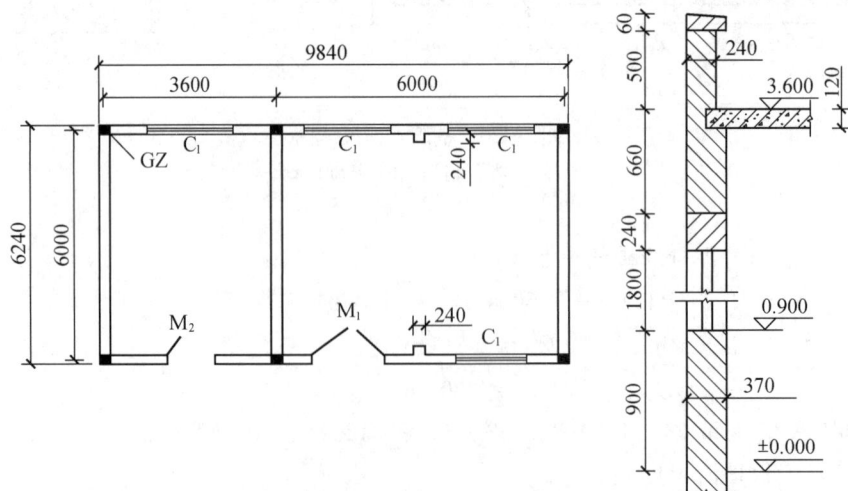

图 3 - 21　单层建筑物工程图

解 1. 实心砖墙工程量清单的编制

$$L_{中}=(9.84-0.37+6.24-0.37)\times 2-0.37\times 6=28.46(m)$$

$$L_{内}=6.24-0.37\times 2=5.50(m)$$

240 女儿墙 $L_{中}=(9.84+6.24)\times 2-0.24\times 4-0.24\times 6=29.76(m)$

①365 砖墙工程量 $=[(28.46+5.50)\times 3.60-1.50\times 2.70-1.00\times 2.70-1.80\times 1.80\times 4)]\times 0.365+0.24\times 0.24\times(3.60-0.50梁底)\times 2=37.79(m^3)$

②女儿墙工程量 $=0.24\times 0.56\times 29.76=4.00(m^3)$，分部分项工程量清单见表 3-7。

表 3-7   **分部分项工程量清单**

序号	项目编号	项目名称	项目特征描述	计量单位	工程量
1	010401003001	实心砖墙	MU10 标准黏土砖；365mm 双面混水墙；M5.0 混合砂浆	m³	37.79
2	010401003002	实心砖墙	MU10 标准黏土砖；240mm 女儿墙；M5.0 混合砂浆	m³	4.00

2. 实心砖墙工程量清单计价表的编制

该项目发生的工程内容：砌筑砖墙体，女儿墙。

① 365 砖墙

$$L_{中}=(9.84-0.37+6.24-0.37)\times 2-0.37\times 6=28.46(m)$$

$$L_{内}=6.24-0.37\times 2=5.50(m)$$

砖墙工程量 $=0.365\times[(3.6\times 28.46-1.5\times 2.7-1.0\times 2.7-1.8\times 1.8\times 4)+(3.6-0.12)\times 5.50]+0.24\times 0.24\times(3.6-0.5)\times 2=37.55(m^3)$

M5.0 混合砂浆砌筑砖墙体，套 4-1-8。

② 240 女儿墙

$$L_{中}=(9.84+6.24)\times 2-0.24\times 4-0.24\times 6=29.76(m)$$

$$女儿墙工程量=0.24\times 0.56\times 29.76=4.00(m^3)$$

女儿墙 M5.0 混合砂浆，套 4-1-7。

人工、材料、机械单价选用市场价。

根据企业情况确定管理费率为 25%，利润率为 15%，分部分项工程量清单计价见表 3-8。

表 3-8   **分部分项工程量清单计价表**

序号	项目编号	项目名称	项目特征描述	计量单位	工程量	金额（元）综合单价	合价
1	010401003001	实心砖墙	MU10 标准黏土砖；365mm 双面混水墙；M5.0 混合砂浆	m³	37.79	401.15	15 159.46
2	010401003002	实心砖墙	MU10 标准黏土砖；240mm 女儿墙；M5.0 混合砂浆	m³	4.00	421.38	1685.52

第二节　砌　块　砌　体

一、"计量标准"清单项目设置

"计量标准"附录 D. 2 砌块砌体项目包括砌块墙和砌块柱两个项目，见表 3 - 9。

表 3 - 9　　　　　　　　　　　砌块砌体（编码：010402）

项目编码	项目名称	项目特征	计量单位	工程量计算规则	工程内容
010402001	砌块墙	① 砌块品种、规格、强度等级； ② 墙体类型； ③ 墙体厚度； ④ 砂浆强度等级	m³	按设计图示尺寸以体积计算	① 砂浆制作； ② 砌砖、砌块； ③ 刮缝； ④ 墙体顶缝、侧缝填塞处理
010402002	砌块柱	① 砌块品种、规格、强度等级； ② 柱截面尺寸； ③ 砂浆强度等级		按设计图示尺寸以体积计算，扣除混凝土及钢筋混凝土梁垫、梁头、板头所占体积	① 砂浆制作； ② 砌砖、砌块； ③ 刮缝

二、计量标准与计价规则说明

1. 砌块墙

（1）"砌块墙"项目适用于各种规格的砌块砌筑的各种类型的墙体，嵌入砌块墙的实心砖不扣除。

（2）砌块墙工程量计算时，应扣除门窗洞口、过人洞、空圈、嵌入墙内的钢筋混凝土柱、梁、圈梁、挑梁、过梁以及凹进墙内的壁龛、管槽、暖气槽、消火栓箱所占体积，不扣除梁头、板头、檩头、垫木、木楞头、沿缘木、木砖、门窗走头、砖墙内加固钢筋、木筋、铁件、钢管及单个面积 ≤ 0.3m² 的孔洞所占体积，凸出墙面的腰线、挑檐、压顶、窗台线、虎头砖、门窗套的体积不增加，凸出墙面的砖垛并入墙体体积内。

（3）墙长度：外墙按中心线，内墙按净长计算。

（4）墙高度。

1）外墙：斜（坡）屋面，无檐口天棚者算至屋面板底；有屋架，室内外均有天棚者算至屋架下弦底另加 200mm，无天棚者算至屋架下弦底另加 300mm；出檐宽度超过 600mm 时按实砌高度计算；与钢筋混凝土楼板隔层者算至楼板顶。平屋面算至钢筋混凝土板底。

2）内墙：位于屋架下弦者，算至屋架下弦底；无屋架者算至天棚底另加 100mm；有钢筋混凝土楼板隔层者算至楼板顶；有框架梁时算至梁底。

3）女儿墙：从屋面板上表面算至女儿墙顶面（如有压顶时算至压顶下表面）。

4）内、外山墙：按其平均高度计算。

（5）框架间墙：不分内外墙按墙体净尺寸以体积计算。

（6）围墙：高度算至压顶上表面（如有混凝土压顶时，算至压顶下表面），围墙柱并入围墙体积内。

2. 砌块柱

"砌块柱"项目适用于各种类型柱（矩形柱、方柱、异形柱、圆柱、包柱等）。注意工程量计算与"基础定额"不同，要扣除混凝土及钢筋混凝土梁头、梁垫、板头所占体积，不扣除梁头、板头下局部实心砖砌体的体积。

3. 其他项目

（1）砌块排列应上、下错缝搭砌，如果搭错缝长度满足不了规定的压搭要求，应采取压砌钢筋网片的措施，具体构造要求按设计规定。若设计无规定时，应注明由投标人根据工程实际情况自行考虑。钢筋网片按金属结构工程砌块墙钢丝网加固项目编码列项。

（2）砌体垂直灰缝宽>30mm 时，采用 C20 细石混凝土灌实。灌注的混凝土应按混凝土及钢筋混凝土工程其他构件项目编码列项。

三、配套定额相关规定

1. 砌块砌体定额说明

（1）加气混凝土类砌块墙项目已包括砌块零星切割改锯的损耗及费用。

（2）框架间墙：不分内外墙按墙体净尺寸以体积计算。

（3）砌块墙顶部与梁底、板底连接按铁件考虑，如果实际采用为混凝土或斜砌砖，分别按零星混凝土和零星砌体计算，并套用相应定额。

2. 砌块砌体工程量计算

砌块墙体按设计图示尺寸以体积计算。扣除门窗、洞口、嵌入墙内的钢筋混凝土柱、梁、圈梁、挑梁、过梁及凹进墙内的壁龛、管槽、暖气槽、消火栓箱所占体积，不扣除梁头、板头、檩头、垫木、木楞头、沿缘木、木砖、门窗走头、砖墙内加固钢筋、木筋、铁件、钢管及单个面积≤0.3m² 的孔洞所占的体积。凸出墙面的腰线、挑檐、压顶、窗台线、虎头砖、门窗套的体积也不增加。凸出墙面的砖垛并入墙体体积内计算。附墙烟囱（包括附墙通风道、垃圾道，混凝土烟风道除外），按其外形体积并入所依附的墙体积内计算。混凝土烟、风道按设计混凝土砌块体积，以立方米计算，计算墙体工程量时，应扣除其体积。

（1）墙长度：外墙按中心线、内墙按净长计算。框架间墙按设计框架柱间净长线计算。

（2）框架间墙：不分内外墙按墙体净尺寸以体积计算。

四、应用案例

【案例 3-3】 某单层建筑物，框架结构，尺寸如图 3-22 所示。墙身用 M5.0 混合砂浆砌筑加气混凝土砌块，规格为 585mm×240mm×240mm。女儿墙砌筑煤矸石空心砖，规格为 240mm×115mm×115mm，混凝土压顶断面 240mm×60mm，墙厚均为 240mm，钢筋混凝土板厚 120mm。框架柱断面 240mm×240mm 到女儿墙顶，框架梁断面 240mm×500mm，门窗洞口上均采用现浇钢筋混凝土过梁，断面 240mm×180mm。M₁：1560mm×2700mm，M₂：1000mm×2700mm，C₁：1800mm×1800mm，C₂：1560mm×1800mm。编制空心砖和砌块墙体工程量清单。

解 砌块墙工程量清单的编制

① 加气混凝土砌块墙工程量＝[(11.34－0.24＋10.44－0.24－0.24×6)×2×3.60－1.56×2.70－1.80×1.80×6－1.56×1.80]×0.24－(1.56×2＋2.30×6)×0.24×0.18＝

平面图

A—A 剖面图

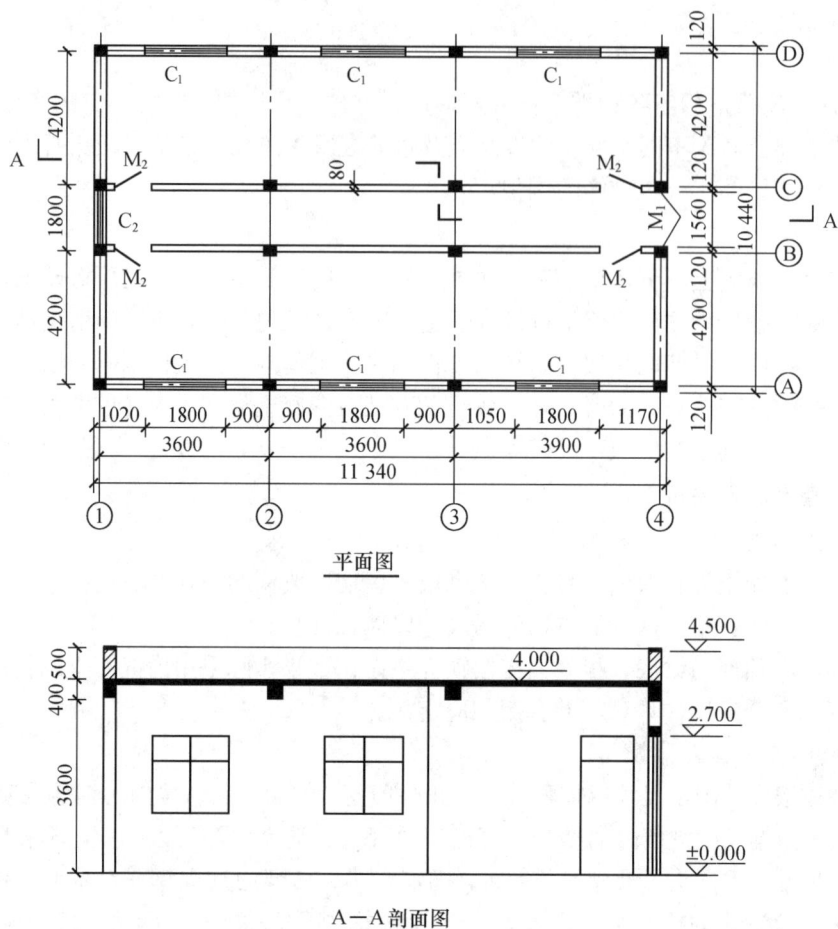

图 3-22　单层建筑物框架结构图

27.24(m³)。

②煤矸石空心砖女儿墙工程量＝(11.34－0.24＋10.44－0.24－0.24×6)×2×(0.50－0.06)×0.24＝4.19(m³)，分部分项工程量清单见表 3-10。

表 3-10　　　　　　　　　　分部分项工程量清单

序号	项目编号	项目名称	项目特征描述	计量单位	工程量
1	010402001001	砌块墙	C20 加气混凝土砌块墙，585mm×240mm×240mm；M5.0 混合砂浆	m³	27.24
2	010401005001	空心砖墙	MU15 空心砖墙 240mm×115mm×115mm；M5.0 混合砂浆	m³	4.19

第三节　石　砌　体

一、"计量标准"清单项目设置

"计量标准"附录 D.3 石砌体项目包括石基础、石勒脚、石墙、石挡土墙、石柱、石栏杆、石护坡、石台阶、石坡道、石地沟及石明沟 10 个清单项目。石砌体清单项目见表 3 - 11。

表 3 - 11　　　　　　　　　　　　　　石砌体（编号：010403）

项目编码	项目名称	项目特征	计量单位	工程量计算规则	工程内容
010403001	石基础	① 石料种类、规格； ② 基础类型； ③ 砂浆强度等级； ④ 防潮层材料种类			① 砂浆制作； ② 吊装； ③ 砌石； ④ 防潮层铺设
010403003	石墙	① 石料种类、规格； ② 石表面加工要求； ③ 墙体类型； ④ 勾缝要求； ⑤ 砂浆强度等级	m^3	按设计图示尺寸以体积计算	① 砂浆制作； ② 吊装； ③ 砌石； ④ 石表面加工； ⑤ 勾缝
010403004	石挡土墙	① 石料种类、规格； ② 石表面加工要求； ③ 勾缝要求； ④ 砂浆强度等级； ⑤ 墙身高度			① 砂浆制作； ② 吊装； ③ 砌石； ④ 变形缝、泄水孔、压顶抹灰； ⑤ 滤水层； ⑥ 勾缝

二、计量标准与计价规则说明

（1）石砌体项目适用于各种规格的条石、块石等。

（2）石基础、石勒脚、石墙的划分：基础与勒脚应以设计室外地坪为界。勒脚与墙身应以设计室内地面为界。石围墙内外地坪标高不同时，应以较低地坪标高为界，以下为基础；内外标高之差为挡土墙时，挡土墙以上为墙身。

（3）石基础项目适用于各种规格（粗料石、细料石等）、各种材质（砂石、青石等）和各种类型（柱基、墙基、直形、弧形等）基础。

1）石基础计算体积时，应包括附墙垛基础宽出部分体积，不扣除基础砂浆防潮层及单个面积≤0.3m² 的孔洞所占体积，靠墙暖气沟的挑檐不增加体积。

2）基础长度：外墙按中心线，内墙按净长计算。

（4）石勒脚、石墙项目适用于各种规格（粗料石、细料石等）、各种材质（砂石、青石、大理石、花岗石等）和各种类型（直形、弧形等）勒脚和墙体。

（5）石墙项目适用于各种规格（粗料石、细料石等）、各种材质（砂石、青石、大理石、花岗石等）和各种类型（直形、弧形等）的墙体。

1）石料天、地座打平，拼缝打平，打扁口等工序包括在报价内。

2）石表面加工分打钻路、钉麻石、剁斧、扁光等。

3）石墙勾缝分平缝、平圆凹缝、平凹缝、平凸缝、半圆凸缝、三角凸缝。

4）石墙计算工程量，应扣除门窗洞口、过人洞、空圈，嵌入墙内的钢筋混凝土柱、梁、圈梁、挑梁、过梁以及凹进墙内的壁龛、管槽、暖气槽、消火栓箱所占体积；不扣除梁头、板头、檩头、垫木、木楞头、沿缘木、木砖、门窗走头，砖墙内加固钢筋、木筋、铁件、钢管及单个面积≤0.3m² 的孔洞所占体积；凸出墙面的腰线、挑檐、压顶、窗台线、虎头砖、门窗套不增加体积，凸出墙面的砖垛并入墙体体积内。

5）墙长度：外墙按中心线，内墙按净长计算。

6）墙高度。

① 外墙：斜（坡）屋面，无檐口天棚者算至屋面板底；有屋架，室内外均有天棚者算至屋架下弦底另加 200mm，无天棚者算至屋架下弦底另加 300mm；出檐宽度超过 600mm 时按实砌高度计算；与钢筋混凝土楼板隔层者算至楼板顶。平屋面，算至钢筋混凝土板底。

② 内墙：位于屋架下弦者，算至屋架下弦底；无屋架者，算至天棚底另加 100mm；有钢筋混凝土楼板隔层者，算至楼板顶；有框架梁时，算至梁底。

③ 女儿墙：从屋面板上表面算至女儿墙顶面（如有压顶时，算至压顶下表面）。

④ 内、外山墙：按其平均高度计算。

⑤ 围墙：高度算至压顶上表面（如有混凝土压顶时，算至压顶下表面），围墙柱、压顶并入围墙体积内。

（6）石挡土墙项目适用于各种规格（粗料石、细料石、块石、毛石、卵石等）、各种材质（砂石、青石、石灰石等）和各种类型（直形、弧形、台阶形等）挡土墙。

1）石梯膀应按石砌体中"石挡土墙"工程量清单项目编码列项。

2）变形缝、泄水孔、压顶抹灰等应包括在项目内。

3）挡土墙若有滤水层要求的，应包括在报价内。

4）包括搭、拆简易起重架。

（7）石柱项目适用于各种规格、各种石质、各种类型的石柱。工程量应扣除混凝土梁头、板头和梁垫所占体积。

（8）石栏杆项目适用于无雕饰的一般石栏杆。

（9）石护坡项目适用于各种石质和各种石料（粗料石、细料石、片石、块石、毛石、卵石等）。

（10）石台阶项目包括石梯带（垂带），石梯带工程量应计算在石台阶工程量内。

1）石梯带是指在石梯的两侧（或一侧）与石梯斜度完全一致的石梯封头的条石。但不包括石梯膀，石梯膀按石挡墙项目编码列项。

2）石梯膀是指石梯的两侧面形成的两直角三角形的翼墙（古建筑中称"象眼"）。石梯膀的工程量计算以石梯带下边线为斜边，与地平相交的直线为一直角边，石梯与平台相交的垂线为另一直角边，形成一个三角形，三角形面积乘以砌石的厚度为石梯膀的工程量。

三、配套定额相关规定

1. 石基础、石勒脚、石墙的划分

（1）基础与勒脚应以设计室外地坪为界，勒脚与墙身应以设计室内地面为界。

（2）石围墙内、外地坪标高不同时，应以较低地坪标高为界，以下为基础。

（3）内、外标高之差为挡土墙时，挡土墙以上为墙身。

2. 石基础工程量计算

（1）条形基础按墙体长度乘以设计断面面积以体积计算。附墙垛基础宽出部分体积按折加长度合并计算，扣除地梁（圈梁）、构造柱所占体积，不扣除基础大放脚 T 形接头处的重叠部分及嵌入基础内的钢筋、铁件、管道、基础砂浆防潮层和单个面积≤0.3m² 的孔洞所占体积，靠墙暖气沟的挑檐不增加。

（2）基础长度：外墙基础按外墙中心线长度计算，内墙基础按内墙基净长线计算。柱间条形基础按柱间墙体的设计净长度计算。

条形基础工程量＝$L\times$基础断面积＋附墙垛基础宽出部分体积－嵌入基础的构件体积

式中 L——外墙为中心线长度（$L_中$）；内墙为内墙净长度（$L_内$）；柱间墙为设计净长度（$L_净$）。

（3）独立基础按设计图示尺寸以体积计算。

3. 石墙体工程量计算

石墙体按设计图示尺寸以体积计算。扣除门窗、洞口、嵌入墙内的钢筋混凝土柱、梁、圈梁、挑梁、过梁及凹进墙内的壁龛、管槽、暖气槽、消火栓箱所占体积，不扣除梁头、板头、檩头、垫木、木楞头、沿缘木、木砖、门窗走头、石墙内加固钢筋、木筋、铁件、钢管及单个面积$\leq 0.3 m^2$的孔洞所占的体积。凸出墙面的腰线、挑檐、压顶、窗台线、虎头砖、门窗套的体积也不增加。凸出墙面的垛并入墙体体积内计算。

（1）墙长度：外墙按中心线、内墙按净长计算。框架间墙按设计框架柱间净长线计算。

（2）围墙：高度算至压顶上表面（如有混凝土压顶时算至压顶下表面），围墙柱并入围墙体积内计算。

4. 其他石墙体工程量计算

（1）毛料石护坡高度超过 4m 时，定额人工乘以系数 1.15。

（2）石勒脚、石挡土墙、石护坡、石台阶按设计图示尺寸以体积计算，石坡道按设计图示尺寸以水平投影面积计算，墙面勾缝按设计图示尺寸以面积计算。

四、应用案例

【案例 3-4】 某毛石基础工程如图 3-23 所示，MU30 整毛石，基础用 M5.0 水泥砂浆（购买过筛净砂）砌筑。编制该基础工程的工程量清单，自己进行工程量清单报价。

解 石基础工程量清单的编制

$$L_中=(6.00\times 2-0.37+9.00+0.425\times 2)\times 2=42.96(m)$$

$$L_内=9.00-0.37+6.00-0.37=14.26(m)$$

① 毛石条基工程量＝$(42.96+14.26)\times(0.90+0.70+0.50)\times 0.35=42.06(m^3)$

② 毛石独立基础工程量＝$(1.00\times 1.00+0.70\times 0.70)\times 0.35=0.52(m^3)$，分部分项工程量清单见表 3-12。

表 3-12 分部分项工程量清单

序号	项目编号	项目名称	项目特征描述	计量单位	工程量
1	010403001001	石基础	① 石料种类、规格：MU30 整毛石； ② 基础类型：条形； ③ 砂浆强度等级、配合比：M5.0 水泥砂浆	m³	42.06
2	010403001002	石基础	① 石料种类、规格：MU30 整毛石； ② 基础类型：独立； ③ 砂浆强度等级、配合比：M5.0 水泥砂浆	m³	0.52

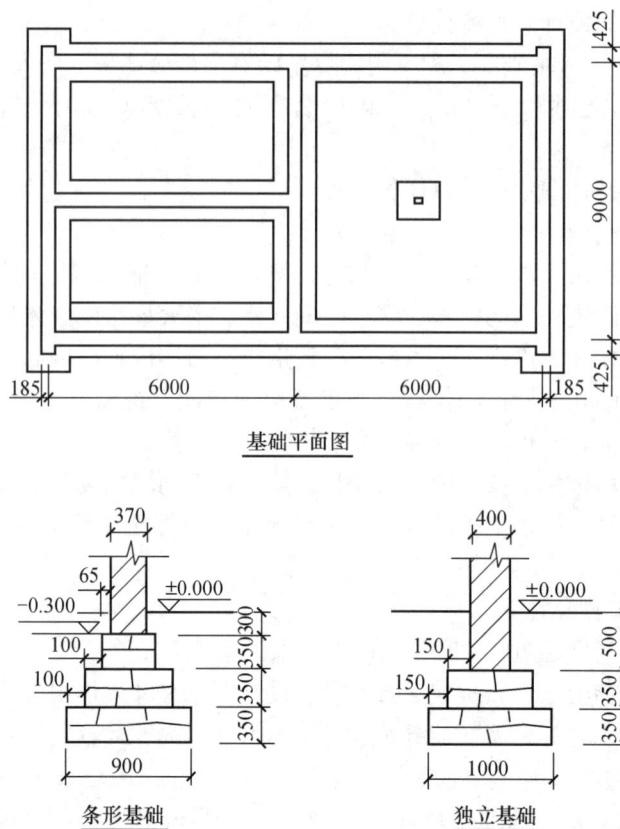

图 3-23　某毛石基础工程图

第四节　轻　质　墙　板

一、计量标准清单项目设置

"计量标准"附录 D.4 轻质墙板项目包括轻质墙板和轻质保温一体墙板两个项目，见表 3-13。

表 3-13　　　　　　　　　　轻质墙板（编码：010404）

项目编码	项目名称	项目特征	计量单位	工程量计算规则	工程内容
010404001	轻质墙板	① 墙板材质、厚度； ② 安装部位； ③ 连接方式； ④ 填缝及填充要求	m²	按设计图示尺寸以面积计算	① 清理基层、水刷墙板黏结面； ② 调铺砂浆或专用胶黏剂； ③ 拼装墙板、粘网格布条； ④ 填灌板下细石混凝土及填充层等墙板安装操作
010404002	轻质保温一体墙板	① 墙板材质、厚度； ② 保温材料规格、材质； ③ 安装部位； ④ 连接方式； ⑤ 填缝及填充要求			

二、计量标准与计价规则说明

1. 轻质墙板

轻质墙板也称轻质隔墙板、轻质墙体，是一种用于建筑内部隔墙和外墙的新型墙板。轻质墙板工程量按设计图示尺寸以面积计算。

2. 轻质保温一体墙板

轻质保温一体墙板是一种集保温与围护功能于一体的新型墙板。轻质保温一体墙板工程量按设计图示尺寸以面积计算。

3. 轻质墙板工程内容

轻质墙板工程内容包括清理基层、水刷墙板黏结面、调铺砂浆或专用胶粘剂、拼装墙板、粘网格布条、填灌板下细石混凝土及填充层等墙板安装操作。

三、配套定额相关规定

1. 轻质墙板定额说明

轻质墙板施工分为湿法安装和干法安装。

（1）湿法安装：在墙板安装部位涂抹专用黏结胶，将墙板粘贴固定，并用水泥砂浆勾缝，适用于各种墙面基层。

（2）干法安装：通过配套的连接件、龙骨等将墙板固定在基层上无需湿作业，施工速度快，适用于钢结构、轻钢龙骨等基层。

2. 轻质墙板、轻质保温一体墙板工程量计算

轻质墙板、轻质保温一体墙板工程量按设计图示尺寸以面积计算。

习 题

3-1 根据某传达室工程图（图3-19）和规定条件，编制墙体工程量清单，进行工程量清单报价。人工、材料、机械单价选用价目表参考价，管理费率为25%，利润为15%。

3-2 如图3-24所示砖台阶工程，M5.0水泥砂浆砌筑。人工、材料、机械单价选用价目表参考价，根据企业情况确定管理费率为25%，利润率为15%。编制砖台阶工程量清单和工程量清单报价。

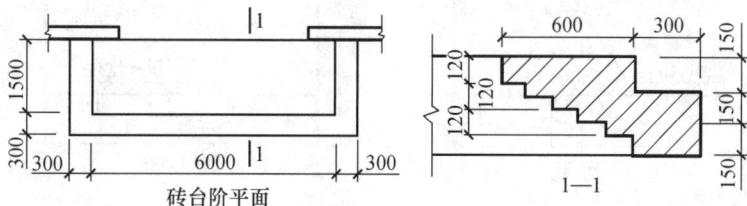

图3-24 砖台阶工程图

3-3 某毛石基础工程如图3-25所示，MU30整毛石，基础用M5.0水泥砂浆砌筑。人工、材料、机械单价选用价目表参考价，根据企业情况确定管理费率为25%，利润率为15%。编制毛石条形基础工程量清单，并进行工程量清单报价。

3-4 某毛石挡土墙工程如图3-26所示，挡土墙长度50m，共8段，砌筑砂浆为M5.0混合砂浆，石材表面加工为整砌，水泥砂浆勾凸缝，1:3水泥砂浆抹压顶20mm。人工、

材料、机械单价选用价目表参考价，根据企业情况确定管理费率为 25％，利润率为 15％。编制整砌毛石挡土墙工程量清单，并进行工程量清单报价。

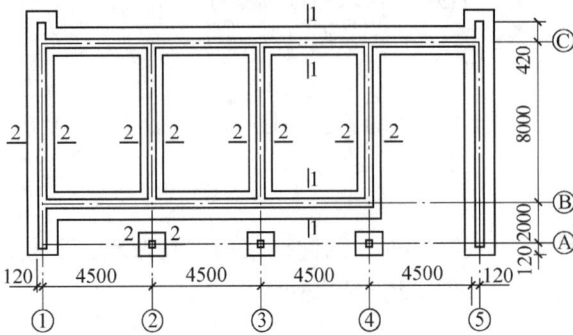

基础平面图

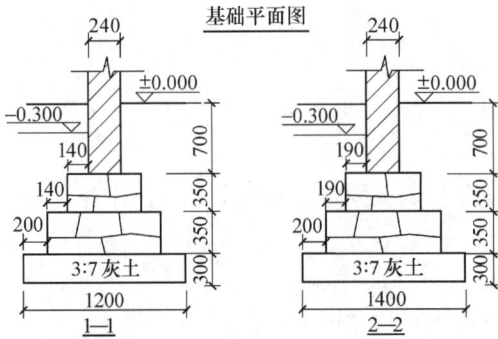

图 3-25　某毛石基础工程图

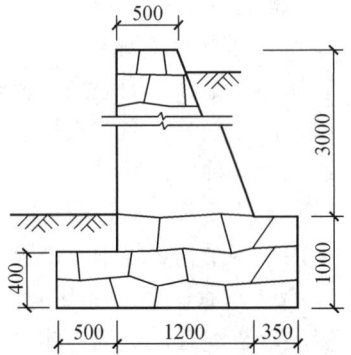

图 3-26　某毛石挡土墙工程图

3-5　某毛石护坡工程如图 3-27 所示，用 M2.5 水泥砂浆砌筑，全长 200m，1∶1.5 水泥砂浆勾凸缝。人工、材料、机械单价选用价目表参考价，根据企业情况确定管理费率为 25％，利润率为 15％。编制乱毛石护坡工程量清单和清单报价。

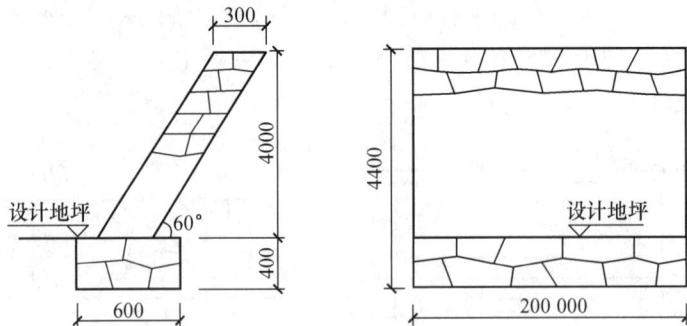

图 3-27　某毛石护坡工程图

第四章　混凝土及钢筋混凝土工程

混凝土及钢筋混凝土工程共分 6 个子分部工程清单项目，即基础及楼地面垫层、现浇混凝土构件、一般预制混凝土构件、装配式预制混凝土构件、混凝土模板、钢筋及螺栓铁件等。适用于建筑物的混凝土、模板和钢筋工程。

1. 计量标准与计价规则的共性问题

（1）项目特征中的"混凝土种类"可描述为预拌（商品）混凝土、现拌混凝土、清水混凝土、彩色混凝土、防水混凝土、耐酸混凝土、毛石混凝土、轻骨料混凝土等。

（2）购入的商品构配件以商品价进入报价。

（3）附录要求分别编码列项的项目（如箱式满堂基础、框架式设备基础等），可在第五级编码上进行分项编码。

（4）预制构件的吊装机械（如履带式起重机、轮胎式起重机、汽车式起重机、塔式起重机等）和运输机械应包括在项目综合单价内。

（5）滑模的提升设备（如千斤顶、液压操作台等）应列在模板及支撑费内。

（6）倒锥壳水箱在地面就位预制后的提升设备（如液压千斤顶及操作台等）应列在垂直运输费内。

（7）预制混凝土构件或预制钢筋混凝土构件，如施工图设计标注做法见标准图集时，项目特征注明标准图集的编码、页号及节点大样即可。

（8）现浇或预制钢筋混凝土构件，不扣除构件内钢筋、螺栓、预埋铁件、张拉孔道所占体积，但应扣除劲性骨架的型钢所占体积。

2. 配套定额的项目划分

（1）国家定额混凝土按预拌混凝土编制，采用现场搅拌时，执行相应的预拌混凝土项目，再执行现场搅拌混凝土调整费项目。省定额内混凝土搅拌项目包括筛砂子、筛洗石子、搅拌、前台运输上料等内容，混凝土浇筑项目包括润湿模板、浇灌、捣固、养护等内容。

（2）小型混凝土构件，是指单件体积≤$0.1m^3$ 的定额未列项目。

（3）轻型框剪墙（短肢剪力墙，也称边缘构件）子目，已综合考虑了墙柱、墙身、墙梁的混凝土浇筑因素，计算工程量时执行墙的相应规则，墙柱、墙身、墙梁不分别计算。

（4）凸阳台（主体结构外侧用悬挑梁悬挑的阳台）按阳台项目计算，定额已综合考虑了阳台的各种类型因素；主体结构内的阳台，按梁、板分别计算，阳台栏板、压顶分别按栏板、压顶项目计算。

（5）与主体结构不同时浇捣的厨房、卫生间等处墙体下部的现浇混凝土翻边执行圈梁相应项目。独立现浇门框按构造柱项目执行。凸出混凝土柱、梁的线条，并入相应柱、梁构件内。叠合梁、板分别按梁、板相应项目执行。

（6）现浇梁、板区分示意如图 4-1 所示。

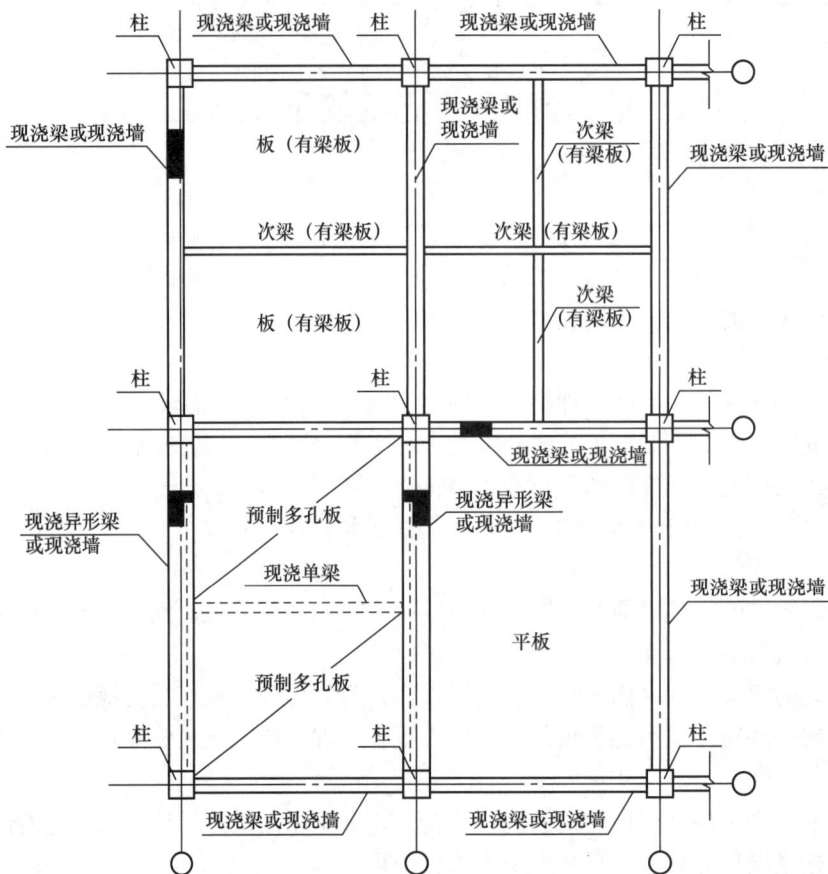

图 4-1 现浇梁、板区分示意图

3. 配套定额换算规定

（1）定额中已列出常用混凝土强度等级，如与设计要求不同时，可以换算。

（2）混凝土项目中未包括各种添加剂，若设计规定需要增加时，按设计混凝土配合比换算；若使用泵送混凝土，其泵送混凝土中的泵送剂在泵送混凝土单价中，混凝土单价按合同约定；若在冬季施工，混凝土需提高强度等级或掺入抗冻剂、减水剂、早强剂时，设计有规定的，按设计规定换算配合比；设计无规定的，按施工规范的要求计算，其费用在冬雨季施工增加费中考虑。

（3）毛石混凝土，是按毛石占混凝土总体积 20% 计算的。如设计要求不同时，可以换算。

（4）省定额规定叠合箱、蜂巢芯混凝土楼板浇筑时，混凝土子目中人工、机械乘以系数 1.15。

（5）型钢组合（劲性）混凝土构件，执行普通混凝土相应构件项目，人工、机械乘以系数 1.20（省定额规定乘以系数 1.15）。

4. 预制混凝土构件安装定额说明

（1）构件安装高度以 20m 以内为准。国家定额安装高度（除塔吊施工外）超过 20m 并小于 30m 时，按相应项目人工、机械乘以系数 1.20。安装高度（除塔吊施工外）超过 30m 时，另行计算。省定额预制混凝土构件安装子目中的安装高度，指建筑物的总高度。

（2）构件安装不分履带式起重机或轮胎式起重机，以综合考虑编制。省定额安装项目是以轮胎式起重机、塔式起重机（塔式起重机台班消耗量包括在垂直运输机械项目内）分别列项编制的。如使用汽车式起重机时，按轮胎式起重机相应定额项目乘以系数 1.05。

（3）构件安装是按单机作业考虑的，如因构件超重（以起重机械起重量为限）须双机台吊时，按相应项目人工、机械乘以系数 1.20。

（4）构件安装是按机械起吊点中心回转半径 15m 以内距离计算。如超过 15m 时，构件须用起重机移运就位，且运距在 50m 以内的，起重机械乘以系数 1.25；运距超过 50m 的，应另按构件运输项目计算。

（5）小型构件安装是指单体构件体积小于 $0.1m^3$ 以内的构件安装。

（6）构件安装不包括运输、安装过程中起重机械、运输机械场内行驶道路的加固、铺垫工作的人工、材料、机械消耗，发生该费用时另行计算。

（7）构件安装需另行搭设的脚手架，按批准的施工组织设计要求，执行脚手架工程相应项目。

（8）预制混凝土构件必须在跨外安装就位时，按相应构件安装子目中的人工、机械台班乘系数 1.18，使用塔式起重机安装时，不再乘以系数。

5. 装配式建筑构件安装定额说明

（1）装配式建筑构件按外购成品考虑。

（2）装配式建筑构件包括预制钢筋混凝土柱、梁、叠合梁、叠合楼板、叠合外墙板、外墙板、内墙板、女儿墙、楼梯、阳台、空调板、预埋套管、注浆等项目。

（3）装配式建筑构件未包括构件卸车、堆放支架及垂直运输机械等内容。

（4）构件运输执行混凝土构件运输相应项目。

（5）如预制外墙构件中已包含窗框安装，则计算相应窗扇费用时应扣除窗框安装人工。

（6）柱、叠合楼板项目中已包括接头、灌浆工作内容，不再另行计算。

第一节　基础及楼地面垫层

一、"计量标准"清单项目设置

"计量标准"附录 E.1 基础及楼地面垫层有 2 个清单项目，见表 4-1。

表 4-1　　　　　　　　　基础及楼地面垫层（编号：010501）

项目编码	项目名称	项目特征	计量单位	工程量计算规则	工作内容
010501001	基础垫层	① 基础形式； ② 厚度； ③ 材料品种、强度要求、配比	m^3	按设计图示尺寸以体积计算。不扣除伸入垫层的桩头所占体积	① 混凝土输送、浇筑、振捣、养护； ② 其他材料的现场拌合、铺设、找平、压实
010501002	楼地面垫层	① 部位； ② 厚度； ③ 材料品种、强度要求、配比			

二、计量标准与计价规则说明

（1）垫层按工种部位分为基础垫层和楼地面垫层，不论采用什么材料种类均执行垫层清单项目（包括垫层内容的清单项目除外）。

（2）外墙基础垫层长度按外墙中心线长度计算，内墙基础垫层长度按内墙基础垫层净长计算。

三、配套定额相关规定

1. 垫层定额说明

（1）国家定额将混凝土垫层编入混凝土与钢筋混凝土工程定额中，将其他材料垫层编入砌筑工程定额中。省定额垫层按地面垫层编制。若为基础垫层，人工、机械分别乘以下列系数：条形基础 1.05；独立基础 1.10；满堂基础 1.00。若为场区道路垫层，人工乘以系数 0.9。

（2）填料加固与垫层的区分：加固的换填材料与垫层，均处于建筑物与地基之间，均起传递荷载的作用。它们的不同之处在于：

1）垫层，平面尺寸比基础略大（一般≤200mm），总是伴随着基础发生，总体厚度较填料加固小（一般≤500mm），垫层与槽（坑）边有一定的间距（不呈满填状态）。

2）填料加固用于软弱地基整体或局部大开挖后的换填，其平面尺寸由建筑物地基的整体或局部尺寸，以及地基的承载能力决定，总体厚度较大（一般＞500mm），一般呈满填状态。

2. 垫层工程量计算

国家定额垫层工程量按设计图示尺寸以体积计算。省定额按下列规定计算垫层体积：

（1）地面垫层按室内主墙间净面积乘以设计厚度，以体积计算。计算时应扣除凸出地面的构筑物、设备基础、室内铁道、地沟，以及单个面积＞$0.3m^2$ 的孔洞、独立柱等所占体积；不扣除间壁墙、附墙烟囱、墙垛，以及单个面积≤$0.3m^2$ 的孔洞等所占体积，门洞、空圈、暖气壁龛等开口部分也不增加。

地面垫层工程量＝（$S_房$－单个面积在 $0.3m^2$ 以上孔洞独立柱及构筑物等面积）×垫层厚

$$S_房＝S_底－\sum L_中×外墙厚－\sum L_内×内墙厚$$

（2）条形基础垫层，外墙按外墙中心线长度、内墙按其设计净长度乘以垫层平均断面面积以体积计算。柱间条形基础垫层，按柱基础（含垫层）之间的设计净长度，乘以垫层平均断面面积以体积计算。

条形基础垫层工程量＝$\sum L_中×$垫层断面积＋$\sum L_净×$垫层断面积

（3）独立基础垫层和满堂基础垫层，按设计图示尺寸乘以平均厚度，以体积计算。

独立满堂基础垫层工程量＝设计长度×设计宽度×平均厚度

（4）场区道路垫层按其设计长度乘以宽度乘以平均厚度，以体积计算。

（5）爆破岩石增加垫层的工程量，按现场实测结果以体积计算。

四、应用案例

【案例 4-1】 某建筑物基础平面图及详图如图 4-2 所示，地面做法：20 厚 1∶2.5 水泥砂浆，100 厚 C15 素混凝土垫层，素土夯实。基础为 M5.0 水泥砂浆砌筑标准黏土砖。按省定额计算垫层工程量，确定定额项目和费用。

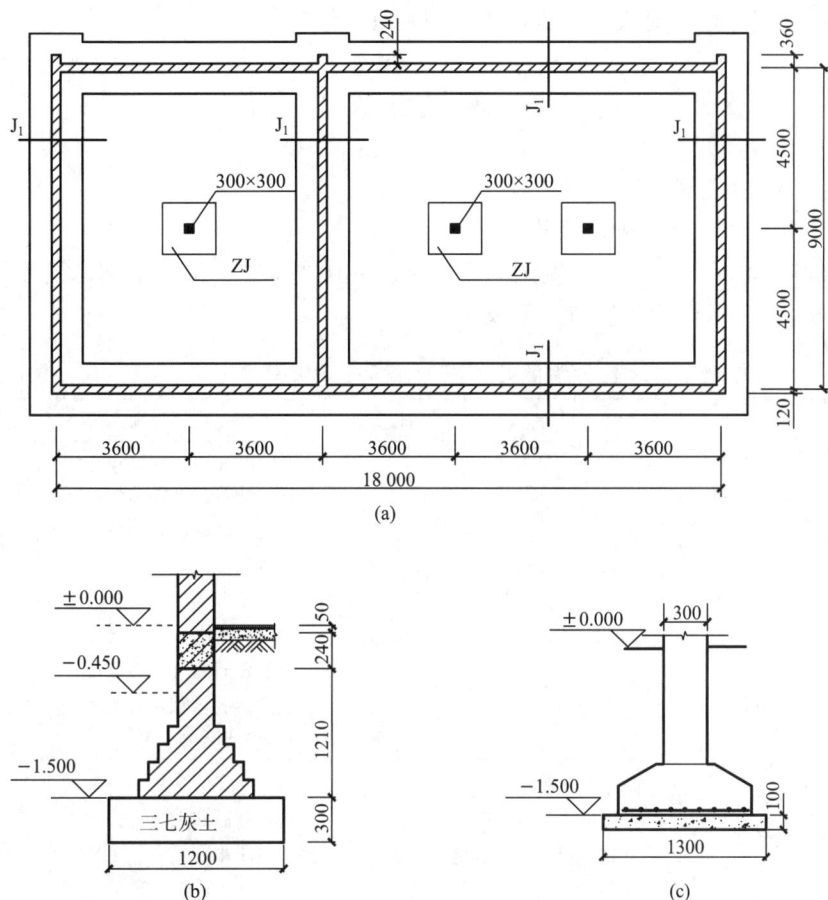

图 4 - 2　基础工程

（a）基础平面图；（b）基础 J_1 详图；（c）柱基础详图

解　① 地面垫层工程量＝$(18-0.24\times2)\times(9-0.24)\times0.1=15.35(m^3)$

C15 素混凝土地面垫层，套定额 2 - 1 - 28

定额单价＝3850.59 元/10m³

定额直接费＝$15.35/10\times3850.59=5910.66$(元)

② 独立基础垫层工程量＝$1.3\times1.3\times0.1\times3=0.51(m^3)$

独立基础 C15 素混凝土垫层，套定额 2 - 1 - 28（换）

定额单价＝$3850.59+(788.50+6.28)\times0.1=3930.07$(元/10m³)

定额直接费＝$0.51/10\times3930.07=200.43$(元)

垫层定额按地面垫层编制，独立基础垫层套定额时人工、机械要分别乘以系数 1.10。

③ 条形基础 3：7 灰土垫层

灰土垫层工程量＝$1.2\times0.3\times[(9+3.6\times5)\times2+0.24\times3]+1.2\times0.3\times(9-1.2)$

　　　　　　　＝$22.51(m^3)$

条形基础 3：7 灰土垫层，机械振动，套定额 2 - 1 - 1(换)

定额单价＝$1788.06+(653.60+12.77)\times0.05=1821.38$(元/10m³)

定额直接费＝$22.51/10\times1821.38=4099.93$(元)

条形基础垫层套定额时人工、机械要分别乘以系数 1.05。

第二节　现浇混凝土构件

一、现浇混凝土基础

（一）"计量标准"清单项目设置

"计量标准"附录 E.2 现浇混凝土基础项目包括独立基础、带形基础、筏形基础、设备基础、基础联系梁，5 个清单项目，见表 4 - 2。

表 4 - 2　　　　　　　　　　　现浇混凝土基础（编码：010502）

项目编码	项目名称	项目特征	计量单位	工程量计算规则	工程内容
010502001	独立基础	① 混凝土种类； ② 混凝土强度等级； ③ 基础类型	m³	按设计图示尺寸以体积计算。不扣除伸入承台基础的桩头所占体积； 与筏形基础一起浇筑的，凸出筏形基础上下表面的其他混凝土构件的体积，并入相应筏形基础体积内	① 混凝土运输、浇筑、振捣、养护； ② 预留孔眼二次灌浆
010502002	带形基础				
010502003	筏形基础				
010502004	设备基础	① 混凝土种类； ② 混凝土强度等级； ③ 灌浆材料及其强度等级		按设计图示尺寸以体积计算	
010502005	基础联系梁	① 混凝土种类； ② 混凝土强度等级		按设计图示截面面积乘以梁长以体积计算	

（二）计量标准与计价规则说明

（1）独立基础的"基础类型"可描述为普通、杯口、独立桩承台等；条形基础的"基础类型"可描述为板式、梁板式等；筏形基础的"基础类型"可描述为平板式、梁板式等。

（2）独立桩承台按"独立基础"项目编码列项，承台梁应按"基础联系梁"项目编码列项，整片浇筑的桩承台应按"筏形基础"项目编码列项。

（3）独立基础项目适用于块体柱基、杯基、独立桩承台、柱下板式基础、壳体基础、电梯井基础等。

（4）带形基础项目适于各种带形基础。墙下的板式基础包括浇筑在一字排桩上面的带形基础。有肋带形基础、无肋带形基础应按现浇混凝土基础中相关项目列项，并注明肋高。

（5）箱式满堂基础的底板应按"筏形基础"项目编码列项，其余构件应按柱、梁、墙、板相应项目分别编码列项。

（6）设备基础项目适用于设备的块体基础、框架基础等，螺栓孔灌浆包括在报价内。框架式设备基础中柱、梁、墙、板分别按柱、梁、墙、板相关项目编码列项；基础部分按设备基础相关项目编码列项。

（7）如为毛石混凝土基础，项目特征应描述毛石所占比例。

（8）基础联系梁长为所联系基础之间的净长度。

（三）配套定额相关规定

（1）带形基础，外墙按设计外墙中心线长度，内墙按设计内墙基础净长度乘设计断面计算，以体积计算，即

带形基础工程量＝外墙中心线长度×设计断面＋设计内墙基础净长度×设计断面

（2）带形基础，不分有肋式与无肋式均按带形基础项目计算，有肋式带形基础，肋高（指基础扩大顶面至梁顶面的高）≤1.2m时，合并计算；>1.2m时，扩大顶面以下的基础部分按带形基础项目计算，扩大顶面以上部分按墙项目计算，如图4-3所示。

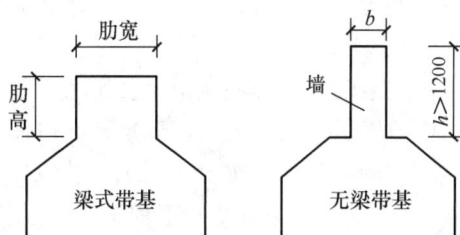

图4-3 有肋带形混凝土基础

【例4-1】 某现浇钢筋混凝土带形基础尺寸，如图4-4所示，混凝土垫层强度等级为C15，混凝土强度等级为C20，场外集中搅拌量为 $25m^3/h$，运距为5km，管道泵送混凝土。计算现浇钢筋混凝土带形基础垫层和混凝土工程量，确定定额项目。

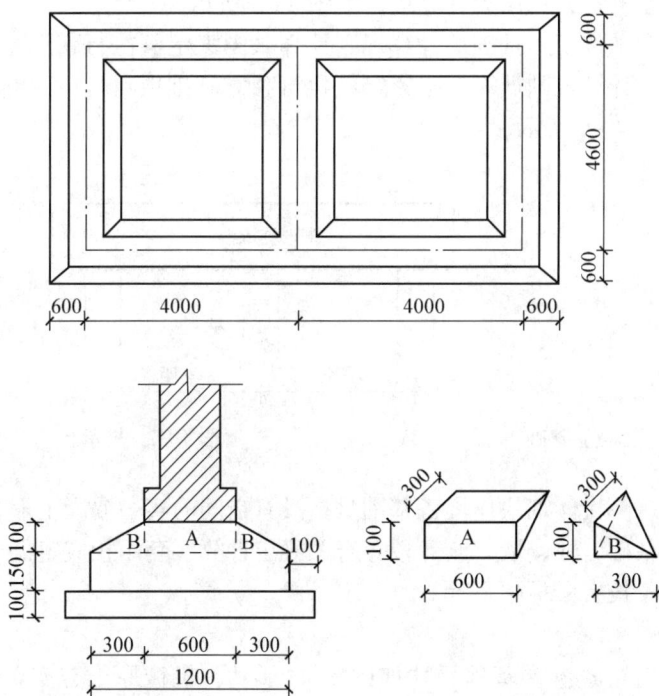

图4-4 现浇钢筋混凝土带形基础

解 ① 现浇混凝土（C15）带形基础垫层工程量＝[(8+4.6)×2+(4.6-1.4)]×1.4×0.1=3.98(m³)

C15（40）现浇无筋混凝土垫层，套定额5-1或2-1-28（换）（人工、机械分别乘以系数1.05）。

② 现浇钢筋混凝土（C20）带形基础工程量＝[(8+4.6)×2+4.6-1.2]×(1.2×0.15+0.9×0.1)+0.6×0.3×0.10(A 折合体积)+0.3×0.1/2×0.3/3×4(B 体积)＝7.75(m³)

无梁式现浇钢筋混凝土（C20）带形基础浇筑、振捣、养护，套定额 5 - 3 或 5 - 1 - 4（换）。

③ 拌制、运输、管道泵送混凝土工程量＝0.775×10.1+0.398×10.1＝11.85(m³)

场外集中搅拌量（25m³/h），套定额 5 - 3 - 4；混凝土运输车运输混凝土（运距为 5km 内），套定额 5 - 3 - 6。

固定泵输送基础混凝土，套定额 5 - 87 或 5 - 3 - 9；泵送混凝土增加材料，套定额 5 - 3 - 15；管道输送基础混凝土，套定额 5 - 3 - 16。

（3）满堂基础，按设计图示尺寸以体积计算。

满堂基础工程量＝图示长度×图示宽度×厚度＋翻梁体积

有梁式满堂基础，肋高＞0.4m 时，套用有梁式满堂基础定额项目；肋高≤0.4m 或设有暗梁、下翻梁时，套用无梁式满堂基础项目。

（4）箱式基础，分别按无梁式满堂基础、柱、墙、梁、板有关规定计算，套用相应定额子目。

（5）独立基础，包括各种形式的独立基础及柱墩，其工程量按图示尺寸以体积计算。柱与柱基的划分以柱基的扩大顶面为分界线。如图 4 - 5 所示。

（6）带形桩承台，按带形基础的计算规则计算（国家定额执行带形基础项目），独立桩承台，按独立基础的计算规则计算（国家定额执行独立基础项目），不扣除伸入承台基础的桩头所占体积。如图 4 - 6 所示。

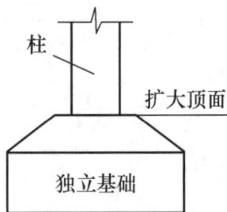

图 4 - 5 钢筋混凝土独立基础　　　　　　　　图 4 - 6 桩承台

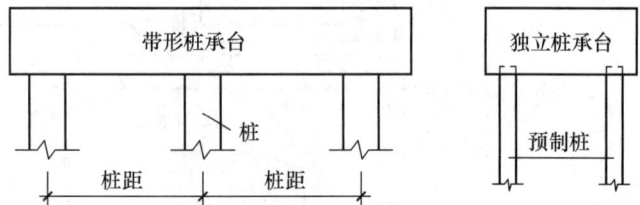

（7）设备基础，除块体（块体设备基础是指没有空间的实心混凝土形状）以外，其他类型设备基础分别按基础、柱、墙、梁、板等有关规定计算，套用相应定额子目。楼层上的钢筋混凝土设备基础，按有梁板项目计算。

（四）应用案例

【案例 4 - 2】 有梁式满堂基础尺寸如图 4 - 7 所示。机械原土夯实，铺设混凝土垫层，混凝土强度等级为 C15，梁式满堂基础，混凝土强度等级为 C20，场外搅拌量为 50m³/h，运距为 5km。人工、材料、机械单价选用价目表参考价，根据企业情况确定管理费率为 5.1%，利润率为 3.2%。编制有梁式满堂基础工程量清单和综合单价。

解 1. 现浇混凝土满堂基础工程量清单的编制

① 满堂基础混凝土垫层工程量＝(35.00+0.25×2)×(25.00+0.25×2)×0.10＝35.50×25.50×0.10＝90.53(m³)

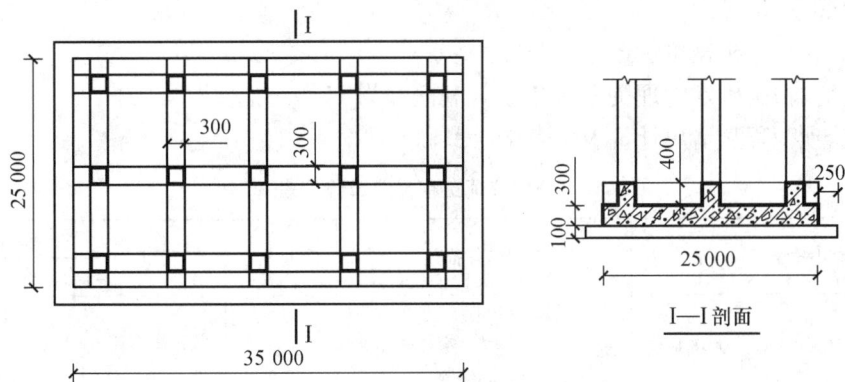

图 4-7　有梁式满堂基础

② 满堂基础工程量＝35.00×25.00×0.30＋0.30×0.40×[35.00×3＋(25.00－0.30×3)×5]＝289.56(m³)

分部分项工程量清单见表 4-3。

表 4-3　　　　　　　　　　分部分项工程量清单

序号	项目编号	项目名称	项目特征描述	计量单位	工程量
1	010501001001	基础垫层	满堂基础垫层，普通混凝土 C15，100 厚；场外集中搅拌，运距为 5km	m³	90.53
2	010502003001	筏形基础	满堂基础，普通混凝土 C20，场外集中搅拌，运距为 5km	m³	289.56

2. 满堂基础工程量清单计价表的编制

(1) 满堂基础垫层项目发生的工程内容：①原土夯实；②混凝土制作、运输、浇筑、振捣、养护。

① 原土机械夯实工程量＝(35.00＋0.25×2＋0.10×2)×(25.00＋0.25×2＋0.10×2)＝35.70×25.70＝917.49(m²)

原土机械夯实，套定额 1-4-9。

② 混凝土满堂基础垫层工程量＝(35.00＋0.25×2)×(25.00＋0.25×2)×0.10＝35.50×25.50×0.10＝90.53(m³)

C15 混凝土满堂基础垫层，套定额 2-1-28。

③ 混凝土拌制、运输工程量＝90.53×10.100 0＝91.44(m³)

场外集中搅拌量（50m³/h），套定额 5-3-5；混凝土运输车运输混凝土（运距 5km 内），套定额 5-3-6。

(2) 满堂基础项目发生的工程内容：混凝土制作、运输、浇筑、振捣、养护。

① 满堂基础工程量＝35.00×25.00×0.30＋0.30×0.40×[35.00×3＋(25.00－0.30×3)×5]＝289.56(m³)

有梁式满堂基础肋高小于 0.4m 现浇混凝土（C20），套定额 5-1-8。

② 混凝土拌制、运输工程量＝28.956×10.1＝292.46(m³)

场外集中搅拌量（50m³/h），套定额 5-3-5；混凝土运输车运输混凝土（运距 5km

内），套定额5-3-6。

人工、材料、机械单价选用市场价。

根据企业情况确定管理费率为25%，利润率为15%。

分部分项工程量清单计价表见表4-4。

表4-4　　　　　　　　　　　　分部分项工程量清单计价表

序号	项目编号	项目名称	项目特征描述	计量单位	工程量	金额（元）	
						综合单价	合价
1	010501001001	基础垫层	满堂基础垫层，普通混凝土C15，100厚；场外集中搅拌，运距为5km	m³	90.53	481.46	43 586.57
2	010502003001	筏形基础	满堂基础垫层，普通混凝土C20，场外集中搅拌，运距为5km	m³	289.56	521.37	150 967.90

【案例4-3】　某现浇钢筋混凝土带形基础、独立基础的尺寸如图4-8所示。混凝土垫

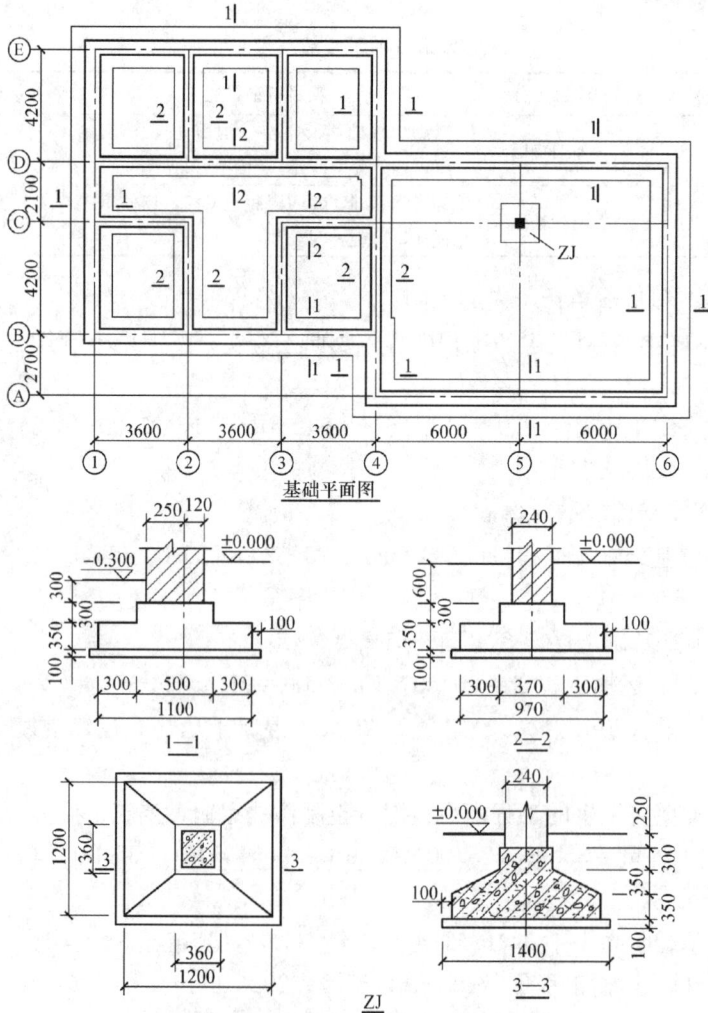

图4-8　现浇钢筋混凝土带形基础、独立基础

层强度等级为 C15，混凝土基础强度等级为 C20，场外集中搅拌，搅拌量为 $25m^3/h$，混凝土运输车运输，运距为 4km。槽坑底均用电动夯实机夯实。编制现浇钢筋混凝土带形基础和独立基础工程量清单。请自行进行清单报价。

解　现浇混凝土基础工程量清单的编制

带形基础工程量＝设计外墙中心线长度×设计断面＋设计内墙基础图示长度×设计断面

$L_{中}=(3.60\times3+6.00\times2+0.25\times2-0.37+2.70+4.20\times2+2.10+0.25\times2-0.37)\times2=72.52(m)$

J_{2-2} 上层 $L_{净}=3.60\times3-0.37+(3.60+4.20-0.37)\times2+(4.20-0.37)\times2+4.20+2.10-0.37=10.43+14.86+7.66+5.93=38.88(m)$

J_{2-2} 下层 $L_{净}=38.88-0.30\times2\times6=35.28(m)$

现浇钢筋混凝土带形基础工程量＝$(1.10\times0.35+0.50\times0.30)\times72.52+0.97\times0.35\times35.28+0.37\times0.30\times38.88=38.80+11.98+4.32=55.10(m^3)$

独立基础工程量＝设计图示体积

现浇钢筋混凝土独立工程量＝$1.20\times1.20\times0.35+0.35/3\times(1.20\times1.20+0.36\times0.36+1.20\times0.36)+0.36\times0.36\times0.30=0.504+0.234+0.039=0.78(m^3)$，分部分项工程量清单见表 4-5。

表 4-5　　　　　　　　　　　　分部分项工程量清单

序号	项目编号	项目名称	项目特征描述	计量单位	工程量
1	010502001001	独立基础	混凝土柱基，C20，场外集中搅拌，运距为 4km	m^3	0.78
2	010502002001	带形基础	混凝土条基，C20，场外集中搅拌，运距为 4km	m^3	55.10

二、现浇混凝土柱

（一）"计量标准"清单项目设置

"计量标准"附录 E.2 现浇混凝土柱项目包括钢筋混凝土柱、劲性钢筋混凝土柱、钢管混凝土柱、构造柱 4 个清单项目，见表 4-6。

表 4-6　　　　　　　　　　　现浇混凝土柱（编码：010502）

项目编码	项目名称	项目特征	计量单位	工程量计算规则	工程内容
010502006	钢筋混凝土柱	① 混凝土种类；② 混凝土强度等级	m^3	按设计图示尺寸，以体积计算。扣除劲性钢骨架所占体积，附着在柱上的牛腿并入柱体积内计算	混凝土输送、浇筑、振捣、养护
010502007	劲性钢筋混凝土柱				
010502008	钢管混凝土柱	① 混凝土种类；② 混凝土强度等级；③ 填充形式；④ 空心率		按需浇筑混凝土的钢管内截面面积乘以钢管高度以体积计算	
010502021	构造柱	① 混凝土种类；② 混凝土强度等级		按设计截面面积乘以柱高以体积计算。与砌体嵌接部分（马牙槎）并入柱体积内	

（二）计量标准与计价规则说明

1. 清单项目说明

（1）钢筋混凝土柱项目适用于各种形状的柱，除无梁板柱的高度计算至柱帽下表面，其他柱都计算全高。单独的薄壁柱应根据其截面形状，确定以异形柱或矩形柱编码列项。柱帽工程量包括在无梁板体积内。混凝土柱上的钢牛腿按金属结构工程零星钢构件编码列项。

（2）钢管混凝土柱的"填充形式"可描述为实心、空心。当填充形式为空心时，需描述空心率。

（3）异形柱水平各方向上截面高度与厚度之比均大于4时，应按"钢筋混凝土墙"项目编码列项。

2. 柱高计算规定

（1）有梁板的柱高，应自柱基上表面（或楼板上表面），至上一层楼板上表面之间的高度计算，如图4-9所示。

（2）无梁板的柱高，应自柱基上表面（或楼板上表面），至柱帽下表面之间的高度计算，如图4-10所示。

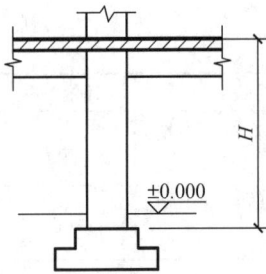

图 4-9　有梁板柱高示意图　　　　图 4-10　无梁板柱高示意图

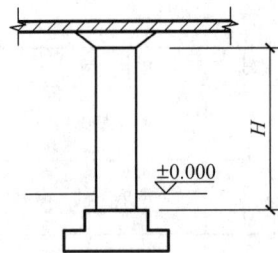

（3）框架柱的柱高，应自柱基上表面至柱顶高度计算，如图4-11所示。

（4）构造柱按全高计算，嵌接墙体部分并入柱身体积，如图4-12所示。

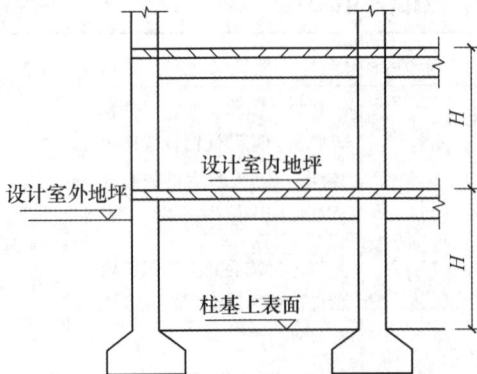

图 4-11　框架柱高示意图　　　　图 4-12　构造柱高示意图

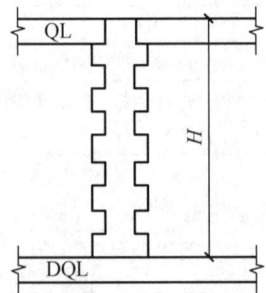

（5）依附柱上的牛腿和升板的柱帽，并入柱身体积计算，如图4-13所示。

（三）配套定额相关规定

现浇混凝土柱工程量，按图示断面尺寸乘以柱高，以体积计算。

$$矩形柱工程量＝图示断面面积×柱高$$

$$圆形柱工程量＝柱直径×柱直径×π/4×图示高度$$

柱高按下列规定确定。

（1）有梁板的柱高，应自柱基上表面（或楼板上表面），至上一层楼板上表面之间的高度计算。

（2）无梁板的柱高，应自柱基上表面（或楼板上表面），至柱帽下表面之间的高度计算。

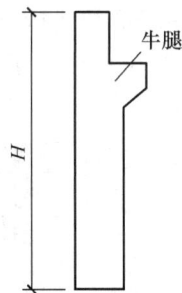

图4-13　依附柱上的牛腿示意图

（3）框架柱的柱高，应自柱基上表面至柱顶面高度计算。

（4）构造柱按设计高度计算，非通长构造柱高度，自其生根的构件（基础、基础圈梁、下部梁、下部板等）的上表面算至其锚固构件（上部梁、上部板等）的下表面；通长构造柱高度自其生根构件的上表面算至柱顶。与墙嵌接部分（马牙槎）的体积，按构造柱出槎长度的一半（有槎与无槎的平均值）乘以出槎宽度，再乘以构造柱柱高，并入构造柱体积内计算。

$$构造柱工程量＝（图示柱宽度＋折加咬口宽度）×厚度×图示高度$$

或

$$构造柱工程量＝构造柱折算截面积×构造柱计算高度$$

（5）依附柱上的牛腿，并入柱体积内计算。

（6）钢管混凝土柱以钢管高度按照钢管内径计算混凝土体积。

【例4-2】　如图4-14所示构造柱，总高为24m，16根，混凝土强度等级为C25，搅拌机现场搅拌，计算构造柱现浇混凝土与搅拌工程量，确定定额项目。

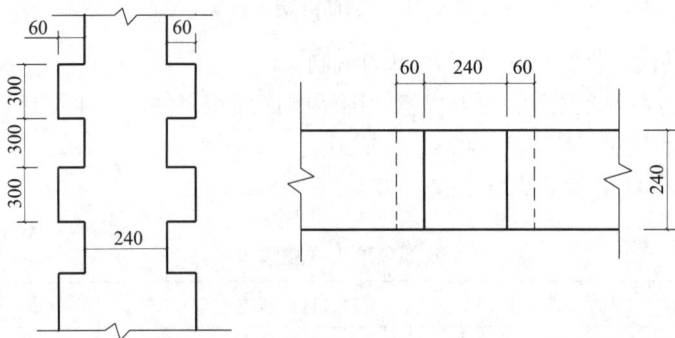

图4-14　构造柱

解　① 构造柱混凝土工程量＝$(0.24＋0.06)×0.24×24×16＝27.65(m^3)$

构造柱现浇C25混凝土，套定额5-12（换）或5-1-17（换）；现场搅拌混凝土调整费，套定额5-82。

② 混凝土搅拌工程量＝$2.765×9.8691＝27.29(m^3)$

现场搅拌机搅拌，套定额5-3-2。

（四）应用案例

【案例4-4】　某钢筋混凝土框架10根，尺寸如图4-15所示，混凝土强度等级为C30，混凝土保护层25mm。混凝土由施工企业自行采购，商品混凝土供应价为330.00元/m³。施工企业采用混凝土运输车运输，运距为 6km，管道泵送混凝土。钢筋现场制作及安装，箍筋加钩长度为 100mm。编制现浇钢筋混凝土框架柱工程量清单及其报价。不计算柱内钢筋工程量。

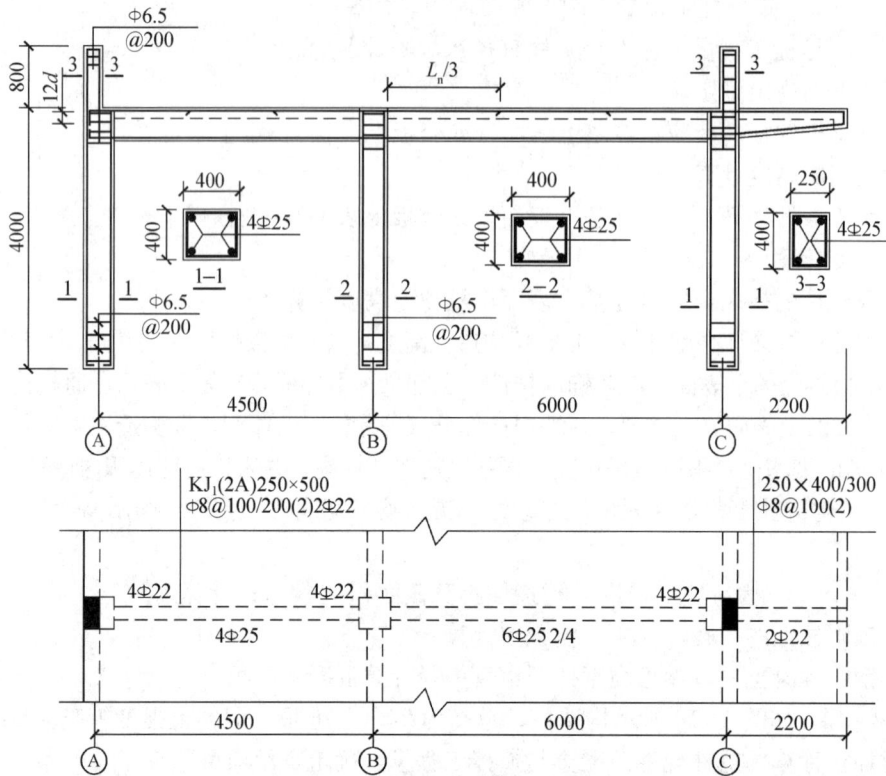

图 4 - 15　钢筋混凝土框架

解　1. 现浇混凝土框架柱工程量清单的编制

　　　　现浇混凝土矩形柱工程量＝图示断面面积×柱高＋牛腿体积

　　现浇混凝土矩形柱工程量＝$(0.40×0.40×4.00×3+0.40×0.25×0.80×2)×10=20.80(m^3)$，分部分项工程量清单见表 4 - 7。

表 4 - 7　　　　　　　　　　　**分部分项工程量清单**

序号	项目编号	项目名称	项目特征描述	计量单位	工程量
1	010502006001	钢筋混凝土柱	现浇钢筋混凝土框架柱，C30 商品混凝土	m^3	20.80

　　2. 现浇混凝土柱工程量清单计价表的编制

　　该项目发生的工程内容：混凝土制作、浇筑（含振捣、养护）。

　　① 现浇混凝土矩形柱浇筑工程量＝$(0.40×0.40×4.00×3+0.40×0.25×0.80×2)×$10=20.80$(m^3)$

　　矩形柱浇筑，套定额 5 - 1 - 14。定额混凝土含量为 0.986 91m^3/m^3，C30 现浇混凝土单价为 359.22 元/m^3。商品混凝土增加费＝$20.80×0.986 91×(330.00-359.22)=-599.82$(元)。

　　② 混凝土运输：$20.80×0.986 91=20.53(m^3)$

　　混凝土运输车运距 5km 以内，套定额 5 - 3 - 6；每增 1km，套定额 5 - 3 - 7。

管道泵送混凝土，套定额 5-3-17。

人工、材料、机械单价选用市场价。

根据企业情况确定管理费率为 25%，利润率为 15%，分部分项工程量清单计价见表 4-8。

表 4-8　　　　　　　　　分部分项工程量清单计价表

序号	项目编号	项目名称	项目特征描述	计量单位	工程量	金额（元）	
						综合单价	合价
1	010502006001	钢筋混凝土柱	现浇钢筋混凝土框架柱，C30 商品混凝土	m³	20.80	604.06	12 564.45

三、现浇混凝土墙

（一）"计量标准"清单项目设置

"计量标准"附录 E.2 现浇混凝土墙项目包括地下室外墙、钢筋混凝土墙，2 个清单项目，见表 4-9。

表 4-9　　　　　　　　　现浇混凝土墙（编码：010502）

项目编码	项目名称	项目特征	计量单位	工程量计算规则	工程内容
010502009	地下室外墙	① 混凝土种类；② 混凝土强度等级；③ 墙体厚度	m³	按设计图示尺寸以体积计算。扣除门窗洞口及单个面积>0.3m² 的孔洞所占体积，墙柱、墙梁及突出墙面部分并入墙体体积计算	① 孔洞预留；② 混凝土输送、浇筑、振捣、养护
010502010	钢筋混凝土墙				

（二）计量标准与计价规则说明

（1）钢筋混凝土墙项目也适用于电梯井。与墙相连接的薄壁柱按墙项目编码列项。

（2）短肢剪力墙是指截面厚度不大于 300mm、各肢的截面高度与厚度之比的最大值大于 4 但不大于 8 的剪力墙；各肢截面高度与厚度之比的最大值不大于 4 的剪力墙按柱项目列项；各肢的截面高度与厚度之比的最大值大于 8 的剪力墙按墙项目列项。

（3）建筑物中，起挡土作用的地下室外围护墙应按"地下室外墙"项目编码列项，其余现浇混凝土墙应按"钢筋混凝土墙"项目编码列项。钢筋混凝土墙除剪力墙身（简称墙身）外，还包括剪力墙柱（简称墙柱）和剪力墙梁（简称墙梁）。墙柱指约束边缘构件、构造边缘构件、非边缘暗柱、扶壁柱，呈十、T、Y、L、一字等形状，按柱式配筋，墙柱与墙身相连还可能形成工、Z 字等形状；墙梁指连梁、暗梁、边框梁，处于填充墙大洞口或其他洞口上方，按梁式配筋。

（4）墙与柱连接时墙算至柱边，墙与梁连接时墙算至梁底，墙与板连接时板算至墙侧。

（三）配套定额相关规定

1. 现浇混凝土构件与墙的划分界线

（1）现浇混凝土墙与基础的划分，以基础扩大面的顶面为分界线，以下为基础，以上为墙身。

（2）现浇混凝土柱、梁、墙、板的划分如下：

1）未凸出混凝土墙面的暗柱、暗梁（直形墙中门窗洞口上的梁），并入相应墙体积内，不单独计算。

2）梁、墙连接时，墙高算至梁底。

3）墙、墙相交时，外墙按外墙中心线长度计算，内墙按墙间净长度计算。

4）柱、墙与板相交时，柱和外墙的高度，算至板上坪；内墙的高度，算至板底；板的宽度按外墙间净宽度（无外墙时，按板边缘之间的宽度）计算，不扣除柱、垛所占板的面积。

5）墙与柱连接时墙算至柱边。省定额规定柱单面突出墙面大于墙厚或双面突出墙面时，柱按其完整断面计算，墙长算至柱侧面；柱单面突出墙面小于墙厚时，其突出部分并入墙体积内计算。

6）轻型框剪墙结构砌体内门窗洞口上的梁并入梁体积。

2. 现浇混凝土墙工程量计算

（1）现浇混凝土墙工程量，按图示中心线长度尺寸乘以设计高度及墙体厚度，以体积计算。扣除门窗洞口及单个面积＞0.3m² 孔洞的体积，墙垛及凸出部分并入墙体积内计算。

现浇钢筋混凝土墙工程量＝（图示长度×图示高度－门窗洞口面积）×墙厚＋附墙垛体积

（2）电梯井壁，工程量计算执行外墙的相应规定。

（3）轻型框剪墙，由剪力墙柱、剪力墙身、剪力墙梁三类构件组成，计算工程量时按混凝土墙的计算规则合并计算。

（四）应用案例

【案例 4-5】 某地下车库工程，现浇钢筋混凝土柱墙板尺寸如图 4-16 所示。门洞 4000mm×3000mm，混凝土强度等级均为 C25，现场搅拌混凝土。编制现浇钢筋混凝土墙工程量清单。

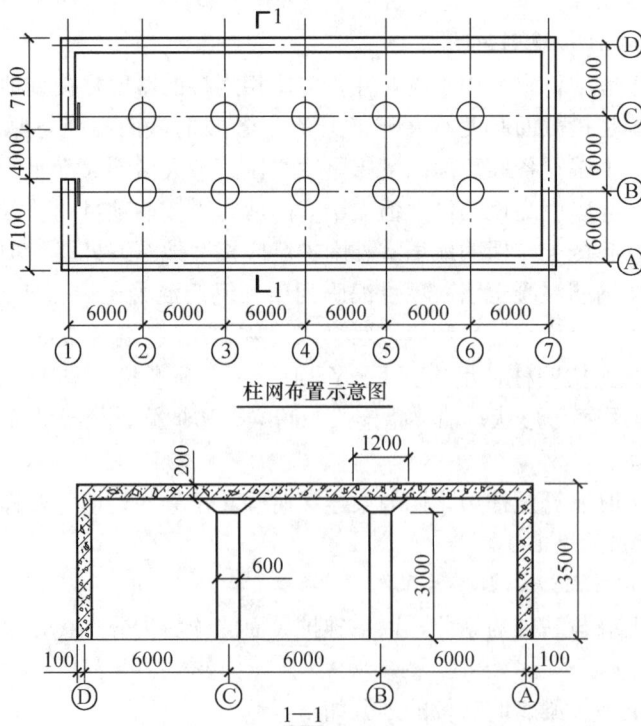

柱网布置示意图

图 4-16　某地下车库工程

解　现浇混凝土墙工程量清单的编制

现浇钢筋混凝土墙工程量＝(图示长度×图示高度－门窗洞口面积)×墙厚＋附墙柱体积

现浇钢筋混凝土墙工程量＝[(6.00×6＋6.00×3)×2×3.50－4.00×3.00]×0.20＝73.20(m³)，分部分项工程量清单，见表4-10。

表4-10　　　　　　　　　　分部分项工程量清单

序号	项目编号	项目名称	项目特征描述	计量单位	工程量
1	010502010001	钢筋混凝土墙	现场搅拌C25，墙厚200mm	m³	73.20

四、现浇混凝土梁

(一)"计量标准"清单项目设置

"计量标准"附录E.2现浇混凝土梁项目包括钢筋混凝土梁、劲性钢筋混凝土梁、圈梁、过梁，4个清单项目，见表4-11。

表4-11　　　　　　　　　　现浇混凝土梁 (编码：010502)

项目编码	项目名称	项目特征	计量单位	工程量计算规则	工程内容
010502011	钢筋混凝土梁	①混凝土种类；②混凝土强度等级；③坡度	m³	按设计图示尺寸以体积计算。扣除劲性钢骨架所占体积，伸入砌体墙内的梁头、梁垫并入梁体积内	混凝土输送、浇筑、振捣、养护
010502012	劲性钢筋混凝土梁				
010502022	圈梁	①混凝土种类；②混凝土强度等级		按设计图示截面面积乘以梁长以体积计算。遇洞口变截面部分并入圈梁体积内	
010502023	过梁			按设计图示截面面积乘以梁长以体积计算	

(二)计量标准与计价规则说明

(1) 梁与柱连接时，梁长算至柱侧面。

(2) 主梁与次梁连接时，次梁长算至主梁侧面，即截面小的梁长度计算至截面大的梁侧面。

(3) 圈梁与构造柱连接时，圈梁长度算至构造柱侧面。构造柱有马牙槎时，圈梁长度算至构造柱主断面(没有马牙槎部分)的侧面。

(4) 过梁长度按设计规定计算，设计无规定时，按梁下洞口宽度两端各加250mm计算。

(5) 梁坡度≥20%时，需描述坡度。

(三)配套定额相关规定

现浇混凝土梁工程量，按图示断面尺寸乘以梁长，以体积计算。

梁混凝土构件工程量＝图示断面面积×梁长＋梁垫体积

梁长及梁高按下列规定计算：

(1) 梁与柱连接时，梁长算至柱侧面，如图4-17所示。

(2) 主梁与次梁连接时，次梁长算至主梁侧面。伸入墙体内的梁头、梁垫体积并入梁体积内计算，如图4-18所示。

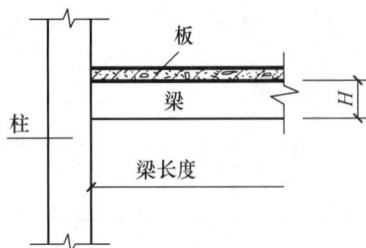

图 4-17 梁与柱连接示意图

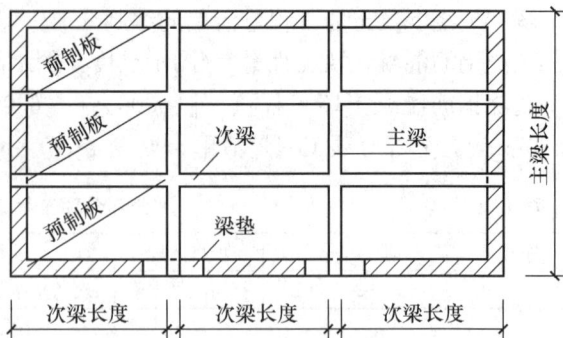

图 4-18 主梁与次梁连接示意图

$$主梁构件工程量＝图示断面面积×梁长＋梁垫体积$$
$$次梁构件工程量＝图示断面面积×梁净长＋梁垫体积$$

（3）过梁长度按设计规定计算，设计无规定时，按门窗洞口宽度两端各加 250mm 计算，如图 4-19 所示。房间与阳台连通，洞口两侧的墙垛（或构造柱、柱）单面凸出小于所附墙体厚度时，洞口上坪与圈梁连成一体的混凝土梁，按过梁的计算规则计算工程量，执行单梁子目。

$$过梁工程量＝图示断面面积×过梁长度(门窗洞口宽＋0.5m)$$

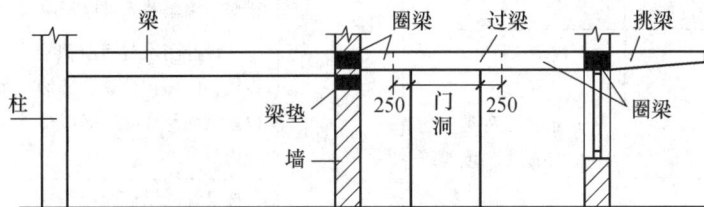

图 4-19 圈梁与过梁连接示意图

当现浇混凝土圈梁与过梁连接在一起时，如图 4-20 所示，分别按过梁和圈梁项目计算。

$$现浇混凝土过梁工程量＝(门窗洞口宽＋0.5m)×过梁断面面积$$
$$现浇混凝土圈梁工程量＝圈梁长度×圈梁断面面积－过梁体积$$

（4）圈梁与梁连接时，圈梁体积应扣除伸入圈梁内的梁体积，如图 4-21 所示。圈梁与构造柱连接时，圈梁长度算至构造柱侧面。构造柱有马牙槎时，圈梁长度算至构造柱主断面（没有马牙槎部分）的侧面。基础圈梁，按圈梁计算。

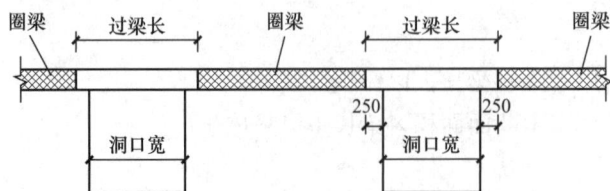

图 4-20 圈梁与过梁计算示意图

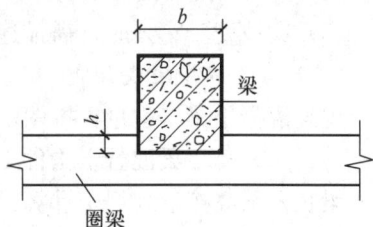

图 4-21 圈梁与梁连接示意图

（5）在圈梁部位挑出外墙的混凝土梁，以外墙外边线为界限，挑出部分按图示尺寸，以体积计算，套用单梁、连续梁项目。

（6）梁（单梁、框架梁、圈梁、过梁）与板整体现浇时，梁高计算至板底。如图 4 - 17 所示。

（四）梁平法施工图制图规则简介

梁平法施工图，系在梁平面布置图上，采用平面注写或截面注写方式表达。

平面注写方式系在梁平面布置图上，分别在不同编号的梁中各选一根梁，在其上注写截面尺寸和配筋具体值的方式来表达梁平法施工图。

截面注写方式系在分标准层绘制的梁平面布置图上，分别在不同编号的梁中各选一根梁用剖面号引出配筋图，并在其上注写截面尺寸和配筋具体值的方式来表达梁平法施工图。

平面注写方式包括集中标注与原位标注，如图 4 - 15 所示。集中标注表达梁的通用数值，原位标注表达梁的特殊数值。当集中标注中的某项数值不适用于梁某部位时，则将该项数值原位标注。施工时原位标注优先。

（1）梁集中标注内容有五项必注值及一项选注值。

1）梁编号由梁类型代号、序号、跨数及有无悬挑代号几项组成，如图 4 - 15 所示，中间集中标注指框架梁中的 1 号梁、2 跨 1 端有悬挑（A 为一端悬挑，B 为两端悬挑）。

2）梁的截面尺寸。梁为等截面时，用 bh 表示；当有悬挑梁且根部和端部的高度不同时，用斜线分隔根部与端部的高度值，即为 bh_1/h_2。

3）梁箍筋包括钢筋级别、直径、加密区与非加密区间距及肢数。箍筋加密区与非加密区的不同间距及肢数需用斜线分隔。当梁箍筋为同一种间距及肢数时，则不需用斜线。当加密区与非加密区的箍筋肢数相同时，则将肢数注写一次。箍筋肢数应写在括号内。如图 4 - 15 中括号内的 2 表示双肢箍。

加密区应为纵向钢筋搭接长度范围内均按≤5d 及≤100mm 的间距加密箍筋。

4）梁上部通长筋或架立筋。当同排纵筋中既有通长筋又有架立筋时，应用加号将通长筋和架立筋相连。角部纵筋写在加号的前面，架立筋写在加号后面的括号内，当全部采用架立筋时，则将其写入括号内。当梁的上部纵筋和下部纵筋为全跨相同，且多数跨配筋相同时，此项可加注下部纵筋的配筋值，用分号将上部与下部纵筋的配筋值分隔开来。

5）梁侧面纵向构造钢筋或受扭钢筋配置。当梁腹板高度 h_w≥450mm 时，须配置纵向构造筋。纵向构造钢筋或受扭钢筋注写值以大写字母 G 或 N 打头，注写配置在梁两侧的总配筋值，且对称配置。

6）梁顶面标高差，该项为选注值。

（2）梁原位标注的内容规定如下。

1）梁支座上部纵筋，该部位含通长筋在内的所有纵筋。

① 当上部纵筋多于一排时，用斜线将各排纵筋自上而下分开。

② 当同排纵筋有两种直径时，用加号将两种直径的纵筋相连，注写时将角部的纵筋写在前面。

③ 当梁中间支座两边的上部纵筋不同时，须在支座两边分别标注；当中间支座两边的上部纵筋相同时，可仅在支座的一边标注配筋值。

2）梁下部纵筋：

① 当下部纵筋多于一排时，用斜线将各排纵筋自上而下分开。如图 4 - 15 所示，6 Φ25

2/4 表示上层 2 根、下层 4 根。

② 当同排纵筋有两种直径时，用加号将两种直径的纵筋相连，注写时将角部的纵筋写在前面。

③ 当梁下部纵筋不全部伸入支座时，将梁支座下部纵筋减少的数量写在括号内。

④ 当梁的集中标注中，已按规定标注了上下部通长纵筋时，则不需要梁下部重复做原位标注。

（五）应用案例

【案例 4-6】 某钢筋混凝土框架 10 根，尺寸如图 4-15 所示。混凝土强度等级为 C30，混凝土保护层 25mm。混凝土由施工企业自行采购，商品混凝土供应价为 330.00 元/m³。施工企业采用混凝土运输车运输，运距为 8km，管道泵送混凝土。钢筋现场制作及安装，箍筋加钩长度为 100mm。编制现浇钢筋混凝土框架梁和钢筋工程的工程量清单。

解 现浇混凝土梁工程量清单的编制

现浇混凝土梁工程量＝图示断面面积×梁长＋梁垫体积

①现浇混凝土矩形梁工程量＝[0.25×0.50×(4.50＋6.00－0.40×2)＋0.25×0.35×(2.20－0.20)]×10＝(1.213＋0.175)×10＝13.88(m³)

现浇混凝土钢筋工程量＝设计图示钢筋长度×单位理论质量

②Φ25 钢筋[(4.50＋0.40－0.025×2＋15×0.025)×4＋(6.00＋0.40－0.025×2＋15×0.025)×6]×10×3.85＝(5.225×4＋6.725×6)×10×3.85＝2358(kg)＝2.358(t)

Φ22 钢筋{(4.50＋6.00＋2.20＋0.20＋15×0.022×2＋34×0.022×1.4)×2＋[(6.00－0.40)/3×5＋0.40×3＋15×0.022]×2＋(2.20＋0.20＋15×0.022×2)}×10×2.984＝(29.21＋21.73＋5.46)×10×2.984＝1683(kg)＝1.683(t)

Φ8 箍筋矩形梁箍筋根数＝(4.50＋6.00＋0.40－0.025)/0.20＋1＋(6.00－0.40)/3/0.20×2＋(4.50－0.40)/3/0.20×2＝56＋10×2＋7×2＝90(根)

挑梁箍筋根数＝(2.20－0.20－0.025)/0.10＝20(根)

Φ8 箍筋工程量＝{[(0.25＋0.50)×2－8×0.025－4×0.008＋11.9×0.008×2]×90＋[(0.25＋0.35)×2－8×0.025－4×0.008＋11.9×0.008×2]×20}×10×0.395＝(1.458×90＋1.158×20)×10×0.395＝610(kg)＝0.610(t)，分部分项工程量清单见表 4-12。

表 4-12　　　　　　　　　　　分部分项工程量清单

序号	项目编号	项目名称	项目特征描述	计量单位	工程量
1	010502011001	钢筋混凝土梁	C30 商品混凝土	m³	13.88
2	010506005001	钢筋混凝土梁钢筋	HRB335 级钢筋 (Φ25)	t	2.358
3	010506005002	钢筋混凝土梁钢筋	HRB335 级钢筋 (Φ22)	t	1.683
4	010506005003	钢筋混凝土梁钢筋	HPB335 级箍筋 (Φ8)	t	0.610

五、现浇混凝土板

（一）"计量标准"清单项目设置

"计量标准"附录 E.2 现浇混凝土板项目包括实心楼板、空心楼板、空心板内置筒芯、空心板内置箱体、坡屋面板、坡道板和其他板，7 个清单项目，见表 4-13。

表 4 - 13 现浇混凝土板（编码：010502）

项目编码	项目名称	项目特征	计量单位	工程量计算规则	工程内容
010502013	实心楼板	① 混凝土种类； ② 混凝土强度等级	m³	按设计图示尺寸以体积计算。不扣除单个面积≤0.3m² 的孔洞所占体积。伸入砌体墙内的板头以及板下柱帽并入板体积内	混凝土输送、浇筑、振捣、养护
010502017	坡屋面板	① 混凝土种类； ② 混凝土强度等级； ③ 坡度		按设计图示尺寸以体积计算。不扣除单个面积≤0.3m² 的孔洞所占体积。伸入砌体墙内的板头以及屋脊八字相交处的加厚混凝土并入板体积内；坡屋面板与屋面梁相交时，板尺寸算至梁侧面	
010502019	其他板	① 板名称； ② 混凝土种类； ③ 混凝土强度等级		按设计图示尺寸以构件净体积计算。依附其上的混凝土上翻、线条、外凸造型等并入板体积内。其他板与楼板、屋面板水平连接时，以外墙外边线为界；与梁水平连接时，以梁外边线为界；与梁、楼板竖向连接时，以梁、楼板上下表面为界	

（二）计量标准与计价规则说明

1. 实心楼板适用于有梁板、无梁板、平板、薄壳板

（1）有梁板（包括主、次梁与板）按梁、板体积之和计算。

（2）无梁板按板和柱帽体积之和计算。

（3）各类板伸入墙内的板头并入板体积内计算。

（4）薄壳板的肋、基梁并入薄壳体积内计算。

（5）钢板上浇筑的混凝土板应按"实心楼板"项目编码列项，计算工程量时应扣除钢板所占体积，并计算因压型钢板板面凹凸造成的混凝土体积增减。

2. 空心板内置筒芯、箱体

空心板内置筒芯、箱体是指在混凝土浇筑前，为形成现浇空心楼盖的内部空腔而预先安装放置玻纤增强复合筒芯、叠合箱、蜂巢芯等。

3. 屋面板及坡道板

（1）屋面板坡度<20%时，应按"实心楼板"项目编码列项，坡度≥20%时，应按"坡屋面板"项目编码列项，并描述坡度。

（2）坡道板是指满足通行要求的架空式坡道，其"坡道形式"可描述为直线式、曲线式、组合式等。

4. 其他板适用于雨篷、阳台板等

（1）挑槽板、天沟板、雨篷板、凸飘窗顶（底）板、凸飘窗侧立板、下挂板、栏板、造型板等应按"其他板"项目分别编码列项。

（2）现浇挑檐、天沟板、雨篷、阳台与板（包括屋面板、楼板）连接时，以外墙外边线为分界线；与圈梁（包括其他梁）连接时，以梁外边线为分界线。外边线以外为挑檐、天沟、雨篷或阳台。

（三）配套定额相关规定

1. 现浇混凝土板

现浇混凝土板工程量按图示面积乘以板厚，以体积计算，不扣除单个面积≤0.3m² 的柱、垛及孔洞所占体积。

$$混凝土板工程量＝图示长度×图示宽度×板厚＋附梁及柱帽体积$$

各种板按以下规定计算。

（1）有梁板是指由一个方向或两个方向的梁（主梁、次梁）与板连成一体的板。有梁板包括主、次梁及板，工程量按以下梁（不包括圈梁和框架梁）、板体积之和计算，如图 4-22 所示。

$$现浇有梁板混凝土工程量＝图示长度×图示宽度×板厚＋主梁及次梁体积$$

$$主梁及次梁体积＝主梁长度×主梁宽度×肋高＋次梁净长度×次梁宽度×肋高$$

（2）无梁板是指无梁且直接用柱子支撑的楼板。无梁板按板和柱帽体积之和计算，如图 4-23 所示，即

$$现浇无梁板混凝土工程量＝图示长度×图示宽度×板厚＋柱帽体积$$

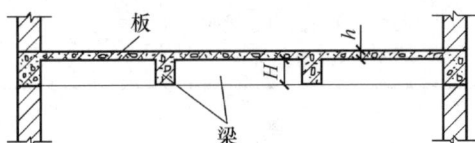

图 4-22 现浇钢筋混凝土有梁板

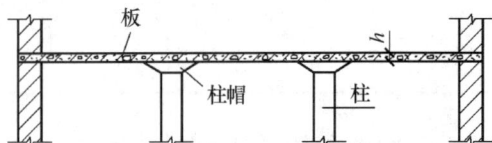

图 4-23 现浇钢筋混凝土无梁板

（3）平板是指直接支撑在墙或梁上的现浇楼板。平板按板图示体积计算，伸入砖墙或梁内的板头、平板边沿的翻檐，均并入平板体积内计算，如图 4-24 所示，即

$$现浇平板混凝土工程量＝图示长度×图示宽度×板厚＋边沿的翻檐体积$$

（4）斜屋面板是指斜屋面铺瓦用的钢筋混凝土基层板。斜屋面按板断面面积乘以斜长。有梁时，梁板合并计算。屋脊处八字脚的加厚混凝土（素混凝土）已包括在消耗量内，不单独计算。若屋脊处八字脚的加厚混凝土配置钢筋作梁使用，应按设计尺寸并入斜板工程量内计算，如图 4-25 所示，即

$$斜屋面板混凝土工程量＝图示板长度×板厚×斜坡长度＋板下梁体积$$

或
$$斜板工程量＝图示长度×图示宽度×坡度系数×板厚＋附梁体积$$

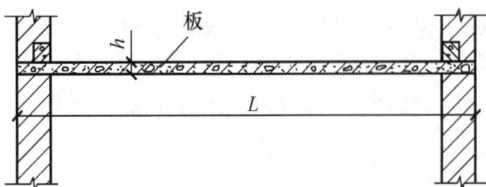

图 4-24 现浇钢筋混凝土平板

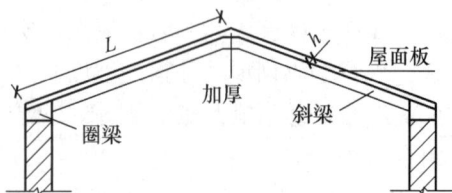

图 4-25 现浇钢筋混凝土斜屋面板

（5）现浇挑檐与板（包括屋面板）连接时，以外墙外边线为界限，如图 4-26 所示。与

圈梁（包括其他梁）连接时，以梁外边线为界限。外边线以外为挑檐。如图4-27所示。

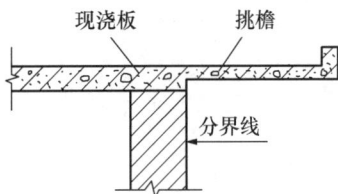 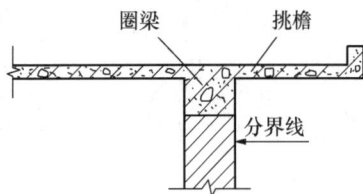

图4-26　现浇挑檐与板连接　　　　图4-27　现浇挑檐与圈梁连接

现浇钢筋混凝土天沟板工程量＝天沟板中心线长度×天沟板断面

（6）各类板伸入砖墙内的板头并入板体积内计算，薄壳板的肋、基梁并入薄壳体积内计算。空心板按设计图示尺寸以体积（扣除空心部分）计算。叠合箱、蜂巢芯混凝土楼板扣除构件内叠合箱、蜂巢芯所占体积，按有梁板相应规则计算。圆弧形老虎窗顶板，按拱板计算。

2. 阳台、雨篷

（1）省定额阳台、雨篷按伸出外墙的水平投影面积计算，伸出外墙的牛腿不另计算，其嵌入墙内的梁另按梁有关规定单独计算；雨篷的翻檐按展开面积，并入雨篷内计算。井字梁雨篷，按有梁板计算规则计算。如图4-29~图4-31所示。

现浇钢筋混凝土阳台板工程量＝水平投影面积

（2）省定额混凝土挑檐、阳台、雨篷的翻檐，总高度≤300mm时，按展开面积并入相应工程量内，总高度＞300mm时，按栏板计算。三面梁式雨篷，按有梁式阳台计算。国家定额雨篷梁、板工程量合并，按雨篷以体积计算，高度≤400mm的栏板并入雨篷体积内计算，栏板高度＞400mm时，其超过部分按栏板计算。

【例4-3】　计算如图4-28所示现浇混凝土阳台的现浇混凝土工程量，混凝土强度等级为C25，确定定额项目。

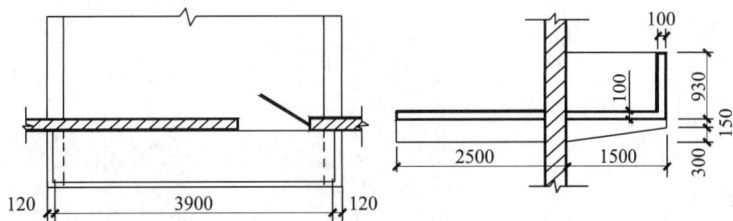

图4-28　现浇混凝土阳台

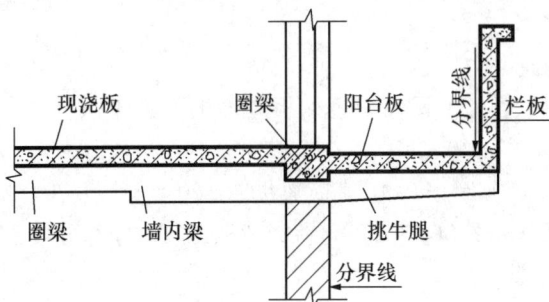 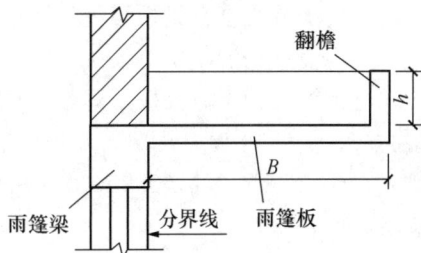

图4-29　阳台　　　　　　　　　　图4-30　雨篷

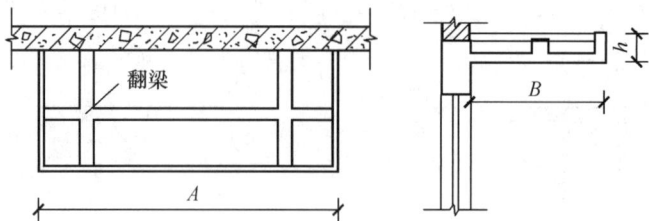

图 4-31　井字梁雨篷

解　① 国家定额阳台板混凝土工程量＝$(3.9+0.24)×1.5×0.1+1.5×0.24×0.6=$ $0.84(m^3)$

有梁式阳台底板现浇 C25 混凝土，套定额 5-44（换）。

② 省定额阳台混凝土工程量＝$(3.9+0.24)×1.5=6.21(m^2)$

有梁式阳台底板现浇 C25 混凝土，套定额 5-1-45（换）。

3. 栏板

栏板以体积计算，伸入墙内的栏板合并计算。如图 4-29 所示。

$$现浇钢筋混凝土栏板工程量＝栏板中心线长度×断面$$

【例 4-4】　阳台栏板尺寸，如图 4-28 中混凝土阳台栏板所示，两端各伸入墙内 60mm，混凝土强度等级为 C25，计算其现浇混凝土工程量，确定定额项目。

解　阳台混凝土栏板工程量＝$[3.9+0.24+(1.5-0.1+0.06)×2]×(0.93-0.1)×$ $0.1=0.59(m^3)$

阳台栏板现浇 C25 混凝土，套定额 5-38（换）或 5-1-48（换）。

4. 挑檐天沟及其他板

(1) 挑檐、天沟按设计图示尺寸以墙外部分体积计算。挑檐、天沟板与板（包括屋面板）连接时，以外墙外边线为分界线；与梁（包括圈梁等）连接时，以梁外边线为分界线；外墙外边线以外为挑檐、天沟。

(2) 飘窗左右的混凝土立板，按混凝土栏板计算。飘窗上下的混凝土挑板、空调室外机的混凝土搁板，按混凝土挑檐计算。

(3) 国家定额空心楼板筒芯、箱体安装，均按体积计算。省定额按套计算。

(四) 应用案例

【案例 4-7】　某工程现浇钢筋混凝土框架有梁板，尺寸如图 4-32 所示。混凝土强度等级 C25，现场搅拌混凝土。编制现浇钢筋混凝土框架有梁板工程量清单。自行进行工程量清单报价。

解　现浇混凝土有梁板工程量清单的编制

$$现浇钢筋混凝土有梁板工程量＝图示长度×图示宽度×板厚+板下梁体积$$

现浇钢筋混凝土有梁板工程量＝板$(3.00×6+0.20×2)×(3.00×3+0.20×2)×0.10+$纵梁肋$(3.00×6+0.20×2-0.30×3)×2×0.20×0.40+$横梁肋$(3.00×3+0.20×2-0.30×2-0.20×2)×4×0.20×0.40=17.296+2.800+2.688=22.78(m^3)$，分部分项工程量清单，见表 4-14。

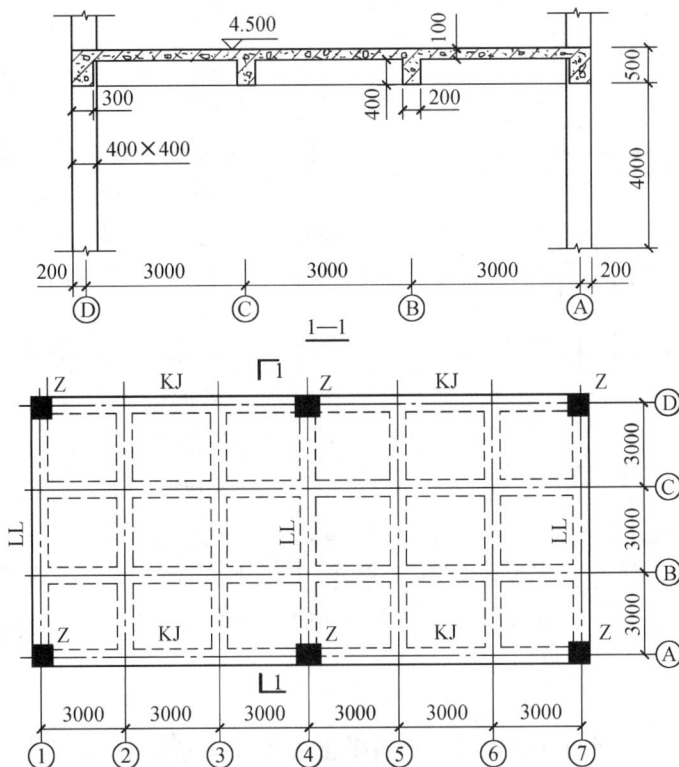

框架间现浇有梁板

图 4-32 现浇钢筋混凝土框架有梁板

表 4-14　　　　　　　　　　　　分部分项工程量清单

序号	项目编号	项目名称	项目特征描述	计量单位	工程量
1	010502013001	实心楼板	现场搅拌 C25	m³	22.78

六、现浇混凝土楼梯

（一）"计量标准"清单项目设置

"计量标准"附录 E.2 现浇混凝土楼梯项目包括直形楼梯和弧形楼梯两项，见表 4-15。

表 4-15　　　　　　　　　　现浇混凝土楼梯（编码：010502）

项目编码	项目名称	项目特征	计量单位	工程量计算规则	工程内容
010502020	楼梯	① 混凝土种类； ② 混凝土强度等级； ③ 楼梯形式	m³	按设计图示尺寸以体积计算，嵌入砌体墙内部分并入楼梯体积内	混凝土输送、浇筑、振捣、养护

（二）计量标准与计价规则说明

（1）楼梯项目的"楼梯形式"可描述为直形、弧形、螺旋、板式、梁式、单跑、双跑、三跑等。楼梯包括楼梯梯段、楼梯梁、楼梯休息平台、平台梁。当楼梯与楼板无楼梯梁连接时，以楼梯的最上一级踏步边缘加 300mm 为界。

（2）架空式混凝土台阶应按"楼梯"项目编码列项。

（3）钢筋混凝土楼梯工程量按设计图示尺寸以体积计算，嵌入砌体墙内部分并入楼梯体积内。

（三）配套定额相关规定

（1）整体楼梯包括休息平台、平台梁、楼梯底板、斜梁及楼梯的连接梁、楼梯段，按水平投影面积计算，不扣除宽度≤500mm的楼梯井，伸入墙内部分不另增加。混凝土楼梯（含直形和旋转形）与楼板以楼梯顶部与楼板的连接梁为界，连接梁以外为楼板。楼梯基础按基础的相应规定计算，如图4-33所示。

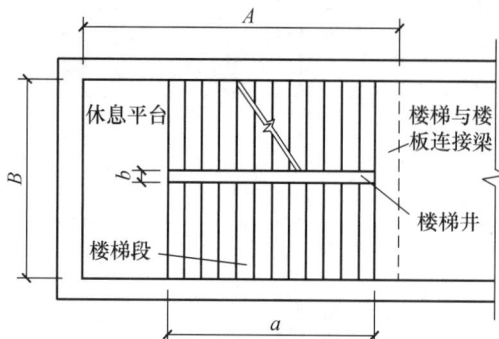

图4-33   整体楼梯示意图

楼梯工程量＝图示水平长度×图示水平宽度－大于500mm宽楼梯井

当$b \leqslant 500$mm时，$S = A \times B$

当$b > 500$mm时，$S = A \times B - a \times b$

（2）当整体楼梯与现浇楼板无梯梁连接时，以楼梯的最后一个踏步边缘加300mm为界。踏步底板、休息平台的板厚不同时，应分别计算。踏步底板的水平投影面积包括底板和连接梁；休息平台的投影面积包括平台板和平台梁。

（3）踏步旋转楼梯按其楼梯部分的水平投影面积，乘以周数计算（不包括中心柱）。省定额弧形楼梯按旋转楼梯计算。

（四）应用案例

【案例4-8】   某地下储藏室现浇钢筋混凝土楼梯（单跑），尺寸如图4-34所示。钢筋

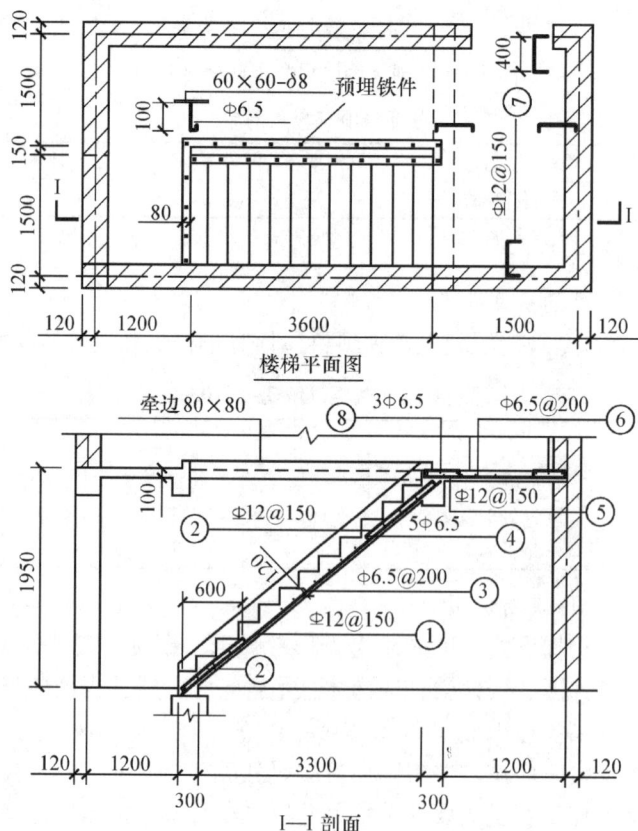

图4-34   现浇钢筋混凝土楼梯

保护层 15mm，钢筋现场制作及安装。混凝土强度等级 C25，现场搅拌混凝土。编制现浇钢筋混凝土楼梯工程量清单。自行进行钢筋工程量和综合单价计算。

解　现浇混凝土楼梯工程量清单的编制

现浇混凝土楼梯工程量＝[图示水平长度×坡度系数×(图示水平宽度－大于 500mm 宽楼梯井)]×平均厚度

现浇混凝土楼梯工程量＝(0.30＋3.30＋0.30)×1.121×1.50×0.12＝0.79(m³)，工程量清单见表 4-16。

表 4-16　　　　　　　　　　　　　分部分项工程量清单

序号	项目编号	项目名称	项目特征描述	计量单位	工程量
1	010506001001	直形楼梯	现场搅拌，C25 混凝土 120mm 厚	m³	0.79

七、现浇混凝土其他构件

(一)"计量标准"清单项目设置

"计量标准"附录 E.2 现浇混凝土其他构件项目包括填充混凝土、零星现浇构件、挡土墙、电缆沟、地沟、化粪池检查、散水、坡道、地坪、台阶、后浇带，见表 4-17。

表 4-17　　　　　　　　　　现浇混凝土其他构件（编码：010502）

项目编码	项目名称	项目特征	计量单位	工程量计算规则	工程内容
010502029	散水	① 垫层材料种类、厚度； ② 面层厚度； ③ 混凝土种类； ④ 混凝土强度等级； ⑤ 嵌缝材料种类	m²	按设计图示尺寸以水平投影面积计算	① 地基夯实； ② 垫层材料现场拌和、铺设垫层； ③ 混凝土输送、浇筑、振捣、养护； ④ 变形缝、分隔缝填塞
010502030	地坪				
010502031	坡道			按设计图示尺寸以斜面积计算	
010502032	台阶	① 垫层材料种类、厚度； ② 踏步高、宽； ③ 混凝土种类； ③ 混凝土强度等级	m²	按设计图示尺寸水平投影面积计算。与上部平台相连时，算至最上一级踏步踏面，该踏面无设计宽度时，按下一级踏面宽度计算	① 地基夯实； ② 垫层材料现场拌和、铺设垫层； ③ 混凝土输送、浇筑、振捣、养护
010502033	后浇带	① 部位； ② 混凝土种类； ③ 混凝土强度等级	m³	按设计图示尺寸以体积计算	① 设置钢丝网或快速收口板留置后浇带； ② 混凝土交接面、钢筋等的清理； ③ 混凝土输送、浇筑、振捣、养护

(二)计量标准与计价规则说明

(1) 阳台应按现浇混凝土梁、板等相应构件分别编码列项。

（2）填充混凝土项目适用于在已完成的结构体内，为满足设计要求而进行的混凝土浇筑。

（3）扶手、压顶、小型池槽、垫块、门窗框及其他单体体积≤0.1m³ 的同类构件，应按"零星现浇构件"项目分别编码列项，并描述构件名称。

（4）按标准图集设计的"化粪池、检查井"项目特征仅描述标准图集的相关代号即可，清单工作内容不包括图集中的管道、支架、预制盖板、预制井圈。其预制构件、钢筋、模板应按相应清单项目另行编码列项。

（5）散水、坡道、地坪项目特征中的"嵌缝材料种类"需描述设计图纸注明的功能性分隔缝材料种类，无需描述为留置施工缝而使用的分隔材料种类。

（6）后浇带项目适用于梁、墙、板等的后浇带。

（7）电缆沟、地沟、散水、坡道铺设垫层和需要抹灰时，应包括在报价内。

（三）配套定额相关规定

（1）国家定额散水、台阶按设计图示尺寸，以水平投影面积计算。台阶与平台连接时其投影面积应以最上层踏步外沿加 300mm 计算。省定额台阶按设计图示尺寸，以体积计算。

（2）单件体积≤0.1m³ 且定额未列子目的构件，按小型构件以体积计算。

（3）场馆看台、地沟按设计图示尺寸以体积计算。

（4）二次灌浆、空心砖内灌注混凝土，按照实际灌注混凝土体积计算。

（5）现浇钢筋混凝土柱、墙、后浇带定额项目，定额综合了底部灌注 1：2 水泥砂浆的用量。

（6）混凝土后浇带按设计图示尺寸以体积计算。

（四）应用案例

【案例 4-9】 某宿舍楼散水长度为 90m、宽 0.80m，浇筑 C15 混凝土 80 厚，塑料油膏嵌缝。编制现浇混凝土散水工程量清单。

解 现浇混凝土散水工程量＝（外墙外边线长度＋4×散水宽度－台阶长度）×散水宽

现浇混凝土散水工程量＝90×0.80＝72.00（m²），工程量清单见表 4-18。

表 4-18 分部分项工程量清单

工程名称：某工程

序号	项目编号	项目名称	项目特征描述	计量单位	工程量
1	010502029001	散水	混凝土垫层 80mm 厚，面层厚度 20mm；C15；现场搅拌；塑料油膏嵌缝	m²	72.00

【案例 4-10】 某地下车库顶板周边与墙体之间做后浇带，总长度 89m、宽 2m、厚度 400mm，后浇带浇筑 C30 混凝土，编制现浇混凝土后浇带工程量清单。

解 现浇混凝土后浇带工程量清单的编制

现浇混凝土后浇带工程量＝89.00×2.00×0.40＝71.20（m³），工程量清单见表 4-19。

表 4-19 分部分项工程量清单

序号	项目编号	项目名称	项目特征描述	计量单位	工程量
1	010502033001	后浇带	顶板后浇带 C30 现场搅拌	m³	71.20

第三节 预制混凝土构件

一、一般预制混凝土构件

（一）"计量标准"清单项目设置

"计算标准"附录 E.3 一般预制混凝土构件项目包括矩形柱、异形柱、矩形梁、异形梁、拱形梁、过梁、吊车梁、其他梁、屋架、天窗架、实心条板、空心条板、大型板、盖板井圈、烟道垃圾道通风道、其他构件，16 个清单项目，见表 4 - 20。

表 4 - 20　　　　　　　　一般预制混凝土构件（编码：010503）

项目编码	项目名称	项目特征	计量单位	工程量计算规则	工程内容
010503001	矩形柱	① 图代号； ② 混凝土强度等级； ③ 砂浆（细石混凝土）种类及强度等级	m³	按设计图示尺寸以体积计算	① 构件就位、安装； ② 接头灌缝、养护
010503002	异形柱				
010503003	矩形梁				
010503004	异形梁				
010503005	拱形梁				
010503006	过梁				
010503007	吊车梁				
010503008	其他梁				

（二）计量标准与计价规则说明

非装配式的预制混凝土构件应按"一般预制混凝土构件"的相应项目编码列项；预制混凝土构件或预制钢筋混凝土构件，设计图纸标注做法见标准图集时，在项目特征中描述标准图集的编号、节点大样编号及所在页号即可。

一般预制混凝土构件的工作内容中不包含使用大型垂直运输机械进行的吊装工作，大型垂直运输机械的使用应包含在措施项目中。

1. 预制混凝土柱梁

有相同截面、长度的预制混凝土柱梁的工程量也按立方米计算。

2. 预制混凝土屋架的描述

（1）项目特征中的"屋架形式"可描述为折线形、三角形、锯齿形等。

（2）"天窗架组成"可描述为天窗架、端壁板、侧板、上下挡、支撑及檩条等。

3. 预制混凝土板

预制大型墙板、大型楼板、大型屋面板等，应按预制混凝土板中的大型板工程量清单项目编码列项。板形式及部位的描述：

（1）"板的形式"可描述为平板、槽形板、双 T 板等。

（2）"板的部位"可描述为楼板、墙板、屋面板、挑檐板、雨篷板、栏板等。

4. 其他预制构件

预制钢筋混凝土小型池槽、压顶、扶手、垫块、隔热板、花格等应按"其他构件"项目分别编码列项，并描述构件名称。

（三）配套定额相关规定

1. 预制混凝土柱

（1）预制混凝土柱按图示尺寸以体积计算，不扣除柱内钢筋、铁件及≤0.3m² 孔洞所占体积。

预制混凝土柱工程量＝上柱图示断面面积×上柱长度＋下柱图示断面面积×下柱长度＋
牛腿体积

（2）预制混凝土柱接头灌缝，均按预制混凝土柱体积计算。

（3）国家定额现场搅拌混凝土调整费项目，按混凝土柱体积计算。省定额混凝土搅拌制作和泵送子目，按各混凝土柱的混凝土消耗量之和，以体积计算。

（4）预制混凝土柱安装除另有规定外，均按柱设计图示尺寸，以体积计算。

（5）预制混凝土矩形柱、工形柱、双肢柱、空格柱、管道支架等安装，均按柱安装计算。

2. 预制混凝土梁

（1）预制混凝土梁按图示尺寸以体积计算，不扣除梁内钢筋、铁件及≤0.3m² 孔洞所占体积。

预制混凝土 T 形吊车梁工程量＝断面面积×设计图示长度

（2）预制混凝土梁接头灌缝，均按预制混凝土梁体积计算。

（3）国家定额现场搅拌混凝土调整费项目，按混凝土梁体积计算。省定额混凝土搅拌制作和泵送子目，按各混凝土梁的混凝土消耗量之和，以体积计算。

（4）预制混凝土梁安装除另有规定外，均按梁设计图示尺寸，以体积计算。

3. 预制混凝土屋架

（1）预制混凝土屋架按图示尺寸以体积计算，不扣除屋架内钢筋、铁件及≤0.3m² 孔洞所占体积。

钢筋混凝土折线形屋架工程量＝∑杆件断面面积×杆件计算长度

（2）混凝土与钢杆件组合的构件，混凝土部分按构件实体积以立方米计算，钢构件部分按吨计算，分别套用相应的定额项目。

（3）国家定额现场搅拌混凝土调整费项目，按混凝土屋架体积计算。省定额混凝土搅拌制作和泵送子目，按各混凝土屋架的混凝土消耗量之和，以体积计算。

（4）预制混凝土屋架安装除另有规定外，均按屋架设计图示尺寸，以体积计算。

（5）组合屋架安装，以混凝土部分体积计算，钢杆件部分不计算。

4. 预制混凝土板

（1）预制混凝土板按图示尺寸以体积计算，不扣除板内钢筋、铁件及≤0.3m² 孔洞所占体积。

钢筋混凝土预制平板工程量＝图示长度×图示宽度×板厚

（2）预制混凝土板接头灌缝，均按预制混凝土板体积计算。

（3）国家定额现场搅拌混凝土调整费项目，按混凝土板体积计算。省定额混凝土搅拌制作和泵送子目，按各混凝土板的混凝土消耗量之和，以体积计算。

（4）预制混凝土板安装除另有规定外，均按板设计图示尺寸，以体积计算。

（5）预制板安装，不扣除单个面积≤0.3m² 的孔洞所占体积，扣除空心板空洞体积。

5. 其他预制构件

（1）预制混凝土均按图示尺寸以体积计算，不扣除构件内钢筋、铁件及≤0.3m² 孔洞所占体积。

预制混凝土工程量＝图示断面面积×
构件长度

（2）国家定额现场搅拌混凝土调整费项目，按混凝土构件体积计算。省定额混凝土搅拌制作和泵送子目，按各混凝土构件的混凝土消耗量之和，以体积计算。

（3）预制混凝土构件安装除另有规定外，均按构件设计图示尺寸，以体积计算。

【案例 4 - 11】　如图 4 - 35 所示预制混凝土方柱 60 根，现场制作、搅拌混凝土，混凝土强度等级为 C25，轮胎式起重机安装，C20 细石混凝土灌缝。计算预制混凝土方柱工程量。

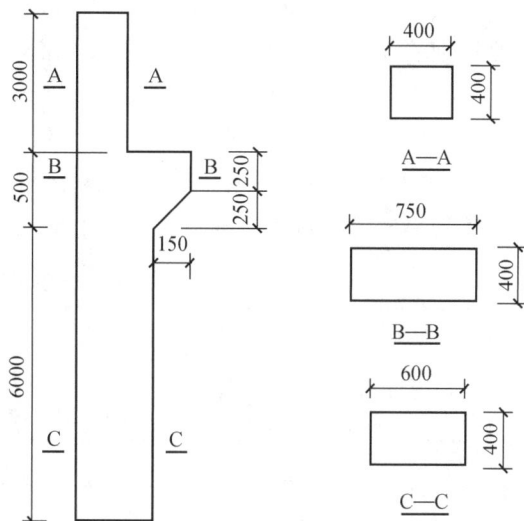

图 4 - 35　预制混凝土方柱

解　预制混凝土柱工程量清单的编制

预制混凝土柱工程量＝上柱图示断面面积×上柱长度＋下柱图示断面面积×下柱长度＋
牛腿体积

混凝土柱工程量＝[0.40×0.40×3.00＋0.60×0.40×6.50＋(0.25＋0.50)×0.15/2×0.40]×60＝2.063×60＝123.75(m³)，分部分项工程量清单见表 4 - 21。

表 4 - 21 分部分项工程量清单

序号	项目编号	项目名称	项目特征描述	计量单位	工程量
1	010503001001	矩形柱	矩形牛腿柱，混凝土强度等级 C25；C20 细石混凝土灌缝	m³	123.75

【案例 4 - 12】　如图 4 - 36 所示，后张预应力 T 形吊车梁 20 根，下部后张预应力钢筋用 JM 型锚具，上部钢筋为非预应力，箍筋采用电焊接头，保护层 20mm 厚。现场制作、搅拌混凝土，混凝土强度等级为 C30，轮胎式起重机安装，安装高度为 6.50m，C20 细石混凝土灌缝。编制预应力 T 形吊车梁的工程量清单。

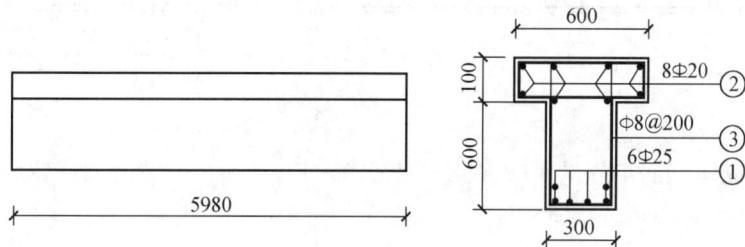

图 4 - 36　后张预应力钢筋混凝土 T 形吊车梁

解　预制混凝土梁工程量清单的编制。

T 形吊车梁制作工程量＝$(0.10 \times 0.60 + 0.30 \times 0.60) \times 5.98 \times 20 = 28.70(\text{m}^3)$

后张预应力钢筋（Φ25）工程量＝$(5.98 + 1.00) \times 6 \times 3.853 \times 20 = 3227(\text{kg}) = 3.227(\text{t})$

受压钢筋（Φ20）工程量＝$(5.98 - 0.02 \times 2) \times 8 \times 2.466 \times 20 = 2344(\text{kg}) = 2.344(\text{t})$

（φ8）箍筋 $n = (5.98 - 0.02 \times 2)/0.20 + 1 = 31$（根）

φ8 箍筋工程量＝$[(0.30 - 0.02 \times 2 - 0.008 + 0.70 - 0.02 \times 2 - 0.008) \times 2 + (0.60 - 0.02 \times 2 - 0.008 + 0.10 - 0.02 \times 2 - 0.008) \times 2] \times 31 \times 0.395 \times 20 = 739(\text{kg}) = 0.739(\text{t})$，分部分项工程量清单见表 4 - 22。

表 4 - 22　　　　　　　　　　　　　分部分项工程量清单

序号	项目编号	项目名称	项目特征描述	计量单位	工程量
1	010503007001	吊车梁	预应力 T 形吊车梁，混凝土强度等级 C30，C20 细石混凝土灌缝	m³	28.70

【**案例 4 - 13**】　某工业厂房 30m 跨度，钢筋预应力混凝土折线形屋架 20 榀，按标准图计算每榀屋架 3.25m³，下弦后张预应力钢筋用 JM 型锚具，上弦钢筋为非预应力，箍筋采用电焊接头。现场制作、搅拌混凝土，混凝土强度等级为 C30。轮胎式起重机安装，安装高度 15.5m。编制后张预应力钢筋折线形屋架工程量清单。

解　后张预应力钢筋混凝土折线形屋架工程量清单的编制

钢筋混凝土折线形屋架工程量＝∑杆件断面面积×杆件计算长度

折线形屋架工程量＝$3.25 \times 20 = 65.00(\text{m}^3)$，分部分项工程量清单见表 4 - 23。

表 4 - 23　　　　　　　　　　　　　分部分项工程量清单

序号	项目编号	项目名称	项目特征描述	计量单位	工程量
1	010503009001	折线形屋架	30m 跨度钢筋预应力混凝土折线形屋架；安装高度 15.5m；混凝土强度等级 C30；M5 水泥砂浆	m³	65.00

【**案例 4 - 14**】　制作 200 块如图 4 - 37 所示预应力平板，混凝土强度等级为 C30，塔式起重机安装（焊接），计算预应力钢筋混凝土平板和钢筋工程量，确定定额项目。

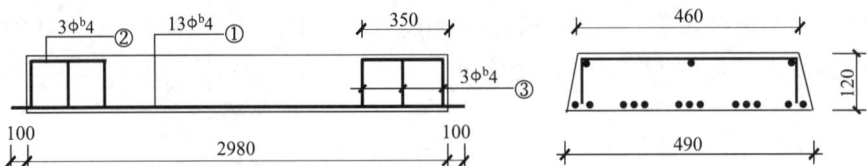

图 4 - 37　预应力平板

解　① 号纵向钢筋工程量＝$(2.98 + 0.1 \times 2) \times 13 \times 200 \times 0.099 = 819(\text{kg}) = 0.819(\text{t})$

先张预应力钢筋（φᵇ4），套定额 5 - 130 或 5 - 4 - 32

② 号纵向钢筋工程量＝$(0.35 - 0.01) \times 3 \times 2 \times 200 \times 0.099 = 40(\text{kg})$

③ 号纵向钢筋工程量＝$(0.46 - 0.01 \times 2 + 0.1 \times 2) \times 3 \times 2 \times 200 \times 0.099 = 76(\text{kg})$

构造筋（非预应力冷拔低碳钢丝φ^b4）工程量合计＝40＋76＝116(kg)＝0.116(t)

预制构件（非预应力冷拔低碳钢丝φ^b4）点焊，套定额5-102或5-4-14。

④ 预应力钢筋混凝土平板工程量＝(0.49＋0.46)/2×0.12×2.98×200＝33.97(m³)

预制混凝土平板，套定额5-2-19

预制混凝土平板塔式起重机安装（焊接），套定额5-353（安装）、5-75（灌缝）或5-5-112（安装）、5-5-116（灌缝）。

二、装配式预制混凝土构件

（一）计量标准清单项目设置

"计量标准"附录E.4装配式预制混凝土构件项目包括实心柱、单梁、叠合梁、叠合楼板、实心剪力墙板、夹心保温剪力墙板、叠合剪力墙板、外挂墙板、女儿墙、楼梯、阳台、凸（飘）窗、空调板、其他构件、叠合梁板后浇混凝土、叠合剪力墙后浇混凝土，16个清单项目，见表4-24。

表4-24　　　　　　　　　　装配式预制混凝土柱（编码：010504）

项目编码	项目名称	项目特征	计量单位	工程量计算规则	工程内容
010504001	实心柱	① 构件规格及图号； ② 混凝土强度等级； ③ 连接方式； ④ 灌浆料材质	m³	按设计图示尺寸以体积计算。接缝灌浆层体积并入构件体积内。不扣除构件内钢筋、预埋部件、预留孔洞、灌浆套筒及后浇键槽所占体积，构件外露钢筋、连接件及吊环体积亦不增加	① 结合面清理； ② 构件吊装、就位、校正、垫实、固定，座浆料铺筑； ③ 接头区构件预留钢筋连接件整理及连接； ④ 灌（注）浆料； ⑤ 搭设及拆除钢支撑
010504002	单梁				
010504003	叠合梁				
010504004	叠合楼板	① 构件类型； ② 构件规格及图号； ③ 混凝土强度等级			

（二）计量标准与计价规则说明

（1）装配式构件自带钢筋之外的钢筋应按钢筋及螺栓、铁件的相应项目编码列项。

（2）装配式构件安装包括构件固定所需临时支撑的搭设及拆除，如采用特殊工艺，则应在项目特征中描述支撑（含支撑用预埋铁件）的种类及搭设方式。

（3）装配式构件工程量计算规则中的预埋部件，是指预埋钢板、螺栓、套筒、螺母、线盒、电盒、线管、木砖等。

（4）叠合楼板预制板之间的后浇混凝土板带，应并入"叠合梁、板后浇混凝土"内计算。

（三）配套定额相关规定

（1）装配式建筑构件工程量均按设计图示尺寸以体积计算。不扣除构件内钢筋、预埋铁件等所占体积。

（2）装配式墙、板安装，不扣除单个面积≤0.3m²的孔洞所占体积。

（3）装配式楼梯工程量均按设计图示尺寸以体积计算。不扣除楼梯内钢筋、预埋铁件等所占体积。

（4）装配式楼梯安装，应按扣除空心踏步板空洞体积后，以体积计算。

第四节　混凝土模板

一、计量标准清单项目设置

"计量标准"附录 E.5 混凝土模板包括垫层模板、基础模板、基础联系梁模板、柱面模板、墙面模板、梁模板、楼板屋面板坡道板模板、其他板模板、柱帽模板、楼梯模板、构造柱模板、圈梁模板、过梁模板、零星现浇构件模板、挡土墙模板、井（池）模板、电缆沟地沟模板、台阶模板、后浇带模板、叠合构件后浇混凝土模板，20 个清单项目，见表 4-25。

表 4-25　　　　　　　　　　混凝土模板（编码：010505）

项目编码	项目名称	项目特征	计量单位	工程量计算规则	工程内容
010505001	垫层模板	垫层部位	m²	按模板与现浇混凝土垫层的接触面积计算	① 模板制作；② 模板及支撑安装；③ 刷隔离剂；④ 模板及支撑拆除；⑤ 清理模板黏结物及模内杂物；⑥ 模板及支撑整理、小修、堆放
010505002	基础模板	基础类型		按模板与现浇混凝土构件的接触面积计算	
010505004	柱面模板				
010505005	墙面模板	模板形式		按模板与现浇混凝土构件的接触面积计算。扣除门窗洞口及单孔面积＞0.3m² 的孔洞所占面积，洞侧壁面积并入计算；不扣除单个面积≤0.3m² 的孔洞所占面积，洞侧壁面积亦不计算	
010505006	梁模板			按模板与现浇混凝土构件的接触面积计算。梁板连接时，边缘处梁侧面模板不扣除板厚	
010505011	构造柱模板			按混凝土外露宽度乘以柱高以面积计算。与砌体嵌接处按混凝土外露面最大宽度计算	
010505012	圈梁模板			按模板与现浇混凝土构件的接触面积计算。圈梁与构造柱连接时，梁长算至构造柱（含马牙槎）的侧面	
010505013	过梁模板			按模板与现浇混凝土构件的接触面积计算。过梁梁长设计无规定时，按梁下洞口宽度两端各加 250mm，计算侧模面积	

二、计量标准与计价规则说明

1. 混凝土模板说明

（1）设计图纸或交工标准对现浇混凝土构件表面有特殊要求的，如清水混凝土、表面纹饰造型混凝土等，其模板项目特征中需增加"混凝土表面要求"；设计图纸要求使用定制模板浇筑异形混凝土构件的，其模板项目特征中需增加"模板定制要求"；发包人对模板材质、支模方式等有特殊要求的，可在项目特征中补充描述。

（2）项目特征中的"模板形式"可描述为直形模板、倾斜模板（适用于坡度≥20％的构件斜面）、弧形模板（适用于半径≤12m的构件弧面）、拱形模板等。

（3）其他板模板、零星现浇构件模板应按相应现浇混凝土构件的项目名称分别编码列项。

（4）浇筑混凝土地坪、散水、坡道如使用模板，应按"垫层模板"项目编码列项。

2. 模板工程量计算

墙与柱连接时算至柱边；墙与梁连接时墙算至梁底；墙与板连接时板算至墙侧；柱、墙、梁、板与栏扳相互连接的重叠部分，应扣除重叠部分的模板面积。

三、配套定额说明

1. 定额项目编制说明

（1）定额按不同构件，模板分组合钢模板、大钢模板、复合模板、木模板，定额未注明模板类型的，均按木模板考虑。

（2）模板按企业自有编制。组合钢模板包括装箱，且已包括回库维修耗量。

（3）复合模板适用于竹胶、木胶等品种的复合板。

2. 现浇混凝土模板定额项目说明

（1）圆弧形带形基础模板执行带形基础相应项目，人工、材料、机械乘以系数1.15。

（2）地下室底板模板执行满堂基础，满堂基础模板已包括集水井模板杯壳。

（3）满堂基础下翻构件的砖胎模，砖胎模中砌体和抹灰执行相应定额项目。

（4）独立桩承台执行独立基础项目；带形桩承台执行带形基础项目；与满堂基础相连的桩承台执行满堂基础项目。

（5）现浇混凝土柱（不含构造柱）、墙、梁（不含圈、过梁）、板是按高度（板面或地面、垫层面至上层板面的高度）3.6m综合考虑的，支模高度超过3.6m时，另计算模板支撑超高部分的工程量。如遇斜板面结构时，柱分别按各柱的中心高度为准；墙按分段墙的平均高度为准；框架梁按每跨两端的支座平均高度为准；板（含梁板合计的梁）按高点与低点的平均高度为准。

异形柱、梁，是指柱、梁的断面形状为：L形、十字形、T形、Z形的柱、梁。

（6）柱模板如遇弧形和异形组合时，执行圆柱项目。

（7）短肢剪力墙是指截面厚度≤300mm，各肢截面高度与厚度之比的最大值＞4，但≤8的剪力墙；各肢截面高度与厚度之比的最大值≤4的剪力墙执行柱项目。

（8）外墙设计采用一次摊销止水螺杆方式支模时，将对拉螺栓材料换为止水螺杆，其消耗量按对拉螺栓数量乘以系数12，取消塑料套管消耗量，其余不变。墙面模板未考虑定位支撑因素。

柱、梁面对拉螺栓堵眼增加费，执行墙面螺栓堵眼增加费项目，柱面螺栓堵眼人工、机械乘以系数0.3、梁面螺栓堵眼人工、机械乘以系数0.35。

（9）板为拱形结构按板顶平均高度确定支模高度，电梯井壁按建筑物自然层层高确定支模高度。

（10）国家定额斜梁（板）按坡度＞10°且≤30°综合考虑。斜梁（板）坡度≤10°的执行梁、板项目；30°＜坡度≤45°时人工乘以系数1.05；45°＜坡度≤60°时人工乘以系数1.10；坡度＞60°时人工乘以系数1.20。省定额各种现浇混凝土板的倾斜度大于15°时，其模板子目的人工乘以系数 1.30，其他不变。

（11）混凝土梁、板应分别计算执行相应项目，混凝土板适用于截面厚度≤250mm；板中暗梁并入板内计算；墙、梁弧形且半径≤9m 时，执行弧形墙、梁项目。

（12）现浇空心板执行平板项目，内模安装另行计算。

（13）薄壳板模板不分筒式、球形、双曲形等，均执行同一项目。

（14）型钢组合混凝土构件模板，按构件相应项目执行。

（15）屋面混凝土女儿墙高度＞l.2m 时执行相应墙项目，≤1.2m 时执行相应栏板项目。

（16）混凝土栏板高度（含压顶扶手及翻沿），净高按 1.2m 以内考虑，超 1.2m 时执行相应墙项目。

（17）现浇混凝土阳台板、雨篷板按三面悬挑形式编制，如一面为弧形栏板且半径≤9m 时，执行圆弧形阳台板、雨篷板项目；如非三面悬挑形式的阳台、雨篷，则执行梁、板相应项目。

（18）挑檐、天沟壁高度≤400mm，执行挑檐项目；挑檐、天沟壁高度＞400mm 时，按全高执行栏板项目。

（19）预制板间补现浇板缝执行平板项目。

（20）现浇飘窗板、空调板执行悬挑板项目。

（21）楼梯是按建筑物一个自然层双跑楼梯考虑，如单坡直行楼梯（即一个自然层、无休息平台）按相应项目人工、材料、机械乘以系数 1.2；三跑楼梯（即一个自然层、两个休息平台）按相应项目人工、材料、机械乘以系数 0.9；四跑楼梯（即一个自然层、三个休息平台）按相应项目人工、材料、机械乘以系数 0.75。剪刀楼梯执行单坡直行楼梯相应系数。

（22）与主体结构不同时浇捣的厨房、卫生间等处墙体下部现浇混凝土翻边的模板执行圈梁相应项目。

（23）散水模板执行垫层相应项目。

（24）凸出混凝土柱、梁、墙面的线条，并入相应构件内计算，再按凸出的线条道数执行模板增加费项目；但单独窗台板、拦板扶手、墙上压顶的单阶挑沿不另计算模板增加费；其他单阶线条凸出宽度＞200mm 的执行挑檐项目。

（25）外形尺寸体积≤1m³ 的独立池槽执行小型构件项目，＞1m³ 的独立池槽及与建筑物相连的梁、板、墙结构式水池，分别执行梁、板、墙相应项目。

（26）小型构件是指单件体积 0.1m³ 以内且本节未列项目的小型构件。

3. 现场预制混凝土模板定额项目说明

（1）省定额现场预制混凝土模板子目使用时，人工、材料、机械消耗量分别乘以 1.012 构件操作损耗系数。

（2）预制构件地模的摊销，已包括在预制构件的模板中。

4. 复合木模板制作消耗量调整

（1）省定额规定，实际工程中复合木模板周转次数与定额不同时，可按实际周转次数，根据以下公式分别对子目材料中的复合木模板、锯成材消耗量进行计算调整。

1）复合木模板消耗量＝模板一次使用量×（1＋5%）×模板制作损耗系数/周转次数

2）锯成材消耗量＝定额锯成材消耗量－N_1＋N_2

其中 N_1＝模板一次使用量×（1＋5%）×方木消耗系数/定额模板周转次数

$N_2=$模板一次使用量$\times(1+5\%)\times$方木消耗系数/实际周转次数

（2）上述公式中复合木模板制作损耗系数、方木消耗系数见表 4 - 26。

表 4 - 26　　　　　　　　　复合木模板制作损耗系数、方木消耗系数表

构件部位	基础	柱	构造柱	梁	墙	板
模板制作损耗系数	1.1392	1.1047	1.2807	1.1688	1.0667	1.0787
方木消耗系数	0.0209	0.0231	0.0249	0.0247	0.0208	0.0172

四、配套定额工程量计算

1. 现浇混凝土构件模板

（1）现浇混凝土构件模板，除另有规定者外，均按模板与混凝土的接触面积（扣除后浇带所占面积）计算。

（2）基础按混凝土与模板的接触面积计算。基础与基础相交时重叠的模板面积不扣除；直形基础端头的模板，也不增加。

1）省定额现浇混凝土带形桩承台的模板，执行现浇混凝土带形基础（有梁式）模板子目。

2）独立基础模板高度从垫层上表面计算到柱基上表面。

3）满堂基础：无梁式满堂基础有扩大或角锥形柱墩时，并入无梁式满堂基础内计算。有梁式满堂基础梁高（从板面或板底计算，梁高不含板厚）≤1.2m 时，基础和梁合并计算；＞1.2m 时，底板按无梁式满堂基础模板项目计算，梁按混凝土墙模板项目计算。箱式满堂基础应分别按无梁式满堂基础、柱、墙、梁、板的有关规定计算。地下室底板按无梁式满堂基础模板项目计算。

4）设备基础：块体设备基础按不同体积，分别计算模板工程量。框架设备基础应分别按基础、柱及墙的相应项目计算；楼层面上的设备基础并入梁、板项目计算，如在同一设备基础中部分为块体，部分为框架时，应分别计算。框架设备基础的柱模板高度应由底板或柱基的上表面算至板的下表面；梁的长度按净长计算，梁的悬臂部分应并入梁内计算。

5）设备基础地脚螺栓套孔以不同深度以数量计算。

（3）现浇混凝土柱模板，按柱四周展开宽度乘以柱高，以平方米计算。

1）柱、梁相交时，不扣除梁头所占柱模板面积。

2）柱、板相交时，不扣除板厚所占柱模板面积。

现浇混凝土柱模板工程量＝柱截面周长×柱高

（4）构造柱均应按图示外露部分计算模板面积。带马牙槎构造柱的宽度按马牙槎处的宽度计算。

构造柱与砖墙咬口模板工程量＝混凝土外露面的最大宽度×柱高

（5）现浇混凝土梁（包括基础梁）模板，按梁三面展开宽度乘以梁长，以面积计算。

1）矩形梁，支座处的模板不扣除，端头处的模板不增加。

2）梁与梁相交时，不扣除次梁梁头所占主梁模板面积。

3）梁与板连接时，梁侧壁模板算至板下坪。

4）过梁与圈梁连接时，其过梁长度按洞口两端其加 50cm 计算。

（6）现浇混凝土墙模板，按混凝土与模板接触面积以面积计算。

1）墙与柱连接时，柱侧壁按展开宽度，并入墙模板面积内计算。

2）墙与梁相交时，不扣除梁头所占墙的模板面积。

3）现浇混凝土墙、板上单孔面积≤0.3m^2 的孔洞，不予扣除，洞侧壁模板也不增加；单孔面积＞0.3m^2 时，应予以扣除，洞侧壁模板面积并入墙、板模板工程量以内计算。

钢筋混凝土墙板模板＝混凝土与模板接触面面积－0.3m^2 以外门窗洞孔面积＋垛门窗洞孔侧面积

4）对拉螺栓端头处理增加，按设计要求防水等特殊处理的现浇混凝土直形墙、电梯井壁（含不防水面）模板面积计算。

5）对拉螺栓堵眼增加，按墙面、柱面、梁面模板接触面分别计算工程量。

（7）现浇混凝土框架分别按柱、梁、板有关规定计算，国家定额附墙柱凸出墙面部分按柱工程量计算，暗梁、暗柱并入墙内工程量计算。

1）柱、墙、梁、板、栏板相互连接的重叠部分，均不扣除模板面积。

2）轻型框剪墙子目已综合轻体框架中的梁、墙、柱内容，但不包括电梯井壁、矩形梁、挑梁，其工程量按混凝土与模板的接触面积计算。

（8）现浇混凝土板的模板，按混凝土与模板的接触面积，以面积计算。

1）伸入梁、墙内的板头，不计算模板面积。

2）周边带翻檐的板（如卫生间混凝土防水带等），底板的板厚部分不计算模板面积；翻檐两侧的模板，按翻檐净高度，并入板的模板工程量内计算。

3）板与柱相接时，板与柱接触面的面积≤0.3m^2 时，不予扣除；面积＞0.3m^2 时，应予扣除。柱与墙相接时，柱与墙接触面的面积，应予扣除。

4）现浇混凝土有梁板的板下梁的模板支撑高度，自地（楼）面支撑点计算至板底，执行板的支撑高度超高子目。

5）柱帽模板面积按无梁板模板计算，其工程量并入无梁板模板工程量中，模板支撑超高按板支撑超高计算。

6）伸入墙内的梁头、板头部分，均不计算模板面积。

7）后浇带按模板与后浇带的接触面积计算。

后浇带二次支模工程量＝后浇带混凝土与模板接触面积

8）现浇混凝土斜板、折板模板，按平板模板计算；预制板板缝＞40mm 时的模板，按平板后浇带模板计算。

（9）挑檐、天沟与板（包括屋面板、楼板）连接时，以外墙外边线为分界线；与梁（包括圈梁等）连接时，以梁外边线为分界线；外墙外边线以外或梁外边线以外为挑檐、天沟。

（10）现浇混凝土悬挑板、雨篷、阳台按图示外挑部分尺寸的水平投影面积计算，挑出墙外的悬臂梁及板边不另计算。

雨篷、阳台模板工程量＝外挑部分水平投影面积

（11）现浇混凝土楼梯（包括休息平台、平台梁、斜梁和楼层板的连接的梁）按水平投影面积计算。不扣除宽度≤500mm 楼梯井所占面积，楼梯的踏步、踏步板、平台梁等侧面模板不另行计算，伸入墙内部分也不增加。当整体楼梯与现浇楼板无梯梁连接时，以楼梯的最后一个踏步边缘加 300mm 为界。

混凝土楼梯模板工程量＝钢筋混凝土楼梯工程量

（12）混凝土台阶不包括梯带，按图示台阶尺寸的水平投影面积计算，台阶端头两侧不

另计算模板面积；架空式混凝土台阶按现浇楼梯计算；场馆看台按设计图示尺寸，以水平投影面积计算。

$$混凝土台阶模板工程量＝台阶水平投影面积$$

（13）凸出的线条模板增加费，以凸出棱线的道数分别按长度计算，两条及多条线条相互之间净距小于 100mm 的，每两条按一条计算。

2. 现浇混凝土柱、梁、墙、板的模板支撑超高计算

（1）现浇混凝土柱、梁、墙、板的模板支撑，定额按支模高度 3.60m 编制。支模高度超过 3.60m 时，另行计算模板支撑超高部分的工程量。

（2）构造柱、圈梁、大钢模板墙，不计算模板支撑超高。

（3）支模高度，柱、墙：地（楼）面支撑点至构件顶坪；梁：地（楼）面支撑点至梁底；板：地（楼）面支撑点至板底坪。

（4）梁、板（水平构件）模板支撑超高的工程量计算如下：

$$超高次数＝（支模高度－3.6）/1（遇小数进为1，不足1按1计算）$$
$$超高工程量(m^2)＝超高构件的全部模板面积×超高次数$$

（5）柱、墙（竖直构件）模板支撑超高的工程量计算如下。

超高次数分段计算：自高度＞3.60m，第一个 1m 为超高 1 次，第二个 1m 为超高 2 次，依次类推；不足 1m，按 1m 计算，即

$$超高工程量(m^2)＝\sum（相应模板面积×超高次数）$$

（6）墙、板后浇带的模板支撑超高，并入墙、板支撑超高工程量内计算。

3. 预制混凝土构件模板

（1）国家定额预制混凝土模板按模板与混凝土的接触面积计算，地模不计算接触面积。

（2）省定额现场预制混凝土构件模板工程量，除注明者外均按相应构件混凝土实体体积计算。

$$现场预制混凝土模板工程量＝混凝土构件工程量$$

（3）省定额预制桩按相应桩体积（不扣除桩尖虚体积部分）计算。

$$现场预制混凝土桩模板工程量＝混凝土桩工程量$$

五、应用案例

【案例 4-15】 某工程采用现浇钢筋混凝土有梁式条形基础，其基础平面图和剖面图如图 4-38 所示。施工组织设计中，条形基础和独立基础采用组合钢模板木支撑。进行该分项工程的模板费用的计算。

解 模板项目清单计价表的编制。

该项目发生的工程内容：模板制作、模板安拆和刷隔离剂等。

条形基础模板清单工程量＝[11.40＋(0.065＋0.15)×2]×0.50×10＋(11.40＋0.065×2)×0.35×10＋(6.00－0.80)×0.50×16＋(6.00－0.50)×0.35×16＋(0.80×0.50＋0.50×0.35)×(10－16)＝168.46(m²)

条形基础模板定额工程量＝[11.40＋(0.065＋0.15)×2]×0.50×10＋(11.40＋0.065×2)×0.35×10＋(6.00－0.80)×0.50×16＋(6.00－0.50)×0.35×16＝171.91(m²)

带形基础（有梁式）钢筋混凝土组合钢模板木支撑，套定额 18-1-9。

独立基础模板工程量＝[(1.00＋0.80)×2×0.50＋(0.70＋0.50)×2×0.35]×5＝13.20(m²)

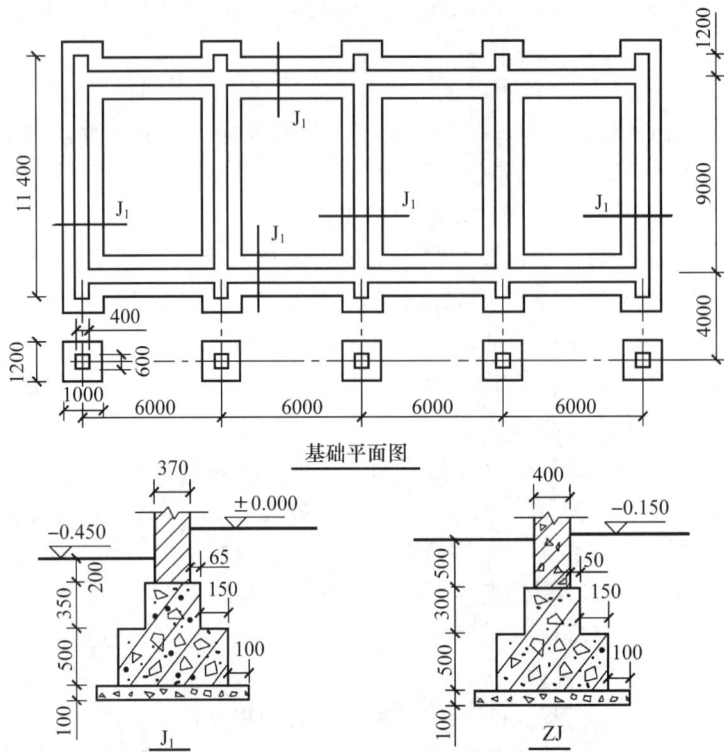

图 4-38　现浇钢筋混凝土有梁式条形基础

无筋混凝土独立基础组合钢模板木支撑，套定额 18-1-12。

基础垫层模板＝[11.40＋(0.065＋0.15＋0.10)×2]×0.10×10＋(6.00－1.00)× 0.10×16＋(1.00×0.10)×(10－16)＋(1.20＋1.00)×2×5×0.10＝21.63(m²)

混凝土基础垫层木模板，套 8-1-1。

人工、材料、机械单价选用市场价。

根据企业情况确定管理费率为 25%，利润率为 15%，模板项目清单计价，见表 4-27。

表 4-27　　　　　　　　　　　措施项目清单计价表

序号	项目编码	项目名称	项目特征描述	计量单位	工程量	金额（元）	
						综合单价	合价
1	010505002001	基础模板	条形基础，组合钢模板木支撑	m²	168.46	74.47	12 545.22
2	010505002002	基础模板	独立基础，组合钢模板木支撑	m²	13.20	71.89	948.95
3	010505002003	基础模板	基础垫层，组合钢模板木支撑	m²	21.63	36.16	782.14

【案例 4-16】　如图 4-39 所示，现浇混凝土框架柱 20 根，组合钢模板、钢支撑。现浇花篮梁（中间矩形梁）5 支，胶合板模板、木支撑。计算柱、梁模板及支撑工程量及相应模

板工程费用。

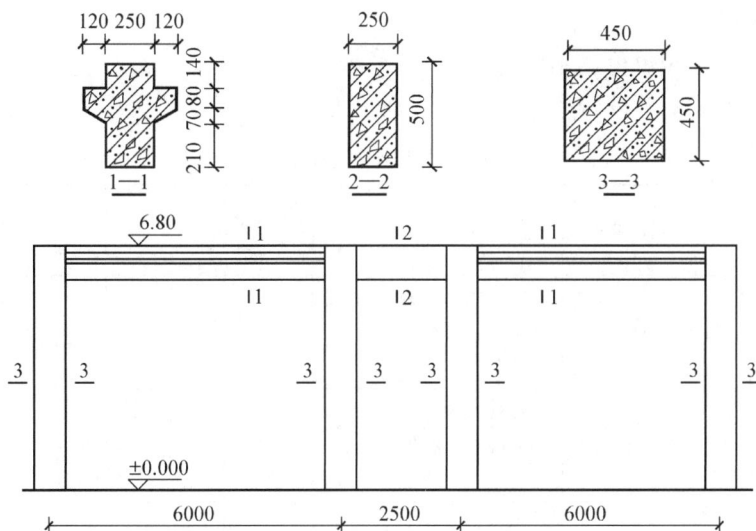

图 4-39　现浇混凝土框架

解　项目清单计价表的编制

(1) 柱模板发生的工程内容：模板制作、模板安拆和刷隔离剂等。

① 现浇混凝土框架柱钢模板清单工程量＝0.45×4×6.80×20−(0.25×0.50×6+0.12×0.15×4)×5＝240.69(m²)

② 现浇混凝土框架柱钢模板定额工程量＝0.45×4×6.80×20＝244.80(m²)

现浇混凝土框架矩形柱组合钢模板、钢支撑：套定额 18-1-34。

③ 超高次数＝(6.80−3.60)/1.00＝3.2(次)≈4(次)（即 4.6m 以内超高 1 次；5.6m 以内超高 2 次；依此类推。不足 1m，按 1m 计算）。

混凝土框架柱钢支撑第一至第三增加层工程量＝0.45×4×1.0×20＝36.00(m²)

混凝土框架柱钢支撑第四增加层工程量＝0.45×4×(6.80−6.60)×20＝7.20(m²)

超高工程量＝36.00×1＋36.00×2＋36.00×3＋7.20×4＝244.80(m²)

柱支撑高度超过 3.6m、钢支撑每超高 1m，套 18-1-48。

注意：套定额时，以相应超高部分的工程量乘以相应的超高次数之和作为支撑超高的工程量。如果超高次数为 2 次，超高 1 次和超高 2 次的工程量应分别计算，分别乘以超高次数，超高工程量两部分相加。

(2) 梁模板发生的工程内容为：模板制作、模板安拆和刷隔离剂等。

① 矩形梁模板工程量＝(0.25＋0.50×2)×(2.50−0.45)×5＝12.81(m²)

矩形梁胶合板模板，对拉螺栓木支撑，套定额 18-1-57。

② 异形梁模板工程量＝[0.25＋(0.21＋$\sqrt{0.12^2＋0.07^2}$＋0.08＋0.12＋0.14)×2]×(6.00−0.45)×2×5＝90.35(m²)

异形梁胶合板模板、木支撑，套定额 18-1-59。

③ 超高次数：(6.80−0.50−3.60)/1.00≈3(次)

矩形梁支撑超高工程量＝12.81×3＝38.43(m²)

异形梁支撑超高工程量＝90.35×3＝271.05(m²)

梁支撑高度超过 3.6m、木支撑每超高 1m：套定额 18-1-71。

人工、材料、机械单价选用市场价。

根据企业情况确定管理费率为 25%，利润率为 15%。模板项目清单计价，见表 4-28。

表 4-28　　　　　　　　　　　　模板项目清单计价表

序号	项目编码	项目名称	项目特征描述	计量单位	工程量	金额（元）	
						综合单价	合价
1	010505004001	矩形柱模板	现浇混凝土框架矩形柱组合钢模板、钢支撑，柱高6.8m	m²	240.69	66.82	16 082.91
2	010505006001	矩形梁模板	现浇混凝土框架梁胶合板模板、木支撑，梁高6.3m	m²	12.81	147.56	1890.24
3	010505006002	异形梁模板	现浇混凝土框架梁胶合板模板、木支撑，梁高6.3m	m²	90.35	167.79	15 159.83

【案例 4-17】　某现浇钢筋混凝土有梁板，如图 4-40 所示。胶合板模板，钢支撑。计算有梁板模板工程量，并进行该分项工程的模板费用的计算。

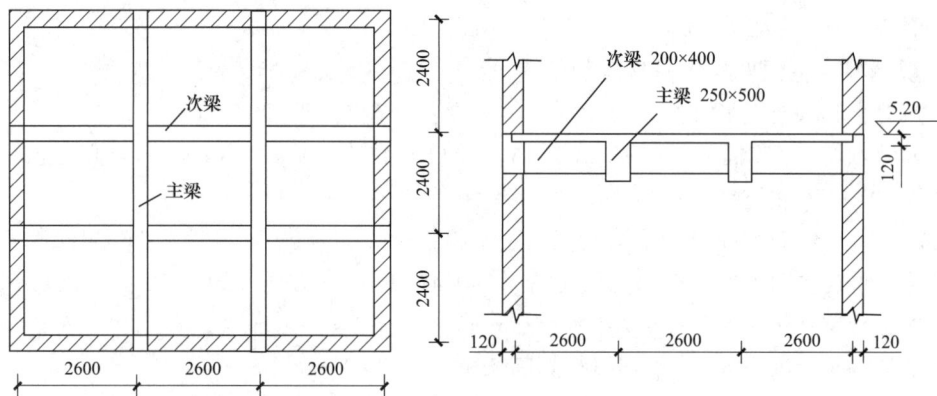

图 4-40　现浇钢筋混凝土有梁板

解　模板项目清单计价表的编制

该项目发生的工程内容：模板制作、模板安拆和刷隔离剂等。

① 模板工程量＝(2.60×3-0.24)×(2.4×3-0.24)+(2.4×3+0.24)×(0.50-0.12)×4+(2.60×3+0.24-0.25×2)×(0.40-0.12)×4＝52.62+11.31+8.44＝72.37(m²)

有梁板胶合板模板、钢支撑，套额定 18-1-92。

② 有梁板支撑超高工程量＝72.37×2＝144.74(m²)

超高次数 (5.20-0.12-3.60)/1.00≈2(次)

板支撑高度超过 3.6m 钢支撑每增加 1m，套定额 18-1-104。

人工、材料、机械单价选用市场价。

根据企业情况确定管理费率为 25％，利润率为 15％，模板项目清单计价，见表 4 - 29。

表 4 - 29　　　　　　　　　　　模板项目清单计价表

序号	项目编码	项目名称	项目特征描述	计量单位	工程量	金额（元）	
						综合单价	合价
1	010505006001	有梁板模板	现浇钢筋混凝土有梁板胶合板模板，钢支撑	m²	72.37	75.27	5447.29

第五节　钢筋及螺栓铁件

一、计量标准清单项目设置

"计量标准"附录 E.6 钢筋及螺栓铁件工程项目包括现浇混凝土基础及联系梁钢筋、现浇混凝土柱钢筋、现浇混凝土地下室外墙钢筋、现浇混凝土墙钢筋、现浇混凝土梁钢筋、现浇混凝土楼板及屋面板钢筋、现浇混凝土坡道板钢筋、现浇混凝土其他板钢筋、现浇混凝土楼梯钢筋、现浇混凝土二次结构钢筋、现浇混凝土零星构件钢筋、现浇混凝土挡土墙钢筋、现浇混凝土散水坡道钢筋、现浇混凝土地坪钢筋、现浇混凝土台阶钢筋、叠合构件后浇混凝土钢筋、砌体工程内配钢筋、屋面刚性层配钢筋、装饰工程内配钢筋、钢筋网片、钢筋笼、预应力钢筋、钢丝网、螺栓、预埋铁件、结构（隔）震支座、阻尼器，27 个清单项目，见表 4 - 30。

表 4 - 30　　　　　　　　　钢筋及螺栓铁件工程（编码：010506）

项目编码	项目名称	项目特征	计量单位	工程量计算规则	工程内容
010506001	现浇混凝土基础及联系梁钢筋	钢筋种类、规格	t	按设计图示钢筋中心线长度乘以单位理论质量计算。设计（包括规范规定）标明的搭接长度和锚固长度应并入计算	① 钢筋制作；② 钢筋安装、固定；③ 钢筋连接
010506002	现浇混凝土柱钢筋				
010506003	现浇混凝土地下室外墙钢筋				
010506004	现浇混凝土墙钢筋				
010506005	现浇混凝土梁钢筋				
010506006	现浇混凝土楼板及屋面板钢筋				
010506009	现浇混凝土楼梯钢筋				
010506022	预应力钢筋	① 钢筋（丝束、绞线）种类、规格；② 锚具种类；③ 张拉方式；④ 砂浆强度等级		按设计图示钢筋（丝束、绞线）中心线长度乘以单位理论质量计算	① 钢筋、钢丝束、钢绞线制作；② 钢筋、钢丝束、钢绞线安装；③ 预埋管孔道铺设；④ 锚具安装；⑤ 砂浆制作、输送；⑥ 孔道压浆、养护；⑦ 张拉、封锚或端部防护处理

项目编码	项目名称	项目特征	计量单位	工程量计算规则	工程内容
010506024	螺栓	① 螺栓种类； ② 规格； ③ 使用部位； ④ 端头处理方式	套	按设计（包括规范规定）要求以数量计算	① 螺栓、铁件制作； ② 螺栓、铁件安装； ③ 对拉螺栓端头处理
01050625	预埋铁件	① 钢材种类； ② 规格； ③ 铁件尺寸	t	按设计图示尺寸以质量计算	

二、计量标准与计价规则说明

1. 钢筋清单项目包括的内容及确定

（1）各钢筋项目的工作内容均应包含相应的措施钢筋；钢筋的制作包含钢筋清理、调直、切断、弯曲成型等全部制作工序；钢筋的安装、固定包含基层清理及钢筋就位、定位、支撑、绑扎、焊接等全部安装工序；钢筋的连接包含搭接、焊接、机械连接、检查清理等全部连接工序。

（2）现浇混凝土构件的钢筋应按构件的钢筋项目分别编码列项；一般预制混凝土构件及装配式预制混凝土构件中的钢筋，包含在相应构件中，不单独列项计量。

（3）地下连续墙、灌注桩的钢筋，应按"钢筋笼"项目编码列项。

（4）构造柱、圈梁、过梁等构件的钢筋，应按"现浇混凝土二次结构钢筋"项目编码列项。

（5）现浇混凝土井、池及电缆沟、地沟中的钢筋，应按"现浇混凝土零星构件钢筋"项目编码列项。

（6）各构件及分部工程中如使用成型钢筋网、成品钢丝网，应按"钢筋网片""钢丝网"项目编码列项。

（7）预应力钢筋、钢丝束、钢绞线应区分材料种类、规格等项目特征分别编码列项。

（8）现浇混凝土中的预埋螺栓、锚入混凝土结构的化学螺栓、因特殊需要留置在混凝土内不周转使用的对拉螺栓，应按"螺栓"项目编码列项；钢结构中使用的螺栓，应执行金属结构工程相应规定。

2. 钢筋工程量计算注意事项

（1）现浇混凝土结构中的后浇带部位的钢筋不单独列项计量，其工程量并入与其对应的现浇构件钢筋工程量中。

（2）伸出各现浇构件的锚固钢筋，应按设计要求确定长度，并入该构件的钢筋工程量内。

（3）各钢筋项目除设计（包括规范规定）标明的搭接外，其他施工搭接（如定尺搭接）不计算工程量。

（4）各钢筋项目均不计算非设计要求的马凳筋、斜撑筋、抗浮筋、垫铁等措施钢筋的工程量。

（5）非设计要求的植筋，均不单独列项计量。如设计有要求时，应按对应构件钢筋项目分别编码列项，并增加植入要求的描述。

三、配套定额相关规定

1. 钢筋的定额说明

（1）钢筋工程按钢筋的不同品种和规格以现浇构件钢筋、预制构件钢筋、预应力构件钢筋及箍筋分别列项，钢筋的品种、规格比例按常规工程设计综合考虑。

（2）预应力构件中非预应力钢筋按预制钢筋相应项目计算。

（3）现浇混凝土小型（池槽）构件，执行现浇构件钢筋相应项目，人工、机械乘以系数 2。

（4）省定额构件箍筋按钢筋规格 HPB300 编制，实际箍筋采用 HRB335 及以上规格钢筋时，执行构件箍筋 HPB300 子目，换算钢筋种类，机械乘以系数 1.38。

2. 钢筋工程量计算规则

（1）钢筋工程应区别现浇、预制构件和不同钢种、规格。计算时分别按设计长度乘以单位理论重量，以质量计算。

（2）钢筋电渣压力焊接、套筒挤压等接头，以个计算。钢筋机械连接的接头，按设计规定计算。设计无规定时，按施工规范或施工组织设计规定的实际数量计算。

3. 现浇和预制构件钢筋工程量计算

（1）计算钢筋工程量时，钢筋保护层厚度按设计规定计算。设计无规定时，按施工规范规定计算。

（2）钢筋的弯钩增加长度和弯起增加长度，按设计规定计算。

（3）设计规定钢筋搭接的，按规定搭接长度计算；设计未规定的钢筋锚固、定尺长度的钢筋连接等结构性搭接，按施工规范规定计算；设计、施工规范均未规定的，已包括在钢筋损耗率内，不另计算搭接长度。

（4）钢筋的搭接（接头）数量设计图示及规范要求未标明的，按以下规定计算：

1）φ10 以内的长钢筋按每 12m 计算一个钢筋搭接（接头）。

2）φ10 以上的长钢筋按每 9m 计算一个搭接（接头）。

（5）计算了机械连接接头的钢筋，其搭接长度不另行计算。施工单位为了节约材料所发生的钢筋搭接，其搭接长度或钢筋接头不另行计算。

4. 现浇混凝土螺栓铁件工程量计算

混凝土构件预埋铁件、螺栓，按设计图示尺寸，以质量计算。计算铁件工程量时，不扣除孔眼、切肢、切边的重量，焊条的质量不另计算。对于不规则形状的钢板，按其最长对角线乘以最大宽度所形成的矩形面积计算。

5. 计算每根钢筋的质量公式

纵向钢筋图示用量＝（构件长度－两端保护层＋弯钩长度＋弯起增加长度＋钢筋搭接长度）×线密度（钢筋单位理论质量）

（1）混凝土保护层。根据《混凝土结构设计规范》（GB 50010—2010）的规定，构件中受力钢筋的保护层厚度不应小于钢筋的直径 d。设计使用年限为 50 年的混凝土结构，最外层钢筋的保护层厚度应符合表 4 - 31 的规定。设计使用年限为 100 年的混凝土结构，最外层钢筋的保护层厚度不应小于表 4 - 31 规定的 1.4 倍。

表 4 - 31　　　　　　　　　　混凝土保护层的最小厚度　　　　　　　　　　　mm

环境等级	板墙壳	梁柱	环境等级	板墙壳	梁柱
一	15	20	三 a	30	40
二 a	20	25	三 b	40	50
二 b	25	35			

注　1. 混凝土强度等级不大于 C25 时，表中保护层厚度数值应增加 5mm；

　　2. 钢筋混凝土基础宜设置混凝土垫层，其受力钢筋的混凝土保护层厚度应从垫层顶面算起，且不应小于 40mm。

（2）钢筋弯钩增加长度。HPB300 级钢筋受拉时弯钩增加长度，见表 4 - 32。

表 4 - 32　　　　　　　　　　HPB300 级钢筋弯钩增加长度

弯钩类型	图示	增加长度计算值
半圆弯钩		6.25d
直弯钩		3.5d
斜弯钩		10d 或 75mm 中较大值

HPB300 级钢筋受压时可不做弯钩，HRB335 级以上钢筋或分布筋一般不加钩。HPB300 级受拉钢筋端部一般增加 $6.25d$，d 为钢筋直径；直弯钩一般用于砌体加固筋的直钩。为了减少马凳的用量，板上负筋直钩长度一般为板厚减两个保护层。有抗震要求箍筋平直段长度为 10d 或 75mm 中较大值。

（3）弯起钢筋增加长度。

1）弯起钢筋斜长及增加长度计算方法，见表 4 - 33。

表 4 - 33　　　　　　　　弯起钢筋斜长及增加长度计算方法

形状				
计算方法	斜边长 s	2h	1.414h	1.155h
	增加长度 $s-l=\Delta l$	0.268h	0.414h	0.577h

2）弯起钢筋增加长度：需要弯起钢筋比较少见，但弯起角度只限 30°、45°、60°三种。

3）适应的构件：梁高、板厚 300mm 以内，弯起角度为 30°；梁高、板厚 300～800mm

之间，弯起角度为 $45°$；梁高、板厚 800mm 以上，弯起角度为 $60°$。弯起增加长度分别为 $0.268h$、$0.414h$、$0.577h$，h 为上下弯起端距离。

（4）钢筋的锚固长度。

1）钢筋的锚固长度：受拉钢筋基本锚固长度，按表 4 - 34 计算。

表 4 - 34　　　　　　　　　　　　　　受拉钢筋基本锚固长度

钢筋种类	抗震等级	混凝土强度等级								
		C20	C25	C30	C35	C40	C45	C50	C55	≥C60
HPB300	一、二级（l_{abE}）	$45d$	$39d$	$35d$	$32d$	$29d$	$28d$	$26d$	$25d$	$24d$
	三级（l_{abE}）	$41d$	$36d$	$32d$	$29d$	$26d$	$25d$	$24d$	$23d$	$22d$
	四级（l_{abE}）非抗震（l_{ab}）	$39d$	$34d$	$30d$	$38d$	$25d$	$24d$	$23d$	$22d$	$21d$
HRB335 HRBF335	一、二级（l_{abE}）	$44d$	$38d$	$33d$	$31d$	$29d$	$26d$	$25d$	$24d$	$24d$
	三级（l_{abE}）	$40d$	$35d$	$31d$	$28d$	$26d$	$24d$	$23d$	$22d$	$22d$
	四级（l_{abE}）非抗震（l_{ab}）	$38d$	$33d$	$29d$	$27d$	$25d$	$23d$	$22d$	$21d$	$21d$
HRB400 HRBF400 RRB400	一、二级（l_{abE}）	—	$46d$	$40d$	$37d$	$33d$	$32d$	$31d$	$30d$	$29d$
	三级（l_{abE}）	—	$42d$	$37d$	$34d$	$30d$	$29d$	$28d$	$27d$	$26d$
	四级（l_{abE}）非抗震（l_{ab}）	—	$40d$	$35d$	$32d$	$29d$	$28d$	$27d$	$26d$	$25d$
HRB500 HRBF500	一、二级（l_{abE}）	—	$55d$	$49d$	$45d$	$41d$	$39d$	$37d$	$36d$	$35d$
	三级（l_{abE}）	—	$50d$	$45d$	$41d$	$38d$	$36d$	$34d$	$33d$	$32d$
	四级（l_{abE}）非抗震（l_{ab}）	—	$48d$	$43d$	$39d$	$36d$	$34d$	$32d$	$31d$	$30d$

2）钢筋锚固长度修正系数及最小长度要求：

a. 直径大于 25mm 的带肋钢筋锚固长度应乘以修正系数 1.1；

b. 带有环氧树脂涂层的带肋钢筋锚固长度应乘以修正系数 1.25；

c. 施工过程易受扰动的情况，锚固长度应乘以修正系数 1.1；

d. 锚固区的混凝土保护层厚度，大于钢筋直径的 3 倍锚固长度可乘以修正系数 0.8，大于钢筋直径的 5 倍锚固长度可乘以修正系数 0.7，中间按内插取值；

e. 锚固长度修正系数可以连乘，但不应小于 0.6；

f. 当纵向受拉普通钢筋末端采用弯钩或机械锚固措施时，包括弯钩或锚固端头在内的锚固长度（投影长度）可乘以修正系数 0.6；

g. 受拉钢筋的锚固长度不应小于 200mm；

h. 纵向受压钢筋的锚固长度不应小于受拉钢筋锚固长度的 0.7。

（5）纵向受力钢筋搭接长度。

1）《混凝土结构设计规范》规定，纵向受拉钢筋绑扎搭接长度，按锚固长度乘以修正系数计算，修正系数见表 4 - 35。

表 4 - 35　　　　　　　　纵向受拉钢筋抗震绑扎搭接长度修正系数

纵向钢筋搭接接头面积百分率	≤25	≤50	≤100
修正系数	1.2	1.4	1.6

2）位于同一连接区段内的受拉钢筋搭接接头面积百分率，《混凝土结构设计规范》规定：对梁类、板类及墙类构件，不宜大于 25%；对柱类构件不宜大于 50%。当工程中确有必要增大受拉钢筋搭接接头面积百分率时，对梁类构件不宜大于 50%；对板、墙、柱及预制类构件的拼接处可根据实际情况放宽。

3）纵向受力钢筋的搭接长度修正系数及最小长度要求：

a. 纵向受压钢筋搭接时，其最小搭接长度应根据上述规定确定相应数值后，乘以系数 0.7 取用；

b. 在任何情况下，纵向受拉钢筋的搭接长度不应小于 300mm；受压钢筋的搭接长度不应小于 200mm。

4）不宜采用搭接接头的情况：

a. 直径大于 25mm 的受拉钢筋和直径大于 28mm 的受压钢筋不宜采用搭接接头；

b. 轴心受拉和小偏心受拉构件不得采用搭接接头。

（6）双肢箍筋长度和根数计算。

1）双肢箍筋长度计算公式，即

$$箍筋长度＝构件截面周长－8×最外钢筋保护层厚度－4$$
$$×箍筋直径＋2×(1.9d＋10d \text{ 或 } 75 \text{ 中较大值})$$

2）箍筋，如图 4-41 所示。箍筋根数计算公式

$$箍筋根数＝配置范围/@(间距)＋1$$

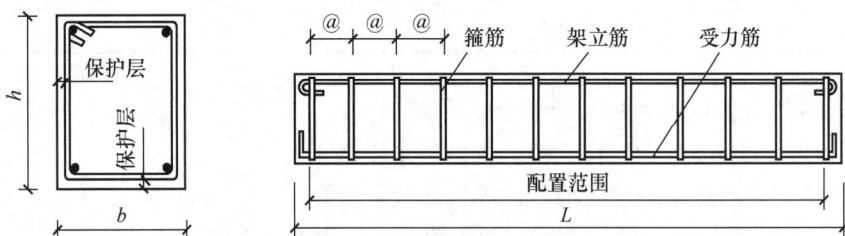

图 4-41　梁内钢筋构造图

（7）钢筋单位理论质量。

1）钢筋单位理论质量计算公式为

$$钢筋每米理论质量＝0.006\,165×d^2（d \text{ 为钢筋直径}）$$

2）常用钢材理论质量与直径倍数长度数据，见表 4-36 计算。

表 4-36　　　　　　　　　　　　钢筋单位理论质量表

钢筋直径 d	φ4	φ6.5	φ8	φ10	φ12	φ14	φ16
理论质量（kg/m）	0.099	0.260	0.395	0.617	0.888	1.208	1.578
钢筋直径 d	φ18	φ20	φ22	φ25	φ28	φ30	φ32
理论质量（kg/m）	1.998	2.466	2.984	3.850	4.830	5.550	6.310

（8）现浇和预制构件钢筋工程量计算。

1）现浇和预制构件钢筋工程量计算公式

$$现浇混凝土钢筋工程量＝设计图示钢筋长度×单位理论质量$$

2）钢筋工程计算顺序。按钢筋编号计算每根钢筋长度，再计算构件同规格钢筋的总长

度，最后按钢筋种类和规格汇总，分别乘以线密度，计算不同钢筋的质量（以吨为单位）。

6. 预应力钢筋工程量计算

（1）先张法预应力钢筋按设计图示钢筋长度乘以单位理论质量计算。

（2）后张法预应力钢筋按设计图示钢筋（绞线、丝束）长度乘以单位理论质量计算。

后张法预应力钢筋增加长度按设计规定的预应力钢筋预留孔道长度，并区别不同的锚具类型，分别按下列规定计算：

1）低合金钢筋两端采用螺杆锚具时，预应力钢筋按预留孔道长度减 0.35m，螺杆另行计算。

2）低合金钢筋一端采用镦头插片，另一端为螺杆锚具时，预应力钢筋长度按预留孔道长度计算，螺杆另行计算。

3）低合金钢筋一端采用镦头插片，另一端采用帮条锚具时，预应力钢筋长度增加 0.15m；两端均采用帮条锚具时，预应力钢筋长度共增加 0.3m。

4）低合金钢筋采用后张混凝土自锚时，预应力钢筋长度增加 0.35m。

5）低合金钢筋或钢绞线采用 JM、XM、QM 型锚具。孔道长度≤20m 时，预应力钢筋长度增加 1m；孔道长＞20m 时，预应力钢筋长度增加 1.8m。

6）碳素钢丝采用锥形锚具。孔道长≤20m 时，预应力钢筋长度增加 1m；孔道长＞20m 时，预应力钢筋长度增加 1.8m。

7）碳素钢丝两端采用镦粗头时，预应力钢丝长度增加 0.35m。

8）预应力钢筋工程量计算公式

预应力钢筋工程量＝（设计图示钢筋长度＋增加长度）×单位理论质量

（3）预应力钢丝束、钢绞线锚具安装按套数计算。

7. 其他钢筋工程量计算

（1）植筋按数量计算，植入钢筋按外露和植入部分之和长度乘以单位理论质量计算。

（2）钢筋网片、混凝土灌注桩钢筋笼、地下连续墙钢筋笼按设计图示钢筋长度乘以单位理论质量计算。

（3）马凳是指用于支撑现浇混凝土板，或现浇雨篷板中的上部钢筋的铁件。如图 4 - 42（a）所示。马凳钢筋质量，现场布置是通长设置按设计图纸规定或已审批的施工方案计算；设计无规定时，现场马凳布置方式是其他形式的，马凳的材料应比底板钢筋降低一个规格。若底板钢筋规格不同时，按其中规格大的钢筋

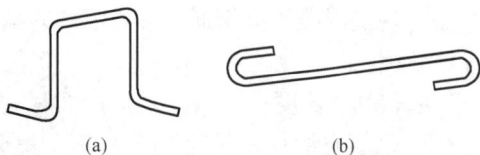

图 4 - 42　马凳、S 钩构造图
（a）马凳；（b）S 钩

降低一个规格计算。长度按底板厚度的两倍加 200mm 计算，每平方米 1 个，计入马凳筋工程量。设计无规定时计算公式

马凳钢筋质量＝（板厚×2＋0.2）×板面积×受撑钢筋次规格的线密度

（4）墙体拉结 S 钩，是指用于拉结现浇钢筋混凝土墙内受力钢筋的单支箍。如图 4 - 42（b）所示。

墙体拉结 S 钩钢筋质量，设计有规定的按设计规定计算，设计无规定按 $\phi 8$ 钢筋，长度按墙厚加 150mm 计算，每平方米 3 个，计入钢筋总量。设计无规定时计算公式

墙体拉结 S 钩质量＝(墙厚＋0.15)×(墙面积×3)×0.395

（5）砌体加固钢筋按设计用量，以质量计算。

（6）防护工程的钢筋锚杆、锚喷护壁钢筋、钢筋网按设计用量，以质量计算，执行现浇构件钢筋子目。

（7）桩基工程钢筋笼制作安装，按设计图示钢筋长度乘以单位理论重量，以质量计算。

（8）钢筋间件子目，发生时按实计算。编制标底时，按水泥基类间隔件 1.21 个/m² （模板接触面积）计算编制。设计与定额不同时可以换算。

（9）对拉螺栓增加子目，按照混凝土墙的模板接触面积乘以系数 0.5 计算。

四、应用案例

【案例 4 - 18】　如图 4 - 43 所示。某现浇花篮梁共 20 支，混凝土 C25，钢筋保护层厚度为 25mm，梁垫尺寸为 800mm×240mm×240mm。编制现浇钢筋混凝土梁钢筋工程量清单。

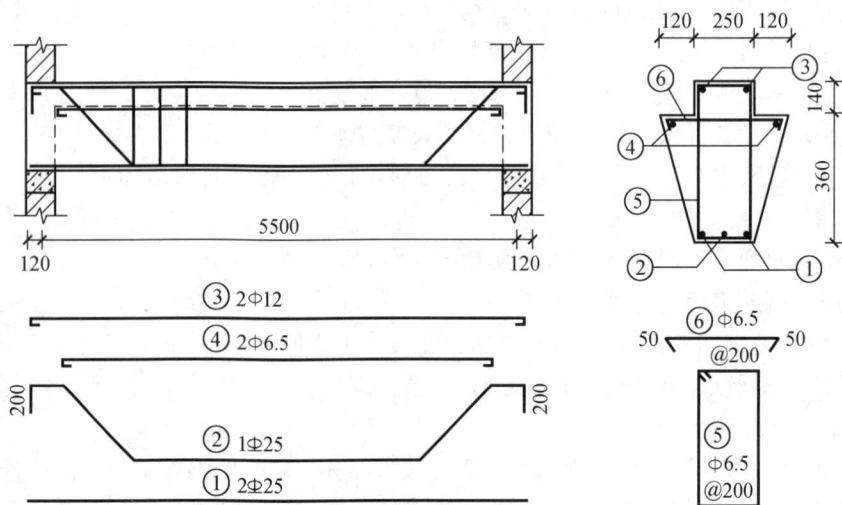

图 4 - 43　某现浇花篮梁配筋图

解　现浇混凝土梁钢筋工程量清单的编制

① 号钢筋

2 ⫶25 单根长度＝5.74－0.025×2＝5.69(m)

⫶25 钢筋质量＝5.69×2×3.85×20＝876(kg)

② 号钢筋

1 ⫶25 单根长度＝5.74－0.025×2＋2×0.414×(0.50－0.025×2)＋0.20×2＝6.463(m)

⫶25 钢筋质量＝6.463×3.85×20＝498(kg)

现浇构件螺纹钢筋（⫶25）工程量＝876＋498＝1374(kg)

③ 号钢筋

2 Φ12 单根长度＝5.74－0.025×2＋6.25×0.012×2＝5.84(m)

现浇构件圆钢筋（Φ12）工程量＝5.84×2×0.888×20＝207(kg)

④ 号钢筋

2 Φ6.5 单根长度＝5.50－0.24－0.025×2＋6.25×0.006 5×2＝5.291(m)

现浇构件圆钢筋（Φ6.5）质量＝5.291×2×0.260×20＝55(kg)

⑤ 号钢筋

φ6.5 根数＝(5.74－0.05)/0.20＋1＝30(根)

单根长度＝2×(0.25＋0.50)－0.025×8－0.0065×4＋2×(1.9×0.0065＋0.075)＝1.45(m)

现浇构件箍筋（φ6.5）质量＝1.45×30×0.260×20＝226(kg)

⑥ 号钢筋

φ6.5 根数＝(5.50－0.24－0.05)/0.20＋1＝27(根)

单根长度＝0.49－0.05＋0.05×2＝0.54(m)

现浇构件圆钢筋（φ6.5）质量＝0.54×27×0.260×20＝76(kg)

现浇构件圆钢筋（φ6.5）工程量＝55＋226＋76＝357(kg)，分部分项工程量清单见表 4-37。

表 4-37 分部分项工程量清单

序号	项目编号	项目名称	项目特征描述	计量单位	工程量
1	010506005001	现浇混凝土梁钢筋	HRB335 级钢筋（φ25）	t	1.374
2	010506005002	现浇混凝土梁钢筋	HRB300 级箍筋（φ12）	t	0.207
3	010506005003	现浇混凝土梁钢筋	HPB300 级箍筋（φ6.5）	t	0.357

【案例 4-8】 某钢筋混凝土组合屋架单榀用螺栓：φ25 提筋，16.40kg；φ16 提筋，9.51kg；φ12 提筋，3.13kg；φ25 螺栓，13.86kg；φ16 串钉，0.47kg。铁件：φ12 扒钉，3.72kg。梁垫预埋铁件如图 4-44 所示，每榀 2 个，共 10 榀屋架。编制工程量清单。

解 螺栓、预埋铁件工程量清单的编制

① 螺栓工程量

φ25 提筋工程量＝16.40×10＝164(kg)

φ16 提筋工程量＝9.51×10＝95(kg)

φ12 提筋工程量＝3.13×10＝31(kg)

φ25 螺栓工程量＝13.86×10＝137(kg)

φ16 串钉工程量＝0.47×10＝5(kg)

② 预埋铁件工程量

φ12 扒钉工程量＝3.72×10＝37(kg)

图 4-44 预埋件构造图

梁垫预埋铁件工程量＝(0.30×0.24×62.80＋0.20×4×1.998)×2×10＝122(kg)，分部分项工程量清单见表 4-38。

表 4-38 分部分项工程量清单

序号	项目编号	项目名称	项目特征描述	计量单位	工程量
1	010506024001	螺栓	φ25 提筋 3700mm	套	10
2	010506024002	螺栓	φ16 提筋 2500mm	套	10
3	010506024003	螺栓	φ12 提筋 1200mm	套	10
4	010506024004	螺栓	φ25 螺栓 200mm	套	10
5	010506024005	螺栓	镀锌φ16 串钉	套	10
6	010506025001	预埋铁件	φ12 扒钉，长度300mm	t	0.037
7	010506025002	预埋铁件	300mm×240mm 钢板 8mm 厚；4φ18 钢筋锚杆 200mm	t	0.122

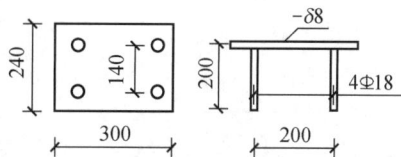

4-1　现浇钢筋混凝土独立基础的尺寸如图 4-45 所示，共 3 个。混凝土垫层强度等级为 C15，混凝土基础强度等级为 C20，场外集中搅拌，搅拌量为 $25m^3/h$，混凝土运输车运输，运距为 4km。槽坑底采用电动夯实机夯实。人工、材料、机械单价选用价目表参考价，根据企业情况确定管理费率为 25%，利润率为 15%。计算现浇钢筋混凝土带形基础、独立基础混凝土工程量和综合单价。

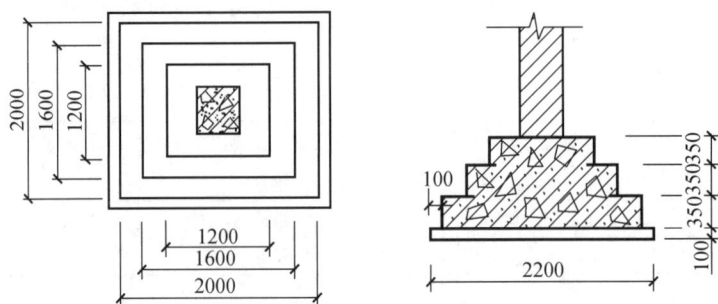

图 4-45　某现浇钢筋混凝土独立基础

4-2　如图 4-46 所示构造柱，A 形 4 根，B 形 8 根，C 形 12 根，D 形 24 根，总高为 26m，混凝土为 C25。人工、材料、机械单价选用价目表参考价，根据企业情况确定管理费率为 25%，利润率为 15%。计算构造柱现浇混凝土工程量清单和清单报价。

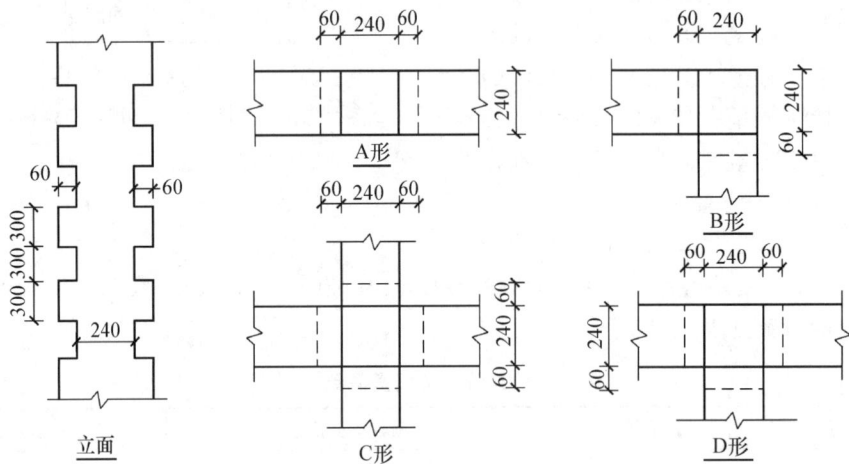

图 4-46　构造柱（咬口）示意图

4-3　现浇混凝土花篮梁 10 根，混凝土强度等级 C25，梁端有现浇混凝土梁垫，混凝土强度等级 C25，尺寸如图 4-47 所示。商品混凝土由建设单位购买，施工企业采用混凝土运输车运输，运距为 3km，管道泵送混凝土（$15m^3/h$）。人工、材料、机械单价选用价目表参考价，根据企业情况确定管理费率为 25%，利润率为 15%。计算现浇混凝土花篮梁工程量和综合单价。

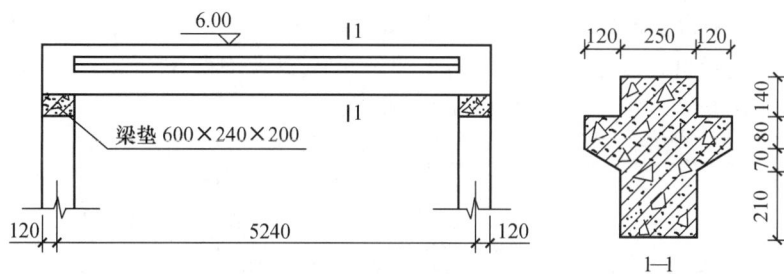

图 4 - 47　现浇混凝土花篮梁

4 - 4　某教学单层用房，现浇钢筋混凝土圈梁代替过梁，尺寸如图 4 - 48 所示。门洞 1000mm×2700mm，共 4 个；窗洞 1500mm×1500mm，共 8 个。混凝土强度等级均为 C25，现场搅拌混凝土。钢筋定尺长度为 8m，转角筋需在 1m 以外进行搭接，故需 7 处搭接。人工、材料、机械单价选用价目表参考价，根据企业情况确定管理费率为 25％，利润率为 15％。编制现浇钢筋混凝土圈梁、过梁及其钢筋的工程量清单和清单报价。

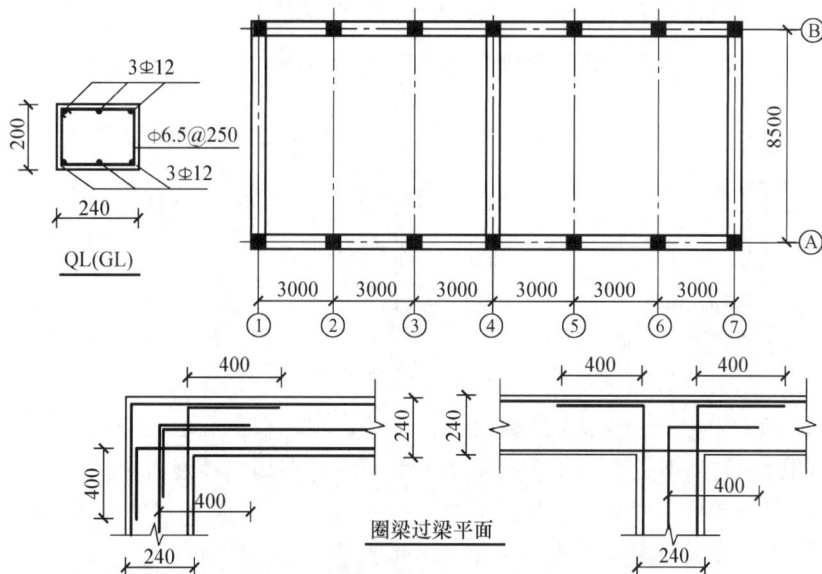

图 4 - 48　现浇钢筋混凝土圈梁配筋图

4 - 5　某工程现浇钢筋混凝土无梁板尺寸，如图 4 - 49 所示。板顶标高 5.4m，混凝土强度等级 C25，现场搅拌混凝土。人工、材料、机械单价选用价目表参考价，根据企业情况确定管理费率为 25％，利润率为 15％。计算现浇钢筋混凝土无梁板工程量和综合单价。

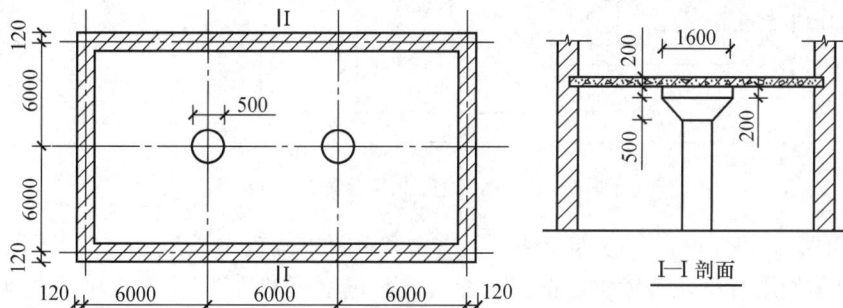

图 4 - 49　现浇钢筋混凝土无梁板

4-6　混凝土阳台栏板尺寸如图4-50所示，共100个。混凝土强度等级为C25。人工、材料、机械单价选用价目表参考价，根据企业情况确定管理费率为25%，利润率为15%。编制现浇混凝土阳台及栏板工程量清单和清单报价。

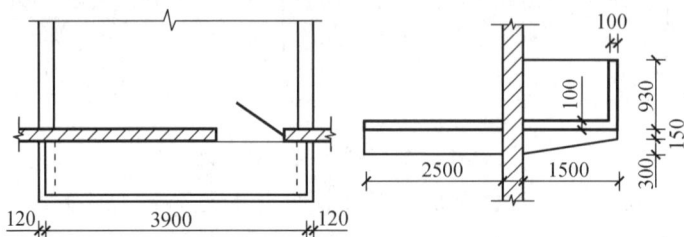

图4-50　现浇混凝土阳台及栏板

4-7　某工程现浇混凝土天沟板如图4-51所示，混凝土强度等级为C25，混凝土现场搅拌。人工、材料、机械单价选用价目表参考价，根据企业情况确定管理费率为25%，利润率为15%。计算现浇混凝土天沟板工程量及其综合单价。

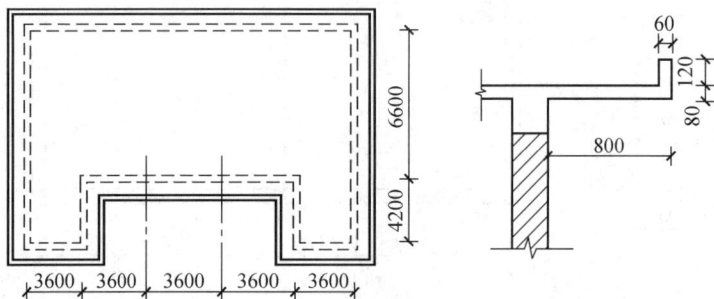

图4-51　现浇混凝土天沟板

4-8　某工程现浇钢筋混凝土斜屋面板，尺寸如图4-52所示，老虎窗斜板坡度与屋面相同，檐口圈梁和斜屋面板混凝土强度等级均为C25，现场搅拌混凝土。人工、材料、机械单价选用价目表参考价，根据企业情况确定管理费率为25%，利润率为15%。计算现浇钢筋混凝土斜屋面板及檐口圈梁工程量清单和清单报价。

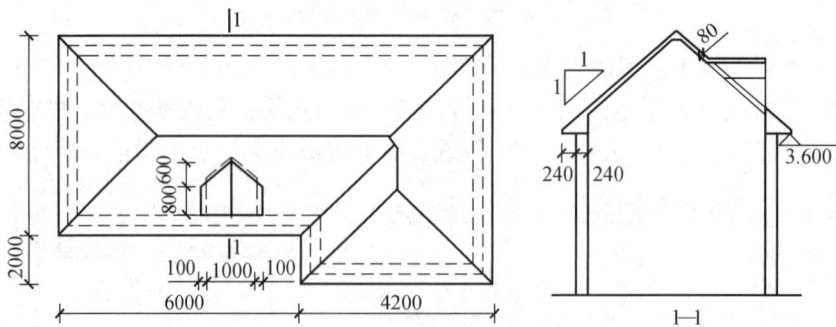

图4-52　现浇钢筋混凝土斜屋面板

4-9　有梁式满堂基础尺寸如图4-53所示，组合钢模板、对拉螺栓钢支撑。人工、材料、机械单价选用价目表参考价，根据企业情况确定管理费率为25%，利润率为15%。计算有梁式满堂基础模板工程量及相应费用。

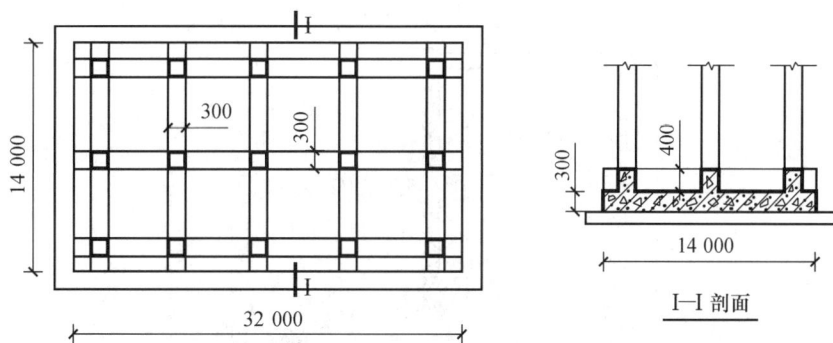

图 4-53 有梁式满堂基础

4-10 某工程如图 4-54 所示，构造柱与砖墙咬口宽 60mm，现浇混凝土圈梁断面为 240mm×240mm，满铺。人工、材料、机械单价选用价目表参考价，根据企业情况确定管理费率为 25%，利润率为 15%。施工组织设计构造柱采用组合钢模板木支撑，计算该分项工程的模板工程量及相应费用。

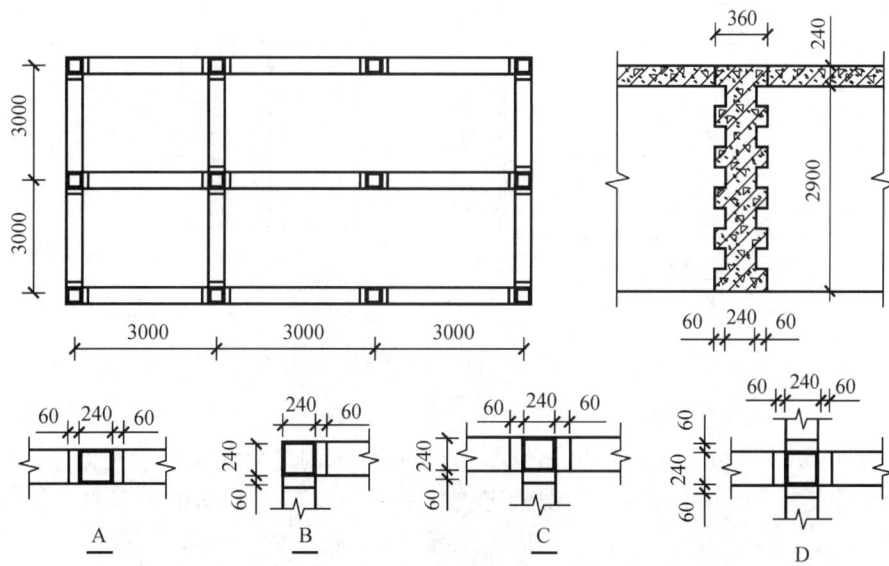

图 4-54 构造柱与砖墙咬口示意图

4-11 某建筑物采用部分钢筋混凝土剪力墙结构，如图 4-55 所示。柱子尺寸为 400mm×400mm，墙厚为 240mm，电梯井隔壁墙厚为 200mm，电梯门洞尺寸为 1000mm× 2100mm，底层层高 4.8m，电梯基坑深 1m，标准层层高 3.6m，板厚为 180mm，19 层，4 个单元。施工组织设计中，剪力墙采用复合木模板木支撑。人工、材料、机械单价选用价目表参考价，根据企业情况确定管理费率为 25%，利润率为 15%。进行该分项工程的模板费的计算。

4-12 某住宅楼屋面挑檐，如图 4-56 所示，圈梁尺寸为 240mm×220mm。施工组织设计中挑檐和圈梁采用组合木模板木支撑。人工、材料、机械单价选用价目表参考价，根据企业情况确定管理费率为 25%，利润率为 15%。进行该分项工程的模板费的计算。

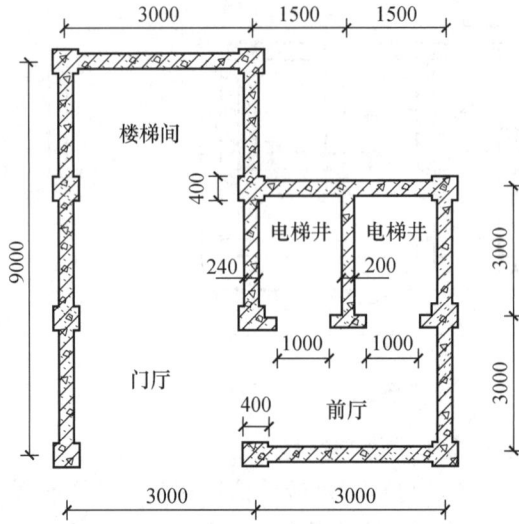

图 4-55 部分钢筋混凝土剪力墙结构

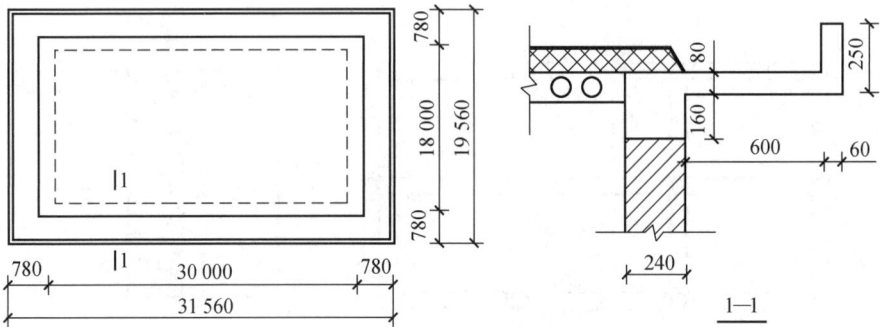

图 4-56 层面挑檐

4-13 某工程采用预制钢筋混凝土方桩126根，桩长18m（含桩尖部分的长度），断面尺寸为400mm×400mm。施工组织设计中，方桩模板采用复合钢模板。人工、材料、机械单价选用价目表参考价，根据企业情况确定管理费率为25%，利润率为15%。进行该分项工程的模板措施费的计算。

4-14 如图4-57所示，预制混凝土矩形柱60根。人工、材料、机械单价选用价目表参考价，根据企业情况确定管理费率为25%，利润率为15%。计算组合钢模板工程量，进行该分项工程的模板措施费的计算。

4-15 有梁式满堂基础尺寸和梁板配筋，如图4-58所示。混凝土强度等级为C30，混凝土由施工企业自行采购，商品混凝土供应价为170.00元/m³。施工企业采用混凝土运输车运输，运距为6km，泵送混凝土。人工、材料、机械单价选用价目表参考价，考虑使用商品混凝

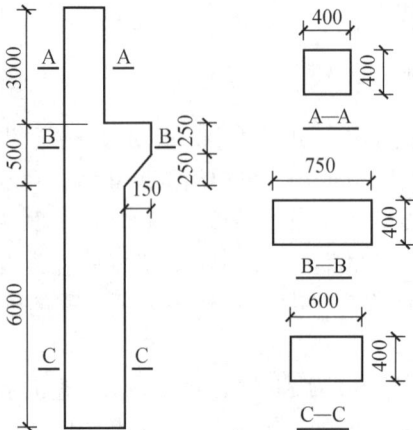

图 4-57 预制混凝土矩形柱

土和企业竞争情况确定管理费率为 25％，利润率为 15％。编制满堂基础的钢筋工程量清单。

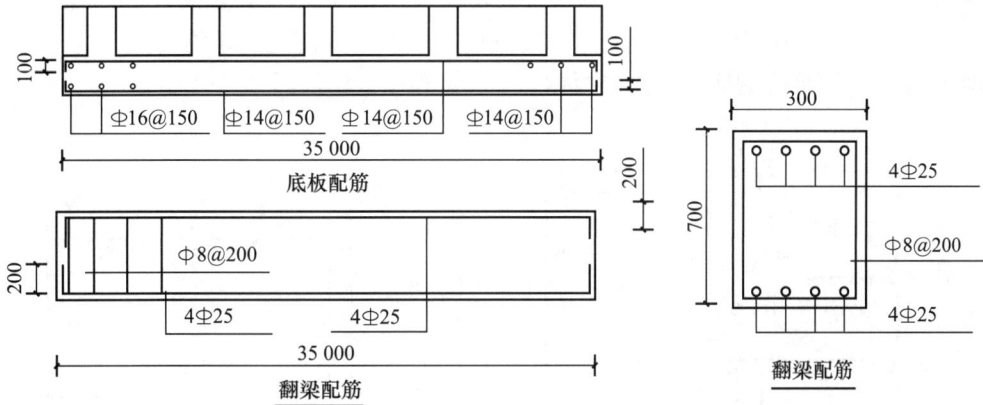

图 4-58 有梁式满堂基础梁板配筋

4-16 某钢筋混凝土框架柱 50 根，尺寸如图 4-59 所示。混凝土强度等级为 C30，混凝土由施工企业自行采购，商品混凝土供应价为 170.00 元/m³。施工企业采用混凝土运输车运输，运距为 6km，泵送混凝土。钢筋现场制作及安装，柱上端水平锚固长度为 300mm，箍筋加钩长度为 100mm。人工、材料、机械单价选用价目表参考价，考虑使用商品混凝土和企业竞争情况确定管理费率为 25％，利润率为 15％。计算现浇钢筋混凝土柱和钢筋工程的工程量及其综合单价。

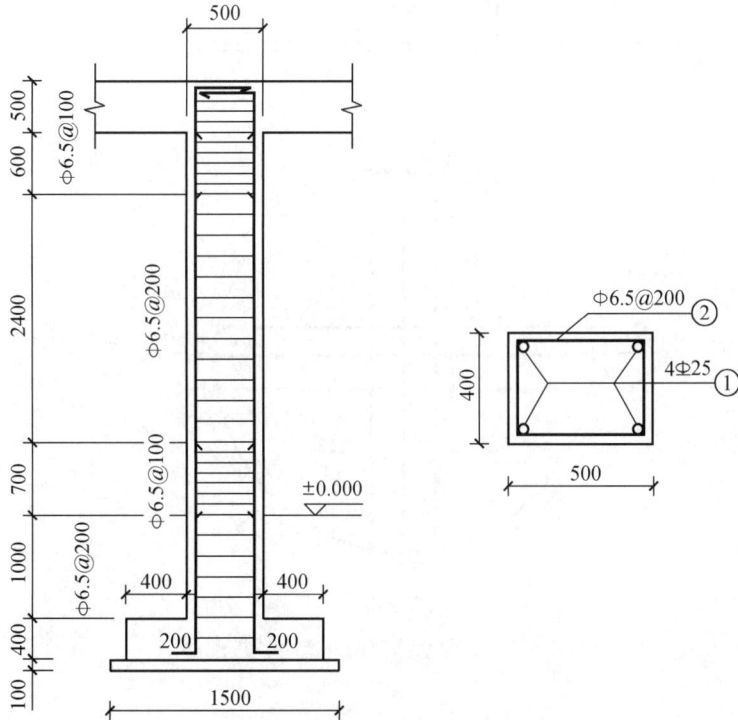

图 4-59 某现浇钢筋混凝土框架柱配筋图

4-17 某卫生间现浇平板尺寸如图 4-60 所示。墙体厚度 240mm，钢筋保护层 15mm，④号分布筋与③号筋的搭接长度为 100mm，马凳沿负筋区域中心线布置，钢筋现场制作及安装。人工、材料、机械单价选用价目表参考价，根据企业情况确定管理费率为 25％，利润率为 15％。计算现浇钢筋混凝土平板钢筋工程量和综合单价。

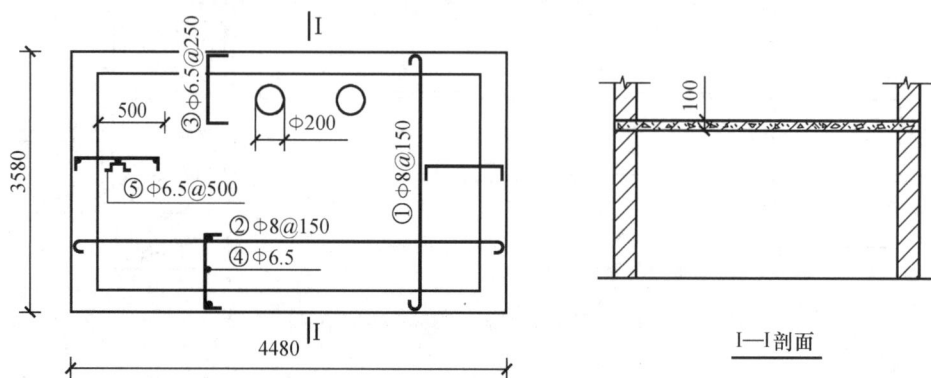

图 4-60 钢筋混凝土现浇平板配筋图

4-18 某圆形水池现浇混凝土顶板，尺寸如图 4-61 所示，钢筋保护层 20mm，钢筋现场制作及安装，环筋焊接，搭接长度 50mm。计算现浇钢筋混凝土顶板钢筋工程量清单。

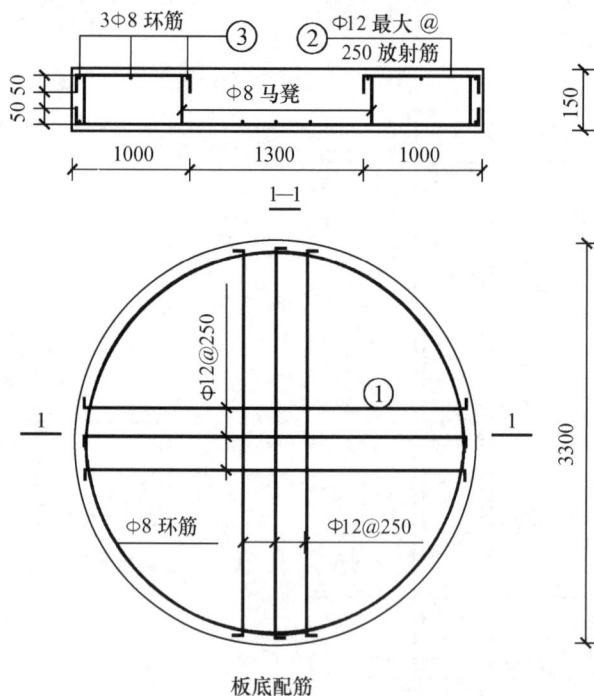

图 4-61 圆形水池现浇混凝土顶板配筋图

第五章 金属结构工程

金属结构工程共分9个子分部工程清单项目，即钢网架，钢屋架、钢托架、钢桁架、钢架桥，钢柱，钢梁，钢板楼板、墙板、屋面板，钢天窗架、墙架、挡风架，其他钢构件，钢构件制作及其他，金属制品。适用于建筑物的钢结构工程。

1. 计量标准与计价规则相关规定共性问题的说明

（1）钢构件项目均按半成品编制，工作内容不包含构件制作，半成品加工过程中的刷漆要求应在项目特征"构件涂（镀）层要求"中进行描述。若构件为现场制作，应按"钢构件制作"项目编码列项。

（2）劲性钢筋混凝土柱梁中的劲性钢骨架、钢管混凝土柱中的钢管，应按相关项目编码列项，其混凝土和钢筋应按混凝土及钢筋混凝土工程中相关项目编码列项。

（3）型钢混凝土柱、梁和压型钢板楼板上浇筑钢筋混凝土，混凝土和钢筋按"混凝土和钢筋混凝土工程"中相关工程量清单项目编码列项。

（4）高强螺栓、支座、剪力栓钉的质量不计入相应钢构件的工程量中，应区分不同种类单独编码列项。

（5）金属构件的切边、切肢，不规则及多边形钢板发生的损耗在综合单价中考虑。

（6）金属构件的拼装台的搭拆和材料摊销，应列入措施项目费。

（7）金属构件需探伤包括射线探伤、超声波探伤、磁粉探伤、金相探伤、着色探伤、荧光探伤等，应包括在报价内。

（8）金属构件除锈（包括特殊除锈）、刷防锈漆，其所需费用应计入相应项目报价内。

（9）钢构件施工过程中刷油漆、涂料、裱糊工程中相关项目编码列项。

（10）金属构件如需运输，其所需费用应计入相应项目报价内。

（11）金属构件的拼装、安装，在参照消耗量定额报价时，定额项目内应扣除垂直运输机械台班数量。

2. 配套定额相关规定共性问题的说明

（1）金属结构制作适用于现场、企业附属加工厂制作的构件；若采用成品构件，按各省、自治区、直辖市造价管理机构发布的信息价执行。

（2）金属结构制作均包括现场内（工厂内）的材料运输、号料、加工、组装及成品堆放、装车出厂等全部工序。

（3）金属构件制作项目已包括各种杆件的制作、连接，以及拼装成整体构件所需的人工、材料、机械台班用量及预拼装平台（省定额不包括）摊销费用。省定额拼装子目只适用于半成品构件的拼装。

（4）各种杆件的连接以焊接为主。焊接前连接两组相邻构件使其固定以及构件运输时为避免出现误差而使用的螺栓，已包括在制作子目内，不另计算。

（5）金属构件制作设计使用的钢材强度等级、型材组成比例与定额不同时，可按设计图纸进行调整；配套焊材单价相应调整，用量不变。

（6）金属构件制作项目中钢材的损耗量已包括了切割和制作损耗，对于设计有特殊要求的，消耗量可进行调整。

（7）金属构件制作安装工程量按设计图示尺寸乘以理论质量计算。

（8）金属构件计算工程量时，不扣除单个面积$\leqslant 0.3 m^2$的孔洞质量，焊缝、铆钉、螺栓等不另增加质量。省定额不扣除孔眼、切边的质量，在计算不规则或多边形钢板质量时，均以其最大对角线乘最大宽度的矩形面积计算。

多边形钢板质量＝最大对角线长度×最大宽度×面密度(kg/m^2)

不规则或多边形钢板按矩形计算，如图 5-1 所示，即 $S＝A×B$。

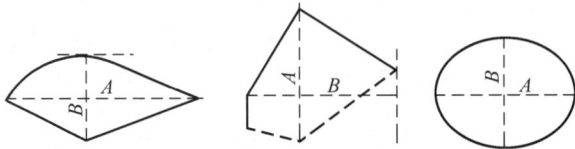

图 5-1　不规则钢板示意图

金属杆件质量＝金属杆件设计长度×型钢线密度(kg/m)

（9）国家定额金属构件制作项目中未包括除锈、油漆工作内容，发生时套用相应项目。省定额金属构件制作子目中，均包括除锈（为刷防锈漆而进行的简单除尘、除锈）、刷一遍防锈漆（制作工序的防护性防锈漆）内容。设计文件规定的防锈、防腐油漆另行计算，制作子目中的防锈漆工料不扣除。

（10）机械或手工及动力工具除锈按设计要求以构件质量计算或表面积计算。

（11）钢构件安装项目按檐高 20m 以内、跨内吊装编制，实际须采用跨外吊装的，应按施工方案进行调整。

（12）国家定额钢结构构件 15t 及以下构件按单机吊装编制，其他按双机抬吊考虑吊装机械，网架按分块吊装考虑配置相应机械。省定额中机械吊装是按单机作业、回转半径 15m 以内的距离编制的。

（13）金属构件安装使用的高强螺栓、花篮螺栓和剪力栓钉按设计图纸以数量以"套"为单位计算。

（14）国家定额金属构件制作、安装项目中已包括（省定额未包括）施工企业按照质量验收规范要求所需的磁粉探伤、超声波探伤等常规检测费用。

（15）省定额 X 射线焊缝无损探伤，按不同板厚，以"10 张"（胶片）为单位。拍片张数按设计规定计算的探伤焊缝总长度除以定额取定的胶片有效长度（250mm）计算。

（16）省定额金属板材对接焊缝超声波探伤，以焊缝长度为计量单位。

【例 5-1】　某箱梁板厚 20mm，焊缝长 58m，全部进行 X 射线焊缝无损探伤，计算工程量，确定定额项目。

解　焊缝探伤工程量＝58/0.25＝232(张)

X 射线焊缝无损探伤，板厚 20mm，套定额 6-2-2。

国家定额探伤检测已包括在定额项目内，不单独列项计算。

【例 5-2】　某膨胀水箱 2000mm×2000mm×1500mm，加工前对钢板进行全面除锈（中锈），计算工程量，确定定额项目。

解 除锈工程量＝(2×2×2＋2×4×1.5)×2＝40.00(m²)

钢板面动力工具除锈（中锈），套定额 6-42 或 6-3-2。

第一节 钢网架及钢屋架

一、"计量标准"清单项目设置

1. 钢网架

"计量标准"附录 F.1 钢网架项目包括钢网架、钢网壳 2 个清单项目，见表 5-1。

表 5-1　　　　　　　　　　　　钢网架（编码：010601）

项目编码	项目名称	项目特征	计量单位	工程量计算规则	工程内容
010601001	钢网架	① 结构形式、跨度； ② 杆件钢材品种、规格； ③ 节点形式，连接方式；	t	按设计图示尺寸以质量计算。不扣除孔眼的质量，焊条、铆钉（或销子）等不另增加质量	① 拼装； ② 吊装就位； ③ 安装； ④ 探伤； ⑤ 补刷油漆
010601002	钢网壳	④ 节点钢材品种、规格； ⑤ 构件涂（镀）层要求； ⑥ 探伤要求			

2. 钢屋架、钢托架、钢桁架

"计量标准"附录 F.2 钢屋架、钢托架、钢桁架 3 个清单项目，见表 5-2。

表 5-2　　　　　　钢屋架、钢托架、钢桁架、钢架桥（编码：010602）

项目编码	项目名称	项目特征	计量单位	工程量计算规则	工程内容
010602001	钢屋架	① 钢材品种、规格； ② 屋架跨度及起拱高度； ③ 构件涂（镀）层要求； ④ 探伤要求	t	按设计图示尺寸以质量计算。不扣除孔眼的质量，焊条、铆钉、普通螺栓等不另增加质量	① 拼装； ② 吊装就位； ③ 安装； ④ 探伤； ⑤ 补刷油漆
010602002	钢托架	① 钢材品种、规格； ② 构件涂（镀）层要求； ③ 探伤要求			
010602003	钢桁架				

二、计量标准与计价规则说明

1. 钢网架

（1）钢网架项目适用于一般钢网架和不锈钢网架。不论节点形式（球形节点、板式节点等）和节点连接方式（焊接、丝接）等，均使用该项目。

（2）网架"结构形式"可描述为平面桁架、四角锥、三角锥等，网壳"结构形式"可描述为圆柱面、球面、椭圆抛物面、双曲抛物面等；网架"节点形式"可描述为焊接钢板节点、焊接空心球节点、螺栓球节点等，网壳"节点形式"可描述为焊接空心球节点、螺栓球节点、嵌入式毂节点等。

（3）钢网架在地面组装后的整体提升设备（如液压千斤顶及操作台等），应列在垂直运输费内。

（4）钢网架工程量按设计图示尺寸以质量计算。不扣除孔眼的质量，焊条、铆钉等不另增加质量。螺栓质量另行计算。

2. 钢屋架、钢托架、钢桁架

(1) 钢屋架项目适用于一般钢屋架、轻钢屋架、冷弯薄壁型钢屋架。墙架项目包括墙架柱、墙架梁和连接杆件。

(2) 钢筋混凝土组合屋架的钢拉杆,应按屋架钢支撑编码列项。

三、配套定额相关规定

(1) 钢屋架、钢网架、钢托架、钢桁架制作安装工程量按设计图示尺寸乘以理论质量计算。

(2) 钢屋架、钢网架、钢托架、钢桁架计算工程量时,不扣除单个面积≤0.3m² 的孔洞质量,焊缝、铆钉、螺栓等不另增加质量。省定额不扣除孔眼、切边的质量,在计算不规则或多边形钢板质量时,均以其最大对角线乘最大宽度的矩形面积计算。

(3) 计算钢屋架、钢托架、天窗架工程量时,依附其上的悬臂梁、檩托、横档、支爪、檩条爪等分别并入相应构件内计算。

(4) 焊接空心球网架质量包括连接钢管杆件、连接球、支托和网架支座等零件的质量,螺栓球节点网架质量包括连接钢管杆件(含高强螺栓、销子、套筒、锥头或封板)、螺栓球、支托和网架支座等零件的质量。

(5) 轻钢屋架是指单榀质量在 1t 以内,且用角钢或圆钢、管材作为支撑、拉杆的钢屋架。

四、应用案例

【案例 5 - 1】 某厂房屋面不同规格角钢屋架 15 榀,每榀重 5t,由金属构件厂加工,场外运输 5km,现场拼装,采用轮胎吊安装,跨度 20m,安装高度为 10m,刷防锈漆 1 遍。编制制作、运输、拼装、安装工程量清单,并进行清单报价。

解 1. 钢屋架工程量清单的编制

钢屋架工程量＝5.000×15＝75.000(t),分部分项工程量清单见表 5 - 3。

表 5 - 3　　　　　　　　　　　　分部分项工程量清单

序号	项目编号	项目名称	项目特征描述	计量单位	工程量
1	010602001001	钢屋架	不同规格角钢跨度:20m;不探伤,刷防锈漆 1 遍	t	75.000

2. 钢屋架项目清单计价表的编制

该项目发生的工程内容为:构件制作、运输、安装。

① 钢屋架制作工程量＝5.000×15＝75.000(t)

钢屋架制作每榀构件 5t 以内,套 6 - 1 - 8。

钢屋架 (Ⅰ类构件) 运输 1km 以内,套 19 - 2 - 7,每增加 1km 套 19 - 2 - 8。

钢屋架平台摊销每榀构件 5t 以内,套 6 - 4 - 3。

钢屋架安装 10t 以内,套 6 - 5 - 5。

人工、材料、机械单价选用市场价。

② 根据企业情况确定管理费率为 34.7%,利润率为 20.3%。分部分项工程量清单计价见表 5 - 4。

表 5 - 4　　　　　　　　　　　　分部分项工程量清单计价表

序号	项目编码	项目名称	项目特征描述	计量单位	工程量	金额（元）	
						综合单价	合价
1	010602001001	钢屋架	不同规格角钢跨度：20m；不探伤，刷防锈漆1遍	t	75.000	7267.26	545 044.50

【案例 5 - 2】　某钢结构雨篷采用方钢管桁架结构，高 4.2m，高强螺栓锚固在钢筋混凝土圈梁上，锚固长度 200mm，要求二级焊缝探伤，刷 1 遍防锈漆，钢结构雨篷各构件质量计算单见表 5 - 5。编制钢结构雨篷工程量清单。

表 5 - 5　　　　　　　　　　　　钢结构雨篷各构件质量计算单

序号	构件名称	数量	截面规格	工程量计算公式	单位	工程量
1	L1	2	$6\times\square 50\times 30\times 2.75$	$2\times[6\times(0.35+1.523+0.35)+2\times 10\times(0.08+0.074)]\times 3.454/1000=0.113$	t	0.113
2	L2	2	$4\times\square 50\times 30\times 2.75$	$2\times(4\times 2+4\times 6\times 0.14)\times 3.454/1000=0.078$	t	0.078
3	L3	6	$4\times\square 50\times 30\times 2.75$	$6\times[4\times(0.35+1.523+0.35)+10\times 0.114]\times 3.454/1000=0.07$	t	0.07
4	L4	2	$4\times\square 50\times 30\times 2.75$	$2\times\{[4\times 7+17\times 2\times(0.14+0.04)]\times 3.454/1000\}=0.296$	t	0.296
5	LL1	3	$4\times\square 50\times 30\times 2.75$	$3\times(2\times 2\times 4\times 0.85+5\times 2\times 4\times 1.1)\times 3.454/1000=0.509$	t	0.509
	小计				t	0.918
6	螺栓	64	M16	$2\times 8+8\times 6=64$	套	64
7	预埋件	2	$-380\times 340\times 14$	$2\times 0.38\times 0.34\times 0.014\times 7.85=0.028$	t	0.028
		6	$-320\times 250\times 14$	$6\times 0.32\times 0.25\times 0.014\times 7.85=0.053$	t	0.053
		2	$-320\times 340\times 14$	$2\times 0.32\times 0.34\times 0.014\times 7.85=0.024$	t	0.024
	小计				t	0.105

解　分部分项工程量清单的编制

根据钢结构雨篷各构件质量计算单，见表 5 - 5，钢桁架工程量＝0.918t，高强螺栓工程量＝64 个，预埋铁件＝0.105t，分部分项工程量清单见表 5 - 6。

表 5 - 6　　　　　　　　　　　　分部分项工程量清单

序号	项目编号	项目名称	项目特征描述	计量单位	工程量
1	010602003001	钢桁架	矩形钢管，单榀质量在 1t 以下，安装高度在 5m 以下，二级焊缝探伤，刷 1 遍防锈漆	t	0.918
2	010608002001	高强螺栓	M16 高强螺栓；锚固长度 200mm	套	64
3	010506025001	预埋铁件	钢板 14mm 厚，锚固长度 200mm；铁件尺寸：$-380\times 340\times 14$，$-320\times 250\times 14$，$-320\times 340\times 14$	t	0.105

第二节　钢　柱　钢　梁

一、"计量标准"清单项目设置

1. 钢柱

"计量标准"附录 F.3 钢柱项目包括实腹钢柱、空腹钢柱、钢管柱 3 个清单项目，见表 5-7。

表 5-7　　　　　　　　　　　　　　钢柱（编码：010603）

项目编码	项目名称	项目特征	计量单位	工程量计算规则	工程内容
010603001	实腹钢柱	① 柱类型； ② 钢材品种、规格； ③ 构件涂（镀）层要求； ④ 探伤要求	t	按设计图示尺寸以质量计算。不扣除孔眼的质量，焊条、铆钉、普通螺栓等不另增加质量，钢管柱上的节点板、加强环、内衬管、牛腿及悬臂梁等并入钢管柱工程量内	① 拼装； ② 吊装就位； ③ 安装； ④ 探伤； ⑤ 补刷油漆
010603002	空腹钢柱				
010603003	钢管柱	① 钢材品种、规格； ② 构件涂（镀）层要求； ③ 探伤要求			

2. 钢梁

"计量标准"附录 F.4 钢梁项目包括钢梁和钢吊车梁 2 个清单项目，见表 5-8。

表 5-8　　　　　　　　　　　　　　钢梁（编码：010604）

项目编码	项目名称	项目特征	计量单位	工程量计算规则	工程内容
010604001	钢梁	① 梁类型； ② 钢材品种、规格； ③ 构件涂（镀）层要求； ④ 探伤要求	t	按设计图示尺寸以质量计算。不扣除孔眼的质量，焊条、铆钉、普通螺栓等不另增加质量，节点板、加强肋、制动梁、制动板、制动桁架、车挡并入钢梁及钢吊车梁工程量内	① 拼装； ② 吊装就位； ③ 安装； ④ 探伤； ⑤ 补刷油漆
010604002	钢吊车梁	① 钢材品种、规格； ② 构件涂（镀）层要求； ③ 探伤要求			

二、计量标准与计价规则说明

1. 钢柱

（1）实腹钢柱类型指十字、T、L、H 形等。实腹柱项目适用于实腹钢柱和实腹式型钢混凝土柱。实腹钢柱的"柱类型"可描述为十字、T、L、H 形等；空腹钢柱的"柱类型"可描述为箱形、格构式等。

（2）空腹钢柱类型指箱形、格构等。空腹柱项目适用于空腹钢柱和空腹型钢混凝土柱。

（3）钢管柱项目适用于钢管柱和钢管混凝土柱。

2. 钢梁

（1）钢梁项目适用于钢梁和实腹式型钢混凝土梁、空腹式型钢混凝土梁。

（2）钢吊车梁项目适用于钢吊车梁及吊车梁的制动梁、制动板、制动桁架，车挡应包括在报价内。

（3）钢梁的"梁类型"可描述为 H、L、T 形，箱形，格构式等。

三、配套定额相关规定

（1）钢柱钢梁制作安装工程量按设计图示尺寸乘以理论质量计算。

（2）钢柱钢梁计算工程量时，不扣除单个面积≤$0.3m^2$ 的孔洞质量，焊缝、铆钉、螺栓等不另增加质量。省定额不扣除孔眼、切边的质量，在计算不规则或多边形钢板质量时，均以其最大对角线乘最大宽度的矩形面积计算。

（3）依附在钢柱上的牛腿及悬臂梁的质量等并入钢柱的质量内，钢柱上的柱脚板、加劲板、柱顶板、隔板和肋板并入钢柱工程量内。

（4）钢管柱上的节点板、加强环、内衬板（管）、牛腿等并入钢管柱的质量内。

（5）实腹柱、吊车梁、H 型钢等均按图示尺寸计算，其中腹板及翼板宽度按每边增加 25mm 计算。

（6）实腹钢柱（梁）是指 H 形、箱形、T 形、L 形、十字形等，空腹钢柱是指格构形等。

（7）成品 H 型钢制作的柱、梁构件，相应制作子目人工、机械及除钢材外的其他材料乘以系数 0.6。

四、应用案例

【案例 5-3】 某厂房实腹钢柱（主要以 16mm 厚钢板制作）共 20 根，每根重 2.500t，由附属加工厂制作，刷防锈漆 1 遍，运至安装地点，运距 1.5km。编制工程量清单及清单报价。

解 1. 实腹钢柱工程量清单的编制

实腹钢柱工程量＝2.500×20＝50.000（t），分部分项工程量清单见表 5-9。

表 5-9　　　　　　　　　　　　　**分部分项工程量清单**

序号	项目编号	项目名称	项目特征描述	计量单位	工程量
1	010603001001	实腹钢柱	钢板厚 16mm，单根柱重量 2.500t；不探伤，刷防锈漆 1 遍	t	50.000

2. 实腹钢柱工程量清单计价表的编制

该项目发生的工程内容为：制作、运输、安装。

实腹钢柱工程量＝2.500×20＝50.000（t）

实腹钢柱制作（每根重 5t 以内），套定额 6-1-1。

Ⅰ类金属构件运输（1km 以内），套定额 19-2-7，每增加 1km 套定额 19-2-8。

实腹钢柱安装（每根重 5t 以内），套定额 6-5-1。

人工、材料、机械单价选用市场价。

根据企业情况确定管理费率为 34.7%，利润率为 20.3%，分部分项工程量清单计价表见表 5-10。

表 5 - 10 分部分项工程量清单计价表

序号	项目编号	项目名称	项目特征描述	计量单位	工程量	金额（元）	
						综合单价	合价
1	010603001001	实腹钢柱	钢板厚 16mm，单根柱重量 2.500t；不探伤，刷防锈漆 1 遍	t	50.000	7973.14	398 657.00

【案例 5 - 4】 某单位自行车棚，高度 4m。用 5 根 H200×100×5.5×8 钢梁，长度 4.80m，单根质量 104.16kg；用 36 根槽钢 18a 钢梁，长度 4.12m，单根质量 83.10kg。由附属加工厂制作，刷防锈漆 1 遍，运至安装地点，运距 1.5km。编制工程量清单，自行报价。

解 钢梁工程量清单的编制

H200×100×5.5×8 钢梁工程量 = 104.16×5 = 520.80(kg) = 0.521(t)

槽钢 18a 钢梁工程量 = 83.10×36 = 2991.60(kg) = 2.992(t)，分部分项工程量清单见表 5 - 11。

表 5 - 11 分部分项工程量清单

序号	项目编号	项目名称	项目特征描述	计量单位	工程量
1	010604001001	钢梁	H200×100×5.5×8 型钢；单根质量 0.104t；安装高度 4m；不探伤，刷防锈漆 1 遍	t	0.521
2	010604001002	钢梁	槽钢 18a；单根质量：0.083t；安装高度：4m；不探伤，刷防锈漆 1 遍	t	2.992

第三节 钢板楼板及墙板屋面板

一、"计量标准"清单项目设置

"计量标准"附录 F.5 钢板楼板、墙板、屋面板项目包括钢板楼板、钢板墙板、钢屋面板 3 个清单项目，见表 5 - 12。

表 5 - 12 钢板楼板、墙板、屋面板（编码：010605）

项目编码	项目名称	项目特征	计量单位	工程量计算规则	工程内容
010605001	钢板楼板	① 钢材品种、规格；② 钢板型号、厚度；③ 构件涂（镀）层要求	m²	按设计图示尺寸以铺设水平投影面积计算。不扣除单个面积≤0.3m² 柱、垛及孔洞所占面积	① 拼装；② 吊装就位；③ 安装；④ 探伤；⑤ 补刷油漆；⑥ 接缝、嵌缝
010605002	钢板墙板	① 钢材品种、规格；② 钢板（复合板）型号、厚度；③ 构件涂（镀）层要求；④ 复合板夹芯材料种类、层数、型号、规格；⑤ 接缝、嵌缝材料种类		按设计图示尺寸以铺挂展开面积计算。扣除门窗洞口所占面积，不扣除单个面积≤0.3m² 的梁、孔洞所占面积，包角、包边、窗台泛水等不另加面积	
010605003	钢屋面板			按设计图示尺寸以铺设斜面积计算。不扣除房上烟囱、风帽底座、风道、小气窗、斜沟等所占面积，小气窗出檐部分不增加面积	

二、计量标准与计价规则说明

（1）钢板楼板项目适用于现浇混凝土楼板，使用钢板作永久性模板，并与混凝土叠合后组成共同受力的构件。

（2）压型钢板楼承板、钢筋桁架楼承板应按"钢板楼板"项目编码列项。钢板楼板上浇筑钢筋混凝土，其混凝土和钢筋应按计量标准附录 E 混凝土及钢筋混凝土工程中相关项目编码列项。

三、配套定额相关规定

（1）金属结构楼面板和墙面板按成品板编制。

（2）楼面及平板屋面按设计图示尺寸以铺设面积计算，不扣除单个面积≤0.3m² 的柱、垛及孔洞所占面积。屋面为斜坡的，按斜坡面积计算。

（3）墙面板按设计图示尺寸以铺挂面积计算，不扣除单个面积≤0.3m² 的梁、孔洞所占面积。

（4）钢板天沟按设计图示尺寸以质量计算，依附天沟的型钢并入天沟的质量内计算；不锈钢天沟、彩钢板天沟按设计图示尺寸以长度计算。

（5）压型楼面板的收边板未包括在楼面板项目内，应单独计算。

（6）槽铝檐口端面封边包角、混凝土浇捣收边板高度按 150mm 考虑，工程量按设计图示尺寸以延长米计算；其他材料的封边包角、混凝土浇捣收边板按设计图示尺寸以展开面积计算。

四、应用案例

【案例 5-5】 某工棚长度 15m，宽度 5m，高度 3m。有 8 个 1000mm×1200mm 塑料窗；外墙均采用 75mm EPS 夹芯板，外蓝内白，钢板厚 0.425mm。材料价（含运输、采购、保管费）为 75 元/m²，安装费为 20 元/m²，其中人工费 15 元/m²，材料损耗为 5%。试编制屋面板的工程量清单，并确定其综合单价。

解 1. 压型钢板墙板工程量清单的编制

压型钢板墙板工程量＝（15.00＋5.00）×2×3.00－1.00×1.20×8＝110.40（m²），工程量清单见表 5-13。

表 5-13　　　　　　　　　分部分项工程量清单

序号	项目编号	项目名称	项目特征描述	计量单位	工程量
1	010605002001	钢板墙板	75mm EPS 夹芯板，钢板厚 0.425mm，外蓝内白免漆板	m²	110.40

2. 压型钢板墙板工程量清单计价表的编制

压型钢板墙板项目发生的工程内容为成品安装。

①压型钢板墙板工程量＝（15.00＋5.00）×2×3.00－1.00×1.20×8＝110.40（m²）

②压型钢板墙板人工、材料、机械单价＝75.00×1.05＋20.00＝98.75（元/m²）

人工、材料、机械单价选用市场价，分部分项工程量清单计价见表 5-14。

表 5 - 14   **分部分项工程量清单计价表**

序号	项目编号	项目名称	项目特征描述	计量单位	工程量	金额（元）	
						综合单价	合价
1	010605002001	钢板墙板	75mm EPS 夹芯板，钢板厚 0.425mm，外蓝内白免漆板	m^2	110.40	104.75	11 564.40

根据企业情况确定管理费率为 34.7%，利润率为 20.3%。

第四节　钢构件及金属制品

一、"计量标准"清单项目设置

1. 钢天窗架、钢挡风架、钢墙架

"计量标准"附录 F.6 钢天窗架、墙架、挡风架项目包括钢天窗架、钢挡风架、钢墙架 3 个清单项目，见表 5 - 15。

表 5 - 15   **钢天窗架、墙架、挡风架（编码：010606）**

项目编码	项目名称	项目特征	计量单位	工程量计算规则	工程内容
010606001	钢天窗架	① 钢材品种、规格；② 构件涂（镀）层要求；③ 探伤要求	t	按设计图示尺寸以质量计算，不扣除孔眼的质量，焊条、铆钉、普通螺栓等不另增加质量	① 拼装；② 吊装就位；③ 安装；④ 探伤；⑤ 补刷油漆
010606002	钢挡风架				
010606003	钢墙架				

2. 其他钢构件

"计量标准"附录 F.7 其他钢构件项目包括钢拉索、钢支撑（钢拉条）、钢檩条、钢平台、钢走道、钢梯、钢护栏、钢漏斗、钢板天沟、零星钢构件 10 个清单项目，主要项目见表 5 - 16。

表 5 - 16   **其他钢构件（编码：010607）**

项目编码	项目名称	项目特征	计量单位	工程量计算规则	工程内容
010607002	钢支撑、钢拉条	① 钢材品种、规格；② 构件类型；③ 构件涂（镀）层要求；④ 探伤要求	t	按设计图示尺寸以质量计算，不扣除孔眼的质量，焊条、铆钉、普通螺栓等不另增加质量	① 吊装就位；② 安装；③ 探伤；④ 补刷油漆
010607003	钢檩条				

3. 钢构件制作及其他

"计量标准"附录 F.8 钢构件制作及其他项目包括钢构件制作、高强螺栓、支座、剪力栓钉 4 个清单项目，见表 5 - 17。

表 5 - 17   **钢构件制作及其他（编码：010608）**

项目编码	项目名称	项目特征	计量单位	工程量计算规则	工程内容
010608001	钢构件制作	① 钢材品种、规格； ② 构件类型； ③ 加工方式； ④ 探伤要求	t	按设计图示尺寸以质量计算，不扣除孔眼的质量，焊条、铆钉、普通螺栓等不另增加质量	① 放样、划线、截料； ② 平直、钻孔； ③ 拼接、焊接； ④ 成品矫正、除锈； ⑤ 成品编号堆放
010608002	高强螺栓	螺栓种类、规格	套	按设计图示数量计算	① 安装； ② 补刷油漆
010608003	支座	支座种类、规格			
010608004	剪力栓钉	栓钉种类、规格			① 焊接； ② 探伤； ③ 补刷油漆

4. 金属制品

"计量标准"附录 F.9 金属制品包括金属百叶护栏、金属栅栏、金属网栏、金属井（沟）盖及盖座 4 个清单项目，见表 5 - 18。

表 5 - 18   **金属制品（编码：010609）**

项目编码	项目名称	项目特征	计量单位	工程量计算规则	工程内容
010609001	金属百叶护栏	① 材料品种、规格； ② 边框材质	m²	按设计图示尺寸以框外围展开面积计算	① 埋置铁件及螺栓； ② 安装； ③ 校正
010609002	金属栅栏	① 材料品种、规格； ② 边框及立柱型钢品种、规格			
010609003	金属网栏				
010609004	金属井（沟）盖及盖座	① 构件名称； ② 构件尺寸； ③ 材料品种、规格	套	按设计图示尺寸以数量计算	井盖及盖座安装

二、计量标准与计价规则说明

1. 钢构件

（1）型钢檩条直接用型钢做成，一般称为实腹式檩条，常用的有槽钢檩条、角钢檩条，以及槽钢组合式、角钢组合式等。

（2）"钢护栏"适用于工业厂房平台钢栏杆。

（3）钢墙架项目包括墙架柱、墙架梁和连接杆件。

（4）钢支撑、钢拉条类型指单式、复式；钢檩条类型指型钢式、格构式；钢漏斗形式指方形、圆形；天沟形式指矩形沟或半圆形沟。

（5）未列项目不依附于主钢构件的单独金属构件，应按"零星钢构件"项目编码列项。

（6）钢拉索的"索体类型"可描述为钢丝束、钢丝绳、钢绞线、钢拉杆；钢支撑、钢拉条的"构件类型"可描述为单式、复式；钢檩条的"构件类型"可描述为型钢式、格构式；钢漏斗的"漏斗形式"可描述为方形、圆形；钢板天沟的"天沟形式"可描述为矩形沟、半圆形沟等。

2. 金属制品

（1）抹灰钢丝网加固按砌块墙钢丝网加固项目编码列项。

（2）金属制品按成品现场安装编制，工作内容不包含金属制品的制作。

三、配套定额相关规定

（1）钢构件制作安装工程量按设计图示尺寸乘以理论质量计算。

（2）钢构件计算工程量时，不扣除单个面积≤0.3m²的孔洞质量，焊缝、铆钉、螺栓等不另增加质量。省定额不扣除孔眼、切边的质量，在计算不规则或多边形钢板质量时，均以其最大对角线乘最大宽度的矩形面积计算。

（3）钢平台的工程量包括钢平台的柱、梁、板、斜撑等的质量，依附于钢平台上的钢扶梯及平台栏杆，应按相应构件另行列项计算。

（4）钢楼梯的工程量包括楼梯平台、楼梯梁、楼梯踏步等的质量，钢楼梯上的扶手、栏杆另行列项计算。

（5）钢栏杆包括扶手的质量，合并套用钢栏杆项目。

（6）钢构件现场拼装平台摊销工程量按实施拼装构件的工程量计算。

（7）钢零星构件，系指定额未列项的、单体重量在0.2t以内的钢构件。

（8）型钢混凝土组合结构中的钢构件套用本章相应的项目，制作项目人工、机械乘以系数1.15。

四、应用案例

【案例 5 - 6】　某厂房上柱间支撑尺寸如图5-2所示，共4组，L63×6的线密度为5.72kg/m，−8钢板的面密度为62.8kg/m²，刷防锈漆1遍。编制柱间支撑工程量清单，并确定其综合单价。

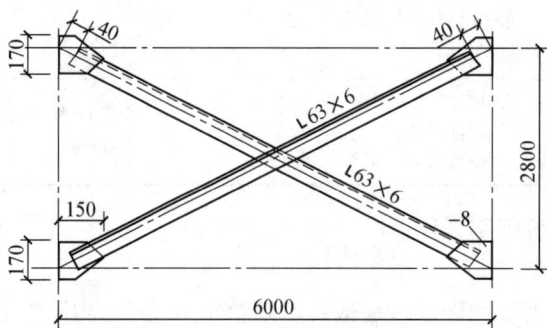

图5-2　柱间支撑

解　1. 钢支撑工程量清单的编制

L63×6角钢质量 $= (\sqrt{6^2+2.8^2} - 0.04 \times 2) \times 5.72 \times 2 = 74.83$（kg）

−8钢板质量 $= 0.17 \times 0.15 \times 62.8 \times 4 = 6.41$（kg）

柱间支撑工程量 $= (74.83 + 6.41) \times 4 = 324.96$（kg）$= 0.325$（t），分部分项工程量清单见表5-19。

表 5 - 19　　　　　　　　　　　　　　　分部分项工程量清单

序号	项目编号	项目名称	项目特征描述	计量单位	工程量
1	010607002001	钢支撑	L63×6角钢；复式支撑，不探伤，刷防锈漆1遍	t	0.325

2. 钢支撑工程量清单计价表的编制

钢支撑项目发生的工程内容为：制作、安装。

L63×6 角钢质量 $=(\sqrt{6^2+2.8^2}-0.04\times2)\times5.72\times2=74.83(kg)$

－8 钢板质量 $=0.17\times0.15\times62.8\times4=6.41(kg)$

柱间支撑工程量 $=(74.83+6.41)\times4=324.96(kg)=0.325(t)$

柱间支撑制作，套定额 6 - 1 - 17。柱间支撑安装，套定额 6 - 5 - 14。

人工、材料、机械单价选用市场价。

根据企业情况确定管理费率为 25％，利润率为 15％，分部分项工程量清单计价见表 5 - 20。

表 5 - 20   **分部分项工程量清单计价表**

序号	项目编号	项目名称	项目特征描述	计量单位	工程量	金额（元）	
						综合单价	合价
1	010607002001	钢支撑	L63×6 角钢；复式支撑，不探伤，刷防锈漆 1 遍	t	0.325	7604.50	2471.46

【案例 5 - 7】 某办公楼底层有 1500mm×2000mm 的窗洞 20 个，全部用金属网封闭，采用 10mm×10mm 方钢焊接，L50×32×4 角钢封边。编制金属网工程量清单。

解 金属网工程量清单的编制

金属网工程量 $=1.50\times2.00\times20=60.00(m^2)$，分部分项工程量清单见表 5 - 21。

表 5 - 21   **分部分项工程量清单**

序号	项目编号	项目名称	项目特征描述	计量单位	工程量
1	010609003001	金属网栏	□10×10 方钢立柱；L50×32×4 角钢；刷防锈漆 1 遍	m²	60.00

习 题

5 - 1 某工程钢屋架如图 5 - 3 所示，共 8 榀，现场制作并安装。人工、材料、机械单价选用价目表参考价，根据企业情况确定管理费率为 25％，利润率为 15％。编制钢屋架工程量清单，进行清单报价。

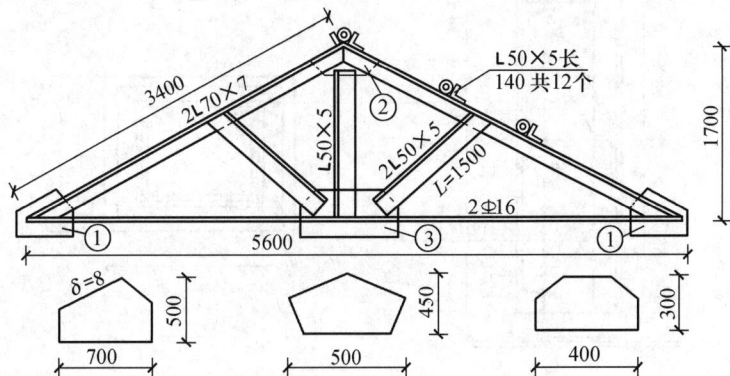

图 5 - 3 钢屋架

5-2　某商厦屋面采用螺栓球钢网架屋盖，跨度 26m，安装高度 18m，在支架上进行拼装。根据企业情况确定管理费率为 25%，利润率为 15%。根据提供的工程量计算单编制该钢网架部分项目的工程量清单和进行工程量清单报价。工程量计算单详见表 5-22。

表 5-22　　　　　　　　　　　　　　网架各构件工程量计算单

序号	各构件名称	计　算　公　式	单位	数量	材料消耗量
1	杆件	15.846	t	15.846	16.797
2	螺栓球	2.299	t	2.299	2.437
3	封板和锥头	2.002	t	2.002	2.122
4	支托	0.842+0.153=0.995	t	0.995	1.055
5	支座	$(13×2+3×2)×[0.22×0.22×0.01+0.2×0.2×0.01+4×(0.05×0.05×0.006)+(0.2×0.276×0.012)×2]×7.85=0.570$	t	0.570	0.604
6	埋件	钢板：$(13×2+3×2)×(0.24×0.24×0.02)×7.85=0.289$ $\Phi 18$ 锚筋：$2×(13×2+3×2)×1.998/1000×(0.11+0.4×2+0.1×2)=0.142$	t	0.431	0.457
7	高强螺栓	0.931	t	0.931	0.950
8	刷防锈漆 1 道	22.143+0.931=23.074	t	23.074	—

5-3　如图 5-4 所示，某工程空腹钢柱共 24 根，刷防锈漆 1 遍。人工、材料、机械单价选用价目表参考价，根据企业情况确定管理费率为 34.7%，利润率为 20.3%。编制空腹钢柱工程量清单，自行进行工程量清单报价。

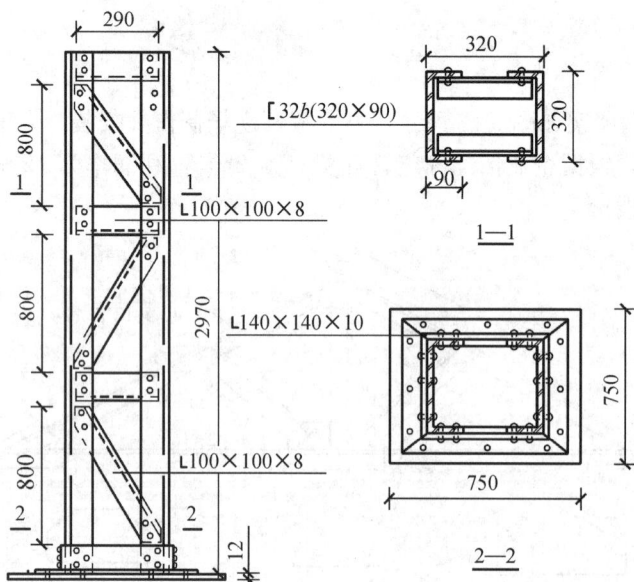

图 5-4　空腹钢柱

5-4　某装饰大棚型钢檩条，尺寸如图5-5所示，共100根，L50×32×4的线密度为2.494kg/m，刷防锈漆1遍。人工、材料、机械单价选用价目表参考价，根据企业情况确定管理费率为34.7%，利润率为20.3%。编制钢檩条工程量清单。

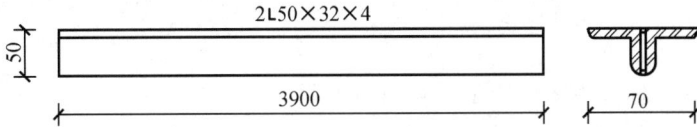

图5-5　型钢檩条

5-5　某钢直梯如图5-6所示，φ28光面钢筋线密度为4.834kg/m，刷防锈漆1遍。人工、材料、机械单价选用价目表参考价，根据企业情况确定管理费率为25%，利润率为15%。编制钢直梯工程量清单。

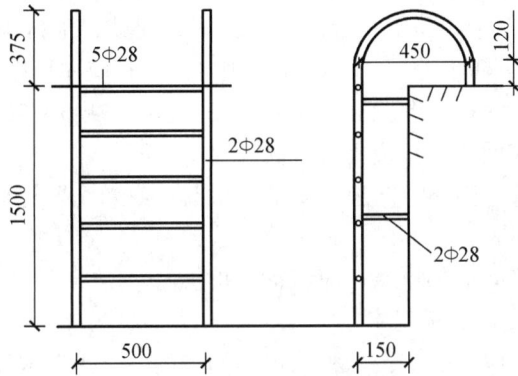

图5-6　钢直梯

第六章　木结构与门窗工程

木结构与门窗工程分为木结构工程和门窗工程两部分。

1. 计量标准与计价规则相关规定的共性问题的说明

（1）原木构件设计规定梢径时，应按原木材积计算表计算体积。

（2）设计规定使用干燥木材时，干燥损耗及干燥费应包括在报价内。

（3）木材的出材率应包括在报价内。

（4）木结构有防虫要求时，防虫药剂应包括在报价内。

（5）木构件（木柱、木梁、木檩、木楼梯）及厂库房大门、特种门，面层刷油漆，按"油漆、涂料、裱糊工程"中相关工程量清单项目编码列项；木材防腐、防火处理，钢构件（钢侧架、钢拉杆）防锈、防火处理，其所需费用应计入相应项目报价内。

（6）以平方米计量，无设计图示洞口尺寸，按门窗框、扇外围以面积计算。

（7）框截面尺寸（或面积）指边立梃截面尺寸或面积。

（8）防护材料分防火、防腐、防虫、防潮、耐磨、耐老化等材料，应根据清单项目要求报价。

（9）门窗框与洞口之间缝的填塞，应包括在报价内。

2. 配套定额相关规定的一般规定

（1）结构木材木种均以一、二类木种取定。如采用三、四类木种时，相应定额制作人工和机械乘以系数 1.35。

（2）木材木种分类如下：

一类：红松、水桐木、樟子松；

二类：白松（方杉、冷杉）、杉木、杨木、柳木、椴木；

三类：青松、黄花松、秋子木、马尾松、东北榆木、柏木、苦木、梓木、黄菠萝、椿木、楠木、柚木、樟木；

四类：栎木（柞木）、檀木、色木、槐木、荔木、麻栗木、桦木、荷木、水曲柳、华北榆木。

（3）定额中木材以自然干燥条件下的含水率编制。需人工干燥时，另行计算。其费用可列入木材价格内。

（4）木门窗及金属门窗不论现场或附属加工厂制作，均执行本定额。现场以外至安装地点的水平运输费用可计入门窗单价中。

第一节　木结构工程

木结构工程工程量清单分为木屋架、木构件、屋面木基层 3 个子分部工程，适用于建筑物的木结构工程。

一、"计量标准"清单项目设置

1. 木屋架

"计量标准"附录 G.1 木屋架项目，见表 6-1。

表 6-1　　　　　　　　　　　木屋架（编码：010701）

项目编码	项目名称	项目特征	计量单位	工程量计算规则	工程内容
010701001	屋架	① 屋架种类； ② 跨度； ③ 材料品种、规格； ④ 刨光要求； ⑤ 拉杆及夹板种类； ⑥ 防护材料种类	榀	按设计图示数量以榀计算	① 制作； ② 安装； ③ 刷防护材料

2. 木构件

"计量标准"附录 G.2 木构件项目包括木柱、木梁、木檩、木楼梯、装配式木楼梯、其他木构件，见表 6-2。

表 6-2　　　　　　　　　　　木构件（编码：010702）

项目编码	项目名称	项目特征	计量单位	工程量计算规则	工程内容
010702001	木柱	① 构件规格尺寸； ② 木材种类； ③ 刨光要求； ④ 防护材料种类	m^3	按设计图示尺寸以体积计算	① 制作； ② 安装； ③ 刷防护材料
010702002	木梁				
010702003	木檩				
010702005	其他木构件	① 构件名称； ② 构件规格尺寸； ③ 木材种类； ④ 刨光要求； ⑤ 防护材料种类			

3. 屋面木基层

"计量规范"附录 G.3 屋面木基层，见表 6-3。

表 6-3　　　　　　　　　　　屋面木基层（编码：010703）

项目编码	项目名称	项目特征	计量单位	工程量计算规则	工程内容
010703001	屋面木基层	① 椽子断面尺寸及椽距； ② 望板材料种类、厚度； ③ 防护材料种类	m^2	按设计图示尺寸以斜面积计算。不扣除房上烟囱、风帽底座、风道、小气窗、斜沟等所占面积。小气窗的出檐部分不增加面积	① 椽子制作、安装； ② 望板制作、安装； ③ 刷防护材料

二、计量标准与计价规则说明

1. 木屋架

（1）木屋架项目适用于各种方木、圆木屋架。与屋架相连接的挑檐木应包括在木屋架报价内。钢夹板构件、连接螺栓应包括在报价内。

（2）"钢木屋架"项目适用于各种方木、圆木的钢木组合屋架。钢拉杆（下弦拉杆）、受拉腹杆、钢夹板、连接螺栓应包括在报价内。

（3）带气楼的屋架和马尾、折角及正交部分半屋架，按相关屋架工程量清单项目编码列项。

（4）屋架的跨度应以上、下弦中心线两交点之间的距离计算。

（5）以榀计量，按标准图设计，项目特征必须标注标准图代号。

2. 木构件

（1）木柱、木梁、木檩项目适用于建筑物各部位的柱、梁、檩。接地、嵌入墙内部分的防腐包括在报价内。

（2）木楼梯项目适用于楼梯和爬梯。楼梯的防滑条应包括在报价内。木楼梯的栏杆（栏板）、扶手，按其他装饰工程中的相关项目编码列项。

（3）其他木构件项目适用于斜撑，传统民居的垂花、花芽子、封檐板、博风板等构件。封檐板、博风板工程量按延长米计算；博风板带大刀头时，每个大刀头增加长度50cm。

三、配套定额相关规定

1. 配套定额调整说明

（1）国家定额设计刨光的屋架、檩条、屋面板在计算木料体积时，应加刨光损耗，方木一面刨光加3mm，两面刨光加5mm；圆木直径加5mm；板一面刨光加2mm，两面刨光加3.5mm。

（2）屋面板制作厚度不同时可进行调整。

（3）木屋架、钢木屋架定额项目中的钢板、型钢、圆钢用量与设计不同时，可按设计数量另加8%（省定额另加6%）损耗进行换算，其他不变。

2. 屋架工程量计算

（1）木屋架工程量按设计图示的规格尺寸以体积计算。附属于其上的木夹板、垫木、风撑、挑檐木均按木料体积并入屋架工程量内。单独挑檐木并入檩木工程量内。

（2）圆木屋架上的挑檐木、风撑等设计规定为方木时，应将方木木料体积乘以系数1.7折合成圆木并入圆木屋架工程量内。

（3）钢木屋架工程量按设计图示的规格尺寸以体积计算，只计算木杆件的体积。其后备长度、配置损耗、钢构件以及附属于屋架的垫木等已包括在定额内，不另计算。钢木屋架是指下弦杆件为钢材、其他受压杆件为木材的屋架。如图6-1所示。

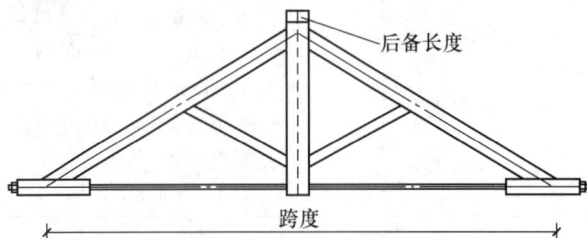

图6-1 屋架跨度示意图

钢木屋架工程量＝屋架木杆件轴线长度×杆件设计图示断面面积＋气楼屋架和半屋架体积

（4）屋架的制作安装应区别不同跨度，其跨度以屋架上下弦杆的中心线交点之间的长度为准。如图 6-1 所示。

（5）带气楼屋架的气楼部分及马尾、折角和正交部分半屋架，并入相连接屋架的体积内计算。如图 6-2 所示。

（6）支撑屋架的混凝土垫块，按混凝土及钢筋混凝土中有关定额计算。

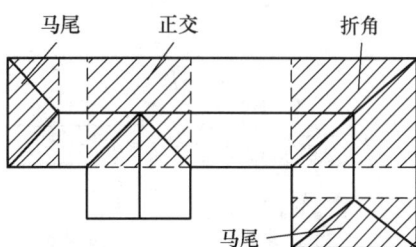

图 6-2　半屋架部位示意图

3. 木构件工程量计算

（1）木柱、木梁按设计图示尺寸以体积计算。

（2）木楼梯按设计图示尺寸以水平投影面积计算。不扣除宽度≤300mm 的楼梯井面积，踢脚板、平台和伸入墙内部分不另计算。

（3）木地楞按设计图示尺寸以体积计算。定额内已包括平撑、剪刀撑、沿油木的用量，不再另行计算。

（4）檩木按设计图示尺寸以体积计算。檩垫木或钉在屋架上的檩托木已包括在定额内，不另计算。简支檩木长度按设计计算，设计无规定时，按相邻屋架或山墙中距增加 0.20m 接头计算，两端出山檩条算至博风板；连续檩的长度按设计长度增加 5% 的接头长度计算，即按全部连续檩的总体积增加 5% 计算。如图 6-3 所示。

檩木工程量＝檩木杆件计算长度×设计图示木料断面面积

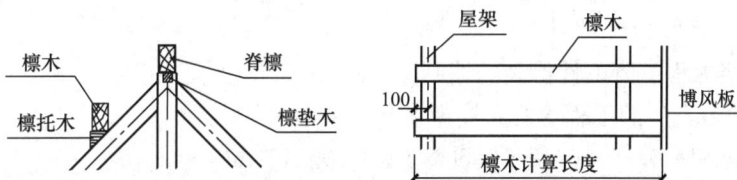

图 6-3　檩木

4. 屋面木基层工程量计算

（1）屋面板制作、檩木上钉屋面板、油毡挂瓦条、钉椽板项目按设计图示尺寸以屋面斜面积计算，天窗挑檐重叠部分按设计规定计算，不扣除≤0.3m² 屋面烟囱、风帽底座、风道、小气窗及斜沟等所占面积。小气窗的出檐部分亦不增加面积。

屋面板斜面积＝屋面水平投影面积×延尺系数

（2）封檐板工程量按设计图示檐口外围长度计算。博风板按斜长度计算，每个大刀头增加长度 0.50m。

封檐板工程量＝屋面水平投影长度×檐板数量

博风板工程量＝（山尖屋面水平投影长度×屋面坡度系数＋0.5×2）×山墙端数

四、应用案例

【案例 6-1】　某临时仓库，设计方木钢屋架如图 6-4 所示，共 3 榀，现场制作，不刨光，铁件刷防锈漆 1 遍，轮胎式起重机安装，安装高度 6m。编制钢木屋架工程量清单，并进行清单报价（不调整钢拉杆用量）。

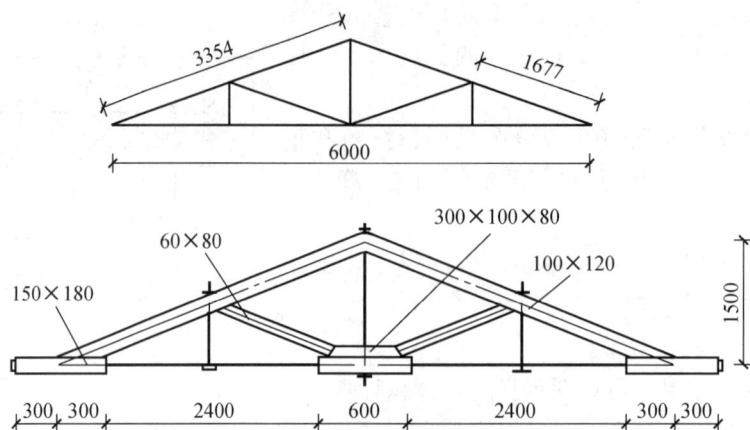

图 6-4　方木钢屋架

解　1. 钢木屋架工程量清单的编制

钢木屋架工程量＝3 榀分部分项工程量清单见表 6-4。

表 6-4　　　　　　　　　　　　　**分部分项工程量清单**

序号	项目编号	项目名称	项目特征描述	计量单位	工程量
1	010701001001	屋架	跨度 6m 方木钢屋架；不抛光，铁件刷防锈漆 1 遍	榀	3

注　标准计量单位为榀；计价办法计量单位为 m³。

2. 钢木屋架工程量清单计价表的编制

钢木屋架项目发生的工程内容：屋架制作、安装。

① 下弦杆体积＝$0.15 \times 0.18 \times 0.60 \times 3 \times 3 = 0.146(\text{m}^3)$

② 上弦杆体积＝$0.10 \times 0.12 \times 3.354 \times 2 \times 3 = 0.241(\text{m}^3)$

③ 斜撑体积＝$0.06 \times 0.08 \times 1.677 \times 2 \times 3 = 0.048(\text{m}^3)$

④ 元宝垫木体积＝$0.30 \times 0.10 \times 0.08 \times 3 = 0.007(\text{m}^3)$

竣工木料工程量＝$0.146 + 0.241 + 0.048 + 0.007 = 0.442(\text{m}^3)$

方木钢屋架制作安装（跨度 15m 以内），套定额 7-1-8。

人工、材料、机械单价选用市场价。

根据企业情况确定管理费率为 25%，利润率为 15%。分部分项工程量清单计价见表 6-5。

表 6-5　　　　　　　　　　　　　**分部分项工程量清单计价表**

序号	项目编号	项目名称	项目特征描述	计量单位	工程量	金额（元）综合单价	合价
1	010701001001	屋架	跨度 6m 方木钢屋架；不刨光，铁件刷防锈漆 1 遍	榀	3	1169.53	3508.59

【**案例 6-2**】　某建筑物屋面采用木结构，如图 6-5 所示，屋面坡度系数为 1.118，木板

净厚30mm。编制封檐板、博风板工程量清单并进行工程清单报价。

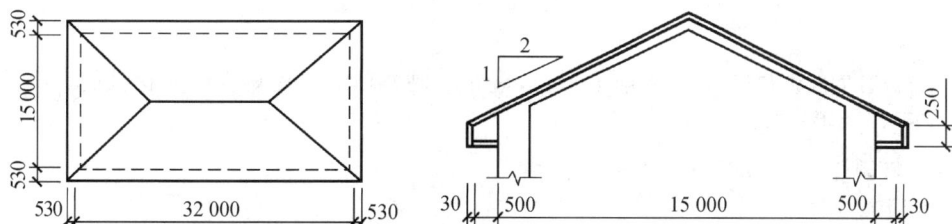

图6-5　封檐板、博风板

解　1. 其他木构件工程量清单的编制

封檐板工程量=(32+0.5×2)×2=66.00(m)

博风板工程量=[15.00+(0.5+0.03)×2]×1.118×2+0.5×4=37.91(m)

合计=103.91m，工程量=103.91×0.25×0.03=0.78(m³) 分部分项工程量清单见表6-6。

表6-6　　　　　　　　　　　　　分部分项工程量清单

序号	项目编号	项目名称	项目特征描述	计量单位	工程量
1	010702006001	其他木构件	封檐板、博风板，δ=30mm 木板材，双面刨光，刷防腐油，灰色调和漆两遍	m³	0.78

2. 其他木构件工程量清单计价表的编制

该项目发生的工程内容：封檐板、博风板制作。

封檐板工程量=(32+0.5×2)×2=66.00(m)

博风板工程量=[15.00+(0.5+0.03)×2]×1.118×2+0.5×4=37.91(m)

工程量合计=66.00+37.91=103.91(m)

封檐板、博风板制作、安装（高度30cm以内），套定额7-1-11（换）。

人工、材料、机械单价选用市场价。

木板材调增费=(0.092 3/25×30−0.092 3)×1923.08=35.50(元/10m)

根据企业情况确定管理费率为25%，利润率为15%。分部分项工程量清单计价见表6-7。

表6-7　　　　　　　　　　　　　分部分项工程量清单计价表

序号	项目编号	项目名称	项目特征描述	计量单位	工程量	金额（元）	
						综合单价	合价
1	010702006001	其他木构件	封檐板、博风板，δ=30mm 木板材，双面刨光，刷防腐油，灰色调和漆两遍	m³	0.78	5569.85	4344.48

第二节 门

门工程量清单分为木门、金属门、金属卷帘（闸）门、厂库房大门、特种门、其他门等子分部工程，适用于建筑物的各种门。

一、"计量标准"清单项目设置

1. 木门

"计量标准"附录 H.1 木门项目包括木质门、木质门带套、木质连窗门、木质防火门、木门框、门锁安装，见表 6-8。

表 6-8 木门（编码：010801）

项目编码	项目名称	项目特征	计量单位	工程量计算规则	工程内容
010801001	木质门	① 门洞口尺寸； ② 门类型； ③ 开启方式； ④ 框扇木材材质； ⑤ 玻璃品种、厚度； ⑥ 五金种类、规格； ⑦ 其他工艺要求	m²	按设计图示洞口尺寸以面积计算	① 门（含框）安装； ② 玻璃安装； ③ 五金配件安装； ④ 嵌缝打胶
010801002	木质门带套	① 门洞口尺寸； ② 门类型； ③ 开启方式； ④ 门扇木材材质； ⑤ 门套木材材质； ⑥ 玻璃品种、厚度； ⑦ 五金种类、规格； ⑧ 其他工艺要求			① 门套安装； ② 门扇安装； ③ 玻璃安装； ④ 五金配件安装； ⑤ 嵌缝打胶

2. 金属门

"计量标准"附录 H.2 金属门项目包括金属（塑钢）门、彩板门、防盗门、钢质防火门，见表 6-9。

表 6-9 金属门（编码：010802）

项目编码	项目名称	项目特征	计量单位	工程量计算规则	工程内容
010802001	金属（塑钢）门	① 门洞口尺寸； ② 门类型； ③ 开启方式； ④ 门框、扇材质； ⑤ 玻璃品种、厚度； ⑥ 五金种类、规格； ⑦ 其他工艺要求	m²	按设计图示洞口尺寸以面积计算	① 门（含框）安装； ② 玻璃安装； ③ 五金配件安装； ④ 嵌缝打胶
010802003	防盗门	① 门洞尺寸； ② 门、扇材质； ③ 五金种类、规格； ④ 其他工艺要求			① 门（含框）安装； ② 五金配件安装； ③ 嵌缝打胶

3. 金属卷帘（闸）门

"计量标准"附录 H.3 金属卷帘（闸）门项目包括金属卷帘（闸）门、防火卷帘（闸）门两项，见表 6-10。

表 6-10　　　　　　　金属卷帘（闸）门（编码：010803）

项目编码	项目名称	项目特征	计量单位	工程量计算规则	工程内容
010803001	金属卷帘（闸）门	① 门洞口尺寸； ② 门材质； ③ 五金种类、规格； ④ 驱动类型； ⑤ 其他工艺要求	m²	按设计图示洞口尺寸以面积计算	① 门安装； ② 启动装置、活动小门、五金配件安装
010803002	防火卷帘（闸）门				

4. 厂库房大门、特种门

"计量标准"附录 H.4 厂库房大门、特种门项目包括木板大门、钢木大门、全钢板大门、防护铁丝门、金属格栅门、钢质花饰大门、特种门，见表 6-11。

表 6-11　　　　　　厂库房大门、特种门（编码：010804）

项目编码	项目名称	项目特征	计量单位	工程量计算规则	工程内容
010804003	全钢板大门	① 门洞口尺寸； ② 开启方式； ③ 门框、扇材质； ④ 五金种类、规格； ⑤ 防护材料种类； ⑥ 其他工艺要求	m²	按设计图示洞口尺寸以面积计算	① 门（含框）安装； ② 五金配件安装； ③ 嵌缝打胶
010804005	金属格栅门			按设计图示门框尺寸以面积计算。无门框时以扇面积计算	① 门（含框）安装； ② 五金配件安装
010804006	钢质花饰大门				

5. 其他门

"计量标准"附录 H.5 其他门项目包括电子感应门、电动旋转门、电动伸缩门、全玻自由门、不锈钢饰面门、复合材料门。

二、计量标准与计价规则说明

1. 木门

（1）木门的"门类型"可描述为镶板木门、企口木板门、实木装饰门、胶合板门、夹板装饰门、木纱门、全玻门（带木质扇框）、木质半玻门（带木质扇框）等。

（2）门五金包含合页、铰链、拉手、锁具、插销、门吸、闭门器、滑轮滑轨、地弹簧、角码、螺丝等完成门安装所需的各类配件。

（3）木质门带套计量按洞口尺寸以面积计算，不包括门套的面积。

（4）单独制作、安装木门框应按"木门框"项目编码列项。

（5）单独安装门锁应按"门锁安装"项目编码列项。

（6）对门的胶压、封边、雕刻、纹饰等工艺有特殊要求的，可在项目特征"其他工艺要求"中进行描述。

2. 金属门

(1) 金属门的"门类型"可描述为金属平开门、金属推拉门、金属地弹门、全玻门（带金属扇框）、金属半玻门（带扇框）等。

(2) 金属卷帘（闸）门的"驱动类型"可描述为手动、电动等。

(3) 铝合金门五金包括：地弹簧、门锁、拉手、门插、门铰、螺丝等。

(4) 其他金属门五金包括 L 型执手插锁（双舌）、执手锁（单舌）、门轨头、地锁、防盗门机、门眼（猫眼）、门碰珠、电子锁（磁卡锁）、闭门器、装饰拉手等。

3. 厂库房大门、特种门

(1) 木板大门项目适用于厂库房的平开、推拉、带观察窗、不带观察窗等各类型木板大门。

(2) 钢木大门项目适用于厂库房的平开、推拉、单面铺木板、双面铺木板、防风型、保暖型等各类型钢木大门。其中，钢骨架制作安装包括在报价内。防风型钢木门应描述防风材料或保暖材料。

(3) 全钢板门项目适用于厂库房的平开、推拉、折叠、单面铺钢板、双面铺钢板等各类型全钢板门。

(4) 特种门的"门类型"可描述为冷藏门、冷冻间门、保温门、变电室门、隔音门、防射线门、人防门、金库门等。

(5) 门配件设计有特殊要求时，应计入相应项目报价内。

4. 其他门

(1) 转门项目适用于电子感应和人力推动转门。

(2) 自由门亦称弹簧门，指开启后能自动关闭的门，以弹簧作为自动关闭机构，并有单面弹簧、双面弹簧和地弹簧之分。

三、配套定额相关规定

1. 普通门

(1) 木门主要为成品门安装项目。

(2) 国家定额成品套装门安装包括门套和门扇的安装。

(3) 国家定额铝合金成品门安装项目按隔热断桥铝合金型材考虑，当设计为普通铝合金型材时，按相应项目执行，其中人工乘以系数 0.8。

(4) 金属门连窗，门、窗应分别执行相应项目。

(5) 各类门安装工程量，除注明者外，均按图示门洞口面积计算。

$$门窗工程量=洞口宽×洞口高$$

(6) 国家定额成品木门框、彩板钢门附框安装按设计图示框的中心线长度计算。省定额木门框按设计框外围尺寸以长度计算。

(7) 国家定额成品木门扇、全玻门扇、纱门扇安装按设计图示扇面积计算。省定额普通成品门、木质防火门、纱门扇等安装工程量均按扇外围面积计算。

$$门扇工程量=扇宽×扇高$$

$$纱门扇工程量=纱扇宽×纱扇高$$

(8) 国家定额成品套装木门安装按设计图示数量以樘计算。

（9）门连窗按设计图示洞口面积分别计算门、窗面积，其中窗的宽度算至门框的外边线。如图 6-6 所示。

门工程量＝门洞宽×门洞高

2. 金属卷帘（闸）

（1）国家定额金属卷帘（闸）项目是按卷帘侧装（即安装在洞口内侧或外侧）考虑的，当设计为中装（即安装在洞口中）时，按相应项目执行，其中人工乘以系数 1.1。

（2）金属卷帘（闸）项目是按不带活

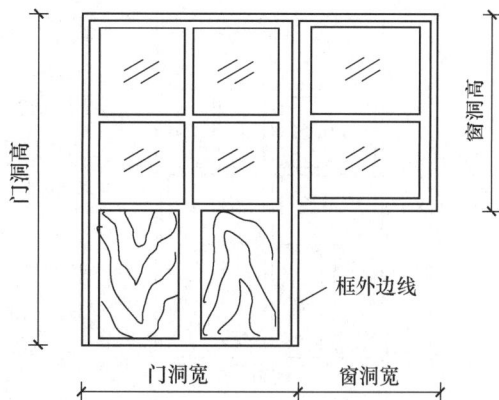

图 6-6　门连窗示意图

动小门考虑的，当设计为带活动小门时，按相应项目执行，其中人工乘以系数 1.07，材料调整为带活动小门金属卷帘（闸）。

（3）防火卷帘（闸）（无机布基防火卷帘除外）按镀锌钢板卷帘（闸）项目执行，并将材料中的镀锌钢板卷帘换为相应的防火卷帘。

（4）金属卷帘（闸）按设计图示卷帘门宽度乘以卷帘门高度（包括卷帘箱高度，省定额增加 600mm）以面积计算。电动装置安装按设计图示套数计算。

3. 厂库房大门、特种门

（1）厂库房大门项目是按一、二类木种考虑的，如采用三、四类木种时，制作按相应项目执行，人工和机械乘以系数 1.3；安装按相应项目执行，人工和机械乘以系数 1.35。

（2）厂库房大门的钢骨架制作以钢材重量表示，已包括在定额中，不再另列项计算。

（3）厂库房大门门扇上所用铁件均已列入定额，墙、柱、楼地面等部位的预埋铁件按设计要求另行计算。

（4）冷藏库门、冷藏冻结间门、防辐射门安装项目包括筒子板制作安装。

（5）厂库房大门、特种门按设计图示门洞口面积计算。

4. 其他门

（1）全玻璃门扇安装项目按地弹门考虑，其中地弹簧消耗量可按实际调整。

（2）全玻璃门门框、横梁、立柱钢架的制作安装及饰面装饰，按门钢架相应项目执行。

（3）全玻璃门有框亮子安装按全玻璃有框门扇安装项目执行，人工乘以系数 0.75，地弹簧换为膨胀螺栓，消耗量调整为 277.55 个/100m²；无框亮子安装按固定玻璃安装项目执行。

（4）电子感应自动门传感装置、伸缩门电动装置安装已包括调试用工。

（5）全玻转门、电子对讲门按设计图示数量计算。

（6）不锈钢伸缩门国家定额按设计图示延长米计算，省定额以套为单位按数量计算。

（7）传感和电动装置按设计图示套数计算。

5. 五金配件及其他

（1）成品门安装项目中，玻璃及合页、插销等一般五金配件均包含在成品门单价内考虑，设计要求的其他五金另按特殊五金相应项目执行。

（2）厂库房大门项目均包括五金铁件安装人工，五金铁件材料费另执行门五金相应

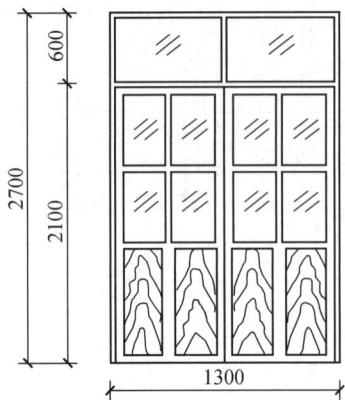

图 6-7　带纱门扇半截玻璃镶板门

项目，当设计与定额取定不同时，按设计规定计算。

四、应用案例

【案例 6-3】 某工程的木门如图 6-7 所示。根据招标人提供的资料：带纱门扇半截玻璃镶板门、双扇带亮（上亮无纱扇）6 樘，木材为红松，一类薄板，要求现场制作木门框，刷防护底油。编制木门工程量清单和清单报价。

解　1. 编制木门工程量清单

木门工程量 $= 1.30 \times 2.70 \times 6 = 21.06 (m^2)$，分部分项工程量清单见表 6-12。

表 6-12　　　　　　　　　　　分部分项工程量清单

序号	项目编号	项目名称	项目特征描述	计量单位	工程量
1	01080100101	木质门	带纱半截玻璃镶板木门，双扇带亮；红松，一类薄板，框断面 95mm×55mm；3mm 平板玻璃	m^2	21.06

2. 木门工程量清单计价表的编制

该项目发生的工程内容：门框、门扇制作和安装，纱门扇的制作和安装，门窗配件的安装。

计算 1 樘门的工程量（门属构件，计算一个比较方便）

① 木门框制作安装工程量 $= 1.30 + 2.70 \times 2 = 6.70 (m^2)$

木门框制作安装，套 8-1-1。

② 木门扇安装工程量 $= (1.30 - 0.052 \times 2) \times (2.10 - 0.055 + 0.02) = 2.47 (m^2)$

木门扇安装，套定额 8-1-3。

③ 纱门扇安装工程量 $= (1.30 - 0.052 \times 2) \times (2.10 - 0.055 + 0.02) = 2.47 (m^2)$

纱门扇安装，套 8-1-5。

人工、材料、机械单价选用市场价。

根据企业情况确定管理费率为 25%，利润率为 15%。分部分项工程量清单计价见表 6-13。

表 6-13　　　　　　　　　　　分部分项工程量清单计价表

序号	项目编号	项目名称	项目特征描述	计量单位	工程量	金额（元）	
						综合单价	合价
1	01080100101	木质门	带纱半截玻璃镶板木门，双扇带亮；红松，一类薄板，框断面 95mm×55mm；3mm 平板玻璃	m^2	21.06	354.25	7460.51

第三节　窗

窗工程量清单分为木窗、金属窗等子分部工程，适用于建筑物的各种窗。

一、"计量标准"清单项目设置

1. 木窗

"计量标准"附录 H.6 木窗项目包括木质窗、木飘（凸）窗、木橱窗、木纱窗，见表 6-14。

表 6-14　　　　　　　　　　　木窗（编码：010806）

项目编码	项目名称	项目特征	计量单位	工程量计算规则	工程内容
010806001	木质窗	① 窗洞口尺寸； ② 窗类型； ③ 开启方式； ④ 框、扇木材材质及规格； ⑤ 玻璃品种、厚度； ⑥ 五金种类、规格； ⑦ 其他工艺要求	m²	按设计图示洞口尺寸以面积计算	① 窗（含框）安装； ② 玻璃安装； ③ 五金配件安装； ④ 嵌缝打胶
010806004	木纱窗	① 开启方式； ② 框木材材质、规格； ③ 窗纱材质、规格； ④ 五金种类、规格		按纱扇框的外围尺寸以面积计算	① 纱扇安装； ② 五金配件安装

2. 金属窗

"计量标准"附录 H.7 金属窗项目包括金属（塑钢）窗、金属防火窗、金属百叶窗、金属纱窗、金属格栅窗、金属（塑钢）橱窗、金属（塑钢）飘（凸）窗、彩板窗、复合材料窗，见表 6-15。

表 6-15　　　　　　　　　　　金属窗（编码：010807）

项目编码	项目名称	项目特征	计量单位	工程量计算规则	工程内容
010807001	金属（塑钢）窗	① 窗洞口尺寸； ② 窗类型； ③ 开启方式； ④ 框、扇材质及规格； ⑤ 玻璃品种、厚度； ⑥ 五金种类、规格； ⑦ 其他工艺要求	m²	按设计图示洞口尺寸以面积计算	① 窗（含框）安装； ② 玻璃安装； ③ 五金配件安装； ④ 嵌缝打胶
010807004	金属纱窗	① 开启方式； ② 框材质、规格； ③ 窗纱材质、规格； ⑤ 五金种类、规格		按纱扇框的外围尺寸以面积计算	① 窗安装； ② 五金配件安装

二、计量标准与计价规则说明

1. 木窗

（1）木窗的"窗类型"可描述为木百叶窗、木组合窗、木天窗、木固定窗、木装饰空花窗等。

（2）木窗五金包括：折页、插销、风钩、木螺丝、滑轮滑轨（推拉窗）等。

（3）对窗的胶压、封边、雕刻、纹饰等工艺有特殊要求的，可在项目特征"其他工艺要求"中进行描述。

2. 金属窗

（1）金属窗的"窗类型"可描述为金属组合窗、防盗窗等。

（2）金属窗五金包括：折页、螺丝、执手、卡锁、铰拉、风撑、滑轮、滑轨、拉把、拉手、角码、牛角制等。

三、配套定额相关规定

1. 窗定额使用说明

（1）国家定额铝合金成品窗安装项目按隔热断桥铝合金型材考虑，当设计为普通铝合金型材时，按相应项目执行，其中人工乘以系数 0.8。

（2）金属门连窗，门、窗应分别执行相应项目。

（3）彩板钢窗附框安装执行彩板钢门附框安装项目。

（4）成品窗安装项目中，玻璃及合页、插销等一般五金配件均包含在成品窗单价内考虑，设计要求的其他五金另按特殊五金相应项目执行。

2. 窗工程量计算

（1）各类窗安装工程量，除注明者外，均按图示洞口面积计算。

$$窗工程量＝洞口宽×洞口高$$

（2）国家定额彩板钢窗附框安装按设计图示框的中心线长度计算。

（3）国家定额纱窗扇安装按设计图示扇面积计算。省定额成品窗扇、纱窗扇、百叶窗（木）、铝合金纱窗扇、塑料纱窗扇等安装工程量均按扇外围面积计算。

$$窗扇工程量＝扇宽×扇高$$

$$纱窗扇工程量＝纱扇宽×纱扇高$$

（4）门连窗按设计图示洞口面积分别计算门、窗面积，其中窗的宽度算至门框的外边线。

$$窗工程量＝窗洞宽×窗洞高$$

（5）飘窗、阳台封闭窗按设计图示框型材外边线尺寸以展开面积计算。

（6）防盗窗、橱窗按设计图示窗框外围面积计算。

四、应用案例

【案例 6-4】　某宿舍隔热断桥铝合金推拉窗，如图 6-8 所示，共 80 樘，双扇推拉窗采用 6mm 平板玻璃，一侧带纱扇，尺寸为 860mm×1150mm。计算隔热断桥铝合金推拉窗制作安装及配件工程量，确定定额项目。

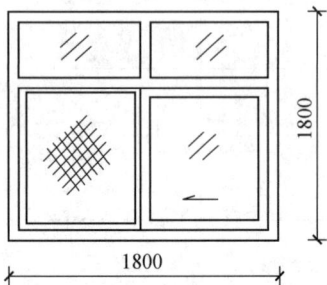

图 6-8　隔热断桥铝合金推拉窗

解　① 隔热断桥铝合金推拉窗安装工程量＝1.80×1.80×80＝259.20（m²）

双扇推拉窗（带亮），套 8-62 或 8-7-1。

② 铝合金窗纱扇安装工程量＝0.86×1.15×80＝79.12（m²）

铝合金纱扇安装，套 8-70 或 8-7-5。

【案例 6-5】　某宿舍楼需用 1500mm×1800mm 的塑料窗（带纱尺寸为 760mm×1150mm），共 20 樘，计算塑料窗安装工程量，确定定额项目。

解 ① 塑料窗安装工程量＝1.50×1.80×20＝54.00（m²）

塑料窗安装，套8-73或8-7-6。

② 塑料窗纱扇安装工程量＝0.76×1.15×20＝17.48（m²）

塑料窗纱扇安装，套定额8-77或8-7-10。

第四节 门窗套及其他

门窗套及其他工程量清单分为门窗套，窗台板，窗帘、窗帘盒、轨等项目，适用于建筑物门窗装饰其他项目工程。

一、"计量标准"清单项目设置

1. 门窗套

"计量标准"附录 H.8 门窗套项目包括木门窗套、金属门窗套、石材门窗套、成品木门窗套，见表6-16。

表6-16 门窗套（编码：010808）

项目编码	项目名称	项目特征	计量单位	工程量计算规则	工程内容
010808003	石材门窗套	① 黏结层材质、厚度； ② 石材品种、规格； ③ 线条品种、规格	m²	按设计图示尺寸以展开面积计算	① 清理基层； ② 立筋制作、安装； ③ 基层抹灰； ④ 面层铺贴； ⑤ 线条安装
010808004	成品门窗套	材料品种、规格			① 清理基层； ② 成品门窗套安装

2. 窗台板

"计量标准"附录 H.9 窗台板项目，见表6-17。

表6-17 窗台板（编码：010809）

项目编码	项目名称	项目特征	计量单位	工程量计算规则	工程内容
010809001	窗台板	① 找平层材质； ② 黏结层材质、厚度； ③ 窗台板材质、规格	m²	按设计图示尺寸以展开面积计算	① 基层清理； ② 抹找平层； ③ 窗台板制作、安装

3. 窗帘、窗帘盒、轨

"计量标准"附录 H.10 窗帘、窗帘盒、轨项目，见表6-18。

表6-18 窗帘、窗帘盒、轨（编码：010810）

项目编码	项目名称	项目特征	计量单位	工程量计算规则	工程内容
010810001	窗帘	① 窗帘材质； ② 窗帘层数； ③ 带幔要求； ④ 其他工艺要求	m²	按设计窗帘覆盖面积计算	① 制作、运输； ② 安装

续表

项目编码	项目名称	项目特征	计量单位	工程量计算规则	工程内容
010810002	窗帘盒	① 窗帘盒材质、规格； ② 防护材料种类	m	按设计图示尺寸以长度计算	① 制作、运输； ② 安装
010810003	窗帘轨	① 窗帘轨材质、规格； ② 轨的形式； ③ 防护材料种类			

二、计量标准与计价规则说明

1. 门窗套

(1) 以平方米计量，项目特征可不描述洞口尺寸、门窗套展开宽度。

(2) 木门窗套适用于单独门窗套的制作、安装。

2. 窗帘、窗帘盒、轨

(1) 窗帘若是双层，项目特征必须描述每层材质。窗帘打褶等工艺可在"其他工艺要求"中进行描述。

(2) 窗帘"轨的形式"可描述为单轨、双轨等。

三、配套定额相关规定

1. 门窗口套及其他定额说明

(1) 门窗口套、窗台板及窗帘盒是按基层、造型层和面层分别列项，使用时分别套用相应定额。

(2) 门窗口套安装按成品编制。

2. 门窗口套及其他工程量计算

(1) 门窗口套（筒子板）龙骨、基层、造型层和面层均按设计图示饰面外围尺寸展开面积计算。

(2) 成品门窗口套按设计图示饰面外围尺寸展开面积计算。

(3) 窗台板，按设计长度乘以宽度，以面积计算。设计未注明尺寸时，按窗宽两边共加100mm计算长度（有贴脸的按贴脸外边线间宽度），凸出墙面的宽度按50mm计算。

(4) 成品铝合金窗帘盒、窗帘轨、杆按长度计算。明式窗帘盒，按设计长度，以延长米计算。与天棚相连的暗式窗帘盒，基层板（龙骨）、面层板按展开面积计算。

【案例 6-6】 某工程用长 1.6m、宽 0.3m、厚度 0.02m 的汉白玉大理石窗台板 90 块，水泥砂浆铺贴，酸洗打蜡。编制窗台板的工程量清单。

解 石材窗台板工程量清单的编制

石材窗台板工程量＝1.60×0.30×90＝43.20(m²)，分部分项工程量清单见表 6-19。

表 6-19 分部分项工程量清单

序号	项目编号	项目名称	项目特征描述	计量单位	工程量
1	010809001001	窗台板	水泥砂浆铺贴汉白玉大理石，1600mm×300mm×20mm	m²	43.20

习　　题

6-1　某住宅用带纱镶木板门 45 樘，洞口尺寸如图 6-9 所示，刷底油一遍，按定额计算带纱镶木板门制作和安装、门锁及附件工程量。确定定额项目。

6-2　某商店采用全玻璃自由门，不带纱扇，如图 6-10 所示。木材为水曲柳，不刷底油，共 10 樘。计算全玻璃自由门制作和安装工程量，以及人工、材料、机械数量及费用。

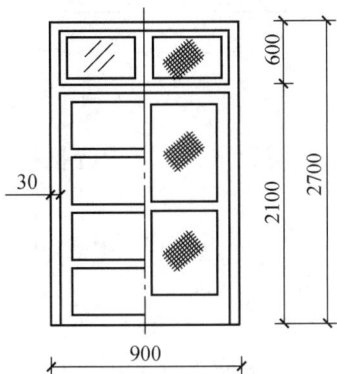

图 6-9　带纱镶木板门

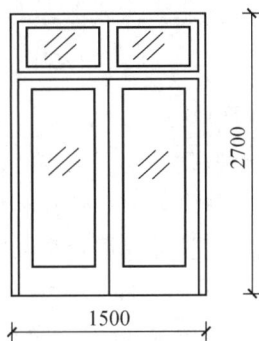

图 6-10　全玻璃自由门

6-3　某住宅卫生间胶合板门，每扇均安装通风小百叶，刷底油 1 遍，设计尺寸如图 6-11 所示，共 45 樘。按定额计算带小百叶胶合板门制作安装工程量，确定定额项目。

6-4　某单身宿舍楼采用塑钢门连窗，洞口尺寸 2100mm×2700mm，如图 6-12 所示。门为单扇平开，窗为双扇平开，采用 3mm 厚的平板玻璃，共 33 樘，带纱门（亮）和纱窗（亮），不包含门锁安装。计算门连窗工程量清单并报价。

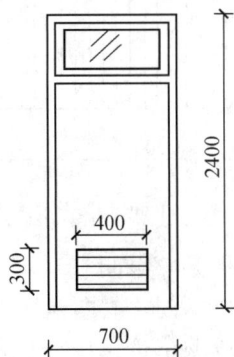

图 6-11　胶合板门

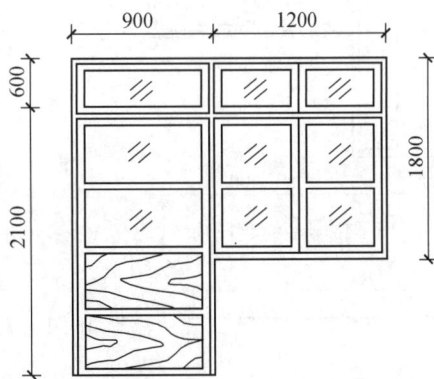

图 6-12　木制门连窗

6-5　某计算机室，安装门扇尺寸为 1000mm×2700mm 的钢防盗门，共 2 樘。计算钢防盗门安装工程量，确定定额项目。

6-6　某办公用房底层需安装如图 6-13 所示铁窗栅，共 22 樘，刷防锈漆。计算铁窗栅制作、安装工程量，确定定额项目。

6-7　某商店铝合金双扇地弹门，设计洞口尺寸如图 6-14 所示，共 2 樘。计算铝合金门制作、安装及配件工程量，进行工程量清单报价。

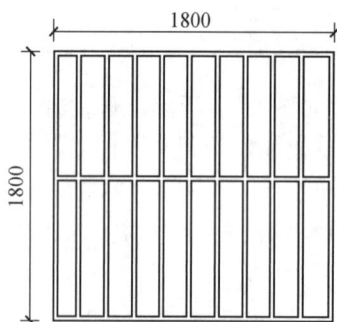

图 6-13　铁窗栅

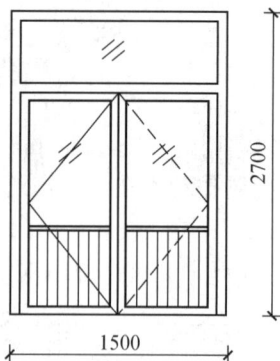

图 6-14　铝合金双扇地弹簧门

6-8　某工程铝合金组合门窗，如图 6-15 所示，门为平开门，窗为推拉窗，共 35 樘。计算铝合金门连窗制作、安装工程量，确定定额项目。

6-9　某车库安装嵌入式铝合金卷闸门 5 个，设计洞口尺寸为 4000mm×4000mm，电动卷闸，带活动小门。计算铝合金卷闸门工程量，确定定额项目。

6-10　某工厂采用单面平开钢木大门 4 樘，尺寸如图 6-16 所示，不安装门锁，木板面刷两遍防火涂料（代替金属构件防锈漆）。人工、材料、机械单价选用价目表参考价，根据企业情况确定管理费率为 25%，利润率为 15%。编制钢木大门工程量清单并报价。

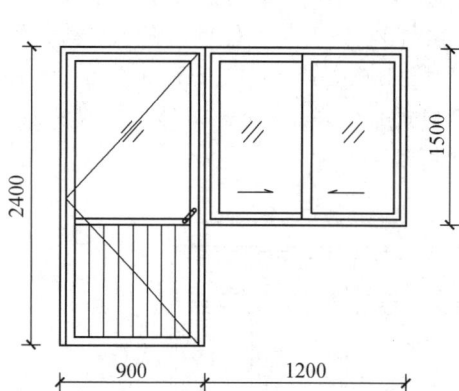

图 6-15　铝合金组合门窗

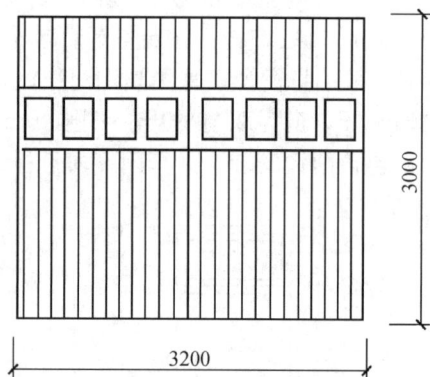

图 6-16　单面木平开钢木大门

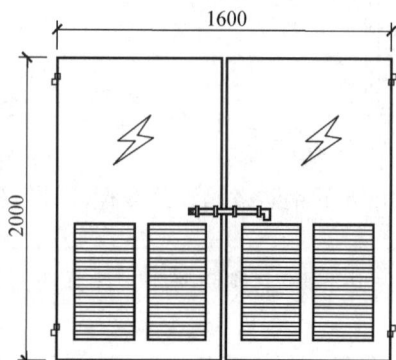

图 6-17　钢制半截百叶门

6-11　某变电室小房，有如图 6-17 所示的钢制半截百叶门 1 樘，外购成品门，刷两遍防火涂料，重量 200kg。人工、材料、机械单价选用价目表参考价，根据企业情况确定管理费率为 25%，利润率为 15%。编制钢制半截百叶门安装工程量清单，并进行清单报价。

第七章 屋面及防水工程

屋面及防水工程共分 5 个子分部工程，即屋面，屋面防水及其他，墙面防水、防潮，楼（地）面防水、防潮，基础防水及止水带。适用于建筑物屋面和墙、地面防水工程。

计量标准与计价规则相关规定的共性问题的说明如下：

（1）瓦屋面，型材屋面，阳光板屋面，玻璃钢屋面的柱、梁、屋架，按金属结构工程和木结构工程中相关项目编码列项。

（2）屋面找平层按楼地面装饰工程"平面砂浆找平层"项目编码列项。

（3）墙面找平层按墙、柱面装饰与隔断工程"立面砂浆找平层"项目编码列项。

（4）楼（地）面防水找平层按楼地面装饰工程"平面砂浆找平层"项目编码列项。

第一节 屋 面

一、"计量标准"清单项目设置

"计量标准"附录 J.1 屋面项目包括瓦屋面、阳光板屋面、玻璃钢屋面、玻璃采光顶、金属板幕墙顶、膜结构屋面，屋面成品天沟、檐沟，屋面变形缝，瓦屋面见表 7-1。

表 7-1 瓦屋面（编码：010901）

项目编码	项目名称	项目特征	计量单位	工程量计算规则	工程内容
010901001	瓦屋面	① 瓦品种、规格； ② 铺设及搭接方式； ③ 卧瓦层砂浆种类及厚度； ④ 持钉层材料种类及厚度； ⑤ 顺水条、挂瓦条品种及规格	m²	按设计图示尺寸以斜面积计算，不扣除房上烟囱、风帽底座、风道、小气窗、斜沟等所占面积，小气窗的出檐部分、瓦搭接重叠部分不增加面积	① 卧瓦层或持钉层铺设及养护； ② 顺水条、挂瓦条铺钉（若有）； ③ 安瓦、做瓦脊

二、计量标准与计价规则相关规定

1. 瓦屋面

（1）瓦屋面项目适用于小青瓦、筒瓦、黏土平瓦、水泥平瓦、西班牙瓦、英红瓦、三曲瓦、琉璃瓦等。

（2）瓦屋面，若是在木基层上铺瓦，项目特征不必描述黏结层砂浆的配合比，瓦屋面铺防水层，按屋面防水及其他中相关项目编码列项。

2. 膜结构屋面

膜结构屋面项目适用于膜布屋面。应注意：

（1）工程量的计算按设计图示尺寸以需要覆盖的水平投影面积计算，如图 7-1 所示。

（2）支撑和拉固膜布的钢柱、拉杆、金属网架、钢丝绳、锚固的锚头等应包括在报

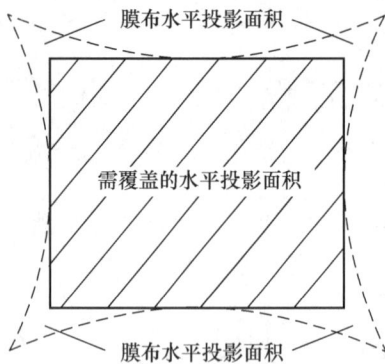

图 7-1　膜结构屋面工程量计算图

价内。

（3）支撑柱的钢筋混凝土柱基、锚固的钢筋混凝土基础、地脚螺栓、挖土、回填等，应包括在报价内。

三、配套定额相关规定

1. 屋面工程定额说明

（1）屋面工程中瓦屋面、金属板屋面、采光板屋面、玻璃采光顶等项目是按标准或常用材料编制，设计与定额不同时，材料可以换算，人工、机械不变。

（2）黏土瓦若穿铁丝钉圆钉，每 $100m^2$ 增加 11 工日，增加镀锌低碳钢丝（$22^\#$） 3.5kg，圆钉 2.5kg；若用挂瓦条，每 $100m^2$ 增加 4 工日，增加挂瓦条（尺寸 25mm×30mm）300.3m，圆钉 2.5kg。

（3）屋面以坡度≤25％为准，25％＜坡度≤45％及人字形、锯齿形、弧形等不规则瓦屋面，人工乘以系数 1.3；坡度＞45％的，人工乘以系数 1.43。

2. 屋面工程工程量计算

（1）各种屋面和型材屋面（包括挑檐部分）均按设计图示尺寸以面积计算（斜屋面按斜面面积计算），不扣除房上烟囱、风帽底座、风道、小气窗、斜沟和脊瓦等所占面积，小气窗的出檐部分也不增加。

等两坡屋面工程量＝檐口总宽度×檐口总长度×延尺系数

等四坡屋面＝（两斜梯形水平投影面积＋两斜三角形水平投影面积）×延尺系数

或　　　　　等四坡屋面＝屋面水平投影面积×延尺系数

等两坡正山脊工程量＝檐口总长度＋檐口总宽度×延尺系数×山墙端数

等四坡正斜脊工程量＝檐口总长度－檐口总宽度＋屋面檐口总宽度×隔延尺系数×2

坡度系数见表 7-2。

表 7-2　　　　　　　　　　　　屋 面 坡 度 系 数 表

坡　度			延尺系数 C	隔延尺系数 D
B/A（A＝1）	B/(2A)	角度 α		
1	1/2	45°	1.414 2	1.732 1
0.75		36°52′	1.250 0	1.600 8
0.70		35°	1.220 7	1.577 9
0.666	1/3	33°40′	1.201 5	1.562 0
0.65		33°01′	1.192 6	1.556 4
0.60		30°58′	1.166 2	1.536 2
0.577		30°	1.154 7	1.527 0
0.55		28°49′	1.141 3	1.517 0
0.50	1/4	26°34′	1.118 0	1.500 0
0.45		24°14′	1.096 6	1.483 9

续表

坡　度			延尺系数 C	隅延尺系数 D
B/A（A=1）	B/(2A)	角度 α		
0.40	1/5	21°48′	1.077 0	1.469 7
0.35		19°17′	1.059 4	1.456 9
0.30		16°42′	1.044 0	1.445 7
0.25		14°02′	1.030 8	1.436 2
0.20	1/10	11°19′	1.019 8	1.428 3
0.15		8°32′	1.011 2	1.422 1
0.125		7°8′	1.007 8	1.419 1
0.100	1/20	5°42′	1.005 0	1.417 7
0.083		4°45′	1.003 5	1.416 6
0.066	1/30	3°49′	1.002 2	1.415 7

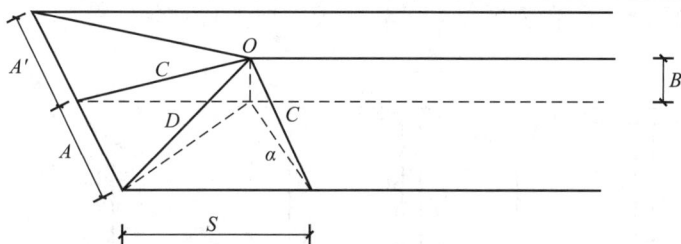

注：1. $A=A'$，且 $S=0$ 时，为等两坡屋面；$A=A'=S$ 时，为等四坡屋面。

2. 屋面斜铺面积＝屋面水平投影面积×C。

3. 等两坡屋面山墙泛水斜长 $A×C$。

4. 等四坡屋面斜脊长度 $A×D$。

若已知坡度角 $α$ 不在定额屋面坡度系数表中，则利用公式 $C=1/\cos α$，直接计算出延尺系数 C，或利用公式 $C=[(A^2+B^2)^{1/2}]/A$，直接计算出延尺系数 C。

【例 7 - 1】 斜坡高度 $B=1.8\text{m}$，水平长 $A=4.2\text{m}$，则 $B/A=0.428\,6$，不在定额屋面坡度系数表中，计算 $C=[(4.2^2+1.8^2)^{1/2}]/4.2=1.088$

隅延尺系数 D 按下式计算

$$D=(1+C^2)^{1/2}$$

隅延尺系数 D 可用于计算四坡屋面斜脊长度。斜脊长＝斜坡水平长×D

例如某四坡水屋面平面如图 7 - 2 所示，设计屋面坡度 0.5，计算斜面积、斜脊长。

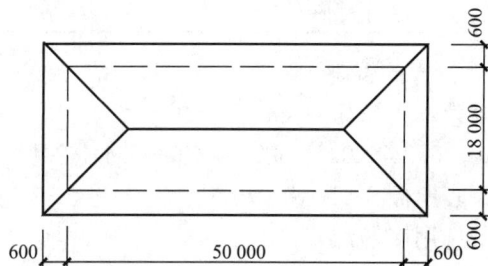

图 7 - 2　某四坡水屋面平面

屋面坡度$=B/A=0.5$,查屋面坡度系数表得$C=1.118$

屋面斜面积$=(50+0.6\times2)\times(18+0.6\times2)\times1.118=1099.04(m^2)$

查屋面坡度系数表得$D=1.5$

斜脊长$=A\times D=9.6\times1.5=14.40(m)$

（2）西班牙瓦、瓷质波形瓦、英红瓦屋面的正斜脊瓦、檐口线，按设计图示尺寸以长度计算。

（3）采光板屋面和玻璃采光顶屋面按设计图示尺寸以面积计算；不扣除面积$\leqslant0.3m^2$孔洞所占面积。

（4）膜结构屋面按设计图示尺寸以需要覆盖的水平投影面积计算。

四、应用案例

【案例7-1】 某仓库双面坡，水泥瓦屋面如图7-3所示，共4间房屋。设计采用方木简支檩条，断面为80mm×120mm，檩木上钉15mm厚平口屋面板，不刨光。屋面板上钉油毡及挂瓦条，每间7根，铺设水泥瓦，砖挑檐（含山墙）外出120mm，瓦每边出檐80mm，木材面刷防火涂料两遍。编制瓦屋面工程量清单，并进行清单报价。

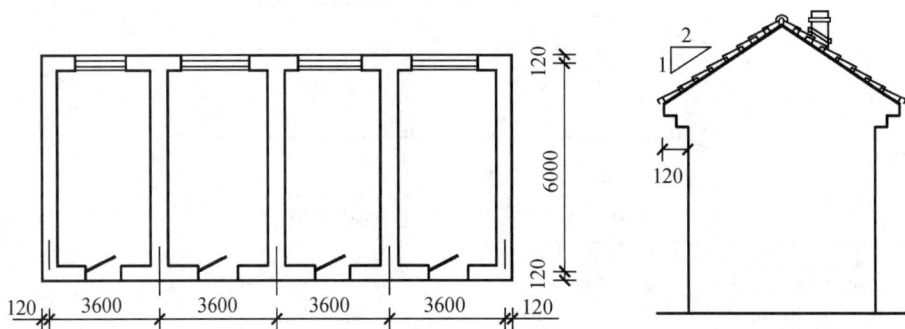

图7-3 双面坡水泥瓦屋面

解 1.瓦屋面工程量清单的编制

瓦屋面工程量$=(6.00+0.24+0.12\times2)\times(3.6\times4+0.24)\times1.118=106.06(m^2)$，分部分项工程量清单见表7-3。

表7-3 分部分项工程量清单

序号	项目编号	项目名称	项目特征描述	计量单位	工程量
1	010901001001	瓦屋面	387mm×218mm水泥瓦，屋面板上挂瓦	m^2	106.06

2.瓦屋面工程量清单计价表的编制

该项目发生的工程内容为：水泥瓦铺设、安脊瓦。

瓦屋面工程量$=(6.00+0.24+0.12\times2)\times(3.6\times4+0.24)\times1.118=106.06(m^2)$

屋面板上铺设水泥瓦，套定额9-1-5。

人工、材料、机械单价选用市场价。

根据企业情况确定管理费率为25%，利润率为15%，分部分项工程量清单计价表见表7-4。

表 7 - 4　　　　　　　　分部分项工程清单计价表

序号	项目编码	项目名称	项目特征描述	计量单位	工程量	金额（元）	
						综合单价	合价
1	010901001001	瓦屋面	387mm×218mm 水泥瓦，屋面板上挂瓦	m²	106.06	60.54	6420.87

第二节　屋面防水及其他

一、"计量标准"清单项目设置

"计量标准"附录 J.2 屋面防水及其他项目包括屋面卷材防水、屋面涂膜防水、屋面柔性隔离层、屋面刚性层、屋面排水管、屋面排（透）气管、屋面（廊、阳台）吐水管、屋面排水板、天沟檐沟防水，见表 7 - 5。

表 7 - 5　　　　　　　　屋面防水及其他（编码：010902）

项目编码	项目名称	项目特征	计量单位	工程量计算规则	工程内容
010902001	屋面卷材防水	① 卷材品种、规格、厚度； ② 防水层数； ③ 防水层做法	m²	按设计图示尺寸以面积计算： ① 斜屋顶（不包括平屋顶找坡）按斜面积计算，平屋顶按水平投影面积计算； ② 不扣除房上烟囱、风帽底座、风道、屋面小气窗和斜沟所占面积，相应上述部位上翻不增加； ③ 屋面的女儿墙、伸缩缝、设备基础和天窗等处的弯起部分，并入屋面工程量内	① 基层处理； ② 刷底油； ③ 防水卷材； ④ 搭接缝处理、封边、收口
010902004	屋面刚性层	① 刚性层材料种类及强度等级； ② 刚性层厚度； ③ 刚性层作用； ④ 嵌缝材料种类		按设计图示尺寸以面积计算，不扣除房上烟囱、风帽底座、风道等所占面积	① 基层处理； ② 刚性层铺筑、界格、养护
010902005	屋面排水管	① 排水管品种、规格； ② 雨水斗、山墙出水口品种、规格； ③ 接缝、嵌缝材料种类； ④ 油漆品种、刷漆遍数	m	按设计图示尺寸以长度计算。如设计未标注尺寸，以檐口至设计室外散水上表面垂直距离计算	① 排水管及配件安装、固定； ② 雨水斗、山墙出水口、雨水算子安装； ③ 接缝、嵌缝； ④ 刷漆

二、计量标准与计价规则相关规定

（1）屋面卷材防水项目适用于利用胶结材料粘贴卷材进行防水的屋面。其中：

1）基层处理（清理修补、刷基层处理剂）等应包括在报价内。

2）屋面防水搭接及檐沟、天沟、水落口、泛水收头、变形缝等处的卷材附加层应包括在报价内。

3）浅色、反射涂料保护层，绿豆砂保护层，细砂、云母及蛭石保护层应包括在报价内。

4）水泥砂浆保护层、细石混凝土保护层可包括在报价内，也可按相关项目编码列项。

（2）屋面涂膜防水项目适用于厚质涂料、薄质涂料和有加增强材料或无加增强材料的涂膜防水屋面。其中：

1）基层处理（清理修补、刷基层处理剂等）应包括在报价内。

2）需加强材料的应包括在报价内。

3）檐沟、天沟、水落口、泛水收头、变形缝等处的附加层材料应包括在报价内。

4）浅色、反射涂料保护层，绿豆砂保护层，细砂、云母、蛭石保护层应包括在报价内。

5）水泥砂浆、细石混凝土保护层可包括在报价内，也可按相关项目编码列项。

（3）屋面刚性防水项目适用于细石混凝土、补偿收缩混凝土、块体混凝土、预应力混凝土和钢纤维混凝土等刚性防水屋面。其中，刚性防水屋面的分格缝、泛水、变形缝部位的防水卷材、密封材料、背衬材料、沥青麻丝等应包括在报价内。

屋面刚性层防水，按屋面卷材防水、屋面涂膜防水项目编码列项；屋面刚性层无钢筋，其钢筋项目特征不必描述。

（4）屋面排水管项目适用于各种排水管材（镀锌铁皮、石棉水泥管、塑料管、玻璃钢管、铸铁管、镀锌钢管等）。其中，排水管、雨水口、算子板、水斗等应包括在报价内，埋设管卡箍、裁管、接嵌缝应包括在报价内。

（5）屋面天沟、檐沟项目适用于水泥砂浆天沟、细石混凝土天沟、预制混凝土天沟板、卷材天沟、玻璃钢天沟、镀锌铁皮天沟等，以及塑料檐沟、镀锌铁皮檐沟、玻璃钢天沟等。其中，天沟、檐沟固定卡件、支撑件应包括在报价内，天沟、檐沟的接缝、嵌缝材料应包括在报价内。

三、配套定额相关规定

1. 屋面防水工程

（1）屋面防水工程中卷材防水、沥青砂浆填缝、变形缝盖板等项目是按标准或常用材料编制，设计与定额不同时，材料可以换算，人工、机械不变。

（2）平（屋）面以坡度≤15%为准，15%＜坡度≤25%的，按相应项目的人工乘以系数1.18；25%＜坡度≤45%及人字形、锯齿形、弧形等不规则屋面或平面，人工乘以系数1.3；坡度＞45%的，人工乘以系数1.43。

（3）卷材防水附加层套用卷材防水相应项目，人工乘以系数1.43（省定额系数为1.82）。

（4）冷粘法以满铺为依据编制的，点、条铺粘者按其相应项目的人工乘以系数0.91，黏合剂乘以系数0.7。

（5）屋面防水，按设计图示尺寸以面积计算（斜屋面按斜面面积计算），不扣除房上烟囱、风帽底座、风道、屋面小气窗等所占面积，上翻部分也不另计算；屋面的女儿墙、伸缩缝和天窗等处的弯起部分，按设计图示尺寸计算；设计无规定时，伸缩缝、女儿墙、天窗的弯起部分按500mm计算，计入立面工程量内。

屋面防水工程量＝设计总长度×总宽度×坡度系数＋弯起部分面积

（6）屋面防水搭接、拼缝、压边、留搓用量已综合考虑，不另行计算，卷材防水附加层按设计铺贴尺寸以面积计算。

（7）屋面分格缝，按设计图示尺寸，以长度计算。

2. 屋面排水工程

（1）屋面排水工程中水落管、水口、水斗等项目是按标准或常用材料编制，设计与定额不同时，材料可以换算，人工、机械不变。

（2）水落管、水口、水斗均按材料成品、现场安装考虑。

（3）铁皮屋面及铁皮排水项目内已包括铁皮咬口和搭接的工料。

（4）采用不锈钢水落管排水时，执行镀锌钢管项目，材料按实换算，人工乘以系数1.1。

（5）水落管、镀锌铁皮天沟、檐沟按设计图示尺寸，以长度计算。

（6）水斗、下水口、雨水口、弯头、短管等均以设计数量计算。

（7）种植屋面排水按设计尺寸以铺设排水层面积计算；不扣除房上烟囱、风帽底座、风道、屋面小气窗、斜沟和脊瓦等所占面积，以及面积$\leqslant 0.3 m^2$的孔洞所占面积，屋面小气窗的出檐部分也不增加。

【例 7 - 2】 某屋面设计有铸铁弯头落水口8个，塑料水斗8个，配套的塑料水落管直径100mm，每根长度16m，计算工程量，确定定额项目。

解 ①水落管工程量$=16.00 \times 8=128(m)$

直径100mm塑料水落管，套定额9 - 114或9 - 1 - 25。

②水斗工程量$=8$个

塑料水斗，套定额9 - 117或9 - 1 - 25。

③雨水口工程量$=8$个

铸铁弯头落水口，套定额9 - 113或9 - 3 - 9。

3. 屋面变形缝

屋面变形缝（嵌填缝与盖板）按设计图示尺寸，以长度计算。

四、应用案例

【案例 7 - 2】 某工程如图7 - 4所示。屋面防水做法：1：3水泥砂浆找平20mm厚，4mm厚SBS改性沥青卷材防水一层APP胶粘，错层部位向上翻起250mm，20mm厚1：2水泥砂浆抹光压平。编制屋面防水工程量清单和综合单价。

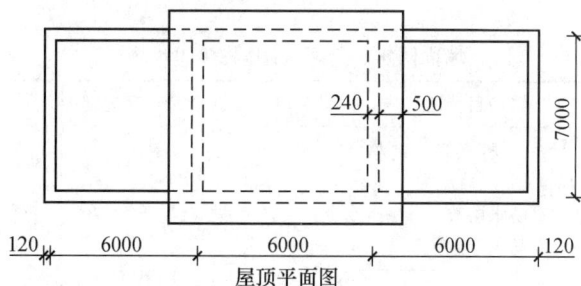

图 7 - 4　屋顶平面图

解 1. 屋面卷材防水工程量清单的编制

屋面卷材防水工程量$=[(6.00-0.24) \times (7.00-0.24)+(6.00-0.24+7.00-0.24) \times 2 \times 0.25] \times 2+(6.00+0.24+1.00) \times (7.00+0.24+1.00)=90.395+59.658=150.05(m^2)$，工程量清单见表7 - 6。

表 7-6 分部分项工程量清单

序 号	项目编号	项目名称	项目特征描述	计量单位	工程量
1	010902001001	屋面卷材防水	4mm SBS 防水卷材 1 层，APP 胶粘	m²	150.05

2. 屋面卷材防水工程量清单计价表的编制

屋面卷材防水项目发生的工程内容，胶粘卷材防水。

层面卷材防水工程量＝[(6.00－0.24)×(7.00－0.24)＋(6.00－0.24＋7.00－0.24)×2×0.25]×2＋(6.00＋0.24＋1.00)×(7.00＋0.24＋1.00)＝90.395＋59.658＝150.05(m²)

SBS 改性沥青卷材防水（一层），套定额 9-2-14。

人工、材料、机械单价选用市场价。

根据企业情况确定管理费率为 25％，利润率为 15％，分部分项工程量清单计价见表 7-7。

表 7-7 分部分项工程量清单计价表

序号	项目编码	项目名称	项目特征描述	计量单位	工程量	金额（元）	
						综合单价	合价
1	010902001001	屋面卷材防水	4mm SBS 防水卷材 1 层，APP 胶粘	m²	150.05	54.06	8111.70

第三节 墙及地面防水与防潮

一、"计量标准"清单项目设置

1. 墙面防水、防潮

"计量标准"附录 J.3 墙面防水、防潮项目包括墙面卷材防水、墙面涂膜防水、墙面砂浆防水、墙面变形缝，见表 7-8。

表 7-8 墙面防水、防潮（编码：010903）

项目编码	项目名称	项目特征	计量单位	工程量计算规则	工程内容
010903001	墙面卷材防水	① 卷材品种、规格、厚度；② 防水层数；③ 防水层做法	m²	按设计图示尺寸以面积计算	① 基层处理；② 刷黏结剂；③ 铺防水卷材；④ 搭接缝处理、封边、收口
010903002	墙面涂膜防水	① 防水膜品种；② 涂膜厚度、遍数；③ 增强材料种类			① 基层处理；② 刷基层处理剂；③ 铺布、喷涂防水层
010903003	墙面砂浆防水（防潮）	① 防水层做法；② 砂浆厚度、种类及强度等级；③ 分格缝材料种类			① 基层处理；② 设置分格缝；③ 砂浆制作、摊铺、养护

续表

项目编码	项目名称	项目特征	计量单位	工程量计算规则	工程内容
010903004	墙面变形缝	① 嵌缝材料种类; ② 止水带材料种类; ③ 盖缝材料; ④ 防护材料种类	m	按设计图示以长度计算	① 清缝; ② 填塞防水材料; ③ 止水带安装; ④ 盖板制作、安装; ⑤ 刷防护材料

2. 楼(地)面防水、防潮

"计量标准"附录 J.4 楼(地)面防水、防潮项目包括楼(地)面卷材防水、楼(地)面涂膜防水、楼(地)面砂浆防水(防潮)、楼(地)面变形缝,见表 7-9。

表 7-9　　　　　　　　楼(地)面防水、防潮(编码:010904)

项目编码	项目名称	项目特征	计量单位	工程量计算规则	工程内容
010904001	楼(地)面卷材防水	① 卷材品种、规格、厚度; ② 防水层数; ③ 防水层做法; ④ 上翻高度	m²	按设计图示尺寸以主墙间净面积计算,扣除凸出地面的构筑物、设备基础及单个面积>0.3m² 的柱、垛、烟囱和孔洞所占面积。 楼(地)面防水上翻高度≤300mm 时,工程量并入楼地面防水工程量内	① 基层处理; ② 刷黏结剂; ③ 铺防水卷材; ④ 搭接缝处理、封边、收口
010904002	楼(地)面涂膜防水	① 防水膜品种; ② 涂膜厚度、遍数; ③ 增强材料种类; ④ 上翻高度			① 基层处理; ② 刷基层处理剂; ③ 铺布、喷涂防水层
010904003	楼(地)面砂浆防水(防潮)	① 防水层(防潮)做法; ② 砂浆厚度、种类及强度等级; ③ 上翻高度			① 基层处理; ② 砂浆制作、摊铺、养护
010904004	楼(地)面变形缝	① 嵌缝材料种类; ② 止水带材料种类; ③ 盖缝材料种类; ④ 防护材料种类	m	按设计图示以长度计算	① 清缝; ② 填塞防水材料; ③ 止水带安装; ④ 盖板制作、安装; ⑤ 刷防护材料

二、计量标准与计价规则相关规定

1. 墙面防水、防潮

(1) 卷材防水、涂膜防水项目适用于地下室墙面、内外墙面等部位的防水。其中:

1) 墙面防水搭接及附加层用量不另行计算,在综合单价中考虑。

2) 刷基层处理剂、刷胶粘剂、胶粘防水卷材应包括在报价内。

3) 特殊处理部位(如管道的通道部位)的嵌缝材料、附加卷材衬垫等应包括在报价内。

4) 永久保护层(如砖墙等)应按相关项目编码列项。

(2) 墙面砂浆防水(防潮)项目适用于地下室墙面、内外墙面等部位的防水防潮。防水、防潮层的外加剂应包括在报价内。

(3) 墙面变形缝项目适用于内外墙体等部位的抗震缝、温度缝(伸缩缝)、沉降缝,止水带安装、盖板制作和安装应包括在报价内。墙面变形缝，若做双面，工程量乘系数 2。

2. 楼（地）面防水、防潮

（1）卷材防水、涂膜防水项目适用于基础、楼地面等部位的防水。其中：

1）刷基层处理剂、刷胶粘剂、胶粘防水卷材应包括在报价内。

2）特殊处理部位（如管道的通道部位）的嵌缝材料、附加卷材衬垫等应包括在报价内。

3）永久保护层（如混凝土地坪等）应按相关项目编码列项。

4）楼（地）面防水搭接及附加层用量不另行计算，在综合单价中考虑。

（2）楼（地）面砂浆防水（防潮）项目适用于地下、基础、楼地面、屋面等部位的防水防潮。防水、防潮层的外加剂应包括在报价内。

（3）变形缝项目适用于基础、楼地面、屋面等部位的抗震缝、温度缝（伸缩缝）、沉降缝。止水带安装、盖板制作和安装应包括在报价内。

三、配套定额相关规定

1. 墙地面防水工程定额说明

（1）墙地面防水工程中卷材防水、沥青砂浆填缝、变形缝盖板等项目是按标准或常用材料编制，设计与定额不同时，材料可以换算，人工、机械不变。

（2）防水卷材、防水涂料及防水砂浆，定额以平面和立面列项，实际施工桩头、地沟、零星部位时，人工乘以系数 1.43（省定额系数为 1.82）；单个房间楼地面面积≤8m^2 时，人工乘以系数 1.3。

（3）卷材防水附加层套用卷材防水相应项目，人工乘以系数 l.43（省定额系数为 1.82）。

（4）立面是以直形为依据编制的，弧形者，相应项目的人工乘以系数 1.18。

2. 墙地面防水工程工程量计算

（1）楼地面防水、防潮层按设计图示尺寸以主墙间净面积计算，扣除凸出地面的构筑物、设备基础等所占面积，不扣除间壁墙及单个面积≤0.3m^2 柱、垛、烟囱和孔洞所占面积，平面与立面交接处，上翻高度≤300mm 时，按展开面积并入平面工程量内计算，高度＞300mm 时，按立面防水层计算。

$$地面防水、防潮层工程量＝主墙间净长度×主墙间净宽度±增减面积$$

（2）墙的立面防水、防潮层，不论内墙、外墙，均按设计图示尺寸以面积计算。

（3）楼地面及墙面、基础底板等，其防水搭接、拼缝、压边、留搓用量已综合考虑，不另行计算，卷材防水附加层按设计铺贴尺寸以面积计算。

（4）墙地面变形缝（嵌填缝与盖板）与止水带按设计图示尺寸，以长度计算。

四、应用案例

【案例 7 - 3】　某地下室工程外防水做法如图 7-5 所示，1∶3 水泥砂浆找平 20 厚，聚氯乙烯卷材防水，FL-15 胶粘剂冷贴满铺，外墙防水高度做到±0.000。编制外墙、地面卷材防水工程量清单和综合单价。

解　1. 卷材防水工程量清单的编制

① 墙面卷材防水工程量＝（45.00＋0.50＋20.00＋0.50＋6.00）×2×（3.75＋0.12）＝557.28（m^2）。

② 地面卷材防水工程量＝（45.00＋0.50）×（20.00＋0.50）－6.00×（15.00－0.50）＝845.75（m^2），分部分项工程量清单见表 7-10。

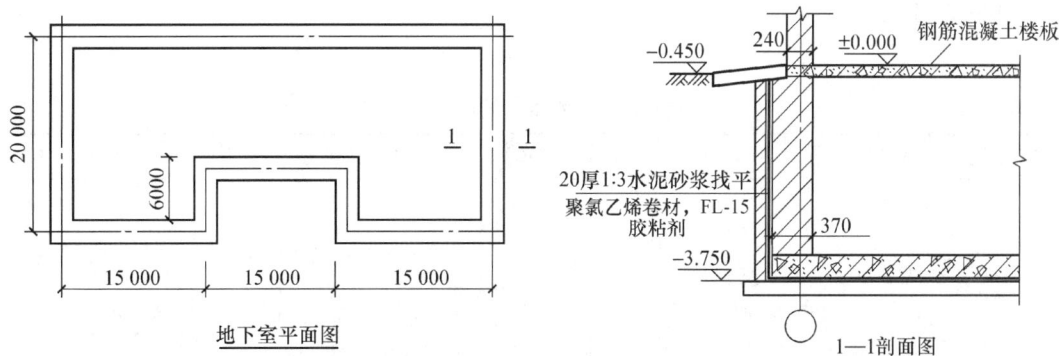

图 7-5 地下室工程外防水

表 7-10 分部分项工程量清单

序号	项目编号	项目名称	项目特征描述	计量单位	工程量
1	010903001001	墙面卷材防水	聚氯乙烯卷材 1 层，FL-15 胶粘剂冷贴满铺	m²	557.28
2	010904001001	地面卷材防水	聚氯乙烯卷材 1 层，FL-15 胶粘剂冷贴满铺	m²	845.75

2. 卷材防水工程量清单计价表的编制

卷材防水项目发生的工程内容：聚氯乙烯卷材防水。

① 墙面卷材防水工程量＝(45.00＋0.50＋20.00＋0.50＋6.00)×2×(3.75＋0.12)＝557.28(m²)。

聚氯乙烯卷材防水（立面冷贴满铺），套定额 9-2-24。

② 地面卷材防水工程量＝(45.00＋0.50)×(20.00＋0.50)－6.00×(15.00－0.50)＝845.75(m²)

聚氯乙烯卷材防水（平面冷贴满铺），套定额 9-2-23。

人工、材料、机械单价选用市场价。

根据企业情况确定管理费率为 25％，利润率为 15％，分部分项工程量清单计价见表 7-11。

表 7-11 分部分项工程量清单计价表

序号	项目编码	项目名称	项目特征描述	计量单位	工程量	金额（元）	
						综合单价	合价
1	010903001001	墙面卷材防水	聚氯乙烯卷材 1 层，FL-15 胶粘剂冷贴满铺	m²	557.28	63.38	35 320.41
2	010904001001	地面卷材防水	聚氯乙烯卷材 1 层，FL-15 胶粘剂冷贴满铺	m²	845.75	60.72	51 353.94

第四节 基础防水及止水带

一、计量标准清单项目设置

"计量标准"附录 J.5 基础防水及止水带项目包括基础卷材防水、基础涂膜防水、止水带，见表 7 - 12。

表 7 - 12   基础防水及止水带（编码：010905）

项目编码	项目名称	项目特征	计量单位	工程量计算规则	工程内容
010905001	基础卷材防水	① 卷材品种、规格、厚度； ② 防水层数； ③ 防水层做法	m²	按设计图示尺寸以面积计算。不扣桩头及单个面积≤0.3m² 的孔洞所占面积，与筏形基础、防水底板相连的其他基础、电梯井坑、集水坑的防水按展开面积并入计算	① 基层处理； ② 刷黏结剂； ③ 铺防水卷材； ④ 接缝、嵌缝
010905002	基础涂膜防水	① 防水膜品种； ② 涂膜厚度、遍数； ③ 增强材料种类			① 基层处理； ② 刷基层处理剂； ③ 铺布、喷涂防水层
010905003	止水带	① 止水带种类； ② 止水带尺寸； ③ 铺设方式	m	按设计图示尺寸以中心线长度计算	① 基层处理； ② 裁剪止水带； ③ 刷底胶黏贴止水带或焊接铺设

二、计量标准与计价规则相关规定

（1）止水带铺设方式可描述为中埋式、外贴式、可卸式、遇水膨胀式等形式。

（2）基础卷材、涂膜防水工程量按设计图示尺寸以面积计算。不扣桩头及单个面积≤0.3m² 的孔洞所占面积，与筏形基础、防水底板相连的其他基础、电梯井坑、集水坑的防水按展开面积并入计算。

（3）止水带工程量按设计图示尺寸以中心线长度计算。

三、配套定额相关规定

（1）止水带等项目是按标准或常用材料编制，设计与定额不同时，材料可以换算，人工、机械不变。

（2）墙基防水、防潮层，外墙按外墙中心线长度、内墙按墙体净长度乘以宽度，以面积计算。

墙基防水、防潮层工程量＝外墙中心线长度×实铺宽度＋内墙净长度×实铺宽度

（3）基础底板的防水、防潮层按设计图示尺寸以面积计算，不扣除桩头所占面积。桩头处外包防水按桩头投影外扩 300mm 以面积计算，地沟处防水按展开面积计算，均计入平面工程量，执行相应规定。

习   题

7-1   某别墅屋顶外檐尺寸如图 7-6 所示，钢筋混凝土斜屋面板上铺西班牙瓦。人工、材料、机械单价选用价目表参考价，根据企业情况确定管理费率为 25%，利润率为 15%。编制瓦屋面工程量清单，进行工程量清单报价。

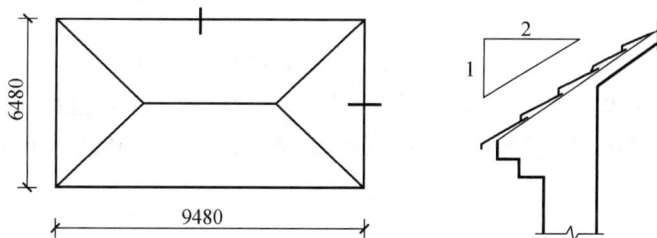

图 7-6 某别墅屋顶外檐尺寸图

7-2 某装饰市场大棚尺寸如图 7-7 所示，S 形轻型钢檩条上安装彩钢夹心板。人工、材料、机械单价选用价目表参考价，根据企业情况确定管理费率为 25%，利润率为 15%。编制型材屋面工程量清单并进行报价（注意轻型钢檩条不能与钢檩条重复报价）。

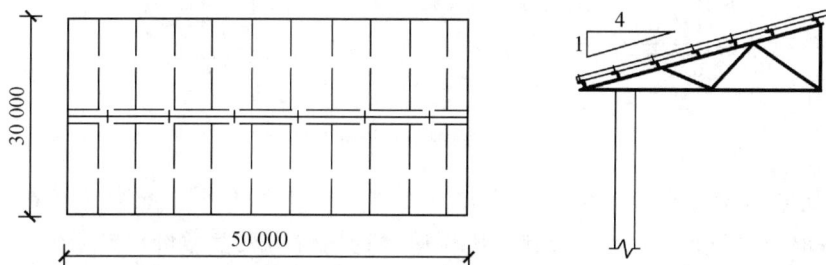

图 7-7 型材屋面示意图

7-3 某单位大门口篷盖采用索膜结构，索膜结构所覆盖面积为 40m²，采用白色加强型 PVC 膜材，使用不锈钢支架支撑。膜结构屋面项目发生的工程内容：膜布制作、安装，支架、支撑、拉杆、法兰制作、安装，钢丝绳加工、安装，刷油漆。其他项目另列项目计算。

根据图纸计算各构件工程量，根据市场价格确定人工、材料、机械费用，具体数值统计如下：

① 膜材工程量＝46.00m²

查施工企业定额价目表，加强型 PVC 膜布制作、安装：人工费 22.46 元/m²，材料费 285.34 元/m²，机械费 8.85 元/m²。

② 不锈钢支架钢材工程量＝0.654t

查施工企业定额价目表，不锈钢支架、支撑、拉杆、法兰制作、安装：人工费 982.14 元/t，材料费 43 656.74 元/t，机械费 685.36 元/t。

③ 钢丝绳工程量＝1.655t

查施工企业定额价目表，钢丝绳加工、安装：人工费 498.28 元/t，材料费 3445.65 元/t，机械费 288.26 元/t。

④ 刷油漆工程量＝46.00m²

查施工企业定额价目表，环氧富锌底漆、脂肪族聚氨酯面漆：人工费 4.21 元/m²，材料费 18.34 元/m²。

根据企业情况确定管理费率为 25%，利润率为 15%。编制膜结构屋面工程量清单和工程量清单报价。

7-4 某刚性防水屋面尺寸如图 7-8 所示。做法如下：空心板上铺 40mm 厚 C20 细石混凝土防水层，1∶3 水泥砂浆掺拒水粉保护层 25 厚，混凝土现场搅拌。人工、材料、机械单价选用价目表参考价，根据企业情况确定管理费率为 25％，利润率为 15％。编制屋面刚性防水工程量清单，进行工程量清单报价。

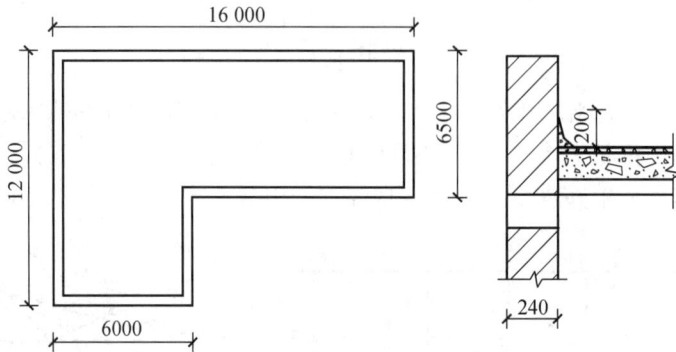

图 7-8 刚性防水屋面示意图

7-5 某屋面设计有弯头铸铁落水口 8 个，塑料水斗 8 个，配套的塑料水落管直径 100mm，每根长度 16m。人工、材料、机械单价选用价目表参考价，根据企业情况确定管理费率为 25％，利润率为 15％。编制屋面排水管工程量清单，进行工程量清单报价。

7-6 某住宅楼，共 88 户，每户一个卫生间。该工程卫生间地面净长为 2.16m，宽 1.56m，门宽 700mm，门侧面宽 80mm。防水做法：1∶3 水泥砂浆找平 20mm 厚，聚氨酯涂膜防水两遍，翻起高度 300mm。人工、材料、机械单价选用价目表参考价，根据企业情况确定管理费率为 25％，利润率为 15％。编制防水工程量清单和清单报价。

7-7 某工程变形缝屋面设 2 道，每道 26m；外墙面设 4 道，每道 25m。缝宽度 50mm，材料选用油浸麻丝，外钉镀锌铁皮。人工、材料、机械单价选用价目表参考价，根据企业情况确定管理费率为 25％，利润率为 15％。编制屋面和外墙面变形缝工程量清单和清单报价。

第八章　保温、隔热、防腐工程

保温、隔热、防腐工程共分3个子分部工程，即保温隔热、防腐面层、其他防腐工程。适用于工业与民用建筑的基础、地面、墙面防腐，楼地面、墙体、屋盖的保温隔热防腐工程。

保温、隔热、防腐工程共性问题的说明：

（1）保温隔热装饰面层，按装饰工程中相关项目编码列项；仅做找平层按"平面砂浆找平层"或"立面砂浆找平层"项目编码列项。

（2）保温隔热方式是指内保温、外保温、夹心保温。

（3）防腐踢脚线，应按楼地面装饰工程中"踢脚线"项目编码列项。

（4）防腐工程中需酸化处理时应包括在报价内。

（5）防腐工程中的养护应包括在报价内。

第一节　保温、隔热

一、"计量标准"清单项目设置

"计量标准"附录K.1保温、隔热项目包括保温隔热屋面、保温隔热天棚、保温隔热墙面、保温柱梁、保温隔热楼地面、其他保温隔热，主要部分清单项目见表8-1。

二、计量标准与计价规则说明

1. 保温隔热屋面、天棚

（1）保温隔热屋面项目适用于各种材料的屋面保温隔热。

1）屋面保温隔热层上的防水层应按屋面的防水项目单独列项。

表8-1　　　　　　　　　　　　　保温、隔热（编码：011001）

项目编码	项目名称	项目特征	计量单位	工程量计算规则	工程内容
011001001	保温隔热屋面	① 保温隔热方式及材料名称； ② 保温隔热材料规格、性能、厚度； ③ 隔气层材料品种、厚度； ④ 防护材料种类	m²	按设计图示尺寸以面积计算。不扣除单个面积 ≤ 0.3m² 的孔洞所占面积	① 基层清理； ② 铺设隔气层（若有）； ③ 刷黏结材料（若有）； ④ 保温层铺设、粘贴、喷涂或浇筑； ⑤ 铺、刷（喷）防护材料
011001003	保温隔热墙面	① 保温隔热部位； ② 保温隔热方式及材料名称； ③ 保温隔热材料规格、性能、厚度； ④ 龙骨材料品种、规格； ⑤ 防护材料种类		按设计图示尺寸以面积计算。扣除门窗洞口所占面积 ≤ 0.3m² 的梁、孔洞所占面积；门窗洞口侧壁以及与墙壁相连的柱，并入墙面工程量内	① 基层清理。 ② 涂刷界面剂、界面砂浆。 ③ 安装龙骨，填、贴、挂保温材料；粘贴、固定保温板；抹压保温浆料；喷涂发泡保温材料。 ④ 粘贴防火隔离带。 ⑤ 保温材料嵌缝、填缝、打密封胶。 ⑥ 铺、刷（喷）防护材料

2）预制隔热板屋面的隔热板与砖墩分别按混凝土及钢筋混凝土工程和砌筑工程相关工程量清单项目编码列项。

3）屋面保温隔热的找坡应包括在报价内。

（2）保温隔热天棚项目适用于各种材料的下贴式或吊顶上搁置式的保温隔热的天棚。柱帽保温隔热应并入天棚保温隔热工程量内。保温隔热材料需加药物防虫剂，应在清单中进行描述。

2. 保温隔热墙、柱

（1）保温隔热墙项目适用于工业与民用建筑物外墙、内墙保温隔热工程。

（2）外墙内保温和外保温的面层应包括在报价内，装饰层应按装饰工程相关工程量清单项目编码列项。

（3）外墙内保温的内墙保温踢脚线应包括在报价内。

（4）保温柱、梁适用于不与墙、天棚相连的独立柱、梁。

3. 其他保温隔热

（1）池槽保温隔热应按其他保温隔热项目编码列项。

（2）池槽保温隔热，池壁、池底应分别编码列项。

三、配套定额相关规定

1. 保温、隔热工程定额说明

（1）保温层的保温材料配合比、材质、厚度与设计不同时，可以换算，消耗量及其他均不变。

（2）弧形墙墙面保温隔热层，按相应项目的人工乘以系数 1.1。

（3）柱面保温根据墙面保温定额项目人工乘以系数 1.19、材料乘以系数 1.04。

2. 保温、隔热工程工程量计算

（1）屋面保温隔热层工程量按设计图示尺寸以面积计算。扣除 $>0.3\text{m}^2$ 孔洞所占面积。其他项目按设计图示尺寸以定额项目规定的计量单位计算。

$$屋面保温层工程量＝保温层设计长度×设计宽度$$

或　　　　　　$$屋面保温层工程量＝保温层设计长度×设计宽度×平均厚度$$

屋面保温隔热层平均厚度指保温层兼作找坡层时，其保温层的厚度按平均厚度计算。

$$双坡屋面保温层平均厚度＝保温层宽度/2×坡度/2＋最薄处厚度$$

双坡屋面保温层平均厚度，如图 8-1 所示。

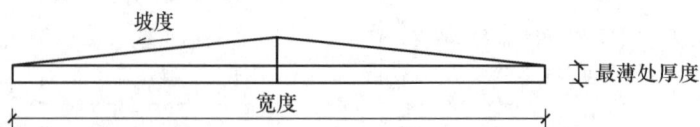

图 8-1　双坡屋面保温层平均厚度

$$单坡屋面保温层平均厚度＝保温层宽度×坡度/2＋最薄处厚度$$

单坡屋面保温层平均厚度，如图 8-2 所示。

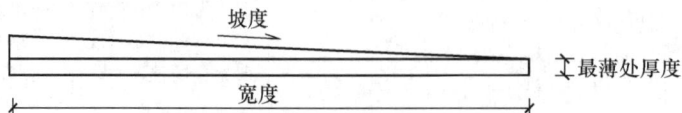

图 8-2　单坡屋面保温层平均厚度

（2）天棚保温隔热层工程量按设计图示尺寸以面积计算。扣除面积＞0.3m² 柱、垛、孔洞所占面积，与天棚相连的梁按展开面积计算，其工程量并入天棚内。柱帽保温隔热层，并入天棚保温隔热层工程量内。

（3）墙面保温隔热层工程量按设计图示尺寸以面积计算。扣除门窗洞口及面积＞0.3m² 梁、孔洞所占面积；门窗洞口侧壁以及与墙相连的柱，并入保温墙体工程量内。墙体及混凝土板下铺贴隔热层不扣除木框架及木龙骨的体积。其中外墙按隔热层中心线长度计算，内墙按隔热层净长度计算。

【例 8 - 1】 某公厕工程如图 8 - 3 所示，该工程外墙保温做法：①清理基层；②刷界面砂浆 5mm；③刷 30mm 厚胶粉聚苯颗粒；④门窗边做保温宽度为 120mm。计算工程量并套用相应定额子目。

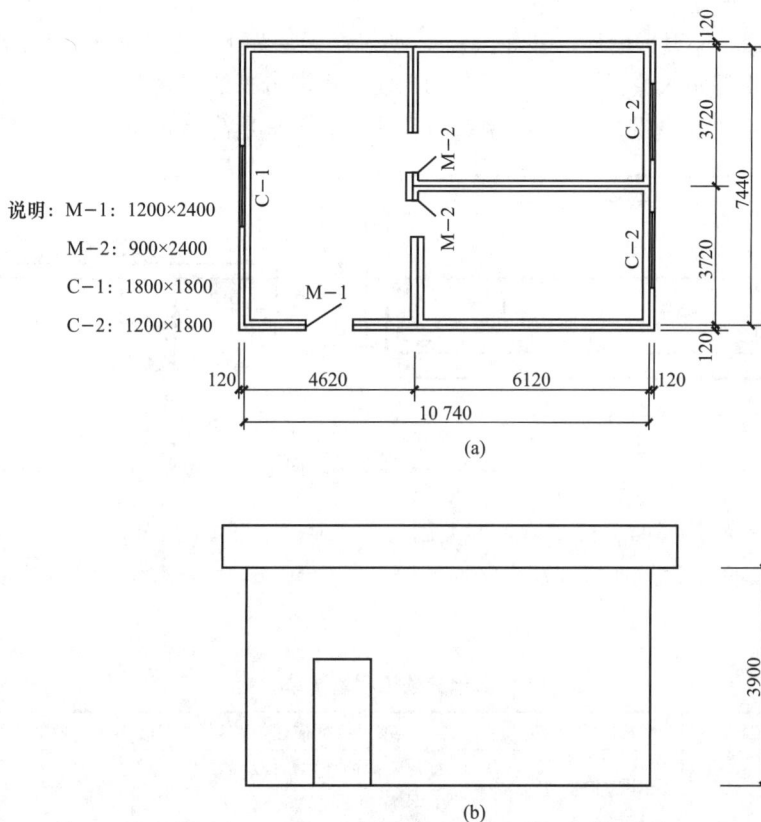

图 8 - 3 某公厕工程
(a) 平面图；(b) 立面图

解 ① 墙面保温面积＝[(10.74＋0.24＋0.03)＋(7.44＋0.24＋0.03)]×2×3.90－(1.2× 2.4＋1.8×1.8＋1.2×1.8×2)＝135.58(m²)

门窗侧边保温面积＝[(1.8＋1.8)×2＋(1.2＋1.8)×4＋(2.4×2＋1.2)]×0.12＝ 3.02(m²)

外墙保温总面积＝135.58＋3.02＝138.60(m²)

②胶粉聚苯颗粒保温厚度 30mm 子目，套定额 10 - 62，10 - 63 或 10 - 1 - 55。

其中清理基层，刷界面砂浆已包含在定额工作内容中，不另计算。

（4）柱、梁保温隔热层工程量按设计图示尺寸以面积计算。柱按设计图示柱断面保温层中心线展开长度乘以高度以面积计算，扣除面积＞$0.3m^2$梁所占面积。梁按设计图示梁断面保温层中心线展开长度乘以保温层长度以面积计算。

（5）楼地面保温隔热层工程量按设计图示尺寸以面积计算。扣除柱、垛及单个＞$0.3m^2$孔洞（省定额扣除＞$0.3m^2$的柱、垛、孔洞）所占面积。

（6）其他保温隔热层工程量按设计图示尺寸以展开面积计算。扣除面积＞$0.3m^2$孔洞及占位面积。

（7）大于$0.3m^2$孔洞侧壁周围及梁头、连系梁等其他零星工程保温隔热工程量，并入墙面的保温隔热工程量内。

四、应用案例

【案例 8-1】 保温平屋面尺寸如图 8-4 所示。做法如下：空心板上 1∶3 水泥砂浆找平20 厚，聚合物水泥防水涂料 1mm 厚，1∶10 现浇水泥珍珠岩最薄处 60 厚，1∶3 水泥砂浆找平 20 厚，PVC 橡胶卷材防水。编制保温隔热屋面工程量清单和综合单价计算。

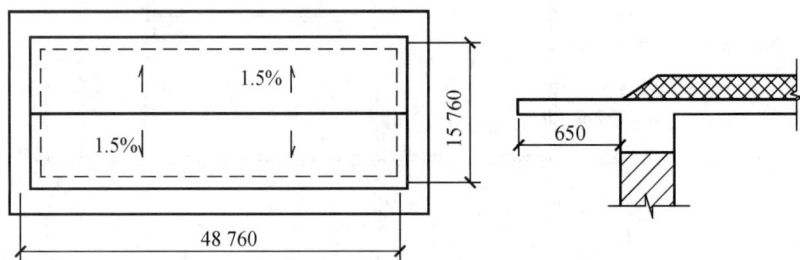

图 8-4　保温平屋面

解　1. 保温隔热屋面工程量清单的编制

保温隔热屋面工程量＝(48.76＋0.24)×(15.76＋0.24)＝784.00(m^2)，分部分项工程量清单见表 8-2。

表 8-2　　　　　　　　　　　　　分部分项工程量清单

序号	项目编号	项目名称	项目特征描述	计量单位	工程量
1	011001001001	保温隔热屋面	1∶10 现浇水泥珍珠岩最薄处 60 厚；聚合物水泥防水涂料 1mm 厚	m^2	784.00

2. 保温隔热屋面工程量清单计价表的编制

保温隔热屋面项目发生的工程内容、聚合物水泥防水涂料、铺贴保温层。

① 聚合物水泥防水涂料工程量＝(48.76＋0.24)×(15.76＋0.24)＝784.00(m^2)

聚合物水泥防水涂料 1mm 厚平面，套定额 9-2-51。

② 屋面保温层平均厚＝16/2×0.015/2＋0.06＝0.120(m)

保温层工程量＝(48.76＋0.24)×(15.76＋0.24)×0.120＝784.00×0.12＝94.08(m^3)

1∶10 现浇水泥珍珠岩，套定额 10-1-11。

材料费增加：10.40×(157.45－155.39)＝21.42(元/$10m^3$)。

人工、材料、机械单价选用市场价。

根据企业情况确定管理费率为 25%，利润率为 15%，分部分项工程量清单计价见表 8-3。

表 8-3　　　　　　　　　　　　分部分项工程量清单计价表

序号	项目编号	项目名称	项目特征描述	计量单位	工程量	金额（元）	
						综合单价	合价
1	011001001001	保温隔热屋面	1:10 现浇水泥珍珠岩最薄处 60 厚；聚合物水泥防水涂料 1mm 厚	m²	784.00	59.56	46 695.04

第二节　防　腐　面　层

一、"计量标准"清单项目设置

"计量标准"附录 K.2 防腐面层包括防腐混凝土面层、防腐砂浆面层、防腐胶泥面层、玻璃钢防腐面层、聚氯乙烯板面层、块料防腐面层、池槽块料防腐面层，见表 8-4。

表 8-4　　　　　　　　　　　　防腐面层（编码：011002）

项目编码	项目名称	项目特征	计量单位	工程量计算规则	工程内容
011002001	防腐混凝土面层	① 防腐部位； ② 面层厚度； ③ 混凝土种类； ④ 胶泥种类、配合比	m²	按设计图示尺寸以面积计算。 ① 平面：扣除凸出地面的构筑物、设备基础所占面积，不扣除单个面积≤0.3m² 的柱、垛、孔洞等所占面积，门洞、空圈、暖气包槽、壁龛的开口部分不增加面积。 ② 立面：扣除门窗洞口所占面积，不扣除单个面积≤0.3m² 的梁、孔洞所占面积，门窗洞口侧壁、垛突出部分按展开面积并入墙面积内	① 基层清理； ② 基层刷稀胶泥； ③ 混凝土输送、摊铺、养护
011002002	防腐砂浆面层	① 防腐部位； ② 面层厚度； ③ 砂浆、胶泥种类、配合比			① 基层清理； ② 基层刷稀胶泥； ③ 砂浆制作、摊铺、养护
011002006	块料防腐面层	① 防腐部位； ② 块料品种、规格； ③ 黏结材料种类； ④ 勾缝材料种类			① 基层清理； ② 铺贴块料； ③ 胶泥调制、勾缝
011002007	池、槽块料防腐面层	① 防腐池、槽名称及代号； ② 块料品种、规格； ③ 黏结材料种类； ④ 勾缝材料种类		按设计图示尺寸以展开面积计算	

二、计量标准与计价规则说明

（1）防腐混凝土面层、防腐砂浆面层、防腐胶泥面层项目适用于平面或立面的水玻璃混凝土、水玻璃砂浆、水玻璃胶泥、沥青混凝土、沥青砂浆、沥青胶泥、树脂砂浆、树脂胶泥及聚合物水泥砂浆等防腐工程。因防腐材料不同而导致价格上的差异，清单项目中必须列出混凝土、砂浆、胶泥的材料种类，如水玻璃混凝土、沥青混凝土等。

（2）玻璃钢防腐面层项目适用于树脂胶料与增强材料（如玻璃纤维丝、布、玻璃纤维表面毡、玻璃纤维短切毡或涤纶布、涤纶毡、丙纶布、丙纶毡等）复合塑制而成的玻璃钢防腐。

项目名称应描述构成玻璃钢、树脂和增强材料名称，如环氧酚醛（树脂）玻璃钢、酚醛（树脂）玻璃钢、环氧煤焦油（树脂）玻璃钢、环氧呋喃（树脂）玻璃钢、不饱和聚酯（树脂）玻璃钢等，增强材料玻璃纤维布、毡、涤纶布毡等。

项目特征应描述防腐部位，如立面、平面。

（3）聚氯乙烯板面层项目适用于地面、墙面的软、硬聚氯乙烯板防腐工程。聚氯乙烯板的焊接应包括在报价内。

（4）块料防腐面层项目适用于地面、沟槽、基础的各类块料防腐工程。防腐蚀块料粘贴部位（地面、沟槽、基础、踢脚线）应在清单项目中进行描述。防腐蚀块料的规格、品种（瓷板、铸石板、天然石板等）应在清单项目中进行描述。

（5）池、槽块料防腐面层。池槽防腐，池底和池壁可合并列项，也可分为池底面积和池壁防腐面积，分别列项。

三、配套定额相关规定

1. 防腐面层定额说明

（1）各种胶泥、砂浆、混凝土配合比，以及各种整体面层的厚度，如设计与定额不同时，可以换算。定额已综合考虑了各种块料面层的结合层、胶结料厚度及灰缝宽度。

（2）花岗岩面层以六面剁斧的块料为准，结合层厚度为15mm，如板底为毛面时，其结合层胶结料用量按设计厚度调整。

（3）整体面层踢脚板按整体面层相应项目执行，块料面层踢脚板按立面砌块相应项目人工乘以系数1.2。

（4）卷材防腐接缝、附加层、收头工料已包括在定额内，不再另行计算。

（5）块料防腐中面层材料的规格、材质与设计不同时，可以换算。

2. 防腐面层工程量计算

（1）防腐工程面层工程量均按设计图示尺寸以面积计算。

（2）平面防腐工程量应扣除凸出地面的构筑物、设备基础等，以及面积$>0.3m^2$孔洞、柱、垛等所占面积，门洞、空圈、暖气包槽、壁龛的开口部分不增加面积。

（3）立面防腐工程量应扣除门、窗、洞口，以及面积$>0.3m^2$孔洞、梁所占面积，门、窗、洞口侧壁、垛凸出部分按展开面积并入墙面内。

（4）池、槽块料防腐面层工程量按设计图示尺寸以展开面积计算。

（5）踢脚板防腐工程量按设计图示长度乘以高度以面积计算，扣除门洞所占面积，并相应增加侧壁展开面积。

四、应用案例

【案例8-2】　某仓库防腐地面、踢脚线抹铁屑砂浆，厚度20mm，如图8-5所示。编制防腐砂浆工程量清单，进行清单报价。

解　1. 防腐砂浆面层工程量清单的编制

地面防腐砂浆工程量$=(9.00-0.24)\times(4.50-0.24)=37.32(m^2)$

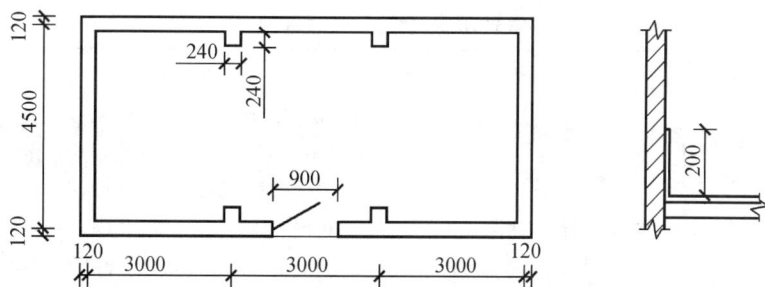

图 8-5　防腐地面、踢脚线

踢脚线防腐砂浆工程量＝$[(9.00-0.24+0.24\times4+4.50-0.24)\times2-0.90+0.12\times2]\times0.2=5.46(m^2)$，分部分项工程量清单见表 8-5。

表 8-5　　　　　　　　　　　　分部分项工程量清单

序号	项目编号	项目名称	项目特征描述	计量单位	工程量
1	011002002001	防腐砂浆地面	20mm 厚铁屑砂浆地面	m^2	37.32
2	011002002002	防腐砂浆踢脚线	20mm 厚铁屑砂浆踢脚线	m^2	5.46

2. 防腐砂浆面层工程量清单计价表的编制

防腐砂浆面层项目发生的工程内容：面层摊铺养护。

① 地面工程量＝$(9.00-0.24)\times(4.50-0.24)-0.24\times0.24\times4+0.90\times0.12=37.20(m^2)$

铁屑砂浆地面厚度 20mm，套 10-2-10。

② 踢脚线工程量＝$[(9.00-0.24+0.24\times4+4.50-0.24)\times2-0.90+0.12\times2]\times0.2=5.46(m^2)$

铁屑砂浆（厚度 20mm）踢脚线，套定额 10-2-11。

人工、材料、机械单价选用市场价。

根据企业情况确定管理费率为 25%，利润率为 15%，分部分项工程量清单计价见表 8-6。

表 8-6　　　　　　　　　　　　分部分项工程量清单计价表

序号	项目编号	项目名称	项目特征描述	计量单位	工程量	金额（元）	
						综合单价	合价
1	011002002001	防腐砂浆地面	20mm 厚铁屑砂浆地面	m^2	37.32	51.10	1907.05
2	011002002002	防腐砂浆踢脚线	20mm 厚铁屑砂浆踢脚线	m^2	5.46	47.31	258.31

第三节　其　他　防　腐

一、"计量标准"清单项目设置

"计量标准"附录 K.3 其他防腐项目包括隔离层防腐、砌筑沥青浸渍砖、防腐涂料，见表 8-7。

表 8-7   其他防腐（编码：011003）

项目编码	项目名称	项目特征	计量单位	工程量计算规则	工程内容
011003003	防腐涂料	① 涂刷部位； ② 基层材料类型； ③ 刮腻子的种类、遍数； ④ 涂料品种、刷涂遍数	m²	按设计图示尺寸以面积计算。 ① 平面：扣除凸出地面的构筑物、设备基础所占面积，不扣除单个面积 ≤0.3m² 的柱、垛、孔洞等所占面积，门洞、空圈、暖气包槽、壁龛的开口部分不增加面积。 ② 立面：扣除门窗洞口所占面积、不扣除单个面积≤0.3m² 梁、孔洞所占面积，门窗洞口侧壁、垛突出部分按展开面积并入墙面积内	① 基层清理； ② 刮腻子； ③ 刷涂料

二、计量标准与计价规则说明

（1）隔离层项目适用于楼地面的沥青类、树脂玻璃钢类防腐工程隔离层。

（2）砌筑沥青浸渍砖项目适用于浸渍标准砖。浸渍砖砌法指平砌、立砌，平砌按厚度 115mm 计算，立砌以 53mm 计算。

（3）防腐涂料项目适用于建筑物、构筑物以及钢结构的防腐。

（4）防腐涂料应对涂刷基层（混凝土、抹灰面）进行描述。需刮腻子时应包括在报价内。应对涂料底漆层、中间漆层、面漆涂刷（或刮）遍数进行描述。

三、配套定额相关规定

防腐工程隔离层及防腐油漆工程量均按设计图示尺寸以面积计算。

四、应用案例

【案例 8-3】　某仓库防腐水泥砂浆地面刷过氯乙烯漆 3 遍，地面面积 853.25m²。编制防腐涂料工程量清单和综合单价计算。

解　1. 防腐涂料工程量清单的编制

防腐涂料工程量＝853.25m²，分部分项工程量清单见表 8-8。

表 8-8   分部分项工程量清单

序号	项目编号	项目名称	项目特征描述	计量单位	工程量
1	011003003001	防腐涂料	水泥砂浆地面刷过氯乙烯漆 3 遍	m²	853.25

2. 防腐砂浆工程量清单计价表的编制

防腐砂浆项目发生的工程内容：刷涂料。

防腐涂料工程量＝853.25m²

水泥砂浆地面刷过氯乙烯漆 3 遍，套定额 6-6-30。

人工、材料、机械单价选用市场价。

根据企业情况确定管理费率为 25%，利润率为 15%，分部分项工程量清单计价见表 8-9。

表 8 - 9　　　　　　　　　　　　分部分项工程量清单计价表

序号	项目编号	项目名称	项目特征描述	计量单位	工程量	金额（元）	
						综合单价	合价
1	011003003001	防腐涂料	水泥砂浆地面刷过氯乙烯漆 3 遍	m²	853.25	16.77	14 309.00

习　题

8-1　保温平屋面尺寸如图 8-6 所示。做法如下：空心板上 1∶3 水泥砂浆找平 20mm 厚，刷冷底油两遍，沥青隔气层 1 遍，80mm 厚水泥蛭石块保温层，1∶10 现浇水泥蛭石找坡，1∶3 水泥砂浆找平 20mm 厚，SBS 改性沥青卷材满铺一层，点式支撑预制混凝土板架空隔热层。人工、材料、机械单价选用价目表参考价，根据企业情况确定管理费率为 25％，利润率为 15％。编制保温隔热屋面工程量清单和综合单价计算。

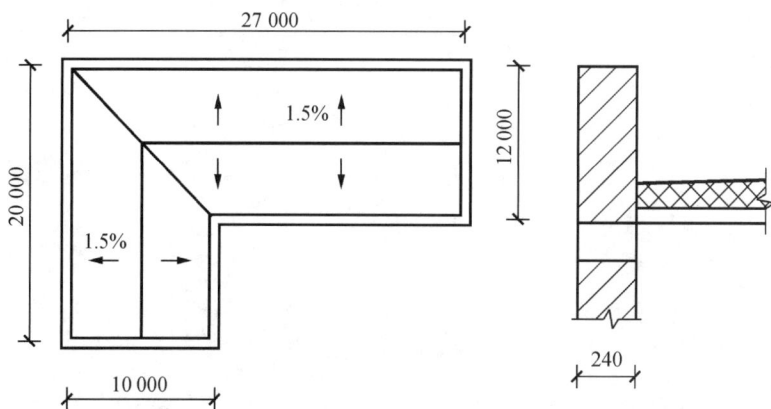

图 8-6　保温平屋面

8-2　某冷藏工程室内（包括柱子）均用石油沥青粘贴 100mm 厚的聚苯乙烯泡沫塑料板，尺寸如图 8-7 所示。保温门为 800mm×2000mm，先铺顶棚、地面，后铺墙、柱面，保温门居内安装，洞口周围不需另铺保温材料。人工、材料、机械单价选用价目表参考价，根据企业情况确定管理费率为 25％，利润率为 15％。编制保温隔热天棚、墙、柱、地面工程量清单和综合单价计算。

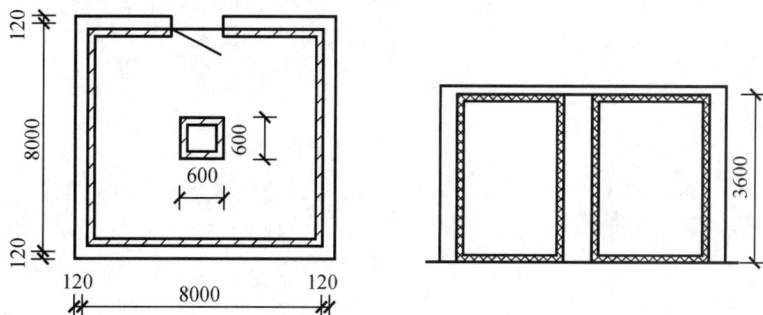

图 8-7　某工程地面防腐

8-3　某工程地面用沥青胶泥铺砌花岗石板，厚度 60mm，如图 8-8 所示，门宽 1m。人工、材料、机械单价选用价目表参考价，根据企业情况确定管理费率为 25％，利润率为 15％。编制块料防腐面层工程量清单，进行清单报价。

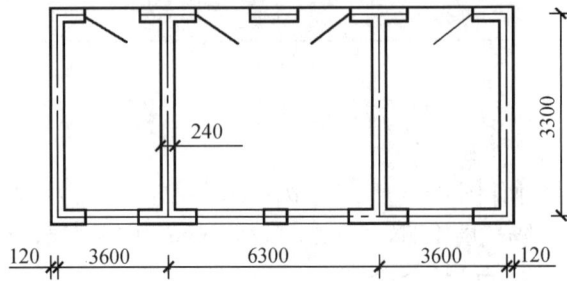

图 8-8　某工程地面防腐

第九章　楼地面装饰工程

楼地面装饰工程共分 9 个子分部工程项目，即整体面层及找平层、石材及块料面层、橡塑面层、其他材料面层、踢脚线、楼梯面层、台阶装饰、零星装饰项目、装配式楼地面及其他，适用于楼地面、楼梯、台阶等装饰工程。

一、工程量清单有关项目特征说明

（1）楼地面是指构成的找平层（在垫层、楼板上或填充层上起找平、找坡或加强作用的构造层）、结合层（面层与下层相结合的中间层）、面层（直接承受各种荷载作用的表面层）等内容。

（2）找平层是指水泥砂浆找平层，有比较特殊要求的可采用细石混凝土、沥青砂浆、沥青混凝土找平层等材料铺设。

（3）面层是指整体面层（水泥砂浆、现浇水磨石、细石混凝土、菱苦土等面层）、块料面层（石材、陶瓷地砖、橡胶、塑料、竹、木地板）等面层。

（4）零星装饰适用于小面积（$0.5m^2$ 以内）少量分散的楼地面装饰，其工程部位或名称应在清单项目中进行描述，如楼梯、台阶的侧面装饰等。

（5）防护材料是耐酸、耐碱、耐臭氧、耐老化、防火、防油渗等材料。

（6）嵌条材料是用于水磨石的分格、作图案等的嵌条，如玻璃嵌条、铜嵌条、铝合金嵌条、不锈钢嵌条等。

（7）压线条是指地毯、橡胶板、橡胶卷材铺设的压线条，如铝合金、不锈钢、铜压线条等。

（8）颜料是用于水磨石地面、踢脚线、楼梯、台阶和块料面层勾缝所需配制石子浆或砂浆内加添的颜料（耐碱的矿物颜料）。

（9）防滑条是用于楼梯、台阶踏步的防滑设施，如水泥玻璃屑、水泥钢屑、铜、铁防滑条等。

（10）地毡固定配件是用于固定地毡的压棍脚和压棍。

（11）酸洗、打蜡磨光，磨石、菱苦土、陶瓷块料等，均可用酸洗（草酸）清洗油渍、污渍，然后打蜡（蜡脂、松香水、鱼油、煤油等按设计要求配合）和磨光。

二、工程量清单计价有关项目说明

1. 工程量清单项目计价共性问题的说明

（1）装饰装修工程工程量清单项目中的材料、成品、半成品的各种制作、运输、安装等的一切损耗，应包括在报价内。

（2）设计规定或施工组织设计规定的已完产品保护发生的费用，应列入工程量清单措施项目费用。

（3）有填充层和隔离层的楼地面往往有两层找平层，应注意报价。

2. 楼地面装饰工程报价注意事项

（1）楼地面中若有龙骨铺设和固定支架安装，其所需费用，应计入相应清单项目的报价中。

（2）单跑楼梯无休息平台应在单价中考虑。

（3）台阶的踢面不另计算，踢面与踏面（不同铺法）材料及防滑条等均应在单价中考虑。

（4）当台阶面层与平台面层材料相同而最后一步台阶投影面积不计算时，应将最后一步台阶的踢面（脚）板面层考虑在报价内。

第一节　整体面层及找平层

一、"计量标准"清单项目设置

整体面层及找平层包括水泥砂浆楼地面、细石混凝土楼地面、自流坪楼地面、耐磨楼地面、塑胶地面、平面砂浆找平层、细石混凝土找平层、自流坪找平层，8 个清单项目。整体面层及找平层常用项目内容见表 9 - 1。

表 9 - 1　　　　　　　　　　整体面层及找平层（编号：011101）

项目编码	项目名称	项目特征	计量单位	工程量计算规则	工程内容
011101001	水泥砂浆楼地面	① 找平层厚度、材料种类及强度等级； ② 素水泥浆遍数； ③ 面层厚度、砂浆种类及强度等级； ④ 面层处理方式	m²	按设计图示尺寸以面积计算。扣除凸出地面构筑物、设备基础、室内管道、地沟、柱、垛、附墙烟囱及孔洞所占面积。门洞、空圈、暖气包槽、壁龛的开口部分并入相应的工程量内	① 基层清理； ② 找平层铺设； ③ 面层铺设
011101002	细石混凝土楼地面	① 找平层厚度、材料种类及强度等级比； ② 面层厚度、混凝土强度等级； ③ 面层处理方式			
011101006	平面砂浆找平层	① 找平层厚度； ② 砂浆种类及强度等级		按设计图示尺寸以面积计算。扣除凸出地面构筑物、设备基础、室内管道、地沟等所占面积，不扣除间壁墙及 ≤0.3m² 柱、垛、附墙烟囱及孔洞所占面积。门洞、空圈、暖气包槽、壁龛的开口部分不增加面积	① 基层清理； ② 找平层铺设

二、计量标准与计价规则说明

（1）水泥砂浆面层处理是拉毛还是提浆压光应在面层做法要求中描述。

（2）平面砂浆找平层只适用于仅做找平层的平面抹灰。

（3）间壁墙指墙厚≤120mm 的墙。

（4）楼地面混凝土垫层另按"计量标准"垫层项目编码列项，除混凝土外的其他材料垫层按"计量标准"垫层项目编码列项。

三、配套定额相关规定

1. 整体面层及找平层定额说明

（1）楼地面工程中的水泥砂浆、水泥石子浆、混凝土等配合比，设计规定与定额不同时，可以换算，其他不变。

（2）整体面层、块料面层中的楼地项目、楼梯项目，均不包括踢脚板、楼梯侧面、牵边；台阶不包括侧面、牵边；设计有要求时，按相应定额项目计算。

（3）同一铺贴面上有不同种类、材质的材料，应分别计算工程量，并按相应项目执行。国家定额石材楼地面需做分格、分色的，按相应项目人工乘以系数 1.10。

（4）国家定额规定厚度≤60mm 的细石混凝土按找平层项目执行，厚度＞60mm 的按混凝土垫层项目执行。采用地暖的地板垫层，按不同材料执行相应项目，人工乘以系数 1.3，材料乘以系数 0.95。

2. 楼地面工程量计算

楼地面找平层及整体面层均按设计图示尺寸以面积计算。扣除凸出地面构筑物、设备基础、室内铁道、地沟等所占面积，不扣除间壁墙（指墙壁厚≤120mm 的墙）及单个面积≤0.3m² 的柱、垛、附墙烟囱及孔洞所占面积。门洞、空圈、暖气包槽、壁龛的开口部分不增加面积。

楼地面找平层和整体面层工程量＝主墙间净长度×主墙间净宽度－构筑物等所占面积

四、应用案例

【案例 9-1】 住宅楼一层住户平面如图 9-1 所示。地面做法：3∶7 灰土垫层 300mm 厚，60mm 厚 C15 细石混凝土找平层，细石混凝土现场搅拌，20mm 厚 1∶3 水泥砂浆面层。编制整体面层工程量清单及清单报价。

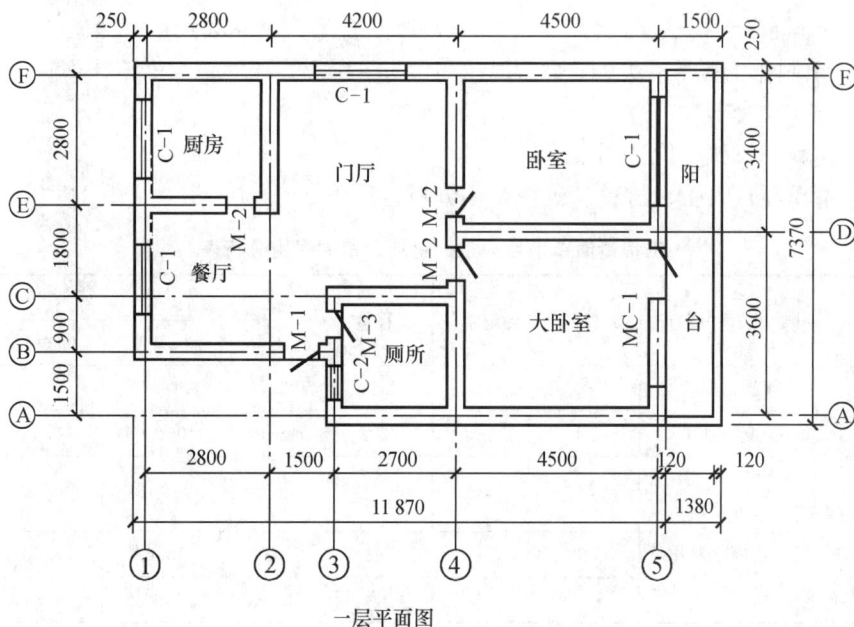

图 9-1 住宅楼一层住户平面图

解 1. 整体面层工程量清单的编制

整体面层工程量＝(厨房)(2.80－0.24)×(2.80－0.24)＋(餐厅)(2.80＋1.50－0.24)×(0.90＋1.80－0.24)＋(门厅)(4.20－0.24)×(1.80＋2.80－0.24)－(1.50－0.24)×(1.80－0.24)＋(厕所)(2.70－0.24)×(1.50＋0.90－0.24)＋(卧室)(4.50－0.24)×(3.40－0.24)＋(大卧室)(4.50－0.24)×(3.60－0.24)＋(阳台)(1.38－0.12)×(3.60＋3.40＋0.25－0.12)＝6.554＋9.988＋15.3＋5.314＋13.462＋14.314＋8.984＝73.92(m²)，分部分项工程量清单，见表 9 - 2。

表 9 - 2 分部分项工程量清单

序号	项目编号	项目名称	项目特殊描述	计量单位	工程量
1	011101001001	水泥砂浆楼地面	60mm 厚 C15 细石混凝土；20mm 厚 1：3 水泥砂浆	m²	73.92

2. 整体面层工程量清单计价表的编制

整体面层项目发生的工程内容：灰土垫层、混凝土找平层、混凝土制作、水泥砂浆面层。

① 整体面层工程量＝[(2.80－0.24)×(2.80－0.24)＋(2.80＋1.50－0.24)×(0.90＋1.80－0.24)＋(4.20－0.24)×(1.80＋2.80－0.24)－(1.50－0.24)×(1.80－0.24)＋(2.70－0.24)×(1.50＋0.90－0.24)＋(4.50－0.24)×(3.40－0.24)＋(4.50－0.24)×(3.60－0.24)＋(1.38－0.12)×(3.60＋3.40＋0.25－0.12)]＝73.92(m²)

20mm 厚 1：3 水泥砂浆面层，套 11 - 2 - 1。

② 混凝土找平层工程量＝73.92(m²)

40mm 厚 C15 细石混凝土找平层：套 11 - 1 - 4（混凝土含量为 0.040 4m³/m²）。

③ 每增 5mm 混凝土找平层工程量＝73.92×4＝295.68(m²)

每增 5mm 混凝土找平层：套 11 - 1 - 5（混凝土含量为 0.005 1m³/m²）。

④ 混凝土制作工程量＝0.040 4×73.92＋0.005 1×295.68＝4.49(m³)

混凝土制作，套 5 - 3 - 3。

人工、材料、机械单价选用市场价。

工程量清单项目人工、材料、机械费用分析，见表 9 - 3。

表 9 - 3 工程量清单项目人工、材料、机械费用分析表

清单项目名称	工程内容	定额编号	计量单位	工程量	人工费	材料费	机械费	小计
水泥砂浆楼地面 60mm 厚 C15 细石混凝土；20mm 厚 1：3 水泥砂浆	水泥砂浆面层	11 - 2 - 1	m²	73.92	753.76	718.43	29.86	1502.05
	混凝土找平层	11 - 1 - 4	m²	73.92	548.19	1060.90	1.33	1610.42
	每增 5mm 混凝土找平层	11 - 1 - 5	m²	295.68	243.64	507.39	0.89	751.92
	混凝土制作	5 - 3 - 3	m³	4.49	79.34	15.68	108.03	203.05
合计					1624.93	2302.40	140.11	4067.44

根据企业情况确定管理费率为人工费的 32.2%，利润率为人工费的 17.3%。

分部分项工程量清单计价表见表 9 - 4。

表 9 - 4　　　　　　　　　　　　　分部分项工程量清单计价表

序号	项目编号	项目名称	项目特征描述	计量单位	工程量	金额（元）	
						综合单价	合价
1	011101001001	水泥砂浆楼地面	60mm 厚 C15 细石混凝土；20mm 厚 1：3 水泥砂浆	m²	73.92	65.91	4872.07

第二节　石材块料及其他材料面层

一、"计量标准"清单项目设置

1. 石材及块料面层

石材及块料面层包括石材楼地面、拼碎石材楼地面、块料楼地面 3 个清单项目。块料面层常用项目内容见表 9 - 5。

表 9 - 5　　　　　　　　　石材及块料面层（编号：011102）

项目编码	项目名称	项目特征	计量单位	工程量计算规则	工程内容
011102001	石材楼地面	① 找平层厚度、材料种类及强度等级；② 结合层厚度、材料种类及强度等级；③ 面层材料品种、规格；④ 嵌缝材料种类；⑤ 防护层材料种类；⑥ 面层处理方式	m²	按设计图示尺寸以面积计算。门洞、空圈、暖气包槽、壁龛的开口部分并入相应的工程量内	① 基层清理；② 找平层铺设；③ 面层铺设、磨边；④ 勾缝；⑤ 刷防护材料；⑥ 酸洗、打蜡、结晶
011102002	拼碎石材楼地面				
011102003	块料楼地面				

2. 橡塑面层

橡塑面层包括橡塑板楼地面、橡塑板卷材楼地面、塑胶运动地板，3 个清单项目。

3. 其他材料面层

其他材料面层包括地毯楼地面、竹木（复合）地板、金属复合地板，3 个清单项目。

4. 踢脚线

踢脚线包括水泥砂浆踢脚线、石材踢脚线、块料踢脚线、塑料板踢脚线、木质踢脚线、金属踢脚线，6 个清单项目。踢脚线常用项目内容见表 9 - 6。

表 9 - 6　　　　　　　　　　踢脚线（编号：011105）

项目编码	项目名称	项目特征	计量单位	工程量计算规则	工程内容
011105001	水泥砂浆踢脚线	① 踢脚线高度；② 底层厚度、砂浆种类及强度等级；③ 面层厚度、砂浆种类及强度等级	m	按设计图示尺寸以长度计算	① 基层清理；② 底层和面层抹灰
011105002	石材踢脚线	① 踢脚线高度；② 结合层厚度、材料种类及强度等级；③ 面层材料品种、规格；④ 防护材料种类			① 基层清理；② 底层抹灰；③ 面层铺设、磨边；④ 擦缝；⑤ 磨光、酸洗、打蜡；⑥ 刷防护材料
011105003	块料踢脚线				

二、计量标准与计价规则说明

(1) 在描述碎石材项目的面层材料特征时可不用描述规格、品牌。

(2) 石材、块料与黏结材料的结合面，刷防渗材料的种类在防护层材料种类中描述。

(3) 工作内容中的磨边指施工现场磨边，后面章节工作内容中涉及的磨边含义同此条。

(4) 橡塑面层如需做找平层，另按"计量标准"附录找平层项目编码列项。

(5) 石材、块料与黏结材料的结合面，刷防渗材料的种类在防护层材料种类中描述。

三、配套定额相关规定

1. 块料面层定额说明

(1) 镶贴块料项目是按规格料考虑的，如需现场开槽、开孔、倒角、磨异形边者按其他相应项目执行。

(2) 国家定额规定镶嵌规格在 100mm×100mm 以内的石材执行点缀项目。省定额石材块料楼地面面层点缀项目，其点缀块料按规格块料现场加工考虑。单块镶拼面积≤0.015m² 的块料适用于此定额。如点缀块料为加工成品，需扣除定额内的"石料切割锯片"和"石料切割机"，人工乘以系数 0.4。被点缀的主体块料如为现场加工，应按其加工边线长度加套"石材楼梯现场加工"项目。

(3) 块料面层拼图案（成品）项目，其图案石材定额按成品考虑。省定额图案外边线以内周边异形块料如为现场加工，套用相应块料面层铺贴项目，并加套"图案周边异形块料铺贴另加工料"项目。楼地面铺贴石材块料、地板砖等，遇异形房间需现场切割时（按经过批准的排板方案），被切割的异形块料加套"图案周边异形块料铺贴另加工料"项目。现场加工的损耗率根据现场加工情况据实测定，超出部分并入相应块料面层铺贴项目内。

(4) 国家定额规定圆弧形等不规则地面镶贴面层、饰面面层按相应项目人工乘以系数 1.15，块料消耗量损耗按实调整。弧形踢脚线、楼梯段踢脚线按相应项目人工、机械乘以系数 1.15。

(5) 省定额中的"石材串边""串边砖"指块料楼地面中镶贴颜色或材质与大面积楼地面不同且宽度≤200mm 的石材或地板砖线条，省定额中的"过门石""过门砖"指门洞口处镶贴颜色或材质与大面积楼地面不同的石材或地板砖块料。

(6) 省定额除铺缸砖（勾缝）项目，其他块料楼地面项目，定额均按密缝编制。若设计缝宽与定额不同时，其块料和勾缝砂浆的用量可以调整，其他不变。

2. 块料面层工程量计算

(1) 楼、地面块料面层、橡塑面层及其他材料面层按设计图示尺寸以面积计算，门洞、空圈、暖气包槽和壁龛的开口部分并入相应的工程量内。

楼地面块料面层工程量＝净长度×净宽度－不做面层面积＋增加其他面积

(2) 国家定额石材拼花按最大外围尺寸以矩形面积计算。有拼花的石材地面，按设计图示尺寸扣除拼花的最大外围矩形面积计算面积。省定额块料面层拼图案（成品）项目，图案按实际尺寸以面积计算。图案周边异形块料铺贴另加工料项目，按图案外边线以内周边异形块料实贴面积计算。图案外边线是指成品图案所影响的周围规格块料的最大范围。成品图案所影响的周围规格块料的最大范围，如图 9-2 所示。

（3）点缀按"个"计算，计算主体铺贴地面面积时，不扣除点缀所占面积。

（4）国家定额踢脚线按设计图示长度乘以高度以面积计算。楼梯靠墙踢脚线（含锯齿形部分）贴块料按设计图示面积计算。省定额规定踢脚线按长度计算工程量。水泥砂浆踢脚线计算长度时，不扣除门洞口的长度，洞口侧壁也不增加。踢脚板按设计图示尺寸以面积计算。

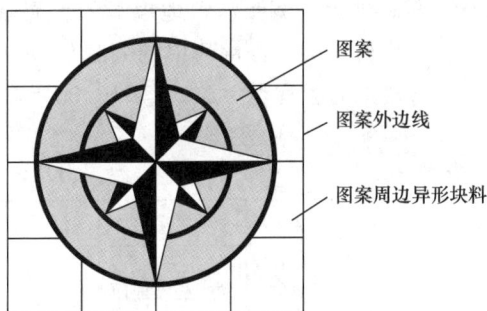

图 9-2　图案外边线

踢脚板工程量＝踢脚板净长度×高度

或　　　　　　　　　　　　踢脚线工程量＝踢脚线净长度

（5）省定额中的石材串边、串边砖、过门石、过门砖按设计图示尺寸以面积计算。

（6）国家定额石材底面刷养护液包括侧面涂刷，工程量按设计图示尺寸以底面积计算。省定额石材底面刷养护液按石材底面及四个侧面积之和计算。

（7）石材表面刷保护液按设计图示尺寸以表面积计算。

（8）块料楼地面做酸洗打蜡者，按设计图示尺寸以表面积计算。

四、应用案例

【案例 9-2】 某展览厅花岗石地面如图 9-3 所示。墙厚 240mm，门洞口宽 1000mm，地面找平层 C20 细石混凝土 40mm 厚，细石混凝土现场搅拌。地面中有钢筋混凝土柱 8 根，直径 800mm；3 个花岗石图案为圆形，直径 1.8m，图案外边线 2.4m×2.4m；其余为规格块料点缀图案，规格块料 600mm×600mm，点缀 32 个，150mm×150mm。250mm 宽济南青花岗岩围边，均用 1：2.5 水泥砂浆粘贴。编制石材楼地面工程工程量清单和清单报价。

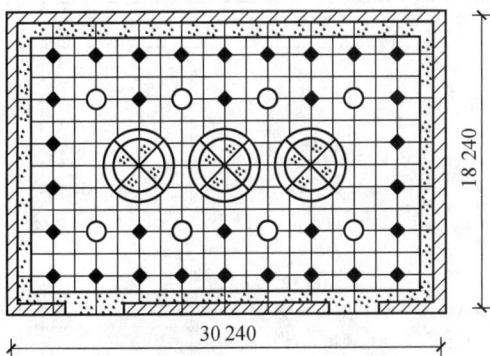

图 9-3　某展览厅花岗石地面

解　石材楼地面工程量清单的编制

石材楼地面工程量＝（30.24－0.24）×（18.24－0.24）－8×3.14×0.40²＋1×0.24×2 门洞空圈面积＝536.46（m²），分部分项工程量清单，见表 9-7。

表 9-7　　　　　　　　　　　　　　　**分部分项工程量清单**

序号	项目编号	项目名称	项目特征描述	计量单位	工程量
1	011102001001	石材楼地面	C20 细石混凝土找平 40mm 厚，1：2.5 水泥砂浆粘贴花岗石地面，拼花图案，规格块料、点缀、面层酸洗、打蜡	m²	535.98

【案例 9-3】 某体育用房，长宽尺寸为 24m×16m，地面铺贴规格为 304mm×304mm×

1mm，塑料地板。编制塑料地板工程量清单。

解　塑料地板工程量清单的编制

石材楼地面工程量＝24.00×16.00＝384.00（m²），分部分项工程量清单见表9-8。

表9-8　　　　　　　　　　　　**分部分项工程量清单**

序号	项目编号	项目名称	项目特征描述	计量单位	工程量
1	011103003001	塑料板楼地面	万能胶粘贴，塑料地板 304mm× 304mm×1mm	m²	384.00

第三节　楼梯台阶及零星装饰项目

一、"计量标准"清单项目设置

1. 楼梯面层

楼梯面层包括水泥砂浆楼梯、石材楼梯、块料楼梯、地毯楼梯、木板（复合）楼梯、橡塑板楼梯、橡塑卷材楼梯，7个清单项目。楼梯面层常用项目内容见表9-9。

表9-9　　　　　　　　　　　　**楼梯面层（编号：011106）**

项目编码	项目名称	项目特征	计量单位	工程量计算规则	工程内容
011106001	水泥砂浆楼梯	① 找平层厚度、材料种类及强度等级； ② 面层厚度、砂浆种类及强度等级； ③ 防滑条材料种类、规格； ④ 面层处理方式； ⑤ 楼梯部位	m²	按设计图示尺寸以展开面积计算。楼梯与楼地面相连时，算至最上一级踏步面（该踏面无设计宽度时按300mm计算）	① 基层清理； ② 找平层铺设； ③ 面层铺设； ④ 贴嵌防滑条
011106002	石材楼梯	① 找平层厚度、材料种类及强度等级； ② 结合层厚度、材料种类及强度等级； ③ 面层材料品种、规格； ④ 防滑条材料种类、规格； ⑤ 勾缝材料种类； ⑥ 防护材料种类； ⑦ 面层处理方式； ⑧ 楼梯部位			① 基层清理； ② 找平层铺设； ③ 面层铺设、磨边； ④ 贴嵌防滑条； ⑤ 勾缝； ⑥ 刷防护材料； ⑦ 酸洗、打蜡、结晶
011106003	块料楼梯				

2. 台阶装饰

台阶装饰包括水泥砂浆台阶、石材台阶、拼碎石材台阶、块料台阶、剁假石台阶，5个清单项目。台阶装饰常用项目内容见表9-10。

表 9 - 10　　　　　　　　　　　台阶装饰（编号：011107）

项目编码	项目名称	项目特征	计量单位	工程量计算规则	工程内容
011107001	水泥砂浆台阶	① 找平层厚度、材料种类及强度等级； ② 面层厚度、砂浆种类及强度等级； ③ 防滑条材料种类； ④ 面层处理方式	m²	按设计图示尺寸以展开面积计算。台阶与楼地面相连时，算至最上一级踏步踏面（该踏面无设计宽度时，按下一级踏步宽度计算）	① 基层清理； ② 找平层铺设； ③ 面层铺设； ④ 贴嵌防滑条
011107002	石材台阶	① 找平层厚度、材料种类及强度等级； ② 结合层厚度、材料种类及强度等级； ③ 面层材料品种、规格； ④ 勾缝材料种类； ⑤ 防滑条材料种类； ⑥ 防护层材料种类； ⑦ 面层处理方式				① 基层清理； ② 找平层铺设； ③ 面层铺设； ④ 贴嵌防滑条； ⑤ 勾缝； ⑥ 刷防护材料； ⑦ 酸洗、打蜡、结晶
011107004	块料台阶				

3. 零星装饰项目

零星装饰包括石材零星项目、碎拼石材零星项目、块料零星项目、水泥砂浆零星项目、车库标线标识、广角镜安装、标志牌、车挡、减速带、墙柱面防撞条，10 个清单项目。零星装饰常用项目内容见表 9 - 11。

表 9 - 11　　　　　　　　　　　零星装饰项目（编号：011108）

项目编码	项目名称	项目特征	计量单位	工程量计算规则	工程内容
011108001	石材零星项目	① 找平层厚度、材料种类及强度等级； ② 结合层厚度、材料种类及强度等级； ③ 面层材料品种、规格； ④ 勾缝材料种类； ⑤ 防护层材料种类； ⑥ 面层处理方式	m²	按设计图示尺寸以面积计算	① 基层清理； ② 找平层铺设； ③ 面层铺设、磨边； ④ 勾缝； ⑤ 刷防护材料； ⑥ 酸洗、打蜡、结晶
011108002	碎拼石材零星项目				
011108003	块料零星项目				
011108004	水泥砂浆零星项目	① 找平层厚度、材料种类及强度等级； ② 面层厚度、砂浆种类及强度等级； ③ 面层处理方式			① 基层清理； ② 找平层铺设； ③ 面层铺设

4. 装配式楼地面及其他

装配式楼地面及其他包括架空地板、装配式踢脚板，2 个清单项目。

二、计量标准与计价规则说明

（1）楼梯、台阶的牵边、侧面和池槽、蹲台等装饰，应按零星装饰项目中的相应分项工程项目编码列项。

（2）单跑楼梯不论其中间是否有休息平台，其工程量与双跑楼梯同样计算。

（3）台阶面层与平台面层是同一种材料时，平台计算面层后，台阶不再计算最上一层踏步面积；如台阶计算最上一层踏步（加 300mm），平台面层中必须扣除该面积。

（4）在描述碎石材项目的面层材料特征时可不用描述规格、品牌。

（5）零星装饰适用于楼梯和台阶的牵边和侧面、池槽、蹲台及不大于 $0.5m^2$ 的少量分散的楼地面装饰，其工程部位或名称应在清单项目特征中进行描述。

（6）石材、块料与黏结材料的结合面刷防渗材料的种类，在防护层材料种类中描述。

三、配套定额相关规定

1. 楼梯及零星项目面层定额说明

（1）石材螺旋形楼梯，按弧形楼梯项目人工乘以系数 1.2。

（2）零星项目面层适用于楼梯侧面、台阶的牵边，小便池、蹲台、池槽，以及面积在 $0.5m^2$ 以内且未列项目的工程。

2. 楼梯面层工程量计算

楼梯面层按设计图示尺寸以楼梯（包括踏步及最后一级踏步宽、休息平台及≤500mm 的楼梯井）水平投影面积计算。楼梯与楼地面相连时，算至梯口梁内侧边沿；无梯口梁者，算至最上一层踏步边沿加 300mm。

通常情况下，当楼梯井宽度≤500mm 时

楼梯工程量＝楼梯间净宽×（休息平台宽＋踏步宽×步数）×（楼层数－1）

当楼梯井宽度＞500mm 时

楼梯工程量＝[楼梯间净宽×（休息平台宽＋踏步宽×步数）－（楼梯井宽－0.5）×楼梯井长]×（楼层数－1）

3. 台阶面层工程量计算

台阶面层按设计图示尺寸以台阶（包括最上层踏步边沿加 300mm）水平投影面积计算，即

$$台阶工程量＝台阶长×踏步宽×步数$$

【例 9-1】 某工程花岗石台阶，尺寸如图 9-4 所示，台阶及翼墙 1∶2.5 水泥砂浆粘贴花岗石板（翼墙外侧不贴）。计算工程量。

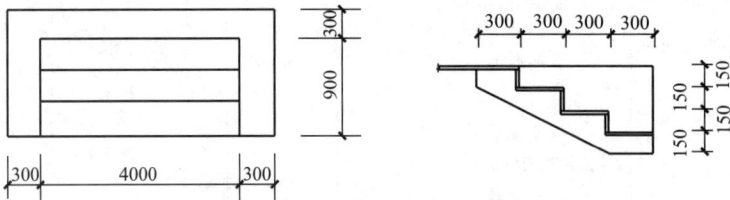

图 9-4　花岗石台阶

解　① 台阶花岗石板贴面工程量＝4×0.3×4＝4.80（m^2）

② 台阶翼墙花岗石板贴面工程量＝0.3×（0.9＋0.3＋0.15×4）×2＋（0.3×3）×（0.15×4）（折合）＝1.62（m^2）

4. 其他面层工程量计算

（1）零星项目按设计图示尺寸以面积计算。

（2）分格嵌条按设计图示尺寸以"延长米"计算。

四、应用案例

【案例 9 - 4】 某学生宿舍楼 5 层，楼梯平面如图 9 - 5 所示。踏步宽 300mm，踏步高 150mm，钢筋混凝土楼梯花岗石面层，建筑做法：1：3 水泥砂浆找平层 20mm 厚，1：2 水泥砂浆结合层 10mm 厚，铺 20mm 厚花岗石板，嵌 10mm×5mm 铜板防滑条（直条），双线（长度比踏步长度每端短 100mm），面层酸洗、打蜡。编制石材楼梯工程量清单和清单报价。

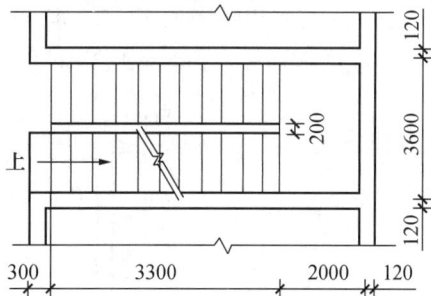

图 9 - 5 楼梯平面图

解 石材楼梯工程量清单的编制

石材楼梯工程量＝[(0.30＋3.30)×2＋(0.15×13＋0.15×12)]×[(3.6−0.24−0.2)÷2]×4＋(2.00−0.12)×(3.6−0.24)×4＝94.47(m²)

按计量标准楼梯部位分别计算工程量

踏步工程量＝[(0.30＋3.30)×2＋(0.15×13＋0.15×12)]×[(3.6−0.24−0.2)÷2]×4＝69.20(m²)

休息平台工程量＝(2.00−0.12)×(3.6−0.24)×4＝25.27(m²)

因定额是按整体楼梯计算工程量，所以分部分项工程量清单见表 9 - 12。

表 9 - 12　　　　　　　　　　　　分部分项工程量清单

序号	项目编号	项目名称	项目特征描述	计量单位	工程量
1	011106002001	石材楼梯	1：3 水泥砂浆找平层 20mm 厚，1：2 水泥砂浆 10mm 厚铺 20mm 厚花岗石板材，嵌 10mm×5mm 铜板防滑条，面层酸洗、打蜡	m²	94.47

习 题

9 - 1 某教学楼过道楼面（干粉型胶粘剂）铺设 600mm×600mm 全瓷米黄色玻化砖，200mm 宽黑金砂镶边，120mm 高黑金砂踢脚，楼面拼花如图 9 - 6 所示。试编制图示分部分项工程的工程量清单并计价。

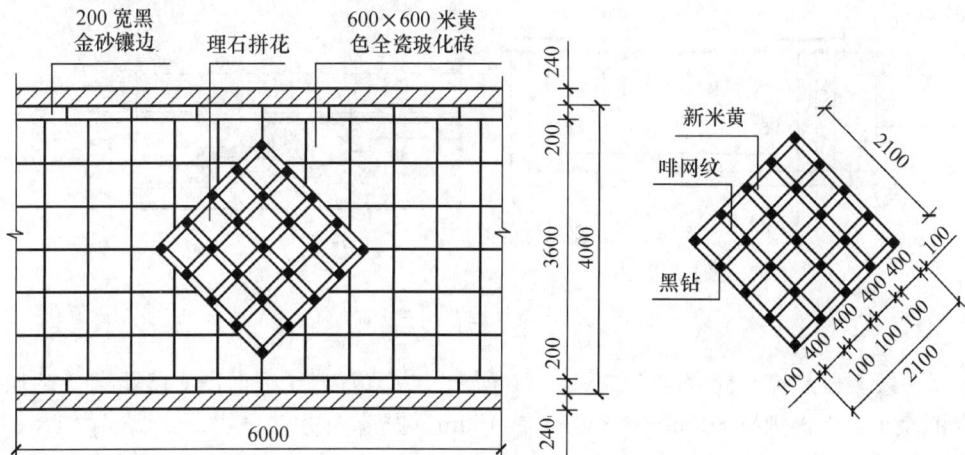

图 9 - 6 楼面拼花

9-2　某工程平面如图 9-7 所示。附墙垛为 240mm×240mm，门洞宽 1000mm，地面用防静电活动地板，边界到门扇下面。编制防静电活动地板工程量清单，确定综合单价。

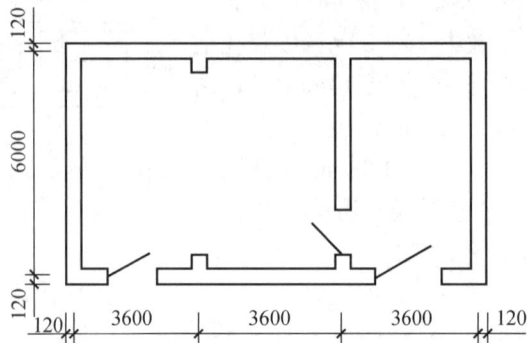

图 9-7　某工程平面图

9-3　某房屋平面如图 9-8 所示，室内水泥砂浆粘贴 200mm 高全瓷地板砖块料踢脚线。编制块料踢脚线工程量清单，进行清单报价。

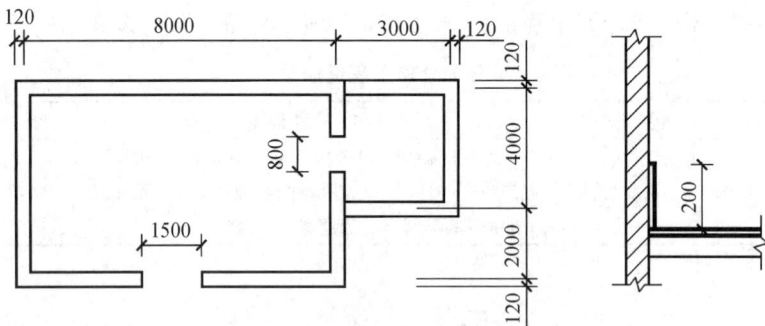

图 9-8　某房屋平面图

9-4　某工程花岗石台阶尺寸如图 9-9 所示。平台与台阶同用 1∶3 水泥砂浆找平 20mm 厚，1∶2.5 水泥砂浆粘贴花岗石板。编制平台与台阶工程量清单，并进行清单报价。

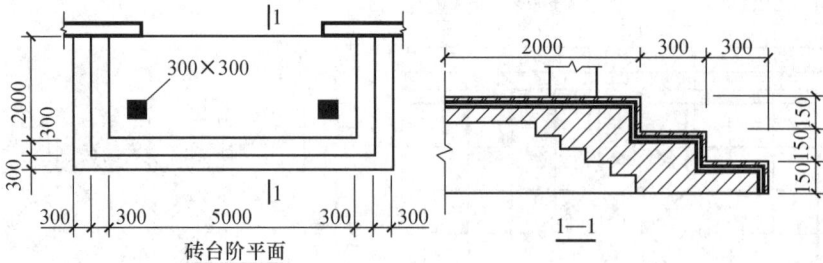

图 9-9　某工程花岗石台阶

9-5　某工程方整石台阶尺寸如图 9-10 所示。方整石台阶下面做 C15 混凝土垫层，现场搅拌混凝土，上面铺砌 800mm×320mm×150mm 芝麻白方整石块；翼墙部位 1∶3 水泥砂浆找平 20mm 厚，1∶2.5 水泥砂浆粘贴 300mm×300mm×20mm 芝麻白花岗石板。编制块料台阶面层和石材零星项目工程量清单和清单报价。

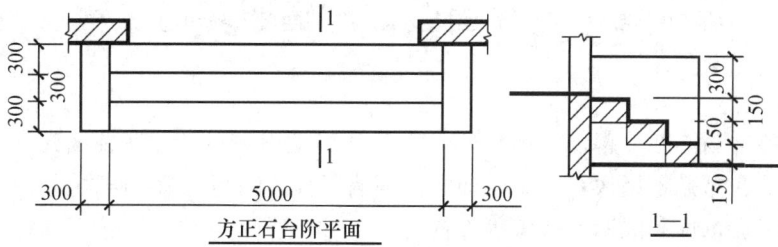

图 9-10 某工程方整石台阶

第十章　墙柱面装饰与隔断幕墙工程

　　墙、柱面装饰与隔断、幕墙工程共分 7 个子分部工程项目，即墙柱面抹灰、零星抹灰、墙柱面块料面层、镶贴零星块料、墙柱饰面、幕墙工程、隔墙隔断。适用于一般抹灰、装饰抹灰、镶贴块料、饰面和隔断、幕墙等工程。

　　工程量清单有关项目特征的说明：

　　（1）基层类型指砖墙、石墙、混凝土墙、砌块墙以及内墙、外墙等。

　　（2）底层、面层的厚度应根据设计规定（一般采用标准设计图）确定。

　　（3）勾缝类型指清水砖墙、砖柱的加浆勾缝（平缝或凹缝），以及石墙、石柱的勾缝（如平缝、平凹缝、平凸缝、半圆凹缝、半圆凸缝和三角凸缝等）。

　　（4）装饰面材料种类是指石材饰面板（天然花岗石、大理石、人造花岗石、人造大理石、预制水磨石饰面板等）、陶瓷面砖（内墙彩釉面瓷砖、外墙面砖、陶瓷锦砖、大型陶瓷锦面板等）、玻璃面砖（玻璃锦砖、玻璃面砖等）、金属饰面板（彩色涂色钢板、彩色不锈钢板、镜面不锈钢饰面板、铝合金板、复合铝板、铝塑板等）、塑料饰面板（聚氯乙烯塑料饰面板、玻璃钢饰面板、塑料贴面饰面板、聚酯装饰板、复塑中密度纤维板等）、木质饰面板（胶合板、硬质纤维板、细木工板、刨花板、建筑纸面草板、水泥木屑板、灰板条等）。

　　（5）安装方式是指挂贴方式和干挂方式。挂贴方式是指对大规格的石材（大理石、花岗石、青石等）使用先挂后灌浆的方式固定于墙、柱面。干挂方式是指直接干挂法，是通过不锈钢膨胀螺栓、不锈钢挂件、不锈钢连接件、不锈钢钢针等，将外墙饰面板连接在外墙墙面；间接干挂法，是通过固定在墙、柱、梁上的龙骨，再通过各种挂件固定外墙饰面板。

　　（6）嵌缝材料指嵌缝砂浆、嵌缝油膏、密封胶封水材料等。

　　（7）防护材料指石材等防碱背涂处理剂和面层防酸涂剂等。

　　（8）基层材料指面层内的底板材料，如木墙裙、木护墙、木板隔墙等，在龙骨上粘贴或铺钉一层加强面层的底板。

第一节　墙柱面及零星抹灰

一、"计量标准"清单项目设置

1. 墙柱面抹灰

墙柱面抹灰包括墙柱面一般抹灰、墙柱面装饰抹灰、墙柱面勾缝、立面砂浆找平 4 个清单项目。墙柱面抹灰项目内容见表 10 - 1。

表 10-1   墙柱面抹灰（编号：011201）

项目编码	项目名称	项目特征	计量单位	工程量计算规则	工程内容
011201001	墙柱面一般抹灰	① 基层类型、部位； ② 各层厚度、材料种类及强度等级； ③ 分格缝宽度、材料种类； ④ 面层处理方式	m²	按设计图示尺寸以面积计算。扣除墙裙、门窗洞口面积，不扣除单个面积≤0.3m²的孔洞面积，不扣除挂镜线和墙与构件交接处的面积，附墙柱、梁、垛、烟囱侧壁并入相应的墙面面积内。门窗洞口和孔洞的侧壁及顶面不增加面积	① 基层清理； ② 分层抹灰； ③ 面层处理； ④ 分格嵌缝

2. 零星抹灰

零星抹灰包括零星项目一般抹灰、零星项目装饰抹灰、零星项目砂浆找平 3 个清单项目。零星抹灰常用项目内容见表 10-2。

表 10-2   零星抹灰（编号：011203）

项目编码	项目名称	项目特征	计量单位	工程量计算规则	工程内容
011202001	零星项目一般抹灰	① 基层类型、部位； ② 各层厚度、材料种类及强度等级； ③ 分格缝宽度、材料种类； ④ 面层处理方式	m²	按设计图示尺寸以面积计算	① 基层清理； ② 分层抹灰； ③ 面层处理； ④ 分格嵌缝

二、计量标准与计价规则说明

1. 墙面抹灰

（1）墙、柱面抹石灰砂浆、水泥砂浆、混合砂浆、聚合物水泥砂浆、麻刀石灰浆、石膏灰浆等应按墙、柱面一般抹灰列项，项目特征描述中的"面层处理方式"可描述为拉毛、提浆压光等；"装饰抹灰类型"可描述为水刷石、斩假石、干粘石、假面砖等。

（2）≤0.5m² 的小面积抹灰，应按零星抹灰中的相应分项工程工程量清单项目编码列项。

（3）如墙、柱面基层需做处理或抹灰时需贴压网格布，应在项目特征的各层做法中进行描述。

（4）立面砂浆找平项目适用于仅做找平层的立面抹灰。

（5）工程内容中的"抹面层"是指一般抹灰的普通抹灰（一层底层和一层面层，或不分层一遍成活）、中级抹灰（一层底层、一层中层和一层面层，或一层底层、一层面层）、高级抹灰（一层底层、数层中层和一层面层）的面层。

（6）工程内容中的"抹装饰面"是指装饰抹灰（抹底灰、涂刷 108 胶溶液、刮或刷水泥浆液、抹中层、抹装面层）的面层。

（7）墙面抹灰不扣除与构件交接处的面积，是指墙与梁的交接处所占面积，不包括墙与楼板的交接。

（8）飘窗凸出外墙面增加的抹灰不计算工程量，在综合单价中考虑。

（9）有吊顶天棚的内墙壁面抹灰，抹至吊顶以上部分在综合单价中考虑。

2. 柱（梁）面抹灰

（1）抹石灰砂浆、水泥砂浆、混合砂浆、聚合物水泥砂浆、麻刀石灰浆、石膏灰浆等按柱（梁）面一般抹灰编码列项，水刷石、斩假石、干粘石、假面砖等按柱（梁）面装饰抹灰编码列项。

（2）砂浆找平项目适用于仅做找平层的柱（梁）面抹灰。

3. 零星抹灰

（1）零星抹灰适用于各种壁柜、碗柜、过人洞、暖气壁龛、池槽、花台和挑檐、天沟、腰线、窗台线、窗台板、门窗套、压顶、栏板扶手、遮阳扳、雨篷周边等面积≤0.5m² 少量分散的抹灰。

（2）零星项目抹石灰砂浆、水泥砂浆、混合砂浆、聚合物水泥砂浆、麻刀石灰浆、石膏灰浆等应按"零星项目一般抹灰"项目编码列项，项目特征描述中的"面层处理方式"可描述为拉毛、提浆压光等；"装饰抹灰类型"可描述为水刷石、斩假石、干粘石、假面砖等。

（3）墙、柱（梁）面≤0.5m² 的少量分散的抹灰按零星抹灰项目编码列项。

三、配套定额相关规定

1. 抹灰定额说明

（1）凡注明砂浆种类、配合比、饰面材料型号规格的，设计与定额不同时，可按设计规定调整，其他不变。抹灰项目中设计厚度与定额取定厚度不同者，按相应增减厚度项目调整。

（2）圆弧形、锯齿形、异形等不规则墙面抹灰按相应项目乘以系数 1.15。

（3）国家定额规定女儿墙（包括泛水、挑砖）内侧、阳台栏板（不扣除花格所占孔洞面积）内侧与阳台栏板外侧抹灰工程量按其投影面积计算，块料按展开面积计算；女儿墙无泛水挑砖者，人工及机械乘以系数 1.10，女儿墙带泛水挑砖者，人工及机械乘以系数 1.30 按墙面相应项目执行；女儿墙外侧并入外墙计算。

（4）国家定额砖墙中的钢筋混凝土梁、柱侧面抹灰＞0.5m² 的并入相应墙面项目执行，≤0.5m² 的按"零星抹灰"项目执行。

（5）抹灰工程的"零星项目"适用于各种壁柜、碗柜、飘窗板、空调隔板、暖气罩、池槽、花台，以及≤0.5m² 的其他各种零星抹灰。

（6）抹灰工程的装饰线条适用于门窗套、挑檐、腰线、压顶、遮阳板外边、楼梯边梁、宣传栏边框等项目的抹灰，以及突出墙面且展开宽度≤300mm 的竖、横线条抹灰。国家定额规定线条展开宽度＞300mm 且≤400mm 者，按相应项目乘以系数 1.33；展开宽度＞400mm 且≤500mm 者，按相应项目乘以系数 1.67。省定额规定线条展开宽度＞300mm 时，按图示尺寸以展开面积并入相应墙面计算。

2. 内墙抹灰工程量计算

（1）内墙面、墙裙抹灰面积按设计图示尺寸以面积计算。计算时应扣除门窗洞口和单个面积＞0.3m² 以上的空圈所占的面积，不扣除踢脚线、挂镜线及单个面积≤0.3m² 的孔洞和墙与构件交接处的面积。且门窗洞口、空圈、孔洞的侧壁面积也不增加，附墙柱的侧面抹灰应并入墙面、墙裙抹灰工程量内计算。

（2）内墙面抹灰的长度以主墙间的图示净长尺寸计算。其高度确定如下：

1）无墙裙的，其高度按室内地面或楼面至顶棚底面之间距离计算。

2）有墙裙的，其高度按墙裙顶至顶棚底面之间距离计算。

内墙抹灰工程量＝主墙间净长度×墙面高度－门窗等面积＋垛的侧面抹灰面积

内墙裙抹灰工程量＝主墙间净长度×墙裙高度－门窗所占面积＋垛的侧面抹灰面积

（3）柱抹灰按设计断面周长乘设计柱抹灰高度以面积计算。

$$柱抹灰工程量＝柱结构断面周长×设计柱抹灰高度$$

3. 外墙抹灰工程量计算

（1）外墙抹灰面积，按设计外墙抹灰的设计图示尺寸以面积计算。计算时应扣除门窗洞口、外墙裙和单个面积≥0.3m² 的孔洞所占面积，不扣除单个面积≤0.3m² 的孔洞和各种装饰线条所占面积，洞口侧壁面积不另增加。附墙垛、飘窗凸出外墙面增加的抹灰面积并入外墙面工程量内计算，即

$$外墙抹灰工程量＝外墙面长度×墙面高度－门窗等面积＋垛梁柱侧面抹灰面积$$

（2）外墙裙抹灰面积按其设计长度乘高度计算（扣除或不扣除内容同外墙抹灰），即

$$外墙裙抹灰工程量＝外墙面长度×墙裙高度－门窗所占面积＋垛梁柱侧面抹灰面积$$

（3）墙面勾缝按设计勾缝墙面的设计图示尺寸以面积计算。不扣除门窗洞口、门窗套、腰线等零星抹灰所占的面积，附墙柱和门窗洞口侧面的勾缝面积亦不增加。独立柱、房上烟囱勾缝，按图示尺寸以面积计算，即

$$墙面勾缝工程量＝墙面长度×墙面高度$$

（4）柱抹灰按结构断面周长乘以抹灰高度计算，即

$$柱抹灰工程量＝柱结构断面周长×设计柱抹灰高度$$

（5）装饰线条抹灰按设计图示尺寸以长度计算。

（6）装饰抹灰分格嵌缝按抹灰面面积计算。

（7）"零星项目"按设计图示尺寸以展开面积计算。

四、应用案例

【**案例 10-1**】 某砖混结构工程、办公用房如图 10-1 所示。内墙面抹 1∶2 水泥砂浆打底，1∶3 石灰砂浆找平层，麻刀石灰浆面层，共 20mm 厚。内墙裙采用 1∶3 水泥砂浆打底（19 厚），1∶2.5 水泥砂浆面层（6 厚）。编制墙面一般抹灰工程量清单。

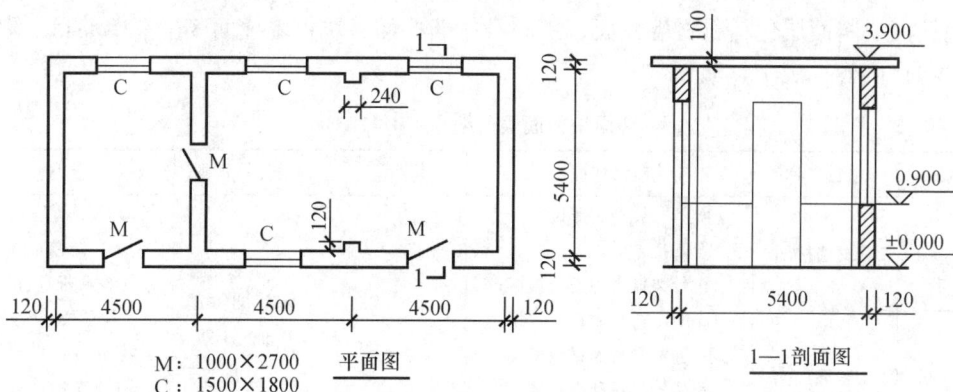

M：1000×2700　　**平面图**
C：1500×1800

1—1剖面图

图 10-1　办公用房抹灰

解　墙面一般抹灰工程量清单的编制

内墙面抹灰工程量＝[(4.50×3−0.24×2+0.12×2)×2+(5.40−0.24)×4]×(3.90−0.10−0.90)−1.00×(2.70−0.90)×4−1.50×1.80×4＝118.76(m²)

内墙裙工程量＝[(4.50×3−0.24×2+0.12×2)×2+(5.40−0.24)×4−1.00×4]×0.90＝38.84(m²)，分部分项工程量清单，见表10-3。

表 10-3　　　　　　　　　　　分部分项工程量清单

序号	项目编号	项目名称	项目特征描述	计量单位	工程量
1	011201001001	墙面一般抹灰	室内砖墙面上，1：2水泥砂浆打底，1：3石灰砂浆找平层，麻刀石灰浆面层，共20mm厚	m²	118.76
2	011201001002	墙面一般抹灰	砖墙面室内墙裙，1：3水泥砂浆打底（19厚），1：2.5水泥砂浆面层（6厚）	m²	38.84

【案例 10-2】　某地下车库有钢筋混凝土柱108根，直径600mm，高度3m，刷素水泥浆1道1mm厚，1：3水泥砂浆打底12mm厚，面层1：2.5水泥砂浆7mm厚。编制柱面一般抹灰工程量清单，自行报价。

解　柱面一般抹灰工程量清单的编制

水泥砂浆柱面抹灰工程量＝0.60×3.14×3.00×108＝610.42(m²)，分部分项工程量清单，见表10-4。

表 10-4　　　　　　　　　　　分部分项工程量清单

序号	项目编号	项目名称	项目特征描述	计量单位	工程量
1	011201001001	柱面一般抹灰	钢筋混凝土柱上，刷素水泥浆1道，1mm厚，1：3水泥砂浆打底12mm厚，面层1：2.5水泥砂浆7mm厚	m²	610.42

第二节　墙柱面及零星镶贴块料

一、"计量标准"清单项目设置

1. 墙柱面块料面层

墙柱面块料面层包括石材墙柱面、拼碎石材墙柱面、块料墙柱面3个清单项目。墙面块料面层项目内容见表10-5。

表 10-5　　　　　　　　　　　墙面块料面层（编号：011203）

项目编码	项目名称	项目特征	计量单位	工程量计算规则	工程内容
011203001	石材墙柱面	① 基层类型、部位； ② 安装方式； ③ 骨架材料种类、规格； ④ 面层材料品种、规格； ⑤ 缝宽、嵌缝材料种类； ⑥ 防护材料种类； ⑦ 面层处理方式	m²	按设计图示镶贴后表面积计算	① 基层清理； ② 黏结层铺贴或骨架安装（若有）； ③ 面层铺贴或安装； ④ 勾缝； ⑤ 刷防护材料； ⑥ 磨光、酸洗、打蜡
011203003	块料墙柱面				

2. 镶贴零星块料

镶贴零星块料包括石材零星项目、拼碎石材零星项目和块料零星项目 3 个清单项目。镶贴零星块料项目内容见表 10 - 6。

表 10 - 6　　　　　　　　　　镶贴零星块料（编号：011204）

项目编码	项目名称	项目特征	计量单位	工程量计算规则	工程内容
011204001	石材零星项目	① 基层类型、部位； ② 安装方式； ③ 骨架材料种类、规格； ④ 面层材料品种、规格； ⑤ 缝宽、嵌缝材料种类； ⑥ 防护材料种类； ⑦ 面层处理方式	m²	按设计图示镶贴后表面积计算	① 基层清理； ② 黏结层铺贴或骨架安装（若有）； ③ 面层铺贴或安装； ④ 勾缝； ⑤ 刷防护材料； ⑥ 磨光、酸洗、打蜡
011204002	拼碎石材零星项目
011204003	块料零星项目

二、计量标准与计价规则说明

1. 墙面块料面层

（1）在描述碎块项目的面层材料特征时可不用描述规格、品牌、颜色。

（2）石材、块料与黏结材料的结合面刷防渗材料的种类，在防护层材料种类中描述。

（3）安装方式可描述为砂浆或黏结剂粘贴、挂贴、干挂等，不论哪种安装方式，都要详细描述与组价相关的内容。

（4）块料面层之间缝的嵌勾填塞，应包括在报价内。

2. 柱（梁）面镶贴块料

（1）在描述碎块项目的面层材料特征时可不用描述规格、品牌、颜色。

（2）石材、块料与黏结材料的结合面刷防渗材料的种类，在防护层材料种类中描述。

（3）柱梁面干挂石材的钢骨架按"计量标准"相应项目编码列项。

（4）柱（梁）面块料镶贴表面积是指饰面的表面尺寸，尺寸为主断面尺寸。

3. 镶贴零星块料

（1）镶贴零星块料项目适用于小面积（≤0.5m²）的少量分散的块料面层。

（2）在描述碎块项目的面层材料特征时可不用描述规格、品牌、颜色。

（3）石材、块料与黏结材料的结合面刷防渗材料的种类，在防护层材料种类中描述。

（4）零星项目干挂石材的钢骨架按"计量标准"相应项目编码列项。

（5）墙柱面≤0.5m²的少量分散的镶贴块料面层应按零星项目执行。

（6）各种壁柜、碗柜、过人洞、暖气壁龛、池槽、花台和挑檐、天沟、窗台线、压顶、栏板、扶手、遮阳板、雨篷周边等镶贴块料面层，应按零星镶贴块料中的相应分项工程工程量清单项目编码列项。

（7）石材门窗套应按门窗套中的石材门窗套工程量清单项目编码列项。

（8）石材装饰线应按压条、装饰线中的石材装饰线工程量清单项目编码列项。

（9）镶贴零星块料按镶贴表面积计算，是指按实际铺贴块料长度、宽度尺寸计算。

三、配套定额相关规定

1. 块料面层定额说明

（1）挂贴块料面层子目，定额中的砂浆种类、配合比、厚度与定额不同时，可按定额相应规定换算或按比例调整砂浆用量，其他不变。设计要求使用界面剂时，另套相应定额项目。

（2）圆弧形、锯齿形、异形等不规则镶贴块料按相应项目乘以系数 1.15。

（3）墙面贴块料高度＞300mm 时，按墙面、墙裙项目套用；高度≤300mm 按踢脚线项目执行。

（4）块料镶贴的"零星项目"适用于挑檐、天沟、腰线、窗台线、门窗套、压顶、栏板、扶手、遮阳板、雨篷周边等。

（5）勾缝镶贴面砖子目，如灰缝宽度与取定不同者，其块料及灰缝砂浆用量允许调整，其他不变。

2. 块料面层工程量计算

（1）国家定额镶贴块料面层，按镶贴表面积计算。省定额墙面块料面层按设计图示尺寸以面积计算。

$$墙面贴块料工程量＝图示长度×装饰高度$$

（2）国家定额柱镶贴块料面层按设计图示饰面外围尺寸乘以高度以面积计算。省定额柱面块料面层按设计图示尺寸以面积计算。

$$柱面贴块料工程量＝柱装饰块料外围周长×装饰高度$$

（3）国家定额挂贴石材零星项目中柱墩、柱帽是按圆弧形成品考虑的，按其圆的最大外径以周长计算；其他类型的柱帽、柱墩工程量按设计图示尺寸以展开面积计算。

【例 10 - 1】 某教学楼大厅内有圆形钢筋混凝土柱 4 根，柱身挂贴四拼弧形花岗石板，灌缝 1：2 水泥砂浆 50mm 厚，面层酸洗打蜡。装饰块料外围尺寸如图 10 - 2 所示，计算工程量。

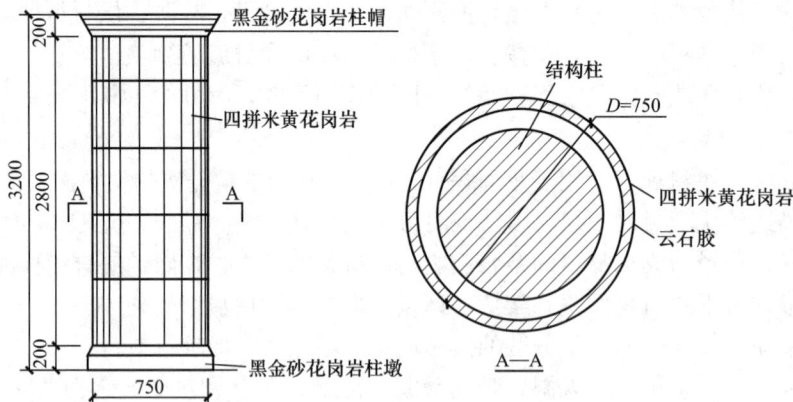

图 10 - 2　柱身挂贴四拼弧形花岗石板

解　柱面工程量＝0.75×3.14×2.80×4＝26.38（m²）

四、应用案例

【案例 10 - 3】 某变电室外墙面尺寸如图 10 - 3 所示。M：1500mm×2000mm；C1：1500mm×1500mm，C2：1200mm×800mm；门窗侧面宽度 100mm。外墙水泥砂浆粘贴规格 194mm×94mm 瓷质外墙砖，灰缝 5mm，阳角 45°角对缝，面层酸洗、打蜡。编制块料墙面工程量清单，确定综合单价。

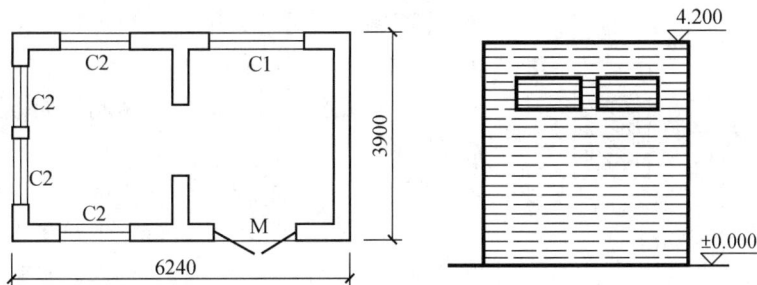

图 10 - 3　某变电室工程

解　1. 块料墙面工程量清单的编制

块料墙面工程量＝(6.24＋3.90)×2×4.20－(1.50×2.00)－(1.50×1.50)－(1.20×0.80)×4＋[1.50＋2.00×2＋1.50×4＋(1.20＋0.80)×2×4]×0.10＝78.84(m²)，分部分项工程量清单，见表 10 - 7。

表 10 - 7　　　　　　　　　　　　分部分项工程量清单

序号	项目编号	项目名称	项目特征描述	计量单位	工程量
1	011203003001	块料墙面	砖墙面，水泥砂浆粘贴规格 194mm×94mm 瓷质外墙砖，灰缝 5mm，阳角 45°角对缝，面层酸洗、打蜡	m²	78.84

2. 块料墙面工程量清单计价表的编制

块料墙面项目发生的工程内容：水泥砂浆粘贴瓷质外墙砖，块料面层酸洗、打蜡。

① 外墙面砖工程量＝(6.24＋3.90)×2×4.20－(1.50×2.00)－(1.50×1.50)－(1.20×0.80)×4＋[1.50＋2.00×2＋1.50×4＋(1.20＋0.80)×2×4]×0.10＝78.84(m²)

外墙面水泥砂浆粘贴（规格 194mm×94mm，灰缝 5mm）瓷质面砖：套 12 - 2 - 39。

② 块料面层酸洗、打蜡工程量＝78.84(m²)

墙面酸洗、打蜡，套 12 - 2 - 51。

③ 外墙面砖 45°角对缝工程量＝4.20×4＋1.50＋2.00×2＋1.50×4＋(1.20＋0.80)×2×4＝44.30(m)

外墙面砖 45°角对缝，套 12 - 2 - 52。

人工、材料、机械单价选用市场价。

根据企业情况确定管理费率为 32.2％，利率为 17.3％，分部分项工程量清单计价，见表 10 - 8。

表 10 - 8　　　　　　　　　　　　分部分项工程量清单计价表

序号	项目编号	项目名称	项目特征描述	计量单位	工程量	金额（元）	
						综合单价	合价
1	011203003001	块料墙面	砖墙面；水泥砂浆粘贴规格 194mm×94mm 瓷质外墙砖，灰缝 5mm，阳角 45°角对缝；面层酸洗、打蜡	m²	78.84	159.76	12 595.48

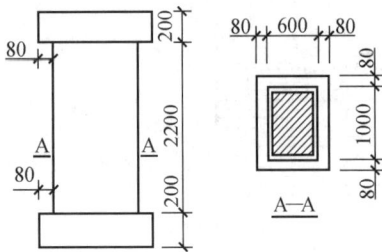

图 10-4　某单位大门砖柱

【**案例 10-4**】　某单位大门砖柱 4 根，砖柱块料外围尺寸如图 10-4 所示，1∶2.5 水泥砂浆（灌缝砂浆 50mm）粘贴济南红花岗石。编制柱面镶贴块料工程量清单。

解　石材柱面工程量清单的编制

石材柱面工程量 $=(0.60+1.00)\times2\times2.20\times4=28.16(\mathrm{m}^2)$，分部分项工程量清单，见表 10-9。

表 10-9　　　　　　　　　　　　分部分项工程量清单

序号	项目编号	项目名称	项目特征描述	计量单位	工程量
1	011203001001	石材柱面	砖柱面，1∶2.5 水泥砂浆挂贴济南红花岗石，面层酸洗、打蜡	m²	28.16

第三节　墙柱饰面

一、"计量标准"清单项目设置

墙柱饰面包括墙柱面装饰板、墙柱面装饰浮雕、墙柱面装配式装饰板、墙柱面软包、墙柱面保温装饰一体板 5 个清单项目。墙饰面项目内容见表 10-10。

表 10-10　　　　　　　　墙柱饰面（编号：011205）

项目编码	项目名称	项目特征	计量单位	工程量计算规则	工程内容
011205001	墙柱面装饰板	① 龙骨材料种类、规格、中距； ② 隔离层材料种类、规格； ③ 基层材料种类、规格； ④ 面层材料品种、规格； ⑤ 压条材料种类、规格	m²	按设计图示饰面外围尺寸以面积计算。扣除门窗洞口面积，不扣除单个面积≤0.3m² 的孔洞所占面积	① 基层清理； ② 龙骨制作、安装； ③ 钉隔离层； ④ 基层铺钉； ⑤ 面层铺贴

二、计量标准与计价规则说明

（1）为了简化计算，单个≤0.3m² 的孔洞所占面积不予扣除，留孔所需工料也不增加，并非所有孔洞面积累加。

（2）饰面的龙骨制作、运输、安装，应计入相应项目报价内。

（3）饰面外围尺寸是指饰面的表面尺寸。

三、配套定额相关规定

1. 墙柱饰面定额说明

（1）墙面饰面高度 >300mm 时，按墙面、墙裙项目套用；高度 ≤300mm 按踢脚线项目执行。

（2）饰面定额中的面层、基层、龙骨均未包括刷防火涂料，设计有要求时，按相应定额计算。

（3）木龙骨基层是按双向计算的，如设计为单向时，材料、人工乘以系数 0.55。

2. 墙柱饰面工程量计算

（1）龙骨、基层、面层墙饰面项目按设计图示饰面尺寸以面积计算，扣除门窗洞口及单个面积 $>0.3m^2$ 以上的空圈所占面积，不扣除单个面积 $\leqslant 0.3m^2$ 的孔洞所占面积，门窗洞口及孔洞侧壁面积也不增加。

（2）柱（梁）饰面的龙骨、基层、面层按设计图示饰面外围尺寸以面积计算，柱帽、柱墩并入相应柱面积计算。

（3）省定额龙骨按附墙、附柱考虑，若遇其他情况，按下列规定乘以系数：

1）设计龙骨外挑时，其相应定额项目乘系数 1.15。

2）设计木龙骨包圆柱，其相应定额项目乘以系数 1.18。

3）设计金属龙骨包圆柱，其相应定额项目乘以系数 1.20。

$$柱饰面龙骨工程量＝图示长度×高度×系数$$

【例 10 - 2】　某墙面工程，三合板基层，贴丝绒墙面 500mm×1000mm，共 16 块。胶合板墙裙 13m 长，净高 0.9m，木龙骨（成品）40mm×30mm，间距 400mm，中密度板基层，面层贴无花榉木夹板，计算工程量。

解　① 丝绒墙面工程量＝0.5×1×16＝8.00（m²）

② 墙裙成品木龙骨安装工程量＝13×0.9＝11.70（m²）

③ 基层板工程量＝13×0.9＝11.70（m²）

④ 胶合板墙裙面层工程量＝13×0.9＝11.70（m²）

第四节　幕墙工程与隔断

一、"计量标准"清单项目设置

1. 幕墙工程

幕墙工程包括构件式玻璃幕墙、构件式石材幕墙、构件式金属板幕墙、构件式人造板幕墙、单元式幕墙、全玻（无框玻璃）幕墙、点支承玻璃幕墙、幕墙开启扇，8 个清单项目。幕墙工程项目内容见表 10 - 11。

表 10 - 11　　　　　　　　　　幕墙工程（编号：011206）

项目编码	项目名称	项目特征	计量单位	工程量计算规则	工程内容
011206001	构件式玻璃幕墙	① 龙骨材料种类及型号； ② 框格形式； ③ 面层材料品种、规格、表面处理； ④ 隔离带、框边封闭材料品种	m²	按设计图示框外围尺寸以面积计算。扣除开启扇面积	① 骨架（含埋件）制作、安装； ② 面层安装； ③ 防雷引下； ④ 隔离带、框边封闭； ⑤ 勾缝、塞口； ⑥ 清洗
011206002	构件式石材幕墙			按设计图示外表面积计算	

2. 隔墙隔断

隔墙隔断包括轻质隔墙、轻质隔断、成品隔断，3 个清单项目。隔墙隔断常用项目内容见表 10 - 12。

表 10 - 12　　　　　　　　　　隔墙隔断（编号：011207）

项目编码	项目名称	项目特征	计量单位	工程量计算规则	工程内容
011207001	轻质隔墙	① 隔墙、隔断类型； ② 骨架、边框材料种类、规格； ③ 隔板材料品种、规格； ④ 嵌缝、塞口材料品种； ⑤ 压条材料种类	m²	按设计图示框外围尺寸以面积计算。不扣除单个面积≤0.3m² 的孔洞所占面积；同材质浴厕门的面积并入计算	① 骨架及边框制作、安装； ② 隔板制作、安装； ③ 嵌缝、塞口； ④ 装订压条
011207002	轻质隔断				

二、计量标准与计价规则说明

1. 幕墙

（1）幕墙工程的"框格形式"可描述为明框、半隐框、全隐框等。单元式幕墙的"结构形式"可描述为全单元式幕墙和半单元式幕墙等。点支承玻璃幕墙的"支承结构形式"可描述为钢结构点支式，钢拉杆点支式和钢拉索点支式等。幕墙开启扇的"驱动类型"可描述为手动、电动等。

（2）幕墙工程中的玻璃采光顶和金属板幕墙顶应按屋面及防水工程中相关项目编码列项。

（3）各类幕墙的周边封口，若采用相同材料，按其展开面积，并入相应幕墙的工程量内计算；若采用不同材料，其工程量应单独计算。

（4）带肋全玻璃幕墙是指玻璃幕墙带玻璃肋，玻璃肋的工程量应合并在玻璃幕墙工程量内计算。

（5）幕墙的龙骨制作、运输、安装，应计入相应项目报价内。

（6）幕墙的嵌缝、塞口，应计入相应项目报价内。

2. 隔墙、隔断

（1）轻质隔墙、轻质隔断适用于现场下料、制作、安装隔墙、隔断的情况。采购成品、半成品现场拼装、安装时，应按成品隔断列项。

（2）为了简化计算，单个面积<0.3m² 的孔洞，所占面积不予扣除，浴厕门材质与隔断相同时，并入隔断面积内，材质不同，分别列项。

（3）墙、柱饰面中的各类饰线应按压条、装饰线中的相应分项工程工程量清单项目编码列项。

（4）设置在隔断上的门窗，可包括在隔墙项目报价内，也可单独编码列项，并在清单项目特征中进行描述。

（5）隔断的龙骨制作、运输、安装，应计入相应项目报价内。

（6）隔断的嵌缝、塞口，应计入相应项目报价内。

三、配套定额相关规定

1. 幕墙、隔断定额说明

（1）玻璃幕墙中的玻璃按成品玻璃考虑；幕墙中的避雷装置已综合，但幕墙的封边、封顶的费用另行计算。型钢、挂件设计用量与定额取定用量不同时，可以调整。

（2）幕墙饰面中的结构胶与耐候胶设计用量与定额取定用量不同时，消耗量按设计计算的用量加 15％的施工损耗计算。

（3）玻璃幕墙设计带有平、推拉窗者，并入幕墙面积计算，窗的型材用量应予以调整，窗的五金用量相应增加，五金施工损耗按 2％计算。

（4）面层、隔墙（间壁）、隔断（护壁）项目内，除注明者外均未包括压边、收边、装饰线（板），如设计要求时，应按相应项目执行；浴厕隔断已综合了隔断门所增加的工料。

（5）隔墙（间壁）、隔断（护壁）、幕墙等项目中龙骨间距、规格如与设计不同时，允许调整。

（6）圆弧形、锯齿形、异形等不规则幕墙按相应项目乘以系数 1.15。

2. 幕墙、隔断工程量计算

（1）玻璃幕墙、铝板幕墙按设计图示框外围尺寸以面积计算；半玻璃隔断、全玻璃幕墙如有加强肋者，工程量按其展开面积计算。

（2）隔断、间壁按设计图示框外围尺寸以面积计算，扣除门窗洞及单个面积＞$0.3m^2$ 的孔洞所占面积。

$$间壁、隔断工程量＝图示长度×高度－门窗面积$$

（3）墙面吸音子目，按设计图示尺寸以面积计算。

四、应用案例

【案例 10-5】 某办公楼正立面做明框玻璃幕墙，长度 26m，高度 18.2m。与幕墙同材质窗洞口尺寸为 900mm×900mm，12 个。编制幕墙工程量清单，自行报价。

解　带骨架幕墙工程量清单的编制

带骨架幕墙工程量＝26.00×18.20＝473.20（m^2），分部分项工程量清单见表 10-13。

表 10-13　　　　　　　　　　　　分部分项工程量清单

序号	项目编号	项目名称	项目特征描述	计量单位	工程量
1	011206001001	带骨架幕墙	不锈钢型钢，明框，镀膜玻璃	m^2	473.20

【案例 10-6】　某办公室做塑钢隔断，长度 6m，高度 3.2m，门口尺寸为 900mm×2000mm 一个，编制隔断工程量清单，自行报价。

解　柱面装饰工程量清单的编制

塑钢隔断工程量＝6.00×3.20－0.90×2＝17.40（m^2），分部分项工程量清单见表 10-14。

表 10-14　　　　　　　　　　　　分部分项工程量清单

序号	项目编号	项目名称	项目特征描述	计量单位	工程量
1	011207002001	塑钢隔断	80 型塑钢半玻隔断	m^2	17.40

习　　　题

10-1　某砖混结构工程如图 10-5 所示。外墙面抹水泥砂浆，底层为 1∶3 水泥砂浆打底 14mm 厚，面层为 1∶2 水泥砂浆抹面 6mm 厚；外墙裙水刷石子，1∶3 水泥砂浆打底 12mm 厚，素水泥浆两遍，1∶2.5 水泥白石子 10mm 厚（介格）；挑檐水刷白石，厚度与配合比均与定额相同。编制外墙面抹灰、外墙裙及挑檐装饰抹灰工程量清单和清单报价。

M:1000×2500　C:1200×1500

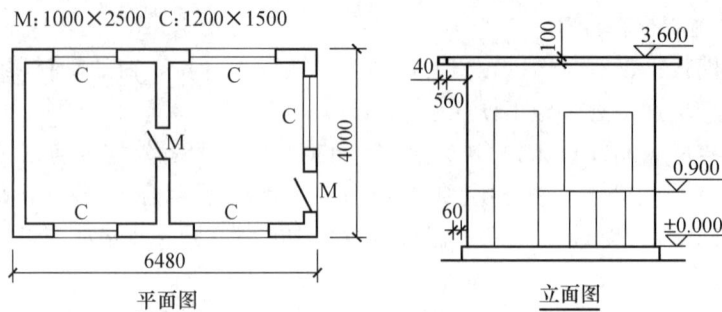

图 10-5　某砖混结构工程

10-2　某砖混结构工程见图 10-5。挑檐正面及 40mm 宽滴水处水刷白石子，施工做法：1∶3 水泥砂浆打底 10mm 厚，素水泥浆两遍，1∶2.5 水泥白石子 10mm 厚。编制外墙面抹灰和外墙裙及挑檐装饰抹灰工程量清单和清单报价。

10-3　某单位大门砖柱 4 根，砖柱块料外围尺寸见图 10-4，1∶3 水泥砂浆挂贴花岗石面层。编制石材零星项目工程量清单，确定综合单价。

10-4　某胶合板墙裙长 98m，净高 0.9m。木龙骨（成品）40mm×30mm，间距400mm，中密度板基层，面层贴无花桦木夹板，其中有贴丝绒墙面 500mm×900mm，共 16块，木板面、木方面均刷防火涂料两遍。编制装饰板墙面工程量清单，确定综合单价。

10-5　木龙骨、五合板基层，镜面不锈钢板（1mm），柱面尺寸如图 10-6 所示，共 4根。木龙骨断面 30mm×40mm，间距 250mm，不锈钢卡口槽。编制柱面装饰工程量清单，确定综合单价。

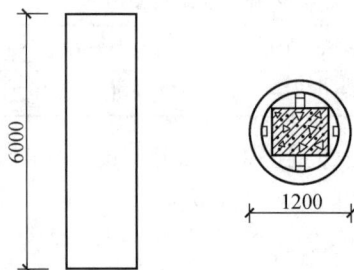

图 10-6　镜面不锈钢板柱面

第十一章 天棚工程

天棚工程共分 3 个子分部工程项目，即天棚抹灰、天棚吊顶和天棚其他装饰。适用于天棚抹灰和天棚吊顶装饰工程。

工程量清单有关项目特征的说明：

（1）"天棚抹灰"项目基层类型是指混凝土现浇板、预制混凝土板、木板条等。

（2）龙骨类型指上人或不上人，以及平面、跌级、锯齿形、阶梯形、吊挂式、藻井式及矩形、圆弧形、拱形等类型。

（3）基层材料是指底板或面层背后的加强材料。

（4）龙骨中距是指相邻龙骨中线之间的距离。

（5）天棚面层适用于石膏板（包括装饰石膏板、纸面石膏板、吸声穿孔石膏板、嵌装式装饰石膏等）、埃特板、装饰吸声罩面板〔包括矿棉装饰吸声板、贴塑矿（岩）棉吸声板、膨胀珍珠岩装饰吸声制品、玻璃棉装饰吸声板等〕、塑料装饰罩面板（钙塑泡沫装饰吸声板、聚苯乙烯泡沫塑料装饰吸声板、聚氯乙烯塑料天花板等）、纤维水泥加压板（包括穿孔吸声石棉水泥板、轻质硅酸钙吊顶板等）、金属装饰板（包括铝合金罩面板、金属微孔吸声板、铝合金单体构件等）、木质饰板（胶合板、薄板、板条、水泥木丝板、刨花板等）、玻璃饰面（包括镜面玻璃、镭射玻璃等）。

（6）格栅吊顶面层适用于木格栅、金属格栅、塑料格栅等。

（7）吊筒吊顶适用于木（竹）质吊筒、金属吊筒、塑料吊筒，以及圆形、矩形、扁钟形吊筒等。

（8）灯带格栅有不锈钢格栅、铝合金格栅、玻璃类格栅等。

（9）送风口、回风口适用于金属、塑料、木质风口。

第一节 天棚抹灰

一、"计量标准"清单项目设置

天棚抹灰只有 1 个清单项目，适用于各种天棚抹灰项目。天棚抹灰项目内容见表 11-1。

表 11-1　　　　　　　　　　天棚抹灰（编号：011301）

项目编码	项目名称	项目特征	计量单位	工程量计算规则	工程内容
011301001	天棚抹灰	① 基层类型；② 抹灰厚度、砂浆材料种类及强度等级	m²	按设计图示尺寸以水平投影面积计算。不扣除垛、柱、附墙烟囱、检查口和管道所占的面积，带梁天棚、梁两侧抹灰面积并入天棚面积内，板式楼梯底面抹灰按斜面积计算，锯齿形楼梯底板抹灰按展开面积计算	① 基层清理；② 底层抹灰；③ 抹面层

二、计量标准与计价规则说明

（1）"抹装饰线条"线角的道数以一个突出的棱角为一道线，应在报价时注意。

（2）雨篷、阳台及挑檐底面抹灰应按天棚抹灰编码列项。

（3）无天棚的独立柱梁抹灰按天棚抹灰项目编码列项。

三、配套定额相关规定

1. 天棚抹灰定额说明

（1）定额中凡注明砂浆种类、配合比、饰面材料型号规格的，设计规定与定额不同时，可按设计规定换算，其他不变。抹灰项目中砂浆设计厚度与定额取定厚度不同时，按相应项目调整。

（2）如混凝土天棚刷素水泥浆或界面剂，按墙、柱面装饰相应项目人工乘以系数 1.15。

（3）楼梯底板抹灰按天棚抹灰相应项目执行，国家定额规定锯齿形楼梯按相应项目人工乘以系数 1.35。

2. 天棚抹灰工程量计算

（1）天棚抹灰面积，按设计结构尺寸以展开面积计算，不扣除柱、垛、间壁墙、附墙烟囱、检查口和管道所占的面积，带梁天棚，梁两侧抹灰面积，并入天棚抹灰工程量内计算，即

$$天棚抹灰工程量＝主墙间的净长度×主墙间的净宽度＋梁测面面积$$

【例 11-1】 麻刀石灰浆面层井字梁天棚如图 11-1 所示，计算工程量。

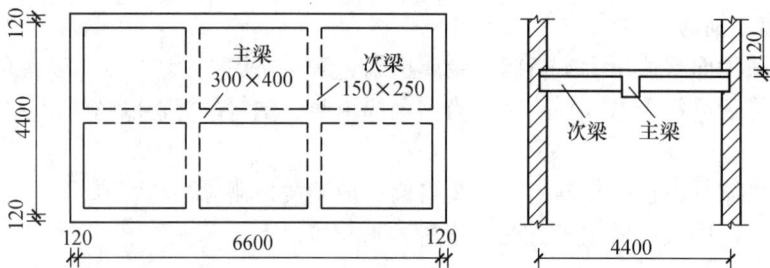

图 11-1　麻刀石灰浆面层井字梁天棚

解　天棚抹灰工程量＝$(6.6-0.24)×(4.4-0.24)+(0.4-0.12)×6.36×2+(0.25-0.12)×3.86×2×2-(0.25-0.12)×0.15×4=31.95(m^2)$

（2）国家定额板式楼梯底面抹灰面积（包括踏步、休息平台及≤500mm 宽的楼梯井）按水平投影面积乘以系数 1.15 计算，锯齿形楼梯底板抹灰面积（包括踏步、休息平台及≤500mm 宽的楼梯井）按水平投影面积乘以系数 1.37 计算。省定额楼梯底面（包括侧面及连接梁、平台梁、斜梁的侧面）抹灰，按楼梯水平投影面积乘以系数 1.37，并入相应天棚抹灰工程量内计算。

（3）有坡度及拱顶的天棚抹灰面积按展开面积计算。

（4）檐口、阳台、雨篷底的抹灰面积，并入相应的天棚抹灰工程量内计算。

四、应用案例

【案例 11-1】 某居室现浇钢筋混凝土天棚抹灰工程，如图 11-2 所示，1∶1∶6 混合砂

浆（过筛净砂）抹面。编制天棚抹灰工程量清单和综合单价。

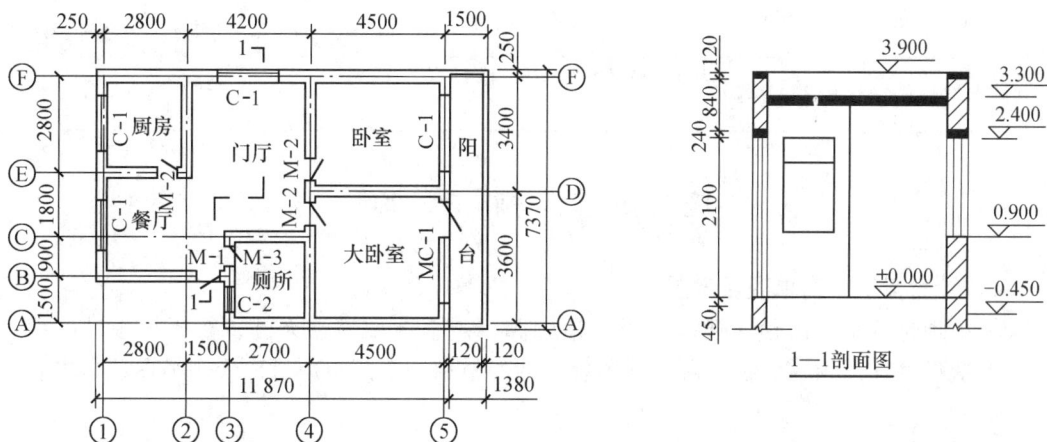

图 11-2　现浇钢筋混凝土天棚抹灰工程

解　1. 天棚抹灰工程量清单的编制

天棚抹灰工程量＝（厨房）$(2.80-0.24) \times (2.80-0.24)$＋（餐厅）$(2.80+1.50-0.24) \times (0.90+1.80-0.24)$＋（门厅）$(4.20-0.24) \times (1.80+2.80-0.24)$－$(1.50-0.24) \times (1.80-0.24)$＋（厕所）$(2.70-0.24) \times (1.50+0.90-0.24)$＋（卧室）$(4.50-0.24) \times (3.40-0.24)$＋（大卧室）$(4.50-0.24) \times (3.60-0.24)$＋（阳台）$(1.38-0.12) \times (3.60+3.40+0.25-0.12)=6.554+9.988+15.300+5.314+13.462+14.314+8.984=73.92(\text{m}^2)$，分部分项工程量清单见表 11-2。

表 11-2　　　　　　　　　　　分部分项工程量清单

序号	项目编号	项目名称	项目特征描述	计量单位	工程量
1	011301001001	天棚抹灰	现浇钢筋混凝土基层，抹 1：1：6 混合砂浆	m²	73.92

2. 天棚抹灰工程量清单计价表的编制

该项目发生的工程内容：混合砂浆抹面。

天棚抹灰工程量＝$(2.80-0.24) \times (2.80-0.24)$＋$(2.80+1.50-0.24) \times (0.90+1.80-0.24)$＋$(4.20-0.24) \times (1.80+2.80-0.24)$－$(1.50-0.24) \times (1.80-0.24)$＋$(2.70-0.24) \times (1.50+0.90-0.24)$＋$(4.50-0.24) \times (3.40-0.24)$＋$(4.50-0.24) \times (3.60-0.24)$＋$(1.38-0.12) \times (3.60+3.40+0.25-0.12)=73.92(\text{m}^2)$

现浇钢筋混凝土天棚抹混合砂浆，套 13-1-3。

人工、材料、机械单价选用市场价。

根据企业情况确定管理费率为 32.2%，利润率为 17.3%，分部分项工程量清单计价见表 11-3。

　　　　　　　　　　　分部分项工程量清单计价表

序号	项目编号	项目名称	项目特征描述	单位	工程量	金额（元）	
						综合单价	合价
1	011301001001	天棚抹灰	现浇钢筋混凝土基层，抹 1：1：6 混合砂浆	m²	73.92	23.71	1752.64

第二节　天　棚　吊　顶

一、"计量标准"清单项目设置

天棚吊顶包括平面吊顶天棚、跌级吊顶天棚、艺术造型吊顶天棚、格栅吊顶、吊筒吊顶、藤条造型悬挂吊顶、织物软雕吊顶和装饰网架吊顶 8 个清单项目。天棚吊顶项目内容见表 11 - 4。

二、计量标准与计价规则说明

（1）平面吊顶天棚和跌级吊顶天棚指一般直线型吊顶天棚。天棚面层在同一标高按"平面吊顶天棚"编码列项，不在同一标高按"跌级吊顶天棚"编码列项。跌级高差＞400mm 或跌级＞3 级时按"艺术造型吊顶天棚"编码列项。

（2）天棚面层油漆防护，应按油漆、涂料、裱糊工程中相应分项工程工程量清单项目编码列项。

（3）天棚压线、装饰线，应按其他工程中相应分项工程工程量清单项目编码列项。

（4）当天棚设置保温隔热吸声层时，应按保温、隔热、防腐工程中相应分项工程工程量清单项目编码列项。

（5）天棚吊顶的平面、跌级、锯齿形、阶梯形、吊挂式、藻井式以及矩形、弧形、拱形等应在清单项目中进行描述。

表 11 - 4　　　　　　　　　　　天棚吊顶（编号：011302）

项目编码	项目名称	项目特征	计量单位	工程量计算规则	工程内容
011302001	平面吊顶天棚	① 吊顶形式、吊杆规格、高度； ② 龙骨材料种类、规格、中距； ③ 基层材料种类、规格； ④ 面板材料品种、规格； ⑤ 压条材料种类、规格； ⑥ 嵌缝材料种类； ⑦ 防护材料种类	m²	按设计图示尺寸以水平投影面积计算。天棚面中的灯槽及跌级天棚面积不展开计算。扣除与天棚相连的窗帘盒所占有的面积；不扣除检查口、附墙烟囱、柱垛和管道以及单个≤0.3m² 的独立柱、孔洞所占面积	① 基层清理、吊杆安装； ② 龙骨安装； ③ 基层板铺贴； ④ 面层铺贴； ⑤ 开孔及洞口处理； ⑥ 嵌缝； ⑦ 刷防护材料
011302002	跌级吊顶天棚				

（6）天棚的检查孔、天棚内的检修走道、灯槽等应包括在报价内。

（7）天棚吊顶的吊杆和龙骨安装，其所需费用应计入相应项目报价内。

三、配套定额相关规定

1. 天棚吊顶定额说明

（1）龙骨的种类、间距、规格和基层、面层材料的型号、规格是按常用材料和常用做法考虑的，如设计要求不同时，材料可以调整，人工、机械不变。

（2）天棚面层在同一标高者为平面天棚，天棚面层不在同一标高者为跌级天棚。国家定额跌级天棚其面层按相应项目人工乘以系数 1.3，省定额跌级天棚基层、面层按平面定额项目人工乘以系数 1.1，艺术造型天棚基层、面层按平面定额项目人工乘以系数 1.3，其他不变。

（3）平面天棚与跌级天棚的划分：房间内全部吊顶、局部向下跌落，以最大和最小跌落线每边各加 0.60m 范围内为跌级天棚，其余为平面天棚。若最大跌落线向外距墙边 ≤1.2m 时，最大跌落线以外全部吊顶均计入跌级天棚内计算；若最小跌落线其任意两对边之间的距离（或直径）≤1.8m 时，最小跌落线以内全部吊顶均计入跌级天棚内计算。若吊顶跌落的一侧为板底抹灰，该侧不得按吊顶天棚计算，另一侧为一个跌级时，该侧龙骨按平面天棚龙骨计算，面层按跌级天棚饰面计算。

（4）轻钢龙骨、铝合金龙骨项目中龙骨按双层双向结构考虑，即中、小龙骨紧贴大龙骨底面吊挂，如为单层结构时，即大、中龙骨底面在同一水平面上者，人工乘以系数 0.85。

（5）平面天棚和跌级天棚指一般直线形天棚，不包括灯光槽的制作安装。

（6）天棚面层不在同一标高，且高差 ≤400mm、跌级 ≤ 三级的一般直线形平面天棚，按跌级天棚相应项目执行；高差 >400mm 或跌级 > 三级，以及圆弧形、拱形等造型天棚，按吊顶天棚中的艺术造型天棚相应项目执行。

（7）天棚检查孔的工料已包括在项目内，面层材料不同时，另增加材料，其他不变。

（8）龙骨、基层、面层的防火处理及天棚龙骨的刷防腐油，石膏板刮嵌缝膏、贴绷带，按定额相应项目执行。

（9）天棚压条、装饰线条按定额相应项目执行。

（10）省定额天棚装饰面开挖灯孔，按每开 10 个灯孔用工 1.0 工日计算。

2. 天棚吊顶工程量计算

（1）吊顶天棚龙骨（除特殊说明外）按主墙间水平投影面积计算，不扣除间壁墙、垛、柱、附墙烟囱、检查口、灯孔和管道所占的面积，由于上述原因所引起的工料也不增加。国家定额规定扣除单个 >0.3m² 的孔洞、独立柱及与天棚相连的窗帘盒所占的面积，斜面龙骨按斜面计算。省定额规定天棚中的折线、跌落、高低吊顶槽等面积不展开计算，即

吊顶天棚龙骨工程量 = 主墙间的净长度 × 主墙间的净宽度

平面天棚龙骨工程量 = 主墙间的净长度 × 主墙间的净宽度 - 跌级天棚龙骨工程量

（2）天棚吊顶的基层和面层均按设计图示尺寸以展开面积计算。天棚面中的灯槽及跌级、阶梯式、锯齿形、吊挂式、藻井式天棚面积按展开计算。不扣除间壁墙、柱、垛、附墙烟囱、检查口和管道所占的面积，国家定额规定扣除单个 >0.3m² 的孔洞、独立柱及与天棚相连的窗帘盒所占的面积。省定额规定应扣除独立柱、灯带 >0.3m² 的灯孔及与天棚相连的窗帘盒所占的面积，即

天棚饰面工程量 = 主墙间展开面积 - 窗帘盒等所占面积

艺术造型天棚饰面工程量 = Σ 展开长度 × 展开宽度

【例 11 - 2】 预制钢筋混凝土板底吊不上人型装配式 U 形轻钢龙骨，间距 450mm× 450mm，龙骨上铺钉中密度板，面层粘贴 6mm 厚铝塑板，尺寸如图 11 - 3 所示，按省定额规定计算天棚工程量。

解　① 轻钢龙骨工程量 = (12-0.24)×(6-0.24)=67.74(m²)

② 基层板工程量 = (12-0.24)×(6-0.24)-0.3×0.3=67.65(m²)

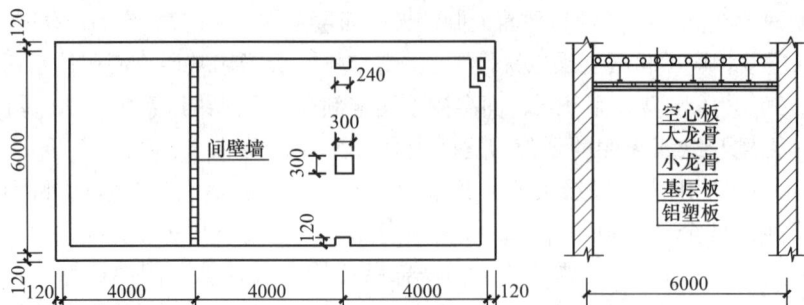

图 11 - 3　预制钢筋混凝土板底吊顶

③ 铝塑板面层工程量＝（12－0.24）×（6－0.24）－0.3×0.3＝67.65（m²）

【例 11 - 3】　某跌级天棚尺寸如图 11 - 4 所示，钢筋混凝土板下吊双层楞木，面层为塑料板，按省定额规定计算天棚工程量。

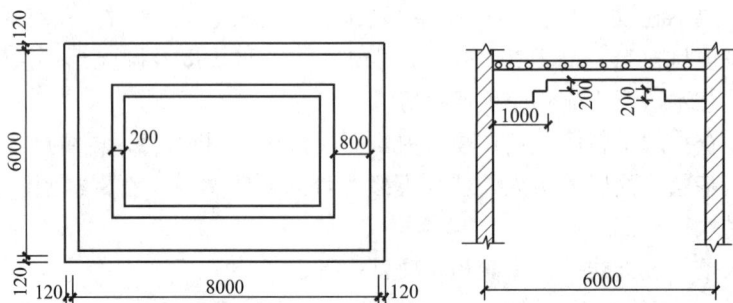

图 11 - 4　某跌级天棚

解　① 双层楞木（平面）龙骨工程量＝（8－0.24－0.8×2－0.2×2－0.6×2）×（6－0.24－0.8×2－0.2×2－0.6×2）＝11.67（m²）

② 双层楞木（跌级）龙骨工程量＝（8－0.24）×（6－0.24）－11.67＝33.03（m²）

③ 塑料板天棚展开面积＝（8－0.24）×（6－0.24）＋（8－0.24－0.9×2＋6－0.24－0.9×2）×2×0.2×2＝52.63（m²）

④ 塑料板天棚面层（平面）工程量＝11.67m²

⑤ 塑料板天棚面层（跌级）工程量＝52.63－11.67＝40.96（m²）

（3）格栅吊顶、藤条造型悬挂吊顶、织物软雕吊顶和装饰网架吊顶，按设计图示尺寸以水平投影面积计算。吊筒吊顶以最大外围水平投影尺寸，以外接矩形面积计算。

（4）雨篷吊顶工程量按设计图示尺寸以水平投影面积计算。

四、应用案例

【案例 11 - 2】　某办公室天棚装修，平面如图 11 - 5 所示。天棚设检查孔一个（0.5m×0.5m），窗帘盒宽 200mm，高 400mm，通长。吊顶做法：一级不上人型，U 形轻钢龙骨，中距 450mm×450mm，基层为九夹板，面层为红榉拼花，红榉面板刷硝基清漆。编制天棚吊顶工程量清单。

解　天棚吊顶工程量清单的编制

天棚吊顶工程量＝（3.60×3－0.24）×（5.00－0.24－0.20）＝48.15（m²），分部分项工程量清单，见表 11 - 5。

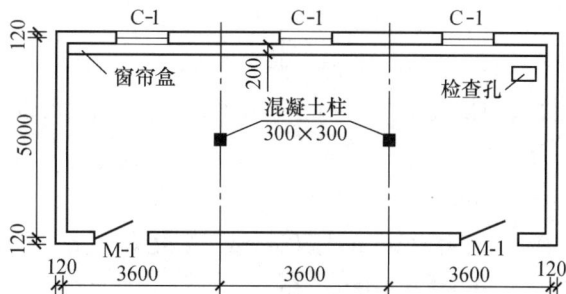

图 11-5 某办公室天棚装修图

表 11-5   分部分项工程量清单

序号	项目编号	项目名称	项目特征描述	计量单位	工程量
1	011302001001	平面天棚吊顶	一级不上人吊顶，U 形轻钢龙骨，中距 450×450，基层九夹板，面层红榉拼花	m²	48.15

【案例 11-3】 某酒店餐厅天棚装饰如图 11-6 所示。现浇钢筋混凝土板底，吊不上人形装配式 U 形轻钢龙骨，间距 450mm×450mm，顶棚灯槽内侧和外沿、窗帘盒部位细木工板基层（不计算窗帘盒工程量），龙骨上或细木工板基层上铺钉纸面石膏板，面层刮腻子 3 遍，刷乳胶漆 3 遍，周边布两条石膏线，石膏线 100 宽。编制天棚吊顶工程量清单。

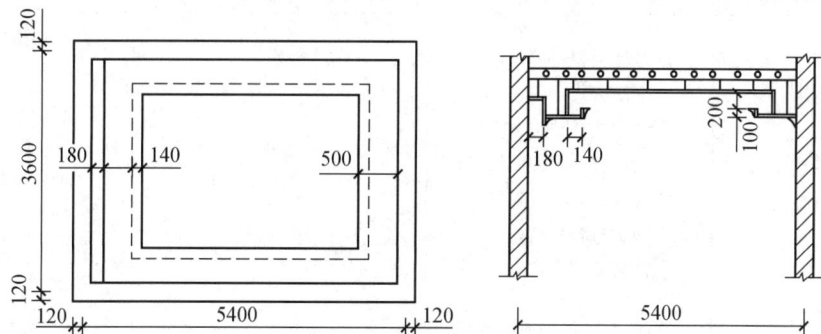

图 11-6 某酒店餐厅天棚装饰图

解 天棚吊顶工程量清单的编制

天棚吊顶工程量＝(5.40－0.24－0.18)×(3.60－0.24)＝16.73(m²)，分部分项工程量清单，见表 11-6。

表 11-6   分部分项工程量清单

序号	项目编号	项目名称	项目特征描述	计量单位	工程量
1	011302002001	跌级天棚吊顶	二级天棚，不上人形装配式 U 形轻钢龙骨，间距 450mm×450mm；龙骨上铺钉纸面石膏板	m²	16.73

【案例 11-4】 某餐厅长 18m，宽 12m。大龙骨间距 1200mm，断面 50mm×70mm，小龙骨间距 500mm，断面 50mm×50mm。损耗率为 6%。计算龙骨木材用量（不考虑支撑和

木吊筋用量）。

解　大龙骨用量＝12.00×(18.00/1.20＋1)×0.05×0.07×1.06＝0.712(m³)

小龙骨用量＝[12.00×(18.00/0.50＋1)＋18.00×(12.00×0.50＋1)]×0.05×0.05×1.06＝2.369(m³)

方木楞合计＝0.712＋2.369＝3.081(m³)

【案例 11-5】 铝塑板规格为500mm×500mm，损耗率为5%，求铝塑板用量。

解　10m² 用量＝10×(1＋5%)＝10.50(m²)

或　10m² 铝塑板块数＝$\dfrac{10}{0.50×0.50}$×(1＋5%)＝42(块)

第三节　天棚其他装饰

一、"计量标准"清单项目设置

天棚其他装饰包括成品装饰带、成品装饰口、挡烟垂壁、块料梁面、装饰板梁面，5个清单项目。天棚其他装饰项目内容见表11-7。

表 11-7　　　　　　　　　　天棚其他装饰（编号：011303）

项目编码	项目名称	项目特征	计量单位	工程量计算规则	工程内容
011303004	块料梁面	① 基层类型、部位； ② 安装方式； ③ 骨架材料种类、规格； ④ 面层材料品种、规格； ⑤ 缝宽、勾缝材料种类； ⑥ 防护材料种类； ⑦ 面层处理方式	m²	按设计图示镶贴后表面积计算	① 基层清理； ② 黏结层铺贴或型钢骨架安装或其他金属骨架安装（若有）； ③ 面层安装； ④ 勾缝； ⑤ 刷防护材料； ⑥ 磨光、酸洗、打蜡
011303005	装饰板梁面	① 龙骨材料种类、规格、中距； ② 基层材料种类、规格； ③ 面层材料品种、规格； ④ 防护材料种类		按设计图示饰面外围尺寸面积计算	① 基层清理； ② 安装龙骨； ③ 基层板铺贴； ④ 面层铺贴； ⑤ 刷防护材料

二、计量标准与计价规则说明

(1) 采光天棚不包括钢骨架，天棚钢骨架按钢结构相关项目编码列项。

(2) 采光天棚按框外围展开面积计算工程量。

(3) 灯带分项已包括了灯带的安装和固定。

(4) 计算工程量时无论送风口、回风口所占的面积是否大于0.3m²，送风口、回风口另外按个计算。

三、配套定额相关规定

(1) 灯带（槽）按设计图示尺寸以框外围面积计算。

(2) 送风口、回风口按设计图示数量计算。

习 题

11-1 现浇钢筋混凝土井字梁天棚麻刀石灰浆面层，如图 11-7 所示。编制工程量清单和清单报价。

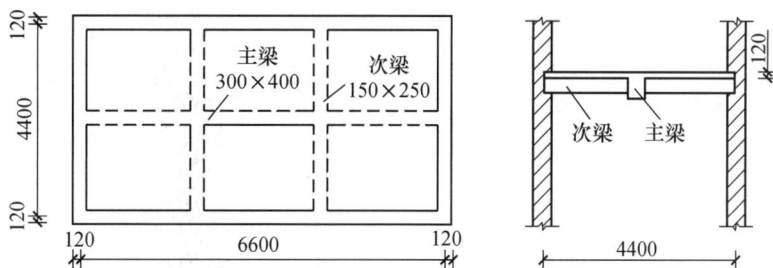

图 11-7 现浇钢筋混凝土井字梁天棚

11-2 某餐厅天棚装饰见图 11-8，现浇钢筋混凝土板底吊不上人型装配式 U 形轻钢龙

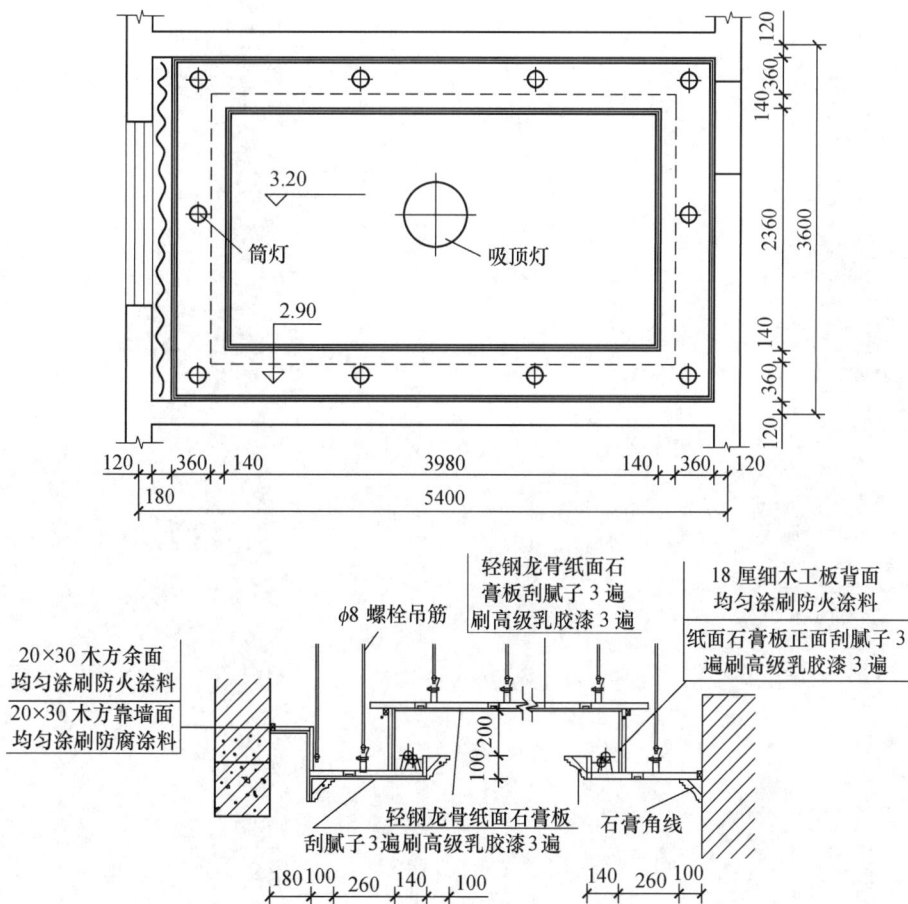

图 11-8 某餐厅天棚装饰图

骨，间距 450mm×450mm，龙骨上铺钉纸面石膏板，面层刮腻子 3 遍，手刷高级乳胶漆 3 遍，石膏线 100 宽。试编制工程的工程量清单和清单报价。

11-3 某商厦吊顶天棚设计要求：灯带 5 条，每条宽度 400mm，长度 20m，搁放塑料透光灯片，天棚安装铝合金送风口 20 个。编制灯带和送风口工程量清单，确定综合单价。

第十二章　油漆涂料裱糊及其他装饰工程

油漆、涂料、裱糊及其他装饰工程分为油漆、涂料、裱糊工程和其他装饰工程两部分。

第一节　油漆涂料与裱糊工程

油漆、涂料与裱糊工程共分5个子分部工程项目，即木材面油漆、金属面油漆、抹灰面油漆、喷刷涂料和裱糊。适用于门窗油漆、金属和抹灰面油漆工程。

一、计量标准清单项目设置

1. 木材面油漆

木材面油漆包括木门油漆、木窗油漆、木板条线条油漆、木材面油漆、木地板油漆、木地板烫硬蜡面6个清单项目。

2. 金属面油漆

金属面油漆包括金属门油漆、金属窗油漆、金属面油漆、金属构件油漆、金属构件防锈5个清单项目。

3. 抹灰面油漆

抹灰面油漆包括抹灰面油漆、抹灰线条油漆和刮腻子3个清单项目。

4. 喷刷涂料

喷刷涂料包括墙面喷刷涂料、天棚喷刷涂料、空花格栏杆刷涂料、线条刷涂料、金属面喷刷防火涂料、金属构件刷防火涂料和木材构件喷刷防火涂料7个清单项目。喷刷涂料项目内容见表12-1。

表12-1　　　　　　　　喷刷涂料（编号：011404）

项目编码	项目名称	项目特征	计量单位	工程量计算规则	工程内容
011404001	墙面喷刷涂料	① 基层类型； ② 喷刷涂料部位； ③ 腻子种类； ④ 刮腻子遍数； ⑤ 涂料品种、喷刷遍数	m²	按设计图示尺寸以展开面积计算。洞口侧壁面积并入相位喷刷部位中计算	① 基层清理； ② 刮腻子； ③ 刷喷涂料
011404002	天棚喷刷涂料				

5. 裱糊

裱糊包括墙纸裱糊和织锦缎裱糊2个清单项目。裱糊项目内容见表12-2。

表12-2　　　　　　　　裱糊（编号：011405）

项目编码	项目名称	项目特征	计量单位	工程量计算规则	工程内容
011405001	墙纸裱糊	① 基层类型； ② 腻子种类； ③ 刮腻子遍数； ④ 黏结材料种类； ⑤ 防护材料种类； ⑥ 面层材料品种、规格	m²	按设计图示尺寸以面积计算	① 基层清理； ② 刮腻子； ③ 面层铺粘； ④ 刷防护涂料
011405002	织锦缎裱糊				

二、计量标准与计价规则说明

油漆、涂料与裱糊，仅适用于发生在施工现场的油漆、涂料、裱糊工程。

1. 木材面油漆

（1）木门油漆的"门类型"可描述为木大门、单层木门、双层（一玻一纱）木门、双层（单裁口）木门、全玻自由门、半玻自由门、装饰门及有框门或无框门等。

（2）木窗油漆的"窗类型"可描述为单层木窗、双层（一玻一纱）木窗、双层框扇（单裁口）木窗、双层框二层（二玻一纱）木窗、单层组合窗、双层组合窗、木百叶窗，木推拉窗等。

（3）木板条、线条油漆包括木扶手、窗帘盒、封檐板、顺水板、挂衣板、黑板框、挂镜线、窗帘棍、木线条油漆。

（4）木材面油漆包括木护墙、木墙裙、窗台板、筒子板、盖板、门窗套、踢脚线、清水板条天棚、檐口、木方格吊顶天棚、吸音板墙面、天棚面、暖气罩、其他木材面等。

2. 金属面油漆

（1）金属门油漆的"门类型"可描述为平开门、推拉门、钢制防火门等。

（2）金属窗油漆的"窗类型"可描述为平开窗、推拉窗、固定窗、组合窗、金属格栅窗等。

3. 抹灰面油漆

（1）抹灰面油漆和刷涂料工作内容中包括刮腻子。标准中的"刮腻子"项目仅适用于单独进行满刮腻子的设计做法。油漆踢脚线应按"抹灰线条油漆"项目编码列项。

（2）墙面喷刷涂料的"喷刷涂料部位"可描述为内墙、外墙。

（3）墙面油漆和喷刷涂料外墙时，应增加墙面分割界缝做法的特征描述。

三、配套定额相关规定

1. 油漆、涂料工程定额说明

（1）当设计与定额取定的喷、涂、刷遍数不同时，按相应每增加一遍项目进行调整。

（2）国家定额油漆、涂料定额中均已考虑刮腻子。当抹灰面油漆、喷刷涂料设计与定额取定的刮腻子遍数不同时，可按本章喷刷涂料一节中刮腻子每增减一遍项目进行调整。喷刷涂料一节中刮腻子项目仅适用于单独刮腻子工程。省定额抹灰面油漆、涂料项目中均未包括刮腻子内容，刮腻子按基层处理相应子目单独套用。

（3）附着安装在同材质装饰面上的木线条、石膏线条等油漆、涂料，与装饰面同色者，并入装饰面计算；与装饰面分色者，单独计算。

（4）门窗套、窗台板、腰线、压顶、扶手（栏板上扶手）等抹灰面刷油漆、涂料，与整体墙面同色者，并入墙面计算；与整体墙面分色者，单独计算，按墙面相应项目执行，其中人工乘以系数 1.43。

（5）纸面石膏板等装饰板材面刮腻子刷油漆、涂料，按抹灰面刮腻子刷油漆、涂料相应项目执行。

（6）附墙柱抹灰面喷刷油漆、涂料、裱糊，按墙面相应项目执行；独立柱抹灰面喷刷油漆、涂料、裱糊，按墙面相应项目执行，其中人工乘以系数 1.2。

（7）油漆。

1）油漆浅、中、深各种颜色已在定额中综合考虑，颜色不同时，不另行调整。

2）定额综合考虑了在同一平面上的分色，但美术图案需另外计算。

3）木材面硝基清漆项目中每增加刷理漆片一遍项目和每增加硝基清漆一遍项目均适用于三遍以内。

4）木材面聚酯清漆、聚酯色漆项目，当设计与定额取定的底漆遍数不同时，可按每增加聚酯清漆（或聚酯色漆）一遍项目进行调整，其中聚酯清漆（或聚酯色漆）调整为聚酯底漆，消耗量不变。

5）木材面刷底油一遍、清油一遍可按相应底油一遍、熟桐油一遍项目执行，其中熟桐油调整为清油，消耗量不变。

6）木门、木扶手、其他木材面等刷漆，按熟桐油、底油、生漆二遍项目执行。

7）省定额木踢脚板油漆，若与木地板油漆相同，并入地板工程量内计算，其工程量计算方法和系数不变。

8）当设计要求金属面刷一遍防锈漆时，按金属面刷防锈漆一遍项目执行，其中人工乘以系数 1.74，材料均乘以系数 1.90。

9）金属面油漆项目均考虑了手工除锈，如实际为机械除锈，另按相应项目执行，油漆项目中的除锈用工也不扣除。

10）墙面真石漆、氟碳漆项目不包括分格嵌缝，当设计要求做分格嵌缝时，费用另行计算。

（8）涂料。

1）木龙骨刷防火涂料按四面涂刷考虑，木龙骨刷防腐涂料按一面（接触结构基层面）涂刷考虑。

2）金属面防火涂料项目按涂料密度 $500 kg/m^3$ 和项目中注明的涂刷厚度计算，当设计与定额取定的涂料密度、涂刷厚度不同时，防火涂料消耗量可做调整。

3）艺术造型天棚吊顶、墙面装饰的基层板缝粘贴胶带，按相应项目执行，人工乘以系数 1.2。

2. 抹灰面油漆、涂料工程量计算

（1）国家定额抹灰面油漆、涂料工程量计算规定：

1）抹灰面油漆、涂料（另做说明的除外）按设计图示尺寸以面积计算。

2）踢脚线刷耐磨漆按设计图示尺寸长度计算。

3）槽形底板、混凝土折瓦板、有梁板底、密肋梁板底、井字梁板底刷油漆、涂料按设计图示尺寸展开面积计算。

4）墙面及天棚面刷石灰油浆、白水泥、石灰浆、石灰大白浆、普通水泥浆、可赛银浆、大白浆等涂料工程量，按抹灰面积工程量计算规则计算。

5）混凝土花格窗、栏杆花饰刷（喷）油漆、涂料按设计图示洞口面积计算。

6）天棚、墙、柱面基层板缝粘贴胶带纸按相应天棚、墙、柱面基层板面积计算。

（2）省定额楼地面、顶棚面、墙、柱面的喷（刷）涂料、油漆工程，其工程量按装饰工程各自抹灰的工程量计算规则计算。涂料系数表中有规定的，按规定计算工程量并乘系数表中的系数。

涂刷工程量＝抹灰面工程量×各项相应系数

抹灰面油漆工程量系数表见表 12-3。

表 12 - 3   抹灰面油漆工程量系数表

定额项目	项目名称	系数	工程量计算方法
抹灰面	槽形底板、混凝土折板	1.30	按设计图示尺寸以面积计算
	有梁板底	1.10	
	密肋、井字梁底板	1.50	
	混凝土楼梯板底	1.37	水平投影面积

3. 木材面、金属面油漆工程量计算

（1）木材面、金属面、金属构件油漆的工程量分别按油漆、涂料系数表的规定，并乘以系数表内的系数计算，即

$$油漆工程量＝基层项工程量×各项相应系数$$

1）省定额单层木门工程量系数见表 12 - 4。

表 12 - 4   单层木门工程量系数表

定额项目	项目名称	系数	工程量计算方法
单层木门	单层木门	1.00	按设计图示洞口尺寸以面积计算
	双层（一板一纱）木门	1.36	
	单层全玻门	0.83	
	木百叶门	1.25	
	厂库大门	1.10	
	无框装饰门、成品门	1.10	按设计图示门扇面积计算

2）省定额木材墙面墙裙工程量系数表见表 12 - 5。

表 12 - 5   墙面墙裙工程量系数表

定额项目	项目名称	系数	工程量计算方法
墙面墙裙	无造型墙面墙裙	1.00	按设计图示尺寸以面积计算
	有造型墙面墙裙	1.25	

（2）基层处理的工程量按其面层的工程量套用基层处理相应子目。

$$基层处理工程量＝面层工程量$$

（3）木材面刷防火涂料，按所刷木材面的面积计算工程量；木方面刷防火涂料，按木方所附墙、板面的投影面积计算工程量。

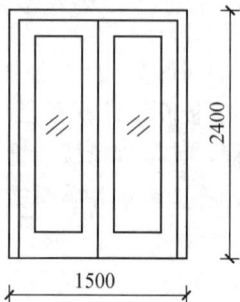

图 12 - 1　全玻璃门

$$木材面刷防火涂料＝板方框外围投影面积$$

（4）空花格、栏杆刷涂料按设计图示尺寸，以外围面积计算。

4. 裱糊工程量计算

墙面、天棚面裱糊按设计图示尺寸以面积计算。

$$裱糊工程量＝设计裱糊（实贴）面积$$

四、应用案例

【案例 12 - 1】全玻璃木门，共 10 樘，尺寸如图 12 - 1 所示，油漆为底油 1 遍，调和漆 3 遍。编制门油漆工程量清单，确定综合

单价。

解 1. 门油漆工程量清单的编制

门油漆工程量＝1.50×2.40×10＝36.00m²，分部分项工程量清单见表 12 - 6。

表 12 - 6 分部分项工程量清单

序号	项目编号	项目名称	项目特征描述	计量单位	工程量
1	011401001001	木门油漆	全玻璃木门，油漆为底油 1 遍，调和漆 3 遍	m²	36.00

2. 门油漆工程量清单计价表的编制

该项目发生的工程内容：刷底油 1 遍调和漆两遍、增加 1 遍调和漆。

一樘门油漆工程量＝1.50×2.40×0.83（系数）＝2.99m²

刷底油 1 遍，调和漆两遍，套 14 - 1 - 1。

每增加 1 遍调和漆，套 14 - 1 - 21。

人工、材料、机械单价选用市场价。

根据企业情况确定管理费率为 32.2%，利润率为 17.3%，分部分项工程量清单计价见表 12 - 7。

表 12 - 7 分部分项工程量清单计价表

序号	项目编号	项目名称	项目特征描述	计量单位	工程量	金额（元）	
						综合单价	合价
1	011401001001	木门油漆	全玻璃门，油漆为底油 1 遍，调和漆 3 遍	m²	36.00	43.34	1560.24

【案例 12 - 2】 某装饰工程造型木墙裙刷亚光聚酯色漆，工程量为 27.20m²，按透明腻子 1 遍、底漆 1 遍、面漆 3 遍的要求施工。编制木墙裙油漆工程量清单。

解 造型木墙裙油漆工程量清单的编制

木墙裙油漆工程量＝27.20m²，分部分项工程量清单见表 12 - 8。

表 12 - 8 分部分项工程量清单

序号	项目编号	项目名称	项目特征描述	计量单位	工程量
1	011401004001	木墙裙油漆	透明腻子 1 遍，底漆 1 遍，聚酯亚光清漆 3 遍	m²	27.20

【案例 12 - 3】 某单位围墙钢栏杆 2.56t，刷防锈漆 1 遍，天蓝色调和漆两遍。编制工程量清单。

解 钢栏杆工程量清单的编制

钢栏杆油漆工程量＝2.560t，分部分项工程量清单见表 12 - 9。

表 12 - 9 分部分项工程量清单

序号	项目编号	项目名称	项目特征描述	计量单位	工程量
1	011402004001	金属构件油漆	钢栏杆，防锈漆 1 遍，天蓝色调和漆两遍	t	2.560

【案例 12 - 4】 某工程尺寸如图 12 - 2 所示，地面刷过氯乙烯涂料，三合板木墙裙上润油粉，刷硝基清漆 6 遍，墙面、顶棚刷乳胶漆 3 遍（光面）。计算工程量，确定定额项目。

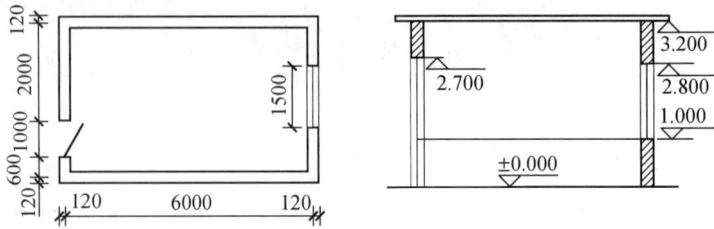

图 12 - 2　某工程图

解　① 地面刷涂料工程量＝(6.00－0.24)×(3.60－0.24)＝19.35(m²)

地面刷过氯乙烯涂料：套 14 - 3 - 39。

② 墙裙刷硝基清漆工程量＝[(6.00－0.24＋3.60－0.24)×2－1.00＋0.12×2]×1.00×1.00(系数)＝17.48(m²)

墙裙刷硝基清漆 5 遍：套 14 - 1 - 98。

墙裙刷硝基清漆每增 1 遍：套 14 - 1 - 103。

③ 顶棚刷乳胶漆工程量＝5.76×3.36＝19.35(m²)

顶棚刷乳胶漆两遍：套 14 - 3 - 9。

顶棚刷乳胶漆每增 1 遍：套 14 - 3 - 13。

④ 墙面刷乳胶漆工程量＝(5.76＋3.36)×2×2.20－1.00×(2.70－1.00)－1.50×1.80＝35.73(m²)

墙面刷乳胶漆两遍（光面）：套 14 - 3 - 7。

墙面刷乳胶漆每增 1 遍：套 14 - 3 - 11。

第二节　其 他 装 饰 工 程

其他装饰工程共分 8 个子分部工程项目，即柜架台、装饰线条、扶手栏杆栏板装饰、暖气罩、浴厕配件、雨篷旗杆装饰柱、招牌灯箱和美术字。适用于装饰物件的制作、安装工程。

一、"计量标准"清单项目设置

1. 柜架台

柜架台包括装饰柜、装饰架、装饰台、成品柜架台，4 个清单项目。

2. 装饰线条

装饰线条只有装饰线条 1 个清单项目。

3. 扶手栏杆栏板装饰

扶手栏杆栏板装饰包括带扶手栏杆栏板、不带扶手栏杆栏板、扶手、成品带扶手栏杆栏板 4 个清单项目。

4. 暖气罩

暖气罩包括暖气罩、成品暖气罩 2 个清单项目。

5. 浴厕配件

浴厕配件包括洗漱台、浴厕配件、镜面玻璃和镜箱 4 个清单项目。

6. 雨篷旗杆装饰柱

雨篷旗杆装饰柱包括装饰板雨篷、金属旗杆和成品装饰柱 3 个清单项目。

7. 招牌灯箱

招牌灯箱包括平面箱式招牌、竖式标箱、灯箱和信报箱 4 个清单项目。

8. 美术字

美术字只有美术字 1 个清单项目。

二、计量标准与计价规则说明

1. 柜架台

装饰柜的"名称"可描述为柜台、酒柜、衣柜、存包柜、鞋柜、书柜、厨房壁柜、木壁柜、厨房低柜、厨房吊柜、矮柜、吧台背柜、酒吧吊柜，装饰架的"名称"可描述为货架、书架等，装饰台的"名称"可描述为酒吧台、展台、收银台、服务台等。

2. 浴厕配件

洗厕配件项目的"配件名称"可描述为晒衣架、帘子杆、浴缸拉手、卫生间扶手、毛巾杆（架）、毛巾环、卫生纸盒、肥皂盒等。

3. 雨篷

装饰板雨篷的"装饰板材料品种"可描述为玻璃、阳光板、金属板等。

三、配套定额说明

1. 柜类、货架

（1）柜、台、架以现场加工、手工制作为主，按常用规格编制。设计与定额不同时，应进行调整换算。

（2）国家定额柜、台、架项目包括五金配件（设计有特殊要求者除外），未考虑压板拼花及饰面板上贴其他材料的花饰、造型艺术品。省定额五金件安装单独列项，使用时分别套用相应定额。

（3）木质柜、台、架项目中板材按胶合板考虑，如设计为生态板（三聚氰胺板）等其他板材时，可以换算材料。

2. 压条、装饰线

（1）压条、装饰线均按成品安装考虑。

（2）装饰线条（顶角装线除外）按直线形在墙面安装考虑。墙面安装圆弧形装饰线条，天棚面安装直线形、圆弧形装饰线条，按相应项目乘以系数执行。

1）墙面安装圆弧形装饰线条，人工乘以系数 1.2，材料乘以系数 1.11；

2）国家定额天棚面安装直线形装饰线条，人工乘以系数 1.34；

3）国家定额天棚面安装圆弧形装饰线条，人工乘以系数 1.6（省定额规定 1.4），材料乘以系数 1.1；

4）国家定额装饰线条直接安装在金属龙骨上，人工乘以系数 1.68；

5）省定额装饰线条做艺术图案，人工乘以 1.6 系数。

3. 扶手、栏杆、栏板装饰

（1）扶手、栏杆、栏板项目（护窗栏杆除外）适用于楼梯、走廊、回廊及其他装饰性扶手、栏杆、栏板。

（2）扶手、栏杆、栏板为综合项，已综合考虑扶手弯头（非整体弯头）的费用，不锈钢栏杆管材、法兰用量，设计与定额不同时可以换算，但人工、机械消耗量不变。如遇木扶手、大理石扶手为整体弯头，弯头另按本章相应项目执行。

（3）当设计栏板、栏杆的主材消耗量与定额不同时，其消耗量可以调整。

4. 暖气罩

（1）挂板式是指暖气罩直接钩挂在暖气片上；平墙式是指暖气片凹嵌入墙中，暖气罩与墙面平齐；明式是指暖气片全凸或半凸出墙面，暖气罩凸出于墙外。

（2）暖气罩项目未包括封边线、装饰线，另按本章相应装饰线条项目执行。

5. 浴厕配件

（1）大理石洗漱台项目不包括石材磨边、倒角及开面盆洞口，另按本章相应项目执行。

（2）浴厕配件项目按成品安装考虑。省定额台面及裙边子目中包含了成品钢支架安装用工。

6. 雨篷、旗杆

（1）点支式、托架式雨篷的型钢、爪件的规格、数量是按常用做法考虑的，当设计要求与定额不同时，材料消耗量可以调整，人工、机械不变。托架式雨篷的斜拉杆费用另计。

（2）铝塑板、不锈钢面层雨篷项目按平面雨篷考虑，不包括雨篷侧面。

（3）旗杆项目按常用做法考虑，未包括旗杆基础、旗杆台座及其饰面。

7. 招牌、灯箱

（1）招牌、灯箱项目，当设计与定额考虑的材料品种、规格不同时，材料可以换算。

（2）一般平面广告牌是指正立面平整、无凹凸面，复杂平面广告牌是指正立面有凹凸面造型的，箱（竖）式广告牌是指具有多面体的广告牌。

（3）广告牌基层以附墙方式考虑，当设计为独立式的，按相应项目执行，人工乘以系数 1.1。

（4）招牌、灯箱项目均不包括广告牌喷绘、灯饰、灯光、店徽、其他艺术装饰及配套机械。

8. 美术字

（1）美术字项目均按成品安装考虑，美术字不分字体。

（2）美术字按最大外接矩形面积区分规格，按相应项目执行。

9. 石材、瓷砖加工

石材瓷砖倒角、磨制圆边、开槽、开孔等项目均按现场加工考虑。

10. 省定额零星装饰

（1）门窗口套、窗台板及窗帘盒是按基层、造型层和面层分别列项，使用时分别套用相应定额。

（2）门窗口套安装按成品编制。

11. 省定额工艺门扇

（1）工艺门扇，按无框玻璃门扇、造型夹板门扇制作，成品门扇安装、门扇工艺镶嵌和门扇五金配件安装，分别设置项目。

（2）无框玻璃门扇，定额按开启扇、固定扇两种扇型，以及不同用途的门扇配件，分别设置项目。无框玻璃门扇安装定额中，玻璃为成品玻璃，定额中的损耗为安装损耗。

（3）不锈钢、塑铝板包门框子目为综合子目。

（4）造型夹板门扇制作，定额按木骨架、基层板、面层装饰板，区别不同材料种类，分别设置项目。

（5）成品门扇安装，适用于装饰工程中成品门扇的安装，也适用于现场完成制作门扇的安装。

（6）门扇工艺镶嵌，定额按不同的镶嵌内容，分别设置项目。

（7）门扇五金配件安装，定额按不同用途的成品配件，分别设置项目。

四、配套定额工程量计算

1. 橱柜

国家定额柜类、货架工程量按各项目计量单位计算。其中以"m²"为计量单位的项目，其工程量均按正立面的高度（包括脚的高度在内）乘以宽度计算。省定额橱柜木龙骨项目按橱柜龙骨的实际面积计算。基层板、造型层板及饰面板按实铺面积计算。抽屉按抽屉正面面板面积计算。橱柜五金件以个为单位按数量计算。橱柜成品门扇安装按扇面尺寸以面积计算。

2. 压条、装饰线

（1）压条、装饰线条应区分材质及规格，按设计图示线条中心线长度计算。

（2）石膏角花、灯盘按设计图示数量计算。

3. 扶手、栏杆、栏板装饰

（1）扶手、栏杆、栏板、成品栏杆（带扶手）均按其中心线长度计算，不扣除弯头长度。如遇木扶手、大理石扶手为整体弯头时，扶手消耗量需扣除整体弯头的长度，设计不明确者，每只整体弯头按400mm扣除。省定额规定楼梯斜长部分的栏板、栏杆、扶手，按平台梁与连接梁外沿之间的水平投影长度，乘以系数1.15计算。

（2）国家定额规定单独弯头按设计图示数量计算。

4. 暖气罩

（1）国家定额规定暖气罩（包括脚的高度在内）按边框外围尺寸垂直投影面积计算，成品暖气罩安装按设计图示数量计算。

（2）省定额规定暖气罩各层按设计尺寸以面积计算，与壁柜相连时，暖气罩算至壁柜隔板外侧，壁柜套用橱柜相应子目，散热口按其框外围面积单独计算。

（3）省定额规定零星木装饰项目基层、造型层及面层的工程量均按设计图示展开尺寸以面积计算。

5. 大理石洗漱台

（1）大理石洗漱台按设计图示尺寸以展开面积计算，挡板、吊沿板面积并入其中，不扣除孔洞、挖弯、削角所占面积。

（2）大理石台面面盆开孔按设计图示数量计算。

（3）盥洗室台镜（带框）、盥洗室木镜箱按边框外围面积计算。

（4）盥洗室塑料镜箱、毛巾杆、毛巾环、浴帘杆、浴缸拉手、肥皂盒、卫生纸盒、晒衣架、晾衣绳等按设计图示数量计算。

6. 雨篷、旗杆

（1）雨篷按设计图示尺寸水平投影面积计算。

（2）不锈钢旗杆按设计图示数量计算。

（3）电动升降系统和风动系统按套数计算。

7. 招牌、灯箱、美术字

（1）国家定额柱面、墙面灯箱基层，按设计图示尺寸以展开面积计算。一般平面广告牌基层，按设计图示尺寸以正立面边框外围面积计算。复杂平面广告牌基层，按设计图示尺寸以展开面积计算。箱（竖）式广告牌基层，按设计图示尺寸以基层外围体积计算。广告牌面层，按设计图示尺寸以展开面积计算。

（2）省定额招牌、灯箱的木龙骨按正立面投影尺寸以面积计算，型钢龙骨按重量以吨计算。基层及面层按设计尺寸以面积计算。

（3）美术字安装，按字的最大外围矩形面积以个为单位，按数量计算。省定额规定外文或拼音字，以中文意译的单字计算。

8. 国家定额石材、瓷砖加工

（1）石材、瓷砖倒角按块料设计倒角长度计算。

（2）石材磨边按成型圆边长度计算。

（3）石材开槽按块料成型开槽长度计算。

（4）石材、瓷砖开孔按成型孔洞数量计算。

9. 省定额零星装饰

（1）零星木装饰基层、造型层及面层的工程量，均按设计图示展开尺寸以面积计算。

（2）窗台板，按设计长度乘以宽度，以面积计算。设计未注明尺寸时，按窗宽两边共加100mm计算长度（有贴脸的按贴脸外边线间宽度），凸出墙面的宽度按50mm计算。

（3）百叶窗帘、网扣帘按设计尺寸成活后展开面积计算，设计未注明尺寸时，按洞口面积计算；窗帘、遮光帘均按展开尺寸以长度计算。

（4）成品铝合金窗帘盒、窗帘轨、杆按长度计算。明式窗帘盒，按设计长度，以延长米计算。与天棚相连的暗式窗帘盒，基层板（龙骨）、面层板按展开面积计算。

（5）柱脚、柱帽以个为单位按数量计算，墙、柱石材面开孔以个为单位按数量计算。

10. 省定额工艺门扇

（1）玻璃门按设计图示洞口尺寸以面积计算，门窗配件按数量计算。不锈钢、塑铝板包门框按框饰面尺寸以面积计算。

（2）夹板门门扇木龙骨不分扇的形式，按扇面积计算；基层及面层按设计尺寸以面积计算。扇安装按扇以个为单位，按数量计算。门扇上镶嵌，按镶嵌的外围面积计算。

（3）门扇五金配件安装，以个为单位按数量计算。

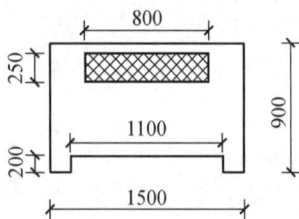

图 12-3　平墙式暖气罩

五、应用案例

【案例 12-5】　平墙式暖气罩尺寸如图 12-3 所示，五合板基层，榉木板面层，机制木花格散热口，共 18 个。计算工程量，确定定额项目。

解　① 基层工程量＝$(1.50×0.90-1.10×0.20-0.80×0.25)×18=16.74(m^2)$

五合板基层，套 14-4-1。

② 面层工程量＝$(1.50×0.90-1.10×0.20-0.80×0.25)×18=16.74(m^2)$

粘贴装饰板面层，套 15-4-4。

③ 散热口安装工程量＝0.80×0.25×18＝3.60（m²）

机制木花格，套 15 - 4 - 7。

【案例 12 - 6】　某宾馆客房安装 1.2m×1m 玻璃镜 45 个，厚度 6mm，不带框。编制镜面玻璃工程量清单。

解　镜面玻璃工程量清单的编制

镜面玻璃工程量＝1.20×1.00×45＝54.00（m²），分部分项工程量清单见表 12 - 10。

表 12 - 10　　　　　　　　　　　分部分项工程量清单

序号	项目编号	项目名称	项目特征描述	计量单位	工程量
1	011505030001	镜面玻璃	6mm 厚 1.2m×1m，不带框	m²	54.00

【案例 12 - 7】　某酒店餐厅天棚装饰，如图 11 - 6 所示，石膏线 100 宽。编制天棚石膏装饰线工程量清单和清单报价。

解　1. 天棚石膏装饰线工程量清单编制

天棚石膏装饰线工程量＝(3.60－0.24＋5.40－0.24－0.18)×2＋(3.60－0.24－0.50×2＋5.40－0.24－0.18－0.50×2)×2＝16.68＋12.68＝29.36（m），分部分项工程量清单，见表 12 - 11。

表 12 - 11　　　　　　　　　　　分部分项工程量清单

序号	项目编号	项目名称	项目特征描述	计量单位	工程量
1	011502001001	石膏装饰线	天棚石膏线阴角线，100mm 宽	m	29.36

2. 天棚石膏装饰线工程综合单价计算

该项目发生的工程内容，石膏装饰线。

天棚石膏装饰线工程量＝(2.36＋3.98)×2＋(3.36＋4.98)×2＝29.36（m）

石膏阴角线，100mm 宽，套 15 - 2 - 24。

根据企业情况确定管理费率为 32.2%，利润率为 17.3%，分部分项工程量清单计价见表 12 - 12。

表 12 - 12　　　　　　　　　　　分部分项工程量清单计价表

序号	项目编号	项目名称	项目特征描述	单位	工程量	金额（元）	
						综合单价	合价
1	011502001001	石膏装饰线	天棚石膏线阴角线，100mm 宽	m	29.36	14.38	422.20

习　　题

12 - 1　某宾馆客房木制明式窗帘盒长度 3.6m，高度 0.15m，共 80 个，润油粉漆片，刷硝基清漆 6 遍。人工、材料、机械单价选用价目表参考价，根据企业情况确定管理费率为 32.2%，利润率为 17.3%。编制窗帘盒工程清单及综合单价。

12-2　某工程楼梯间室外混凝土花格刷白水泥两遍，混凝土花格面积为 3mm×12mm 两块。人工、材料、机械单价选用价目表参考价，根据企业情况确定管理费率为 32.2%，利润率为 17.3%。编制工程量清单和清单报价。

12-3　某加工厂墙裙刷底油 1 遍，蓝色调和漆两遍，油漆工程量为 328m²。人工、材料、机械单价选用价目表参考价，根据企业情况确定管理费率为 32.2%，利润率为 17.3%。编制窗帘盒工程清单及综合单价。

12-4　某工程如图 12-4 所示，内墙抹灰面满刮腻子两遍，贴对花墙纸；挂镜线刷底油 1 遍，调和漆两遍；挂镜线以上及顶棚刷仿瓷涂料两遍。计算工程量，确定定额项目。

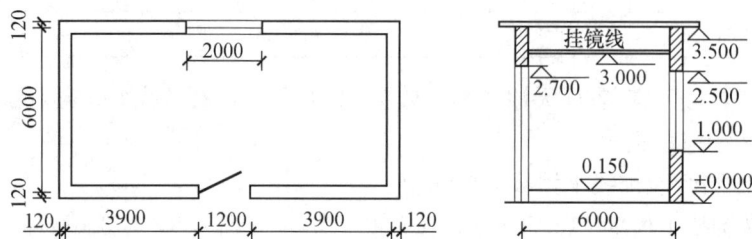

图 12-4　某工程内墙抹灰

12-5　某厨房制作安装一吊柜，尺寸如图 12-5 所示。木骨架，背面、上面及侧面三合板围板，底板与隔板为 18 厚细木工板，外围及框的正面贴榉木板面层，玻璃推拉门，金属滑轨。计算工程量，确定定额项目。

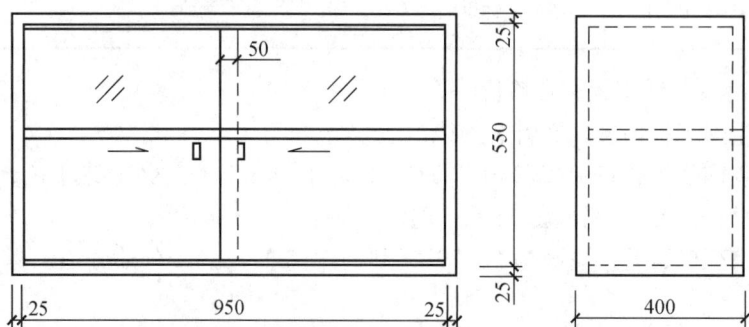

图 12-5　某厨房吊柜

12-6　某单位雨篷吊挂铝合金扣板饰面，32m²。编制雨篷吊挂铝合金扣板饰面工程量清单和清单报价。

12-7　某工程檐口上方设招牌，长 28m，高 1.5m，钢结构龙骨，九夹板基层，塑铝板面层，上嵌 8 个 1m×1m 泡沫塑料有机玻璃面大字。计算工程量，确定定额项目。

第十三章　措　施　项　目

措施项目共分15个清单项目，即脚手架、垂直运输、其他大型机械进出场及安拆、施工排水、施工降水、临时设施、文明施工、环境保护、安全生产、冬雨季施工增加、夜间施工增加、特殊地区施工增加、二次搬运、已完工程及设备保护、既有建（构）筑物设施保护。适用于工业与民用建筑的措施项目费用计算。

发包人提供设计图纸并要求按其施工的措施项目，可参照分部分项工程补充编码列项。

第一节　脚　手　架

一、"计量标准"清单项目设置

"计量标准"附录 R.1 脚手架见表 13-1。

表 13-1　　　　　　　　　　脚手架（编码：011601001）

项目编码	项目名称	计量单位	工程内容
011601001	脚手架	项	搭设脚手架、斜道、上料平台，铺设安全网，铺（翻）脚手板，转运，改制，维修维护，拆除，堆放、整理，外运，归库等

二、计量标准与计价规则说明

"脚手架"包括工程施工过程中，按照相关规范要求及满足施工作业的需求所搭设的全部脚手架。

三、配套定额相关规定

1. 脚手架工程编制说明

（1）脚手架措施项目是指施工需要的脚手架搭、拆、运输及脚手架摊销的工料消耗。

（2）脚手架措施项目材料国家定额均按钢管式脚手架编制；省定额按木制和钢管式脚手架编制。

（3）高度＞3.6m 墙面装饰不能利用原砌筑脚手架时，可计算装饰脚手架。装饰脚手架执行双排脚手架定额乘以系数 0.3。室内凡计算了满堂脚手架，墙面装饰不再计算墙面粉饰脚手架，国家定额只按每 100m² 墙面垂直投影面积增加改架一般技工 1.28 工日。

（4）省定额型钢平台外挑双排钢管脚手架（见图 13-1）子目，一般适用于自然地坪、低层屋面因不能满足搭设落地脚手架条件或架体高度＞50m 等情况。

（5）现浇混凝土圈梁、过梁、楼梯、雨篷、阳台、挑檐中的梁和挑梁，各种现浇混凝土板、现浇混凝土楼梯，均不单独计算脚手架。

2. 国家定额综合脚手架

（1）单层建筑综合脚手架适用于檐高≤20m 的单层建筑工程。

（2）凡单层建筑工程执行单层建筑综合脚手架项目，二层及二层以上的建筑工程执行多层建筑综合脚手架项目，地下室部分执行地下室综合脚手架项目。

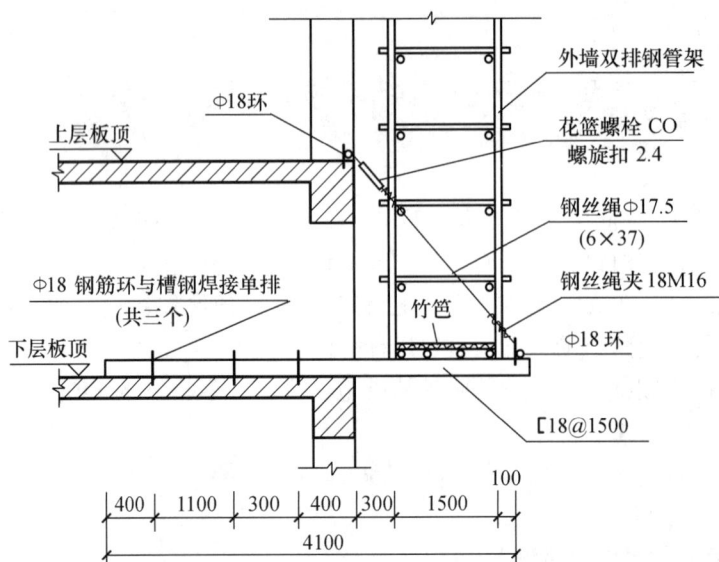

图 13-1 型钢平台挑钢管式脚手架

（3）综合脚手架中包括外墙砌筑及外墙粉饰、≤3.6m 的内墙砌筑及混凝土浇捣用脚手架，以及内墙面和天棚粉饰脚手架。

（4）执行综合脚手架，有下列情况者，可另执行单项脚手架项目：

1）满堂基础或者高度（垫层上皮至基础顶面）＞1.2m 的混凝土或钢筋混凝土基础，按满堂脚手架基本层定额乘以系数 0.3；高度＞3.6m，每增加 1m 按满堂脚手架增加层定额乘以系数 0.3。

2）砌筑高度＞3.6m 的砖内墙，按单排脚手架定额乘以系数 0.3；砌筑高度＞3.6m 的砌块内墙，按相应双排外脚手架定额乘以系数 0.3。

3）砌筑高度＞1.2m 的屋顶烟囱的脚手架，按设计图示烟囱外围周长另加 3.6m 乘以烟囱出屋顶高度以面积计算，执行里脚手架项目。

4）砌筑高度＞1.2m 的管沟墙及砖基础，按设计图示砌筑长度乘以高度以面积计算，执行里脚手架项目。

5）国家定额墙面粉饰高度＞3.6m 的执行内墙面粉饰脚手架项目。省定额内墙装饰高度≤3.6m 时，按相应的装饰脚手架子目乘以系数 0.3 计算。

6）按照建筑面积计算规范的有关规定未计入建筑面积，但施工过程中需搭设脚手架的施工部位。

（5）凡不适宜使用国家定额（或省定额不设）综合脚手架的项目，可按相应的单项脚手架项目执行。

3. 单项脚手架

（1）建筑物外墙脚手架，设计室外地坪至檐口的砌筑高度≤15（省定额为 10）m 的按单排脚手架计算；砌筑高度＞15（省定额为 10）m 或砌筑高度虽≤15（省定额为 10）m，但外墙门窗及装饰面积超过外墙表面积 60% 时，执行双排脚手架项目。

（2）外脚手架消耗量中已综合斜道、上料平台、护卫栏杆等。

（3）计算外脚手架的建筑物四周外围的现浇混凝土梁、框架梁、墙，不另计算脚手架。

（4）建筑物内墙脚手架，设计室内地坪至板底（或山墙高度的 1/2 处）的砌筑高度≤3.6m 的，国家定额执行里脚手架项目，省定额执行单排里脚手架子目；3.6m＜砌筑高度≤6m 时或各种轻质砌块墙等，省定额执行双排里脚手架子目；砌筑高度＞6m 时，省定额执行单排里脚手架子目，轻质砌块墙省定额执行双排外脚手架子目。

（5）围墙脚手架，室外地坪至围墙顶面的砌筑高度≤3.6m 的，按里脚手架计算；砌筑高度＞3.6m 的，执行单排外脚手架项目。

（6）石砌墙体，砌筑高度＞1.2（省定额＞1）m 时，执行双排外脚手架项目。

（7）大型设备基础，凡距地坪高度＞1.2m 的，执行双排外脚手架项目。

（8）挑脚手架适用于外檐挑檐等部位的局部装饰。

（9）悬空脚手架适用于有露明屋架的屋面板勾缝、油漆或喷浆等部位。

（10）国家定额独立柱、现浇混凝土单（连续）梁执行双排外脚手架定额项目乘以系数 0.3。

4. 其他脚手架

（1）电梯井架每一电梯台数为一孔（座）。

（2）电梯井脚手架的搭设高度，指电梯井底板上坪至顶板下坪（不包括建筑顶层电梯机房）之间的高度。

四、配套定额工程量计算

1. 国家定额综合脚手架

综合脚手架按设计图示尺寸以建筑面积计算。

2. 单项脚手架

（1）外脚手架、整体提升架按外墙外边线长度（含墙垛及附墙井道）乘以外墙高度以面积计算。省定额凸出墙面宽度＞240mm 的墙垛、外挑阳台（板）等，按图示尺寸展开并入外墙长度内计算。

外墙脚手架工程量＝（外墙外边线长度＋墙垛侧面宽度×2×n）×外脚手架高度

（2）计算内、外墙脚手架时，均不扣除门、窗、洞口、空圈等所占面积。建筑物外脚手架，高度自设计室外地坪算至檐口或女儿墙顶；同一建筑物高度不同时，应按不同高度分别计算。先主体、后回填、自然地坪低于设计室外地坪时，外脚手架的高度，自自然地坪算起。设计室外地坪标高不同时，有错坪的，按不同标高分别计算；有坡度的，按平均标高计算。外墙无女儿墙的，算至檐板上坪，或檐沟翻檐的上坪。坡屋面的山尖部分，其工程量按山尖部分的平均高度计算；但应按山尖顶坪执行定额。突出屋面的电梯间、水箱间等，执行定额时，不计入建筑物的总高度。

（3）内墙里脚手架按墙面垂直投影面积计算。里脚手架高度按设计室内地坪至顶板下表面计算（有山尖或坡度的高度折算）。计算面积时不扣除门窗洞口、混凝土圈梁、过梁、构造柱及梁头等所占面积。

内墙里脚手架工程量＝内墙净长度×设计净高度

（4）独立柱按设计图示尺寸，以结构外围周长另加 3.6m 乘以高度以面积计算。国家定额执行双排外脚手架定额项目乘以系数 0.3，省定额执行单排外脚手架定额子目。

独立柱脚手架工程量＝（柱图示结构外围周长＋3.6）×设计柱高

独立柱包括各种现浇混凝土独立柱、框架柱、砖柱、石柱等。设计柱高为基础上表面或楼板上表面至上层楼板上表面或屋面板上表面的高度。现浇混凝土构造柱，不单独计算脚手架。

（5）现浇钢筋混凝土梁、墙，按设计室外地坪或楼板上表面至楼板底之间的高度，乘以梁墙净长以面积计算。国家定额执行双排外脚手架定额项目乘以系数 0.3，省定额执行双排外脚手架定额子目。与现浇混凝土墙同一轴线且同时浇筑的混凝土墙上梁，有梁板中的板下梁，不单独计算脚手架。

梁墙脚手架工程量＝梁墙净长度×设计室外地坪（或板顶）至板底高度

（6）满堂脚手架按室内净面积计算，不扣除柱、垛所占面积。当高度在 3.6～5.2m 之间时计算基本层，＞5.2m，每增加 1.2m 计算一个增加层，≤0.6m 按一个增加层乘以系数 0.5 计算（省定额不足 0.6m 不计），如图 13 - 2 所示。

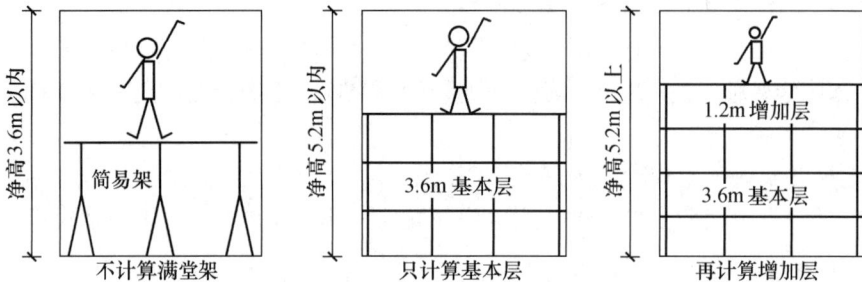

图 13 - 2　满堂脚手架示意图

满堂脚手架工程量＝室内净长度×室内净宽度

增加层计算公式如下

满堂脚手架增加层＝（室内净高－5.2)/1.2

（7）挑脚手架按搭设长度乘以层数以长度计算。

（8）悬空脚手架按搭设水平投影面积计算。

（9）吊篮脚手架按外墙垂直投影面积计算，不扣除门窗洞口所占面积。

（10）内墙面装饰脚手架按内墙装饰面垂直投影面积计算，不扣除门窗洞口所占面积。外墙内面抹灰，外墙内面应计算内墙装饰工程脚手架；内墙双面抹灰，内墙两面均应计算内墙装饰工程脚手架。

（11）立挂式安全网按架网部分的实挂长度乘以实挂高度以面积计算。平挂式安全网，水平设置于外脚手架的每一操作层（脚手板）下，网宽 1.5m 计算。平挂式安全网（脚手架外侧与建筑物外墙之间的安全网），按水平挂设的投影面积，以平方米计算，执行定额立挂式安全网子目。

立挂式安全网工程量＝实际长度×实际高度

（12）挑出式安全网按挑出的水平投影面积计算。

挑出式安全网工程量＝挑出总长度×挑出的水平投影宽度

3. 其他脚手架

（1）省定额现浇混凝土独立基础高度＞1m 时，按柱脚手架计算规则计算（外围周长按最大底面周长），执行单排脚手架子目。

（2）省定额现浇混凝土带形基础、带形桩承台、满堂基础等，高度＞1m 时，按混凝土墙的规定计算脚手架。

（3）电梯井架按单孔以"座"计算。

五、应用案例

【案例 13-1】 某多层单身宿舍楼，标准层平面图及剖面图如图 13-3 所示，板厚均为 120mm。施工组织设计中，内、外脚手架均为钢管脚手架，进行措施费中建筑物的内墙、外墙脚手架的计算，并进行投标报价。

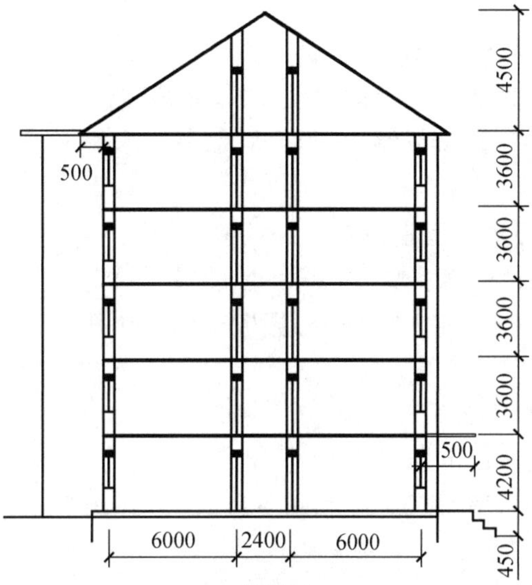

1—1剖面图

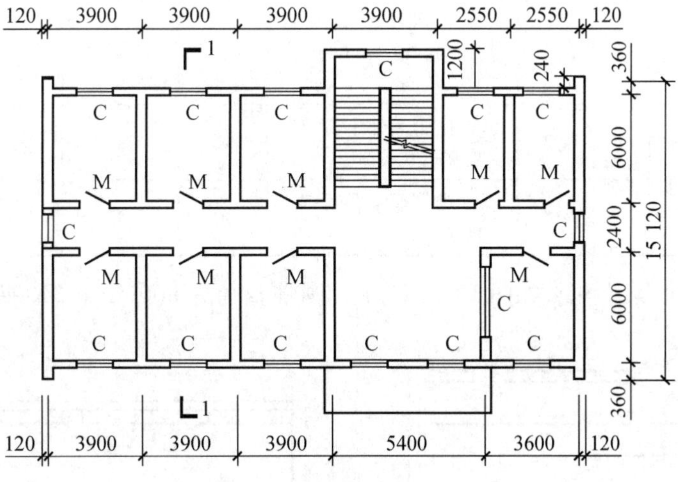

标准层平面图

图 13-3 多层单身宿舍楼标准层平面图及剖面图

解 措施项目清单计价表的编制

该项目发生的工程内容为：材料运输、搭拆脚手架、拆除后的材料堆放。

外脚手架工程量＝(外墙外边线长度＋墙垛侧面宽度×2×n)×外脚手架高度＝[(长度)0.12＋3.90×3＋5.40＋3.60＋0.12＋(宽度)15.12－0.24×2＋(楼梯外侧)1.20]×2×(高度)(0.45＋4.20＋3.60×4)＋(两山墙)(0.50＋6.00＋2.40＋6.00＋0.50)×4.50＝73.56×19.05＋69.30＝1470.62(m²)

檐口高度 19.05m，山墙高度 23.55m。均套 24m 以内双排钢管外脚手架，套定额 17-1-10。

凡设计室内地坪至顶板下表面（或山墙高度 1/2 处）的高度在 3.6m 以下（非轻质砌块墙）时，按单排里脚手架计算；高度超过 3.6m 且小于 6m 时，按双排里脚手架计算，即

$$阁楼纵墙高度 = (6.00 + 0.12 + 0.50) \times (4.50 - 0.12)/(1.20 + 6.00 + 0.12 + 0.50)$$
$$= 3.71(m) > 3.6m$$

高度小于 6m 双排钢管里脚手架工程量 = 底层 $[3.90 \times 3 \times 2 + 2.55 \times 2 + 3.60 + (6.00 - 0.24) \times 9] \times (4.20 - 0.12) +$ 阁楼纵墙 $(3.90 \times 3 \times 2 + 2.55 \times 2 + 3.60) \times 3.71 = 342.48 + 119.09 = 461.57(m^2)$

6m 以内双排钢管里脚手架，套定额 17-1-7。

高度小于 3.6m 单排钢管里脚手架工程量 = 标准层 $[3.90 \times 3 \times 2 + 2.55 \times 2 + 3.60 + (6.00 - 0.24) \times 9] \times (3.60 - 0.12) \times 4 +$ 阁楼横墙 $(6.00 + 0.50 - 0.12) \times 3.71/2 \times 9 = 1168.44 + 106.51 = 1274.95(m^2)$

3.6m 以内单排钢管里脚手架，套定额 17-1-6。

人工、材料、机械单价选用市场价。

根据企业情况确定管理费率为 55%，利润率为 15%，措施项目清单计价见表 13-2。

表 13-2　　　　　　　　　措施项目清单计价表

序号	项目编码	项目名称	项目特征描述	计量单位	工程量	金额（元）	
						综合单价	合价
1	011601001001	外脚手架	双排钢管外脚手架，檐口高度 19.05m，山墙高度 23.55m	项	1	41 706.78	41 706.78
2	011601001002	里脚手架	双排钢管里脚手架，高度 3.71m	项	1	8779.06	8779.06
3	011601001003	里脚手架	单排钢管里脚手架，高度小于 3.6m	项	1	17 772.80	17 772.80

【案例 13-2】 某小礼堂如图 13-4 所示。圆柱直径为 500mm，240 砖外墙。根据施工

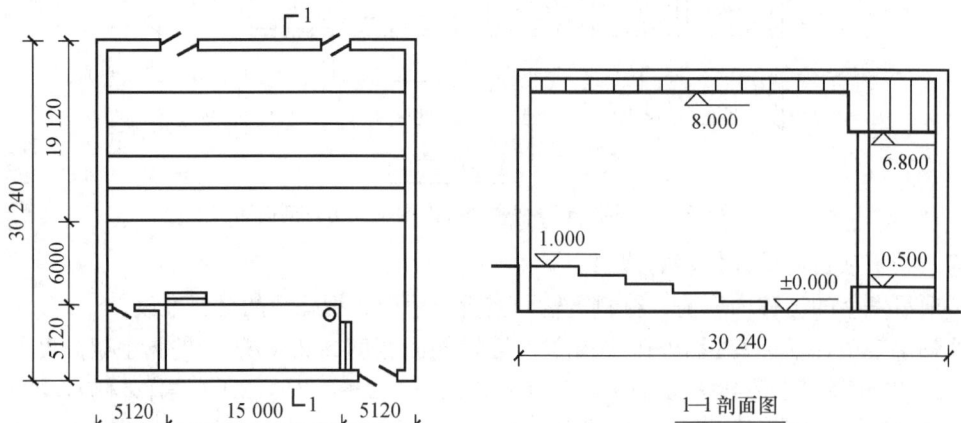

图 13-4　某小礼堂工程

方案，舞台为后置，舞台及其两侧吊顶标高相同。计算钢管满堂脚手架工程量，并进行投标报价。

解 措施项目清单计价表的编制

该项目发生的工程内容：材料运输、搭拆脚手架、拆除后的材料堆放。

$$满堂脚手架基本层＝(30.24－0.24)\times(5.12+15.00+5.12－0.24)$$
$$＝30.00\times25.00＝750.00(m^2)$$

钢管满堂脚手架基本层：套 17 - 3 - 3。

满堂脚手架增加层：

$$舞台部分＝(6.80－5.20)/1.2＝1(层)$$
$$台前部分＝(8.00－5.20)/1.2＝2(层)$$
$$台阶部分＝(8.00－0.60\text{平均高度}－5.20)/1.2＝2(层)$$

增加层工程量＝750.00＋(6.00＋19.12－0.12)×25.00＝1375.00(m²)

钢管满堂脚手架增加层 1.2m：套 17 - 3 - 4。

人工、材料、机械单价选用市场价。

根据企业情况确定管理费率为 55％，利润率为 15％，措施项目清单计价表见表 13 - 3。

表 13 - 3 措施项目清单计价表

| 序号 | 项目编码 | 项目名称 | 项目特征描述 | 计量单位 | 工程量 | 金额（元） | |
						综合单价	合价
1	011601001001	满堂脚手架	钢管满堂脚手架，室内净高 8m	项	1	15 487.50	15 487.50

第二节 垂直运输及其他大型机械进出场

一、"计量标准"清单项目设置

1. 垂直运输

"计量标准"附录 R.1 垂直运输，见表 13 - 4。

表 13 - 4 垂直运输（编码：011601002）

项目编码	项目名称	计量单位	工程内容
011601002	垂直运输	项	垂直运输机械进出场及安拆，固定装置、基础制作、安装，行走式机械轨道的铺设、拆除，设备运转、使用等

2. 其他大型机械进出场及安拆

"计量标准"附录 R.1 其他大型机械进出场及安拆，见表 13 - 5。

表 13 - 5 其他大型机械进出场及安拆（编码：011601003）

项目编码	项目名称	计量单位	工程内容
011601003	其他大型机械进出场及安拆	项	除垂直运输机械以外的大型机械安装、检测、试运转和拆卸，运进、运出施工现场的装卸和运输，轨道、固定装置的安装和拆除等

二、计量标准与计价规则说明

1. 垂直运输相关说明

(1) 垂直运输机械指施工工程在合理工期内所需垂直运输机械。

(2) "垂直运输"仅包括工程施工过程中的大型垂直运输机械。使用其他吊装机械及人力辅助工器具进行的垂直运输,包含在相应分部分项工作内容中。

2. 其他大型机械进出场及安拆

(1) 相应专项设计不具备时,可按暂估量计算。

(2) 中小型机械,不计算安装、拆卸及场外运输。

(3) 不发生其他大型机械进出场及安拆的项目,不能计算其他大型机械进出场及安拆。

三、配套定额说明

1. 垂直运输定额说明

(1) 建筑物檐高以设计室外地坪至檐口滴水高度(平屋顶系指屋面板底高度,斜屋面是指外墙外边线与斜屋面板底的交点)为准。突出主体建筑屋顶的楼梯间、电梯间、水箱间、屋面天窗等不计入檐口高度之内。

(2) 同一建筑物有不同檐高时,按建筑物的不同檐高纵向分割,分别计算建筑面积,并按各自的檐高执行相应项目。建筑物多种结构,按不同结构分别计算。

(3) 垂直运输工作内容,包括单位工程在合理工期内完成全部工程项目所需要的垂直运输机械台班,不包括机械的场外往返运输,一次安拆及路基铺垫和轨道铺拆等的费用。

(4) 檐高 3.6m 以内的单层建筑,不计算垂直运输机械台班。

(5) 民用建筑垂直运输,定额层高按≤3.6m 考虑,超过 3.6m 者,应另计层高超高垂直运输增加费,每超过 1m,其超高部分按相应国家定额子目增加 10%(省定额相应垂直运输子目乘以系数 1.15),超高不足 1m 按 1m 计算。

(6) 国家定额垂直运输是按现行工期定额中规定的Ⅱ类地区标准编制的,Ⅰ、Ⅲ类地区按相应定额分别乘以系数 0.95 和 1.1。

2. 建筑物超高增加费定额说明

(1) 建筑物超高增加人工、机械定额适用于单层建筑物檐口高度超过 20m,多层建筑物超过 6 层的项目。

(2) 建筑物檐口高度超过定额相邻檐口高度<2.2m 时,其超过部分忽略不计。

(3) 超高施工增加,以不同檐口高度的降效系数(%)表示。

(4) 超高施工增加,按总包施工单位施工整体工程(含主体结构工程、装饰工程、内装饰工程)编制。建设单位单独发包外装饰工程时,单独施工的主体结构工程和外装饰工程,均应计算超高施工增加。

3. 构件水平运输定额说明

(1) 国家定额构件运输适用于构件堆放场地或构件加工厂至施工现场的运输,省定额均按施工现场范围内运输编制。国家定额运距以 30km 以内考虑,运距在 30km 以上时按照构件运输方案和市场运价调整。

(2) 混凝土构件运输,已综合了构件运输过程中的构件损耗。

(3) 国家定额构件运输基本运距按场内运 1km、场外运 10km 分别列项,实际运距不同时,按场内每增减 0.5km、场外每增减 1km 项目调整。

（4）定额已综合考虑施工现场内、外（现场、城镇）运输道路等级、路况、重车上下坡等不同因素。

（5）构件运输不包括桥梁、涵洞、道路加固、管线、路灯迁移及因限载、限高而发生的加固、扩宽、公交管理部门要求的措施等因素，发生时应另行处理。

（6）国家定额预制混凝土构件运输，按表13-6预制混凝土构件分类。分类表中一、二类构件的单体体积、面积、长度三个指标中，以符合其中一项指标为准（按就高不就低的原则执行）。省定额将预制混凝土构件分为三类，金属结构构件分为两类，分别设置了基本运距1km子目和每增运1km子目。

表 13 - 6 预制混凝土构件分类表

类别	项目
一	桩、柱、梁、板、墙单件体积≤1m³、面积≤4m²、长度≤5m
二	桩、柱、梁、板、墙单件体积>1m³、面积>4m²、5m<长度<6m
三	6m以上至14m的桩、柱、梁、板、屋架、桁架、托架（14m以上另行计算）
四	天窗架、侧板、端壁板、天窗上下档及小型构件

（7）国家定额金属结构构件运输按表13-7分为三类，套用相应项目。

表 13 - 7 金属结构构件分类表

类别	构件名称
一	钢柱、屋架、托架、桁架、吊车梁、网架、钢架桥
二	钢梁、檩条、支撑、拉条、栏杆、钢平台、钢走道、钢楼梯、零星构件
三	墙架、挡风架、天窗架、轻钢屋架、其他构件

4. 大型机械进出场定额说明

（1）大型机械设备进出场及安拆费是指机械整体或分体自停放场地运至施工现场，或由一个施工地点运至另一个施工地点，所发生的机械进出场运输和转移费用，以及机械在施工现场进行安装、拆卸所需的人工费、材料费、机械费、试运转费和安装所需的辅助设施的费用。

（2）大型机械基础，适用于塔式起重机、施工电梯、卷扬机等大型机械需要设置基础的情况。

1）塔式起重机轨道铺拆以直线形为准，如铺设弧线形时，定额乘以系数1.15。

2）国家定额固定式基础适用于混凝土体积在10m³以内的塔式起重机基础，如超出者按实际混凝土工程、模板工程、钢筋工程分别计算工程量，按混凝土及钢筋混凝土工程相应项目执行。省定额混凝土独立式基础，已综合了基础的混凝土、钢筋、地脚螺栓和模板，但不包括基础的挖土、回填和复土配重。其中，钢筋、地脚螺栓的规格和用量、现浇混凝土强度等级与定额不同时，可以换算，其他不变。

3）固定式基础如需打桩时，打桩费用另行计算。

（3）大型机械设备安拆费包括的内容如下：

1）机械安拆费是安装、拆卸的一次性费用。

2）机械安拆费中包括机械安装完毕后的试运转费用。

3）柴油打桩机的安拆费中，已包括轨道的安拆费用。

4）自升式塔式起重机安拆费按塔高 45m 确定，＞45m 且檐高≤200m，塔高每增高 10m，按相应定额增加费用 10％，尾数不足 10m 按 10m 计算。

（4）大型机械设备进出场费包括的内容如下：

1）进出场费中已包括往返一次的费用，其中回程费按单程运费的 25％考虑。

2）进出场费中已包括了臂杆、铲斗及附件、道木、道轨的运费。

3）机械运输路途中的台班费，不另计取。

（5）大型机械设备现场的行驶路线需修整铺垫时，其人工修整可按实际计算。同一施工现场各建筑物之间的运输，定额按 100m 以内综合考虑，如转移距离超过 100m，在 300m 以内的，按相应场外运输费用乘以系数 0.3；在 500m 以内的，按相应场外运输费用乘以系数 0.6。使用道木铺垫按 15 次摊销，使用碎石零星铺垫按一次摊销。

（6）大型机械进出场定额的项目名称，未列明大型机械规格、能力等特点的，均涵盖各种规格、能力、构造和工作方式的同种机械。

（7）大型机械进出场定额未列子目的大型机械，不计算安装、拆卸及场外运输。

四、配套定额工程量计算

1. 垂直运输工程量计算

（1）建筑物垂直运输，区分不同建筑物结构及檐高（或面积）按建筑面积计算。国家定额地下室面积与地上面积合并计算。

（2）省定额民用建筑（无地下室）基础的垂直运输，按建筑物底层的建筑面积计算。建筑物底层不能计算建筑面积或计算 1/2 建筑面积的部位配置基础时，按其勒脚以上结构外围内包面积，合并于底层建筑面积一并计算。

（3）省定额混凝土地下室（含基础）的垂直运输，按地下室建筑面积计算。定额子目区分不同地下室底层建筑面积。

1）筏板基础所在层的建筑面积为地下室底层建筑面积。

2）地下室层数不同时，面积大的筏板基础所在层的建筑面积为地下室底层建筑面积。

（4）檐高≤20m 建筑物的垂直运输，按建筑物建筑面积计算。省定额子目区分不同标准层建筑面积和不同的结构形式。

1）各层建筑面积均相等时，任一层建筑面积为标准层建筑面积。

2）除底层、顶层（含阁楼层）外，中间层建筑面积均相等（或中间仅一层）时，中间任一层（或中间层）的建筑面积为标准层建筑面积。

3）除底层、顶层（含阁楼层）外，中间各层建筑面积不相等时，中间各层建筑面积的平均值为标准层建筑面积。

4）两层建筑物，两层建筑面积的平均值为标准层建筑面积。

5）同一建筑物结构形式不同时，按建筑面积大的结构形式确定建筑物的建筑形式。

（5）檐高＞20m 建筑物的垂直运输，按建筑物建筑面积计算。定额子目区分不同的檐高。

1）同一建筑物檐高不同时，应区别不同的檐口高度分别计算。

2）同一建筑物结构形式不同时，应区别不同的结构形式分别计算。

（6）省定额零星工程垂直运输包括超深基础增加和零星工程垂直运输。

1）基础（含垫层）深度＞3m时，按深度＞3m的基础（含垫层）设计图示尺寸，以体积计算。

2）零星工程垂直运输，分别按设计图示尺寸和相关工程量计算规则，以定额单位计算。

2. 建筑物超高增加费工程量计算

（1）各项定额中包括的内容指单层建筑物檐口高度超过20m，多层建筑物超过6层的全部工程项目，但不包括垂直运输、各类构件的水平运输及各项脚手架。

（2）国家定额建筑物超高增加费的人工、机械按建筑物超高部分的建筑面积计算。

（3）省定额建筑物整体工程施工超高增加，按±0.00以上工程（不含除外内容）的人工、机械消耗量之和，乘以相应子目规定的降效系数计算。

（4）整体工程施工超高增加的计算基数，为±0.00以上工程的全部内容，但下列工程内容除外：

1）±0.00所在楼层结构层（垫层）及其以下全部工程内容；

2）±0.00以上的预制构件制作工程；

3）现浇混凝土搅拌制作、运输及泵送工程；

4）脚手架工程；

5）施工运输工程。

（5）同一建筑物檐口高度不同时，按建筑面积加权平均计算其综合降效系数。

综合降效系数＝∑（某檐高降效系数×该檐高建筑面积）/总建筑面积

3. 水平运输工程量计算

（1）预制混凝土构件运输除另有规定外，均按构件设计图示尺寸，以体积计算。

（2）金属构件运输，按构件设计图示尺寸以质量计算，所需螺栓、电焊条等重量不另计算。

4. 大型机械进出场工程量计算

（1）大型机械基础，按施工组织设计规定的尺寸，以座、体积及长度计算。

（2）大型机械设备安拆费，按施工组织设计规定以台次计算。

（3）大型机械设备进出场费，按施工组织设计规定以台次计算。

5. 施工机械停滞计算

施工机械停滞，按施工现场施工机械的实际停滞时间，以台班计算。

机械停滞费＝∑［（台班折旧费＋台班人工费＋台班其他费）×停滞台班数量］

（1）机械停滞期间，机上人员未在现场或另做其他工作，不得计算台班人工费。

（2）下列情况，不得计算机械停滞台班：

1）机械迁移过程中的停滞。

2）按施工组织设计或合同规定，工程完成后不能马上转入下一个工程所发生的停滞。

3）施工组织设计规定的合理停滞。

4）法定假日及冬雨季因自然气候影响发生的停滞。

5）双方合同中另有约定的合理停滞。

五、应用案例

【案例13-3】 某多层砖混结构建筑物如图13-3所示。施工组织设计中采用塔式起重机 8t，计算其垂直运输机械费用的报价。

解　措施项目清单计价表的编制

该项目发生的工程内容：完成项目所需的垂直运输机械。

垂直运输机械工程量＝[(3.90×3＋5.40＋3.60＋0.24)×(15.12－0.24×2)＋(楼梯外凸部分)(3.90＋0.24)×1.20]×5＋(阁楼长度)(3.90×3＋5.40＋3.60＋0.24)×(阁楼超过2.2m 和超过 1.2m 的一半部分的宽度){(6.00×2＋2.40＋0.24＋0.50×2)×[(4.50－2.20)/4.50＋1/(4.50×2)]}＝(306.56＋4.97)×5＋20.94×(7.99＋1.74)＝1761.40(m²)

其他混合结构檐高 30m 以内，套定额 19-1-16。

机械单价选用市场价。

根据企业情况确定管理费率为 25%，利润率为 15%，措施项目清单计价，见表 13-8。

表 13-8　　　　　　　　　　　措施项目清单计价表

序号	项目编码	项目名称	项目特征描述	计量单位	工程量	金额（元）	
						综合单价	合价
1	011601002001	垂直运输	8t 塔式起重机	项	1	63 075.73	63 075.73

【案例 13-4】　某四星级宾馆如图 13-5 所示，其内装修由建施单位单独发包，施工组织设计中采用单笼施工电梯 1t，计算垂直运输机械费用的报价。

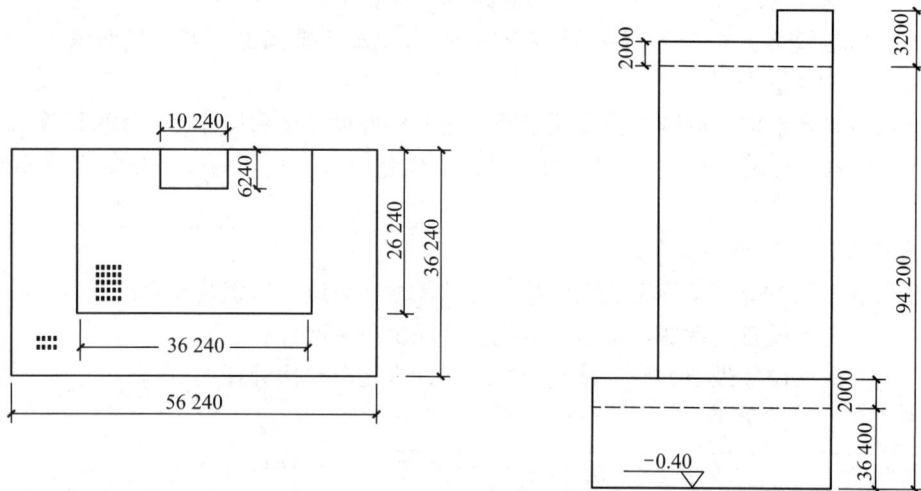

图 13-5　某四星级宾馆示意图

解　措施项目清单计价表的编制

(1) 该项目发生的工程内容为：完成项目所需的垂直运输机械。

(2) 根据现行工程量计量规则，计算工程量：

1) 高层（25 层）部分工程量＝36.24×26.24×25＋10.24×6.24＝23 837.34(m²)

2) 裙房（8 层）部分工程量＝(56.24×36.24－36.24×26.24)×8＝8697.60(m²)

(3) 根据工程内容选定定额项目。

36 层以内内装修垂直运输机械，高层（25 层）部分，套 19-1-26（施工电梯乘以 0.27 系数）。

8层以内内装修垂直运输机械，裙房（8层）部分，套 19 - 1 - 23（卷扬机乘以 0.27系数）。

（4）人工、材料、机械单价选用市场价。

（5）根据企业情况确定管理费率为 32.2%，利润率为 17.3%。

（6）计算措施项目及所含各项工程内容人工、材料、机械费用，措施项目清单计价，见表 13 - 9。

表 13 - 9   措施项目清单计价表

序号	项目编码	项目名称	项目特征描述	计量单位	工程量	金额（元）	
						综合单价	合价
1	011601002002	垂直运输	单笼施工电梯 1t	项	1	494 205.74	494 205.74

第三节　施 工 排 水 与 降 水

一、"计量标准"清单项目设置

1. 施工排水

"计量标准"附录 R.1 施工排水，见表 13 - 10。

表 13 - 10   施工排水（编码：011601004）

项目编码	项目名称	计量单位	工程内容
011601004	施工排水	项	提供满足施工排水所需的排水系统，包括设备安拆、调试及配套设施的设置等，设备运转、使用等

2. 施工降水

"计量标准"附录 R.1 施工降水，见表 13 - 11。

表 13 - 11   施工降水（编码：011601005）

项目编码	项目名称	计量单位	工程内容
011601005	施工降水	项	提供满足施工降水所需的降水系统，包括设备安拆、调试及配套设施的设置等，设备运转、使用等

二、计量标准与计价规则说明

（1）相应专项设计不具备时，可按暂估量计算。

（2）不发生施工排水、降水的项目，不能计算施工排水、降水。

三、配套定额相关规定

1. 排水与降水定额说明

（1）轻型井点以 50 根为一套，喷射井点以 30 根为一套，国家定额使用时累计根数轻型井点少于 25 根，喷射井点少于 15 根，使用费按相应定额乘以系数 0.7。

（2）井管间距应根据地质条件和施工降水要求，按施工组织设计确定，施工组织设计未考虑时，可按轻型井点管距 1.2m、喷射井点管距 2.5m 确定。

（3）国家定额直流深井降水成孔直径不同时，只调整相应的黄砂含量，其余不变；

PVC-U 加筋管直径不同时，调整管材价格的同时，按管子周长的比例调整相应的密目网及铁丝。

（4）国家定额排水井分集水井和大口井两种。集水井定额项目按基坑内设置考虑，井深在 4m 以内，按本定额计算。如井深超过 4m，定额按比例调整。大口井按井管直径分两种规格，抽水结束时回填大口井的人工和材料未包括在消耗量内，实际发生时应另行计算。

（5）水泵类型、管径与定额不一致时，可以调整。

2. 排水与降水工程量计算

（1）省定额抽水机基底排水分不同排水深度，按设计基底面积，以面积计算。

（2）轻型井点、喷射井点排水的井管安装、拆除以"根"为单位计算，使用以"套·天"计算；真空深井、自流深井排水的安装拆除以每口井计算，使用以每口"座·天"计算。

（3）排水使用天数以每昼夜（24h）为一天，并按施工组织设计要求的使用天数计算。

（4）集水井按设计图示数量以"座"或米计算，大口井按累计井深以长度计算。

四、应用案例

【案例 13-5】 某工程轻型井点，如图 13-6 所示。降水管深 7m，井点间距 1.2m，降水 60 天。求轻型井点降水工程量及其费用。

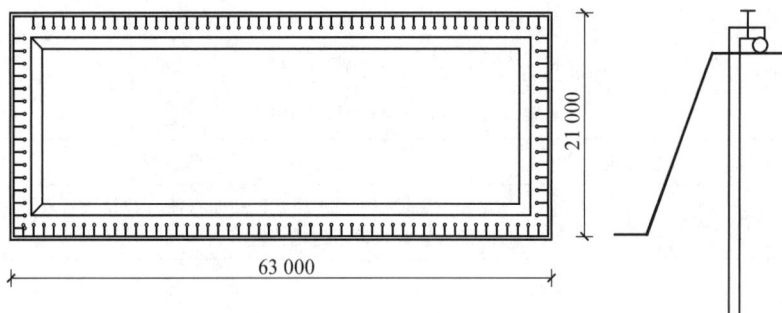

图 13-6　轻型井点示意

解　措施项目清单计价表的编制

该项目发生的工程内容：降水设备安装拆除、设备使用。

① 井管安装、拆除工程量＝（63＋21）×2/1.2＝140（根）

轻型井点（深 7m）降水井管安装、拆除，套定额 2-3-12。

② 设备使用套数＝140/50≈3（套）

设备使用工程量＝3×60＝180（套·天）

轻型井点（深 7m）降水设备使用，套定额 2-3-13。

人工、材料、机械单价选用市场价。

根据企业情况确定管理费率为 25%，利润率 15%，措施项目清单计价，见表 13-12。

表 13-12　　　　　　　　　　措施项目清单计价表

序号	项目编码	项目名称	项目特征描述	计量单位	工程量	金额（元） 综合单价	合价
1	011601005001	施工降水	降水管深 7m，井点间距 1.2m，降水 60 天	项	1	193 035.00	193 035.00

第四节 临时设施及其他措施项目

一、计量标准清单项目设置

"计算标准"附录 R.1 临时设施及其他措施项目包括临时设施、文明施工、环境保护、安全生产、冬雨季施工增加、夜间施工增加、特殊地区施工增加、二次搬运、已完工程及设备保护、既有建（构）筑物设施保护，10 个清单项目，见表 13-13。

表 13-13　　　　　　　　临时设施及其他措施项目（编码：011601）

项目编码	项目名称	计量单位	工程内容
011601006	临时设施	项	为进行建设工程施工所需的生活和生产用的临时建（构）筑物和其他临时设施。包括临时设施的搭设、移拆、维修、清理、拆除后恢复等，以及因修建临时设施时设施应由承包人所负责的有关内容
011601007	文明施工		施工现场文明施工、绿色施工所需的各项措施
011601008	环境保护		施工现场为达到环保要求所需的各项措施
011601009	安全生产		施工现场安全生产所需的各项措施
011601010	冬雨季施工增加		在冬季或雨季施工，引起防寒、保温、防滑、防潮和排除雨雪等措施的增加，人工、施工机械效率的降低等内容
011601011	夜间施工增加		因夜间或地下室等特殊施工部位施工时，所采用照明设备的安拆、维护、照明用电及施工人员夜班补助、夜间施工劳动效率降低等内容
011601012	特殊地区施工增加		在特殊地区（高温、高寒、高原、沙漠、戈壁、沿海、海洋等）及特殊施工环境（邻公路、邻铁路等）下施工时，弥补施工降效所需增加的内容
011601013	二次搬运		因施工场地条件及施工程序限制而发生的材料、构配件、半成品等一次运输不能到达堆放地点，必须进行二次或多次搬运所发生的内容
011601014	已完工程及设备保护		建设项目施工过程中直至竣工验收前，对已完工程及设备采取的必要保护措施
011601015	既有建（构）筑物、设施保护		在工程施工过程中，对既有建（构）筑物及地上、地下设施进行的覆盖、封闭、隔离等必要临时保护措施

二、计量标准与计价规则说明

(1)"临时设施""文明施工""环境保护""安全生产"工作内容的包含范围，应参考各省，自治区、直辖市或行业建设主管部门的相关规定进行补充。

(2) 其他措施项目应根据工程实际情况计算措施项目费，不发生的项目，不能计算。需分摊的应合理计算摊销费用。

(3) 若出现"计量标准"未列的项目，可根据工程实际情况补充。

三、工程量计算标准与计价规则相关规定

1."计量标准"规定应予计量的措施项目，其计算公式为

$$措施项目费 = \sum（措施项目工程量 \times 综合单价）$$

2. "计量标准" 规定不宜计量的措施项目计算方法

(1) 安全文明施工费为

$$安全文明施工费＝计算基数×安全文明施工费费率(\%)$$

计算基数应为定额基价（定额分部分项工程费＋定额中可以计量的措施项目费）、定额人工费或（定额人工费＋定额机械费），其费率由工程造价管理机构根据各专业工程的特点综合确定。

(2) 夜间施工增加费为

$$夜间施工增加费＝计算基数×夜间施工增加费费率(\%)$$

(3) 二次搬运费为

$$二次搬运费＝计算基数×二次搬运费费率(\%)$$

(4) 冬雨季施工增加费为

$$冬雨季施工增加费＝计算基数×冬雨季施工增加费费率(\%)$$

(5) 已完工程及设备保护费为

$$已完工程及设备保护费＝计算基数×已完工程及设备保护费费率(\%)$$

上述（2）～（5）项措施项目的计费基数应为定额人工费或（定额人工费＋定额机械费），其费率由工程造价管理机构根据各专业工程特点和调查资料综合分析后确定。

习 题

13-1 某工程主楼及附房尺寸如图 13-7 所示。女儿墙高 1.5m，出屋面的电梯间为砖砌外墙，施工组织设计中外脚手架为钢管脚手架。人工、材料、机械单价选用价目表参考价，根据企业情况确定管理费率为 25%，利润率为 15%。进行措施费中外脚手架的计算，并进行投标报价。

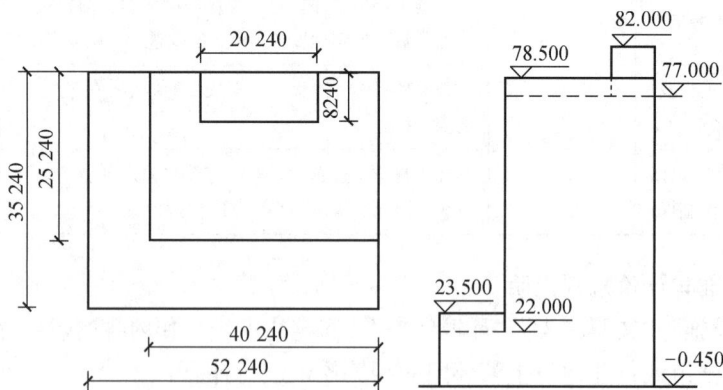

图 13-7 某工程主楼及附房示意

13-2 某学校教学楼二层结构平面布置如图 13-8 所示。二层层高为 4.5m，板厚为 120mm，钢筋混凝土框架柱的断面尺寸为 500mm×500mm。施工现场均使用钢管脚手架，不考虑其他脚手架可利用的情况下，人工、材料、机械单价选用价目表参考价，根据企业情况确定管理费率为 25%，利润率为 15%。进行措施费中柱、梁脚手架的工程量计算，并进行投标报价。

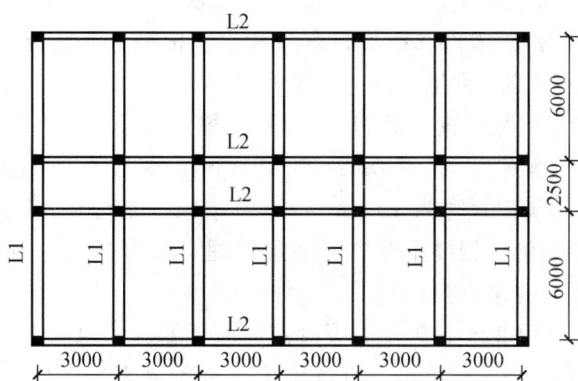

图 13-8　二层结构平面布置图

13-3　某工程见图 13-7，施工组织设计中，外防护为密目网使用依附斜道。人工、材料、机械单价选用价目表参考价，根据企业情况确定管理费率为 25%，利润率为 15%。进行措施费中密目网垂直封闭和依附斜道的计算，并进行投标报价。

13-4　某商业住宅楼群，现浇钢筋混凝土地下车库为二层，层高为 4.20m，建筑总面积 16 256.46m²。其中，钢筋混凝土满堂基础的混凝土体积为 1545.85m³，地下室墙面需要抹灰。施工组织设计中采用塔式起重机 6t。人工、机械单价选用市场信息价，根据企业情况确定管理费率为 25%，利润率为 15%。计算±0.00 以下垂直运输机械费用的报价。

13-5　某工程钢筋混凝土结构共计 22 层，檐高 69.40m。1～3 层为现浇钢筋混凝土框架外砌围护结构，每层建筑面积为 880.00m²；4～22 层为全现浇钢筋混凝土结构，每层建筑面积为 680.00m²。并采用商品混凝土泵送施工。施工组织设计中采用自升式塔吊 2000kN·m。人工、机械单价选用市场信息价，根据企业情况确定管理费率为 25%，利润率为 15%。计算垂直机械运输费用。

13-6　某高层建筑物檐高 58m，超过±0.00 以上的全部人工费为 1 020 012.21 元，全部机械费用为 2 856 255.52 元。人工、机械单价选用市场信息价，根据企业情况确定管理费率为 25%，利润率为 15%。计算超高人工、机械增加费用。

13-7　某四星级宾馆见图 13-10。建筑物主体垂直运输机械项目（现浇框架外砌围护结构）、建筑物外墙装修垂直运输机械项目（镶贴面砖）、建筑物内装修垂直运输机械项目（裙房 6 层，主楼 21 层），均由建设单位单独发包。人工、材料、机械单价选用价目表参考价，根据企业情况确定管理费率为 25%，利润率为 15%。建设单位预确定标底，计算垂直运输机械费用。

13-8　预制单根檩条体积 0.04m³，共 100 根，构件场外运输 8km。人工、材料、机械单价选用价目表参考价，根据企业情况确定管理费率为 25%，利润率为 15%。计算预制混凝土构件运输工程量并进行投标报价。

13-9　某工程钢屋架 15 榀，每榀重 5t，由金属构件厂加工，平板拖车运输，运距

8km。人工、材料、机械单价选用价目表参考价，根据企业情况确定管理费率为25%，利润率为15%。计算场外运输工程量，并进行投标报价。

13-10　某钢结构车间型钢檩条（T字形）每支制作重量为95.62kg，共150支，运距为15km。人工、材料、机械单价选用价目表参考价，根据企业情况确定管理费率为25%，利润率为15%。计算运输的工程量，并进行投标报价。

13-11　某工程采用成品门窗。其中，木门80樘，木窗15樘，铝合金推拉窗100樘。根据设计图纸可知，门洞尺寸为1000mm×2400mm，安装木窗的洞口尺寸为800mm×1000mm，安装推拉窗的洞口尺寸为1500mm×1800mm。加工场距工地8km。人工、材料、机械单价选用价目表参考价，根据企业情况确定管理费率为25%，利润率为15%。计算该工程的门窗运输工程量，并进行投标报价。

13-12　某工地距基地2km，施工方案规定所有钢筋在基地加工，用载重汽车运输到现场，合计成型钢筋320t。人工、材料、机械单价选用价目表参考价，根据企业情况确定管理费率为25%，利润率为15%。计算运输的工程量并进行投标报价。

13-13　某桩基础工程使用了1600kN静力压桩机（液压）2台。人工、材料、机械单价选用价目表参考价，根据企业情况确定管理费率为25%，利润率为15%。进行大型机械设备进出场及安装的计算。

13-14　某工程施工组织设计采用大口径井点降水，施工方案为环形布置，井点间距5m，抽水时间为30天。已知降水范围闭合区间长为30m，宽为20m。人工、材料、机械单价选用价目表参考价，根据企业情况确定管理费率为25%，利润率为15%。计算大口径井点降水工程量及其费用。

13-15　某多层建筑物如图13-9所示，住宅楼的标准层，内外墙均为240mm厚，板厚为120mm厚，阁楼不装修。人工、材料、机械单价选用价目表参考价，根据企业情况确定管理费率为25%，利润率为15%。计算该建筑物各层内墙装饰脚手架工程量，并进行投标报价。

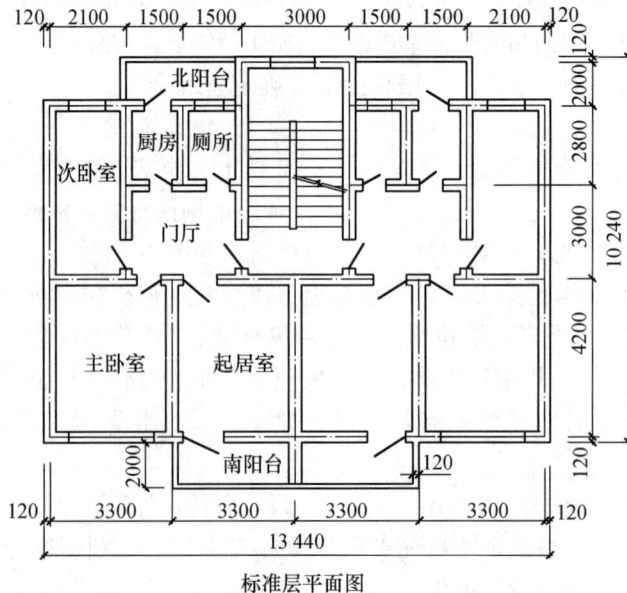

标准层平面图

图13-9　某多层建筑物平面立面图（一）

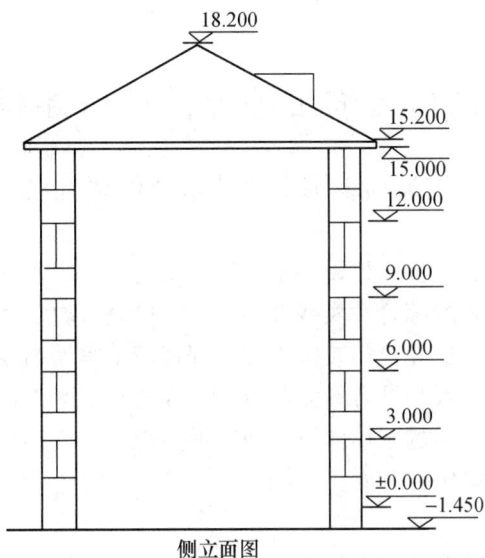

侧立面图

图 13-9 某多层建筑物平面立面图（二）

13-16 某工程如图 13-10 所示，外墙局部装饰（玻璃幕墙）由建设单位单独发包，施工组织设计中采用单笼施工电梯 1t，计算垂直运输机械费用的报价。

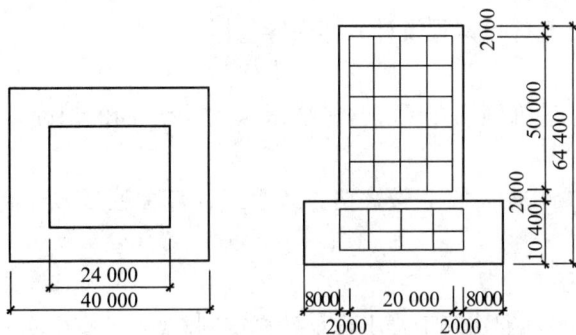

图 13-10 某工程玻璃幕墙示意图

附录　建筑与装饰工程计量计价课程设计指导

第一节　建筑与装饰工程计量计价课程设计任务书

建筑与装饰工程计量与计价课程设计是实现建筑与装饰工程造价相关专业培养目标、保证教学质量、培养合格人才的综合性实践教学环节，是整个教学计划中不可缺少的重要组成部分。通过设计，使学生了解建筑与装饰工程工程量清单编制与投标报价工程量计算工作的全过程，从而建立理论与实践相结合的完整概念，提高在实际工作中从事建筑与装饰工程造价工作的能力，培养认真细致的工作作风，使所学知识进一步得到巩固、深化和扩展，提高学生所学知识的综合应用能力和独立工作能力。

一、课程设计选题

根据本专业实际工作的需要，学生通过实训，应会编制较复杂的建筑与装饰工程工程量清单和工程量清单报价。

建筑与装饰工程计量计价课程设计选题，以工程量清单编制和工程量清单报价为主线，选择民用建筑混合结构或框架结构工程，含有土建、装饰内容的施工图纸。

二、课程设计的具体内容

建筑与装饰工程计量计价课程设计具体内容包括：

1. 会审图纸

对收集到的土建、装饰施工图纸（含标准图），进行全面的识读、会审，掌握图纸内容。

2. 编制工程量清单

根据施工图纸和"计量标准"，按表格方式手工计算工程量，编制工程量清单，最后上机打印。

3. 投标报价的工程量计算

根据施工图纸、《××省建筑工程工程量计算规则》《××省建筑工程消耗量定额》和施工说明等资料，按表格方式统计出建筑、装饰工程量。

4. 工程量清单报价

根据《××省建筑工程工程量清单计价规则》，上机进行综合单价计算，确定投标报价文件。

三、课程设计的步骤

1. 布置任务

布置建筑与装饰工程计量计价课程设计任务，发放实训相关资料。

2. 审查施工图纸

学生通过看图纸（含标准图），对图纸所描述的建筑物有一个基本印象，对图纸存在的问题全面提出，指导教师进行图纸答疑和问题处理。

3. 工程量清单的编制

根据"计量标准"中的工程量计算规则，按收集的图纸的具体要求，进行各项工程量的计算，确定项目编码、项目名称，描述项目特征，编制工程量清单。

4. 投标报价的工程量计算

根据施工图纸和《××省建筑工程工程量计算规则》，按表格方式手工计算，并统计出建筑、装饰工程量，列出定额编号和项目名称。

5. 工程量清单报价（上机操作）

对工程量清单进行仔细核对，将工程量清单所列的项目特征与实际工程进行比较，参考《××省建筑工程工程量清单计价规则》，对工程量清单项目所关联的工程项目的定额名称和编号进行挂靠，利用工程量清单计价软件，进行工程量清单报价。如有不同之处应考虑换算定额或做补充定额。对照现行的《××省建筑工程价目表》（有条件也可使用市场价）和《××省建筑工程费用项目组成及计算规则》，查出工料机单价（不需调整）及措施费、管理费、利润、增值税等费率，进行工程造价计算，决定投标报价值。

6. 打印装订

经检查确认无误后，存盘、打印、设计封面、装订成册。

四、课程设计内容时间分配表

课程设计内容时间分配，见附表1。

附表 1　　　　　　　　　　　　课程设计内容时间分配表

内容	学时	说明
布置课程设计任务	1	全面了解设计任务书
会审图纸	3	收集有关资料，看图纸
编制工程量清单	8	用表格计算清单工程量
工程量计算	16	用表格计算建筑、装饰工程量
工程量清单报价	8	用计算机计算
整理资料	4	按要求整理、打印装订
合计	40	最后1周完成（应提前进入）

五、需要准备的资料和课程设计成果要求

1. 需要准备的资料

（1）某工程图纸一套及相配套的标准图；

（2）"计价标准""计量标准"；

（3）《××省建筑工程工程量计算规则》；

（4）《××企业定额》或《××省建筑工程消耗量定额》；

（5）《××省建筑工程价目表》；

（6）《××省建筑工程费用项目组成及计算规则》；

（7）《××省建筑工程工程量清单计价规则》；

（8）《建筑工程计量与计价实务》《建筑工程计量与计价学习指导与实训》等教材及《建筑工程造价工作速查手册》等相关手册。

2. 课程设计成果要求

课程设计要求学生根据"计价标准""计量标准"和相关定额，编制工程量清单和工程量清单报价。本着既节约费用，又能呈现出一份较完整资料的原则，需要打印的表格及成果资料应该有：

(1) 工程量清单 1 套［含实训成果封面、招标工程量清单封面、招标工程量清单扉页、最高投标限价编制（审核）说明、分部分项工程清单计价表、措施项目清单计价表、其他项目清单计价表、暂列金额明细表、材料暂估单价及调整表、增值税计价表等］。

(2) 工程量清单报价建筑和装饰各 1 套（含投标总价封面、投标总价扉页、投标报价填报说明、工程项目汇总表、分部分项工程量清单计价表、措施项目清单计价表、其他项目清单计价汇总表、增值税计价表等），如果打印量不大，也可打印部分有代表性的工程量清单综合单价分析表。

(3) 工程量计算单底稿（手写稿）1 套，附封面。

六、封面格式

××××学校
建筑与装饰工程计量计价课程设计

建筑与装饰工程量清单及工程量清单报价
（正本）

工程名称：

院　　系：

专　　业：

指导教师：

班　　级：

学　　号：

学生姓名：

起止时间：　　自　　年　月　日至　　年　月　日

第二节　建筑与装饰工程计量计价课程设计指导书

一、编制说明

1. 内容

(1) 工程招标文件编制；

(2) 清单工程量计算；

(3) 定额工程量计算；

(4) 工程最高投标限价文件编制；

(5) 工程投标报价文件编制。

2. 依据

某工程施工图纸和有关标准图；"计价标准""计量标准"、《建筑工程工程量计算规则》、企业定额或建筑工程消耗量定额、费用定额、《建筑工程价目表》和《建设工程价目表材料机械单价》。

3. 目的

通过该工程的计量与计价课程设计，使学生基本掌握工程量清单编制和工程量清单计价的方法及基本要求。

4. 要求

在教师的指导下，手工计算工程量，用计算机进行工程量清单和工程量清单报价的编制。

二、施工及做法说明

1. 施工说明

(1) 施工单位：××建筑工程公司（二级建筑企业）。

(2) 施工驻地和施工地点均在市区内，相距 2km。

(3) 设计室外地坪与自然地坪基本相同，现场无障碍物、无地表水；基槽采用人工开挖，人工钎探（每米 1 个钎眼）；打夯采用蛙式打夯机械；手推车运土，运距 40m。

(4) 模板采用工具式钢模板，钢支撑；钢筋现场加工；混凝土现场搅拌。

(5) 脚手架均为金属脚手架；采用搭吊垂直运输和水平运输。

(6) 措施费主要考虑安全文明施工、夜间施工、二次搬运、已完工程及设备保护费。其中临时设施全部由乙方按要求自建。水、电分别为自来水和低压配电，并由发包方供应到建筑物中心 50m 范围内。

(7) 预制构件均在公司基地加工生产，汽车运输到现场。

(8) 施工期限合同规定：自 8 月 1 日开工准备，10 月底交付使用。

(9) 其他未尽事宜自行设定。

2. 建筑做法说明

(1) 门窗均为红白松木；玻璃除自由门采用 5mm 厚平板玻璃外，其他均为 3mm 厚普通玻璃。M1 门为自由门（地弹簧）；M2 门为玻璃镶板门。窗均为无纱单层窗。

(2) 门窗油漆均为一遍底油，二遍调和漆。内侧为乳白色，外侧为浅驼色。

(3) 水磨石地面（无踢脚线）：素土夯实；C15 混凝土 60mm 厚；1：3 水泥砂浆找平15mm 厚；1：1.5 彩色镜面水磨石地面，厚25mm。镶嵌铜条，铜条方格间距为 900mm×900mm。

(4) 缸砖铺地：素土夯实；C15 混凝土 60mm 厚；1：3 水泥砂浆找平 15mm 厚；1：1水泥细砂浆 8mm 厚贴缸砖；素水泥浆扫缝，缝宽不大于 2mm。缸砖规格为 100mm×100mm×10mm。

(5) 雨篷面砖贴面：1：3 水泥砂浆打底找平 10mm 厚；1：1 水泥砂浆 10mm 厚贴面砖；1：1 水泥细砂浆勾缝，缝宽 2mm。滴水贴面砖，滴水宽 40mm。

(6) 外墙白水泥水刷石墙面：1：1：6 水泥石灰砂浆打底找平 12mm 厚；1：0.2：2 白水泥石灰膏白石子面层 10mm 厚（中八厘）；用水冲刷露出石面；介格条间距 950mm。

(7) 外墙拼碎花岗石墙面：1：3 水泥砂浆打底找平 12mm 厚；1：2 水泥砂浆结合层 12

厚；镶贴红黑间隔拼碎花岗石板。

（8）门斗及花坛内侧墙面做法：B 轴墙和④轴墙外侧同拼碎花岗石墙面；其余墙面同白水泥水刷石墙面。

（9）内墙裙：内墙裙 1m 高，墙面刷防腐油，铺钉油毡；铺钉木龙骨，刷防火涂料两遍；铺钉中密度板基层，粘贴泰柚木板，木封口条 20mm×20mm 封口；刷硝基清漆六遍。

（10）内墙面中级抹灰：1∶3 石灰砂浆打底找平 15mm 厚；麻刀石灰砂浆面层 3mm 厚；面层刮仿瓷涂料（三遍成活）。

（11）雨篷底面、门斗顶板底面做法（中级抹灰）：1∶1∶6 混合砂浆勾缝打底 3mm 厚；1∶2.5 石灰砂浆找平 12mm 厚；麻刀石灰砂浆面层 3mm 厚；喷刷乳胶漆三遍。

（12）房间顶棚：7mm 厚 1∶3 水泥砂浆打底，7mm 厚 1∶2.5 水泥砂浆罩面，贴锦缎；周边钉 25mm×25mm 木压线，刷硝基漆五遍。

（13）屋面构造：预应力空心板上 1∶3 水泥砂浆找平 20mm 厚；1∶12 现浇水泥珍珠岩保温层（找坡）最薄处 40mm 厚；1∶3 水泥砂浆找平 15mm 厚；PVC 橡胶卷材防水层。

（14）粘贴花岗石柱面：1∶3 水泥砂浆打底找平 12mm 厚；1∶2 水泥砂浆结合层 12mm 厚；粘贴 300mm×300mm×20mm 红色花岗石板。

（15）门洞、漏窗洞马赛克贴面：1∶3 水泥砂浆打底找平 25mm 厚；1∶3 水泥砂浆 8mm 厚贴马赛克；素水泥浆扫缝。

三、结构设计说明

（1）基础用 MU30 乱毛石，M5 混合砂浆砌筑。

（2）地基土 −1.500m 以下为松石，以上为坚土。

（3）墙体采用 MU7.5 机制红砖；M5 混合砂浆砌筑。

（4）所用混凝土强度等级除 JQL1、JQL2 为 C15，预应力空心板为 C30，其余均为 C25。

（5）预应力空心板混凝土体积分别为：YKB39‐21，0.238m³/块；YKB36‐21，0.211m³/块。板厚为 180mm，与梁电焊连接，ϕ12 预埋铁件 22kg。

（6）钢筋混凝土构件钢筋保护层：板为 20mm，其余均为 25mm。

（7）门窗洞口无过梁者均采用钢筋砖过梁，配筋为 2ϕ12；Z$_2$ 构造柱与墙体间设拉结筋 2ϕ6.5@500，长度 2300mm。

四、其他说明

其他未尽事项可以根据标准、规程及标准图选用，也可由教师给定。

第三节　某湖边茶社建筑与结构施工图纸

平面图 1:100

建施 1

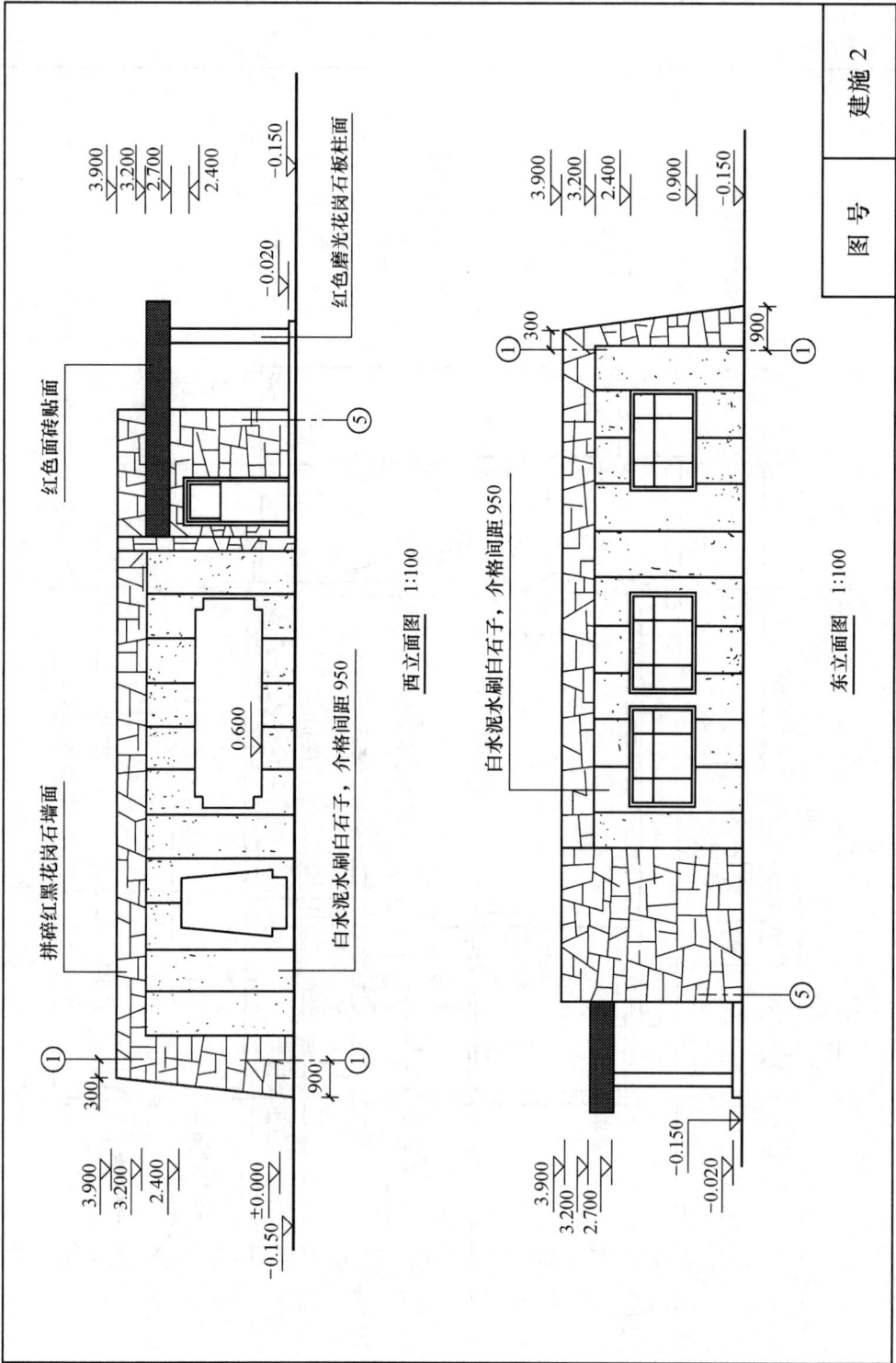

西立面图　1:100

东立面图　1:100

红色面砖贴面

拼碎红黑花岗石墙面

白水泥水刷白石子，介格间距 950

红色磨光花岗石板柱面

白水泥水刷白石子，介格间距 950

建施 2

图　号

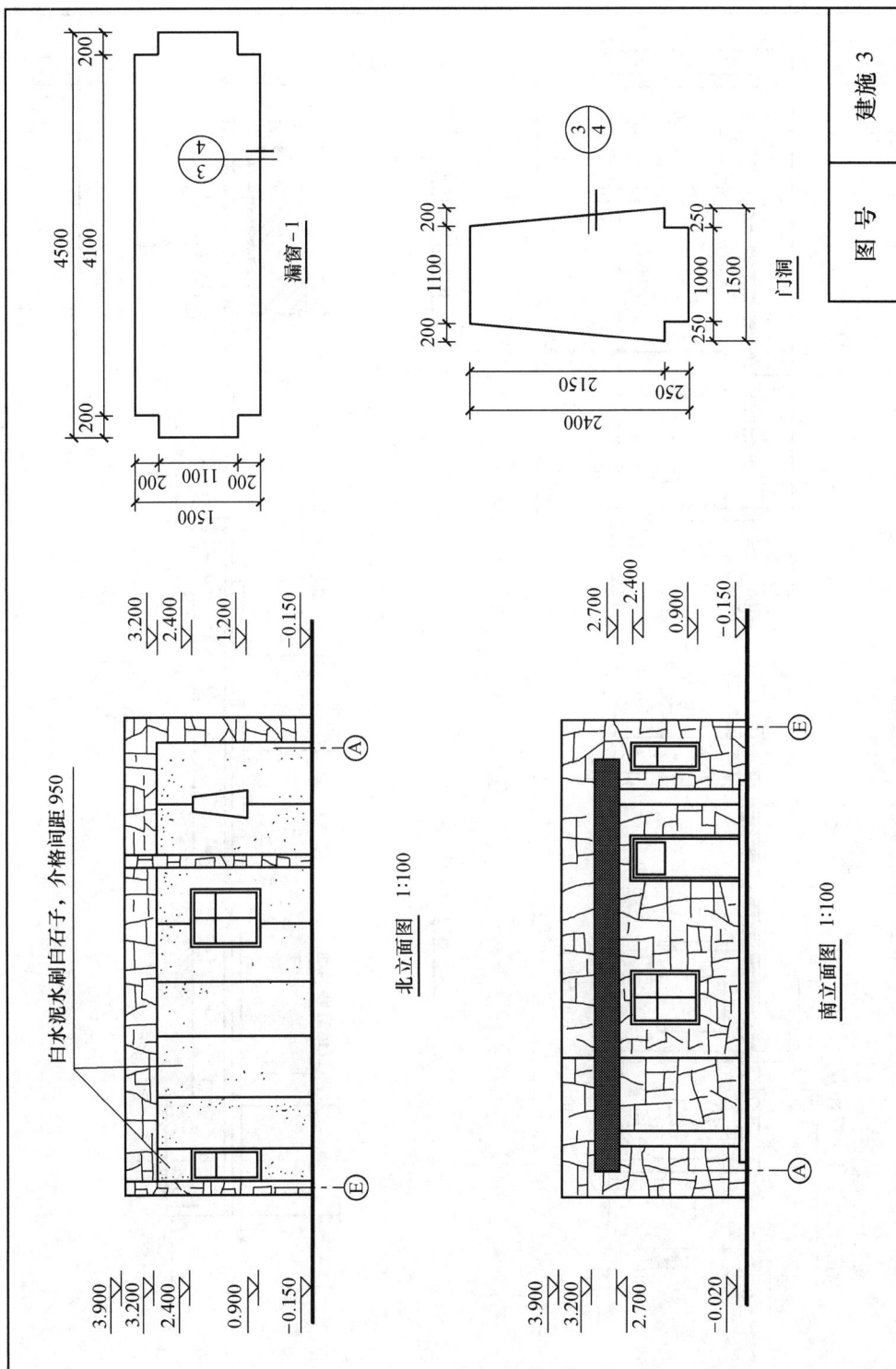

白水泥水刷白石子，介格间距 950

漏窗－1

门洞

北立面图 1:100

南立面图 1:100

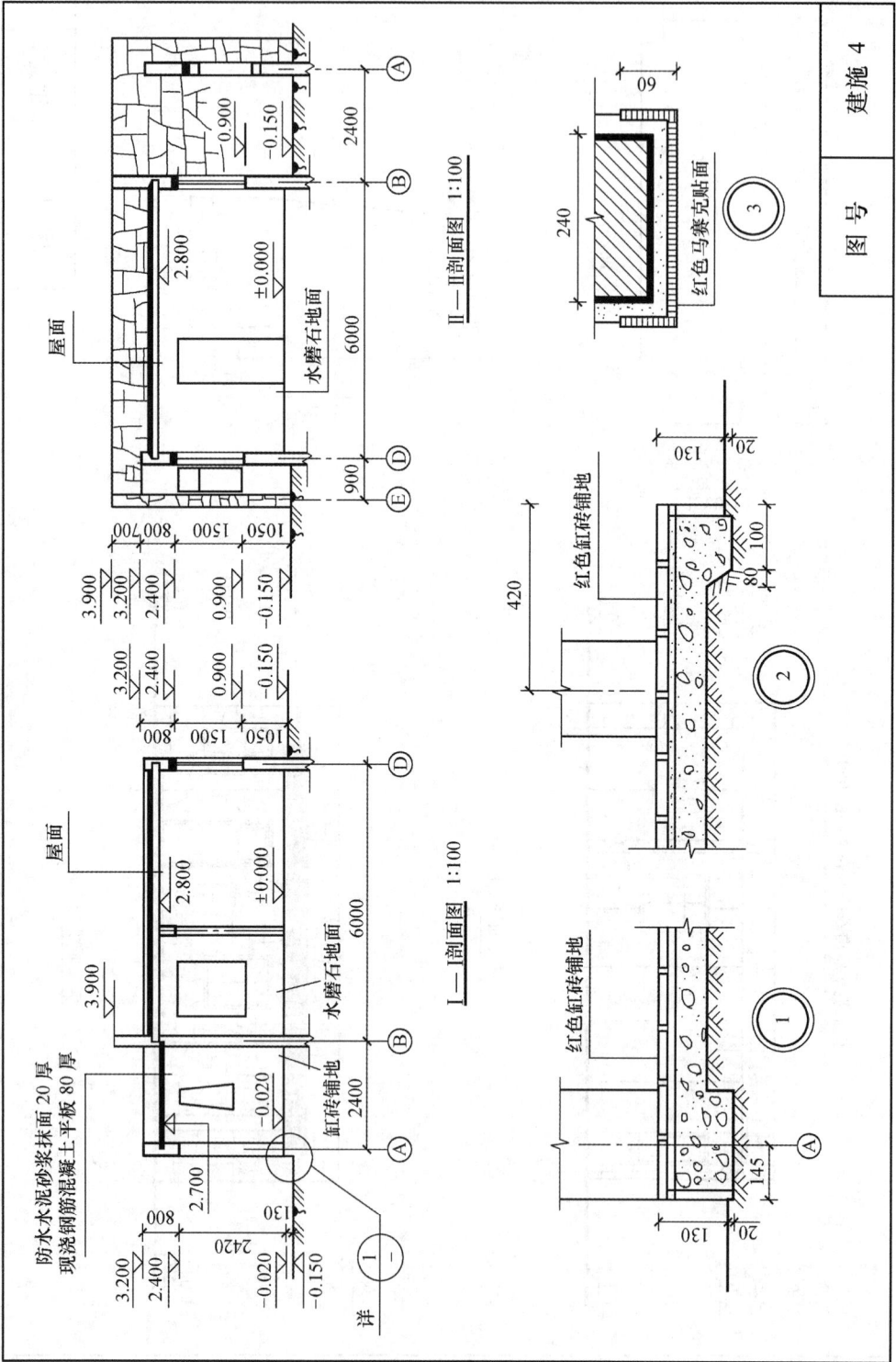

I—I剖面图 1:100

II—II剖面图 1:100

建施4
图号

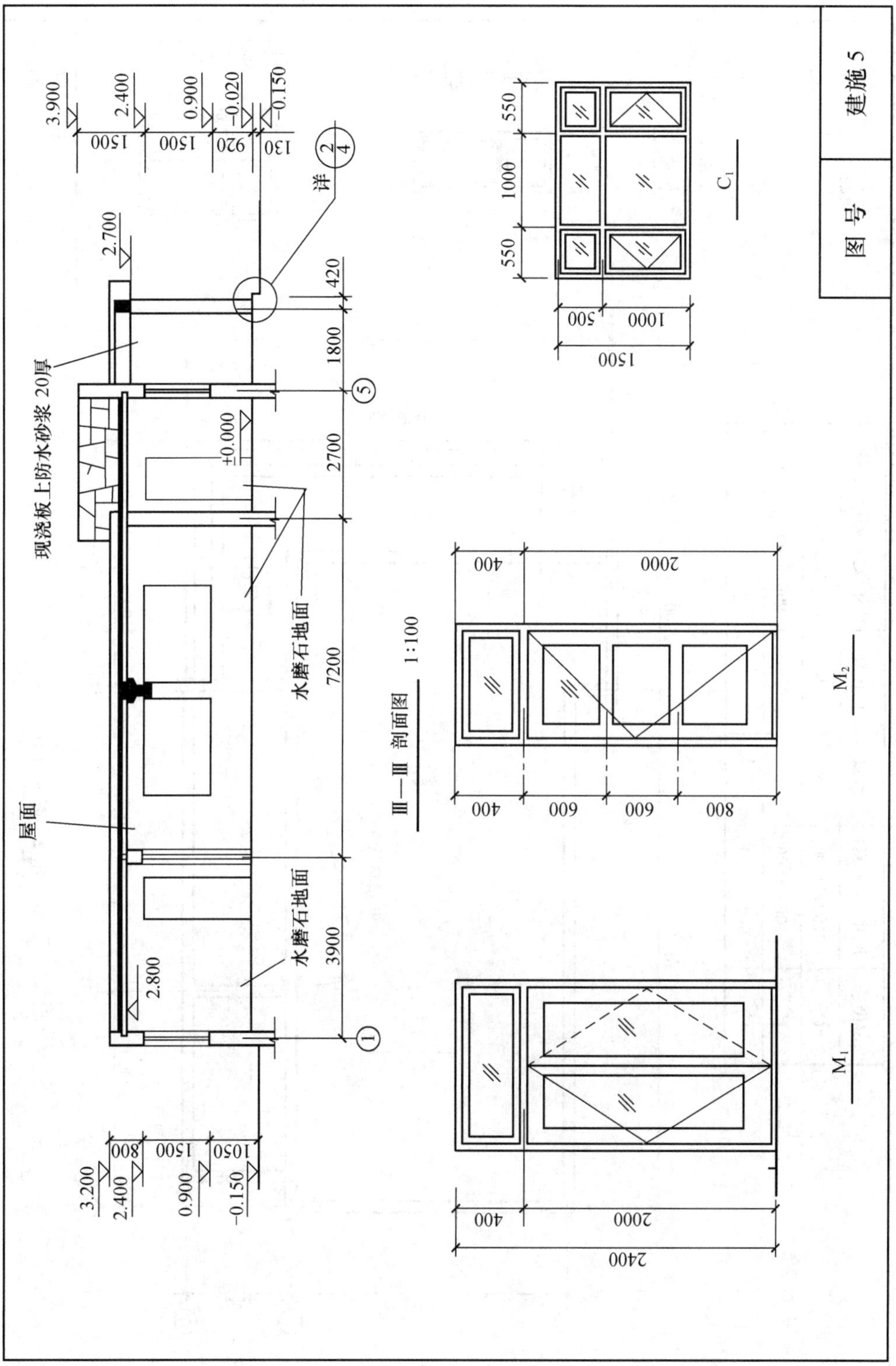
图号
建施 5
Ⅲ—Ⅲ 剖面图　1:100
现浇板上防水砂浆 20厚
屋面
水磨石地面
水磨石地面
详 2/4
3.900
2.400
0.900
-0.020
-0.150
1500
1500
920
130
2.700
420
1800
2700
7200
3900
±0.000
2.800
3.200
2.400
0.900
-0.150
800
1500
1050
C1
550
1000
550
500
1000
1500
M2
400
2000
400
600
600
800
M1
400
2000
2400

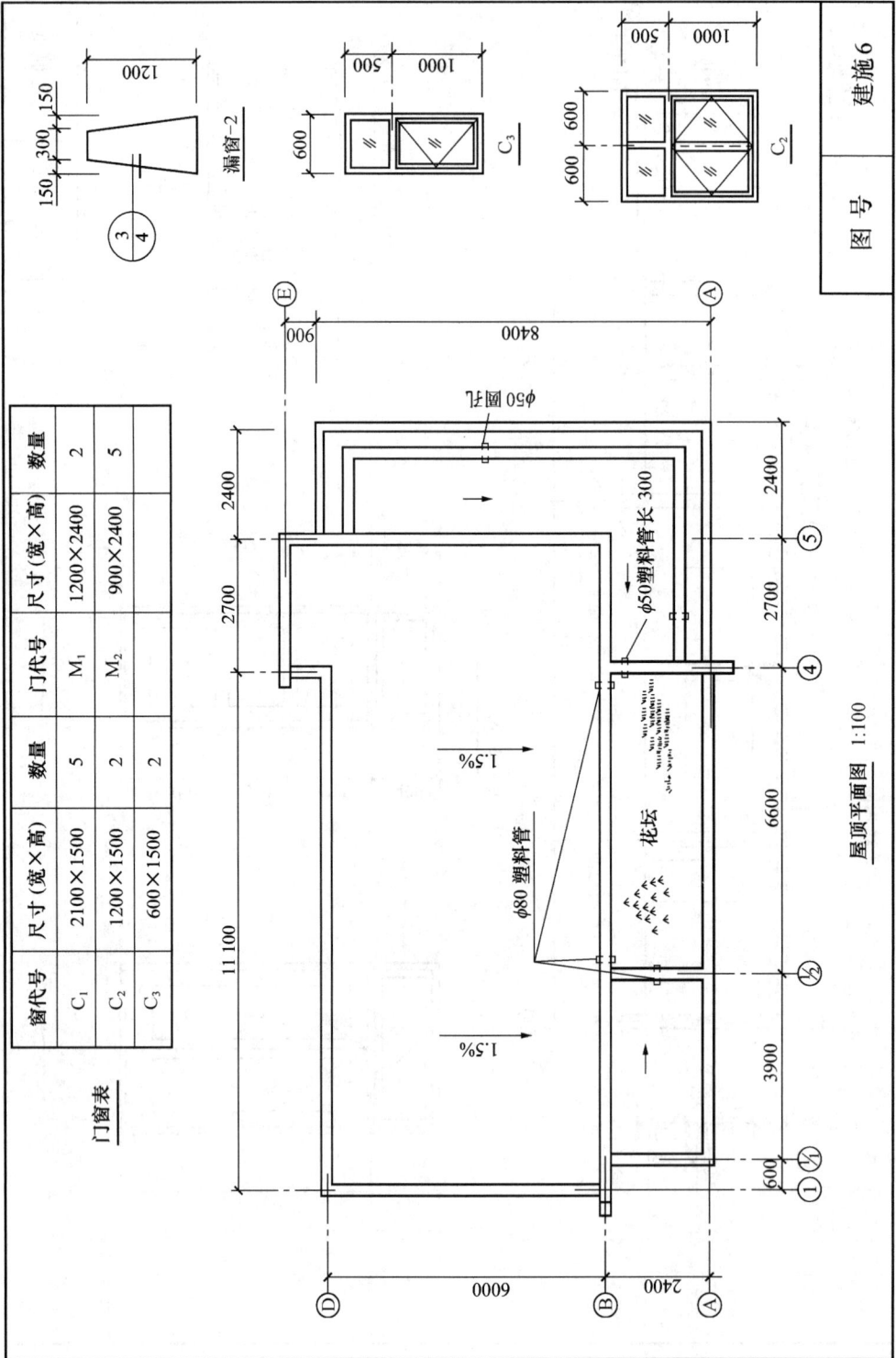

门窗表

窗代号	尺寸（宽×高）	数量	门代号	尺寸（宽×高）	数量
C₁	2100×1500	5	M₁	1200×2400	2
C₂	1200×1500	2	M₂	900×2400	5
C₃	600×1500	2			

漏窗-2

C₃

C₂

屋顶平面图 1:100

φ50 圆孔

φ50塑料管长 300

φ80 塑料管

花坛

1.5%

1.5%

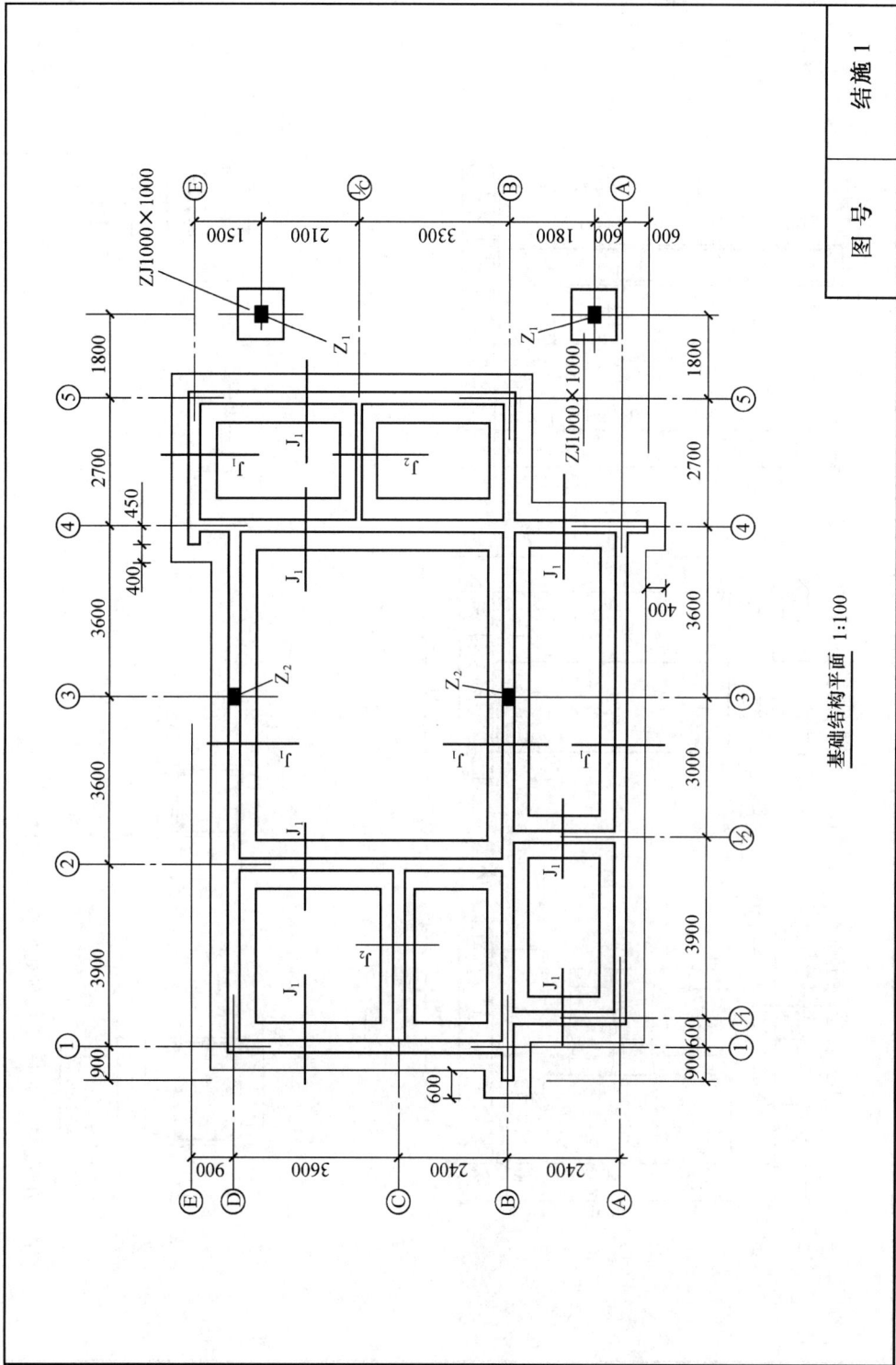

基础结构平面 1:100

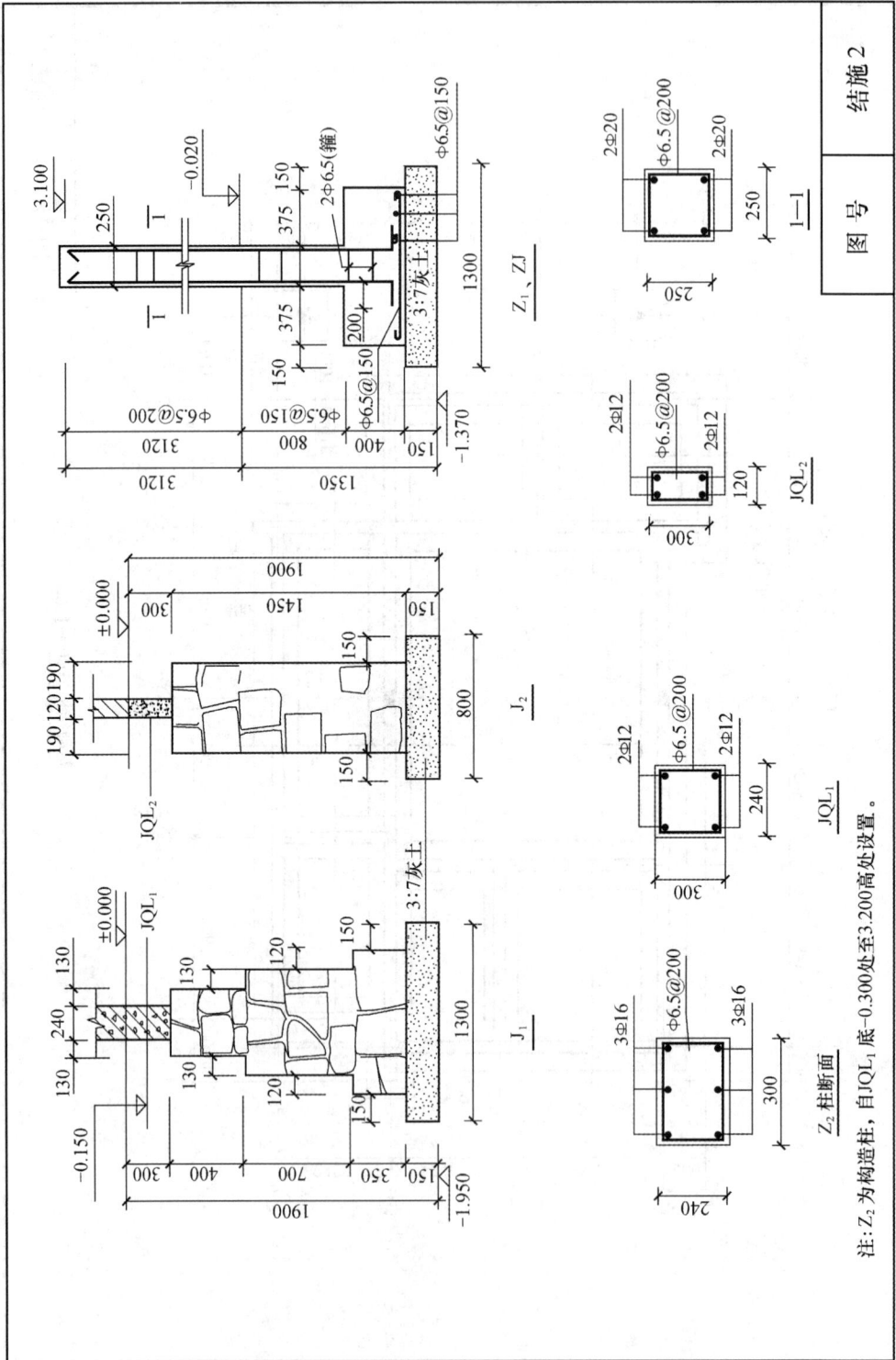

注:Z₂为构造柱,自JQL₁底-0.300处至3.200高处设置。

图号　结施 2

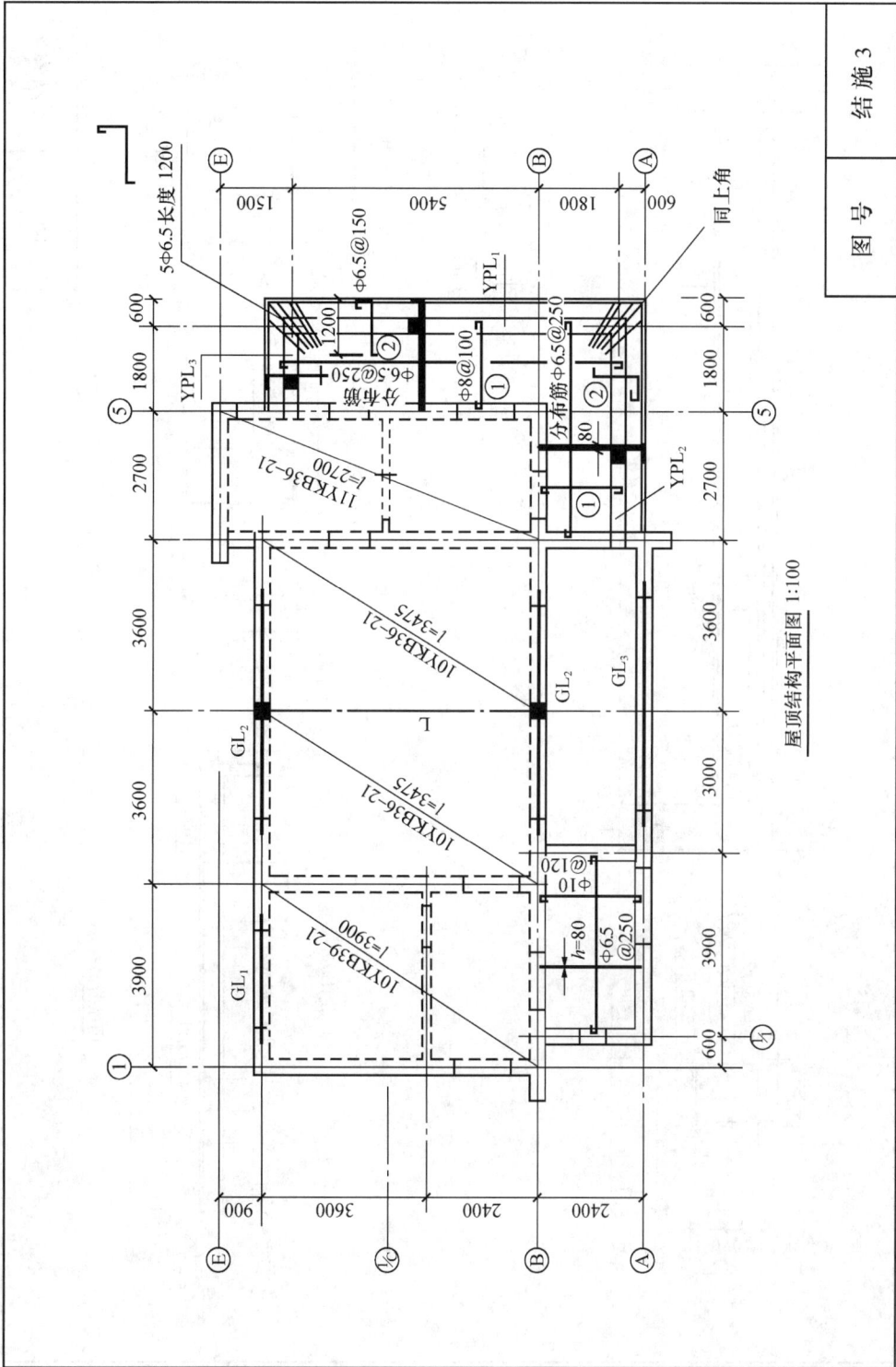

屋顶结构平面图 1:100

| 图 号 | 结 施 3 |

240

50

2Φ45°

5760

2

2

③ ④

⑥

⑤

2.490

50

240

2Φ12

Φ6.5@200

3Φ18

240

180

2.400

GL₁, l_1=2600
GL₂, l_2=5000

2Φ12

Φ6.5@200

3Φ20

240

350

2.100

GL₃ l=5000

图号　结施4

2Φ12

Φ6.5@200

2Φ20

250

320　80

400

YPL₁, YPL₂, YPL₃
l_1=7450, l_2=4745, l_3=2045

3Φ6.5

60

Φ6.5@300

420

2400

Φ6.5@150

雨篷梁

Φ8@100

Φ6.5@250

80

2.700

雨篷断面

③ ④ ⑥ ⑤ ①

2Φ12

4Φ8

Φ6.5@200

Φ6.5@200

2Φ20

2Φ20

150

250

150

2—2

②

190 80 70 160

500

第四节　某湖边茶社工程工程量清单编制

一、建筑工程工程量计算

1. 基数计算

外墙中心线长度：

方法（一），从左上角起顺时针计算，即

$$L_中=3.9+3.6+3.6+0.9+2.7+3.6+3.3+2.7+2.4+6.6+$$
$$3.9+2.4+0.6+2.4+3.6+2.4+6.6-0.24$$
$$=54.96(m)$$

方法（二），按轴线编号计算，即

$$L_中=3.9+6.6+0.6+6.6+2.7+3.9+3.6+3.6+2.7+2.4+$$
$$3.6+2.4+2.4-0.12+2.4-0.12+0.9+3.3+3.6$$
$$=54.96(m)$$

方法（三），按统筹法计算，即

$$L_中=(14.04-0.24+9.54-0.24)\times2+2.4+6.6-0.24=54.96(m)$$

垛基础净长度为　$a_基=0.9-0.12+0.45-0.12+0.6-0.12=1.59(m)$

垛垫层净长度为　　　　$a_垫=0.6+0.4+0.4=1.40(m)$

内墙净长线长度：

240 墙为　　　$L_内=3.9-0.24+(2.4+3.6-0.24)\times2=15.18(m)$

120 墙为　　　　　$L_内=3.9-0.24+2.7-0.24=6.12(m)$

垫层净长线长度：

240 墙为　　　$L_净=3.9-1.3+(2.4+3.6-1.3)\times2=12.00(m)$

120 墙为　　　　　$L_净=3.9-1.3+2.7-1.3=4.00(m)$

外墙外边线长度为

$$L_外=(14.04+9.54)\times2+2.4-0.24+6.6-0.24=55.68(m)$$

或

$$L_外=(L_中)54.96+0.24\times4-0.24=55.68(m)$$
$$a=0.9-0.12+0.45-0.12+0.6-0.12=1.59(m)$$

房心净面积为

$$S_房=(①\sim②)(3.9-0.24)\times(2.4+3.6-0.24-0.12)+(②\sim④)$$
$$(3.6+3.6-0.24)\times(2.4+3.6-0.24)+(④\sim⑤)(2.7-0.24)\times$$
$$(3.3+3.6-0.24-0.12)+(A\sim B)(3.9-0.24)\times(2.4-0.24)$$
$$=20.642+40.09+16.088+7.906=84.73(m^2)$$

建筑面积为

$$S_建=(B\sim D)14.04\times(2.4+3.6+0.24)+(D\sim E)(2.7+0.24)\times$$
$$0.9+(A\sim B)(3.9+6.6+0.24)\times2.4-(花坛)(6.6-0.24)\times$$
$$(2.4-0.24)+(雨篷)(2.7+8.4)\times(2.4-0.12)/2$$
$$=87.61+2.646+25.776-13.738+12.654$$
$$=114.95(m^2)$$

或

$$S_{建}=(S_{房})84.73+(L_{中})54.96\times0.24+(L_{内})15.18\times$$
$$0.24+(L_{内})6.12\times0.12+(雨篷)12.654=114.95(\text{m}^2)$$

2. 土(石)方工程量计算

010103001001 平整场地为

$$S=114.95\text{m}^2$$

010102002001 挖沟槽土方：

J_1 为
$$S=1.3\times(54.96+1.4+12)=88.87(\text{m}^2)$$
$$V=88.87\times1.35=119.97(\text{m}^3)$$

J_2 为
$$S=0.8\times4=3.20(\text{m}^2)$$
$$V=3.2\times1.35=4.32(\text{m}^3)$$

合计
$$V=119.97+4.32=124.29(\text{m}^3)$$

010102001001 挖基坑土方：

Z_1 为
$$V=1.3\times1.3\times1.22\times2=4.12(\text{m}^3)$$

010102006001 挖沟槽石方：

J_1 为
$$S=1.3\times(54.96+1.4+12)=88.87(\text{m}^2)$$
$$V=88.87\times0.4=35.55(\text{m}^3)$$

J_2 为
$$S=0.8\times4=3.20(\text{m}^2)$$
$$V=3.2\times0.4=1.28(\text{m}^3)$$

合计
$$V=35.55+1.28=26.83(\text{m}^3)$$

010102007001 回填方：

室内夯填土
$$V=(84.73+6.12\times0.12\ 不扣除\ 120\text{mm}\ 墙体)\times$$
$$(0.15-0.06-0.015-0.025)=4.27(\text{m}^3)$$

槽边夯填土
$$V=124.29+26.83-(J_1\ 垫层)1.3\times0.15\times(54.96+$$
$$1.4+12.0)-(J_2\ 垫层)0.8\times0.15\times4-(J)82.05-(JQL)5.38$$
$$=124.29+26.83-13.33-0.48-82.05-5.38=49.88(\text{m}^3)$$

坑边夯填土
$$V=4.12-(垫层)1.3\times1.3\times0.15\times2-0.8-0.25\times0.25\times$$
$$0.8\times2=2.71(\text{m}^3)$$

合计
$$V=4.27+49.88+2.71=56.86(\text{m}^3)$$

010103002001 余土弃置为
$$V=124.29+4.12-56.86=128.41-56.86=71.55(\text{m}^3)$$

3. 砌筑工程量计算

010401002001 实心砖墙：

240 砖墙 M2.5 混合砂浆

A 轴
$$S=(3.9+6.6)\times3.2-(门洞)[(1.1+1.5)\times2.15/2+0.25\times1]-$$
$$(4.1\times1.5+1.1\times0.2\times2)=33.6-3.045-6.59=23.965(\text{m}^2)$$

B 轴
$$S=(0.6+0.6+3.9+6.6+2.7)\times3.9-1.2\times2.4-2.1\times1.5\times2-$$
$$0.9\times2.4=56.16-2.88-6.3-4.14=42.84(\text{m}^2)$$

D 轴
$$S=(3.9+3.6\times2)\times3.2-2.1\times1.5\times3=35.52-9.45=26.07(\text{m}^2)$$

E 轴　　　　　　　　　$S=(0.45+2.7)\times3.9=12.285(\mathrm{m}^2)$

1 轴　$S=(2.4+3.6-0.24)\times3.2-1.2\times1.5=18.432-1.8=16.632(\mathrm{m}^2)$

1/1 轴　$S=(2.4-0.24)\times3.2-(0.3+0.6)\times1.2/2=6.912-0.54=6.372(\mathrm{m}^2)$

2 轴　$S=(2.4+3.6-0.24)\times(2.8+0.18)-1.2\times2.4=17.165-2.88=14.285(\mathrm{m}^2)$

1/2 轴　　　　　　　$S=(2.4-0.24)\times3.2=6.912(\mathrm{m}^2)$

4 轴　　$S=(0.6+2.4-0.12)\times3.9+(2.4+3.6-0.24)\times(2.8+0.18)-0.9\times$
$\qquad\qquad 2.4+0.9\times3.2-0.6\times1.5=11.232+17.165-2.16+$
$\qquad\qquad 2.88-0.9=28.217(\mathrm{m}^2)$

5 轴　　$S=(3.3+3.6)\times3.9-1.2\times1.5-0.9\times2.4-0.6\times1.5=26.91-1.8-$
$\qquad\qquad 2.16-0.9=22.05(\mathrm{m}^2)$

工程量　　$V=(23.965+42.84+26.07+12.285+16.632+6.372+14.285+$
$\qquad\qquad 6.912+28.217+22.05)\times0.24-0.46-0.94=46.51(\mathrm{m}^3)$

010401002002 实心砖墙：

120 砖墙 M2.5 混合砂浆

C 轴　$S=(3.9-0.24)\times(2.8+0.18)-0.9\times2.4=10.907-2.16=8.747(\mathrm{m}^2)$

1/C 轴　$S=(2.7-0.24)\times(2.8+0.18)-0.9\times2.4=7.331-2.16=5.171(\mathrm{m}^2)$

工程量　　　　　　$V=(8.747+5.171)\times0.115=1.60(\mathrm{m}^3)$

010403001001 石基础：

MU30 乱毛石基础，M5 混合砂浆砌筑

J_1 为　$V=(1.0\times0.35+0.76\times0.7+0.5\times0.4)\times(54.96+1.59+15.18)$
$\qquad =77.61(\mathrm{m}^3)$

J_2 为　　　　　　　　$V=0.5\times1.45\times6.12=4.44(\mathrm{m}^3)$

合计　　　　　　　　$V=77.61+4.44=82.05(\mathrm{m}^3)$

4. 混凝土及钢筋混凝土工程量计算

010501001001 基础垫层：

3：7 灰土独基垫层　　$V=1.3\times1.3\times0.15\times2=0.51(\mathrm{m}^3)$

010501001002 基础垫层：

3：7 灰土条基垫层

J_1 为　　$V=(54.96+1.4+12.0)\times(1.3+0.2\times2)\times(0.15+0.2)=40.67(\mathrm{m}^3)$

J_2 为　　　$V=4.0\times(0.8+0.2\times2)\times(0.15+0.2)=1.68(\mathrm{m}^3)$

合计　　　　　　　$V=40.67+1.68=42.35(\mathrm{m}^3)$

(1)混凝土构件工程量计算。

010502001001 独立基础：

C25J　　　　　　　$V=1\times1\times0.4\times2=0.80(\mathrm{m}^3)$

010502006001 矩形柱：

C25Z　　　　$V=0.25\times0.25\times(0.8+3.12)\times2=0.49(\mathrm{m}^3)$

010502021001 构造柱：

C25GZ　　　　　　$V=0.3\times0.24\times3.2\times2=0.46(\mathrm{m}^3)$

010502011001 异形梁：

C25L　　　$V=[0.25\times0.5+(0.08+0.15)]\times0.15\times5.76=0.92(\mathrm{m}^3)$

010502022001 圈梁：

JQL_1　　　$V=0.24\times0.3\times(54.96+1.59+15.18)=5.16(\mathrm{m}^3)$

JQL_2　　　$V=0.12\times0.3\times6.12=0.22(\mathrm{m}^3)$

C20JQL 合计　　　$V=5.16+0.22=5.38(\mathrm{m}^3)$

010502023001 过梁：

GL_1　　　$V=0.24\times0.18\times2.6=0.112(\mathrm{m}^3)$

GL_2　　　$V=0.24\times0.18\times(5-0.3)\times2=0.406(\mathrm{m}^3)$

GL_3　　　$V=0.24\times0.35\times5=0.42(\mathrm{m}^3)$

C25GL 合计　　　$V=0.112+0.406+0.42=0.94(\mathrm{m}^3)$

010502011002 雨篷梁：

YPL_1、YPL_2、YPL_3　　　$V=0.25\times0.32\times(7.45+4.745+2.045)=1.139(\mathrm{m}^3)$

YP 底板　　　$V=2.4\times(2.7+8.4)\times0.08=2.131(\mathrm{m}^3)$

YP 翻沿　　　$V=0.06\times0.42\times(2.7+2.4+8.4+2.4)=0.401(\mathrm{m}^3)$

C25YP 合计　　　$V=2.131+0.401=2.17(\mathrm{m}^3)$

010502013001 平板：

C25XB　　　$V=3.9\times2.4\times0.08=0.75(\mathrm{m}^3)$

010503012001 空心板：

YKB36 - 21　　　$10+10+11=31(块)$

　　　$V=0.211/3.6\times3.475\times20+0.211/3.6\times2.7\times11=5.81(\mathrm{m}^3)$

YKB39 - 21　　　10 块

　　　$V=0.238\times10=2.38(\mathrm{m}^3)$

合计　　　$V=5.81+2.38=8.19(\mathrm{m}^3)$

(2)模板工程量计算。

010505002001 独立基础模板

　　　$1\times4\times0.4\times2=3.20(\mathrm{m}^2)$

010505012001 基础圈梁模板：

JQ1　　　$(54.96+1.59+15.18)\times0.3\times2=43.038(\mathrm{m}^2)$

JQ2　　　$6.12\times0.3\times2=3.672(\mathrm{m}^2)$

合计　　　$43.038+3.672=46.71(\mathrm{m}^2)$

010505004001 矩形柱模板

　　　$0.25\times4\times(3.12+0.8)\times2=7.84(\mathrm{m}^2)$

010505011001 构造柱模板

　　　$0.3\times3.2\times2\times2=3.84(\mathrm{m}^2)$

0100505006001 花篮梁模板

　　　$[(0.19+0.15+0.08+0.166+0.16)\times2+0.25]\times5.76=10.03(\mathrm{m}^2)$

010505013001 过梁模板：

GL1　　　$(0.24+0.18\times2)\times2.6=1.56(\mathrm{m}^2)$

GL2　　　$(0.24+0.18\times2)\times5\times2=6.00(\mathrm{m}^2)$

GL3　　　　　　　　　　$(0.24+0.35×2)×5=4.70(m^2)$

合计　　　　　　　　　　$1.56+6+4.7=12.26(m^2)$

010505007001 屋面板模板

　　　　　　　　　　$(3.9-0.24)×(2.4-0.24)=7.91(m^2)$

010505006002 雨篷梁模板：

雨篷梁　　　　　$0.32×2×(7.45+4.745+2.045)=9.114(m^2)$

010505008001 其他板模板：

雨篷板　　　　　　$(2.7+8.4)×(2.4-0.12)=25.308(m^2)$

挑檐翻沿　　$(2.4+8.4+2.4+2.7-0.06×2)×0.42×2=13.26(m^2)$

合计　　　　　　　　　$25.308+13.26=38.57(m^2)$

（3）现浇混凝土构件钢筋计算。

010506001 基础钢筋：

2ZJ：

ϕ6.5 钢筋　　　　$n=[(1.0-0.05)/0.15+1]×2×2=32(根)$

　　　　　　$L=(1.0-0.05+2×6.25×0.006\,5)×32=33.00(m)$

010506002 柱钢筋：

$2Z_1$：

4 ϕ20　　　　$L=(3.12+1.2+0.2-0.05+10×0.02)×4×2=37.36(m)$

ϕ6.5 箍筋　　$n=[2+0.8/0.15+(3.12-0.025)/0.2+1]×2≈24×2=48(根)$

　　　　　　$L=(0.25×4-0.05)×48=45.60(m)$

010506010 二次结构钢筋：

$2Z_2$：

4 ϕ16　　　　$L=(3.5-0.05+10×0.016×2)×6×2=45.24(m)$

ϕ6.5 箍筋　　$n=[(3.5-0.05)/0.2+1]×2≈18×2=36(根)$

　　　　　　$L=[(0.24+0.3)×2-0.05]×36=37.08(m)$

010506005 梁钢筋：

L：

①号筋 2 ϕ20　　$L=(5.76+0.48-0.05)×2=12.38(m)$

②号筋 2 ϕ20　$L=[5.76+0.48-0.05+2×0.414×(0.5-0.25×2)]×2=13.12(m)$

③号筋 2 ϕ12　　$L=(5.76+0.48-0.05)×2=12.38(m)$

④号筋 2 ϕ8　　　$L=(5.76-0.05)×4=22.84(m)$

⑤ϕ6.5 箍筋　　$n=(5.76+0.48-0.05)/0.2+1≈32(根)$

　　　　　　$L=[(0.25+0.5)×2-0.05]×32=46.40(m)$

⑥ϕ6.5 钢筋　　$n=(5.76-0.05)/0.2+1≈30(根)$

　　　　$L=[0.55-0.05+(0.08-0.02×2)×2]×30=17.40(m)$

010506010 二次结构钢筋：

GL_1：

3 ϕ18　　　　　　$L=(2.6-0.05)×3=7.65(m)$

2 ϕ12　　　　　　$L=(2.6-0.05)×2=5.10(m)$

$\Phi6.5$ 箍筋 $\qquad n=(2.6-0.05)/0.2+1\approx14(\text{根})$

$\qquad L=[(0.18+0.24)\times2-0.05]\times14=11.06(\text{m})$

$2GL_2$:

$3\ \Phi18$ $\qquad L=(5.0-0.05)\times3\times2=29.70(\text{m})$

$2\ \Phi12$ $\qquad L=(5.0-0.05)\times2\times2=19.80(\text{m})$

$\Phi6.5$ 箍筋 $\qquad n=[(5.0-0.05)/0.2+1]\approx26\times2=52(\text{根})$

$\qquad L=[(0.18+0.24)\times2-0.05]\times52=41.08(\text{m})$

GL_3:

$3\ \Phi20$ $\qquad L=(5.0-0.05)\times3=14.85(\text{m})$

$2\ \Phi12$ $\qquad L=(5.0-0.05)\times2=9.90(\text{m})$

$\Phi6.5$ 箍筋 $\qquad n=(5.0-0.05)/0.2+1\approx26(\text{根})$

$\qquad L=[(0.24+0.35)\times2-0.05]\times26=29.38(\text{m})$

010506005 雨篷梁钢筋:

YPL_1:

$2\ \Phi20$ $\qquad L=(7.45-0.05)\times2=14.80(\text{m})$

$2\ \Phi12$ $\qquad L=(7.45-0.05)\times2=14.80(\text{m})$

$\Phi6.5$ 箍筋 $\qquad n=(7.45-0.05)/0.2+1\approx38(\text{根})$

$\qquad L=[(0.25+0.40)\times2-0.05]\times38=47.50(\text{m})$

YPL_2:

$2\ \Phi20$ $\qquad L=(4.745-0.05)\times2=9.39(\text{m})$

$2\ \Phi12$ $\qquad L=(4.745-0.05)\times2=9.39(\text{m})$

$\Phi6.5$ 箍筋 $\qquad n=(4.745-0.05)/0.2+1\approx25(\text{根})$

$\qquad L=[(0.25+0.40)\times2-0.05]\times25=31.25(\text{m})$

YPL_3:

$2\ \Phi20$ $\qquad L=(2.045-0.05)\times2=3.99(\text{m})$

$2\ \Phi12$ $\qquad L=(2.045-0.05)\times2=3.99(\text{m})$

$\Phi6.5$ 箍筋 $\qquad n=(2.045-0.05)/0.2+1\approx11(\text{根})$

$\qquad L=[(0.25+0.40)\times2-0.05]\times11=13.75(\text{m})$

010506010 二次结构钢筋:

JQL_1:

A 轴 $\qquad L=3.9+3.0+3.6+0.24-0.05=10.69(\text{m})$

B 轴 $\quad L=0.9+0.6+3.9+3.0+3.6+2.7+0.12-0.05=14.77(\text{m})$

D 轴 $\qquad L=3.9+3.6+3.6+0.24-0.05=11.29(\text{m})$

E 轴 $\qquad L=0.45+2.7+0.12-0.05=3.22(\text{m})$

1 轴 $\qquad L=2.4+3.6+0.24-0.05=6.19(\text{m})$

1/1 轴 $\qquad L=2.4+0.24-0.05=2.59(\text{m})$

2 轴 $\qquad L=2.4+3.6+0.24-0.05=6.19(\text{m})$

1/2 轴 $\qquad L=2.4+0.24-0.05=2.59(\text{m})$

4 轴 $\qquad L=0.6+2.4+2.4+3.6+0.9+0.12-0.05=9.97(\text{m})$

5 轴　　　　　　　$L=3.3+2.1+1.5+0.24-0.05=7.09(\text{m})$

搭接　　　　　　　$L=4\times35\times0.012=1.68(\text{m})$

4 Φ12　　　$L=(10.69+14.77+11.29+3.22+6.19+2.59+6.19$

$+2.59+9.97+7.09+1.68)\times4=305.08(\text{m})$

Φ6.5 箍筋　$n=10.69/0.2+1+14.77/0.2+1+11.29/0.2+1+3.22/0.2$

$+1+6.19/0.2+1+2.59/0.2+1+6.19/0.2+1$

$+2.59/0.2+1+9.97/0.2+1+7.09/0.2+1$

$\approx55+75+58+17+32+14+32+14+51+37=385(\text{根})$

$L=[(0.24+0.3)\times2-0.05]\times385=396.55(\text{m})$

JQL_2：

4 Φ12　　$L=(3.9+0.24-0.05+2.7+0.24-0.05)\times4=27.92(\text{m})$

Φ6.5 箍筋　　$n=4.09/0.2+1+2.89/0.2+1\approx22+16=38(\text{根})$

$L=[(0.12+0.3)\times2-0.05]\times38=30.02(\text{m})$

010506006 屋面板钢筋：

XB：

Φ6.5　　　　　　　$n=(2.4-0.04)/0.25+1\approx11(\text{根})$

$L=(3.9-0.04+2\times6.25\times0.0065)\times11=43.35(\text{m})$

Φ10　　　　　　　$n=(3.9-0.04)/0.12+1\approx34(\text{根})$

$L=(2.4-0.04+2\times6.25\times0.01)\times34=84.49(\text{m})$

010506008 其他板钢筋：

YPB：

①号筋Φ8@100

$n=(2.7+1.8-0.125-0.02)/0.1+(1.8+5.4-0.25)/0.1-1\approx44+69=113(\text{根})$

$L=(1.8+0.125-0.02+2\times6.25\times0.008)\times113=226.57(\text{m})$

横向分布筋Φ6.5@250

$n=(1.8-0.125-0.02)/0.25\approx7(\text{根})$

$L=(2.7+35\times0.0065+2\times6.25\times0.0065)\times7=21.06(\text{m})$

纵向分布筋Φ6.5@250

$n=(1.8-0.125-0.02)/0.25\approx7(\text{根})$

$L=(5.4+0.125+35\times0.0065+2\times6.25\times0.0065)\times7=40.84(\text{m})$

②号筋Φ6.5@150

$n=(2.7+1.8+0.125-0.04)/0.15+1+(1.8+5.4-0.25)/0.15+1$

$+(1.8+0.125-0.04)/0.15+1+5\times2$

$\approx32+51+14+10=107(\text{根})$

$L=(0.08-0.02+1.2-0.02+0.045+0.08-0.02+0.42-0.02+2$

$\times6.25\times0.0065)\times107=195.41(\text{m})$

负筋分布筋Φ6.5@300

$n=(1.2-0.02)/0.3+1\approx5(\text{根})$

平均 $L=[2.7+1.8+0.6+0.6+1.8+5.4+0.6+0.6+1.8-0.02\times2-0.61\times4$

$$+4\times35\times0.006\,5(搭接长度)]\times5$$
$$=71.65(m)$$

翻沿分布筋 $3\phi6.5$

$$L=[2.7+1.8+0.6+0.6+1.8+5.4+0.6+0.6+1.8-0.02\times2$$
$$-0.04\times4+4\times35\times0.006\,5(搭接长度)]\times3=49.83(m)$$

010506017001 砌体内配钢筋：

砖过梁钢筋：

$2\phi12$　$L=[(C_1)1.2\times2+(C_3)0.6\times2+(M_1)1.2\times2+(M_2)0.9\times5+(门洞)1.1$
$$+(漏窗)0.3+(0.25\times2+2\times3.5\times0.012)\times(2+2+2+5+1+1)]\times2$$
$$=38.98(m)$$

010506017002 砌体内拉结筋：

Z_2 拉结筋：

$\phi6.5@500$　$n=0.9/0.5+(0.8-0.18)/0.5+0.9/0.5+(0.8+0.7-0.18)/0.5)\times2$
$$\approx(2+2+2+3)\times2\approx18(根)$$
$$L=2.3\times18=41.40(m)$$

板缝钢筋：

$\phi6.5$　　　$L=3.9\times9+3.475\times9\times2+2.7\times10=124.65(m)$

010506025 预埋铁件：

$\underline{\phi}12$　　　　　　　　　　$Q=22kg$

钢筋铁件合计：

010506001 现浇基础钢筋：

（HPB300 级钢筋）$\phi6.5$　　$Q=33\times0.26=8.58(kg)$

010506002 现浇柱钢筋：

（HRB335 级钢筋）$\underline{\phi}20$　$Q=37.36\times2.466=92.13(kg)$

（HPB300 级钢筋）$\phi6.5$　$Q=45.60\times0.26=11.86(kg)$

010506005 现浇梁钢筋：

（HRB335 级钢筋）$\underline{\phi}20$　$Q=(12.38+13.12+14.85+9.39+3.99)\times2.466=132.50(kg)$

（HRB335 级钢筋）$\underline{\phi}12$　$Q=(12.38+14.8+9.39+3.99)\times0.888=71.85(kg)$

（HPB300 级钢筋）$\phi8$　$Q=22.84\times0.395=9.12(kg)$

（HPB300 级钢筋）$\phi6.5$　$Q=(46.40+17.40+47.50+31.25+13.75)\times0.26=40.64(kg)$

010506006 现浇屋面板钢筋：

（HPB300 级钢筋）$\phi10$　　$Q=84.49\times0.617=52(kg)$

（HPB300 级钢筋）$\phi6.5$　　$Q=43.50\times0.26=11.31(kg)$

010506008 现浇其他板钢筋：

（HPB300 级钢筋）$\phi8$　　$Q=226.57\times0.395=89.50(kg)$

（HPB300 级钢筋）$\phi6.5$　$Q=(21.06+40.84+195.41+71.65+49.83)\times0.26=98.49(kg)$

010506010 现浇二次结构钢筋：

（HRB335 级钢筋）$\underline{\phi}20$　　　$Q=14.85\times2.466=36.62(kg)$

（HRB335 级钢筋）$\underline{\phi}18$　　$Q=(7.65+29.7)\times1.998=75(kg)$

（HRB335 级钢筋）$\phi16$ $Q=45.24\times1.578=71(\text{kg})$

（HRB335 级钢筋）$\phi12$ $Q=(5.10+19.8+9.9+305.08+27.92)\times0.888=326.61(\text{kg})$

（HPB300 级钢筋）$\phi6.5$ $Q=(37.08+11.06+41.08+29.38+396.55+30.02)$
$$\times0.26=141.74(\text{kg})$$

010506017001 砌体内配钢筋：

砌体加固筋（HRB335 级钢筋）$\phi12$ $Q=38.98\times0.888=35(\text{kg})$

010506017002 砌体内拉结筋：

拉结筋（HPB300 级钢筋）$\phi6.5$ $Q=(41.4+124.65)\times0.26=43(\text{kg})$

010506025001 预埋铁件

$\phi12$ $Q=22\text{kg}$

5. 门窗工程量计算

010801001001 木质自由门：

M_1 $S=1.2\times2.4\times2=5.76(\text{m}^2)$

010801001002 木质玻璃镶板门：

M_2 $S=0.9\times2.4\times5=10.80(\text{m}^2)$

010801006001 玻璃门锁安装：

M_1 2 个

010801006002 执手门锁安装：

M_2 5 套

010806001001 带扇木质平开窗：

C_1 带扇木窗部分 $S=0.55\times2\times1.5\times5=8.25(\text{m}^2)$

C_2 双扇木窗 $S=1.5\times1.2\times2=3.60(\text{m}^2)$

合计 $S=8.25+3.6=11.85(\text{m}^2)$

010806001002 木质平开窗：

C_3 单扇木窗 $S=0.6\times1.5\times2=1.80(\text{m}^2)$

010806001003 矩形木固定窗：

C_1 固定木窗部分 $S=1\times1.5\times5=7.50(\text{m}^2)$

010809001001 木窗台板

$$L=2.2\times5+1.3\times2+0.7\times2=15.00(\text{m})$$
$$S=15\times0.12=1.80(\text{m}^2)$$

6. 屋面及防水工程量计算

010902001001 屋面卷材防水：

防水工程量

$$S=11.1\times(6.0-0.24)+(6.0+0.9-0.24)\times(2.7-0.24)$$
$$+(11.1+2.7-0.24+6.0+0.9-0.24)\times2\times0.06$$
$$=82.75(\text{m}^2)$$

010902006001 屋面泄水管：

$3\phi50$ 塑料排水管 $L=0.3\times3=0.9(\text{m})$

010902006002 屋面泄水管：

3ϕ80 塑料排水管 $L=0.3\times3=0.9$(m)

010904003001 楼面砂浆防水：

门斗防水砂浆

$S=(3.9-0.24)\times(2.4-0.24)+[(3.9-0.24)+(2.4-0.24)\times2]\times0.42$

$=7.906+3.352=11.26$m^2

雨篷防水砂浆

$$S=(2.4-0.12-0.06)\times(2.7+8.4-0.06\times2)$$
$$+(2.7+2.4+8.4+2.4-0.24-0.06\times4)$$
$$\times0.42+(2.7+1.8+1.8+5.4+1.8-0.24)\times0.42\times2$$
$$=24.376+6.476+11.138=41.99$$m^2

合计 $S=11.26+41.99=53.25$m^2

7. 保温工程量计算

011001001001 保温隔热屋面：

保温层 $S=11.1\times(6.0-0.24)+(2.7-0.24)\times(6.0+0.9-0.24)=80.32$m^2

二、装饰工程工程量计算

1. 楼地面工程量计算

011101004001 现浇水磨石楼地面：

水磨石地面 $S=(3.9+3.6+3.6-0.24\times2)\times(2.4+3.6-0.24)-$（有基础隔墙）$0.12$

$\times(3.9-0.24)+(2.7-0.24)\times(3.3+3.6-0.24-0.12)$

$=10.62\times5.76-0.439+2.46\times6.54=76.82$m^2

011102003001 块料楼地面：

缸砖地面 $S=(3.9-0.24)\times(2.4-0.24)+(3.6-1.2+3.3+0.12+2.1+2.7)\times2.1$

$=30.21$m^2

011105003001 块料踢脚线：

缸砖踢脚线 $S=(2.1+3.6-1.2+3.3+0.12+2.1+2.1+2.7)\times0.13=1.93$m^2

2. 墙柱面工程量计算

011201001001 墙面一般抹灰：

内墙抹灰

$S=[(3.9-0.24)\times4+(6.0-0.24-0.12)\times2+(3.6+3.6-0.24+6.0-0.24)\times2$

$+(2.7-0.24)\times4+(3.3+3.6-0.24-0.12)\times2]\times(2.8-1.0)-1.2$

$\times(2.4-1)\times3-0.9\times(2.4-1)\times8-2.1\times(1.5-0.1)\times5-1.2$

$\times(1.5-0.1)\times2-0.6\times(1.5-0.1)\times2$

$=74.28\times1.8-34.86=98.84$m^2

011201002001 墙面装饰抹灰：

砖墙面水刷白石子

西立面 $S=(3.9+6.6)\times(3.2+0.15)-[(1.1+1.5)\times2.15/2+1.0\times0.25]$

$-(4.1\times1.5+1.1\times0.2\times2)$

$=35.175-3.045-6.59=25.54$m^2

东立面 $S = (3.6 + 3.6 + 3.9) \times (3.2 + 0.15) - 2.1 \times 1.5 \times 3$
$$= 37.185 - 9.45 = 27.735\text{m}^2$$

北立面 $S = (9.54 - 0.24 \times 2) \times (3.2 + 0.15) - 0.6 \times 1.5 -$
$$1.2 \times 1.5 - (0.3 + 0.6) \times 1.2/2$$
$$= 30.351 - 3.24 = 27.111\text{m}^2$$

门斗 $S = [(2.4 - 0.24) \times 2 + (3.9 - 0.24)] \times (2.7 + 0.02)$
$$- [(1.1 + 1.5) \times 2.15/2 + 1.0 \times 0.25]$$
$$= 21.706 - 3.045 = 18.661\text{m}^2$$

花坛内侧 $S = (2.4 - 0.24 + 6.6 - 0.24) \times (3.2 + 0.15) - (4.1 \times 1.5 + 1.1 \times 0.2 \times 2)$
$$= 28.542 - 6.59 = 21.952\text{m}^2$$

工程量合计 $S = 25.54 + 27.735 + 27.111 + 18.661 + 21.952 = 121.00\text{m}^2$

011203002001 碎拼石材墙面：

拼碎花岗石墙面

西立面（含 B 轴）$S = (0.6 - 0.12 + 14.04) \times (3.9 + 0.15) - 1.2 \times 2.4 - 2.1 \times 1.5$
$$\times 2 - 0.9 \times 2.4 - (3.9 + 0.24 + 2.7) \times (0.15 - 0.02) - 0.24$$
$$\times (3.2 + 0.02) \times 2 - (3.9 - 0.24 + 2.7) \times 0.08$$
$$+ (1.2 + 2.4 \times 2 + 2.1 \times 4 + 1.5 \times 4 + 0.9 + 2.4 \times 2) \times 0.08$$
$$= 58.806 - 11.34 - 0.889 - 1.526 - 0.509 + 2.088 = 46.63\text{m}^2$$

东立面（含 B 轴）$S = (2.7 + 0.12 + 0.45) \times (3.9 + 0.15) + (0.6 - 0.12)$
$$\times (3.9 + 0.15) + (14.04 - 0.24) \times (3.9 - 2.88)$$
$$= 13.244 + 1.944 + 14.076 = 31.208\text{m}^2$$

南立面 $S = (0.6 - 0.12 + 9.54) \times (3.9 + 0.15) - 1.2 \times 1.5 - 0.9 \times 2.4 - 0.6$
$$\times 1.5 - 8.4 \times 0.08 - 0.06 \times 0.42 \times 2 - (2.1 + 0.12 + 3.3 + 3.6 - 1.2)$$
$$\times 0.13 + (1.2 \times 2 + 1.5 \times 2 + 0.9 + 2.4 \times 2 + 0.6 \times 2 + 1.5 \times 2) \times 0.08$$
$$= 40.581 - 4.86 - 0.722 - 7.92 + 1.224 = 28.303\text{m}^2$$

北立面（含④轴）$S = (9.54 - 0.12 + 0.6) \times (3.9 + 0.15) - (0.9 + 0.24)$
$$\times (3.2 + 0.15) - (6.0 - 0.24) \times (2.88 + 0.15)$$
$$= 40.581 - 3.819 - 17.453 = 19.309\text{m}^2$$

工程量合计 $S = 46.63 + 31.208 + 28.303 + 19.309 = 125.53\text{m}^2$

011203001001 石材柱面：

挂贴花岗岩柱面
$$S = (0.25 + 0.05 \times 2) \times 4 \times (2.7 + 0.02) \times 2 = 7.62\text{m}^2$$

011204003001 块料零星项目：

门洞马赛克贴面
$$S = (1.1 + 1.5 + 2.4 \times 2 + 4.5 \times 2 + 1.5 \times 2) \times (0.24 + 0.066)$$
$$+ (1.1 + 1.5 + 2.4 \times 2 + 4.5 \times 2 + 1.5 \times 2 + 0.06 \times 4 \times 2) \times 0.06 \times 2$$
$$= 5.936 + 2.386 = 8.32\text{m}^2$$

011204003002 块料零星项目：

雨篷面砖贴面

$$S=(2.4+8.4+2.4+2.7-0.24)\times(0.5+0.04)=8.46\text{m}^2$$

011205001001 墙面装饰板：

内墙裙装饰

$$S=74.28\times1-1.2\times1\times3-0.9\times1.0\times8-2.1\times0.1$$
$$\times5-1.2\times0.1\times2-0.6\times0.1\times2=62.07\text{m}^2$$

3. 天棚工程量计算

011301001001 天棚抹灰：

房间顶棚　　　　　　$S=84.726-7.906=76.82\text{m}^2$

011301001002 天棚抹灰：

雨篷、门斗顶棚　　　$S=(2.7+8.4)\times(2.4-0.12)+7.906=33.21\text{m}^2$

4. 油漆、涂料、裱糊工程量计算

011401001001 木门油漆：

M_1 全玻自由门刷调和漆 2 遍　　$S=1.2\times2.4\times2=5.76\text{m}^2$

011401001002 木门油漆：

M_2 镶板木门刷调和漆 2 遍　　$S=0.9\times2.4\times5=10.80\text{m}^2$

011401002001 木窗油漆：

单层玻璃窗刷调和漆 2 遍　　$S=8.25+3.6+1.8+7.5=21.15\text{m}^2$

011401004001 木墙裙油漆：

墙裙刷硝基清漆 6 遍

$$S=74.28\times1-1.2\times1\times3-0.9\times1\times8-2.1\times0.1\times5$$
$$-1.2\times0.1\times2-0.6\times0.1\times2=62.07\text{m}^2$$

011401004002 窗台板油漆：

窗台板刷硝基清漆 6 遍　$S=(2.2\times5+1.3\times2+0.7\times2)\times(0.08+0.05)=1.95\text{m}^2$

011404001001 墙面喷刷涂料：

内墙面刮仿瓷涂料 3 遍　　　　$S=98.84\text{m}^2$

011404002001 天棚喷刷涂料：

雨篷、门斗顶棚刷乳胶漆　　　　$S=33.21\text{m}^2$

011405002001 织锦缎裱糊：

顶棚贴锦缎

$$S=84.726-7.906=76.82\text{m}^2$$

5. 其他工程量计算

011502001001 木质装饰线：

顶棚周边压线

$$L=(3.9-0.24)\times4+(2.4+3.6-0.24-0.12)$$
$$\times2+(3.6\times2-0.24+3.6+2.4-0.24)$$
$$\times2+(2.7-0.24)\times4+(3.3+3.6-0.24-0.12)\times2$$
$$=14.64+11.28+25.44+9.84+13.08=74.28\text{m}$$

011502001002 木质装饰线：

墙裙木封口条

$$L = 74.28 - (M_1)1.2 \times 3 - (M_2)0.9 \times 8 - (C_1)2.1 \times 5 - (C_2)1.2$$
$$\times 2 - (C_3)0.6 \times 2 + 0.12 \times 32 = 28.74(m)$$

三、工程量清单的编制

附表2

封 面

××风景区湖边茶社工程

工 程 量 清 单

招 标 人： __某市旅游公司__ （单位签字盖章）　　工程造价咨询人： _____（单位资质签字盖章）

法定代表人： _____　　　　　　　　　　法定代表人： _____

或其授权人： __赵志刚__ （签字或盖章）　　　　　或其授权人： _____（签字或盖章）

编 制 人： __王学友__ （造价人员签字盖专用章）　复核人： __徐开明__ （造价工程师签字盖专用章）

编制时间： __2025.6.8__　　　　　　　　　　　　复核时间： __2025.6.28__

附表3

总 说 明

工程名称：××风景区湖边茶社工程　　　　　　　　　　　　　　　　第1页 共1页

1. 报价人须知
(1) 应按工程量清单报价格式规定的内容进行编制、填写、签字、盖章。
(2) 工程量清单及其报价格式中的任何内容不得随意删除或修改。
(3) 工程量清单报价格式中所有需要填报的单价和合价，投标人均应填报，未填报的单价和合价视为此项费用已包含在工程量清单的其他单价或合价中。
(4) 金额（价格）均应以人民币表示。
2. 本工程地基土−1.500m以下为松石，以上为Ⅲ类土（坚土）。临时设施全部由甲方提供，能满足施工需要。水、电分别为自来水和低压配电，预制构件及木门窗制作均在公司基地加工生产，汽车运输到现场。
3. 工程招标范围：建筑工程、装饰装修工程。
4. 清单编制依据：山东省建设工程工程量清单计价规则、施工图纸及施工现场情况等。
5. 工程施工期限：自8月1日开工准备，10月底交付使用。
6. 工程质量应达到合格标准。
7. 招标人自行采购预应力空心板，安装前10天运到施工现场，由承包人安装。
8. 投标人应按本办法规定的统一格式，提供"工程量清单综合单价分析表"。
9. 投标报价文件应提供一式五份。

附表4

分部分项工程量清单与计价表

工程名称：××风景区湖边茶社工程　　　　　　　　　　　　　　　　第1页 共2页

序号	项目编码	项目名称	项目特征描述	计量单位	工程量	金额（元）		
						综合单价	合价	其中：暂估价
1	010102001001	挖基坑土方	三类土，挖土平均厚度1.22m，坑边堆土	m³	4.12			
2	010102002001	挖沟槽土方	三类土，挖土平均厚度1.35m，槽边堆土	m³	124.29			
3	010102006001	挖沟槽石方	松石，开挖深度0.4m，人工凿石，弃碴运距40m	m³	26.83			

续表

序号	项目编码	项目名称	项目特征描述	计量单位	工程量	金额（元）		
						综合单价	合价	其中：暂估价
4	010102007001	回填方	夯实素土，过筛，就地回填	m³	56.86			
5	010103001001	平整场地	三类土，就地挖填找平	m²	114.95			
6	010103002001	余土弃置	废弃余土运距 40m	m³	71.55			
7	010401002001	实心砖墙	机制标准红砖 MU10，外墙墙体厚度 240mm，M5.0 混合砂浆	m³	46.51			
8	010401002002	实心砖墙	机制标准红砖 MU10，内墙墙体厚度 120mm，M5.0 混合砂浆	m³	1.60			
9	010403001001	石基础	MU300 乱毛石条形基础，M5.0 混合砂浆	m³	82.05			
10	010501001001	基础垫层	3：7 灰土独立基础垫层，厚度 150mm	m³	0.51			
11	010501001002	基础垫层	3：7 灰土条形基础垫层，厚度 150mm	m³	42.35			
12	010502001001	独立基础	C25 混凝土现场搅拌	m³	0.80			
13	010502006001	矩形柱	C25 混凝土现场搅拌	m³	0.49			
14	010502011001	异形梁	C25 混凝土现场搅拌	m³	0.92			
15	010502011002	雨篷梁	C25 混凝土现场搅拌	m³	1.14			
16	010502013001	实心板	C25 混凝土现场搅拌	m³	0.75			
17	010502019001	其他板	C25 混凝土现场搅拌	m³	2.17			
18	010502021001	构造柱	C25 混凝土现场搅拌	m³	0.46			
19	010502022001	圈梁	C25 混凝土现场搅拌	m³	5.38			
20	010502023001	过梁	C25 混凝土现场搅拌	m³	0.94			
21	010503012001	空心板	电焊连接，M5 水泥砂浆灌缝，YKB36 - 21 为 0.21lm³/块，YKB39 - 21 为 0.238m³/块，安装高度 2.8m，C30	m³	8.19			
22	010505002001	基础模板	独立基础工具式钢模板及钢支撑	m²	3.20			
23	010505004001	矩形柱模板	矩形柱工具式钢模板及钢支撑	m²	7.84			
24	010505006001	异形梁模板	花篮梁工具式钢模板及钢支撑	m²	10.03			
25	010505006002	雨篷梁模板	雨篷工具式钢模板及钢支撑	m²	9.11			
26	010505007001	屋面板模板	平板工具式钢模板及钢支撑	m²	7.91			
27	010505008001	其他板模板	雨板及篷翻沿工具式钢模板及钢支撑	m²	38.57			

序号	项目编码	项目名称	项目特征描述	计量单位	工程量	金额（元）		
						综合单价	合价	其中：暂估价
28	010505011001	构造柱模板	构造柱工具式钢模板及钢支撑	m²	3.84			
29	010505012001	圈梁模板	基础圈梁工具式钢模板及钢支撑	m²	46.71			
30	010505013001	过梁模板	过梁工具式钢模板及钢支撑	m²	12.26			
31	010506001001	现浇基础钢筋	（HPB300 级钢筋）φ6.5	t	0.009			
32	010506002001	现浇柱钢筋	（HRB335 级钢筋）Φ20	t	0.092			
33	010506002002	现浇柱钢筋	（HPB300 级钢筋）φ6.5	t	0.092			
34	010506005001	现浇梁钢筋	（HRB335 级钢筋）Φ20	t	0.133			
35	010506005002	现浇梁钢筋	（HRB335 级钢筋）Φ12	t	0.072			
36	010506005003	现浇梁钢筋	（HRB335 级钢筋）Φ8	t	0.009			
37	010506005004	现浇梁钢筋	（HRB335 级钢筋）φ6.5	t	0.041			
38	010506006001	现浇屋面板钢筋	（HPB300 级钢筋）φ10	t	0.052			
39	010506006002	现浇屋面板钢筋	（HPB300 级钢筋）φ6.5	t	0.098			
40	010506008001	现浇其他板钢筋	（HPB300 级钢筋）φ8	t	0.090			
41	010506008002	现浇其他板钢筋	（HPB300 级钢筋）φ6.5	t	0.098			
42	010506010001	现浇二次结构钢筋	（HRB335 级钢筋）Φ20	t	0.037			
43	010506010002	现浇二次结构钢筋	（HRB335 级钢筋）Φ18	t	0.075			
44	010506010003	现浇二次结构钢筋	（HRB335 级钢筋）Φ16	t	0.071			
45	010506010004	现浇二次结构钢筋	（HRB335 级钢筋）Φ12	t	0.327			
46	010506010005	现浇二次结构钢筋	（HPB300 级钢筋）φ6.5	t	0.142			
47	010506017001	砌体内配钢筋	（HRB335 级钢筋）Φ12	t	0.035			
48	010506017002	砌体内配钢筋	（HPB300 级钢筋）φ6.5	t	0.043			
49	010506025001	预埋铁件	HRB335 级钢筋Φ12	t	0.022			
50	010801001001	木质自由门	M_1 洞口尺寸 1.2m×2.4m，红白松木，镶 5mm 平板玻璃	m²	5.76			
51	010801001002	木质玻璃镶板门	M_2 洞口尺寸 0.9m×2.4m，红白松木，无纱镶 3mm 平板玻璃	m²	10.80			
52	010801006001	玻璃门锁安装	不锈钢圆形锁，直径 200mm	个	2			
53	010801006002	执手门锁安装	不锈钢锁，200mm×50mm	套	5			
54	010806001001	带扇木质平开窗	C_1 带扇木窗带上亮部分，尺寸 0.55m×2×1.5m；C_2 双扇木窗带上亮，洞口尺寸 1.5m×1.2m；红白松木，3m 平板玻璃	m²	11.85			

序号	项目编码	项目名称	项目特征描述	计量单位	工程量	综合单价	合价	其中：暂估价
						金额（元）		
55	010806001002	木质平开窗	C_3 单扇带上亮木窗，洞口尺寸 0.6m×1.5m，红白松木，3m 平板玻璃	m^2	1.80			
56	010806001003	矩形木固定窗	C1 固定木窗部分，尺寸 1m×1.5m，红白松木，3m 平板玻璃	m^2	7.50			
57	010809001001	木窗台板	木龙骨，中密度板基层，粘贴泰柚木板面层	m^2	1.80			
58	010902001001	屋面卷材防水	PVC 防水，单层，FL-15 胶黏剂黏结	m^2	82.75			
59	010902006001	屋面泄水管	ϕ50 塑料排水管，每根 0.3m	m	0.90			
60	010902006002	屋面泄水管	ϕ80 塑料排水管，每根 0.3m	m	0.90			
61	010904003001	楼面砂浆防水	屋面防水砂浆 20mm 厚，1:2 水泥砂浆，掺 5％防水粉，反边高度 420mm	m^2	53.25			
62	011001001001	保温隔热屋面	1:12 现浇水泥珍珠岩保温层（找坡）最薄处 40mm 厚	m^2	80.32			

附表 5   **分部分项工程量清单计价表**

工程名称：××风景区湖边茶社装饰工程   第1页 共2页

序号	项目编码	项目名称	项目特征描述	计量单位	工程量	综合单价	合价	其中:暂估价
						金额（元）		
1	011101004001	耐磨楼地面	C15 细石混凝土基层 60mm，1:3 水泥砂浆找平 15mm 厚，1:1.5 彩色镜面水磨石地面 25mm 厚，镶嵌铜条，铜条方格间距为 900mm×900mm	m^2	76.82			
2	011102003001	块料楼地面	C15 细石混凝土基层 60mm，1:3 水泥砂浆找平 15mm 厚，1:1 水泥细砂浆 8mm 厚，缸砖面层 100mm×100mm×10mm，素水泥浆扫缝，缝宽不大于 2mm	m^2	30.21			
3	011105003001	块料踢脚线	1:1 水泥细砂浆 8mm 厚，缸砖 100mm×100mm×10mm	m^2	1.93			
4	011201001001	墙面一般抹灰	砖墙面 1:3 水泥砂浆打底找平 15mm 厚，麻刀石灰砂浆面层 3mm 厚	m^2	98.84			

续表

序号	项目编码	项目名称	项目特征描述	计量单位	工程量	金额（元）		
						综合单价	合价	其中：暂估价
5	011201002001	墙面装饰抹灰	砖墙面 1∶1∶6 水泥石灰砂浆打底找平 12mm 厚，1∶0.2∶2 白水泥石灰膏白石子面层 10mm 厚（中八厘），用水冲刷露出石面，介格条间距 950mm	m²	121.00			
6	011203002001	碎拼石材墙面	砖墙面 1∶3 水泥砂浆打底找平 12mm 厚，1∶2 水泥砂浆结合层 12 厚，镶贴红黑间隔拼碎花岗石板	m²	125.53			
7	011203001001	石材柱面	钢筋混凝土方柱，1∶3 水泥砂浆打底找平 12mm 厚；1∶2 水泥砂浆结合层 12 厚；粘贴 300mm×300mm×20mm 红色花岗石板	m²	7.62			
8	011204003001	块料零星项目	门洞砖墙面，1∶3 水泥砂浆打底找平 25mm 厚，1∶3 水泥砂浆 8mm 厚贴马赛克，素水泥浆扫缝	m²	8.32			
9	011204003002	块料零星项目	雨篷外侧 1∶3 水泥砂浆打底找平 10mm 厚；1∶1 水泥砂浆 10mm 厚贴 95mm×95mm 面砖；1∶1 水泥砂浆勾缝，缝宽 2mm	m²	8.46			
10	011205001001	墙面装饰板	内墙裙墙面刷防腐油，铺钉油毡；铺钉木龙骨，铺钉中密度板基层，粘贴泰柚木板，木封口条 20mm×20mm 封口	m²	62.07			
11	011301001001	天棚抹灰	房间顶棚，混凝土板下抹 7mm 厚 1∶3 水泥砂浆打底，7mm 厚 1∶2.5 水泥砂浆罩面	m²	76.82			
12	011301001002	天棚抹灰	雨篷、门斗顶棚，混凝土板下抹 1∶1∶6 混合砂浆打底 3mm 厚，1∶2.5 石灰砂浆找平 12mm 厚，麻刀石灰砂浆面层 3mm 厚	m²	33.21			
13	011401001001	木门油漆	M₁ 全玻自由门刷 1 遍底油，2 遍调和漆	m²	10.80			
14	011401001002	木门油漆	M₂ 玻璃镶板木门刷 1 遍底油，2 遍调和漆	m²	5.76			
15	011401002001	木窗油漆	单层玻璃窗刷 1 遍底油，2 遍调和漆	m²	21.15			

续表

序号	项目编码	项目名称	项目特征描述	计量单位	工程量	综合单价	合价	其中:暂估价
						金额（元）		
16	011401004001	木墙裙油漆	木龙骨，刷防火涂料两遍，面层刷硝基漆 6 遍	m²	62.07			
17	011401004002	窗台板油漆	木龙骨，刷防火涂料两遍，面层刷硝基漆 6 遍	m²	1.95			
18	011404001001	墙面喷刷涂料	石灰砂浆墙面刮仿瓷涂料 3 遍	m²	98.84			
19	011404002001	天棚喷刷涂料	雨篷、门斗顶棚板底麻刀石灰砂浆面，刷乳胶漆 3 遍	m²	33.21			
20	011405002001	织锦缎裱糊	房间顶棚水泥砂浆面层，白乳胶贴锦缎	m²	76.82			
21	011502001001	木质装饰线	顶棚周边柚木压线，钉 25mm×25mm 三角形木压线，刷硝基漆 5 遍	m	74.28			
22	011502001002	木质装饰线	墙裙柚木封口条，20mm×20mm 方木压线，刷硝基漆 5 遍	m	28.74			

附表 6　　　　**措施项目清单计价表**

工程名称：××风景区湖边茶社工程　　　　第 1 页　共 1 页

序号	项目编码	项目名称	工作内容	价格（元）	备注
1	011601001	脚手架	搭设脚手架、斜道、上料平台，铺设安全网，铺（翻）脚手板，转运、改制、维修维护、拆除、堆放、整理、外运、归库等		
2	011601007	文明施工	施工现场文明施工、绿色施工所需的各项措施		
3	011601008	环境保护	施工现场为达到环保要求所需的各项措施		
4	011601009	安全生产	施工现场安全生产所需的各项措施		

附表 7　　　　**其他项目清单计价汇总表**

工程名称：××风景区湖边茶社工程　　　　第 1 页　共 1 页

序号	项目名称	金额（元）	结算金额（元）	备注
1	暂列金额	30 000		明细详见附表 9
2	暂估价	1875		
2.1	材料暂估价/结算价	1875		明细详见附表 10
2.2	专业工程暂估价/结算价	—		不发生
3	计日工	—		不发生
4	总承包服务费	—		不计取
	合计	31 875		

附表 8　　　　　　　　　　　　**暂列金额表明细表**

工程名称：××风景区湖边茶社工程　　　　　　　　　　　　　　第 1 页　共 1 页

序号	项目名称	计量单位	暂定金额（元）	备注
1	工程量清单中工程量偏差和设计变更	项	10 000	
2	政策性调整和材料价格风险	项	10 000	
3	其他	项	10 000	
	合计		30 000	

附表 9　　　　　　　　　　　　**材料暂估单价及调整表**

工程名称：××风景区湖边茶社工程　　　　　　　　　　　　　　第 1 页　共 1 页

序号	材料名称、规格、型号	计量单位	数量		暂估（元）		确认（元）		差价±（元）		备注
			暂估	确认	单价	合价	单价	合价	单价	合价	
1	YKB36 - 21	块	31		45.00	1395.00					用于空心板清单项目
2	YKB39 - 21	块	10		48.00	480.00					用于空心板清单项目
	合计					1875.00					

附表 10　　　　　　　　　　　　**增 值 税 计 价 表**

工程名称：××风景区湖边茶社工程　　　　　　　　　　　　　　第 1 页　共 1 页

序号	项目名称	计算基础说明	计算基数	费率（%）	金额（元）
1	税金	税前工程造价			
	合计				

第五节　某湖边茶社工程投标报价文件

工程投标报价文件，要求读者根据建筑与装饰计量计价课程设计任务指导书的要求独立完成任务。

本书是建筑工程计量与计价特色课程、精品课程的配套教材，也是立体化教材的一部分。与本书配套的教学大纲、授课教案、PPT 课件、教学录像、实训教材、习题练习、试题库、试卷库、设计任务书、设计指导书、设计图纸、计价资料、造价软件、实训实验室、造价工作坊以及课程网站都有。读者可以通过网上学习、试题练习、辅导答疑、在线考试、课程实训、资料查询和在线论坛等教学功能提高造价水平；也可参考书后的参考文献进行再学习，本书习题和综合练习中的答案，相关教材、教辅中都有，可以参考。

参 考 文 献

[1] 黄伟典. 工程定额原理. 2版. 北京：中国电力出版社，2016.

[2] 黄伟典. 建设工程计量与计价. 3版. 北京：中国环境科学出版社，2007.

[3] 黄伟典. 建筑工程计量与计价. 4版. 北京：中国电力出版社，2018.

[4] 黄伟典，尚文勇. 建筑工程计量与计价. 2版. 大连：大连理工大学出版社，2012.

[5] 黄伟典，张玉敏. 建筑工程计量与计价. 大连：大连理工大学出版社，2014.

[6] 黄伟典. 装饰工程估价. 北京：中国电力出版社，2011.

[7] 黄伟典. 建设工程计量与计价案例详解（最新版）. 济南：山东科学技术出版社，2008.

[8] 黄伟典. 建设工程工程量清单计价实务. 2版. 北京：中国建筑工业出版社，2014.

[9] 黄伟典，张玉明. 建设工程计量与计价习题与课程设计指导. 北京：中国环境科学出版社，2006.

[10] 黄伟典. 建筑工程计量与计价实训指导. 北京：中国电力出版社，2015.

[11] 黄伟典，张玉敏. 建筑工程计量与计价学习指导与实训. 大连：大连理工大学出版社，2014.

[12] 黄伟典. 建筑工程建筑面积计算规范应用图解. 北京：中国建筑工业出版社，2016.

[13] 黄伟典. 造价员. 北京：中国建筑工业出版社，2009.

[14] 黄伟典. 工程造价资料速查手册. 北京：中国建筑工业出版社，2010.

[15] 黄伟典. 建筑工程造价工作速查手册. 济南：山东科学技术出版社，2011.

[16] 黄伟典，王在生. 新编建筑工程造价速查快算手册. 济南：山东科学技术出版社，2012.

[17] 黄伟典. 建设项目全寿命周期造价管理. 北京：中国电力出版社，2014.

[18] 中华人民共和国住房和城乡建设部. 建设工程工程量清单计价标准（GB/T 50500—2024）. 北京：中国计划出版社，2024.

[19] 中华人民共和国住房和城乡建设部. 房屋建筑与装饰工程工程量计算标准（GB/T 50854—2024）. 北京：中国计划出版社，2024.

[20] 《建设工程工程量清单计价标准》编制组. 建设工程工程量清单计价标准（GB/T 50500—2024）宣贯辅导教材. 北京：中国计划出版社，2024.

[21] 中华人民共和国住房和城乡建设部. 房屋建筑与装饰工程消耗量定额 TY 01-31-2015. 北京：中国计划出版社，2015.

[22] 中华人民共和国住房和城乡建设部. 建筑工程建筑面积计算规范（GB/T 50353—2013）. 北京：中国计划出版社，2013.

[23] 山东省住房和城乡建设厅. 山东省建筑工程消耗量定额 SD 01-31-2016. 北京：中国计划出版社，2016.

[24] 山东省工程建设标准定额站. 山东省建筑工程价目表，2017.

[25] 山东省工程建设标准定额站. 山东省建筑工程价目表材料机械单价，2017.